Leitfäden und Monographien der Informatik

Brauer: **Automatentheorie**
493 Seiten. Geb. DM 58,–

Loeckx/Mehlhorn/Wilhelm: **Grundlagen der Programmiersprachen**
448 Seiten. Kart. DM 42,–

Mehlhorn: **Datenstrukturen und effiziente Algorithmen**
Band 1: Sortieren und Suchen
324 Seiten. Kart. DM 42,–

Messerschmidt: **Linguistische Datenverarbeitung mit Comskee**
207 Seiten. Kart. DM 36,–

Pflug: **Stochastische Modelle in der Informatik**
272 Seiten. Kart. DM 36,–

Richter: **Betriebssysteme**
2., neubearbeitete und erweiterte Auflage
303 Seiten. Kart. DM 36,–

Wirth: **Algorithmen und Datenstrukturen**
Pascal-Version
3., überarbeitete Auflage
320 Seiten. Kart. DM 38,–

Wirth: **Algorithmen und Datenstrukturen mit Modula - 2**
4., überarbeitete und erweiterte Auflage
299 Seiten. Kart. DM 38,–

Leitfäden der angewandten Informatik

Bauknecht/Zehnder: **Grundzüge der Datenverarbeitung**
Methoden und Konzepte für die Anwendungen
3. Aufl. 293 Seiten. DM 34,–

Beth / Heß / Wirl: **Kryptographie**
205 Seiten. Kart. DM 25,80

Bunke: **Modellgesteuerte Bildanalyse**
309 Seiten. Geb. DM 48,–

Craemer: **Mathematisches Modellieren dynamischer Vorgänge**
288 Seiten. Kart. DM 36,–

Frevert: **Echtzeit-Praxis mit PEARL**
216 Seiten. Kart. DM 28,–

Gorny/Viereck: **Interaktive grafische Datenverarbeitung**
256 Seiten. Geb. DM 52,–

Hofmann: **Betriebssysteme: Grundkonzepte und Modellvorstellungen**
253 Seiten. Kart. DM 34,–

Holtkamp: **Angepaßte Rechnerarchitektur**
233 Seiten. DM 38,–

Hultzsch: **Prozeßdatenverarbeitung**
216 Seiten. Kart. DM 25,80

Kästner: **Architektur und Organisation digitaler Rechenanlagen**
224 Seiten. Kart. DM 25,80

Kleine Büning/Schmitgen: **PROLOG**
304 Seiten. Kart. DM 34,–

Fortsetzung auf der 3. Umschlagseite

Loeckx/Mehlhorn/Wilhelm
Grundlagen der
Programmiersprachen

Leitfäden und Monographien der Informatik

Unter beratender Mitwirkung von

Prof. Dr. Hans-Jürgen Appelrath, Zürich
Dr. Hans-Werner Hein, St. Augustin
Dr. Rolf Pfeifer, Zürich
Dr. Johannes Retti, Wien
Prof. Dr. Michael M. Richter, Kaiserslautern

Herausgegeben von

Prof. Dr. Volker Claus, Oldenburg
Prof. Dr. Günter Hotz, Saarbrücken
Prof. Dr. Klaus Waldschmidt, Frankfurt

Die Leitfäden und Monographien behandeln Themen aus der Theoretischen, Praktischen und Technischen Informatik entsprechend dem aktuellen Stand der Wissenschaft. Besonderer Wert wird auf eine systematische und fundierte Darstellung des jeweiligen Gebietes gelegt. Die Bücher dieser Reihe sind einerseits als Grundlage und Ergänzumg zu Vorlesungen der Informatik und andererseits als Standardwerke für die selbständige Einarbeitung in umfassende Themenbereiche der Informatik konzipiert. Sie sprechen vorwiegend Studierende und Lehrende in Informatik-Studiengängen an Hochschulen an, dienen aber auch den in Wirtschaft, Industrie und Verwaltung tätigen Informatikern zur Fortbildung im Zuge der fortschreitenden Wissenschaft.

Grundlagen der Programmiersprachen

Von Prof. Dr.-Ing. Jacques Loeckx
Prof. Kurt Mehlhorn Ph. D.
Prof. Dr. rer. nat. Reinhard Wilhelm
Universität des Saarlandes, Saarbrücken

Mit zahlreichen Abbildungen, Beispielen
und Aufgaben

B. G. Teubner Stuttgart 1986

Prof. Dr.-Ing. Jacques Loeckx

Geboren 1931 in Brüssel. Studium der Elektrotechnik an der Université Libre de Bruxelles (1950 bis 1955) und Promotion an der Université Catholique de Louvain (1968). Industrietätigkeit zunächst bei Bell Telephone Mfg. Co. in Antwerpen (1955 bis 1962), später im Philips Research Laboratory in Brüssel (1963 bis 1969). Von 1967 bis 1969 Lehrauftrag an der Technische Hogeschool Eindhoven und von 1969 bis 1972 Professor an der Technische Hogeschool Twente in Enschede. Seit 1972 Professor für Informatik an der Universität des Saarlandes in Saarbrücken.

Prof. Kurt Mehlhorn, Ph. D.

Geboren 1949 in Ingolstadt (Bayern). Studium der Informatik und Mathematik an der TU München (1968 bis 1971) und an der Cornell University, Ithaca, USA (1971 bis 1974), Promotion 1974 bei R. L. Constable mit einer Arbeit in der Komplexitätstheorie. Seit 1975 Professor für Informatik an der Universität des Saarlandes in Saarbrücken.

Prof. Dr. rer. nat. Reinhard Wilhelm

Geboren 1946 in Deutmecke (Sauerland). Studium der Mathematik und Informatik an der Universität in Münster, der TH München und der Stanford University, Promotion 1977 an der TU München. Seit 1978 Professor für Informatik an der Universität des Saarlandes in Saarbrücken.

CIP-Kurztitelaufnahme der Deutschen Bibliothek

Loeckx, Jacques:
Grundlagen der Programmiersprachen / von Jacques Loeckx; Kurt Mehlhorn; Reinhard Wilhelm. –
Stuttgart: Teubner, 1986.
  (Leitfäden und Monographien der Informatik)
  ISBN 978-3-519-02254-1   ISBN 978-3-322-94706-2 (eBook)
  DOI 10.1007/978-3-322-94706-2
NE: Mehlhorn, Kurt:; Wilhelm, Reinhard:

Gesamtherstellung: Zechnersche Buchdruckerei GmbH, Speyer
Umschlaggestaltung: M. Koch, Reutlingen

Vorwort

Dieses Buch behandelt Grundlagen von Programmiersprachen, deren Verknüpfung mit realen Rechenmaschinen und – exemplarisch – Algorithmen. Das Ziel des Buches ist es, eine solide Basis für das Studium der Informatik zu legen. Es ist insbesondere für Studenten im Grundstudium des Studienganges Informatik gedacht.

Ein Programm ist nur dann brauchbar, wenn es das gestellte Problem korrekt löst, und dies darüber hinaus mit der gewünschten Effizienz tut. Aussagen über die Korrektheit und Effizienz eines Programms sind nur dann möglich, wenn die verwendete Programmiersprache exakt definiert ist, d.h., wenn die Menge der Programme (Syntax) und deren Bedeutung (Semantik) festliegen. Die Definition von Syntax und Semantik nimmt daher in diesem Buch einen wichtigen Platz ein. Formale Definitionen werden erst dann lebendig, wenn sie auf einem guten intuitiven Verständnis aufbauen, und wenn sie zu Folgerungen in der Form von Sätzen führen. Daher enthält dieses Buch eine große Anzahl von Beispielen, Sätzen und Aufgaben.

Die Grundlagen der Programmiersprachen werden eingeführt anhand einer spezifischen Programmiersprache, PROSA genannt (**PRO**grammiersprache **SA**arbrücken). PROSA ist der Programmiersprache Pascal sehr ähnlich, weicht aber in einigen Punkten (z.B. dynamische Felder, geschachtelte Verbunde) aus didaktischen Gründen ab. Die Abweichungen dienen zum einen der Vereinfachung, und zum anderen der Illustration einiger Konzepte, die Pascal nicht kennt. Die Benutzung von Pascal in einem begleitenden Programmierpraktikum stellt aber keinerlei Problem dar.

Syntax und Semantik von PROSA werden formal definiert. Für die Beschreibung der Syntax haben wir uns für attributierte Grammatiken (kontextfreie Grammatiken mit Attributen) entschieden. Dabei drücken die Attribute die Kontextbedingungen aus. Die Vorteile der attributierten Grammatiken liegen darin, daß sie die Kontextbedingungen in der Regel einfach zu formulieren erlauben, und daß sie zu einer Methode der Überprüfung der Kontextbedingungen durch einen Übersetzer der Programmiersprache führen. Bei der Definition der Semantik von PROSA haben wir uns aus mehreren Gründen für eine operationelle Semantik entschieden. Geeignet gewählt, ist eine solche Semantik einfach, intuitiv einleuchtend und daher auch für den Anfänger verständlich. Weiter erlaubt der operationelle Zugang eine direkte Einführung des Laufzeitbegriffes und eine einfache Herleitung der axiomatischen Semantik, die die Basis der üblichen Korrektheitsbeweise formt. Schließlich bietet sie einen natürlichen Zugang zur Übersetzung.

Die Verknüpfung von Programmiersprachen und Rechenmaschinen wird illustriert durch die Beschreibung eines Übersetzers, der PROSA in die Maschinensprache eines einfachen Rechners, RESA genannt (**RE**chner **SA**arbrücken), übersetzt. Hierzu wird die Übersetzung in überschaubare Teile zerlegt. Von jedem dieser Teile wird die Korrektheit bewiesen.

Wir haben uns für dieses Buch folgende konkrete Ziele gesetzt. Wir vermitteln dem Leser gründliche Kenntnisse einer typischen höheren Programmiersprache und der zu ihrer Beschreibung benötigten Methoden. Danach sollte es ihm leicht fallen, sich weitere Programmiersprachen selbständig zu erarbeiten. Durch die Vielzahl der Beispiele, die ihm auch einen ersten Fundus an interessanten Algorithmen vermitteln, erwirbt der Leser ein gutes intuitives Verständnis der Konzepte, und durch ihre mathematische Behandlung durchdringt er sie. Der Leser lernt zwei umfangreiche Systeme kennen und verstehen: die formale Beschreibung von PROSA und die Übersetzung von PROSA nach RESA; dies bildet ihn in einem wesentlichen Bereich der Tätigkeit eines Informatikers aus: dem Entwurf komplexer Systeme. Wir haben großen Wert darauf gelegt, die in diesem Buch angegebenen Programme als korrekt zu beweisen und ihre Laufzeit zu analysieren, und hoffen, damit beim Leser ein Verhaltensmuster zu fördern.

Wir geben nun eine Übersicht über den Inhalt der einzelnen Kapitel. Im ersten Kapitel legen wir das Fundament für die mathematische Behandlung von Programmiersprachen und Programmen. Wir führen zunächst wichtige Begriffe wie Relation und Funktion ein; dabei betrachten wir partielle Funktionen als den "Normalfall". Der Abschnitt 1.3 ist den Worten (d.h. Zeichenreihen, *strings*) gewidmet. In Abschnitt 1.4 behandeln wir dann ausführlich kontextfreie Grammatiken als Mittel zur Definition der Syntax formaler Sprachen. Die Semantik formaler Sprachen ist dann der Gegenstand der Abschnitte 1.5 (rekursiv definierte Funktionen), 1.6 (attributierte Grammatiken) und 1.7 (mathematische Maschinen). Etwas präziser: Da die Sätze einer durch eine Grammatik definierten formalen Sprache eine Struktur besitzen, liegt es nahe, diese Struktur zur Definition der Semantik auszunutzen. Die dafür benutzten Methoden werden in den Abschnitten 1.5 und 1.6 bereitgestellt. Den alternativen algorithmischen Zugang behandeln wir dann in Abschnitt 1.7. Das dort vorgestellte allgemeine Konzept der mathematischen Maschine ist die Grundlage für die später benutzte operationelle Semantik. Die Abschnitte 1.4, 1.5 und 1.7 können parallel zum Kapitel II erarbeitet werden, der Abschnitt 1.6 wird erst in Kapitel III gebraucht.

Im zweiten Kapitel behandeln wir arithmetische Ausdrücke mit dem im ersten Kapitel eingeführten Apparat. Ausdrücke bilden eines der einfachsten sinnvollen Beispiele, an denen man alle im ersten Kapitel eingeführten Konzepte erproben und einüben kann. Wir gehen dabei nicht nur auf klassische Notationen ein, die aus der Elementarmathematik bekannt sind, sondern auch auf Sonderformen — wie z.B. vollständig geklammerte Ausdrücke, klammerfreie Notation —, die der maschinellen Verarbeitung besonders angepaßt sind.

Wir beginnen mit den vollständig geklammerten Ausdrücken. Bei diesen Ausdrücken ist die Reihenfolge der Operationen vollständig durch die Klammerung festgelegt. Zunächst definieren wir die Semantik, d.h. den durch den Ausdruck dargestellten Wert, auf zwei Arten: algebraisch und algorithmisch. Die algebraische Definitionsmethode benutzt die Struktur eines Ausdrucks, um seine Bedeutung zu definieren, d.h. sie definiert die Bedeutung eines Ausdrucks unter Benutzung der Bedeutung seiner Unterausdrücke. Die algorithmische Definition benutzt eine einfache mathematische Maschine, die Ausdrücke auswertet. Eine zentrale Aussage des Kapitels ist die Äquivalenz der beiden Ansätze. Wir illustrieren auch, inwiefern diese Maschine die syntaktische Struktur der auszuwertenden Ausdrücke erkennt. Dann führen wir den Begriff der Übersetzung ein, d.h. der Transformation einer formalen Sprache in eine andere unter Bewahrung der Semantik. Wir zeigen, wie man vollständig geklammerte Ausdrücke in eine eindeutige klammerfreie Notation überführt. Schließlich vergleichen wir verschiedene Ansätze der algorithmischen Definition und illustrieren so den Begriff der Simulation.

Vollständig geklammerte Ausdrücke sind zu restriktiv, um praktisch brauchbar zu sein. Unvollständig geklammerte Ausdrücke mit Prioritäten werden im Alltagsleben, in der Mathematik und in den meisten Programmiersprachen benutzt. Wir wiederholen daher wesentliche Teile der Diskussion für diese praktisch bedeutsame Notation in Abschnitt 2.2.

Im dritten Kapitel beginnen wir mit der Beschreibung der Programmiersprache PROSA, und führen anhand von PROSA die grundlegenden Konzepte Algolähnlicher Programmiersprachen ein. PROSA ist sowohl was die Sprachkonzepte, als auch was die Syntax betrifft weitgehend an Pascal angelehnt. Dort, wo wir in den Kapiteln III, IV und VI von Pascal abweichen, machen wir darauf aufmerksam. Außerdem verweisen wir an diesen Stellen auf Ähnlichkeiten und Unterschiede zu anderen verbreiteten Programmiersprachen, wie Algol-60, PL/I und Ada.

Dieses Kapitel ist wie folgt strukturiert: In Abschnitt 3.1 führen wir die grundlegenden Begriffe Syntax, Kontextbedingungen und Semantik ein und legen einige Notationen für den Rest des Kapitels fest. Programme rechnen mit Objekten (Daten); sie werden in Abschnitt 3.2 eingeführt. In 3.3 geben wir dann ein erstes Beispiel eines PROSA-Programms und diskutieren anhand dieses Beispiels wichtige Aspekte algorithmischer Sprachen. In 3.4 beginnen wir mit der Definition der PROSA-Maschine. Mit ihrer Hilfe geben wir eine operationelle Semantik von PROSA an. Die PROSA-Maschine ist eine mathematische Maschine (siehe 1.7), die PROSA-Programme ausführt. Eine solche Maschine wird üblicherweise Interpretierer genannt. In den Abschnitten 3.5 bis 3.8 wird dann PROSA formal definiert: der Deklarationsteil in 3.5, der Anweisungsteil in 3.7 und das Programm in 3.6; Abschnitt 3.8 ist eine kurze Zusammenfassung. In den Abschnitten 3.9 und 3.10 behandeln wir dann Korrektheitsbeweise und Laufzeitanalysen und ernten die Früchte der formalen Definition von PROSA. Die mithilfe der PROSA-Maschine definierte Semantik wird benutzt, um eine sogenannte axiomatische Semantik abzuleiten, welche für Korrektheitsbeweise von Programmen geeigneter ist als die operationelle

Semantik. Die PROSA-Maschine ist auch die Basis für die Behandlung der Effizienz von Programmen. Wir bestimmen diese größenordungsmäßig als die Zahl der Ausführungsschritte der PROSA-Maschine. Im Laufe dieser Abschnitte und noch einmal im Abschnitt 3.11 illustrieren wir PROSA an mehreren nichttrivialen Beispielen und geben so dem Leser einen ersten Eindruck von algorithmischem Problemlösen.

Im vierten Kapitel erweitern wir die in Kapitel III eingeführte einfache Programmiersprache um komplexe Datentypen, nämlich Felder und Verbunde, und um Zeiger. Ein Feld (*array, row*) ist eine Zusammenfassung von mehreren Variablen des gleichen Typs, ein Verbund (*record, structure*) ist eine Zusammenfassung von mehreren Variablen beliebigen Typs. Die Zeiger sind eine neue Menge von Variablen; eine Zeigervariable kann als Wert einen Verbund annehmen.

Dieses Kapitel ist wie folgt aufgebaut. Im ersten Abschnitt führen wir Felder ein und erläutern sie durch einige Beispiele. Im zweiten Abschnitt tun wir das gleiche für Verbunde und Zeiger. Im dritten Abschnitt schließlich beschreiben wir die neuen Konzepte formal und geben die erweiterte Syntax und Semantik von PROSA genau an.

Höhere Programmiersprachen wie etwa Pascal und PROSA dienen der Formulierung von Algorithmen durch den (menschlichen) Programmierer. Programme in höheren Programmiersprachen sind deshalb leicht lesbar. Sie können allerdings nicht direkt durch einen Rechner ausgeführt werden. Programme in höheren Programmiersprachen müssen also in die Maschinensprache eines Rechners übersetzt werden, bevor sie von diesem Rechner ausgeführt werden können.

Im fünften Kapitel werden der Rechner RESA und seine Maschinensprache eingeführt und gezeigt, wie man PROSA-Programme in RESA-Programme übersetzen kann. RESA wird mitsamt seiner Maschinensprache in Abschnitt 5.1 eingeführt. Dabei werden weder der innere Aufbau noch die technische Realisierung behandelt. Die weiteren Abschnitte beschreiben die Übersetzung.

Dieses Kapitel hat zwei Ziele. Zum einen wird bewiesen, daß PROSA in die Maschinensprache von RESA übersetzbar ist. Der Beweis ist konstruktiv, d.h. es wird ein Algorithmus angegeben, der diese Übersetzung leistet. Da dieser Übersetzer aus beweistechnischen Gründen etwas anders strukturiert ist als in der Praxis verwendete Übersetzer, wird zum anderen—allerdings informell—beschrieben, wie reale Übersetzer aufgebaut sind und wie sie arbeiten.

In Kapitel VI steht dann eine weitere Spracherweiterung an, die PROSA weiter in Richtung einer praktisch verwendbaren Programmiersprache bringt: die Prozeduren.

Der Aufbau dieses Kapitels ist wie folgt. Im Abschnitt 6.1 geben wir eine Einführung. Dazu führen wir anhand verschiedener Beispiele die wesentlichen neuen Konzepte ein. Die Darstellung ist informell. Im Abschnitt 6.2 behandeln wir dann die neuen Konzepte mit Hilfe vieler Beispiele genauer. Diese Beispiele illustrieren die – zum Teil nichttrivialen – Eigenschaften der Prozeduren. Sie behandeln auch Korrektheitsbeweise und Laufzeitanalysen bei Programmen mit Prozeduren. Im Abschnitt 6.3 behandeln wir dann die Syntax und im Abschnitt 6.4 die Semantik genau.

Im siebten Kapitel beschreiben wir die Übersetzung von PROSA mit Prozeduren nach RESA. Es kommen nun zum Übersetzungsproblem von Kapitel V zwei neue Probleme hinzu:

1) Prozeduren erlauben eine flexiblere Kontrollstruktur;

2) Prozeduren erzwingen eine aufwendigere Speicherverwaltung.

Das größere Problem ist dabei die Speicherverwaltung. Wir diskutieren die Speicherorganisation ausführlich in Abschnitt 7.1 und geben an, wie der Bindungskeller und der Speicherzustand der PROSA-Maschine sich in der Speicherbelegung der RESA-Maschine widerspiegeln. Danach beschreiben wir in Abschnitt 7.2 den Speicherzugriff, d.h. wie wir angewandte Vorkommen von Namen nach RESA übersetzen. In Abschnitt 7.3 geben wir dann die eigentliche Übersetzung an und zeigen, welche RESA-Anweisungen aus PROSA-Anweisungen erzeugt werden müssen.

Da Pascal beim Erscheinen dieses Buches das für Informatikverhältnisse ehrwürdige Alter von 16 Jahren erreicht hat, und PROSA wegen seiner Nähe zu Pascal dessen Stärken und Schwächen teilt, fehlen beiden für neuere Programmiersprachen entwickelte Konzepte , die für die effiziente Konstruktion zuverlässiger Programme sehr hilfreich sind. Einige solcher möglicher Spracherweiterungen stellen wir kurz im Kapitel VIII vor. Im Abschnitt 8.1 wird ein Konzept zur Unterstützung des modularen Aufbaus von Programmen beschrieben. Der Abschnitt 8.2 führt dann polymorphe Funktionen und Prozeduren ein. Solche Funktionen und Prozeduren haben also Typparameter. Im Abschnitt 8.3 werden einige verallgemeinerte Kontrollstrukturen eingeführt, die sich dann im Abschnitt 8.4 als sehr nützlich für die Formulierung paralleler Prozesse erweisen.

Abbildung 1 zeigt die logische Abhängigkeit der Kapitel. Aus ihr ersieht man, in welcher Reihenfolge die verschiedenen Kapitel bzw. Abschnitte sinnvoll gelesen werden können. Unabhängig von dieser Reihenfolge ist eine mehr oder weniger vertiefte Lektüre des Buches möglich. Insbesondere erlauben es die informellen Einführungen und ausführlichen Beispiele, bei einer ersten Lektüre auf die detaillierten formalen Ausführungen zu verzichten.

Dieses Buch ist aus Grundvorlesungen hervorgegangen, die die Autoren in den letzten Jahren an der Universität des Saarlandes gehalten haben. Im ersten Studienjahr hören unsere Studenten die Vorlesungen *Grundlagen der Programmiersprachen* und *Struktur von Rechenanlagen*, und durchlaufen ein Programmierpraktikum. Wir verweben dabei die Inhalte der beiden Vorlesungen und behandeln Rechenanlagen nach Kapitel IV oder V dieses Buches; alternativ können Rechenanlagen auch vor oder nach dem Stoff dieses Buches behandelt werden. Der Umfang dieses Buches übersteigt den einer einsemestrigen vierstündigen Vorlesung; deshalb setzten wir voraus, daß die Hörer sich einzelne Abschnitte des Buches, z.B. die informellen Einführungen und die größeren Beispiele, selbständig erarbeiten.

Wir möchten unseren Kollegen, insbesondere Günter Hotz und Wolfgang Wahlster, sowie zahlreichen Mitarbeitern und kritischen Studenten für viele fruchtbare Diskussionen und Hinweise danken. Kurt Sieber hat bei der Konzeption der operationellen Semantik seine Erfahrung mit der Semantik von Programmiersprachen eingebracht. Christian Uhrig hat einen Teil der Aufgaben formuliert, gesammelt bzw. zusammengestellt und die redaktionellen Arbeiten koordiniert. Meta Rebeck-Güttler hat das gesamte Buch Korrektur gelesen. Gabriele Jacquinot, Brigitte Kuhn, Anette Lucks, Michael Müller, Hans-J. Profitlich, Klaus-Dieter Rottmann und Nikola Truxa haben mit Unterstützung der beiden TEXniker Dieter Maurer und Hans Rohnert die TEXmanuskripte für das Buch erstellt. Georg Hickel und Michael Baston haben die Abbildungen gefertigt.

Dem Teubner-Verlag, insbesondere Herrn Dr. Spuhler, danken wir sehr herzlich dafür, daß sie nie die Hoffnung aufgegeben haben.

Saarbrücken, im Sommer 1986

Jacques Loeckx
Kurt Mehlhorn
Reinhard Wilhelm

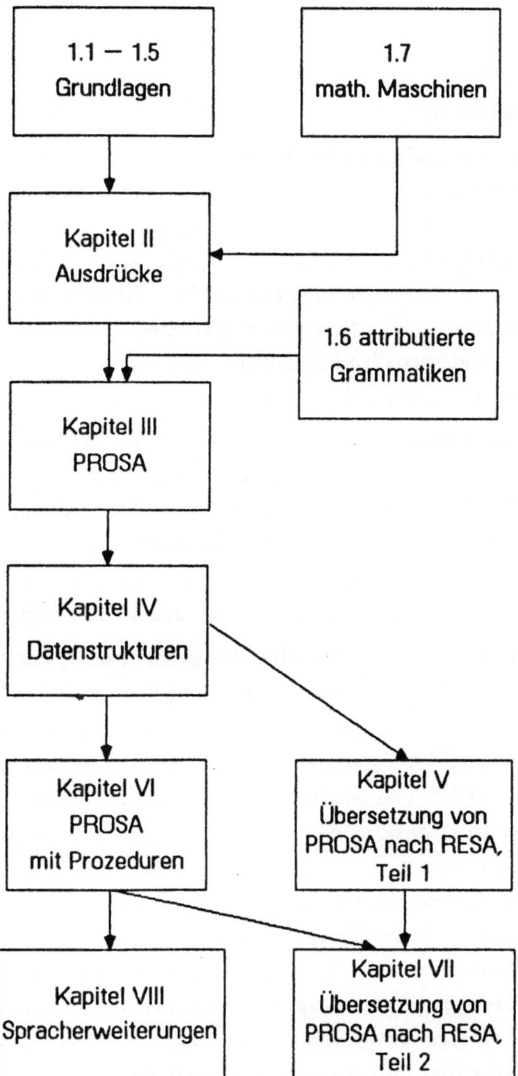

Abb. 1. Die logische Abhängigkeit der Kapitel. Die Abschnitte 1.4, 1.5 und 1.7 können parallel zu Kapitel II erarbeitet werden; dabei wird Abschnitt 1.7 erst im Laufe von Kapitel II gebraucht.

Inhaltsverzeichnis

Einleitung

Die Programmiersprache als Werkzeug

Die Programmiersprache ist das wichtigste Werkzeug des Programmierers, des Softwareentwicklers. In ihr beschreibt er erstens die Objekte, mit denen sein Programm arbeiten soll, also z.B. ganze Zahlen, Zeichenfolgen, Sammlungen solcher Objekte, oder Dateien. Außerdem formuliert er in ihr die Rechenvorschriften auf diesen Objekten, z.B. die Berechnung einer Raketenbahn, die Buchung eines Geldbetrages auf der Kontodatei einer Bank oder das Sortieren der Einträge der Kontendatei in alphabetischer Reihenfolge der Namen. Dazu legt er in der Programmiersprache fest, wie verschiedene Programme in einem — möglicherweise sehr komplexen — Gesamtsystem kooperieren. Das Kontoführungsprogramm einer Bank etwa kommuniziert über geeignete Datenfernverarbeitungsprogramme mit ähnlichen Programmen in anderen Banken, um eingehende und hinausgehende Überweisungen zu registrieren.

Ähnlich wie ein Ingenieur in anderen Disziplinen "baut" der Softwareentwickler gemäß einer geeigneten Methodik aus elementaren Einheiten größere Einheiten bis zu einem fertigen Produkt zusammen, und ähnlich wie in anderen Bereichen muß das Produkt den Anforderungen genügen und effizient sein. Häufiger als in anderen Bereichen der Ingenieurwissenschaften ist aber das fertige Produkt nicht ein Konsumartikel wie etwa ein Fernsehgerät, ein Wohnhaus oder ein Auto, sondern seinerseits ein Werkzeug für Ingenieure, Kaufleute, Politiker oder Informatiker.

Ein **Betriebssystem** etwa, welches die Betriebsmittel des Rechnersystems, wie Prozessor, Arbeitsspeicher, Plattenspeicher, Ein/Ausgabegeräte verwaltet und nach bestimmten Prioritäten und Strategien den aktuellen Benutzern zuweist, macht den Rechner erst für die Benutzer effektiv verfügbar. Eine problemnahe Programmiersprache wird — im Gegensatz zur Maschinensprache eines Rechners — erst durch ein **Übersetzerprogramm**, welches sie in die Maschinensprache übersetzt, auf diesem Rechner verwendbar. Ein **Datenbanksystem** erlaubt es einer Firma, Übersicht über ihre Zulieferer und ihre Kunden zu haben und alle in der Produktion verwendeten Teile mit ihren Spezifikationen zu erfassen, aber auch dem Staat, Informationen über Verkehrssünder, gestohlene Kraftfahrzeuge und mutmaßliche Verbrecher zu sammeln. Ein **Lagerhaltungssystem** bietet dem Kaufmann jederzeit Überblick über den aktuellen Stand seines Lagers an und druckt automatisch Bestellungen für Artikel aus, die nicht mehr in ausreichender Menge vorhanden sind.

Die angesprochenen Systeme und mit ihnen alle komplexen Programmsysteme lassen sich nur entwickeln, wenn man für sie eine geeignete Struktur und damit eine Aufteilung in überschaubare oder wiederum gut strukturierbare Teilsysteme gefunden hat. Die Beschreibung der Struktur eines Programmsystems und der Interaktion der verschiedenen Teilsysteme bezeichnet man mit dem Begriff **Programmieren im großen**, das Realisieren der Teilsysteme und speziell der darin benutzten Rechenvorschriften mit **Programmieren im kleinen**.

Für das Programmieren im kleinen hat sich insbesondere im Ausbildungsbereich die Programmiersprache PASCAL von N. Wirth durchgesetzt, welche in vieler Beziehung Vorbild für die in diesem Buch formal definierte Programmiersprache PROSA ist. Da zunächst — in den Kapiteln I und II — die formalen Grundlagen für die Beschreibung von Programmmiersprachen gelegt werden, folgen jetzt zur besseren Motivation des Lesers einige Beispiele von Programmen, geschrieben in stilisiertem Deutsch, anhand derer einige wichtige Begriffe über Programme — Korrektheit, Effizienz und Terminierung — illustriert werden.

Einige Programmbeispiele

In den folgenden Programmen treten "Programmvariablen" m, k, $anzahl$, z usw. auf. Sie stehen als Namen für "Behälter", welche zu jedem Zeitpunkt der Ausführung eines Programms jeweils genau eine ganze Zahl, eine reelle Zahl oder ein Zeichen enthalten können.

Auf den Behältern sind gewisse Operationen möglich, von denen die vier folgenden hier erwähnt seien:

"setze i auf 0"
    Bedeutung: Der Inhalt des Behälters mit Namen i wird durch die Zahl 0 ersetzt. Der alte Inhalt geht dabei verloren.

"erhöhe i um 1"
    Bedeutung: Der Inhalt von i wird um 1 erhöht.

"vertausche i mit j"
    Bedeutung: Die Inhalte von i und j werden vertauscht.

"$i < j$"
    Bedeutung: Die Inhalte von i und j werden verglichen (sie bleiben dabei unverändert). Das Ergebnis des Vergleichs ist "wahr", falls der Inhalt von i kleiner als der Inhalt von j ist, "falsch" sonst.

Es folgen jetzt vier Programmbeispiele.

Erstes Beipiel: Mustererkennung

Problemstellung:

Gegeben seien zwei Worte: ein "Text" t und ein "Muster" m. Die Aufgabe besteht darin herauszufinden, wie oft m in t vorkommt.

Beispiel:

Text:	$t = $ 'montagmittag'
Muster:	$m = $ 'ag'
Antwort:	zweimal

Eine präzisere Formulierung der Aufgabenstellung ist wie folgt:

Gegeben: Ein Text $t = t_0 t_1 \ldots t_{r-1}$ und ein Muster $m = m_0 m_1 \ldots m_{p-1}$, wobei $r \geq 1, p \geq 1$ und die $t_0, \ldots, t_{r-1}, m_0, \ldots, m_{p-1}$ Zeichen sind.

Aufgabe: Man bestimme die Anzahl der i, $0 \leq i \leq r - p$, für die gilt: $t_{i+j} = m_j$ für alle j, $0 \leq j \leq p - 1$

Eine Lösungsmethode besteht darin, einen "Zeiger" z im Text t von links nach rechts zu "schieben" ($z = 0, 1, \ldots, r-p$). Dabei vergleicht man den bei dem Zeiger z beginnenden Teiltext mit dem Muster m (siehe Zeichnung); jeweils dann, wenn man eine Übereinstimmung findet, erhöht man die gesuchte Anzahl um 1.

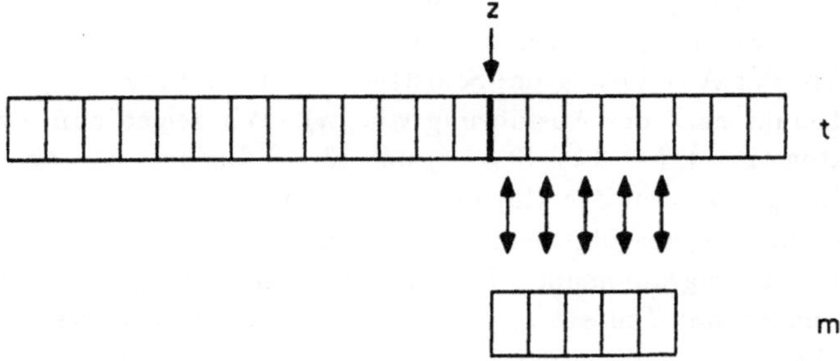

Ein Programm, das nach dieser Methode arbeitet, ist das nachfolgende "Programm 1".

Programm 1:

- setze z auf 0;	(1)
- setze *anzahl* auf 0;	(2)
- solange $z \leq r - p$ ist, tue	(3)

> - vergleiche $t_z t_{z+1} \ldots t_{z+p-1}$ mit $m_0 m_1 \ldots m_{p-1}$; $\hspace{2cm}$ (3.1)
>
> - falls Übereinstimmung, $\hspace{2cm}$ (3.2)
>
> > - erhöhe *anzahl* um 1; $\hspace{2cm}$ (3.2.1)
>
> - erhöhe z um 1; $\hspace{2cm}$ (3.3)

Das Programm 1 besteht aus drei Anweisungen. In den ersten beiden Anweisungen setzen wir z und *anzahl* auf 0. Die dritte Anweisung ist eine **Schleifenanweisung** (kurz **Schleife**). Eine Schleife besteht aus einer **Schleifenbedingung** (hier $z \le r - p$) und einem **Schleifenrumpf**. Der Schleifenrumpf ist eine Folge von Anweisungen (hier die Folge der Anweisungen (3.1), (3.2) und (3.3)). Die Ausführung einer Schleife besteht darin, den Schleifenrumpf auszuführen, solange die Schleifenbedingung gilt. In unserem Beispiel wird also der Rumpf für $z = 0, 1, 2, \ldots, r - p$ ausgeführt. Beachten Sie dabei, daß z im Rumpf in der Anweisung (3.3) um eins erhöht wird. Im Rumpf vergleichen wir in der Anweisung (3.1), die wir später noch in einfachere Anweisungen auflösen werden, das Muster mit dem bei z beginnenden Teiltext. Die Anweisung (3.2) ist eine **bedingte Anweisung**. Eine bedingte Anweisung besteht aus einem Test (hier "falls Übereinstimmung") und einer Anweisung (hier (3.2.1)), die nur ausgeführt wird, falls der Test positiv verläuft. Mit der Anweisung (3.3) schieben wir schließlich das Muster um eine Position nach hinten relativ zum Text.

Der Leser wird wahrscheinlich intuitiv akzeptieren, daß dieses Programm die gestellte Aufgabe löst. Umso instruktiver ist es, dies zu beweisen. Wir sind dann für schwerere Beispiele gewappnet. Für den Beweis führen wir den Begriff des "Programmpunkts" ein: wenn (n) ein Schritt ist, dann stellt der Programmpunkt $(\to n)$ den Zeitpunkt vor der Ausführung des Schrittes (n) dar und der Programmpunkt $(n \to)$ den Zeitpunkt nach der Ausführung von (n). Wir zeigen nun, daß in den Programmpunkten $(2 \to)$, $(\to 3.1)$, $(3.3 \to)$ und $(3 \to)$ folgende Aussage gilt: "Im Teiltext $t_0 t_1 \ldots t_{z+p-2}$ kommt das Muster m *anzahl* mal vor". Man beachte dabei, daß $(\to 3.1)$ und $(3.3 \to)$ im allgemeinen öfter "erreicht" werden, $(3 \to)$ aber nur einmal, nämlich am Programmende. Für $(2 \to)$ ist die Aussage klar, da *anzahl* gleich null ist und da der Teiltext $t_0 t_1 \ldots t_{p-2}$ kürzer als das Muster ist. Es ist auch klar, daß die Aussage gilt, wenn $(\to 3.1)$ zum ersten Mal erreicht wird. Für die weiteren Durchläufe gilt die Aussage ebenfalls, vorausgesetzt, daß sie jeweils "vorher" in $(3.3 \to)$ gilt. Zu zeigen bleibt deshalb, daß die Aussage in $(3.3 \to)$ gilt, unter der Voraussetzung, daß sie in $(\to 3.1)$ gilt. Beachten Sie dabei, daß die Ausführung einer Schleife aus einer wiederholten (solange die Schleifenbedingung zutrifft) Ausführung des Rumpfes besteht. Jede Ausführung der Anweisung (3.1), die nicht die erste ist, folgt also auf eine Ausführung der Anweisung (3.3).

Gelte die Aussage in $(\to 3.1)$ für ein $z = z_0$ und *anzahl* $=$ *anzahl*$_0$, d.h. im Teiltext $t_0 \ldots t_{z_0+p-2}$ kommt das Muster *anzahl*$_0$ mal vor. Nun wird $t_z \ldots t_{z+p-1}$ mit $m_0 \ldots m_{p-1}$ verglichen. Dazu unterscheidet man zwei Fälle:

1.Fall: Es wird Übereinstimmung gefunden, d.h. der Vergleich führt zu dem Ergebnis, daß die Worte $t_z \ldots t_{z+p-1}$ und $m_0 \ldots m_{p-1}$ identisch sind. Es ist also ein neues Vorkommen des Musters gefunden. Der Wert $anzahl_0$ von $anzahl$ wird um 1 erhöht. Der Wert z_0 von z wird um 1 erhöht. Die Aussage gilt nun in $(3.3 \rightarrow)$ mit den neuen Werten von z und $anzahl$, nämlich $z_0 + 1$ und $anzahl_0 + 1$.

2.Fall: Es wird keine Übereinstimmung gefunden. Nur z wird um 1 auf $z_0 + 1$ erhöht. Die Aussage stimmt in $(3.3 \rightarrow)$ für die neuen Werte von z und $anzahl$, nämlich $z_0 + 1$ und $anzahl_0$.

Betrachten wir nun den Programmpunkt $(3 \rightarrow)$. Wenn dieser Punkt erreicht wird, gilt die Schleifenbedingung nicht mehr, d.h. $z = r - p + 1$. Ferner war der Programmpunkt unmittelbar davor entweder $(2 \rightarrow)$ oder $(3.3 \rightarrow)$ (Im ersten Fall ist der Text kürzer als das Muster). In jedem Fall zählt also $anzahl$ die Anzahl der Vorkommen des Musters m im Teiltext $t_0 t_1 \ldots t_r$, d.h. im ganzen Text. Wenn wir also den Programmpunkt $(3 \rightarrow)$ erreichen, hat $anzahl$ den gewünschten Wert. Man sagt, das Programm ist **partiell korrekt**. Warum die Einschränkung partiell? Beachten Sie, daß wir noch nicht gezeigt haben, daß der Programmpunkt $(3 \rightarrow)$ tatsächlich erreicht wird. Erst wenn wir gezeigt haben (siehe unten), daß der Punkt $(3 \rightarrow)$ auch erreicht wird, können wir unser Programm als **korrekt** (alternative Bezeichnung: **total korrekt**) bezeichnen.

Es ist nicht in jeder Programmiersprache möglich, die Gleichheit von Worten wie $t_z \ldots t_{z+p-2}$ und $m_0 \ldots m_{p-1}$ "direkt" zu prüfen. Deshalb wollen wir das Programm 1 durch Programm 2 ersetzen, welches statt dessen nur den Test auf Gleichheit zweier Zeichen durchführen muß.

Programm 2:

- setze z auf 0;
- setze $anzahl$ auf 0;
- solange $z \leq r - p$ ist, tue

> - setze j auf 0;
>
> - solange $j \leq p - 1$ und dann $t_{z+j} = m_j$, tue
>
> > - erhöhe j um 1
>
> - falls $j = p$ (d.h. Übereinstimmung!), dann
>
> > - erhöhe $anzahl$ um 1
>
> - erhöhe z um 1;

Macht man sich klar, daß die neu eingeführte "solange-Schleife" zusammen mit dem Test "$j = p$" die gleiche Bedeutung hat, wie die Schritte (3.1) und (3.2) in

Programm 1, so sieht man, daß auch das Programm 2 die gestellte Aufgabe löst. Beachten Sie, daß es dazu **nicht** nötig ist, zu wissen, welche Aufgabe Programm 1 löst. Wir beobachten vielmehr nur, daß Programm 1 und Programm 2 die gleiche Aufgabe lösen.

Eine wichtige Eigenschaft für den Benutzer eines Programms ist seine **Effizienz**, d.h. der Verbrauch an Betriebsmitteln (z.B. Rechenzeit, Speicherplatz) während der Ausführung des Programms. Die Laufzeit eines Programms, d.h. die Anzahl der ausgeführten "elementaren Operationen" (oder zumindest die Größenordnung dieser Anzahl), ist daher eine wichtige Größe. Wir berechnen nun diese Laufzeit für den Fall von Programm 2 in Abhängigkeit von der Länge des Textes und des Musters.

Wie schon gesagt, wird die äußere "solange-Schleife" genau $r - p + 1$ mal ausgeführt. Falls man davon ausgeht, daß r viel größer ist als p, sagt man, daß die äußere Schleife größenordnungsmäßig r mal ausgeführt wird. "Innerhalb" der äußeren Schleife ist der "teuerste" Schritt die innere "solange-Schleife"; denn sie erfordert mindestens zwei Vergleiche (falls schon die ersten Zeichen von Muster und aktuellem Teiltext nicht übereinstimmen), höchstens aber (falls ein Vorkommen des Musters gefunden wird) $2p$ Vergleiche und p Erhöhungen. Da man wieder nur an der Größenordnung der Anzahl der elementaren Operationen interessiert ist, ignoriert man die von p und r unabhängigen Schritte in der äußeren Schleife und die von p unabhängigen Schritte in der inneren Schleife. Somit kommt man zu dem Ergebnis, daß das Programm (im "ungünstigsten" Fall) größenordnungsmäßig $r \cdot p$ Operationen ausführen muß , d.h. seine Laufzeit ist größenordnungsmäßig $r \cdot p$. (Es sei angemerkt, daß es möglich ist, ein Programm für die gleiche Aufgabe zu konstruieren, dessen Laufzeit größenordnungsmäßig nur $r + p$ ist!)

Neben der Korrektheit und der Effizienz ist eine dritte Frage, welche sich im Zusammenhang mit Programmen stellt, die ihrer **Terminierung**. Ist sichergestellt, daß das obige Programm für alle Texte t (der Länge r) und alle Muster m (der Länge p) anhält? Für dieses Beispielprogramm ist diese Frage bereits durch die vorangehende Diskussion über die Effizienz beantwortet: da die Laufzeit des Programms größenordnungsmäßig $r \cdot p$ ist, ist sichergestellt, daß es terminiert. Meist ist es aber einfacher die Terminierung zu beweisen, als eine aussagekräftige Abschätzung der Laufzeit zu geben (siehe viertes Beispiel).

Zweites Beispiel: Minimumsuche

Problemstellung:

Gegeben: Eine Gruppe von n Behältern $a_1, \ldots, a_n (n \geq 1)$, besetzt mit n paarweise verschiedenen ganzen Zahlen.

Aufgabe: Man bestimme den Index des Behälters, der die kleinste Zahl enthält.

Eine Lösungsmethode besteht darin, die Inhalte der Behälter in der Ordnung aufsteigender Indizes zu untersuchen. Der Index des jeweiligen Behälters mit bisher kleinstem Element wird in einer Programmvariablen, etwa *min*, gemerkt (*min* kann als der Name eines zusätzlichen Behälters betrachtet werden). Der Inhalt des aktuell untersuchten Behälters wird mit dem Inhalt von a_{min} verglichen. Ist er kleiner als dieser, so wird *min* besetzt mit dem Index des aktuell untersuchten Behälters.

Programm:

- setze i auf 1;	(1)
- setze *min* auf 1;	(2)
- solange $i < n$ tue	(3)

- erhöhe i um 1;	(3.1)
- falls $a_i < a_{min}$, dann $\boxed{\text{- setze } min \text{ auf } i}$	(3.2)

Der Leser beweise, daß in den Programmpunkten $(2 \to)$, $(\to 3.1)$, $(3.2 \to)$, $(3 \to)$ jeweils die Aussage "$1 \leq min \leq i$ und $a_{min} \leq a_j$ für alle j mit $1 \leq j \leq i$ " gilt. Die Gültigkeit dieser Aussage im Punkt $(3 \to)$, d.h. für $i = n$, zeigt, daß das Programm die gestellte Aufgabe korrekt löst. Effizienz und Terminierung sind bei diesem Programm einfach festzustellen. Die Laufzeit ist größenordnungsmäßig n.

Drittes Beispiel: Sortieren

Problemstellung:

Gegeben: Eine Gruppe von n Behältern $a_1, \ldots, a_n (n \geq 1)$ besetzt mit n paarweise verschiedenen ganzen Zahlen.

Aufgabe: Man vertausche die vorhandenen Inhalte so, daß gilt
$$inhalt(a_i) < inhalt(a_{i+1}) \text{ für } 1 \leq i \leq n - 1$$

Zur Lösung dieses Sortierproblems gehen wir iterativ vor, d.h. wir konstruieren immer größere Anfangssegmente des sortierten Feldes. Zunächst bestimmen wir mithilfe unserer Lösung für die Minimumsuche den kleinsten Inhalt, etwa $inhalt(a_{min})$, aller Behälter und vertauschen ihn mit dem Inhalt von a_1. Dann bestimmen wir den zweitkleinsten Inhalt aller Behälter, indem wir das Minimum der Behälter $a_2, \ldots, a_n$ suchen und es dann mit dem Inhalt von a_2 vertauschen, und so weiter. Allgemein besteht dann die Liste aus einem sortierten Teil, etwa

$a_1 a_2 \ldots a_k$, und einem — im allgemeinen noch nicht sortierten — Teil, nämlich $a_{k+1} \ldots a_n$. Dabei gilt die folgende Aussage (A):

$$inhalt(a_i) < inhalt(a_{i+1}) \qquad \text{für alle } i, \ 1 \leq i < k$$

und

$$inhalt(a_k) < inhalt(a_j) \qquad \text{für alle } j, \ k+1 \leq j \leq n$$

Das entsprechende Programm lautet:

Programm:

- setze k auf 0;
- solange $k < n - 1$ tue

- suche den Index *min* des Behälters mit dem kleinsten Element aus $a_{k+1}, \ldots, a_n$;

- vertausche a_{k+1} mit a_{min};

- erhöhe k um 1

Für die Anweisung "Suche den Index des Behälters ..." kann das Programm zur Minimumsuche eingesetzt werden, nachdem es so modifiziert wurde, daß es als Indexbereich der Behälter ein beliebig gegebenes Intervall (statt des — wie im zweiten Beispiel — festen Intervalls $1 \ldots n$) akzeptiert. Möglichkeiten dafür werden wir im Kapitel über Prozeduren und Parameter kennenlernen.

Als wesentliche Aussage für den Korrektheitsbeweis des Programms kann die obige Aussage (A) dienen. Sie gilt insbesondere am Programmanfang für $k = 0$, denn da ist der sortierte Abschnitt leer. Am Programmende, d.h. für $k = n - 1$ folgt aus der Aussage (A) die Korrektheit des Programms.

Wir überlegen uns nun noch die Laufzeit des Programms. Wir sahen oben, daß die Laufzeit für die Minimumsuche für m Behälter größenordnungsmäßig m ist. In unserem Sortierprogramm bestimmen wir sukzessive das Minimum von n, $n-1, \ldots, 2$ Zahlen. Also ist die Gesamtlaufzeit größenordnungsmäßig $n + (n-1) + \ldots + 2 = n(n-1)/2$, also quadratisch in n. Für das Sortierproblem gibt es auch Programme, deren Laufzeit größenordnungsmäßig nur $n \log n$ ist.

Viertes Beispiel: Größter Gemeinsamer Teiler

Problemstellung:

Gegeben: Zwei natürliche Zahlen a und b.

Aufgabe: Bestimme den größten gemeinsamen Teiler $ggT(a,b)$ der Zahlen a und b, d.h. die größte natürliche Zahl, die a und b teilt.

Man benutzt bei der Aufstellung des Programms folgende Eigenschaften des größten gemeinsamen Teilers (ggT):

- wenn $b = 0$, dann $ggT(a,b) \ = \ a$
- wenn $b \neq 0$, dann $ggT(a,b) \ = \ ggT(b, a \ mod \ b)$, wobei $a \ mod \ b$ für den Rest der ganzzahligen Division von a durch b steht.

Damit ergibt sich folgende Lösungsmethode, auch Euklidischer Algorithmus genannt:

$$ggT(a,b) = \begin{cases} a & \text{falls } b = 0 \\ ggT(b, a \ mod \ b) & \text{sonst} \end{cases}$$

Diese Lösungsmethode stellt ein sogenanntes **rekursives** Programm dar: bei der Berechnung des Wertes von ggT für die Argumente a und b wird auf den Wert von ggT für die Argumente $b, a \ mod \ b$ zurückgegriffen. Der Fall $b = 0$ dient sozusagen als Bremse, an der dieses Zurückgreifen endet. Sehen wir uns dieses Programm an einer konkreten Eingabe an, etwa $a = 103\ 574$, $b = 63\ 459$. Wir erhalten

$$\begin{aligned}
ggT(103\ 574, 63\ 459) &= ggT(63\ 459, 40\ 115) \\
= ggT(40\ 115, 23\ 344) \quad &= ggT(23\ 344, 16\ 771) \\
= ggT(16\ 771, 6\ 573) \quad &= ggT(6\ 573, 3\ 625) \\
= ggT(3\ 625, 2\ 948) \quad &= ggT(2\ 948, 677) \\
= ggT(677, 240) \quad &= ggT(240, 197) \\
= ggT(197, 43) \quad &= ggT(43, 25) \\
= ggT(25, 18) \quad &= ggT(18, 7) \\
= ggT(7, 4) \quad &= ggT(4, 3) \\
= ggT(3, 1) \quad &= ggT(1, 0) \\
= 1 &
\end{aligned}$$

Allgemein entsteht eine (möglicherweise unendliche) Folge

$$(x_0, y_0), (x_1, y_1), \ldots, (x_k, y_k), \ldots$$

von Paaren natürlicher Zahlen mit

a) $x_0 = a$, $y_0 = b$

b) falls $y_k \neq 0$, dann existiert (x_{k+1}, y_{k+1}) und es gilt $x_{k+1} = y_k$ und $y_{k+1} = x_k \ mod \ y_k$

c) falls $y_k = 0$, dann ist (x_k, y_k) das letzte Glied der Folge und x_k das Resultat.

Wir zeigen nun zunächst die Terminierung. Da $y_{k+1} = (x_k \ mod \ y_k) < y_k$ nimmt die zweite Komponente der Folgenglieder monoton ab. Es gibt also ein $n \leq b + 1$ mit $y_n = 0$. Unser Programm hält demnach stets an, d.h. es terminiert. Wir zeigen nun die Korrektheit unseres Programms, d.h. wir zeigen, daß der Wert mit dem das Programm hält, der größte gemeinsame Teiler von a und b ist. Dazu zeigen wir $ggT(x_i, y_i) = ggT(a, b)$ durch Induktion über i für alle i, $0 \leq i \leq n$. Für $i = 0$ ist das klar, weil $x_0 = a$ und $y_0 = b$. Für den Induktionsschritt benutzen wir die zweite Eigenschaft des ggT, nämlich

$$
\begin{aligned}
ggT(x_{i+1}, y_{i+1}) \quad &= ggT(y_i, x_i \bmod y_i), \quad && \text{Definition von } x_{i+1} \text{ und } y_{i+1} \\
&= ggT(x_i, y_i), && \text{Eigenschaft von } ggT \\
&= ggT(a, b), && \text{Induktionsvoraussetzung}
\end{aligned}
$$

Insbesondere gilt also für $i = n$:

$$
ggT(a, b) \ = \ ggT(x_n, y_n) \ = \ ggT(x_n, 0) \ = \ x_n
$$

Wie steht es mit der Effizienz? Wir zeigten oben schon, daß $n \leq b + 1$, d.h. die Berechnung von $ggT(a, b)$ führt zu einer Folge von höchstens $b + 1$ Gliedern. Wenn wir in jeder Sekunde ein Folgenglied erzeugen, brauchen wir zur Berechnung von $ggT(103\,574, 63\,459)$ also höchstens 17.5 Stunden. Wir sehen an unserem Beispiel, daß die Rechnung kürzer sein kann. Wir wollen nun beweisen, daß sie **stets** viel kürzer ist. Dazu zeigen wir, daß die y_k sehr schnell abnehmen.

Behauptung 1. *Falls* $2 \leq k + 2 \leq n$ *, dann gilt* $y_{k+2} \ \leq \ y_k/2$

Beweis: Wir beobachten zunächst, daß $x_{k+1} > y_{k+1}$. Das folgt unmittelbar aus $x_{k+1} = y_k$ und $y_{k+1} = x_k \bmod y_k$. Also ist $x_{k+1} = cy_{k+1} + (x_{k+1} \bmod y_{k+1})$ für ein $c \geq 1$ und demnach $x_{k+1} \geq 2(x_{k+1} \bmod y_{k+1})$. Aus $y_k = x_{k+1}$ und $y_{k+2} = x_{k+1} \bmod y_{k+1}$ folgt nun die Behauptung. ∎

Wir benutzen nun die Behauptung 1, um eine obere Schranke für die Zahl n abzuleiten.

Behauptung 2. $n \leq 2 + 2\log b$

Beweis: Sei $n = 2i + j$ für $j \in \{1, 2\}$. Dann gilt nach Behauptung 1

$$
y_{2i} \leq y_{2(i-1)}/2 \leq y_{2(i-2)}/4 \leq \ldots \leq y_{2(i-l)}/2^l \leq \ldots \leq y_0/2^i
$$

Wegen $y_{2i} \geq 1$ ((x_{2i}, y_{2i}) ist nicht das letzte Folgenglied) folgt dann weiter $y_0 \geq y_{2i}2^i \geq 2^i$ und daher $i \leq \log y_0$. (Logarithmen sind in diesem Buch stets zur Basis 2.) Aus der Darstellung von n folgt dann $n \leq 2 + 2\log y_0$. ∎

Wenn wir nun die Behauptung 2 auf unser Beispiel anwenden, erhalten wir

$$
n \leq 2 + 2\log 63\,459 \leq 2 + 2 \cdot 16 = 34
$$

Wenn wir wieder annehmen, daß wir ein Folgenglied pro Sekunde erzeugen, haben wir also die Gewißheit, nach spätestens 34 Sekunden fertig zu sein. Allgemein können wir schließen, daß der Euklidische Algorithmus auch für sehr große Zahlen benutzbar ist.

Aufgaben zur Einleitung

1) Gegeben seien zwei ganze Zahlen n und m. Schreiben Sie ein Programm, welches das Produkt $n \cdot m$ berechnet und zwar durch wiederholte Addition, d.h. durch m-maliges Aufaddieren der Zahl n. Geben Sie — wie in den Beispielprogrammen der Vorlesung — Aussagen an, die vor und nach Ausführung einer "solange-Schleife" gültig sind und beweisen Sie damit die Korrektheit des Programms.

2) Gegeben sei ein n-stelliges Polynom: $P_n(x) = a_n x^n + \ldots + a_1 x + a_0$. Schreiben Sie ein Programm, das den Wert des Polynoms an einer gegebenen Stelle x_0 berechnet: $P_n(x_0) = a_n x_0^n + a_{n-1} x_0^{n-1} + \ldots + a_1 x_0 + a_0$. Dies kann man in der naheliegenden Weise tun: Berechne x_0^n, multipliziere mit a_n usw.. Man kann $P_n(x)$ aber auch darstellen als $(\ldots ((a_n \cdot x + a_{n-1}) \cdot x + a_{n-2}) \cdot x + \ldots) \ldots) + a_0$. Diese Darstellung legt eine andere Auswertungsstrategie nahe. Ihr Programm soll sich an diese Strategie halten. Vergleichen Sie für die beiden Strategien, wieviel Multiplikationen jeweils notwendig sind.

3) Geben Sie ein Programm an, das zu einer natürlichen Zahl n die Zahl $n!$ berechnet $(n! = n \cdot (n-1) \cdot (n-2) \cdot \ldots \cdot 2 \cdot 1)$ und zwar:

a) ein gewöhnliches Programm;

b) ein rekursives Programm.

4) Betrachte folgendes Programm

- setze z auf 0   (1)
- solange $z = 0$ tue   (2)

<table>
<tr><td>- setze z auf 0</td><td style="text-align:right">(2.1)</td></tr>
</table>

Was halten Sie von der Aussage: Wenn der Programmpunkt $(2 \rightarrow)$ erreicht wird, dann hat z den Wert 17?

Kapitel I

Die formalen Grundlagen

In diesem Kapitel legen wir das Fundament. Wir führen zunächst die Begriffe Relation und Funktion ein; dabei betrachten wir partielle Funktionen als den "Normalfall". Der Abschnitt 1.3 ist den Worten (d.h. Zeichenreihen) gewidmet. In Abschnitt 1.4 behandeln wir dann ausführlich kontextfreie Grammatiken als Mittel zur Definition der Syntax formaler Sprachen. Die Semantik formaler Sprachen ist dann der Gegenstand der Abschnitte 1.5 (rekursiv definierte Funktionen), 1.6 (attributierte Grammatiken) und 1.7 (mathematische Maschinen). Etwas präziser: da die Sätze einer durch eine Grammatik definierten formalen Sprache eine Struktur besitzen, liegt es nahe, diese Struktur zur Definition der Semantik auszunutzen. Die dafür benutzten Methoden werden in den Abschnitten 1.5 und 1.6 bereitgestellt. Den alternativen algorithmischen Zugang behandeln wir dann in Abschnitt 1.7.

Die üblichen mengentheoretischen Begriffe (wie "Vereinigung", "ist Element von") und Notationen (wie $\cup$, $\in$) werden vorausgesetzt. Insbesondere ist $\mathbb{N}$ die Menge der natürlichen Zahlen und $\mathbb{N}_0$ die Menge der natürlichen Zahlen zusammen mit der Zahl Null.

Wir empfehlen dem Leser, zunächst nur die Abschnitte 1.1 bis 1.4 zu lesen und dann direkt mit dem Kapitel II zu beginnen. Dort wird dann zunächst auf den Abschnitt 1.5 und dann später auf den Abschnitt 1.7 Bezug genommen. Diese beiden Abschnitte sollten dann an den entsprechenden Stellen erarbeitet werden. Die attributierten Grammatiken aus Abschnitt 1.6 schließlich werden erst im Kapitel III benutzt.

1.1 Relationen

Wir führen den Begriff der Relation und für uns wichtige Spezialfälle und Eigenschaften ein.

Definition 1: Seien A und B Mengen. Eine Teilmenge $R \subseteq A \times B$ heißt **Relation** zwischen A und B. Falls $A = B$ ist, dann sprechen wir auch von einer Relation **auf** A. ∎

Beispiel 1:

(a) Sei A die Menge der EG-Länder, B die Menge der Städte in diesen Ländern. Die Relation "hat-Hauptstadt" ist die folgende Teilmenge von $A \times B$: {(Belgien, Brüssel), (Dänemark, Kopenhagen), (Bundesrepublik Deutschland, Bonn), (Frankreich, Paris), (Griechenland, Athen), (Großbritannien, London),... }.

(b) Die Relationen "ist gleich", "ist kleiner als" und "ist kleiner oder gleich", üblicherweise geschrieben als "=", "<", bzw. "$\leq$", sind Relationen auf $\mathbb{N}$.

(c) "teilt" ist eine Relation auf $\mathbb{N}$.

(d) Die Relationen "ist Vater von", "hat denselben Vater wie" und "ist (Voll)-Bruder von" sind Relationen auf der Menge der Menschen. ∎

Definition 2: Sei $R \subseteq A \times B$ eine Relation auf A.

(a) R heißt **reflexiv**, falls $(a,a) \in R$ für alle $a \in A$; R heißt **irreflexiv**, falls $(a,a) \notin R$ für alle $a \in A$.

(b) R heißt **symmetrisch**, falls für alle $a, b \in A$ gilt: falls $(a,b) \in R$, dann ist auch $(b,a) \in R$.

(c) R heißt **antisymmetrisch**, falls für alle $a, b \in A$ gilt: falls $(a,b) \in R$ und $(b,a) \in R$, dann ist $a = b$.

(d) R heißt **transitiv**, falls für alle $a, b, c \in A$ gilt: falls $(a,b) \in R$ und $(b,c) \in R$, dann ist $(a,c) \in R$.

(e) R heißt **Äquivalenzrelation**, falls R reflexiv, symmetrisch und transitiv ist.

(f) Sei R Äquivalenzrelation und $a \in A$. Dann heißt die Menge $\{b \in A \mid (a,b) \in R\}$ die **Äquivalenzklasse** von a. Wir schreiben dafür $[a]_R$, oder kurz $[a]$.
$A/_R = \{[a] \mid a \in A\}$ bezeichnet die Menge der Äquivalenzklassen der Äquivalenzrelation R. ∎

Fortführung des Beispiels:
Die Relation "<" auf $\mathbb{N}$ ist transitiv, aber weder reflexiv noch symmetrisch.
"$\leq$" ist reflexiv, transitiv und antisymmetrisch auf $\mathbb{N}$.
"teilt" ist reflexiv, transitiv und antisymmetrisch auf $\mathbb{N}$.
"ist Bruder von" ist transitiv, aber nicht reflexiv und nicht symmetrisch.
"hat denselben Vater wie" ist reflexiv, transitiv und symmetrisch, also eine Äquivalenzrelation. ∎

Wir ziehen eine wichtige Konsequenz aus diesen Definitionen.

Satz 1. *Sei R eine Äquivalenzrelation auf A und seien $a, b \in A$. Dann ist entweder $[a] = [b]$ oder $[a] \cap [b] = \emptyset$, d.h. die Äquivalenzklassen bilden eine disjunkte Zerlegung von A.*

Beweis: Wir zeigen zunächst zwei Hilfsbehauptungen.

Hilfsbehauptung 1. Aus $x \in [y]$ folgt $[y] \subseteq [x]$.

Beweis: Sei $d \in [y]$ beliebig. Aus $d \in [y]$ folgt nach Definition $(y, d) \in R$ und aus $x \in [y]$ folgt $(y, x) \in R$. Da R symmetrisch ist, folgt aus $(y, x) \in R$ auch $(x, y) \in R$. Wegen der Transitivität von R folgt dann aus $(x, y) \in R$ und $(y, d) \in R$ auch $(x, d) \in R$ und damit $d \in [x]$. Damit ist $[y] \subseteq [x]$ gezeigt. ∎

Hilfsbehauptung 2. Aus $c \in [a]$ folgt $[c] = [a]$.

Beweis: Aus $c \in [a]$ folgt nach Hilfsbehauptung 1 mit $x = c$ und $y = a$ zunächst $[a] \subseteq [c]$. Aus $c \in [a]$ und damit $(a, c) \in R$ folgt wegen der Symmetrie von R aber auch $(c, a) \in R$ und damit $a \in [c]$. Also gilt nach Hilfsbehauptung 1 auch $[c] \subseteq [a]$ und damit insgesamt $[c] = [a]$. ∎

Satz 1 folgt nun ganz leicht aus Hilfsbehauptung 1. Sei etwa $[a] \cap [b] \neq \emptyset$, d.h. $c \in [a] \cap [b]$ für ein $c \in A$. Hilfsbehauptung 2 liefert dann $[c] = [a]$ und $[c] = [b]$ und damit $[a] = [b]$. ∎

Folgende Konstruktion ermöglicht es, eine beliebige Relation R auf A zu einer Relation mit bestimmten Eigenschaften auszuweiten.

Definition 3: Sei $R \subseteq A \times A$ eine Relation auf einer Menge A.
Sei $R_0 = \{R' \mid R'$ ist reflexive und transitive Relation auf A und $R \subseteq R'\}$.
Die Relation

$$R^* = \bigcap_{R' \in R_0} R'$$

heißt **reflexive, transitive Hülle** von R. ∎

Bevor wir Beispiele geben, werden wir diese Namensgebung durch einen Satz untermauern, d.h. wir werden zeigen, daß R^* in der Tat eine reflexive und transitive Relation ist. Ferner geben wir eine "konstruktive" Charakterisierung von R^* an.

Satz 2.

(a) *Sei $R \subseteq A \times A$ eine Relation und sei R^* wie in Definition 3 definiert. Dann ist R^* reflexiv und transitiv.*

(b) Sei $\hat{R} \subseteq A \times A$ wie folgt definiert: $(a,b) \in \hat{R}$ gilt genau dann, wenn es eine Folge $a_0, a_1, \ldots, a_n$ von Elementen aus A gibt, $n \geq 0$, mit $a = a_0$ und $(a_i, a_{i+1}) \in R$ für $0 \leq i < n$, und $a_n = b$. Dann ist $\hat{R} = R^*$.

Beweis:

(a) Wir zeigen zunächst die Reflexivität von R^*. Sei $a \in A$ beliebig. Dann gilt $(a,a) \in R'$ für jedes $R' \in R_0$, da die Elemente von R_0 sämtlich reflexiv sind. Also ist $(a,a) \in R^*$.

Es bleibt die Transitivität von R^* zu zeigen. Seien also $a, b, c \in A$ mit $(a,b) \in R^*$ und $(b,c) \in R^*$. Aus der Definition von R^* folgt dann $(a,b) \in R'$ und $(b,c) \in R'$ für alle $R' \in R_0$. Da die Elemente von R_0 sämtlich transitiv sind, gilt dann auch $(a,c) \in R'$ für alle $R' \in R_0$, und damit $(a,c) \in R^*$. Also ist R^* transitiv.

(b) Wir zeigen zunächst folgende Hilfsbehauptung: $\hat{R}$ ist reflexiv und transitiv. Ferner ist $R \subseteq \hat{R}$.

Sei $a \in A$ beliebig. Betrachte die einelementige Folge a_0 mit $a_0 = a$. Sie liefert $(a,a) \in \hat{R}$, also ist $\hat{R}$ reflexiv. Seien nun $a, b, c \in A$ mit $(a,b) \in \hat{R}$ und $(b,c) \in \hat{R}$. Dann gibt es nach Definition von $\hat{R}$ Folgen $a_0, \ldots, a_n$ und $b_0, \ldots, b_m$ mit $a_0 = a$, $a_n = b$, $(a_i, a_{i+1}) \in R$ für $0 \leq i < n$, $b_0 = b$, $b_m = c$ und $(b_j, b_{j+1}) \in R$ für $0 \leq j < m$. Betrachte die Folge $c_0, \ldots, c_{n+m}$ mit $c_i = a_i$ für $0 \leq i \leq n$, und $c_i = b_{i-n}$ für $n + 1 \leq i \leq n + m$. Dann ist $c_0 = a_0 = a$, $c_{n+m} = b_m = c$ und $c_n = a_n = b = b_0$. Daher gilt (c_i, c_{i+1}) für $0 \leq i < n + m$ und damit $(a,c) \in \hat{R}$ nach Definition von $\hat{R}$. Dies zeigt die Transitivität von $\hat{R}$.

Seien schließlich $a, b \in A$ mit $(a,b) \in R$. Betrachtung der zweielementigen Folge a_0, a_1 mit $a_0 = a$, $a_1 = b$ liefert $(a,b) \in \hat{R}$. Damit ist $R \subseteq \hat{R}$ und die Hilfsbehauptung gezeigt.

Die Hilfsbehauptung liefert $\hat{R} \in R_0$. Aus der Definition von R^* folgt daher $R^* \subseteq \hat{R}$. Wir zeigen nun noch $\hat{R} \subseteq R^*$. Dazu genügt es, $\hat{R} \subseteq R'$ für alle $R' \in R_0$ zu zeigen. Seien $a, b \in A$ mit $(a,b) \in \hat{R}$. Dann gibt es nach Definition von $\hat{R}$ eine Folge $a_0, \ldots, a_n$ mit $a_0 = a$, $a_n = b$ und $(a_i, a_{i+1}) \in R$ für $0 \leq i < n$. Sei ferner $R' \in R_0$ beliebig. Wir zeigen nun durch Induktion über i, daß $(a_0, a_i) \in R'$ gilt für alle i, $0 \leq i \leq n$. Für den Induktionsanfang, d.h. für $i = 0$, folgt die Eigenschaft aus der Reflexivität von R'. Für den Induktionsschritt gilt $(a_0, a_i) \in R'$ durch Induktionsannahme. Dann folgt aus $(a_i, a_{i+1}) \in R \subseteq R'$ und der Transitivität von R' auch $(a_0, a_{i+1}) \in R'$. Damit ist $(a_0, a_i) \in R'$ für alle i gezeigt. Insbesondere folgt für $i = n$, daß $(a_0, a_n) \in R'$, d.h. $(a, b) \in R'$. Damit ist Satz 2 gezeigt. ∎

Definition 3 und Satz 2(b) liefern zwei Charakterisierungen der reflexiven, transitiven Hülle. Definition 3 ist eine "statische" Charakterisierung "von oben", d.h. durch Durchschnittsbildung, Satz 2(b) ist eine "konstruktive" Charakterisierung "von unten", d.h. eine aufbauende Konstruktion von R^* aus R. Beide Charakterisierungen haben ihre Vorzüge. Die konstruktive Charakterisierung erlaubt uns R^* tatsächlich zu konstruieren, dafür ist die Charakterisierung von oben wertlos. Die

Charakterisierung von oben macht dagegen Beweise oft wegen ihrer Eleganz einfacher. Wir werden diese beiden Vorgehensweisen im Abschnitt 1.5 wiederfinden.

Fortführung des Beispiels: Die reflexive transitive Hülle
 - von "$<$" ist "$\leq$";
 - von "$\leq$" ist "$\leq$" selbst;
 - von "ist Vater von" ist "ist Vorfahr von".   ∎

Eine weitere wichtige Klasse von Relationen bilden die Ordnungen.

Definition 4: Sei $R \subseteq A \times A$ eine Relation auf einer Menge A.

(a) R heißt **reflexive partielle Ordnung** (kürzer: **partielle Ordnung**), falls R reflexiv, antisymmetrisch und transitiv ist.

(b) R heißt **lineare Ordnung**, falls R eine partielle Ordnung ist, und für alle $a, b \in A$ gilt : entweder $(a, b) \in R$ oder $(b, a) \in R$.

(c) Sei R eine partielle Ordnung, sei $B \subseteq A$ und sei $a \in A$. Das Element a heißt **maximal** (bzw. **minimal**) in B, falls $a \in B$ und es kein $b \in B$ gibt mit $a \neq b$ und $(a, b) \in R$ (bzw. $(b, a) \in R$). Das Element a heißt **Maximum** (bzw. **Minimum**) in B, falls $(b, a) \in R$ (bzw. $(a, b) \in R$) für alle $b \in B$.

(d) Eine **irreflexive partielle Ordnung** ist definiert wie eine (reflexive) partielle Ordnung aber mit "irreflexiv" statt "reflexiv". Jeder (reflexiven) partiellen Ordnung $R \subseteq A \times A$ ist in natürlicher Weise eine irreflexive zugeordnet, nämlich $R - \{(a, a) \mid a \in A\}$ ∎

Fortführung des Beispiels: "$<$" ist eine irreflexive partielle Ordnung, "$\leq$" eine reflexive partielle Ordnung. Die Ordnung "$\leq$" auf $\mathbb{N}$ ist linear mit dem Minimum 0. Sie hat kein maximales Element. "teilt" ist eine partielle Ordnung auf $\mathbb{N}$ mit der Zahl 1 als Minimum.   ∎

Wir schließen diesen Abschnitt mit einer Bemerkung über die Notation. Wenn $R \subseteq A \times B$ eine Relation ist, dann schreiben wir für $(a, b) \in R$ auch oft aRb, d.h. wir benutzen Infixschreibweise. Ferner reservieren wir die Zeichen $\leq$, $\preceq$, $\sqsubseteq$ für reflexive (partielle und lineare) Ordnungen, $<$, $\prec$, $\sqsubset$ für die zugeordneten irreflexiven Ordnungen und $\equiv$ für Äquivalenzrelationen.

Aufgaben zu 1.1

1) Sei $A = \{1, 2, 3, 4\}$ und sei $R = \{(1, 1), (2, 2), (3, 3), (4, 4), (1, 2)\}$ eine Relation auf A. Ist R reflexiv, symmetrisch, antisymmetrisch, transitiv, eine Äquivalenzrelation, eine partielle Ordnung, eine lineare Ordnung?

2) Sei R eine Relation auf einer Menge A. Definiere die Relationen $R_0, R_1, \ldots$ durch

$R_0 = R \cup \{(a,a) \mid a \in A\}$

$R_{i+1} = R_i \cup \{(a,c) \mid$ es gibt $b \in A$ mit $(a,b) \in R_i$ und $(b,c) \in R_i\}$, für alle i.

Setze $\hat{R} = \bigcup_{i \geq 0} R_i$. Zeigen sie, daß $\hat{R} = R^*$.

3) Sei R eine Relation auf einer Menge A. Geben Sie eine Definition der symmetrischen Hülle von R (analog zu Definition 3, aber mit "symmetrisch" statt "reflexiv und transitiv"). Formulieren und beweisen Sie den zu Satz 2 analogen Satz.

4) Wiederholen Sie Aufgabe 3 für die reflexive, transitive und symmetrische Hülle.

5) Sei R eine transitive Relation auf einer Menge A. Zeigen Sie:

a) Sei die Relation "$\equiv$" auf A definiert durch:

$$a \equiv b \text{ genau dann, wenn } a = b \text{ oder } aRb \text{ und } bRa.$$

Zeigen Sie, daß "$\equiv$" eine Äquivalenzrelation auf A ist.

b) Sei $A_{/\equiv}$ die Menge der Äquivalenzklassen von "$\equiv$". Sei die Relation "$\leq$" auf $A_{/\equiv}$ definiert durch:

$$[a] \leq [b] \text{ genau, wenn } [a] = [b] \text{ oder } aRb.$$

Zeigen Sie, daß "$\leq$" wohldefiniert ist, und daß "$\leq$" eine partielle Ordnung auf $A_{/\equiv}$ ist.

1.2 Funktionen

Die meisten der folgenden Definitionen dürften dem Leser vertraut sein. Weil wir uns aber hauptsächlich für partielle Funktionen interessieren, weichen einige Definitionen von den üblichen Definitionen für totale Funktionen ab.

Definition 1: Seien A und B Mengen. Eine **(partielle) Funktion** F von A nach B, im Zeichen $F : A \dashrightarrow B$, ist eine Relation $F \subseteq A \times B$ mit der Eigenschaft: für alle $a \in A$ gibt es höchstens ein $b \in B$ mit $(a, b) \in F$. A heißt **Argumentbereich**, B heißt **Wertebereich** von F. Falls A eine Menge von n-Tupeln ist, $n \geq 1$, dann heißt n die **Stelligkeit** der Funktion. ∎

Ein Wort der Vorsicht ist an dieser Stelle angebracht. Für ein Element $a \in A$ ist die Existenz eines Elements $b \in B$ mit $(a, b) \in F$ nicht gefordert, d.h. es darf Elemente $a \in A$ geben, so daß kein $b \in B$ mit $(a, b) \in F$ existiert. Falls ein solches b stets existiert, werden wir von einer "totalen" Funktion sprechen. Wir werden Funktionen sehr oft durch Angabe von Rechenvorschriften (d.h. Algorithmen) definieren. Da solche Rechenvorschriften (wie Programme) keineswegs für alle Eingaben zu halten brauchen, vielmehr durchaus ohne Ausgabe eines Ergebnisses unendlich lang laufen können, führt das in natürlicher Weise zum Begriff der partiellen Funktion: $(a, b) \in F$ genau dann, wenn die Rechenvorschrift mit a als Eingabe (nach endlicher Zeit) b als Resultat liefert.

Definition 2: Sei $F : A \dashrightarrow B$ eine partielle Funktion

(a) Die Menge $Def(F) = \{a \in A \mid \exists b \in B : (a, b) \in F\}$ heißt **Definitionsbereich** von F.

(b) Falls $Def(F) = A$, dann heißt F **totale Funktion**. Wir schreiben $F : A \to B$.
∎

Sei $F : A \dashrightarrow B$ eine partielle Funktion und sei $(a, b) \in F$. Dann heißt b der **Wert** der Funktion F an der Stelle a, und wir schreiben dafür auch $F(a)$. Falls $a \notin Def(F)$, dann ist der Ausdruck $F(a)$ bedeutungslos. Wir sagen, F ist an der Stelle a **undefiniert** und schreiben dafür auch $F(a) =$ undefiniert. Letztere Schreibweise stellt einen groben Mißbrauch der Notation dar; sie ist aber allgemein üblich. Falls $Def(F) = \emptyset$, dann nennen wir F die **überall undefinierte Funktion**.

Beispiel 1:
Die Relation $Wurzel = \{(n^2, n) \mid n \in \mathbb{N}\}$ ist eine Funktion. Genauer: $Wurzel : \mathbb{N} \dashrightarrow \mathbb{N}$ ist eine partielle Funktion, nicht aber eine totale Funktion; der Definitionsbereich von $Wurzel$ ist ja gerade die Menge der Quadratzahlen:

$$Def(Wurzel) = \{n^2 \mid n \in \mathbb{N}\}$$

Es gilt:

> $Wurzel(9) = 3$;
> $Wurzel(8)$ ist undefiniert.

Dafür schreiben wir auch

> $Wurzel(8) =$ undefiniert.

Die Schreibweise der Wurzelfunktion als Teilmenge von $\mathbb{N} \times \mathbb{N}$ ist umständlich. Wir werden vielmehr in Zukunft folgende Schreibweise benutzen :

$Wurzel : \mathbb{N} \dashrightarrow \mathbb{N}$ ist die partielle Funktion definiert durch

$$Wurzel(x) = \begin{cases} n & \text{falls } x = n^2 \text{ für ein } n \in \mathbb{N} \\ \text{undefiniert} & \text{sonst} \end{cases}$$

Diese Schreibweise verdeutlicht auf einen Blick den Definitionsbereich der Funktion *Wurzel* und den Funktionswert für Elemente des Definitionsbereichs. Wir brauchen einige weitere Begriffe. ∎

Definition 3: Seien $F, G : A \dashrightarrow B$ und $H : B \dashrightarrow C$ partielle Funktionen.

(a) Die **Komposition** $H \circ G : A \dashrightarrow C$ von H und G ist gegeben durch
$H \circ G = \{(a, c) \mid a \in A, \ c \in C \text{ und es gibt } b \in B \text{ mit } (a, b) \in G \text{ und } (b, c) \in H\}$
Man sieht einfach ein, daß $H \circ G$ eine Funktion (und nicht bloß eine Relation) ist.

(b) G heißt **Erweiterung** von F oder G **erweitert** F, in Zeichen $F \sqsubseteq G$, falls $F \subseteq G$.

(c) Sei $A' \subseteq A$. Das **Bild** von A' unter F ist definiert als
$F(A') = \{b \in B \mid \exists a \in A' : (a, b) \in F\}$.

(d) Sei $A' \subseteq A$. Die **Einschränkung** von F auf Argumentbereich A', (in Zeichen $F/_{A'}$) ist gegeben durch $F/_{A'} = \{(a, b) \mid (a, b) \in F \text{ und } a \in A'\}$. ∎

Wiederum müssen wir warnen. Die Komposition von partiellen Funktionen stimmt nicht unbedingt mit Ihrer Intuition überein. Sei nämlich $H : B \dashrightarrow C$ eine totale Funktion mit konstantem Wert $c_0 \in C$, d.h. $H = \{(b, c_0) \mid b \in B\}$. Dann ist zwar $(H \circ G)(a) = c_0$ für alle $a \in Def(H \circ G)$, aber $H \circ G$ muß keineswegs total sein. Es gilt nämlich $Def(H \circ G) = Def(G)$.

Definition 4: Sei $F : A \rightarrow B$ eine totale Funktion.

(a) F heißt **injektiv**, falls aus $F(x) = F(y)$ folgt $x = y$.

(b) F heißt **surjektiv**, falls es für alle $b \in B$ ein $a \in A$ gibt mit $F(a) = b$.

(c) F heißt **bijektiv**, falls F injektiv und surjektiv ist. In dem Fall ist

$$F^{-1} = \{(b, a) \mid (a, b) \in F\}$$

eine totale Funktion von B nach A. Sie heißt die **Umkehrfunktion** von F. ∎

Zum Schluß noch zwei Notationen:

- $P(A, B) = \{F \mid F : A \dashrightarrow B\}$ ist die Menge der partiellen Funktionen von A nach B,
- $B^A = \{F \mid F : A \to B\}$ ist die Menge der totalen Funktionen von A nach B.

Aufgaben zu 1.2

1) Zeigen Sie: Die Relation "$\sqsubseteq$" auf $P(A, B)$ ist eine partielle Ordnung.

2) Zeigen Sie: seien A und B endliche Mengen, und sei $F : A \to B$ eine totale Funktion. Dann ist F injektiv genau dann, wenn F bijektiv ist.

3) Seien A und B endliche Mengen mit $n = |A|$ und $m = |B|$. Wieviele Funktionen gibt es in $P(A, B)$ und wieviele in B^A?

4) Sei $Quadrat : \mathbb{N} \to \mathbb{N}$ definiert durch $Quadrat(n) = n^2$ für alle $n \in \mathbb{N}$. Welche Funktionen sind: $Wurzel \circ Quadrat$, $Quadrat \circ Wurzel$?

1.3 Zeichen und Worte

Zeichen und Worte sind neben den Zahlen die wichtigsten Grundobjekte in der Informatik. Mit den mathematischen Eigenschaften der Zahlen sind wir alle seit langem vertraut, mit denen der Zeichen und Worte weniger. Wir führen daher die wichtigsten Begriffe und Eigenschaften ein.

Definition 1:

Ein **Alphabet** ist eine beliebige nicht-leere Menge, etwa Σ, deren Elemente **Zeichen** genannt werden.
∎

Zeichen aus Σ können zu Worten aneinandergereiht werden. Formal ist ein **Wort** der Länge n über dem Alphabet Σ eine Funktion

$$a : [1 \, . \, . \, n] \to \Sigma$$

wobei $n \in \mathbb{N}_0$ und $[1 \, . \, . \, n]$ die Menge $\{1, 2, \ldots, n\}$ bezeichnet.

Ein Wort $a : [1 \, . \, . \, n] \to \Sigma$ wird eindeutig beschrieben durch die Folge der Werte

$$(a(1), a(2), \ldots, a(n));$$

statt dessen schreibt man öfter

$$(a_1, a_2, \ldots, a_n)$$

oder sogar

$$a_1 a_2 \ldots a_n$$

Die letzte Schreibweise führt zu einer Mehrdeutigkeit, da nun kein Unterschied mehr besteht zwischen einem Zeichen aus Σ und dem Wort der Länge 1 über Σ, das aus genau diesem Zeichen besteht. Etwas genauer, das Zeichen $b \in \Sigma$ und das Wort $a : [1 \ldots 1] \to \Sigma$ mit $a(1) = b$ werden beide durch b dargestellt. Da aber zwischen einem Alphabet Σ und der Menge der Folgen der Länge 1 über Σ eine triviale eindeutige Beziehung besteht, führt diese Mehrdeutigkeit normalerweise nicht zu Schwierigkeiten.

Eine weitere Notation ist

$$\Sigma^n = \{a \mid a : [1 \ldots n] \to \Sigma\}$$

für die Menge der Worte der Länge n über einem Alphabet Σ, $n \in \mathbb{N}_0$. Man bemerke, daß die Menge $\Sigma^0 = \{a \mid a : \emptyset \to \Sigma\}$ einelementig ist; das Element dieser Menge heißt das **leere Wort** und wird bezeichnet mit ϵ. Zwei weitere Notationen sind:

$$\Sigma^* = \bigcup_{n \geq 0} \Sigma^n$$

für die Menge aller Worte über Σ und

$$\Sigma^+ = \bigcup_{n \geq 1} \Sigma^n$$

für die Menge der nichtleeren Worte über Σ.

Wir führen nun einige Funktionen und Relationen auf Worten ein.

Definition 2:

(a) Die Funktion "Konkatenation" ist definiert durch

$\quad Conc : \Sigma^* \times \Sigma^* \to \Sigma^*$ mit

$\quad Conc((a_1, \ldots, a_n), (b_1, \ldots, b_m)) = (a_1, \ldots, a_n, b_1, \ldots, b_m)$.

Die Funktion $Conc$ werden wir sehr häufig benutzen. Wir führen daher auch eine Infixnotation für sie ein: statt $Conc(x, y)$ schreiben wir $x.y$, oder, noch kürzer, xy.

(b) Die Funktion "Länge" ist gegeben durch

$\quad | \quad | : \Sigma^* \to \mathbb{N}_0$ mit $|(a_1, \ldots, a_n)| = n$

36

(c) Sei $b \in \Sigma$. Die Funktion "Anzahl der Vorkommen von b" ist gegeben durch

$$| \quad |_b : \Sigma^* \to \mathbb{N}_0 \text{ mit}$$

$|(a_1, \ldots, a_n)|_b = $ Anzahl der Elemente a_i, $1 \leq i \leq n$, für die $a_i = b$ gilt.

(d) Die Relation $Pr\ddot{a}fix \subseteq \Sigma^* \times \Sigma^*$ ist definiert durch

$$x \; Pr\ddot{a}fix \; y \Leftrightarrow \text{es gibt ein } z \in \Sigma^* \text{ mit } y = Conc(x, z)$$

Die Relation $Suffix \subseteq \Sigma^* \times \Sigma^*$ ist ähnlich definiert durch

$$x \; Suffix \; y \Leftrightarrow \text{es gibt ein } z \in \Sigma^* \text{ mit } y = Conc(z, x)$$

(e) Sei $<$ eine irreflexive lineare Ordnung auf Σ. Die **lexikographische Ordnung** auf Σ^*, in Zeichen $\leq_{lex}$, ist definiert durch:

$$x \leq_{lex} y \Leftrightarrow \text{entweder } x \; Pr\ddot{a}fix \; y,$$
$$\text{oder es gibt } w, x', y' \in \Sigma^*, \; a, b \in \Sigma$$
$$\text{mit } x = wax', \; y = wby' \text{ und } a < b.$$

∎

Die lexikographische Ordnung auf Σ^* wird in jedem Lexikon benutzt:
sei etwa $\Sigma = \{A, B, \ldots, Z\}$ mit der (irreflexiven) Ordnung $A < B < \cdots < Z$. Dann gilt für $\leq_{lex}$ auf Σ^*:

$$\text{LOECKX} \leq_{lex} \text{MEHL} \leq_{lex} \text{MEHLHORN} \leq_{lex} \text{WILHELM} \leq_{lex} \text{WILHELM}$$

Wir wollen noch zeigen, daß die Relationen $Pr\ddot{a}fix$ und lexikographische Ordnung tatsächlich Ordnungen sind.

Lemma 1.

(a) *$Pr\ddot{a}fix$ ist eine partielle Ordnung auf Σ^*.*

(b) *$\leq_{lex}$ ist eine lineare Ordnung auf Σ^*.*

Beweis:

(a) Wegen $x = Conc(x, \epsilon)$ für alle $x \in \Sigma^*$ (siehe Übung 2) gilt $x \; Pr\ddot{a}fix \; x$, also ist $Pr\ddot{a}fix$ reflexiv.
Aus $x \; Pr\ddot{a}fix \; y$ und $y \; Pr\ddot{a}fix \; z$ folgt nach Definition von $Pr\ddot{a}fix$ die Existenz von $u, v \in \Sigma^*$ mit $y = Conc(x, u)$ und $z = Conc(y, v)$. Daraus folgt $z = Conc(Conc(x, u), v) = Conc(x, Conc(u, v))$ wegen der Assoziativität von $Conc$ (siehe Übung 1) und damit $x \; Pr\ddot{a}fix \; z$. Also ist $Pr\ddot{a}fix$ transitiv.
Es bleibt, die Antisymmetrie zu zeigen. Sei also $x \; Pr\ddot{a}fix \; y$ und $y \; Pr\ddot{a}fix \; x$. Dann gibt es $u, v \in \Sigma^*$ mit $y = Conc(x, u)$ und $x = Conc(y, v)$, also $x = Conc(x, Conc(u, v))$. Daraus folgt $Conc(u, v) = \epsilon$ und weiter $u = v = \epsilon$ (siehe Übung 3). Also ist $y = Conc(x, \epsilon) = x$ (wegen Übung 2).

(b) Die Reflexivität von $\leq_{lex}$ ist offensichtlich.

Die Transitivität zeigt man wie folgt: seien $x, y, z \in \Sigma^*$ mit $x \leq_{lex} y$ und $y \leq_{lex} z$. Sei w der längste gemeinsame *Präfix* von x, y und z, d.h. $x = wx', y = wy', z = wz'$ für Worte $x', y', z' \in \Sigma^*$, die nicht alle drei mit demselben Buchstaben beginnen oder von denen eines leer ist. Falls $x' = \epsilon$, dann gilt x *Präfix* z und daher $x \leq_{lex} z$. Andernfalls ist $x' = ax''$ mit $a \in \Sigma$ und $x'' \in \Sigma^*$. Aus $x \leq_{lex} y$ folgt dann $y' = by'', b \in \Sigma$ und $y'' \in \Sigma^*$, mit $a \leq b$. Aus $y \leq_{lex} z$ folgt dann weiter $z' = cz'', c \in \Sigma$ und $z'' \in \Sigma^*$, mit $b \leq c$. Der Fall $a = b = c$ ist unmöglich nach Definition von w. Also gilt $a < c$ und damit $x \leq_{lex} z$.

Die Antisymmetrie von $\leq_{lex}$ ist offensichtlich. Damit ist gezeigt, daß $\leq_{lex}$ eine partielle Ordnung ist. Es bleibt zu zeigen, daß $\leq_{lex}$ eine lineare Ordnung ist. Seien dazu $x = (x_1, \ldots, x_n)$ und $y = (y_1, \ldots, y_m)$ zwei beliebige Worte aus Σ^*. Sei

$$k = max\{j \mid x_i = y_i \text{ für alle } i \in [1..j]\}$$

Dann muß entweder $k = min(n, m)$ gelten oder $x_{k+1} \neq y_{k+1}$. In beiden Fällen gilt entweder $(x \leq_{lex} y)$ oder $(y \leq_{lex} x)$. $\blacksquare$

Aufgaben zu 1.3

1) Zeigen Sie: *Conc* ist assoziativ, d.h. für alle $x, y, z \in \Sigma^*$ gilt :
$Conc(x, Conc(y, z)) = Conc(Conc(x, y), z)$.

2) Zeigen Sie: ϵ ist ein Einselement bezüglich *Conc*, d.h. für alle $x \in \Sigma^*$ gilt :
$Conc(x, \epsilon) = Conc(\epsilon, x) = x$

3) Zeigen Sie: Für alle $x, y, z, \in \Sigma^*$ gilt

    a) $Conc(x, y) = Conc(x, z)$ impliziert $y = z$;

    b) $Conc(y, x) = Conc(z, x)$ impliziert $y = z$.

4) a) Definiere R auf Σ^* durch:
    $xRy \Leftrightarrow |x| < |y|$ oder $(|x| = |y|$ und $x \leq_{lex} y)$

    Ist R eine lineare Ordnung? Beweisen Sie Ihre Antwort.

    b) Definiere S auf Σ^* durch:
    $xSy \Leftrightarrow |x| < |y|$ oder $x \leq_{lex} y$.

    Ist S eine lineare Ordnung?

1.4 Formale Sprachen und kontextfreie Grammatiken

Im vorigen Abschnitt haben wir uns mit Zeichen und Worten befaßt. In diesem Abschnitt befassen wir uns mit Mengen von Worten. Solche Mengen werden "formale Sprachen" genannt. Kontextfreie Grammatiken stellen ein Mittel dar, um solche Sprachen zu spezifizieren.

Definition 1: Sei T ein endliches Alphabet. Eine **formale Sprache** über T ist eine Menge $L \subseteq T^*$. Ein Element einer formalen Sprache heißt **Satz.** ∎

Wir geben nun ein Beispiel einer formalen Sprache und führen anhand dieses Beispiels den Begriff der kontextfreien Grammatik ein.

Beispiel 1:
Sei L die Menge der folgenden vier Sätze über dem Alphabet
$T = \{$Hänsel, Gretel, geht, läuft$\}$:

Hänsel geht   Hänsel läuft
Gretel geht   Gretel läuft.

Die gemeinsame Struktur dieser Sätze können wir durch folgende "Regeln" beschreiben:

Satz → Subjekt Prädikat
Subjekt → Hänsel
Subjekt → Gretel
Prädikat → geht
Prädikat → läuft

Informell drücken diese Regeln aus, daß ein Satz aus einem Subjekt und einem Prädikat besteht, "Hänsel" und "Gretel" Subjekte und "geht" und "läuft" Prädikate sind. Den Satz "Gretel läuft" kann man wie folgt ableiten:

Satz → Subjekt Prädikat → Gretel Prädikat → Gretel läuft

Die Struktur des Satzes "Gretel läuft" kann man durch folgenden Strukturbaum oder Ableitungsbaum veranschaulichen:

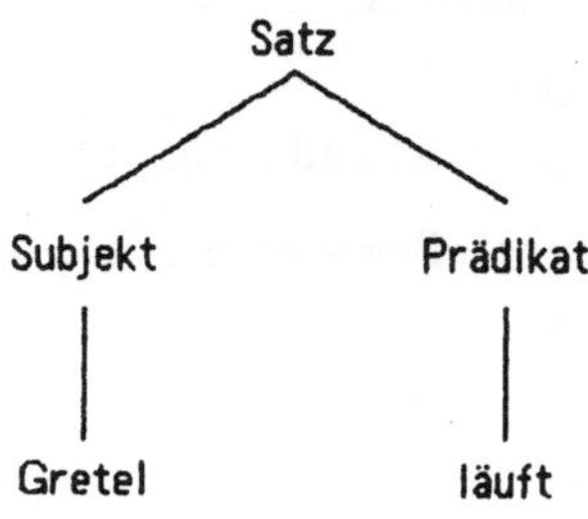

Abb. 1

Wir wollen diese verschiedenen Begriffe nun präzisieren.

Definition 2:

Eine **kontextfreie Grammatik** ist ein Quadrupel $G = (N, T, P, S)$ mit:

(1) N und T sind disjunkte endliche Alphabete. Die Zeichen von T heißen **Terminale**, die von N **Nichtterminale**. Die Worte aus T^* heißen **Terminalworte**, die aus $(N \cup T)^*$ **Satzformen**.

(2) $P \subset N \times (N \cup T)^*$ ist eine endliche Menge von Paaren, **Produktionen** (oder: **Regeln**) genannt.

(3) $S \in N$ ist ein Nichtterminal, **Startsymbol** genannt. ∎

Wir werden normalerweise folgende Notationen verwenden:

$A, B, C, S, \ldots$ stehen für Nichtterminale;
$a, b, c, \ldots$ stehen für Terminale;
$u, v, w, \ldots$ stehen für Terminalworte;
$\alpha, \beta, \gamma, \ldots$ stehen für Satzformen;
$A \rightarrow \alpha$ steht für die Produktion (A, α).

Im Beispiel 1 ist $N = \{$Subjekt, Prädikat, Satz$\}$, das Startsymbol ist Satz, und die Produktionen sind wie oben angegeben.

Als nächstes präzisieren wir nun den Begriff Ableitung.

Definition 3: Sei $G = (N, T, P, S)$ eine kontextfreie Grammatik. Wir definieren die Relationen $\rightarrow, \rightarrow^*, \xrightarrow{kan}, \xrightarrow{kan}{}^*$ auf der Menge der Satzformen $(N \cup T)^*$ durch

(a) $\alpha \rightarrow \beta \Leftrightarrow$ es gibt $\alpha_1, \alpha_2, \alpha_3 \in (N \cup T)^*, A \in N$ und $A \rightarrow \alpha_3 \in P$,
so daß $\alpha = \alpha_1 A \alpha_2$ und $\beta = \alpha_1 \alpha_3 \alpha_2$;

(b) $\alpha \xrightarrow{kan} \beta \Leftrightarrow \alpha \rightarrow \beta$ und $\alpha_1 \in T^*$ in obiger Definition von $\rightarrow$;

(c) $\rightarrow^* (\xrightarrow{kan}{}^*)$ ist die reflexive transitive Hülle von $\rightarrow (\xrightarrow{kan})$;

(d) Eine Folge $\alpha_0, \ldots, \alpha_n$ mit $\alpha_i \rightarrow \alpha_{i+1}$ für $0 \leq i < n$ heißt **Ableitung** von α_0 nach α_n, und n heißt die **Länge** der Ableitung. Eine **kanonische Ableitung** wird analog definiert mit $\xrightarrow{kan}$ statt $\rightarrow$. ∎

Ein Ableitungsschritt besteht darin, daß man ein Vorkommen der linken Seite einer Produktion durch die rechte Seite dieser Produktion ersetzt. In einem kanonischen Ableitungsschritt wird das am weitesten links stehende Nichtterminal ersetzt. Die Ableitung des Satzes "Gretel läuft" in Beispiel 1 ist kanonisch.

Definition 4:

(a) Sei $G = (N, T, P, S)$ eine kontextfreie Grammatik. Für $A \in N$ ist die Menge der A-**Konstrukte** definiert durch

$$L_{G,A} = \{w \in T^* \mid A \rightarrow^* w\}.$$

Die von der Grammatik G **erzeugte Sprache** ist die Menge der S-Konstrukte. Wir schreiben dafür auch kürzer L_G statt $L_{G,S}$.

(b) Eine kontextfreie Grammatik G heißt **eindeutig**, wenn es für jedes $A \in N$ und jedes A-Konstrukt $w \in L_{G,A}$ genau eine kanonische Ableitung von A nach w gibt. Sonst heißt die Grammatik **mehrdeutig**.

(c) Eine formale Sprache L heißt **kontextfrei**, wenn es eine kontextfreie Grammatik G gibt mit $L = L_G$. ∎

Beispiel 2:
Sei $G_2 = (\{A\}, \{a\}, \{A \to AA, A \to a\}, A)$.
Man sieht einfach ein, daß die Grammatik G_2 die Sprache $L_2 = \{a^n \mid n \geq 1\}$ erzeugt.

Für das Wort a^3 gibt es folgende kanonische Ableitungen

$$A \xrightarrow[kan]{} AA \xrightarrow[kan]{} AAA \xrightarrow[kan]{} aAA \xrightarrow[kan]{} aaA \xrightarrow[kan]{} aaa$$

und

$$A \xrightarrow[kan]{} AA \xrightarrow[kan]{} aA \xrightarrow[kan]{} aAA \xrightarrow[kan]{} aaA \xrightarrow[kan]{} aaa$$

G_2 ist daher mehrdeutig. Diese Mehrdeutigkeit wird auch illustriert durch die beiden Ableitungsbäume (wir präzisieren diesen Begriff im Anschluß an die Beispiele) für das Wort aaa:

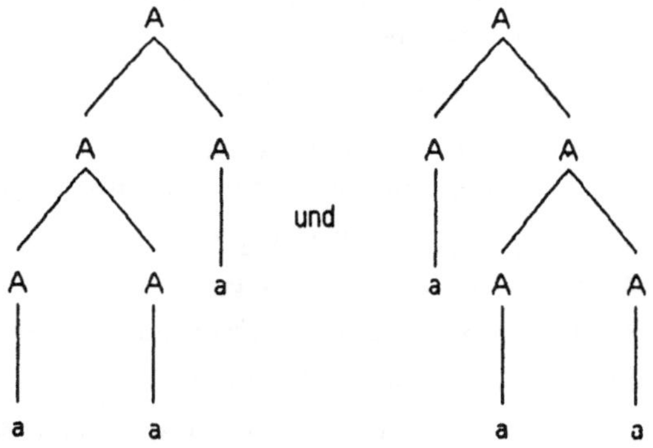

Abb. 2

Wir verzichten hier auf einen formalen Beweis, daß G_2 die Sprache L_2 erzeugt. Ein solcher Beweis wird im nächsten Beispiel geliefert. ∎

Beispiel 3:
Sei $G_3 = (\{S\}, \{a, b\}, \{S \to aSa, \ S \to bSb, \ S \to \epsilon\}, S)$, und sei L_3 die durch G_3 erzeugte Sprache. Es gilt zum Beispiel:

$$\epsilon \in L_3 \quad \text{mit Ableitung} \quad S \to \epsilon,$$
$$aa \in L_3 \quad \text{mit Ableitung} \quad S \to aSa \to aa,$$
$$abba \in L_3 \quad \text{mit Ableitung} \quad S \to aSa \to abSba \to abba$$

Allgemein enthält L_3 genau die Worte der Form ww^R mit $w \in \{a, b\}^*$ und w^R das zu w gespiegelte Wort. Das wollen wir nun formal beweisen. ∎

Lemma 1. *Sei G_3 definiert wie in Beispiel 3.*

(a) Sei $n \geq 1$ und seien $a_1, \ldots, a_n \in \{a, b\}$. Dann gilt $a_1 \ldots a_n a_n \ldots a_1 \in L_3$

(b) Sei $x \in L_3$, $x \neq \epsilon$. Dann gibt es ein $n \geq 1$ und $a_1, a_2, \ldots, a_n \in \{a, b\}$ mit $x = a_1 \ldots a_n a_n \ldots a_1$.

(c) $L_3 = \{ww^R \mid w \in \{a, b\}^*\}$

Beweis:

(a) Wir beweisen $S \to^* a_1 \ldots a_n S a_n \ldots a_1 \to a_1 \ldots a_n a_n \ldots a_1$ durch Induktion über n. Für $n = 1$ (Induktionsanfang) ist $S \to a_1 S a_1 \to a_1 a_1$ eine Ableitung von S nach $a_1 a_1$. Sei nun $n > 1$ (Induktionsschritt). Dann gibt es nach Induktionsvoraussetzung eine Ableitung von S nach $a_1 a_2 \ldots a_{n-1} S a_{n-1} \ldots a_2 a_1$. Also ist $S \to^* a_1 \ldots a_{n-1} S a_{n-1} \ldots a_1 \to a_1 \ldots a_n S a_n \ldots a_1 \to a_1 \ldots a_n a_n \ldots a_1$ und damit $a_1 \ldots a_n a_n \ldots a_1 \in L_3$.

(b) Sei $\alpha_0, \alpha_1, \ldots, \alpha_m$ eine kanonische Ableitung von S nach x. Da $x \neq \epsilon$, ist $\alpha_0 = S$ und $\alpha_1 = a_1 S a_1$ für ein $a_1 \in \{a, b\}$. Also gibt es $y \in \{a, b\}^*$, so daß $x = a_1 y a_1$ und $S \to^* y$. Wir benutzen nun Induktion über die Länge von y. Falls $y = \epsilon$ (Induktionsanfang), dann sind wir fertig. Falls $y \neq \epsilon$ (Induktionsschritt), dann gibt es nach Induktionsvoraussetzung ein n und $a_2, \ldots, a_n \in \{a, b\}$ mit $y = a_2 \ldots a_n a_n \ldots a_2$. Damit ist auch in diesem Fall die Behauptung gezeigt.

(c) folgt unmittelbar aus (a) und (b). ∎

Aus dem Beweis von Teil (b) des obigen Lemmas kann man übrigens auch die Eindeutigkeit von G_3 ableiten.

Beispiel 4:

Sei

$$G_4 = (\{A\}, \{[,], a, \#, \uparrow\}, P, A)$$

mit

$$P = \{A \to [A \# A], A \to [A \uparrow A], A \to a\}.$$

Die von dieser Grammatik G_4 erzeugte Sprache L_4 heißt die Menge der vollständig geklammerten Ausdrücke über der Operandenmenge $\{a\}$, der Operatorenmenge $\{\#, \uparrow\}$ und den Klammersymbolen [und]. Wir haben absichtlich die ungewohnten Operatoren $\#$ und $\uparrow$ gewählt, damit der Leser den Ausführungen unbeeinflußt durch sein Wissen über Ausdrücke folgen kann.

Elemente der Sprache L_G sind die Sätze wie $a, [a \# a], [a \# [a \uparrow a]]$. Die kanonische Ableitung des Wortes $[a \# [a \uparrow a]]$, zum Beispiel, ist:

$$A \xrightarrow{kan} [A \# A] \xrightarrow{kan} [a \# A] \xrightarrow{kan} [a \# [A \uparrow A]] \xrightarrow{kan} [a \# [a \uparrow A]] \xrightarrow{kan} [a \# [a \uparrow a]] .$$

Es gibt für dieses Wort auch noch andere (nicht-kanonische) Ableitungen, etwa

$$A \to [A \# A] \to [A \# [A \uparrow A]] \to [a \# [A \uparrow A]] \to [a \# [A \uparrow a]] \to [a \# [a \uparrow a]] .$$

Wir werden weiter unten zeigen, daß G_4 eindeutig ist. Der Ableitungsbaum für das Wort $[a\#[a\uparrow a]]$ hat die Form

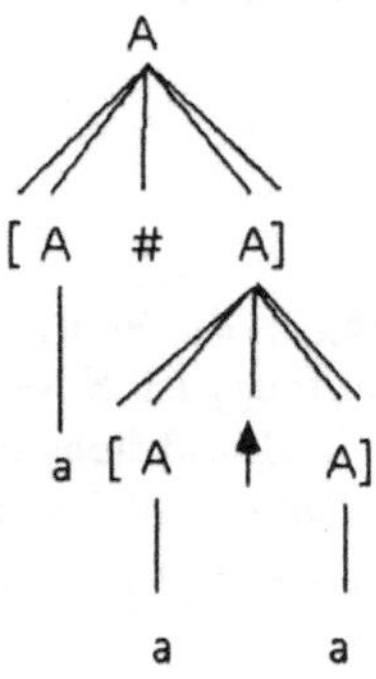

Abb. 3

Wir werden nun den Begriff Ableitungsbaum präzisieren. Dazu führen wir zunächst "Baumbereiche" als Schablonen ein und definieren dann Ableitungsbäume als "beschriftete" Baumbereiche. Zum Beipiel liegt dem Ableitungsbaum aus Beispiel 4 folgende Schablone zugrunde:

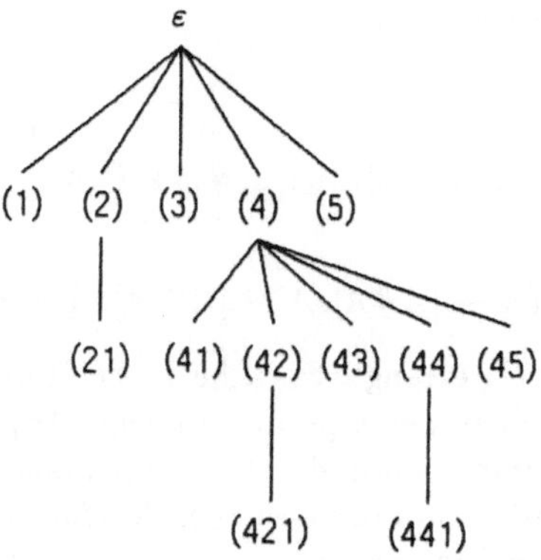

Abb. 4

In einer solchen Schablone tragen die Knoten also Namen, die ihre "Abstammung" widerspiegeln. Diese Namen sind Folgen von natürlichen Zahlen, d.h. Elemente von $\mathbb{N}^*$. Die Wurzel (d.h. der Knoten der 0-ten "Generation") trägt den Namen ϵ. Die "Kinder" eines Knotens v haben die Namen $v1$, $v2$, $v3,\ldots, vk$ für ein $k \in \mathbb{N}$. So hat in unserem Beispiel der Knoten 4 die Kinder 41, 42, 43, 44 und 45. Die

"Beschriftung" des Baumbereichs $D = \{\epsilon, 1, 2, 3, 4, 5, 21, 41, 42, 43, 44, 45, 421, 441\}$ können wir nun durch eine Funktion b mit Definitionsbereich D angeben: es ist

$$b(\epsilon) = b(2) = b(4) = b(42) = b(44) = A,$$
$$b(1) = b(41) = [, \quad \text{usw.}$$

Wir geben nun eine exakte Definition von Baumbereich und beschriftetem Baum.

Definition 5:

(a) Die partielle Funktion $elter : \mathbb{N}^* \dashrightarrow \mathbb{N}^*$ ist definiert durch

$$elter(w) = \begin{cases} v & \text{falls } w = v.n \text{ mit } v \in \mathbb{N}^* \text{ und } n \in \mathbb{N} \\ \text{undefiniert} & \text{falls } w = \epsilon \end{cases}$$

Die reflexive, transitive Hülle von *elter* heißt *vorfahr*. Die Relation *vorfahr* stimmt mit der Relation *Präfix* überein.

(b) Ein **Baumbereich** D ist eine endliche Teilmenge von $\mathbb{N}^*$, die abgeschlossen ist unter der Funktion *elter*, d.h. $elter(D) \subseteq D$. Die Elemente eines Baumbereichs heißen **Knoten**.

(c) Sei S eine Menge. Ein S-**Baum** (oder auch kurz **Baum**) ist ein Paar (D, b), wobei D ein Baumbereich ist, und b eine Abbildung $b : D \to S$. Die Abbildung b heißt die **Beschriftung** des Baumes und D sein **Definitionsbereich**. $\mathbf{B}_S$ bezeichnet die Menge der S-Bäume. ∎

Wir werden die folgenden gebräuchlichen Sprechweisen benutzen. Das Element $\epsilon \in \mathbb{N}^*$ heißt **Wurzel**. Wenn $v = elter(w)$, dann ist w **Kind** von v, und wenn $v = vorfahr(w)$ ist, dann ist w ein **Nachkomme** von v. Die Anzahl der Kinder eines Knoten heißt **Grad** des Knoten. Ein Knoten ohne Kinder heißt **Blatt**. $B(D)$ bezeichnet die Menge der Blätter eines Baumbereichs D.

Wir brauchen noch einige weitere Begriffe auf Bäumen, die wir zunächst durch ein Beispiel erläutern.

Fortführung des Beispiels: Wir betrachten die drei folgenden Bäume:

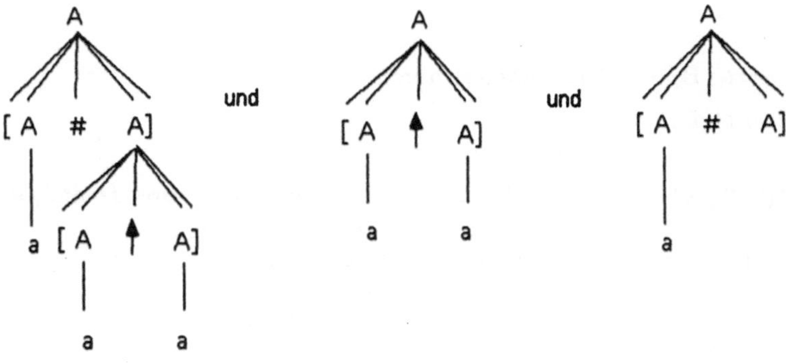

Abb. 5

44

Der erste Baum hat "Höhe" 3, die maximale Anzahl von Kanten auf einem Pfad
von der Wurzel zu einem Blatt. Der zweite Baum ist "Unterbaum" des ersten
Baumes und zwar am Knoten 4. "Substitution" des zweiten Baumes am Knoten 4
des dritten Baumes liefert den ersten Baum. Das "Blattwort" des ersten Baumes
ist $[a\#[\uparrow a]]$. ∎

Wir geben nun die exakte Definition dieser Begriffe.

Definition 6:

(a) $höhe : \mathbf{B}_S \dashrightarrow \mathbb{N}_0$ ist definiert durch

$$höhe((D,b)) = \begin{cases} max\{|w| \mid w \in D\} & \text{falls } D \neq \emptyset \\ \text{undefiniert} & \text{falls } D = \emptyset \end{cases}$$

(b) $unterbaum : \mathbf{B}_S \times \mathbb{N}^* \to \mathbf{B}_S$ ist definiert durch

$unterbaum((D,b),w) = (D',b')$ mit
$\quad D' = \{v \mid v \in N^* \text{ und } w.v \in D\}$,
$\quad b' : D' \to S$ mit
$\quad b'(v) = b(w.v)$ für alle $v \in D'$.

(c) $subst : \mathbf{B}_S \times \mathbb{N}^* \times \mathbf{B}_S \dashrightarrow \mathbf{B}_S$ ist definiert durch

$$subst((D,b),w,(D_1,b_1)) = \begin{cases} (D',b') & \text{falls } w \in D \\ \text{undefiniert} & \text{falls } w \notin D \end{cases}$$

wobei

$\quad D' = \{v \in D \mid \neg(w \ vorfahr \ v)\} \cup \{w.v \mid v \in D_1\}$
$\quad b' : D' \to S$ mit

$$b'(v) = \begin{cases} b(v) & \text{falls } \neg(w \ vorfahr \ v) \\ b_1(x) & \text{falls } v = w.x \end{cases}$$

(d) $blattwort : \mathbf{B}_S \dashrightarrow S^*$ ist definiert durch

$blattwort((D,b)) =$

$$\begin{cases} b(v_1)b(v_2)\ldots b(v_k) & \text{wobei } v_1,v_2,\ldots,v_k \text{ die Blätter von } D \text{ sind, } k \geq 1 \\ & \text{und } v_1 <_{lex} v_2 <_{lex} \ldots <_{lex} v_k, \\ \text{undefiniert} & \text{falls } D \text{ keine Blätter hat, d.h. } D = \emptyset \end{cases}$$

∎

Wir können nun schließlich den Begriff Ableitungsbaum definieren.

Definition 7: Sei $G = (N, T, S, P)$ eine kontextfreie Grammatik, $A \in N$ ein Nichtterminal und $\alpha \in (N \cup T)^*$ eine Satzform. Ein Baum $(D, b) \in \mathbf{B}_{N \cup T \cup \{\epsilon\}}$ heißt **Ableitungsbaum** von A nach α, wenn gilt:

(1) die Beschriftung der Wurzel ist A, d.h. $b(\epsilon) = A$;

(2) für jeden Knoten w mit Kindern $w1, w2, \ldots, wn$, mit $n \geq 1$, gilt:

$\quad\quad$ entweder $b(w) \to b(w1)b(w2)\ldots b(wn) \in P$ und $b(w1) \neq \epsilon, \ldots, b(wn) \neq \epsilon$

$\quad\quad$ oder $n = 1, b(w1) = \epsilon$ und $b(w) \to \epsilon \in P$;

(3) $blattwort((D, b)) = \alpha$. $\quad\quad\quad\quad\quad\quad\quad\quad\quad\quad\quad\quad\quad\quad$ ∎

Mit Bedingung (2) dieser Definition ist sichergestellt, daß Knoten zusammen mit ihren Kindern stets einer Produktion der Grammatik entsprechen.

Wenn $A \to \alpha_1 \ldots \alpha_m$ mit $\alpha_i \in N \cup T$ für alle i, $1 \leq i \leq m$, die im Knoten w benutzte Produktion ist, dann ist die Beschriftung des Baums "lokal" gegeben durch:

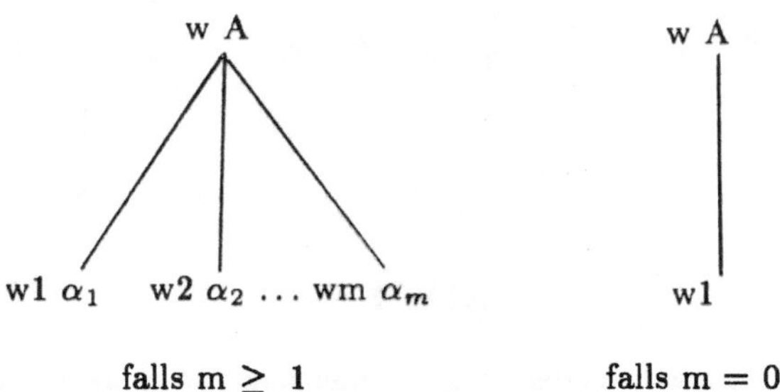

Abb. 6

Wir werden nun zeigen, daß ein Wort genau dann zu einer kontextfreien Sprache gehört, wenn es einen Ableitungsbaum dafür gibt. Ferner ist eine Grammatik genau dann eindeutig, wenn es für jedes Wort genau einen Ableitungsbaum gibt. Wir illustrieren diese Eigenschaften zunächst an einem Beispiel.

Fortführung des Beispiels: Der Ableitung der Länge 5

$$A \to [A\#A] \to [A\#[A \uparrow A]] \to [a\#[A \uparrow A]] \to [a\#[a \uparrow A]] \to [a\#[a \uparrow a]]$$

kann man in einfacher Weise folgende Folge von 6 Ableitungsbäumen zuordnen, von denen der erste nur aus der Wurzel (mit $b(\epsilon) = A$) besteht:

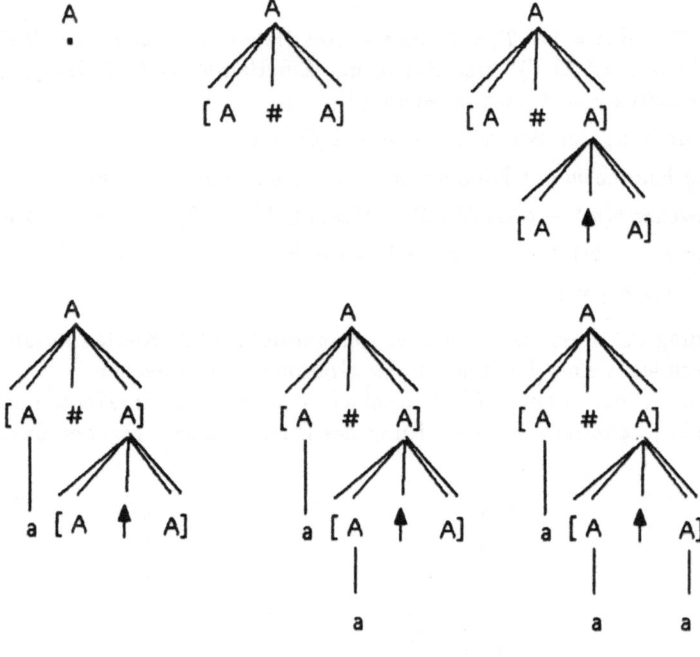

Abb. 7

Auf diese Weise erhält man aus der obigen Ableitung von A nach $[a\#[a \uparrow a]]$ einen Ableitungsbaum von A nach $[a\#[a \uparrow a]]$.

Umgekehrt kann man aus dem Ableitungsbaum eine kanonische Ableitung konstruieren. Für den Teilbaum

ist die Ableitung offensichtlich $A \to a$. Für den Unterbaum am Knoten 4 erhalten wir durch "Hintereinandersetzen"

$$A \xrightarrow{kan} [A \uparrow A] \xrightarrow{kan} [a \uparrow A] \xrightarrow{kan} [a \uparrow a]$$

und schließlich für den ganzen Baum

$$A \xrightarrow{kan} [A\#A] \xrightarrow{kan} [a\#A] \xrightarrow{kan} [a\#[A \uparrow A]] \xrightarrow{kan} [a\#[a \uparrow A]] \xrightarrow{kan} [a\#[a \uparrow a]] \ .$$

Auf diese Weise ordnen wir jeder Ableitung einen Ableitungsbaum und jedem Ableitungsbaum eine kanonische Ableitung zu. ∎

Wir beweisen nun die in diesen Beispielen illustrierten Eigenschaften.

Satz 1. *Sei $G = (N, T, S, P)$ eine kontextfreie Grammatik.*

(a) Sei $A \in N$ und $x \in T^*$. Falls $A \to^* x$, dann gibt es einen Ableitungsbaum von A nach x.

(b) Sei $A \in N$ und $x \in T^*$. Falls es einen Ableitungsbaum von A nach x gibt, dann gilt $A \xrightarrow[kan]{}{}^* x$.

(c) G ist eindeutig genau dann, wenn für alle $A \in N$ und $x \in L_{G,A}$ gilt: es gibt genau einen Ableitungsbaum von A nach x.

Man beachte, daß es sich in (b) um eine kanonische, in (a) um eine nicht unbedingt kanonische Ableitung von A nach x handelt.

Beweis:

(a) Sei $\alpha_0, \ldots, \alpha_n$ eine Ableitung von $A = \alpha_0$ nach $x = \alpha_n$. Wir konstruieren eine Folge $(D_0, b_0), \ldots, (D_n, b_n)$ von Ableitungsbäumen, so daß (D_i, b_i) ein Ableitungsbaum von $A = \alpha_0$ nach α_i ist für jedes i, $0 \le i \le n$. Diese Konstruktion wird induktiv beschrieben: zuerst wird die Konstruktion von (D_0, b_0) angegeben ("Induktionsanfang"); dann wird angegeben, wie man aus (D_{i-1}, b_{i-1}) den Ableitungsbaum (D_i, b_i) konstruieren kann ("Induktionsschritt").

(D_0, b_0) wird definiert als der Baum, der aus einem Knoten besteht, der mit A beschriftet ist, d.h. $D_0 = \{\epsilon\}$ und $b_0(\epsilon) = A$. Es gilt: $blattwort((D_0, b_0)) = A$. Wir kommen nun zum Induktionsschritt. Sei also $1 \le i \le n$ und sei (D_{i-1}, b_{i-1}) schon konstruiert. Dann ist

$$blattwort((D_{i-1}, b_{i-1})) = \alpha_{i-1}.$$

Wegen $\alpha_{i-1} \to \alpha_i$ gibt es nach Definition 5(a) $\beta, \gamma \in (V \cup T)^*$ und $B \to \delta \in P$, so daß $\alpha_{i-1} = \beta B \gamma$ und $\alpha_i = \beta \delta \gamma$. Sei nun $\delta = \delta_1 \delta_2 \ldots \delta_h$ mit $h \ge 0$ und $\delta_i \in N \cup T$ für alle i, $1 \le i \le h$, und sei (D', b') ein Ableitungsbaum für die Produktion $B \to \delta$, d.h.

$$D' = \{\epsilon, 1, 2, \ldots, max\{1, h\}\}$$
$$b'(\epsilon) = B, \; b'(1) = \delta_1, \ldots, \; b'(h) = \delta_h, \qquad \text{falls } h \ge 1$$
$$b'(\epsilon) = B, \; b'(1) = \epsilon, \qquad \text{falls } h = 0.$$

Seien $v_1 <_{lex} v_2 <_{lex} \ldots <_{lex} v_m$ die Blätter von D_{i-1}. Dann gibt es ein $k \ge 1$ mit $\beta = b(v_1) \ldots b(v_{k-1})$, $B = b(v_k)$ und $\gamma = b(v_{k+1}) \ldots b(v_m)$. Der Baum $(D_i, b_i) = subst((D_{i-1}, b_{i-1}), v_k, (D', b'))$ ist ein Ableitungsbaum von A nach α_i, wie durch die folgende Figur illustriert wird:

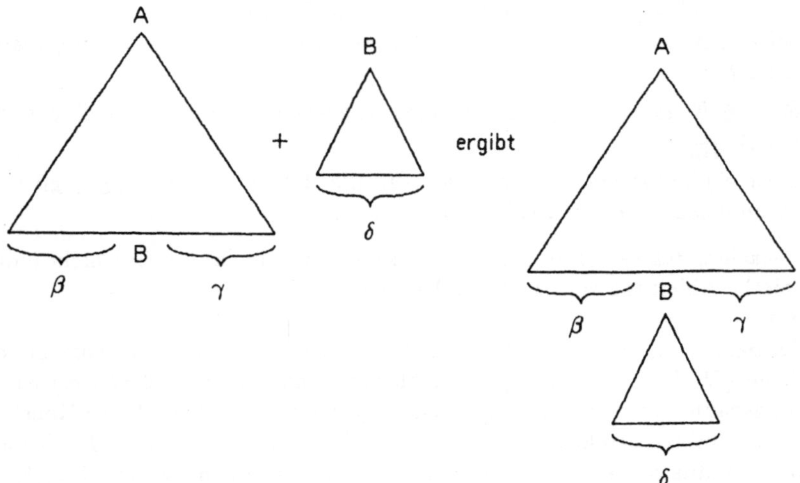

Abb. 8

Hiermit ist Teil (a) des Satzes bewiesen. Für den nachfolgenden Beweis von Teil (c) halten wir noch folgenden Zusammenhang zwischen (D_i, b_i) und (D_{i-1}, b_{i-1}) fest:

$$D_{i-1} \subseteq D_i \text{ und } b_i/_{D_{i-1}} = b_{i-1} \text{ für alle } i,\ 1 \leq i \leq n$$

oder, allgemeiner:

$$D_i \subseteq D_j \text{ und } b_j/_{D_i} = b_i \text{ für alle } i, j \text{ mit } 1 \leq i < j \leq n$$

(b) Wir benutzen Induktion über die Höhe h des Ableitungsbaumes (D, b) von A nach x. Da $h > 0$ ist, entspricht der Induktionsanfang dem Fall $h = 1$. Dann ist $A \to x \in P$ und also $A \xrightarrow[kan]{} x$. Betrachten wir nun den Induktionsschritt, d.h. sei $h > 1$. Sei n der Grad der Wurzel von (D, b). Dann ist $b(\epsilon) = A$ und $b(\epsilon) \to b(1) \ldots b(n) \in P$. Seien $i_1, \ldots, i_m$ diejenigen Kinder der Wurzel, die mit Elementen aus N beschriftet sind, $i_1 < \ldots < i_m$. Da $h > 0$, gilt $m \geq 1$. Man betrachte nun ein l mit $1 \leq l \leq m$. Dann ist $(D_l, b_l) = unterbaum((D, b), i_l)$ ein Ableitungsbaum von $A_l = b(i_l)$ nach $x_l = blattwort((D_l, b_l))$; dabei gilt $höhe((D_l, b_l)) \leq h - 1$. Also gilt $A_l \xrightarrow[kan]{} x_l$ nach Induktionsvoraussetzung. Man setze nun

$$w_0 = b(1) \ldots b(i_1 - 1),$$
$$w_1 = b(i_1 + 1) \ldots b(i_2 - 1),$$
$$\vdots$$
$$w_m = b(i_m + 1) \ldots b(n).$$

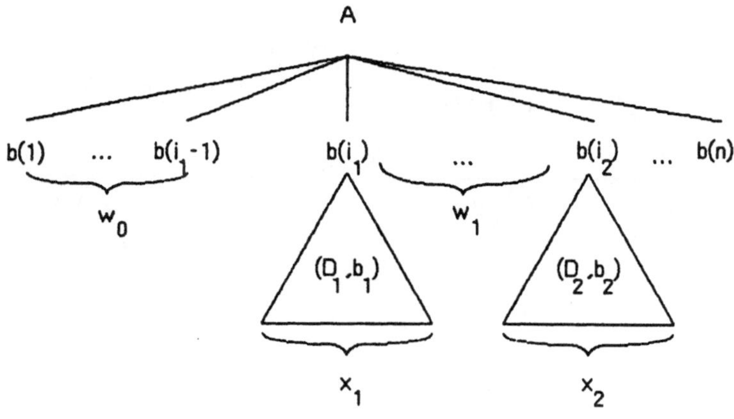

Abb. 9

Die Ableitung

$$A \xrightarrow[kan]{} w_0 A_1 w_1 A_2 \ldots A_m w_m \xrightarrow[kan]{*} w_0 x_1 w_1 A_2 \ldots A_m w_m$$
$$\xrightarrow[kan]{*} w_0 x_1 w_2 x_2 w_3 A_3 \ldots A_m w_m \xrightarrow[kan]{*} \cdots \xrightarrow[kan]{*} w_0 x_1 w_2 x_2 \ldots x_m w_m = x$$

ist eine kanonische Ableitung von A nach x.

(c) Es genügt zu zeigen, daß für alle $A \in N$, $x \in L_{G,A}$ gilt:

es gibt mindestens zwei verschiedene Ableitungsbäume von A nach x

$\Leftrightarrow$ es gibt mindestens zwei kanonische Ableitungen von A nach x.

"$\Leftarrow$": Seien $A \in N$ und $x \in L_{G,A}$. Seien $\alpha_0, \ldots, \alpha_n$ und $\beta_0, \ldots, \beta_m$ mit $n, m \geq 1$ zwei verschiedene kanonische Ableitungen von $A = \alpha_0 = \beta_0$ nach $x = \alpha_n = \beta_m$. Dann gibt es ein $i \leq min(n, m)$ mit $\alpha_i \neq \beta_i$. Andernfalls wäre $\alpha_k = \beta_k$ für jedes k, $0 \leq k \leq min(n, m)$. Da die beiden Ableitungen verschieden sind, muß dann $n \neq m$ gelten, etwa $n < m$. Dann gilt aber weiter $x = \alpha_n = \beta_n \xrightarrow[kan]{} \beta_{n+1}$ im Widerspruch zu $x \in T^*$. Damit ist die Existenz von $i \leq min(n, m)$ mit $\alpha_i \neq \beta_i$ gezeigt.

Sei nun j minimal mit $\alpha_j \neq \beta_j$, d.h. also $\alpha_0 = \beta_0, \ldots, \alpha_{j-1} = \beta_{j-1}$. Wegen $\alpha_0 = \beta_0 = A$ ist $j > 0$. Nach Definition 5(b) ist $\alpha_{j-1} = \beta_{j-1} = yB\gamma$ für ein $y \in T^*, B \in N$ und $\gamma \in (N \cup T)^*$. Ferner gibt es Produktionen $B \to \delta_1$ und $B \to \delta_2$ aus $P, \delta_1 \neq \delta_2$ mit $\alpha_j = y\delta_1\gamma$ und $\beta_j = y\delta_2\gamma$.

Seien nun $(D_0, b_0), \ldots, (D_n, b_n)$ bzw. $(D'_0, b'_0), \ldots, (D'_m, b'_m)$ die zu den kanonischen Ableitungen $\alpha_0, \ldots, \alpha_n$ bzw. $\beta_0, \ldots, \beta_m$ nach dem Verfahren von (a) konstruierten Folgen von Ableitungsbäumen.

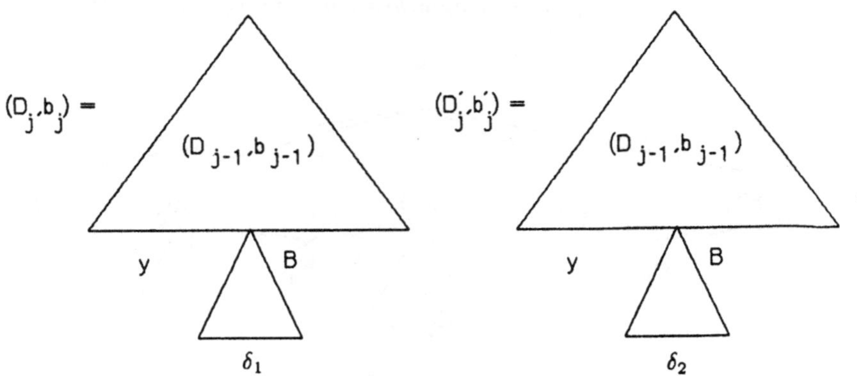

Abb. 10

Dann ist $(D_{j-1}, b_{j-1}) = (D'_{j-1}, b'_{j-1})$ und

$$(D_j, b_j) = subst((D_{j-1}, b_{j-1}), v, (D', b')),$$
$$(D'_j, b'_j) = subst((D_{j-1}, b_{j-1}), v, (D'', b'')),$$

wobei v das mit B beschriftete Blatt von D_{j-1} ist und (D', b') bzw. (D'', b'') die den Produktionen $B \to \delta_1$ bzw. $B \to \delta_2$ entsprechenden Ableitungsbäume sind. Wir zeigen nun, daß $(D_j, b_j) \neq (D'_j, b'_j)$. Dazu bemerken wir, daß $\delta_1 \neq \delta_2$. Wir unterscheiden nun drei Fälle:

- $|\delta_1| > |\delta_2| \geq 1$ oder $|\delta_2| > |\delta_1| \geq 1$; in dem Fall sind die Baumschablonen D' und D'' verschieden, und deshalb auch D_j und D'_j; etwas formaler: es gibt ein Kind w von v mit $w \in D_j - D'_j$ oder $w \in D'_j - D_j$;

- $|\delta_1| = |\delta_2|$; in dem Fall ist wenigstens eine Beschriftung verschieden, etwas formaler: es gibt ein Kind w von v mit $w \in D_j \cap D'_j$ und $b_j(w) \neq b'_j(w)$;

- $|\delta_1| = 0$ oder $|\delta_2| = 0$; in dem Fall ist die Beschriftung des ersten Kindes verschieden.

Also gilt: $(D_j, b_j) \neq (D'_j, b'_j)$.

Da der Knoten v im weiteren Verlauf der Konstruktion keine zusätzlichen Kinder erhält und die Beschriftung von konstruierten Knoten erhalten bleibt, folgt ebenfalls $(D_n, b_n) \neq (D'_m, b'_m)$.

"$\Rightarrow$": Seien $A \in N$, $x \in L_{G,A}$ beliebig. Wir nehmen an, daß es zwei Ableitungsbäume (D, b) und (D', b') von A nach x gibt. Der Gedanke des Beweises besteht darin, die Konstruktion von Teil (b) auf diese beiden Bäume anzuwenden, und zu zeigen, daß diese Konstruktion zu zwei verschiedenen kanonischen Ableitungen führt.

Zum Beweis benutzen wir simultane Induktion über die Höhe h des Ableitungsbaums (D, b) und die Höhe h' des Ableitungsbaumes (D', b'). Da $h, h' > 0$, entspricht der Induktionsanfang dem Fall $h = h' = 1$. In diesem Fall ist es aber nicht möglich, daß die Ableitungsbäume verschieden sind. Es ist also nichts zu beweisen. Wir kommen nun zum Induktionsschritt. Wir nehmen also an, daß $h > 1$ oder $h' > 1$ (oder beide). Die Anwendung der Konstruktion auf (D, b) liefert eine Produktion $p \in P$, etwa $A \rightarrow w_0 A_1 \ldots A_l w_l$ und Worte $x_i \in T^*$ mit $x = w_0 x_1 \ldots x_l w_l$ und kanonische Ableitungen $A_i \xrightarrow[kan]{}^* x_i$ für $1 \leq i \leq l$. Ähnlich liefert die Anwendung der Konstruktion auf (D', b') eine Produktion $q \in P$, etwa $A \rightarrow v_0 B_1 \ldots B_m v_m$, und Worte $y_j \in T^*$ mit $x = v_0 y_1 \ldots y_m v_m$ und $B_j \xrightarrow[kan]{}^* y_j$, $1 \leq j \leq m$. Wir unterscheiden drei Fälle:

- $p \neq q$; dann sind die in Teil (b) konstruierten kanonischen Ableitungen verschieden.
- $p = q$ und es gibt ein i mit $x_i \neq y_i$, $1 \leq i \leq l$. Dann sind natürlich die kanonischen Ableitungen $A_i \xrightarrow[kan]{}^* x_i$ und $A_i \xrightarrow[kan]{}^* y_i$ verschieden. Also sind auch die in Teil (b) konstruierten kanonischen Ableitungen verschieden.
- $p = q$ und $x_i = y_i$ für alle i, $1 \leq i \leq l$. Da aber (D, b) und (D', b') verschieden sind, muß es ein i geben, $1 \leq i \leq l$, so daß es zwei verchiedene Ableitungsbäume von A_i nach x_i gibt. Diese Ableitungsbäume sind Unterbäume von (D, b), bzw. (D', b'). Da die Höhe dieser Unterbäume kleiner ist als die Höhe von (D, b), bzw. von (D', b'), ist die Induktionsannahme anwendbar: es gibt also zwei verschiedene kanonische Ableitungen $A_i \xrightarrow[kan]{}^* x_i$. Also sind auch die in Teil (b) konstruierten kanonischen Ableitungen verschieden. ∎

Satz 1 liefert uns die Äquivalenz zweier Interpretationen der kontextfreien Grammatiken: der eher konstruktiven Interpretation der Ableitungen und der eher statischen Interpretation der Ableitungsbäume. Beide Zugänge haben ihre Vorteile, wie wir jetzt im Beweis der Eindeutigkeit der Grammatik G_4 (siehe Beispiel 4) für die vollständig geklammerten Ausdrücke demonstrieren.

Lemma 2. *Die kontextfreie Grammatik G_4 aus Beispiel 4 ist eindeutig.*

Beweis: Wir brauchen für den Beweis zwei Hilfsbehauptungen, die uns Auskunft über die Klammerstruktur der erzeugten Worte geben.

Hilfsbehauptung 1: Sei L_4 die von G_4 erzeugte Sprache.
Für ein Wort $w \in \{[,], a, \#, \uparrow\}^*$ sei $Ue(w) = |w|_[- |w|_]$ der "Überschuß" an öffnenden Klammern in w.

(a) Für alle $w \in L_4$ gilt: $Ue(w) = 0$;

(b) Für alle $w \in L_4$ gilt: Sei y ein Präfix von w. Dann ist $Ue(y) \geq 0$. Ferner gilt $Ue(y) = 0$ genau dann, wenn $y = \epsilon$ oder $y = w$.

Beweis: Wir bemerken zunächst, daß Teil (a) ein Spezialfall von Teil (b) ist, nämlich der Fall $y = w$. Es genügt also, Teil (b) zu beweisen. Dazu beweisen wir folgende stärkere Aussage:

Für alle α mit $A \xrightarrow[kan]{}^* \alpha$ und alle Präfixe β von α gilt $Ue(\beta) \geq 0$.
Ferner ist $Ue(\beta) = 0$ genau dann, wenn $\beta = \epsilon$ oder $\beta = \alpha$.

52

Wir beweisen die Aussage durch Induktion über die Länge der kürzesten kanonischen Ableitung von A nach α, d.h. durch Induktion über

$$N(\alpha) = min\{n \mid \text{es gibt eine kanonische Ableitung der Länge } n \text{ von } A \text{ nach } \alpha\}.$$

Der Induktionsanfang ist einfach. Aus $n(\alpha) = 0$ folgt $\alpha = A$, und die Aussage ist offensichtlich korrekt. Für den Induktionsschritt betrachten wir ein α mit $N(\alpha) > 0$. Sei $\alpha_0, \alpha_1, \ldots, \alpha_{n-1}, \alpha_n$ eine kanonische Ableitung von $\alpha_0 = A$ nach $\alpha_n = \alpha$ der Länge $n = N(\alpha)$. Dann ist $N(\alpha_{n-1}) = n - 1$, und die Aussage ist daher nach Induktionsvoraussetzung wahr für das Wort α_{n-1}. Das Wort α_n geht aus α_{n-1} durch Anwendung einer Produktion hervor, d.h. $\alpha_{n-1} = \gamma_1 A \gamma_2$ und $\alpha_n = \gamma_1 \gamma_3 \gamma_2$, wobei $\gamma_3 \in \{a, [A\#A], [A \uparrow A]\}$. In jedem der drei Fälle gilt damit $Ue(\alpha_n) = Ue(\alpha_{n-1})$ und damit $Ue(\alpha_n) = 0$ nach Induktionsvoraussetzung. Sei nun β ein Präfix von α_n. Wir unterscheiden drei Fälle:

Fall 1: β ist ein Präfix von γ_1. Dann ist β ein Präfix von α_{n-1} und daher $Ue(\beta) \geq 0$. Ferner folgt aus $Ue(\beta) = 0$, daß $\beta = \epsilon$ ist.

Fall 2: β ist ein Präfix von $\gamma_1 \gamma_3$ aber kein Präfix von γ_1. Dann ist $Ue(\beta) \geq Ue(\gamma_1) > 0$, da $\gamma_1 \neq \epsilon$ und $\gamma_1 \neq \alpha_{n-1}$.

Fall 3: β ist kein Präfix von $\gamma_1 \gamma_3$. Dann ist $\beta = \gamma_1 \gamma_3 \gamma_4$ für einen Präfix γ_4 von γ_2. Ferner ist $Ue(\beta) = Ue(\gamma_1 \gamma_3 \gamma_4) = Ue(\gamma_1 A \gamma_4) \geq 0$, da $\gamma_1 A \gamma_4$ ein Präfix von α_{n-1} ist. Ferner folgt aus $Ue(\beta) = 0$ auch $Ue(\gamma_1 A \gamma_4) = 0$ und damit $\gamma_1 A \gamma_4 = \alpha_{n-1}$ nach Induktionsvoraussetzung. Dann ist aber $\beta = \alpha_n$.

Damit ist der Induktionsschritt in jedem der drei Fälle geleistet und die Hilfsbehauptung 1 bewiesen. ∎

Hilfsbehauptung 2: Sei $w \in L_4$, $|w| > 1$. Dann gibt es eindeutig bestimmte Worte $w_1, w_2 \in L_4$ und einen eindeutig bestimmten Operator $op \in \{\#, \uparrow\}$, so daß $w = [w_1 \; op \; w_2]$.

Beweis: Wir schließen indirekt. Nehmen wir also an, daß w_1, w_2 und op nicht eindeutig bestimmt sind. Dann läßt sich w auf zwei Arten schreiben, d.h. $w = [w_1 \; op \; w_2]$ und $w = [w_1' \; op' \; w_2']$ mit $op, op' \in \{\#, \uparrow\}$ und $w_1, w_2, w_1', w_2' \in L_4$. Wir dürfen o.B.d.A. annehmen, daß $|w_1'| < |w_1|$. Dann ist w_1' ein Präfix von w_1. Ferner ist $w_1' \neq w_1$ und $w_1' \neq \epsilon$. Also gilt nach Hilfsbehauptung (1) $Ue(w_1') > 0$. Da aber $w_1' \in L_4$ und daher $Ue(w_1') = 0$, ist ein Widerspruch erreicht. Also sind w_1 und damit op und w_2 eindeutig bestimmt. ∎

Wir können nun in den eigentlichen Beweis von Lemma 2 eintreten. Wir beweisen dazu durch Induktion über $|w|$, daß es für jedes $w \in L_4$ nur einen Ableitungsbaum von A nach w gibt. Falls $|w| = 1$ und damit $w = a$ ist, dann ist die Behauptung klar. Der Baum

A
|
a

ist der einzige Ableitungsbaum. Sei nun $|w| > 1$ und sei (D, b) ein Ableitungsbaum von A nach w. In der Wurzel von (D, b) wird entweder die Produktion $A \to [A\#A]$ oder die Produktion $A \to [A \uparrow A]$ benutzt. In beiden Fällen betrachten wir die Unterbäume an den Knoten 2 und 4. Sei $(D_1, b_1) = unterbaum((D, b), 2)$, $(D_2, b_2) = unterbaum((D, b), 4)$, und sei $w_i = blattwort((D_i, b_i))$ für $i = 1, 2$. Dann ist (D_i, b_i) ein Ableitungsbaum von A nach w_i und daher $w_i \in L_4, i = 1, 2$.

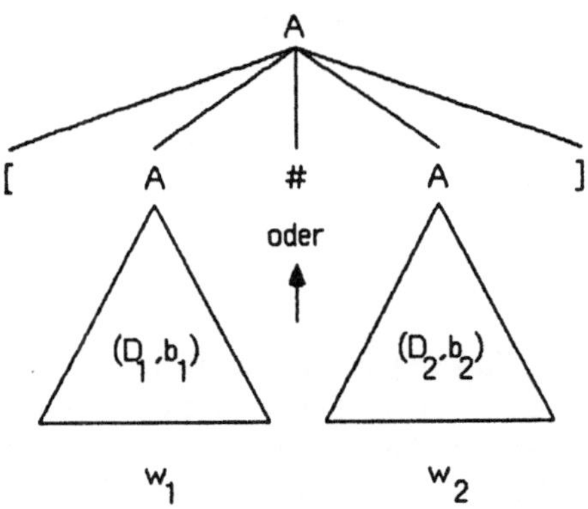

Abb. 11

Ferner gilt $w = [w_1 \# w_2]$ oder $w = [w_1 \uparrow w_2]$. Nach Hilfsbehauptung 2 sind demnach w_1 und w_2 eindeutig bestimmt, d.h. alle Ableitungsbäume (D, b) von A nach w liefern dieselben w_1 und w_2. Die Worte w_1 und w_2 sind kürzer als w, und daher sind nach Induktionsvoraussetzung die Bäume (D_1, b_1) und (D_2, b_2) eindeutig bestimmt. Damit ist auch (D, b) eindeutig bestimmt, und Lemma 2 ist gezeigt. ∎

Eindeutige kontextfreie Grammatiken sind für die Informatik besonders wichtig, da sie eine besonders elegante Definition der Semantik der Sprache erlauben, wie wir in diesem Buch immer wieder sehen werden. Der Beweis der Eindeutigkeit einer kontextfreien Grammatik ist oft schwierig, vgl. etwa obiges Lemma, das Lemma 2 in Abschnitt 2.1.2 und den Satz 1 in Abschnitt 2.2. In der Theorie der formalen Sprachen (vgl. etwa M.A. Harrison: Introduction to Formal Language Theory) wurden Methoden entwickelt, die es erlauben, für viele Grammatiken den Beweis der Eindeutigkeit automatisch zu führen. Insbesondere sind hier die Klassen der sogenannten LR(k)- und LL(k)-Grammatiken zu nennen. Diese Klassen haben folgende Eigenschaften:

(a) Alle Grammatiken aus diesen Klassen sind eindeutig.

(b) Es läßt sich mechanisch nachprüfen, ob eine gegebene Grammatik zur Klasse der LR(k)- bzw. LL(k)-Grammatiken gehört für gegebenes k.

Ferner sind diese Klassen recht umfangreich. So gehören etwa alle von nun ab in diesem Buch benutzten Grammatiken zur Klasse der LR-Grammatiken. Ihre Eindeutigkeit ist damit durch die Theorie der formalen Sprachen gesichert. Trotzdem werden wir in einigen Fällen die Eindeutigkeit einer Grammatik noch mit "elementaren" Mitteln zeigen, — wie wir es im Falle von Lemma 3 gemacht haben.

Wir schließen den Abschnitt mit einer schreibtechnischen Vereinfachung ab. Wenn $A \to \alpha_1, A \to \alpha_2, \ldots, A \to \alpha_m$ Produktionen einer Grammatik sind, $m \geq 2$, dann schreiben wir dafür auch kürzer $A \to \alpha_1|\alpha_2|\ldots|\alpha_m$ (lies: A geht nach α_1 oder α_2 oder ... oder α_m). Da in den in diesem Buch verwendeten Grammatiken das Zeichen "|" nie ein Element aus $T \cup N$ sein wird, ist diese Abkürzung wohldefiniert.

Aufgaben zu 1.4

1) Geben Sie für das Wort $[[a\#a] \uparrow [a\#a]]$ sämtliche Ableitungen gemäß Grammatik G_4 von Beispiel 4 an. Geben Sie den Ableitungsbaum an. Konstruieren Sie gemäß dem Verfahren von Satz 1 aus dem Ableitungsbaum die kanonische Ableitung und aus der kanonischen Ableitung den Ableitungsbaum.

2) Sei $G = (\{S, A, B\}, \{a, b\}, P, S)$, wobei die Menge der Produktionen gegeben ist durch:
$$S \to bA, \ S \to aB, \ A \to a, \quad B \to b,$$
$$A \to aS, \ B \to bS, \ A \to bAA, \ B \to aBB$$

   a) Geben Sie eine Ableitung des Worts $aabbab$ an.

   b) Ist G eindeutig? Beweisen Sie Ihre Antwort.

   c) Beweisen Sie, daß $L_G = \{w \in \{a, b\}^* \mid |w|_a = |w|_b\}$

3) Sei $G = (\{S, A, B\}, \{a, b\}, P, S)$, wobei die Menge der Produktionen gegeben ist durch:
$$S \to aBS, \ S \to aB, \ S \to bAS, \quad S \to bA,$$
$$A \to bAA, \ A \to a, \quad B \to aBB, \ B \to b$$

   Beantworten Sie nun die Fragen von Aufgabe 2.

4) Sei $G = (\{S\}, \{+, a\}, \{S \to a, \ S \to +SSS\}, S)$.

   a) Geben Sie den Ableitungsbaum für $+a + aaaa$ an.

   b) Beschreiben Sie die Sprache L_G informell.

   c) Ist G eindeutig? Beweisen Sie Ihre Antwort.

5) Beweisen Sie durch Angabe einer kontextfreien Grammatik, daß die folgenden Sprachen kontextfrei sind

   a) $\{a^n b^n \mid n \in \mathbb{N}\}$

   b) $\{ a^n \mid n \in \mathbb{N} \text{ und } n \text{ wird durch drei geteilt}\}$

   c) $\{w\$u \mid w, u \in \{a, b\}^* \text{ und } w \neq u\}$

6) Sei L eine kontextfreie Sprache. Beweisen Sie, daß es eine kontextfreie Grammatik $G = (N, T, P, S)$ mit $L_G = L$ gibt, so daß für alle Produktionen $(A, \alpha) \in P$ gilt: $\alpha \in T$ oder $\alpha = \epsilon$ oder $\alpha \in N^2$. Können Sie sogar zusätzlich zeigen, daß man für den Fall $\alpha = \epsilon$ nur $A = S$ zuzulassen braucht (Bemerkung: Eine Grammatik G, die diese Anforderungen erfüllt, heißt Grammatik in Chomsky-Normalform)?

7) Sei $G = (N, T, P, S)$ eine kontextfreie Grammatik mit $n = |N|$, $m = max\{|\alpha| \mid (A, \alpha) \in P\}$ und $\alpha \neq \epsilon$ für alle $(A, \alpha) \in P$.

a) Sei (D, b) ein Ableitungsbaum gemäß G. Dann gilt

$$|blattwort((D, b))| \leq m^{höhe((D,b))}$$

b) Sei $w \in L_G$ mit $|w| \geq m^{n+1}$ und sei (D, b) ein Ableitungsbaum für w. Folgern Sie aus Teil a), daß $höhe((D, b)) \geq n + 2$ gilt. Folgern Sie weiter, daß es Knoten $u, v \in D$ gibt mit $u \neq v$, u *vorfahr* v und $b(u) = b(v)$. Hinweis: Sei $x \in D$ ein Knoten mit $|x| = höhe((D, b))$ und sei $x_i = elter^{(i)}(x)$, $i = 0, 1, 2, \ldots$. Zeigen Sie, daß es i und j mit $i \neq j$ und $b(x_i) = b(x_j)$ gibt.

c) Sei $w \in L_G$ mit $|w| > m^{n+1}$. Zeigen Sie, daß man w schreiben kann als $w = w_1 w_2 w_3 w_4 w_5$ mit $w_2 w_4 \neq \epsilon$, so daß $w_1 w_2{}^q w_3 w_4{}^q w_5 \in L_G$ für alle $q \in \mathbb{N}$ gilt. Diese Aussage wird meist das **Iterationslemma** für kontextfreie Grammatiken genannt.
Hinweis: Sei (D, b) ein Ableitungsbaum für w, und seien $u, v \in D$ mit $u \neq v$, u *vorfahr* v und $b(u) = b(v)$. Sei $(D_1, b_1) = unterbaum((D, b), u)$ und $(D_2, b_2) = unterbaum((D, b), v)$. Dann ist $w_3 = blattwort((D_2, b_2))$, $w_2 w_3 w_4 = blattwort((D_1, b_1))$ und $w_1 w_2 w_3 w_4 w_5 = w = blattwort((D, b))$. Ein Ableitungsbaum für $w_1 w_2{}^2 w_3 w_4{}^2 w_5$ ist nun etwa gegeben durch

$$subst((D, b), v, (D_1, b_1))$$

d) Beweisen Sie Teil c) ohne die Annahme, daß $\alpha \neq \epsilon$ für alle $(A, \alpha) \in P$. Hinweis: es ist nun nicht mehr klar, daß $w_2 w_4 \neq \epsilon$ gilt.

e) Folgern Sie aus Teil d), daß die Sprache $L = \{a^s b^s a^s \mid s \in \mathbb{N}\}$ *nicht* kontextfrei ist.
Hinweis: Argumentieren Sie indirekt. Sei G eine kontextfreie Grammatik mit $L = L_G$. Sei nun $w \in L_G$ mit $|w| > m^{n+1}$, wobei m und n wie oben definiert sind. Dann kann man w schreiben als $w = w_1 w_2 w_3 w_4 w_5$ mit $w_2 w_4 \neq \epsilon$ und $w_1 w_2{}^q w_3 w_4{}^q w_5 \in L_G$ für alle $q \in \mathbb{N}$. Diskutieren Sie die verschiedenen Möglichkeiten für w_2 und w_4 und leiten Sie einen Widerspruch her.

1.5 Rekursive Definition von Funktionen

In diesem Abschnitt behandeln wir die **rekursive Definition** von Funktionen. Wir werden die Methode der rekursiven Definition oft benutzen, um Funktionen auf formalen Sprachen zu definieren. Der Hauptgedanke dabei ist folgender: die Sätze einer durch eine kontextfreie Grammatik erzeugten formalen Sprache haben eine syntaktische Struktur, wie sie durch den Ableitungsbaum illustriert wird. Diese syntaktische Struktur wird benutzt, um den Wert einer Funktion auf einem Satz w auf die Werte an "einfacheren" Sätzen — nämlich, an Teilworten von w — zurückzuführen. Man erhält auf diese Art in natürlicher Weise eine rekursive Definition der Funktion.

Betrachten wir noch einmal die Sprache L_4 vom vorherigen Abschnitt. Sie wird von der eindeutigen Grammatik

$$G_4 = (\{A\}, \{[,], a, \#, \uparrow\}, \{A \to a, A \to [A\#A], A \to [A \uparrow A]\}, A)$$

erzeugt. Die Elemente von L_4 sind vollständig geklammerte Ausdrücke über der Operandenmenge $\{a\}$ und den zweistelligen Operatorsymbolen $\#$ und $\uparrow$. Nehmen wir nun an, daß wir das Symbol a als die natürliche Zahl 1 interpretieren, das Symbol $\#$ als Addition natürlicher Zahlen und das Symbol $\uparrow$ als Multiplikation natürlicher Zahlen. Mit dieser Interpretation ist der Wert des Ausdrucks $[[a\#a] \uparrow [a\#a]]$ die Zahl 4. Wie können wir nun die Funktion $S : L_4 \to \mathbb{N}$, die einem Ausdruck seinen Wert zuordnet, allgemein definieren?

Es liegt nahe, die Funktion S rekursiv über die Struktur der Ausdrücke in L_4 zu definieren. Für den "einfachsten" Ausdruck a definieren wir $S(a) = 1$, für "komplizierte" Ausdrücke, d.h. Ausdrücke von der Form $[w_1\#w_2]$ und $[w_1 \uparrow w_2]$, führen wir die Definition von S auf einfachere Ausdrücke zurück, d.h. $S([w_1\#w_2]) = S(w_1) + S(w_2)$ und $S([w_1 \uparrow w_2]) = S(w_1) \cdot S(w_2)$. Insgesamt können wir also schreiben:

$S : L_4 \to \mathbb{N}$ wird definiert durch:

$$(\mathrm{I}) \qquad S(w) = \begin{cases} 1 & \text{falls } w = a \\ S(w_1) + S(w_2) & \text{falls } w = [w_1\#w_2] \text{ und } w_1, w_2 \in L_4 \\ S(w_1) \cdot S(w_2) & \text{falls } w = [w_1 \uparrow w_2] \text{ und } w_1, w_2 \in L_4 \end{cases}$$

Beachten Sie, daß gemäß Hilfsbehauptung 2 von Abschnitt 1.4 im zweiten und dritten Fall die Worte w_1 und w_2 durch das Wort w eindeutig bestimmt sind.

Wir müssen nun dieser Definition eine exakte Bedeutung geben. Es bieten sich folgende drei Möglichkeiten an: eine konstruktive Definition, eine deskriptive und eine algorithmische. Diese drei Möglichkeiten untersuchen wir nun nacheinander. Die ausführliche Behandlung dieses Beispiels dient dazu, die formalen Definitionen am Ende des Abschnittes vorzubereiten.

(1) Die konstruktive Interpretation:

Die oben angegebene Definition von S beruht darauf, daß die Berechnung des Wertes an der Stelle w auf die Berechnung der Werte an den Stellen w_1 und w_2 "zurückgeführt" wird. Eine solche Zurückführung, d.h. der Abbau des Argumentes w in Teilworte w_1 und w_2, findet so oft statt, bis der Fall $w = a$ erreicht ist. Die konstruktive Methode besteht nun darin, die Funktion S "aufzubauen" ausgehend von dem Fall $w = a$. Dazu führt man eine Folge von Funktionen $S_0, S_1, S_2 \ldots$ ein, wobei gelten soll:

S_i berechnet den Wert der Funktion S an jeder Stelle w, die durch höchstens i Abbauschritte auf den Fall $w = a$ zurückgeführt wird.

Formaler:

$S_0 : L_4 \dashrightarrow \mathbb{N}$ ist definiert durch:

$$S_0(w) = \begin{cases} 1 & \text{falls } w = a \\ \text{undefiniert} & \text{sonst} \end{cases}$$

und $S_i : L_4 \dashrightarrow \mathbb{N}$, $i \geq 1$, ist definiert durch

$$S_i(w) = \begin{cases} 1 & \text{falls } w = a \\ S_{i-1}(w_1) + S_{i-1}(w_2) & \text{falls } w = [w_1 \# w_2] \text{ und } w_1, w_2 \in L_4 \\ S_{i-1}(w_1) \cdot S_{i-1}(w_2) & \text{falls } w = [w_1 \uparrow w_2] \text{ und } w_1, w_2 \in L_4 \end{cases}$$

Die Funktionen S_i, $i \geq 0$, sind wegen der Hilfsbehauptung 2, Abschnitt 1.4, wohldefiniert. Beachten Sie, daß wir hier die Eindeutigkeit der Grammatik G_4 entscheidend ausgenutzt haben.

Beachten Sie ferner, daß die Funktionen S_i partiell sind. Es ist, zum Beispiel, $Def(S_0) = \{a\}$, $Def(S_1) = \{a, [a\#a], [a \uparrow a]\}, \ldots$. Natürlich können wir durch $(i+1)$-maliges Zurückführen den Wert von mehr Ausdrücken berechnen als durch i-maliges Zurückführen, d.h. die Funktion S_{i+1} ist eine Erweiterung der Funktion S_i, oder, in Zeichen: $S_i \sqsubseteq S_{i+1}$. Diese Eigenschaft ist so wichtig, daß wir sie genau beweisen wollen.

Lemma 1. *Für alle $i \geq 0$ gilt:* $S_i \sqsubseteq S_{i+1}$.

Beweis: Wir benutzen Induktion über i.
Für $i = 0$ ist wegen $Def(S_0) = \{a\}$ und $S_0(a) = 1 = S_1(a)$ die Behauptung klar. Für den Induktionsschritt sei nun $i \geq 1$ und $w \in Def(S_i)$. Falls $w = a$, dann ist $S_i(w) = 1 = S_{i+1}(w)$. Andernfalls gilt $w = [w_1 \# w_2]$ oder $w = [w_1 \uparrow w_2]$. Im ersteren Fall (der letztere geht analog) schließen wir

$$\begin{aligned} S_i(w) &= S_{i-1}(w_1) + S_{i-1}(w_2) && \text{Definition von } S_i \\ &= S_i(w_1) + S_i(w_2) && \text{da } S_{i-1} \sqsubseteq S_i \text{ nach Induktionsannahme} \\ & && \text{und } w_1, w_2 \in Def(S_{i-1}) \\ &= S_{i+1}(w) && \text{Definition von } S_{i+1} \end{aligned}$$

Damit ist $S_i \sqsubseteq S_{i+1}$ gezeigt. ∎

58

Wegen $S_i \sqsubseteq S_{i+1}$ für alle i können wir die Funktionen zu einer einzigen Funktion $W : L_4 \dashrightarrow \mathbb{N}$ "zusammensetzen" (wir nennen die Funktion aus didaktischen Gründen nicht S), nämlich $W = \bigcup_{i \geq 0} S_i$. Wir beweisen nun, was wir suggeriert haben, nämlich, daß W eine Funktion ist.

Lemma 2. *W ist eine Funktion von L_4 nach* $\mathbb{N}$.

Beweis: Wir müssen zeigen, daß es für jedes $w \in L_4$ höchstens ein $n \in \mathbb{N}$ gibt mit $(w, n) \in W$. Nehmen wir an, das sei nicht der Fall, d.h. $(w, n_1) \in W$ und $(w, n_2) \in W$ mit $w \in L_4$, $n_1, n_2 \in \mathbb{N}$ und $n_1 \neq n_2$. Wegen $W = \bigcup_{i \geq 0} S_i$ gibt es ein m_1 mit $(w, n_1) \in S_{m_1}$ und ein m_2 mit $(w, n_2) \in S_{m_2}$. Sei o.B.d.A. $m_1 \leq m_2$. Aus $S_{m_1} \sqsubseteq S_{m_1+1} \sqsubseteq \ldots \sqsubseteq S_{m_2}$ folgt dann $(w, n_1) \in S_{m_2}$ und daher $n_1 = n_2$, da S_{m_2} eine Funktion ist. Damit ist ein Widerspruch erreicht. ∎

Es stellt sich die Frage, ob W sogar eine totale Funktion ist.

Lemma 3. *W ist eine totale Funktion von L_4 nach* $\mathbb{N}$, *d.h. $Def(W) = L_4$.*

Beweis: Dazu beweisen wir durch Induktion über i: Falls es einen Ableitungsbaum der Höhe i von A nach $w \in L_4$ gibt, dann ist $w \in Def(S_{i-1})$. Für $i = 1$ und damit $w = a$ ist das klar. Sei nun $i > 1$. Dann ist $w = [w_1 \# w_2]$ oder $w = [w_1 \uparrow w_2]$. Ferner gibt es Ableitungsbäume der Höhe $i - 1$ oder weniger für w_1 und w_2. Also ist $w_1 \in Def(S_{i-2})$ und $w_2 \in Def(S_{i-2})$ nach Induktionsannahme, und daher $w \in Def(S_{i-1})$. Damit ist die Totalität der Funktion W gezeigt. ∎

Zusammenfassend kann man sagen: Nach der konstruktiven Interpretation definiert die Gleichung (I) eine totale Funktion W. Dabei gilt $W = \bigcup_{i \geq 0} S_i$, wobei die Funktionen S_i in "aufbauender" (konstruktiver) Weise definiert wurden.

(2) **Die deskriptive Interpretation:**

Die deskriptive Methode besteht darin, die Definition von S als Gleichung zu interpretieren. Dazu definieren wir die Menge von Funktionen:

$\mathcal{G} = \{F : L_4 \dashrightarrow \mathbb{N}$; die Funktion F erfüllt für alle $w \in L_4$ die Gleichung:

$$F(w) = \begin{cases} 1 & \text{falls } w = a \\ F(w_1) + F(w_2) & \text{falls } w = [w_1 \# w_2] \text{ und } w_1, w_2 \in L_4 \\ F(w_1) \cdot F(w_2) & \text{falls } w = [w_1 \uparrow w_2] \text{ und } w_1, w_2 \in L_4 \end{cases} \}$$

Es stellen sich nun folgende Fragen. Hat die Gleichung überhaupt eine Lösung, d.h. ist $\mathcal{G}$ nicht leer? Hat sie mehrere Lösungen und, wenn ja, wie hängen diese zusammen? Wie hängen diese Lösungen mit der oben eingeführten Funktion W zusammen? Wir beantworten diese Fragen in dem folgenden Lemma.

Lemma 4.

(a) $W \in \mathcal{G}$

(b) *Für alle Elemente $F \in \mathcal{G}$ gilt $W \sqsubseteq F$*

(c) $W = \bigcap_{F \in \mathcal{G}} F$

Beweis:

(a) Wir müssen zeigen, daß W die definierende Gleichung erfüllt.

Sicher gilt $W(a) = 1$. Sei nun $w \in L_4$, $w \neq a$. Dann ist $w = [w_1 \# w_2]$ oder $w = [w_1 \uparrow w_2]$. In ersterem Fall (der letztere gilt analog) müssen wir zeigen

$$W(w) = W(w_1) + W(w_2)$$

Nehmen wir zunächst an, daß $W(w)$ definiert ist (Beachten Sie, daß wir in diesem Beweis *nicht* ausnutzen, daß W total ist). Dann gibt es ein m mit $w \in Def(S_m)$ und daher $w_1, w_2 \in Def(S_{m-1})$. Also gilt

$$\begin{aligned}
W(w) &= S_m(w) \\
&= S_{m-1}(w_1) + S_{m-1}(w_2) \\
&= W(w_1) + W(w_2)
\end{aligned}$$

Nehmen wir nun an, daß $W(w_1)$ und $W(w_2)$ definiert sind. Dann gibt es ein m mit $w_1, w_2 \in Def(S_m)$ und daher $w \in Def(S_{m+1})$. Also gilt

$$\begin{aligned}
W(w_1) + W(w_2) &= S_m(w_1) + S_m(w_2) \\
&= S_{m+1}(w) \\
&= W(w)
\end{aligned}$$

Damit ist (a) bewiesen.

(b) Sei $F \in \mathcal{G}$ beliebig. Es genügt, zu zeigen, daß $S_i \sqsubseteq F$ für alle $i \geq 0$ gilt. Dies wird durch Induktion über i bewiesen. Für $i = 0$ gilt $S_0 \sqsubseteq F$ wegen $F(a) = 1$. Für den Induktionsschritt betrachte man $w \in Def(S_{i+1})$. Dann gilt für $w = [w_1 \# w_2]$, $w_1, w_2 \in Def(S_i)$:

$$\begin{aligned}
S_{i+1}(w) &= S_i(w_1) + S_i(w_2) && \text{Definition von } S_{i+1} \\
&= F(w_1) + F(w_2) && \text{da } S_i \sqsubseteq F \text{ nach Induktionsvoraussetzung} \\
&= F(w) && \text{da } F \in \mathcal{G}
\end{aligned}$$

Damit ist auch der Induktionsschritt geleistet.

(c) Da $W \sqsubseteq F$ für alle $F \in \mathcal{G}$, gilt $W \sqsubseteq \bigcap_{F \in \mathcal{G}} F$. Da $W \in \mathcal{G}$, gilt $\bigcap_{F \in \mathcal{G}} F \sqsubseteq W$. Also folgt $W = \bigcap_{F \in \mathcal{G}} F$.   ∎

Der Leser sollte sich noch einmal klarmachen, daß im Beweis von Lemma 4 die Totalität von W nicht benutzt wird. Wir brauchen die Totalität aber für folgendes Lemma 5.

Lemma 5. $\mathcal{G} = \{W\}$, *d.h. W ist die einzige Lösung des Gleichungssystems.*

Beweis: Sei $F \in \mathcal{G}$ beliebig. Dann gilt $W \sqsubseteq F$ nach Lemma 4b. Da W total ist, folgt daraus $W = F$.   ∎

Zusammenfassend kann an sagen: Nach der deskriptiven Interpretation wird die Definition (I) als eine Gleichung aufgefaßt. Diese Gleichung hat eine einzige Lösung, nämlich die Funktion W, die in der konstruktiven Interpretation eingeführt wurde.

(3) Die algorithmische Interpretation:

Wir interpretieren die Definition (I) als Berechnungsregel, die es ermöglicht, den Wert der Funktion S an einem beliebigen Argument zu berechnen. Für das Argument $[[a \uparrow a] \# [a \# a]]$, zum Beispiel, erhält man:

$$
\begin{aligned}
S([[a \uparrow a] \# [a \# a]]) &= S([a \uparrow a]) + S([a \# a]) \\
&= (S(a) \cdot S(a)) + (S(a) + S(a)) \\
&= (1 \cdot 1) + (1 + 1) \\
&= 1 + 2 \\
&= 3
\end{aligned}
$$

Wir kommen auf die algorithmische Interpretation in den Kapiteln 2 und 5 zurück. Insbesondere wird in Kapitel 2 gezeigt, daß die durch diese Berechnungsregel definierte Funktion genau die Funktion W ist.

Damit ist die Diskussion der Funktion S, d.h. der Interpretation der Sprache L_4, abgeschlossen. Bevor wir nach diesem ausführlichen Beispiel die formalen Begriffe einführen, betrachten noch ein weiteres Beispiel.

Sei $f : \mathbf{Z} \dashrightarrow \mathbb{R}$ rekursiv definiert durch

$$
f(n) = \begin{cases} 1 & \text{falls } n = 1 \\ n \cdot f(n-1) & \text{falls } n \neq 1 \end{cases}
$$

(warum $f : \mathbf{Z} \dashrightarrow \mathbb{R}$ statt $f : \mathbf{Z} \to \mathbf{Z}$ wird später deutlich)

Wir wollen uns wieder die konstruktive und die deskriptive Interpretation anschauen.

Bei der konstruktiven Interpretation konstruieren wir die Folge f_0, f_1, f_2, $\ldots$ von Funktionen mit

$f_0 : \mathbf{Z} \dashrightarrow \mathbb{R}$ ist definiert durch

$$
f_0(n) = \begin{cases} 1 & \text{falls } n = 1 \\ \text{undefiniert} & \text{sonst} \end{cases}
$$

$f_{i+1} : \mathbf{Z} \dashrightarrow \mathbb{R}$, $i \geq 0$, ist definiert durch

$$
f_{i+1}(n) = \begin{cases} 1 & \text{falls } n = 1 \\ n \cdot f_i(n-1) & \text{falls } n \neq 1 \end{cases}
$$

Es ist nun $Def(f_0) = \{1\}$, $Def(f_1) = \{1, 2\}, \ldots$ und es gilt das Lemma:

Lemma 6. $f_i \sqsubseteq f_{i+1}$, für alle $i \geq 0$.

Beweis: Analog zum Beweis von Lemma 1. Der Leser sollte unbedingt versuchen, diesen Beweis durchzuführen. ∎

Man kann sich bei diesem Beispiel sogar eine explizite Definition der Funktionen f_i leicht überlegen, nämlich $f_i = g_i$, wobei

$$
g_i(n) = \begin{cases} 1 & \text{falls } n = 1 \\ n(n-1)\ldots 1 & \text{falls } n \in \mathbb{N}, 1 \leq n \leq i+1 \\ \text{undefiniert} & \text{sonst} \end{cases}
$$

Lemma 7. $f_i = g_i$, für alle $i \geq 0$.

Beweis: Den einfachen Induktionsbeweis überlassen wir dem Leser.   ∎

Sei nun $fac = \bigcup_{i \geq 0} f_i$ die durch die konstruktive Interpretation gelieferte Funktion. Dann folgt aus Lemma 7

$$fac(n) = \begin{cases} 1 & \text{falls } n = 1 \\ n(n-1)\ldots 1 & \text{falls } n \in \mathbb{N} - \{1\} \\ \text{undefiniert} & \text{sonst} \end{cases}$$

Sehen wir uns nun die deskriptive Interpretation an. Sei

$$\mathcal{F} = \{f : \mathbf{Z} \dashrightarrow \mathbb{R}; \; f \text{ erfüllt die Gleichung}$$

$$f(n) = \begin{cases} 1 & \text{falls } n = 1 \\ n \cdot f(n-1) & \text{sonst} \end{cases} \Big\}$$

Wir haben folgendes Lemma:

Lemma 8.

(a) $fac \in \mathcal{F}$

(b) *Für alle* $f \in \mathcal{F}$ *gilt* $fac \sqsubseteq f$

(c) $fac = \bigcap_{f \in \mathcal{F}}$

Beweis: Analog zum Beweis von Lemma 4. Der Leser sollte unbedingt versuchen, diesen Beweis durchzuführen.   ∎

Wiederum haben wir die Äquivalenz von konstruktiver und deskriptiver Interpretation. In beiden Beispielen haben wir diese Äquivalenz auf analoge Weise gezeigt. Der Leser sollte ferner folgendes bemerken: Der Definitionsbereich von W besteht aus allen Worten $w \in L_4$, die sich in endlich vielen Schritten auf den Fall $w = a$ "zurückführen" lassen. Dabei wird w auf die Worte w_1 und w_2 zurückgeführt. Das sind alle Worte von L_4, also ist W total. Der Definitionsbereich von fac besteht aus allen Zahlen $n \in \mathbf{Z}$, die sich in endlich vielen Schritten auf den Fall $n = 1$ zurückführen lassen. Dabei wird die Zahl n auf $n - 1$ zurückgeführt. Das sind gerade die natürlichen Zahlen, deshalb ist $Def(fac) = \mathbb{N} \neq \mathbf{Z}$.

Aus diesem Grund hat Lemma 5 kein Analogon beim zweiten Beispiel. Vielmehr ist für jedes $c \in \mathbb{R}$ die folgende Funktion

$$f_c(x) = \begin{cases} fac(x) & \text{für } x \in \mathbb{N} \\ 0 & \text{für } x = 0 \\ c & \text{für } x = -1 \\ (-1)^{n-1} c/(n-1)! & \text{für } x = -n, \; n \in \mathbb{N} \end{cases}$$

ein Element von $\mathcal{F}$.

Der Leser findet weitere Beispiele von rekursiven Definitionen in den Übungen und in den späteren Kapiteln. In all diesen Beispielen kann nach dem Schema der Lemmata 1, 2 und 4 gezeigt werden, daß die konstruktive Interpretation der rekursiven Definition die gleiche Funktion definiert wie die deskriptive Interpretation. Wir werden diesen Zusammenhang nun noch allgemein zeigen. Die Kenntnis des Rests des Abschnitts 1.5 ist aber für das weitere Verständnis des Buches nicht notwendig.

Definition 1: Seien A und B Mengen. Eine Abbildung $\phi : P(A,B) \to P(A,B)$ heißt **Funktional**. Ein Funktional heißt **monoton**, wenn für alle $F, G \in P(A,B)$ gilt: $F \sqsubseteq G$ impliziert $\phi(F) \sqsubseteq \phi(G)$. Ein Funktional ϕ heißt **stetig**, wenn für alle aufsteigenden Folgen von Funktionen, d.h. Folgen von der Form $F_0, F_1, F_2, \ldots \in P(A,B)$ mit $F_0 \sqsubseteq F_1 \sqsubseteq F_2 \sqsubseteq \ldots$, gilt:

$$\bigcup_{i \geq 0} \phi(F_i) = \phi\left(\bigcup_{i \geq 0} F_i\right)$$

Beispiel: Sei $A = L_4$ und sei $B = \mathbb{N}$. Die Abbildung $\phi : P(L_4, \mathbb{N}) \to P(L_4, \mathbb{N})$ mit

$$\phi(F)(w) = \begin{cases} 1 & \text{falls } w = a \\ F(w_1) + F(w_2) & \text{falls } w = [w_1 \# w_2] \text{ mit } w_1, w_2 \in L_4 \\ F(w_1) \cdot F(w_2) & \text{falls } w = [w_1 \uparrow w_2] \text{ mit } w_1, w_2 \in L_4 \end{cases}$$

ist ein monotones stetiges Funktional. Das sieht man wie folgt ein.

Seien zunächst $F, G \in P(L_4, \mathbb{N})$ mit $F \sqsubseteq G$, und sei $w \in Def(\phi(F))$. Dann ist entweder $w = a$ und damit $w \in Def(\phi(G))$ oder $w = [w_1 \; op \; w_2]$ mit $w_1, w_2 \in L_4$ und $op \in \{\uparrow, \#\}$. Im letzteren Fall ist $\phi(F)(w) = Op(F(w_1), F(w_2))$ mit $w_1, w_2 \in Def(F)$ und $Op \in \{+, \cdot\}$. (Zur besseren Lesbarkeit schreiben wir Op als Präfixoperator statt als Infixoperator). Wegen $F \sqsubseteq G$ folgt $w_1, w_2 \in Def(G)$ und daher $w \in Def(\phi(G))$. Also ist ϕ monoton.

Nun zur Stetigkeit. Seien dazu $F_0, F_1, F_2, \ldots \in P(L_4, \mathbb{N})$ mit $F_0 \sqsubseteq F_1 \sqsubseteq F_2 \sqsubseteq \ldots$. Wegen $F_i \sqsubseteq \bigcup_i F_i$ folgt aus der Monotonie $\phi(F_i) \sqsubseteq \phi(\bigcup_i F_i)$ für alle i und daher $\bigcup_i \phi(F_i) \sqsubseteq \phi(\bigcup_i F_i)$. Es genügt, nun noch die umgekehrte Inklusion zu zeigen, d.h. $\phi(\bigcup_i F_i) \sqsubseteq \bigcup_i \phi(F_i)$. Sei dazu $w \in Def(\phi(\bigcup_i F_i))$. Dann ist entweder $w = a$ und damit $w \in Def(\phi(F_0)) \subseteq Def(\bigcup_i \phi(F_i))$ oder $w = [w_1 \; op \; w_2]$ mit $w_1, w_2 \in L_4$. Im letzteren Fall ist $\phi(\bigcup_i F_i)(w) = Op((\bigcup_i F_i)(w_1), (\bigcup_i F_i)(w_2))$ und daher $w_1, w_2 \in Def(\bigcup_i F_i)$. Also gibt es ein m mit $w_1, w_2 \in Def(F_m)$ und daher gilt $\phi(F_m)(w) = \phi(\bigcup_i F_i)(w)$. Damit ist $\phi(\bigcup_i F_i) \sqsubseteq \bigcup_i \phi(F_i)$ gezeigt. ■

Funktionale erlauben uns, rekursive Definitionen sehr prägnant zu schreiben. Seien A, B Mengen und sei $\phi : P(A,B) \to P(A,B)$ eine Funktional. Dann stellt

$$F(x) = \phi(F(x))$$

eine rekursive Definition der Funktion $F \in P(A,B)$ dar. Wir betrachten zunächst wieder die konstruktive Interpretation.

Lemma 9. *Seien A, B Mengen und sei $\phi : P(A, B) \to P(A, B)$ ein monotones Funktional. Sei $G_{-1} = \emptyset$ die überall undefinierte Funktion und sei $G_i = \phi(G_{i-1})$ für $i \geq 0$.*

(a) $G_i \in P(A, B)$ für jedes i, $i \geq -1$.

(b) Es gilt $G_{i-1} \sqsubseteq G_i$ für jedes i, $i \geq 0$.

(c) $G = \bigcup_{i \geq -1} G_i$ ist eine Funktion.

(Wir sagen, daß G durch die Gleichung $F = \phi(F)$ definiert wird.)

Beweis:

(a) Wir benutzen Induktion über i. Für $i = -1$ gilt die Aussage, da $G_{-1} = \emptyset$. Sei nun $i \geq 0$. Nach Induktionsvoraussetzung gilt $G_{i-1} \in P(A, B)$. Also gilt auch $G_i = \phi(G_{i-1}) \in P(A, B)$.

(b) Wir benutzen Induktion über i. Für $i = 0$ gilt die Eigenschaft: da $G_{-1} = \emptyset$, ist $G_{-1} \sqsubseteq G_0$. Sei nun $i > 0$. Dann gilt nach Induktionsvoraussetzung $G_{i-2} \sqsubseteq G_{i-1}$. Wegen der Monotonie von ϕ gilt auch $G_{i-1} = \phi(G_{i-2}) \sqsubseteq \phi(G_{i-1}) = G_i$.

(c) Seien $(x, y_1) \in G$ und $(x, y_2) \in G$. Wir müssen zeigen, daß $y_1 = y_2$. Nach Definition von G gibt es dann m_1 und m_2 mit $(x, y_1) \in G_{m_1}$ und $(x, y_2) \in G_{m_2}$. Sei o.B.d.A. $m_1 \leq m_2$. Dann folgt aus Teil (a) $G_{m_1} \sqsubseteq G_{m_2}$ und daher $(x, y_1) \in G_{m_2}$. Also ist $y_1 = y_2$, da G_{m_2} eine Funktion ist. $\blacksquare$

Lemma 9 ist das Analogon zu den Lemmata 1, 2 und 6. Wir beweisen nun auch noch das Analogon zu den Lemmata 4 und 8.

Satz 1. *Seien A und B Mengen, sei $\phi : P(A, B) \to P(A, B)$ ein monotones stetiges Funktional, sei $G \in P(A, B)$ die durch die Gleichung $F = \phi(F)$ definierte Funktion und sei $\mathcal{F} = \{F \in P(A, B) \mid F = \phi(F)\}$ die Menge der Lösungen dieser Gleichung. Dann gilt*

(a) $G \in \mathcal{F}$

(b) $G \sqsubseteq F$ für alle $F \in \mathcal{F}$

(c) $G = \bigcap_{F \in \mathcal{F}} F$

Beweis:

(a) Nach Definition von G gilt $G = \bigcup_{i \geq 0} G_i$ mit $G_0 \sqsubseteq G_1 \sqsubseteq G_2 \sqsubseteq \ldots$. Da ϕ ein stetiges Funktional ist, folgt

$$
\begin{aligned}
\phi(G) \;&=\; \phi(\textstyle\bigcup_{i \geq 0} G_i) \quad &\text{Definition von } G \\[2mm]
&=\; \textstyle\bigcup_{i \geq 0} \phi(G_i) \quad &\text{da } \phi \text{ stetig} \\[2mm]
&=\; \textstyle\bigcup_{i \geq 0} G_{i+1} \quad &\text{Definition von } G_{i+1} \\[2mm]
&=\; G
\end{aligned}
$$

(b) Sei $F \in \mathcal{F}$ beliebig. Wegen $G = \bigcup_{i \geq -1} G_i$ genügt es zu zeigen, daß $G_i \sqsubseteq F$ für alle $i \geq -1$. Dazu benutzen wir Induktion über i. Für $i = -1$ ist das wegen $G_{-1} = \emptyset$ klar. Für $i \geq 0$ gilt nach Induktionsvoraussetzung $G_{i-1} \sqsubseteq F$ und daher wegen der Monotonie von ϕ auch $G_i = \phi(G_{i-1}) \sqsubseteq \phi(F) = F$.

(c) folgt unmittelbar aus (a) und (b). ∎

Man bemerke, daß Satz 1 die Monotonie und Stetigkeit des Funktionals ϕ benutzt, Lemma 9 aber nur die Monotonie.

Aufgaben zu 1.5

1) Sei $m : \mathbb{N}_0^2 \to \mathbb{N}_0$ definiert durch

$$m(x, y) = \begin{cases} 0 & \text{falls } y = 0 \\ x + m(x, y - 1) & \text{falls } y \neq 0 \end{cases}$$

a) Geben Sie die konstruktive Interpretation an; definieren Sie insbesondere die Folge $m_0, m_1, m_2, \ldots$ von Funktionen.

b) Zeigen Sie, daß die Funktion m total ist.

c) Unter welchem Namen ist m bekannt? Beweisen Sie Ihre Antwort.

2) a) Geben Sie, ausgehend von den Funktionen $Succ : \mathbb{N} \to \mathbb{N}$, $Pred : \mathbb{N} \to \mathbb{N}$ mit

$$Succ(n) = n + 1$$
$$Pred(n) = \begin{cases} n - 1 & \text{falls } n > 1 \\ \text{undefiniert} & \text{sonst} \end{cases}$$

eine rekursive Definition der Addition an.

b) Argumentieren Sie, daß Ihre Antwort korrekt ist.

3) Sei $\phi : P(\mathbb{N}, \mathbb{N}) \to P(\mathbb{N}, \mathbb{N})$ definiert durch

$$\phi(f)(x) = \begin{cases} 1 & \text{falls } x = 1 \\ x \cdot f(x - 1) & \text{sonst} \end{cases}$$

für alle $f \in P(\mathbb{N}, \mathbb{N})$. Zeigen Sie, daß ϕ ein monotones stetiges Funktional ist.

4) Sei $G = (\{A\}, \{a\}, \{A \to a | AA\}, A)$ eine kontextfreie Grammatik.

a) Zeigen Sie, daß G *nicht* eindeutig ist.

b) Wird durch die rekursive Definition

$$f(w) = \begin{cases} 2 & \text{falls } w = a \\ f(w_1)^{f(w_2)} & \text{falls } w = w_1 w_2 \text{ mit } w_1, w_2 \in L_G \end{cases}$$

eine Funktion $f \in P(L_G, \mathbb{N})$ definiert?

5) Sei Σ ein Alphabet und sei $<$ eine Ordnung auf Σ. Sei die Funktion $f : \Sigma^* \times \Sigma^* \to \{true, false\}$ definiert durch die rekursive Definition:

$$f(x,y) = \begin{cases} true & \text{falls } x = \epsilon, \text{ oder } x \neq \epsilon, y \neq \epsilon \text{ und } x = ax', y = by' \\ & \qquad \text{mit } a, b \in \Sigma \text{ und } a < b \\ f(x',y') & \text{falls } x \neq \epsilon, y \neq \epsilon \text{ und } x = ax' \text{ und } y = ay' \\ & \qquad \text{mit } a \in \Sigma \\ false & \text{sonst} \end{cases}$$

a) Zeigen Sie, daß f eine totale Funktion ist.

b) Zeigen Sie, daß f mit der lexikographischen Ordnung auf Σ^* übereinstimmt.

1.6 Attributierte Grammatiken

Wie wir in Abschnitt 1.4 gezeigt haben, erlauben kontextfreie Grammatiken die Beschreibung der Syntax (d.h. des grammatischen Aufbaus) einer formalen Sprache. Wir führen nun einen Beschreibungsmechanismus ein, der es zusätzlich erlaubt, den Sätzen der erzeugten Sprache eine "Bedeutung" zuzuordnen: **attributierte Grammatiken**. Diese Grammatiken können als eine Erweiterung der kontextfreien Grammatiken angesehen werden. Attributierte Grammatiken gehen über die in Absatz 1.5 entwickelten Beschreibungsmechanismen hinaus. Während wir dort Methoden zur Beschriftung von Ableitungsbäumen betrachteten, die in gewisser Hinsicht "von unten nach oben" arbeiteten, ist der "Informationsfluß" bei attributierten Grammatiken wesentlich flexibler. Attributierte Grammatiken werden erst ab Kapitel III benutzt.

Beispiel 1:
Berechnung des Wertes einer natürlichen Zahl aus ihrer Binärdarstellung mit Hilfe einer attributierten Grammatik.

Zur Erzeugung aller Binärdarstellungen der natürlichen Zahlen wählen wir die kontextfreie Grammatik $G = (N, T, P, S)$ mit $N = \{S, L, B\}$, $T = \{0, 1\}$, $P = \{S \to L, \ L \to LB, \ L \to B, \ B \to 0, \ B \to 1\}$. (Hier soll B an "Bit" und L an "Liste von Bits" erinnern). Die folgende Abbildung zeigt einen Ableitungsbaum für das Wort $1101 \in L_G$:

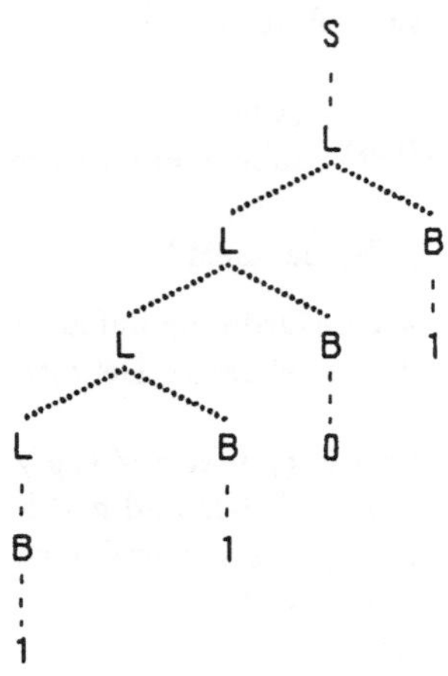

Abb. 1

Wir wollen nun für jedes B-, L- und S-Konstrukt seinen "Wert" festlegen. Nun hängt zum Beispiel der "Wert" eines B-Konstrukts von der Position des Bits im Terminalwort ab; im Wort 1101, zum Beispiel, hat die linke "1" den Wert $1 \cdot 2^3 = 8$ und die rechte den Wert $1 \cdot 2^0 = 1$. Deshalb beschriften wir die Knoten des Baums mit zusätzlichen Informationen in der Form zweier "Attribute": das Attribut *pos* gibt bei jedem B-Konstrukt die Position des Bits im Terminalwort und bei jedem L-Konstrukt die Position des rechtesten Bits des Konstrukts an (dabei werden die Bits von rechts nach links gezählt); das Attribut *wert* gibt für jedes Konstrukt seinen Wert an. In der folgenden Abbildung des Ableitungsbaums für 1101 sind die entsprechenden Attributwerte für jeden Knoten, der kein Blatt ist, angegeben. Dabei steht *pos* in einem Kästchen links vom Knoten und *wert* rechts vom Knoten. Ein solcher Baum heißt ein "attributierter" Baum (siehe Abbildung 2).

Offensichtlich lassen sich die Inhalte der Kästchen nach folgenden sehr einfachen Vorschriften bestimmen:

(1) Das *pos*-Attribut des Kindes der Wurzel ist 0.

(2) Wenn das *pos*-Attribut eines mit L beschrifteten Knotens n ist und die Produktion $L \rightarrow LB$ benutzt wird, dann ist das *pos*-Attribut des ersten Kindes $n + 1$ und das *pos*-Attribut des zweiten Kindes n.

(3) Wenn das *pos*-Attribut eines mit L beschrifteten Knotens n ist, und die Produktion $L \rightarrow B$ benutzt wird, dann ist das *pos*-Attribut des einzigen Kindes des Knoten auch n.

(4) Wenn das *pos*-Attribut eines mit B beschrifteten Knotens n ist, und die Produktion $B \rightarrow a$ mit $a \in \{0,1\}$, benutzt wird, dann ist das *wert*-Attribut des Knotens $a \cdot 2^n$.

(5) Wenn die Beschriftung eines Knotens L ist, und im Knoten die Produktion

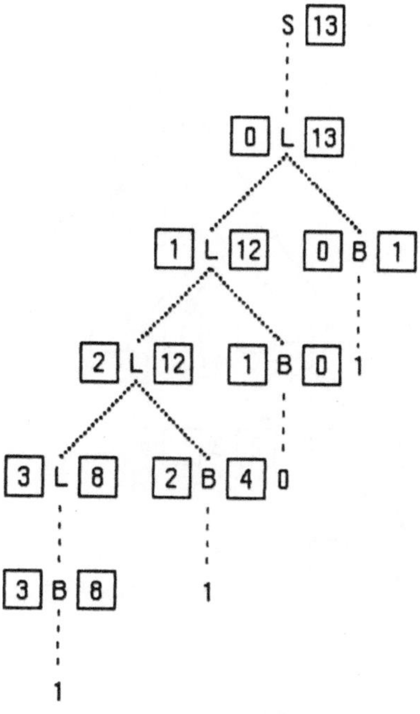

Abb. 2

$L \to B$ benutzt wird, dann ist das *wert*-Attribut des Knotens gleich dem *wert*-Attribut des Kindes.

(6) Wenn die Beschriftung eines Knotens L ist, und im Knoten die Produktion $L \to LB$ benutzt wird, dann ist das *wert*-Attribut des Knotens die Summe der *wert*-Attribute der Kinder.

(7) Das *wert*-Attribut der Wurzel ist gleich dem *wert*-Attribut ihres einzigen Kindes.

In unserem Beispiel können wir also auf Grund der Vorschrift (1) das *pos*-Attribut des Kindes der Wurzel bestimmen. Dann können wir auf Grund der Vorschriften (2) und (3) die *pos*-Attribute aller übrigen Knoten von oben nach unten berechnen. Wir erhalten den (teilweise) attributierten Baum aus Abbildung 3; der "Informationsfluß" ist durch Pfeile angedeutet. Als nächstes erlaubt uns die Vorschrift (4), die *wert*-Attribute der mit B beschrifteten Knoten zu bestimmen. Wir erhalten einen Informationsfluß von links nach rechts (siehe Abbildung 4). Schließlich können wir nun nach den Vorschriften (5), (6) und (7) die *wert*-Attribute der übrigen Knoten bestimmen. Wir erhalten damit den schon angegebenen attributierten Baum, in dem nun zusätzlich der Informationsfluß angedeutet ist (siehe Abbildung 5).

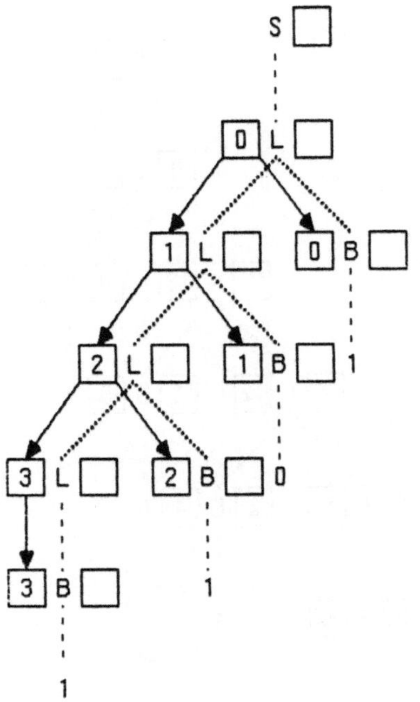

Abb. 3

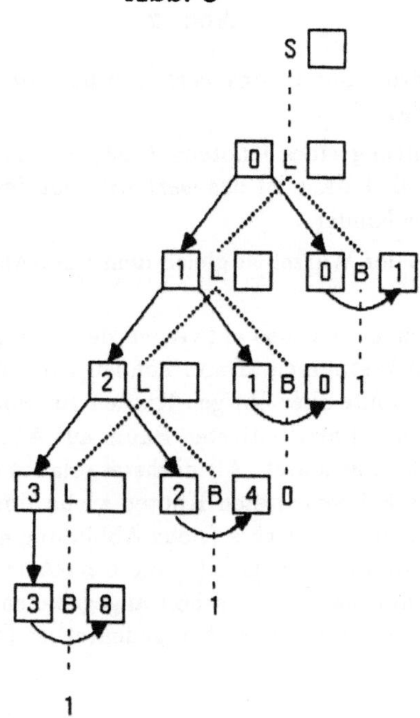

Abb. 4

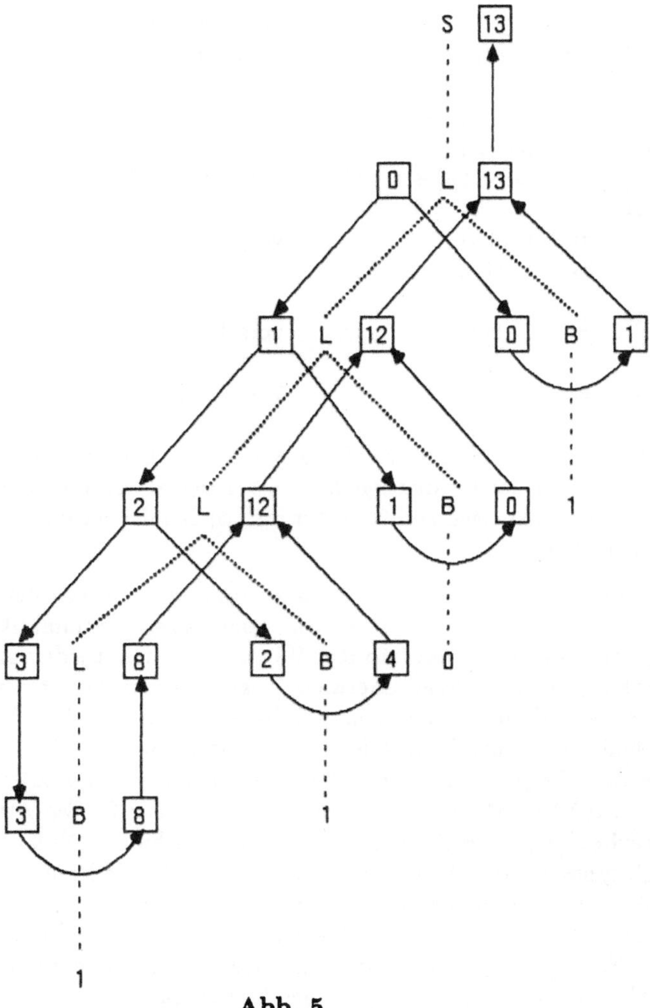

Abb. 5

Die Vorschriften zur Berechnung der Attributwerte verknüpfen die Attributwerte innerhalb einer Produktion. Es liegt daher nahe, diese Vorschriften zusammen mit der Grammatik anzugeben, indem man zu jeder Produktion der Grammatik entsprechende Regeln hinzufügt. Wir nennen diese Regeln "Attributberechnungsregeln" oder auch "Konsistenzbedingungen". Ferner formulieren wir die Vorschriften prägnanter in Form von Funktionen. Vorschrift (1) schreiben wir etwa als $pos(L) == 0$; das doppelte Gleichheitszeichen wird dabei als "ergibt sich zu" gelesen. Für unser Beispiel erhalten wir folgende attributierte Grammatik:

$$
\begin{aligned}
S \;\to\; &L \\
pos(L) \;==\;& 0 & \text{Vorschrift (1)} \\
wert(S) \;==\;& wert(L) & \text{Vorschrift (7)} \\
L \;\to\; &LB \\
pos(L_2) \;==\;& pos(L_1) + 1 & \text{Vorschrift (2)} \\
pos(B) \;==\;& pos(L_1) & \text{Vorschrift (2)} \\
wert(L_1) \;==\;& wert(L_2) + wert(B) & \text{Vorschrift (6)} \\
L \;\to\; &B \\
pos(B) \;==\;& pos(L) & \text{Vorschrift (3)} \\
wert(L) \;==\;& wert(B) & \text{Vorschrift (5)} \\
B \;\to\; &0 \\
wert(B) \;==\;& 0 \cdot 2^{pos(B)} & \text{Vorschrift (4)} \\
B \;\to\; &1 \\
wert(B) \;==\;& 1 \cdot 2^{pos(B)} & \text{Vorschrift (4)}
\end{aligned}
$$

Die Attributberechnungsregeln zur Produktion $L \to LB$ müssen wir noch genauer erläutern. Da L in der Produktion $L \to LB$ zweimal vorkommt, haben wir diese Vorkommen von links nach rechts numeriert: L_1 bezeichnet das linke Vorkommen und L_2 das rechte. ∎

Wir verlassen kurz das Beispiel und abstrahieren nun von dem oben skizzierten Vorgehen. Sei $G = (N, T, P, S)$ eine kontextfreie Grammatik. Sei Att eine Menge, genannt Menge der **Attribute**. Wir assoziieren mit jedem Attribut $a \in Att$ eine Menge D_a, genannt **Wertebereich** (engl. domain) des Attributs a, und mit jedem $X \in N \cup T$ eine Menge von Attributen $Att(X) \subseteq Att$. Typische Wertebereiche sind die Menge $\{true, false\}$ der Wahrheitswerte, $\mathbb{N}^*, \Sigma^*, P(A, B)$. Ferner setzen wir für jedes $X \in N \cup T$ eine Partition $S(X), I(X)$ von $Att(X)$ voraus, d.h. $Att(X) = S(X) \cup I(X)$ und $S(X) \cap I(X) = \emptyset$. Die Attribute in $I(X)$ heißen **ererbte** (engl. inherited) Attribute, die Attribute in $S(X)$ heißen **abgeleitete** (engl. synthesized oder derived) Attribute zu X. Die Bezeichnungen "ererbt" und "abgeleitet" suggerieren, wie die Attributwerte in Knoten berechnet werden: Information zu ererbten Attributen fließt von "oben nach unten" (von den Vorfahren zu den Nachkommen), Information zu abgeleiteten Attributen fließt von "unten nach oben" (von den Nachkommen zu den Vorfahren).

Fortführung des Beispiels:
Wir haben $Att = \{pos, wert\}$, $Att(L) = Att(B) = Att$, $Att(S) = \{wert\}$, $Att(0) = Att(1) = \emptyset$. Ferner ist $D_{pos} = D_{wert} = \mathbb{N}_0$, $I(L) = I(B) = \{pos\}$, $S(L) = S(B) = S(S) = \{wert\}$. ∎

Sei nun weiter (D, b) ein Ableitungsbaum eines Satzes der von G erzeugten Sprache. Eine Attributierung dieses Baumes besteht aus weiteren Beschriftungen des Baumes, je eine für jedes Attribut $a \in Att$. In anderen Worten, eine **Attributierung** besteht aus einer Familie

$$
val_a : D^{(a)} \to D_a, \; a \in Att
$$

von Beschriftungen des Baumes; dabei ist

$$D^{(a)} = \{k \in D \mid a \in Att(b(k))\}$$

die Menge der Knoten, bei denen das Attribut a zur Attributmenge der Beschriftung des Knotens gehört. Wenn $k \in D^{(a)}$ ein Knoten ist, dann heißt $val_a(k)$ **Wert des Attributs** a **am Knoten** k.

In unseren Zeichnungen schreiben wir die Werte der Attribute am Knoten k in Kästchen. Dabei zeichnen wir Kästchen für ererbte (abgeleitete) Attribute links (rechts) vom Knoten.

Fortführung des Beispiels: In unserem Beispiel besteht die Attributierung aus den Funktionen val_{pos} und val_{wert}. Für einen Ableitungsbaum (D, b) ist $D^{(wert)} = D - \{k \in D \mid k \text{ ist Blatt}\}$ und $D^{(pos)} = D^{(wert)} - \{\epsilon\}$. In unserem Beispielableitungsbaum sind die Funktionstabellen dieser beiden Funktionen in den Kästchen angegeben. Es ist etwa $val_{pos}(111) = val_{pos}(1112) = 2$ und $val_{wert}(1112) = 4$.   ∎

Die Attributierung muß den in der attributierten Grammatik festgelegten Attributberechnungsregeln genügen. Attributberechnungsregeln werden für die kleinsten strukturellen Einheiten der Grammatik, die Produktionen, festgelegt. Sie schreiben die Zusammenhänge zwischen den Attributwerten der verschiedenen Knoten eines Ableitungsbaumes fest.

Fortführung des Beispiels: In unserem Beispiel gilt etwa für jedes "Vorkommen" der Produktion $L \to LB$ im Ableitungsbaum, d.h. $b(k) = L$, $b(k1) = L$, $b(k2) = B$ für einen Knoten k:

$$val_{pos}(k1) = val_{pos}(k) + 1$$
$$val_{pos}(k2) = val_{pos}(k)$$
$$val_{wert}(k) = val_{wert}(k1) + val_{wert}(k2)$$

oder diagrammartig:

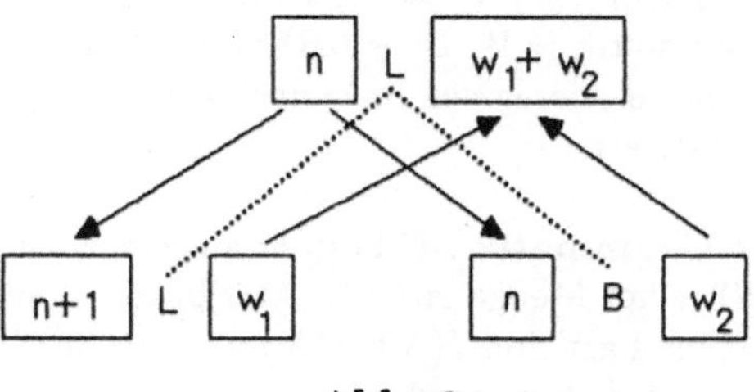

Abb. 6

In diesem Diagramm ist auch der Informationsfluß innerhalb der Regel angegeben.

In der attributierten Grammatik haben wir diese Abhängigkeiten durch die drei Attributberechnungsregeln

$$pos(L_2) == pos(L_1) + 1$$
$$pos(B) == pos(L_1)$$
$$wert(L_1) == wert(L_2) + wert(B)$$

zur Produktion $L \rightarrow LB$ festgelegt. Hier legt etwa die Regel $pos(L_2) == pos(L_1)+1$ fest, daß sich $val_{pos}(k1)$ zu $val_{pos}(k) + 1$ berechnet, wenn im Knoten k die Produktion $L \rightarrow LB$ angewandt wird. Man erinnere sich, daß L_2 (L_1) das Vorkommen von L auf der rechten (linken) Seite der Produktion bezeichnet. Man beachte auch, daß es für jedes ererbte Attribut eines Zeichens der rechten Seite (also $pos(L_2)$ und $pos(B)$) und für jedes abgeleitete Attribut der linken Seite (also $wert(L_1)$) der Produktion eine Attributberechnungsregel gibt. Damit beschreiben wir gerade den "Informationsfluß" innerhalb einer Regel (vgl. obiges Diagramm). Bei ererbten Attributen fließt Information von oben nach unten, bei abgeleiteten Attributen fließt Information von unten nach oben. ∎

Allgemein definieren wir:

Definition 1:
(a) Sei $p = X_\epsilon \rightarrow X_1 X_2 \ldots X_n$ eine Produktion einer kontextfreien Grammatik (N, T, P, S) mit $X_\epsilon \in N$, $X_1, \ldots, X_n \in N \cup T$, $n \geq 0$. Sei weiter Att eine Attributmenge. Sei schließlich $Att(X_j) \subseteq Att$ für $j \in \{\epsilon, 1, 2, \ldots, n\}$. Eine **Konsistenzbedingung** oder **Attributberechnungsregel** für das Attribut a_{i_0} von X_{i_0} hat die Form

$$a_{i_0}(X_{i_0}) == f\left(a_{i_1}(X_{i_1}), \ldots, a_{i_m}(X_{i_m})\right) .$$

Dabei ist $m \geq 0$, $i_l \in \{\epsilon, 1, \ldots, n\}$, $a_{i_l} \in Att(X_{i_l})$, $0 \leq l \leq m$, und $f : D_{a_{i_1}} \times \ldots \times D_{a_{i_m}} \rightarrow D_{a_{i_0}}$ eine Funktion; falls $m = 0$, dann ist f ein Element in $D_{a_{i_0}}$.

Bemerkung: Bei obiger allgemeiner Schreibweise $(X_\epsilon \rightarrow X_1 X_2 \ldots X_n)$ einer Produktion werden verschiedene Vorkommen des gleichen Zeichens in $N \cup T$ durch die Indizes in natürlicher Weise auseinandergehalten. Bei Produktionen einer konkreten Grammatik (z.B. $L \rightarrow LB$) halten wir die verschiedenen Vorkommen durch Durchnumerieren von links nach rechts auseinander — wie schon in den Beispielen illustriert.

(b) Eine **attributierte Grammatik** AG besteht aus einer kontextfreien Grammatik $G = (N, T, P, S)$, einer Menge Att von Attributen, einem Wertebereich D_a für jedes $a \in Att$, einer Partition $I(X), S(X)$ von $Att(X)$ für jedes $X \in N \cup T$ und einer Menge von Attributberechnungsregeln für jede Produktion $p \in P$.

Genauer, wenn $p = (X_\epsilon \to X_1 X_2 \ldots X_n)$ eine Produktion ist, dann gibt es genau eine Attributberechnungsregel für jedes abgeleitete Attribut von X_ϵ und für jedes ererbte Attribut von $X_1, \ldots, X_n$.

(c) Sei AG eine attributierte Grammatik, und sei (D, b) ein Ableitungsbaum eines Satzes bzgl. der unterliegenden kontextfreien Grammatik. Für $a \in Att$ sei $D^{(a)} = \{k \in D \mid a \in Att(b(k))\}$. Eine Familie $val_a : D^{(a)} \to D_a$, $a \in Att$ von Beschriftungen des Baums D ist eine **Attributierung** bzgl. AG, wenn sämtliche Attributberechnungsregeln erfüllt sind, d.h. wenn für jeden Knoten $k \in D$, der kein Blatt ist, gilt: Wenn $p = X_\epsilon \to X_1 X_2 \ldots X_n$ die im Knoten k benutzte Produktion ist und $a_{i_0}(X_{i_0}) == f(a_{i_1}(X_{i_1}), \ldots, a_{i_m}(X_{i_m}))$ eine zu p gehörende Attributierungsregel ist, $m \geq 0$, $i_l \in \{\epsilon, 1, \ldots, n\}$, $a_{i_l} \in Att(X_{i_l})$ für $0 \leq l \leq m$, dann ist $val_{a_{i_0}}(ki_0) = f(val_{a_{i_1}}(ki_1), \ldots, val_{a_{i_m}}(ki_m))$. ∎

Fortführung des Beispiels:

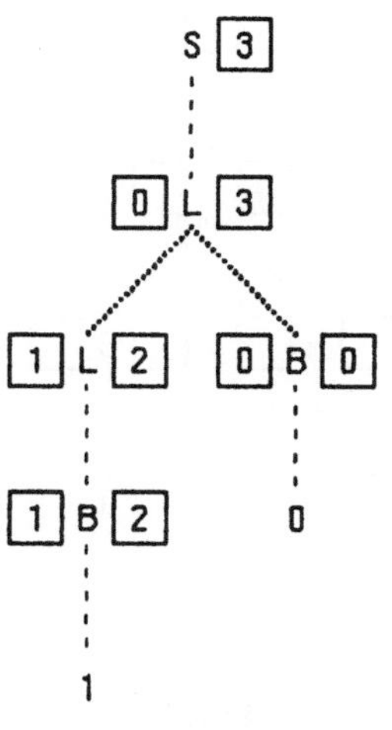

Abb. 7

Dies ist keine Attributierung gemäß unserer attributierten Grammatik, da im Knoten 1 die Gleichheit $val_{wert}(1) = val_{wert}(11) + val_{wert}(12)$ nicht gilt, d.h. die Attributberechnungsregel $wert(L_1) == wert(L_2) + wert(B)$ ist im Knoten 1 nicht erfüllt. ∎

Wir müssen nun noch die Frage behandeln, wie wir eine Attributierung eines Ableitungsbaumes (D, b) bestimmen. Wir benutzen dazu die Methoden aus Abschnitt 1.5. Man beachte, daß wir in Teil (c) von Definition 1 festgelegt haben, daß eine Attributierung val_a, $a \in Att$, eines Ableitungsbaumes (D, b) sämtliche Attributberechnungsregeln erfüllen muß. Diese Regeln stellen Gleichungen zwischen Attributwerten an verschiedenen Knoten des Baumes (D, b) dar. Eine Attributierung ist also eine Lösung dieses Gleichungssystems. Wir haben uns also bei der

Definition von Attributierung von der deskriptiven Interpretation einer rekursiven Definition leiten lassen.

Auch die konstruktive Interpretation ist möglich; aus diesem Grund bezeichnen wir Konsistenzbedingungen auch als Attributberechnungsregeln. Sei also (D, b) ein Ableitungsbaum. Wir starten mit überall undefinierten Funktionen $val_a, a \in Att$; informeller ausgedrückt, wir stellen für jedes Attribut $a \in Att$ und jeden Knoten $k \in D^{(a)}$ einen leeren Kasten bereit. Dann füllen wir die Kästchen nacheinander aus.

Wir sehen uns dazu zunächst die Attributberechnungsregeln an, bei denen auf der rechten Seite Konstante stehen, und füllen die entsprechenden Kästchen aus.

Fortführung des Beispiels: In unserem Beispiel ist das die Regel $pos(L) == 0$ zur Produktion $S \rightarrow L$. Im ersten Schritt erhalten wir damit bei einem Ableitungsbaum von S nach 11:

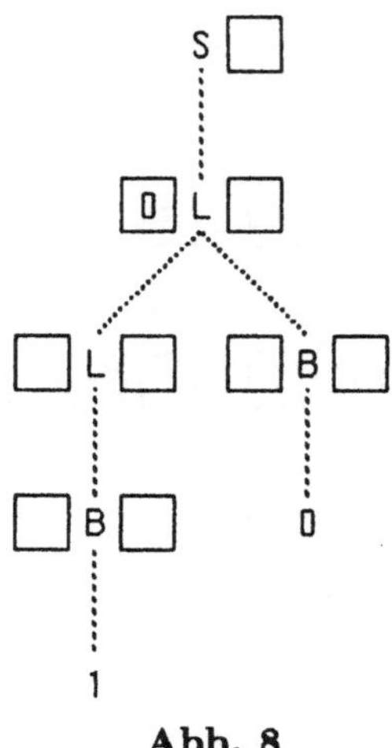

Abb. 8

Im nächsten Schritt sehen wir uns dann die Regeln an, bei denen wir nun den Wert der linken Seite ausrechnen können und füllen die entsprechenden Kästchen aus, usw.

Fortführung des Beispiels: Im zweiten Schritt erhält man den teilweise attributierten Baum von Abbildung 9.

Auf diese Weise füllen wir immer weitere Kästchen aus und bestimmen so eine Attributierung $val_a : D^{(a)} \rightarrow D_a, a \in Att$. Wir fassen diese Diskussion der konstruktiven Interpretation in folgendem sogenannten **Attributierungsalgorithmus** zusammen:

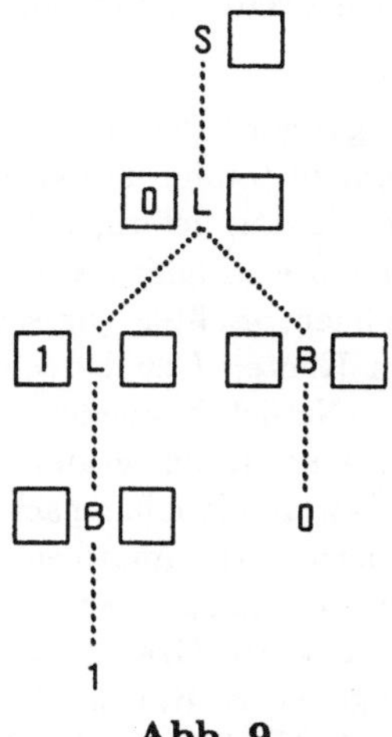

Abb. 9

(1) Starte mit überall undefinierten Funktionen $val_a : D^{(a)} \to D_a$, $a \in Att$;

(2) Sei $k \in D$ ein Knoten, und sei $p = (X_\epsilon \to X_1 \ldots X_n)$ die im Knoten k benutzte Produktion. Wenn $a_{i_0}(X_{i_0}) == f(a_{i_1}(X_{i_1}), \ldots, a_{i_m}(X_{i_m}))$ eine Attributberechnungsregel zur Produktion p ist und die Werte $val_{a_{i_1}}(ki_1), \ldots, val_{a_{i_m}}(ki_m)$ schon definiert sind, dann definiere $val_{a_{i_0}}(ki_0)$ als $f(val_{a_{i_1}}(ki_1), \ldots, val_{a_{i_m}}(ki_m))$.

(3) Wiederhole den Schritt (2), bis keine Änderung der Attributierung mehr erfolgt.

Nach den Ergebnissen von Abschnitt 1.5 erfüllen die durch den Attributierungsalgorithmus bestimmten Funktionen val_a, $a \in Att$, sämtliche Attributberechnungsregeln; die Bezeichnung "Attributierung" für die Funktionen val_a, $a \in Att$, ist also gerechtfertigt. Ferner läßt sich einfach beweisen, daß es genau eine Attributierung des Baumes (D, b) gibt, falls der Attributierungsalgorithmus zu totalen Funktionen val_a, $a \in Att$, führt. In diesem Fall ist die Attributierung also eindeutig. Wir fassen die Diskussion in folgendem Satz 1 zusammen.

Satz 1. *Sei AG eine attributierte Grammatik, und sei (D, b) ein Ableitungsbaum bzgl. der unterliegenden kontextfreien Grammatik. Falls der Attributierungsalgorithmus zu totalen Funktionen val_a, $a \in Att$, führt, dann gibt es genau eine Attributierung des Baumes (D, b).*

Beweis: unmittelbar aus obiger Diskussion. ∎

Fortführung des Beispiels: In der attributierten Grammatik des Beispiels sind die Funktionen val_{pos} und val_{wert} stets total, da wir bei jedem Ableitungsbaum zunächst val_{pos} in einem Durchlauf des Baumes von oben nach unten berechnen können und dann val_{wert} in einem zweiten Durchlauf des Baumes von unten nach oben.

Natürlich führt der Attributierungsalgorithmus nicht bei jeder attributierten Grammatik und jedem Ableitungsbaum zu totalen Funktionen val_a. Insbesondere kann er dann eine nicht-totale Attributierung liefern, falls zwischen Attributwerten an verschiedenen Knoten eine sogenannte zirkuläre Abhängigkeit besteht, d.h. um Attribut a am Knoten k zu berechnen, müßten wir schon Attribut b am Knoten l berechnet haben, und um b am Knoten l zu berechnen, müßten wir Attribut a am Knoten k berechnet haben. Natürlich können wir dann keines dieser Attribute jemals berechnen. Bei unserer Beispielgrammatik gibt es keine zirkulären Abhängigkeiten, wie die Diskussion unmittelbar nach Satz 1 andeutet. Für die in diesem Buch benutzten attributierten Grammatiken zeigt ein ähnliches Argument stets die Abwesenheit zirkulärer Abhängigkeiten. Es gibt sogar einen Algorithmus, der für eine beliebige attributierte Grammatik entscheidet, ob sie frei von zirkulären Abhängigkeiten ist (vgl. D. E. Knuth: Semantics of Context Free Languages, Math. Systems Theory, 2, 27 (1986)). In Bezug auf diesen Algorithmus werden wir von den in diesem Buch benutzten attributierten Grammatiken Freiheit von zirkulären Abhängigkeiten behaupten, ohne dies im Einzelfall nachzuweisen.

Zum Abschluß dieses Abschnitts geben wir noch eine Veranschaulichung der Attributierung durch das sogenannte Steckermodell. Wir assoziieren dabei mit jedem Nichtterminal X zwei zueinander komplementäre Stecker:

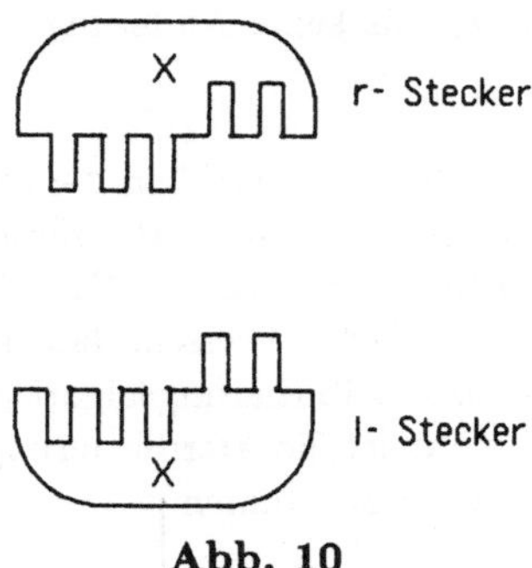

Abb. 10

Dabei treten die ererbten Attribute im r-Stecker als Stifte, im l-Stecker als Hülsen auf, die abgeleiteten Attribute umgekehrt. Jedes Vorkommen eines Nichtterminals X auf der rechten Seite einer Produktion zeichnen wir als r-Stecker, jedes Vorkommen auf der linken Seite als l-Stecker.

Fortführung des Beispiels:
Ferner geben wir den Informationsfluß durch die Produktion durch Leitungen an; so gehen etwa von $wert(L_2)$, $wert(B)$ Leitungen aus, die in einen Addierer $\oplus$ führen

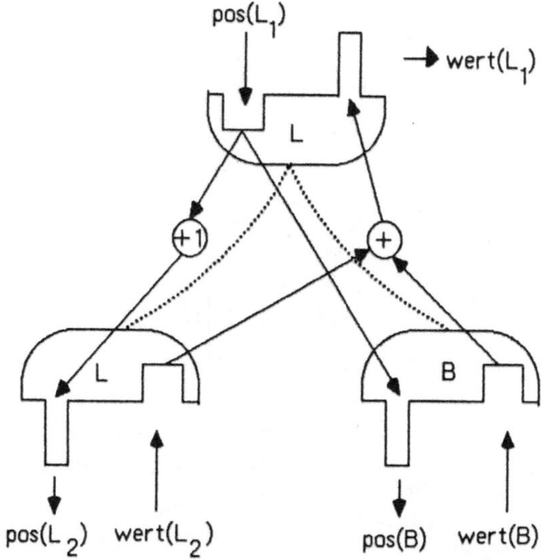

Abb. 11

und von dort nach *wert*(L_1). Analog erhalten wir etwa für die Produktion $B \to 1$ das Diagramm:

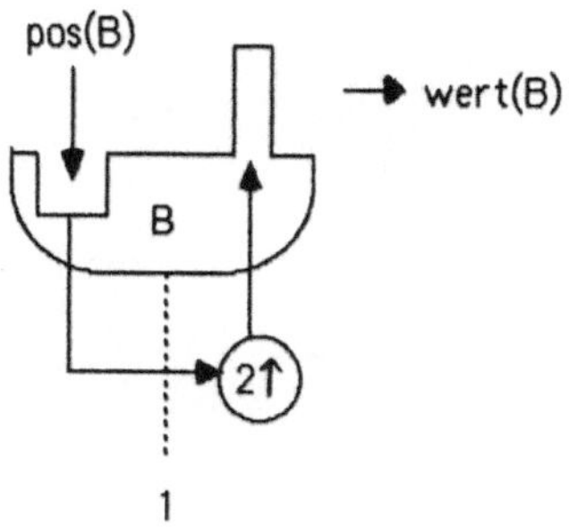

Abb. 12

Wir können nun einen ganzen Ableitungsbaum (etwa von S nach 10) "verdrahten", indem wir die Diagramme für die einzelnen Produktionen zusammensetzen. Da l- und r-Stecker zueinander komplementär sind, paßt das alles gut zusammen (Abb. 13).

Man sieht nun an diesem Beispiel, wie sich Information, ausgehend von der Null im Attribut *pos* des obersten L's, durch die Leitungen über den ganzen Baum ausbreitet. ∎

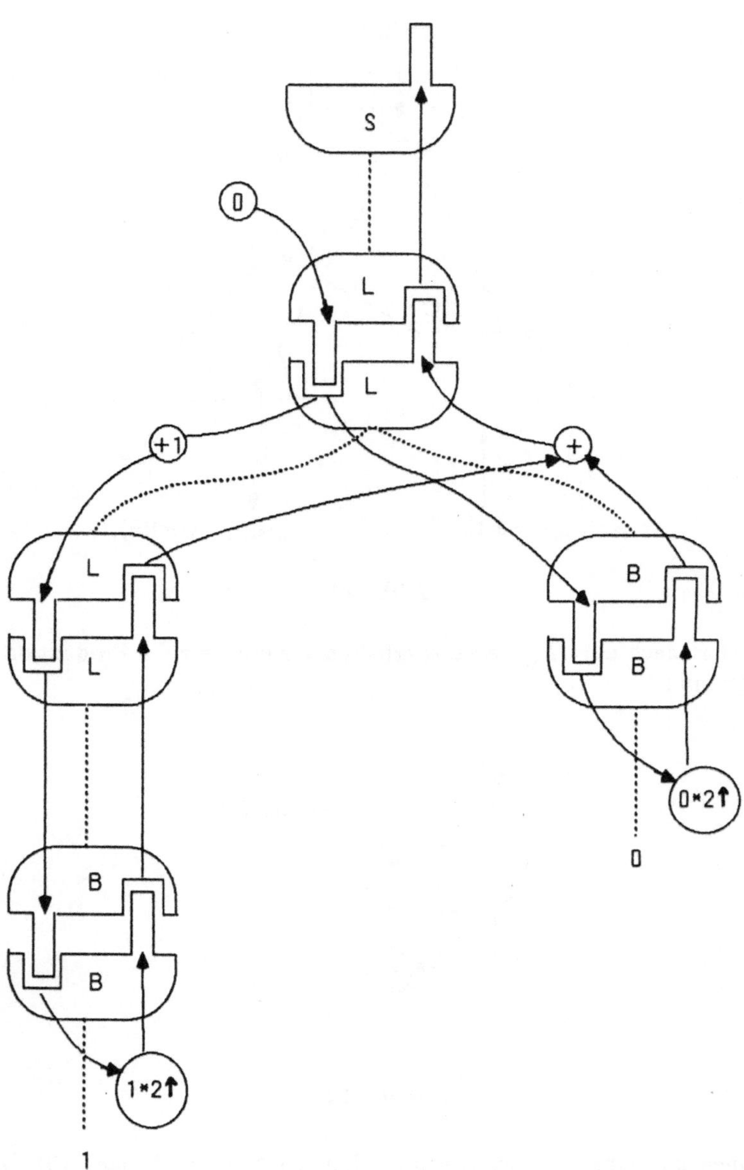

Abb. 13

Aufgaben zu 1.6

1) Betrachten Sie folgende kontextfreie Grammatik mit Startsymbol Z, Produktionen

$$Z \rightarrow T, R$$
$$T \rightarrow TD \mid D$$
$$R \rightarrow RD \mid D$$
$$D \rightarrow 0 \mid 1 \mid 2 \mid 3 \mid 4 \mid 5 \mid 6 \mid 7 \mid 8 \mid 9$$

und Terminale $0, 1, 2, 3, \dots, 9$ sowie das Komma. Die Worte der erzeugten Sprache entsprechen der üblichen Notation für reelle Zahlen. Attributieren Sie die Grammatik so, daß Z ein Attribut *Wert* hat, das der bezeichneten reellen Zahl entspricht.

2) Sei $L = \{a^i b^j c^k \mid i, j, k \geq 0\}$

    a) Geben Sie eine kontextfreie Grammatik G an mit $L = L_G$.

    b) Attributieren Sie G so, daß für jedes $w \in L$ die Wurzel des Ableitungsbaumes nach w ein Attribut hat, dessen Wert *true* ist, falls $i = j = k$, *false* sonst. Die Attributwertbereiche und die Operationen auf den Attributwerten wählen Sie bitte selbst.

3) Geben Sie für das Beispiel dieses Kapitels eine Attributierung an, die nur abgeleitete Attribute benutzt. Für die Regel $L \rightarrow LB$ könnte die Attributierung etwa die Form $wert(L_1) == 2 \cdot wert(L_2) + wert(B)$ haben.

1.7 Mathematische Maschinen

Mathematische Maschinen sind ein grundlegender Begriff der Informatik und spielen in den folgenden Kapiteln eine zentrale Rolle. Maschinen verarbeiten Eingaben gemäß einem Programm und produzieren daraus Ausgaben. Eine mathematische Maschine kann intern eine Menge von verschiedenen Zuständen annehmen (wir nennen diese Zustände die Konfigurationen der Maschine) und arbeitet wie folgt. Das Programm zusammen mit der Eingabe bestimmt die Anfangskonfiguration. Die Maschine rechnet nun schrittweise. In jedem Schritt geht die Maschine gemäß einer Übergangsfunktion in eine neue Konfiguration über. Dies geschieht so lange, bis keine Folgekonfiguration mehr existiert. Aus der letzten Konfiguration extrahieren wir dann (falls möglich) das Resultat der Rechnung. Wir geben nun zunächst die exakten Definitionen und erläutern diese dann durch einige Beispiele. Da der Abschnitt 1.7 parallel zum Kapitel II gelesen werden sollte, halten wir die Beispiele knapp. Im Kapitel 2 wird jeweils genau angegeben, welche Teile dieses Absatzes bekannt sein müssen.

Definition 1: Eine **(mathematische) Maschine** M ist ein 8-Tupel $M = (K, K^f, P, E, A, \delta, in, out)$ mit

K	: Menge, genannt Menge der **Konfigurationen**
P	: Menge, genannt Menge der **Programme**
E	: Menge, genannt **Eingabemenge**
A	: Menge, genannt **Ausgabemenge**
$\delta : K \dashrightarrow K$	: **Übergangsfunktion**
$K^f \subseteq K - Def(\delta)$	: Menge der **Endkonfigurationen**
$in : P \times E \to K$	: **Eingabefunktion**
$out : K^f \to A$	: **Ausgabefunktion**

Eine Maschine M heißt **programmlos**, wenn $|P| = 1$. Wir fassen dann die Eingabefunktion als Funktion $in : E \to K$ auf und lassen die Programmkomponente P aus dem 8-Tupel meist weg. ∎

Wie funktioniert nun eine solche Maschine? Mathematisch wird das Funktionieren der Maschine so erklärt, daß sie eine Folge von Konfigurationen "durchläuft". Etwas genauer, für ein Programm $p \in P$ und eine Eingabe $e \in E$ starten wir die Maschine in der Konfiguration $k_0 = in(p,e)$, **Startkonfiguration** genannt. Die Maschine rechnet dann gemäß der Übergangsfunktion δ, d.h. sie durchläuft eine Folge $k_0, k_1, k_2, \ldots$ von Konfigurationen mit $k_{i+1} = \delta(k_i)$ für $i \geq 0$. Wir bezeichnen diese Folge als **Rechnung** des Programms p für die Eingabe e. Es können nun drei Fälle eintreten. Entweder ist die Rechnung unendlich lang (sie terminiert nicht), d.h. $k_i \in Def(\delta)$ für alle $i \geq 0$, oder sie hat endliche Länge (sie terminiert), d.h. es gibt ein t mit $k_t \notin Def(\delta)$. Im zweiten Fall gilt entweder $k_t \notin K^f$ und dann terminiert die Rechnung mit einem Laufzeitfehler, oder es ist $k_t \in K^f$ und die Rechnung terminiert "erfolgreich" (auch "normal" oder "regulär"). Im letzten Fall nennt man $out(k_t)$ das "Resultat" der Rechnung und t die "Laufzeit" (Zeitkomplexität, Schrittanzahl, Länge) der Rechnung. In den beiden anderen Fällen produziert die Rechnung kein Resultat, und man sagt, daß ihre Laufzeit undefiniert ist. Die genauen Definitionen folgen nun.

Definition 2:
Sei $M = (K, K^f, P, E, A, \delta, in, out)$ eine mathematische Maschine.
(a) Die Funktion $Laufzeit_M : P \times E \to \mathbb{N}_0$ ist definiert durch:

$$Laufzeit_M(p,e) = \begin{cases} t & \text{falls es } t \in \mathbb{N}_0 \text{ gibt, mit } \delta^{(t)}(in(p,e)) \in K^f \\ \text{undefiniert} & \text{falls kein solches } t \text{ existiert .} \end{cases}$$

Hierbei ist die Notation $\delta^{(t)}$ definiert durch $\delta^{(0)}(k) = k$ und $\delta^{(i+1)}(k) = \delta^{(i)}(\delta(k))$ für alle $i \in \mathbb{N}_0$ und alle $k \in K$, d.h. $\delta^{(t)}$ drückt die t-malige Anwendung der Funktion δ aus. Man bemerke, daß es höchstens ein t gibt mit $\delta^{(t)}(in(p,e)) \in K^f$, weil K^f eine Teilmenge von $K - Def(\delta)$ ist.

(b) Für $p \in P$ ist das **Eingabe-Ausgabe-Verhalten** $E/A_M(p)$ — oder E/A_M, falls $|P| = 1$ — der Maschine M mit Programm p eine Funktion:

$$E/A_M(p) : E \to A \text{ mit } E/A_M(p)(e) =$$

$$\begin{cases} out\left(\delta^{(Laufzeit_M(p,e))}(in(p,e))\right) & \text{falls } Laufzeit_M(p,e) \text{ definiert ist} \\ \text{undefiniert} & \text{sonst.} \end{cases}$$

Informal: der Wert $E/A_M(p)(e)$ wird durch *out* abgeleitet aus der Konfiguration, die durch $Laufzeit_M(p,e)$-maliges Anwenden von δ auf die Startkonfiguration $in(p,e)$ erhalten wird. ∎

Das Eingabe-Ausgabe-Verhalten $E/A_M(p)$ ist die von der Maschine M unter der Steuerung durch das Programm p berechnete Funktion von E nach A. Programmlose Maschinen sind Spezialkonstruktionen zur Berechnung einer einzigen Funktion. Wir benutzen programmlose Maschinen im Kapitel II und allgemeine Maschinen in den späteren Kapiteln. Wir illustrieren nun diese Definitionen durch zwei Beispiele, von denen das zweite durch das letzte Beispiel der Einleitung motiviert ist.

Beispiel 1: Wir geben eine Maschine an, die ein Paar von reellen Zahlen einliest und dieses Paar dann gemäß einem sehr einfachen Programm verarbeitet. Ein Programm für diese Maschine ist ein beliebiges Wort in $\{T\}^*$. Das Programm wird T für T abgearbeitet. Bei jeder Ausführung eines Befehls T wird die erste Komponente des Paars durch die zweite Komponente geteilt und dann durch das Ergebnis ersetzt. Ist die zweite Komponente Null, dann kann der Befehl nicht ausgeführt werden, und die Maschine hält an. Andernfalls wird das nächste T ausgeführt, bis alle T's abgearbeitet sind. Dann wird die erste Komponente des Paares ausgegeben. Die formale Definition ist wie folgt. Es ist

$$K = \{T\}^* \times \mathbb{R} \times \mathbb{R}$$
$$P = \{T\}^*$$
$$E = \mathbb{R} \times \mathbb{R}$$
$$A = \mathbb{R}$$

$\delta : K \dashrightarrow K$ ist definiert durch

$$\delta((p,x,y)) = \begin{cases} \text{undefiniert} & \text{falls } p = \epsilon \text{ oder } y = 0 \\ (p', x/y, y) & \text{falls } p = Tp' \text{ und } y \neq 0 \end{cases}$$

$$\text{für alle } (p,x,y) \in K$$
$$K^f = \{\epsilon\} \times \mathbb{R} \times \mathbb{R}$$
$$in(p,(x,y)) = (p,x,y) \qquad \text{für } p \in P \text{ und } (x,y) \in E$$
$$out(\epsilon,x,y) = x$$

Für $x, y \in \mathbb{R}$ und $p = T^n \in P$ ist die Rechnung des Programms p für die Eingabe $(x,y) \in E$ gleich der Folge $(T^n, x, y), (T^{n-1}, x/y, y), (T^{n-2}, x/y^2, y), \ldots,$ $(T, x/y^{n-1}, y), (\epsilon, x/y^n, y)$, falls $y \neq 0$ und gleich der Folge (T^n, x, y), falls $y = 0$. Also ist

$$Laufzeit_M(p,(x,y)) = \begin{cases} n & \text{falls } p = T^n \text{ und } y \neq 0 \text{ oder } n = 0 \\ \text{undefiniert} & \text{sonst,} \end{cases}$$

und daher ist

$$E/A_M(T^n)((x,y)) = \begin{cases} x/y^n & \text{falls } y \neq 0 \\ x & \text{falls } y = 0 \text{ und } n = 0 \\ \text{undefiniert} & \text{falls } y = 0 \text{ und } n > 0. \end{cases}$$

∎

Beispiel 2: Sei die programmlose Maschine $M_1 = (K, K^f, E, A, \delta_1, in, out)$ definiert durch

$$K = E = \mathbb{N} \times \mathbb{N}_0$$

$$K^f = \mathbb{N} \times \{0\}$$

$$\delta_1 : K \dashrightarrow K \text{ mit}$$

$$\delta_1((x,y)) = \begin{cases} (y, x \bmod y) & \text{falls } y \neq 0 \\ \text{undefiniert} & \text{falls } y = 0 \end{cases}$$

$$in : E \to K \text{ mit } in((x,y)) = (x,y)$$

$$A = \mathbb{N}$$

$$out : K^f \to \mathbb{N} \text{ mit } out((x,0)) = x .$$

Die Rechnung für die Eingabe $(18, 4)$ ist die Folge $(18, 4), (4, 2), (2, 0)$. Die Ausgabe ist dann die Zahl 2. Wir haben in Behauptung 2 der Einleitung gezeigt, daß für alle $(x, y) \in \mathbb{N} \times \mathbb{N}_0$ gilt:

$$Laufzeit_{M_1}((x,y)) \leq 2 + 2\log y$$

Ferner ist $E/A_{M_1} : \mathbb{N} \times \mathbb{N}_0 \to \mathbb{N}$ gleich der Funktion $ggT : \mathbb{N} \times \mathbb{N}_0 \to \mathbb{N}$. ∎

Sehr oft wollen wir Maschinen bezüglich ihres Leistungsumfangs vergleichen. Der Begriff Simulation ist dafür ein wichtiges Konzept.

Definition 3: Seien $M_i = (K_i, K_i{}^f, P_i, E, A, \delta_i, in_i, out_i)$, $i = 1, 2$, zwei Maschinen. Sei weiter $p_i \in P_i$ ein Programm für M_i, $i = 1, 2$.

(a) Eine Relation $R \subseteq K_1 \times K_2$ heißt **Simulation** der Maschine M_1 mit dem Programm p_1 auf der Maschine M_2 mit dem Programm p_2, wenn gilt:
   (1) für alle $e \in E$ gilt: $(in_1(p_1, e), in_2(p_2, e)) \in R$;
   (2) für alle $(k_1, k_2) \in R$ mit $k_1 \in Def(\delta_1)$ gibt es $i > 0$ und $j \geq 0$, so daß
       $(\delta_1{}^{(i)}(k_1), \delta_2{}^{(j)}(k_2)) \in R$;
   (3) aus $(k_1, k_2) \in R$ und $k_1 \in K_1{}^f$ folgt $k_2 \in K_2{}^f$ und $out_1(k_1) = out_2(k_2)$

(b) Die Maschine M_2 **vermag** die Maschine M_1 **zu simulieren**, falls es für jedes Programm $p_1 \in P_1$ ein Programm $p_2 \in P_2$ gibt, so daß es eine Simulation von M_1 mit p_1 auf M_2 mit p_2 gibt.

(c) Eine Simulation ist k-**beschränkt**, $k \in \mathbb{N}$, falls in Bedingung (2) der Simulation stets $j \leq k \cdot i$ gewählt werden kann. Sie heißt **beschränkt**, falls sie k-beschränkt für ein $k \in \mathbb{N}$ ist.

(d) Eine Relation R heißt **Bisimulation** zwischen M_1 mit p_1 und M_2 mit p_2, wenn R sowohl Simulation von M_1 mit p_1 auf M_2 mit p_2 als auch Simulation von M_2 mit p_2 auf M_1 mit p_1 ist. ∎

Definition (3a) liegt folgende Vorstellung zugrunde: Betrachte M_1 mit p_1 und M_2 mit p_2 für eine Eingabe e. Sie beginnen in sich entsprechenden Startkonfigurationen nach der Bedingung (1). Anschließend sind sie nach der Bedingung (2) nach einer gewissen Anzahl von Schritten (nicht unbedingt die gleiche Anzahl bei beiden Maschinen) wieder in sich entsprechenden Konfigurationen. Wenn M_1 einen Endzustand erreicht, dann tut das auch M_2, und sie produzieren dann die gleiche Ausgabe nach der Bedingung (3). Die Definition (3c) drückt folgendes aus: die Simulation von M_1 (mit p_1) durch M_2 (mit p_2) ist k-beschränkt, falls M_2 höchstens k mal langsamer als M_1 ist. Wir präzisieren diese Vorstellungen weiter unten im Satz 1. Zunächst noch ein Beispiel.

Beispiel 2 (Fortführung): Sei die programmlose Maschine M_2 gegeben durch $M_2 = (K, K^f, E, A, \delta_2, in, out)$, wobei $\delta_2 : K \to K$ definiert ist durch

$$
\delta_2((x,y)) = \begin{cases} (x-y, y) & \text{falls } x \geq y > 0 \\ (y, x) & \text{falls } y > x \\ \text{undefiniert} & \text{falls } y = 0 \end{cases}
$$

Die Rechnung für die Eingabe $(18,4)$ ist nun die Folge $(18,4)$, $(14,4)$, $(10,4)$, $(6,4)$, $(2,4)$, $(4,2)$, $(2,2)$, $(0,2)$, $(2,0)$. Die Maschine M_2 verhält sich ähnlich wie die Maschine M_1; allerdings "simuliert" sie die ganzzahlige Division durch wiederholte Substraktion. Wir geben nun eine Simulation im Sinne der Definition 3 an. Sei R die Identitätsrelation auf K, d.h. $R = \{(k,k) \mid k \in K\}$. Diese Relation erfüllt sicher die Bedingungen (1) und (3). Wir zeigen nun die Bedingung (2). Sei dazu $(x,y) \in Def(\delta_1)$ und daher $y > 0$. Wir wählen $i = 1$ und $j = \lfloor x/y \rfloor + 1$ und zeigen $\delta_1((x,y)) = \delta_2^{(j)}((x,y))$. Falls $x < y$ und damit $j = 1$, gilt $\delta_2((x,y)) = (y,x) = (y, x \bmod y) = \delta_1((x,y))$. Falls $x \geq y$ und damit $j \geq 2$, gilt

$$
\begin{aligned}
\delta_2^{(j)}((x,y)) &= \delta_2^{(j-1)}((x-y, y)) \\
&= \delta_2^{(j-k)}((x - ky, y)) \qquad \text{für alle } k \leq \lfloor x/y \rfloor \\
&= \delta_2^{(1)}((x \bmod y, y)) \\
&= (y, x \bmod y)
\end{aligned}
$$

Damit ist auch die Bedingung (2) gezeigt. Man kann zeigen, daß die Simulation R nicht beschränkt ist und daß sie eine Bisimulation ist. ∎

Satz 1. *Seien M_1 und M_2 mathematische Maschinen, und sei p_i ein Programm für M_i, $i = 1, 2$.*

(a) Falls es eine Simulation von M_1 mit p_1 auf M_2 mit p_2 gibt, dann gilt

$$
E/A_{M_1}(p_1) \sqsubseteq E/A_{M_2}(p_2)
$$

(b) *Falls es eine k-beschränkte Simulation von M_1 mit p_1 auf M_2 mit p_2 gibt, dann gilt zusätzlich, $Laufzeit_{M_2}(p_2, e) \leq k \cdot Laufzeit_{M_1}(p_1, e)$ für alle Eingaben $e \in Def(E/A_{M_1}(p_1))$.*

(c) *Falls es eine Bisimulation zwischen M_1 mit p_1 und M_2 mit p_2 gibt, dann gilt $E/A_{M_1}(p_1) = E/A_{M_2}(p_2)$.*

Beweis:

(a) Sei $e \in Def(E/A_{M_1}(p_1))$ beliebig, $k_0 = in_1(p_1, e)$ und $t = Laufzeit_{M_1}(p_1, e)$. Sei ferner $k_0, k_1, \ldots, k_t$ mit $k_{i+1} = \delta_1(k_i)$ für $0 \leq i \leq t$ die Rechnung von M_1 mit p_1 für die Eingabe e. Sei $k_0', k_1', \ldots$ mit $k_0' = in_2(p_2, e)$ die — möglicherweise unendliche — Rechnung von M_2 mit p_2 für die Eingabe e. Sei R die Simulation von M_1 mit p_1 auf M_2 mit p_2. Es gilt:

Lemma 1. *Für alle i, $0 \leq i \leq Laufzeit_{M_1}(p_1, e)$, gibt es ein $h \geq i$ und ein l, so daß $(k_h, k_l') \in R$.*

Beweis: (durch Induktion über i). Für $i = 0$ gilt die Behauptung mit $h = 0$ und $l = 0$, da $(k_0, k_0') = (in_1(p_1, e), in_2(p_2, e)) \in R$ nach Bedingung (1) von Definition (3a). Sei nun die Behauptung für ein i, $0 \leq i \leq Laufzeit_{M_1}(p_1, e)$, wahr, d.h. es gibt $h \geq i$ und l, so daß $(k_h, k_l') \in R$. Wir beweisen nun, daß die Behauptung gilt für $i + 1$. Falls $h \geq i + 1$, dann gilt die Behauptung auch für $i + 1$. Falls $h = i$, dann gibt es nach Bedingung (2) der Definition (3a) $i_1 > 0$ und $i_2 \geq 0$, so daß $(\delta_1^{(i_1)}(k_h), \delta_2^{(i_2)}(k_l')) \in R$. Wegen $\delta_1^{(i_1)}(k_h) = k_{h+i_1}$ und $\delta_2^{(i_2)}(k_l') = k_{l+i_2}'$ ist damit der Induktionsschritt geleistet. ∎

Wir wenden nun das Lemma mit $i = Laufzeit_{M_1}(p_1, e)$ an. Dann gibt es $h \geq i$ (also $h = i$) und ein l mit $(k_i, k_l') \in R$. Wegen $k_i \in K_1^f$ folgt $k_l' \in K_2^f$ und $out_1(k_i) = out_2(k_l')$ nach Bedingung (3) der Definition (3a). Also ist $E/A_{M_1}(p_1)(e) = E/A_{M_2}(p_2)(e)$.

(b) Wir argumentieren wie oben, verschärfen aber Lemma 1 zu Lemma 2.

Lemma 2. *Für alle i, $0 \leq i \leq Laufzeit_{M_1}(p_1, e)$, gibt es ein $h \geq i$ und ein $l \leq k \cdot h$, so daß $(k_h, k_l') \in R$.*

Beweis: Der Beweis verläuft vollkommen analog zum obigen Beweis. Wir beobachten zusätzlich, daß im Induktionsschritt $i_2 \leq k \cdot i_1$ gewählt werden kann. Daher gilt dann $l + i_2 \leq k \cdot i + k \cdot i_1 = k(i + i_1)$, da nach Induktionsvoraussetzung $l \leq k \cdot i$. ∎

Die Behauptung (b) des Satzes folgt dann unmittelbar aus Lemma 2.

(c) Sei R die Bisimulation. Dann ist R eine Simulation von M_1 mit p_1 auf M_2 mit p_2, und daher gilt $E/A_{M_1}(p_1) \sqsubseteq E/A_{M_2}(p_2)$. Ferner ist R Simulation von M_2 mit p_2 auf M_1 mit p_1, und daher gilt $E/A_{M_2}(p_2) \sqsubseteq E/A_{M_1}(p_1)$. Insgesamt schließen wir $E/A_{M_1}(p_1) = E/A_{M_2}(p_2)$. ∎

Der Teil (a) von Satz 1 besagt folgendes: falls eine Maschine M_2 mit einem Programm p_2 die Maschine M_1 mit dem Programm p_1 simuliert, dann ist das E/A-Verhalten von M_1 mit p_1 im E/A-Verhalten von M_2 mit p_2 enthalten. Es kann aber durchaus Eingaben geben, die M_2, aber nicht M_1 zu verarbeiten vermag. Teil (b) besagt, daß, falls eine Simulation k-beschränkt ist, die simulierende Maschine höchstens um den Faktor k langsamer als die simulierte Maschine ist.

Wir führen nun noch eine Vereinfachung der Schreibweise ein. Für eine Maschine $M = (\ldots, \delta, \ldots)$ schreiben wir statt $\delta(k) = k'$ auch $k \underset{M}{\Rightarrow} k'$ oder noch kürzer $k \Rightarrow k'$. Dann lassen sich Rechnungen schreiben als

$$in(p, e) = k_0 \Rightarrow k_1 \Rightarrow k_2 \Rightarrow k_3 \Rightarrow \ldots$$

Dabei ist $\Rightarrow$ eine Relation auf der Menge der Konfigurationen. Die transitive Hülle von $\Rightarrow$ bezeichnen wir mit $\Rightarrow^*$.

Der Begriff Simulation spielt in diesem Buch eine wichtige Rolle. Oft benutzen wir ihn in folgender Situation: Seien M_i, $i = 1, 2$, mathematische Maschinen und sei $C : P_1 \rightarrow P_2$ eine Abbildung, genannt Übersetzung (Compilation). Wir wollen nun zeigen, daß C die Semantik von Programmen erhält, d.h. daß

$$E/A_{M_1}(p_1) = E/A_{M_2}(C(p_1))$$

für alle $p_1 \in P_1$ gilt. Dazu brauchen wir nur für jedes $p_1 \in P_1$ eine Bisimulation zwischen M_1 mit p_1 und M_2 mit $C(p_1)$ anzugeben. In vielen Anwendungen wird $M_1 = M_2$ sein. Dann ist $C(p_1)$ oft in einem gewissen Sinn "einfacher" als p_1.

Zum Abschluss des Kapitels führen wir noch die **O-Notation** zur größenordnungsmäßigen Laufzeitabschätzung ein. Wir sahen im Beispiel 2, daß die Maschine m_1 den größten gemeinsamen Teiler von zwei natürlichen Zahlen n und m in Laufzeit $2 + 2\log m$ berechnet. Die wesentliche Aussage ist dabei, daß die Laufzeit größenordnungsmäßig logarithmisch in m ist, ob sie nun $2 + 2\log m$ oder $7 + 1.8\log m$ ist, interessiert zunächst weniger. Die mathematische Kurzschreibweise für "die Laufzeit ist größenordnungsmäßig logarithmisch in m" ist "die Laufzeit ist $O(\log m)$".

Definition 4: Sei $f : \mathbb{N}_0 \rightarrow \mathbb{N}_0$ eine Funktion. Dann bezeichnet $O(f)$ die folgende Menge von Funktionen.

$$O(f) = \left\{ g : \mathbb{N}_0 \rightarrow \mathbb{N}_0 \mid \exists\, c > 0 \; \exists\, n_0 : g(n) \leq cf(n) \text{ für alle } n \geq n_0 \right\}.$$

∎

Es hat sich eingebürgert, die O-Notation zusammen mit dem Gleichheitszeichen zu benutzen anstatt mit den Zeichen $\in$ und $\subseteq$ für Elementbeziehung und Enthaltensein. Also schreiben wir $n^2 + 5n = n^2 + O(n) = O(n^2)$ anstatt $n^2 + 5n \in n^2 + O(n) \subseteq O(n^2)$. Genauer: Wenn $\circ$ eine n-stellige Operation auf Funktionen, z.B. die zweistellige Operation $+$, und $A_1, \ldots, A_n$ Mengen von Funktionen sind, dann bezeichnet $\circ(A_1, \ldots, A_n)$ die natürliche Ausweitung der Operation $\circ$, z.B.

$A_1 + A_2 = \{a_1 + a_2 \mid a_1 \in A_1 \text{ und } a_2 \in A_2\}$. Einelementige Mengen identifizieren wir mit ihrem Element. Ausdrücke α und β, die die O-Notation enthalten, bezeichnen dann Mengen von Funktionen. Die Schreibweise $\alpha = \beta$ bedeutet $\alpha \subseteq \beta$. Gleichungen, die die O-Notation enthalten, können also *nur von links nach rechts* gelesen werden. Die Glieder einer Folge $A_1 = A_2 = A_3 = \cdots = A_k$ stehen demnach für zunehmend größer werdende Mengen von Funktionen; die Ungenauigkeit der Abschätzung wächst von links nach rechts.

Aufgaben zu 1.7

1) Beweisen Sie folgende Gleichungen:

$$f(n) = O(f(n))$$
$$O(f(n)) + O(f(n)) = O(f(n))$$
$$c \cdot O(f(n)) = O(f(n))$$
$$O(f(n)) \cdot O(g(n)) = O(f(n) \cdot g(n))$$

2) Welche der folgenden Aussagen sind falsch?

$$2 + 2\log n = O(\log n)$$
$$\log n = O(\ln n)$$
$$n^2 + O(n^{1.5}) = O(n^2)$$
$$2^n = O(3^n)$$
$$3^n = O(2^n)$$
$$2^n = O(n^7)$$

Kapitel II

Ausdrücke

In diesem Kapitel behandeln wir arithmetische Ausdrücke wie etwa $a_1 + a_2 \times a_3$. Wir gehen dabei nicht nur auf klassische Notationen ein, die aus der Elementarmathematik bekannt sind, sondern auch auf Sonderformen — wie z.B. vollständig geklammerte Ausdrücke, klammerfreie Notation —, die der maschinellen Verarbeitung besonders angepaßt sind.

Wir beginnen mit den vollständig geklammerten Ausdrücken. Bei diesen Ausdrücken ist die Reihenfolge der Operationen vollständig durch die Klammerung festgelegt; ein typischer Vertreter ist $(a_1 + (a_2 \times a_3))$. Zunächst definieren wir die Semantik, d.h. den durch den Ausdruck dargestellten Wert, auf zwei Arten: algebraisch und algorithmisch. Die algebraische Definitionsmethode haben wir schon in Abschnitt 1.5 anläßlich der "deskriptiven Interpretation" kennengelernt. Die algorithmische Definition benutzt eine einfache mathematische Maschine, die Ausdrücke auswertet; diese Definition ist verwandt mit der "algorithmischen Interpretation" von Abschnitt 1.5. Die erste zentrale Aussage des Kapitels ist die Äquivalenz der beiden Ansätze. Wir illustrieren auch, inwiefern diese Maschine die syntaktische Struktur der auszuwertenden Ausdrücke erkennt. Dann führen wir den Begriff der Übersetzung ein, d.h. der Transformation einer formalen Sprache in eine andere unter Bewahrung der Semantik. Wir zeigen, wie man vollständig geklammerte Ausdrücke in eine eindeutige klammerfreie Notation überführt. Schließlich vergleichen wir verschiedene Ansätze der algorithmischen Definition und illustrieren so den Begriff der Simulation.

Vollständig geklammerte Ausdrücke sind zu restriktiv, um praktisch brauchbar zu sein. Unvollständig geklammerte Ausdrücke mit Prioritäten — wie zum Beispiel $a_1 + a_2 \times a_3$ — werden im Alltagsleben, in der Mathematik und in den meisten Programmiersprachen benutzt. Wir wiederholen daher wesentliche Teile der Diskussion für diese praktisch bedeutsame Notation in Abschnitt 2.2.

2.1 Vollständig geklammerte Ausdrücke

In diesem Abschnitt betrachten wir Ausdrücke über einer **Operandenmenge** $M = \{a_1, a_2, \ldots, a_n\}$ und der **Operatorenmenge** $\{+, -, \times, /\}$. Dabei ist $n \geq 1$ eine für diesen Abschnitt feste, aber nicht näher spezifizierte, natürliche Zahl.

Genauer, die **vollständig geklammerten Ausdrücke** werden durch folgende kontextfreie Grammatik G_v definiert:

$$G_v = (\{A\}, T_v, P_v, A) \text{ mit}$$
$$T_v = M \cup \{+, -, \times, /, (,)\}$$
$$P_v = \{A \rightarrow a_1 \mid a_2 \mid \ldots \mid a_n \mid (A + A) \mid (A - A) \mid (A \times A) \mid (A/A)\} \, .$$

Die Sätze der erzeugten Sprache L_{G_v} — d.h. die Ausdrücke — heißen vollständig geklammert, weil die Struktur der Teilausdrücke durch die Klammern vollständig "beschrieben" ist. Ein typischer Satz von L_{G_v} ist $((a_1 + a_2) \times (a_3 + a_1))$; sein Ableitungsbaum ist:

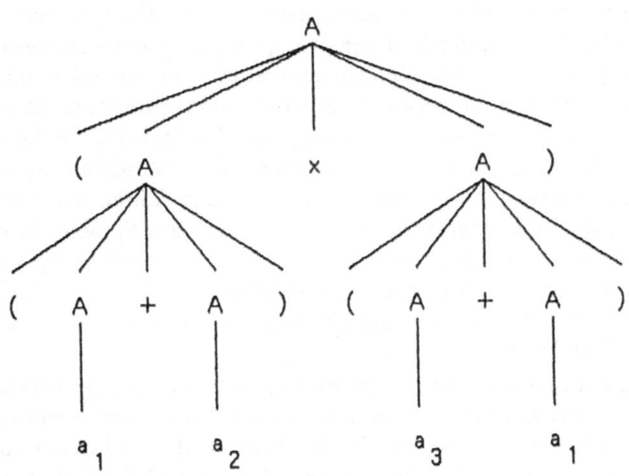

Abb. 1

Man sieht an diesem Beispiel deutlich, daß die Klammern der Form des Ableitungsbaumes entsprechen. Die Grammatik G_v ist uns (im wesentlichen) schon aus den Abschnitten 1.4 und 1.5 bekannt (Grammatik G_4 von Beispiel 4, Abschnitt 1.4). Es gilt wieder:

Satz 1. *Die kontextfreie Grammatik G_v ist eindeutig.*

Beweis: Ähnlich wie Lemma 3 aus Abschnitt 1.4. ∎

Die so eingeführten vollständig geklammerten Ausdrücke sind zunächst nur Worte ohne Bedeutung. Jeder von uns verbindet aber eine Bedeutung mit Ausdrücken: Wenn die Elemente der Operandenmenge M durch Zahlen ersetzt werden, dann ergibt ein Ausdruck einen Wert. Unsere erste Aufgabe ist es daher, diese Semantik von Ausdrücken genau zu fassen.

2.1.1 Algebraische und algorithmische Semantik

Zunächst ordnen wir den Operatoren und Operanden eine Bedeutung zu.

Bei den Operatoren $+, -, \times, /$ wählen wir ihre "Standardinterpretation":

$$
\begin{array}{llll}
+ & \text{steht für} & add : & R \times R \to R \\
- & \text{steht für} & sub : & R \times R \to R \\
\times & \text{steht für} & mal : & R \times R \to R \\
/ & \text{steht für} & div : & R \times R \to R
\end{array}
$$

Dabei steht R für die um das "Fehlerelement" *error* erweiterte Menge der reellen Zahlen, d.h. $R = \mathbb{R} \cup \{error\}$. Ferner sind *add*, *sub*, *mal*, *div* die gewohnten Operationen der Addition, Subtraktion, Multiplikation und Division. Dabei gilt: $div(x, 0) = error$ für alle $x \in \mathbb{R}$ und $Op(error, x) = Op(x, error) = error$ für alle $x \in R$ und alle vier Operationen $Op \in \{add, mul, sub, div\}$. Es ist für uns im folgenden sehr wesentlich, Zeichen und Bedeutung von Zeichen auseinanderzuhalten. Im Fall von Ausdrücken sind also $+, -, \times, /$ (Operations-)Zeichen. Die Bedeutung dieser Zeichen sind die zweistelligen Funktionen *add*, *sub*, *mul* und *div*. Falls $op \in \{+, -, \times, /\}$, dann schreiben wir $Op \in \{add, mul, sub, div\}$ für die Bedeutung von *op*. Diese explizite Unterscheidung zwischen Zeichen und ihrer Bedeutung wird in der Mathematik oft unterlassen. In der Informatik ist sie aber unumgänglich, weil es möglich sein muß, $+$ als ein Zeichen zu betrachten (wenn man z.B. die Anzahl der Operatoren in einem Ausdruck bestimmen will) oder als die Addition (wenn man den Ausdruck auswerten will).

　　Die Bedeutung der Operanden legen wir durch eine Funktion $b : M \to \mathbb{R}$ fest, die **Belegung** genannt wird; b ordnet jedem Operandenzeichen $a \in M$ eine reelle Zahl $b(a)$ zu.

　　Wir wollen nun die Bedeutung der Operatoren und Operanden auf die vollständig geklammerten Ausdrücke erweitern. Diese Bedeutung wird als eine Funktion $I_v(b)$ definiert; dabei bringt diese Notation die Abhängigkeit von der Belegung der Operanden explizit zum Ausdruck.

Definition 1 (Algebraische Definition der Semantik): Sei $b : M \to \mathbb{R}$ eine Belegung. Die **(algebraische) Interpretation** $I_v(b) : L_{G_v} \to R$ der vollständig geklammerten Ausdrücke ist rekursiv definiert als:

90

$$I_v(b)(w) = \begin{cases} b(w) & \text{falls } w \in M \\ Op(I_v(b)(w_1), I_v(b)(w_2)) & \text{falls } w = (w_1 \; op \; w_2), \; w_1, w_2 \in L_{G_v} \\ & \text{und } op \in \{+, -, \times, /\} \end{cases}$$

Man bemerke, daß der Wert von $I_v(b)$ in $R = \mathbb{R} \cup \{error\}$ ist, aber der Wert von b in $\mathbb{R}$.

Satz 2. *Obige rekursive Definition definiert eine totale Funktion $I_v(b)$ von L_{G_v} nach R.*

Beweis: Die Behauptung folgt unmittelbar aus den in Abschnitt 1.5 entwickelten Methoden.

Beispiel 1:   Sei $n = 3$ und $b(a_1) = 2$, $b(a_2) = 3$, $b(a_3) = 7$. Dann ist

$$\begin{aligned}
I_v(b)(&((a_1 + a_2) \times (a_3 + a_1))) \\
&= mul(I_v(b)((a_1 + a_2)), I_v(b)((a_3 + a_1))) \\
&= mul(add(I_v(b)(a_1), I_v(b)(a_2)), add(I_v(b)(a_3), I_v(b)(a_1))) \\
&= mul(add(2, 3), add(7, 2)) \\
&= mul(5, 9) \\
&= 45
\end{aligned}$$

Noch ein Wort zur Notation. In obiger Gleichungsfolge haben wir die Zeichen '(' und ')' in zwei Bedeutungen benutzt. Zum einen sind '(' und ')' Terminale der Grammatik G_v, zum anderen sind '(' und ')' Zeichen der "Metasprache" (d.h. Deutsch + mathematische Notation), die wir benutzen, um über Ausdrücke zu reden. Zum Beispiel:

<pre>
        Zeichen der Metasprache
     ↓ ↓↓   ↓
 I_v(b)(((a_1 + a_2)×(a_3 + a_1)))
     ↑↑   ↑ ↑   ↑↑
        Zeichen der Grammatik G_v
</pre>

Bei unserer ersten Diskussion von Ausdrücken im Beispiel 4 von Abschnitt 1.4 haben wir diesen Unterschied auch typographisch sichtbar gemacht durch Verwendung verschiedener Schriftzeichen (nämlich [und] für die Terminale der Grammatik). Es ist aber üblich, den Unterschied nicht explizit zu machen, und wir wollen den Leser langsam an diese Praxis gewöhnen.

Die algebraische Definition der Semantik von Ausdrücken ist sehr elegant und prägnant. In der Praxis ist es aber keineswegs trivial, einen langen Ausdruck wie, zum Beispiel,

$$((a_1 + (((a_1 + a_2) \times (a_1 + (a_3/a_1))) + ((a_1 + a_3) + (a_1 \times a_3)))) + a_4)$$

als einen Ausdruck der Form $(w_1 + w_2)$ zu erkennen. Die algebraische Definition setzt also nicht-triviale Fertigkeiten beim Auswerter voraus.

Bei der nun folgenden algorithmischen Definition der Semantik von Ausdrücken sind diese Fertigkeiten niedriger angesetzt. Im wesentlichen wird nur die Fähigkeit zur Erkennung der Terminale vorausgesetzt. Die Grundidee der algorithmischen Definition ist wie folgt:

Wir lesen den Ausdruck Zeichen für Zeichen von links nach rechts, bis wir auf die erste schließende Klammer stoßen. Dann bilden notwendigerweise die letzten fünf gelesenen Zeichen ein Wort der Form $(x_1 \; op \; x_2)$, wobei $op \in \{+, -, \times, /\}$. Wir können nun diesen Ausdruck durch seinen Wert ersetzen und erhalten so einen Ausdruck *kleinerer* Länge. Auf diesen Ausdruck wenden wir dasselbe Verfahren an und erhalten so zum Schluß den Wert des Ausdrucks. Es ist dabei nicht notwendig, beim Lesen des Ausdrucks immer wieder von vorn zu beginnen. Vielmehr können wir an der Stelle der Ersetzung fortfahren, da links davon keine schließende Klammer steht. Das Vorgehen wird durch folgendes Beispiel illustriert.

Fortführung des Beispiels: Wir lesen den Ausdruck $((a_1 + a_2) \times (a_3 + a_1))$ von links nach rechts. Öffnende Klammern überlesen wir. Gelesene Operanden und Operatoren schreiben wir in einem Speicher; dabei ersetzen wir Operanden gleich durch ihren Wert gemäß der definierten Belegung b. Dieser Speicher, der **Keller** (oder **Stapel**) genannt wird, erlaubt nur sehr eingeschränkten Zugriff. (Man kann sich nämlich den Keller als ein unten abgeschlossenes Rohr vorstellen und die zu speichernden Elemente als Scheiben mit demselben Durchmesser: das Schreiben eines Elementes in den Keller besteht darin, eine dem Element entsprechende Scheibe in das Rohr zu schieben; das Löschen eines Elementes aus dem Keller besteht darin, die obere Scheibe aus dem Rohr zu entfernen.) Wenn wir eine schließende Klammer lesen, werten wir einen Teilausdruck aus; die beiden Operanden und der Operator stehen dabei oben auf dem Keller bereit, und das Resultat schreiben wir in den Keller. In den folgenden Abbildungen steht rechts vom Keller der noch nicht gelesene Teil des Ausdrucks; das Zeichen "$\Rightarrow$" deutet das Lesen eines Zeichens des Ausdrucks an.

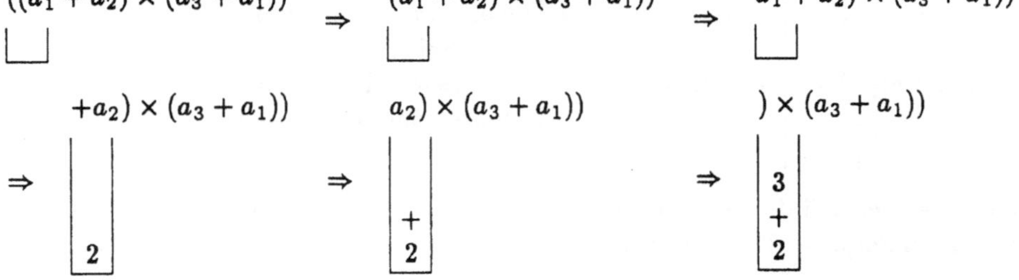

$$\times(a_3 + a_1)) \qquad\qquad (a_3 + a_1)) \qquad\qquad a_3 + a_1)) \qquad\qquad +a_1))$$

$$\Rightarrow \boxed{\begin{array}{c} \\ \\ 5 \end{array}} \qquad \Rightarrow \boxed{\begin{array}{c} \\ \times \\ 5 \end{array}} \qquad \Rightarrow \boxed{\begin{array}{c} \\ \times \\ 5 \end{array}} \qquad \Rightarrow \boxed{\begin{array}{c} 7 \\ \times \\ 5 \end{array}}$$

$$a_1)) \qquad\qquad\qquad)) \qquad\qquad\qquad)$$

$$\Rightarrow \boxed{\begin{array}{c} + \\ 7 \\ \times \\ 5 \end{array}} \qquad \Rightarrow \boxed{\begin{array}{c} 2 \\ + \\ 7 \\ \times \\ 5 \end{array}} \qquad \Rightarrow \boxed{\begin{array}{c} 9 \\ \times \\ 5 \end{array}} \qquad \Rightarrow \boxed{\begin{array}{c} \\ \\ 45 \end{array}}$$

Im Keller steht am Ende der Rechnung der Wert des Ausdrucks. ∎

Formal besteht die algorithmische Definition der Semantik von vollständig geklammerten Ausdrücken aus einer mathematischen Maschine, **Kellermaschine** genannt, die das oben angedeutete Verfahren präzise definiert. Der Leser sollte an dieser Stelle Abschnitt 1.7 bis unmittelbar vor Definition 3 durchlesen. Die Kellermaschine M_v ist eine programmlose Maschine:

$$M_v = (K, K^f, L_{G_v}, R, \delta, in, out).$$

Dabei ist $K = (R \cup \{+, -, \times, /\})^* \times T_v^*$. Eine Konfiguration besteht also aus· einem Paar (k^1, k^2). k^1 entspricht dem Kellerinhalt, k^2 dem Restausdruck. Bei gegebener Eingabe $w \in L_{G_v}$ starten wir die Maschine in der Konfiguration (ϵ, w), d.h. $in(w) = (\epsilon, w)$. Die Übergangsfunktion δ ist durch folgende Tabelle gegeben und entspricht der im obigen Beispiel illustrierten Fallunterscheidung nach dem gelesenen Eingabezeichen. Dabei sind k^1, k^2, h^1 und h^2 definiert durch $\delta((k^1, k^2)) = (h^1, h^2)$. Außerdem steht α für ein beliebiges Wort aus $(R \cup \{+, -, \times, /\})^*$ und x für ein beliebiges Wort aus T_v^*.

k^1	k^2	h^1	h^2	Kommentar
α	$(x$	α	x	öffnende Klammern werden überlesen
α	$a\,x$	$\alpha\,b(a)$	x	der Wert von Operanden kommt in den Keller
α	$op\,x$	$\alpha\,op$	x	Operatoren kommen in den Keller
$\alpha\,m_1\,op\,m_2$	$)\,x$	$\alpha\,Op(m_1, m_2)$	x	schließende Klammern führen zur Auswertung von Teilausdrücken

Man beachte, daß die Übergangsfunktion δ partiell ist. Zum einen trifft auf jede Konfiguration $k = (k^1, k^2) \in K$ höchstens eine Zeile der Tabelle zu, und daher ist

δ wohldefiniert, zum anderen ist δ nicht für alle Konfigurationen definiert. Insbesondere, wenn der Restausdruck k^2 mit dem Zeichen ")" beginnt, dann ist δ nur definiert, wenn die obersten drei Kellerzeichen zwei reelle Zahlen, getrennt durch ein Operationszeichen, sind. Endkonfigurationen sind durch leeren Restausdruck und einelementigen Keller charakterisiert, d.h. $K^f = R \times \{\epsilon\}$. Der Leser beachte, daß K^f und $Def(\delta)$ disjunkt sind—wie in Definition 1 von Abschnitt 1.7 gefordert wird. Schließlich ist $out((m, \epsilon)) = m$. Das Eingabe-Ausgabeverhalten von M hängt selbstverständlich von der Belegung b ab. Wir schreiben daher $E/A_{M_v}(b)$ für das Verhalten von M_v. $E/A_{M_v}(b)$ ist per Definition die **algorithmische Interpretation** der vollständig geklammerten Ausdrücke. In Satz 3 wird gezeigt, daß diese algorithmische Interpretation mit der algebraischen Interpretation aus Definition 1 übereinstimmt.

Fortführung des Beispiels: Für die Eingabe $w = ((a_1 + a_2) \times (a_3 + a_1))$ ist die Startkonfiguration (ϵ, w). Die Rechnung von M_v ist dann wie folgt. Dabei benutzen wir die Notation "$\Rightarrow$", die am Ende von Abschnitt 1.7 eingeführt wurde. Außerdem wird die oben definierte Belegung b vorausgesetzt.

$$
\begin{aligned}
(\epsilon, \; ((a_1 + a_2) \times (a_3 + a_1))) \quad &\Rightarrow \quad (\epsilon, \; (a_1 + a_2) \times (a_3 + a_1))) \\
\Rightarrow \quad (\epsilon, \; a_1 + a_2) \times (a_3 + a_1))) \quad &\Rightarrow \quad (2, \; +a_2) \times (a_3 + a_1))) \\
\Rightarrow \quad \ldots \quad\quad &\Rightarrow \quad (45, \; \epsilon)
\end{aligned}
$$

Demnach ist $E/A_{M_v}(b)(w) = 45$.   ∎

Satz 3. *(Äquivalenz der algorithmischen und algebraischen Interpretation von vollständig geklammerten Ausdrücken)*
Für alle vollständig geklammerten Ausdrücke $w \in L_{G_v}$ und alle Belegungen $b \in \mathbb{R}^M$ gilt:

$$I_v(b)(w) \; = \; E/A_{M_v}(b)(w) \, ,$$

wobei I_v die Interpretation von Definition 1 und M_v die oben eingeführte Kellermaschine ist.

Beweis: Der Beweis läuft im wesentlichen über strukturelle Induktion. Allerdings muß man vorerst eine etwas allgemeinere Aussage beweisen.

Lemma 1. *Sei $b \in \mathbb{R}^M$ eine Belegung, $w \in L_{G_v}$, $y \in T_v^*$ und $\alpha \in (R \cup \{+, -, \times, /\})^*$. Dann gilt*

$$(\alpha, \; wy) \Rightarrow^* (\alpha I_v(b)(w), \; y)$$

(Dabei ist "$\Rightarrow^*$" die Notation, die am Ende von Abschnitt 1.7 eingeführt wurde.)

Beweis: Der Beweis ist durch Induktion über die Länge von w.

Falls $|w| = 1$, dann gilt $w \in M$, also $(\alpha, wy) \Rightarrow (\alpha b(w), y)$ nach Definition von M_v. Wegen $b(w) = I_v(b)(w)$ für $w \in M$ gilt demnach die Behauptung.

Falls $|w| > 1$, dann läßt sich w eindeutig schreiben als $w = (w_1 \; op \; w_2)$ mit $w_1, w_2 \in L_{G_v}$ und $op \in \{+, -, \times, /\}$. Ferner haben wir als Induktionsvoraussetzung, daß für alle $u \in L_{G_v}$, $|u| < |w|$, $z \in T_v^*$ und $\beta \in (R \cup \{+, -, \times, /\})^*$ gilt:

$$(\beta, uz) \Rightarrow^* (\beta I_v(b)(u), z)$$

Wir haben also
$(\alpha, \; (w_1 \; op \; w_2)y)$

$\Rightarrow \quad (\alpha, \; w_1 \; op \; w_2)y)$ Definition von δ

$\Rightarrow^* (\alpha I_v(b)(w_1), \; op \; w_2)y)$ Induktionsvoraussetzung
           mit $\beta = \alpha$, $u = w_1$, $z = op \; w_2)y$

$\Rightarrow \quad (\alpha I_v(b)(w_1)op, \; w_2)y)$ Definition von δ

$\Rightarrow^* (\alpha I_v(b)(w_1) \; op \; I_v(b)(w_2), \;)y)$ Induktionsvoraussetzung
           mit $\beta = \alpha I_v(b)(w_1)op$, $u = w_2$, $z =)y$

$\Rightarrow \quad (\alpha Op(I_v(b)(w_1), \; I_v(b)(w_2)), \; y)$ Definition von δ

Wegen $I_v(b)(w) = Op(I_v(b)(w_1), \; I_v(b)(w_2))$ ist damit der Induktionsschritt geführt. ∎

Die Behauptung des Satzes folgt nun ganz leicht. Es ist nämlich (ϵ, w) die Startkonfiguration von M_v für die Eingabe $w \in L_{G_v}$. Nach Lemma 1 mit $y = \epsilon$ und $\alpha = \epsilon$ gilt:

$$(\epsilon, w) \Rightarrow^* (I_v(b)(w), \epsilon)$$

Da $(I_v(b)(w), \; \epsilon) \in K^f$ und $out((I_v(b)(w), \; \epsilon)) = I_v(b)(w)$, gilt

$$E/A_{M_v}(b)(w) = I_v(b)(w)$$

∎

Wir schließen noch eine einfache Aussage über die Laufzeit von M_v an.

Satz 4. *Für alle $w \in L_{G_v}$ gilt: $Laufzeit_{M_v}(w) = |w|$*

Beweis: Die Startkonfiguration von M_v zur Eingabe w ist (ϵ, w). Bei jedem Übergang, d.h. bei jeder Anwendung der Übergangsfunktion δ, wird ein Zeichen von w gelesen und im Endzustand ist w ganz gelesen. Also ist die Laufzeit der Rechnung genau $|w|$. ∎

Die Sätze 3 und 4 besagen zum einen, daß die algorithmische Definition der Semantik äquivalent zur algebraischen ist, zum anderen, daß die Kellermaschine M_v den Wert eines Ausdrucks in linearer Zeit berechnet, d.h. die Laufzeit ist linear in der Länge des Ausdrucks. Wir illustrieren nun noch einen Zusammenhang zur Syntaxanalyse. Mit Syntaxanalyse bezeichnet man Verfahren zur Bestimmung von Ableitungsbäumen.

Fortführung des Beispiels: Der Ableitungsbaum für den Ausdruck $w = ((a_1 + a_2) \times (a_3 + a_1))$ gemäß der kontextfreien Grammatik G_v ist:

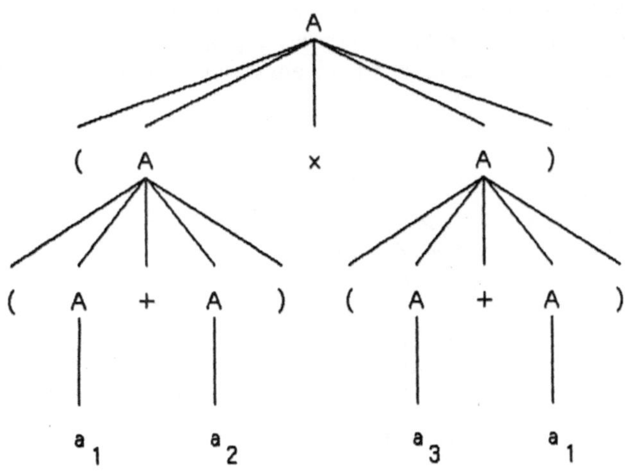

Abb. 2

Wir wollen uns nun überlegen, in welchem Sinn die Kellermaschine M_v die Struktur dieses Baumes erkennt. M_v ersetzt Operanden $a_i \in M$, $1 \leq i \leq 3$ durch ihre Werte $b(a_i)$. Wir können auch sagen: Sie erkennt die Anwendungen der Produktionen $A \rightarrow a_1 \mid a_2 \mid a_3$. Wir könnten diese Bemerkung sogar in die Wirkungsweise von M_v einbauen, indem wir nicht Zahlen in den Keller schreiben, sondern Ableitungsbäume. Nach Lesen des Ausdrucksanfanges $((a_1$ stünde dann der Baum

im Keller (statt der Zahl $b(a_1)$).
Nach Lesen von $+$ und a_2 stehen die drei Bäume

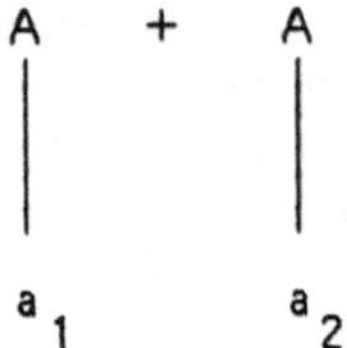

Abb. 3

im Keller. Dabei steht der linke Baum unten im Keller; darauf steht der mittlere Baum, der nur aus einem Knoten besteht, der mit + beschriftet ist; schließlich steht der rechte Baum oben im Keller. Nun liest die Maschine eine schließende Klammer und erkennt so einen Teilausdruck. Sie vermerkt dies im Keller, indem sie die drei obersten Bäume des Kellers nimmt, und in die Produktion $A \rightarrow (A+A)$ "einhängt". Im Keller steht dann nur noch ein Baum, nämlich:

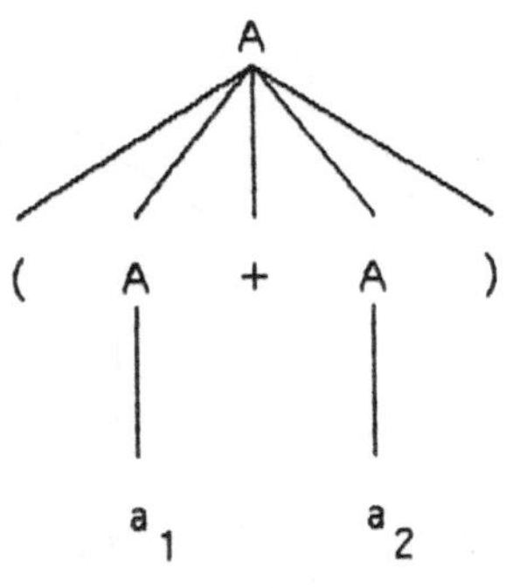

Abb. 4

Die Maschine liest nun den Ausdruck weiter. Unmittelbar nach Lesen des zweiten Vorkommens von a_1 stehen 5 Bäume im Keller. Außer dem Ableitungsbaum von A nach $(a_1 + a_2)$ sind das noch die 4 Bäume

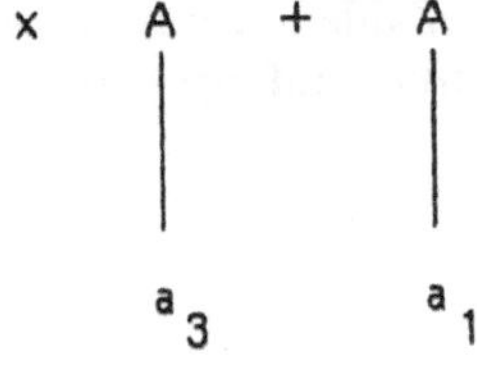

Abb. 5

Das Lesen der vorletzten schließenden Klammer veranlaßt M_v, die oberen drei Bäume aus dem Keller zu nehmen und wieder in die Produktion $A \rightarrow (A + A)$ einzuhängen. Es stehen dann noch drei Bäume im Keller, deren oberer ein Ableitungsbaum von A nach $(a_3 + a_1)$ ist. Nach dem Lesen der letzten schließenden Klammer baut M_v schließlich in ähnlicher Weise den Ableitungsbaum des ganzen Ausdrucks auf, der dann als einziger Baum im Keller stehen bleibt.

Wir sehen an diesem Beispiel, daß, mittels einer kleinen Änderung, M_v in der Lage ist, den Ableitungsbaum eines Ausdrucks zu "berechnen". Dieser Zusammenhang zwischen kontextfreien Grammatiken und Kellermaschinen ist einer der zentralen Gegenstände des Gebiets Syntaxanalyse und wird in späteren Vorlesungen vertieft.   ∎

Aufgaben zu 2.1.1

1) (Syntaxanalyse für vollständig geklammerte Ausdrücke)
Wir haben soeben kurz eine Kellermaschine zur Syntaxanalyse von G_v betrachtet. Sie funktionierte wie folgt. Die Maschine startet mit einem leeren Keller und liest dann das Eingabewort $w \in L_{G_v}$ Zeichen für Zeichen von links nach rechts ein. Beim Lesen von $a_i \in M$, $1 \leq i \leq n$, schreibt sie den Baum

in den Keller. Beim Lesen von $op \in \{+, -, \times, /\}$ schreibt sie den Baum op (dieser Baum hat nur einen Knoten) in den Keller, und beim Lesen einer schließenden Klammer entnimmt sie die drei obersten Kellerelemente, etwa $T_1 \ op \ T_2$, konstruiert daraus den Baum

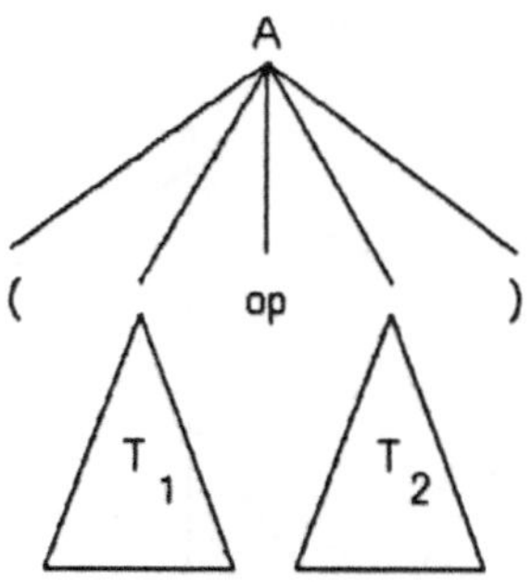

Abb. 6

und schreibt diesen Baum in den Keller.

a) Geben Sie die Rechnung dieser Maschine für die Eingaben $((a_1 + a_2) + a_1)$ und $((a_1 + a_2) + (a_1 + ((a_3 + a_1) + a_1)))$ an.

b) Definieren Sie die Kellermaschine M_{sy} exakt. Die Konfigurationsmenge K dieser Maschine ist etwa $K = (\mathbf{B}_{\{A\} \cup T_v})^* \times T_v^*$, d.h. eine Konfiguration besteht aus einem Wort von Bäumen, die mit Elementen von $\{A\} \cup T_v$ beschriftet sind, und aus einem Restausdruck. (Erinneren Sie sich, daß $\mathbf{B}_{\{A\}\cup T_v}$ die Menge der Bäume über $\{A\} \cup T_v$ bezeichnet.)

c) Zeigen Sie: Für alle $w \in L_{G_v}$ gilt: $E/A_{M_{\bullet v}}(w)$ ist ein Ableitungsbaum von A nach w.

2.1.2 Übersetzung in polnische Notation

Polnische Notation (nach Lukasiewicz, einem polnischen Logiker) ist eine klammerfreie Notation für Ausdrücke. Die polnische Notation ist für mechanische Auswertung besonders geeignet (siehe Aufgaben 1 und 2 am Ende dieses Abschnittes). Es lohnt sich daher, vollständig geklammerte Ausdrücke, die oft ausgewertet werden müssen, zunächst in polnische Notation umzuwandeln. Wir werden ein Verfahren dafür in diesem Abschnitt kennenlernen.

Die Ausdrücke in polnischer Notation sind durch die kontextfreie Grammatik $G_p = (\{A\}, T_p, P_p, A)$ definiert. Dabei ist
$$T_p = M \cup \{+, -, \times, /\}$$
$$P_p = \{A \to a_1 | a_2 | \ldots | a_n | AA + | AA - | AA \times | AA/\}$$

Fortführung des Beispiels: $a_1 a_2 + a_3 a_1 + \times$ ist ein Ausdruck in polnischer Notation. Der Ableitungsbaum dafür ist

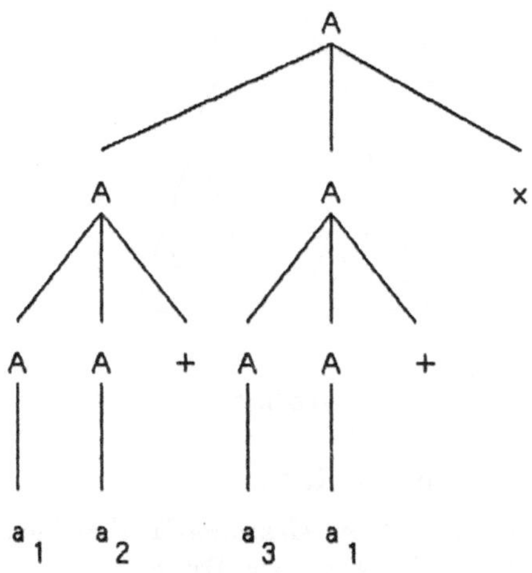

Abb. 7

Den Ableitungsbaum eines Ausdruckes $w \in L_{G_p}$ kann man nach folgendem Verfahren konstruieren. Man lese von links nach rechts über den Ausdruck bis zum ersten Operationszeichen, dann sind die zwei Zeichen davor notwendig in M. Man ersetzt den Ausdruck, der durch diese drei Zeichen gebildet wird, durch seinen Ableitungsbaum und wiederholt den Vorgang. Dabei können nun statt Operanden auch Ableitungsbäume stehen. Im konkreten Fall des obigen Ausdrucks erhält man nacheinander:

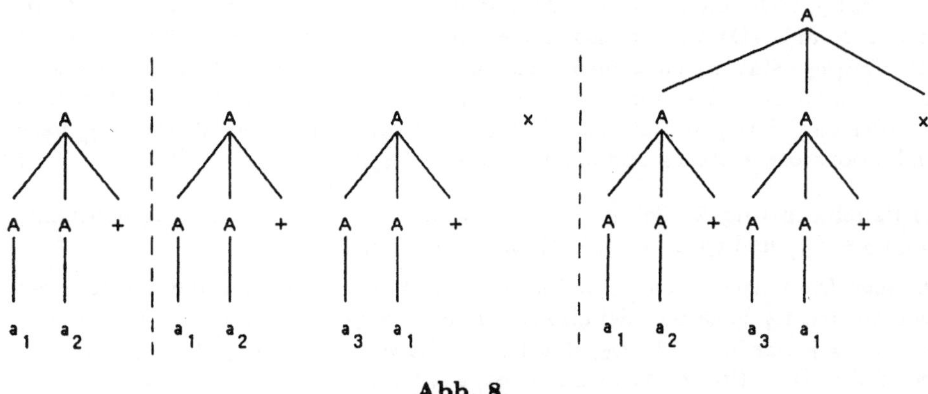

Abb. 8

Lemma 2. *Die kontextfreie Grammatik G_p ist eindeutig.*

Beweis: Wir geben zunächst eine Charakterisierung der Worte in L_{G_p}. Sei $\ddot{U}$: $L_{G_p} \to \mathbb{N}_0$ definiert durch

$$\ddot{U}(w) = \sum_{a \in M} |w|_a \; - \sum_{op \in \{+,-,/,\times\}} |w|_{op}$$

Die Funktion $\ddot{U}$ zählt also den Überschuß an Operanden im Wort w.

Hilfsbehauptung 1: Sei $w \in (M \cup \{+, -, \times, /\})^*$. Dann ist $w \in L_{G_p}$ genau dann, wenn $\ddot{U}(w) = 1$ und $\ddot{U}(y) \geq 1$ für alle nichtleeren Präfixe y von w.

Beweis:
"$\Rightarrow$": Wir benutzen Induktion über die Höhe h eines Ableitungsbaumes von A nach w.
Für $h = 1$ ist $w = a$ und die Behauptung ist klar.
Sei nun $h > 1$. Dann ist $w = w_1 w_2 \, op$ mit $w_1, w_2 \in L_{G_p}$ und $op \in \{+, -, /, \times\}$. Ferner haben w_1 und w_2 Ableitungsbäume der Höhe $< h$ und es gilt die Induktionsvoraussetzung für w_1 und w_2. Also gilt $\ddot{U}(w) = \ddot{U}(w_1) + \ddot{U}(w_2) - 1 = 1 + 1 - 1 = 1$. Sei nun y ein nichtleerer Präfix von w. Dann ist y entweder Präfix von w_1 und

daher $\ddot{U}(y) \geq 1$ oder $y = w_1 z$, wobei z ein nichtleerer Präfix von w_2 ist. Also gilt $\ddot{U}(y) = \ddot{U}(w_1) + \ddot{U}(z) \geq 1 + 1 \geq 1$. In beiden Fällen ist damit $\ddot{U}(y) \geq 1$ gezeigt.

"$\Leftarrow$": Wir benutzen Induktion über die Länge von w. Wegen $\ddot{U}(w) = 1$ ist $|w| = 0$ unmöglich. Sei nun $|w| = 1$. Dann folgt aus $\ddot{U}(w) = 1$, $w \in M$ und daher $w \in L_{G_p}$. Wir kommen nun zum Induktionsschritt und nehmen an, daß $|w| > 1$. Wegen $\ddot{U}(w) = 1$ kann w nicht nur aus Zeichen von M (d.h. aus Operanden) bestehen. Schreibe $w = w_1 \; op \; w_2$ mit $op \in \{+, -, /, \times\}$ und $w_1, w_2 \in M^*$. Wegen $\ddot{U}(w_1 op) \geq 1$ folgt dann $|w_1| \geq 2$. Also ist $w_1 = z a_i a_j$ für ein i und j mit $a_i, a_j \in M$, und $z \in M^*$. Damit hat also w die Form $w = z a_i a_j \; op \; w_2$. Betrachte nun $w' = z a_1 w_2$ (Statt a_1 hätte man auch einen beliebigen anderen Operanden aus M benutzen können). Dann ist $|w'| < |w|$, $\ddot{U}(w') = \ddot{U}(w) = 1$ und $\ddot{U}(y) \geq 1$ für jeden nichtleeren Präfix y von w' (da $\ddot{U}(a_i a_j op) = \ddot{U}(a_1) = 1$). Also ist $w' \in L_{G_p}$ nach Induktionsvoraussetzung und damit auch $w \in L_{G_p}$. ∎

Hilfsbehauptung 2: Sei $w \in L_{G_p}$, $w \neq a$. Dann gibt es eindeutig bestimmte $w_1, w_2 \in L_{G_p}$ und $op \in \{+, -, /, \times\}$, so daß $w = w_1 w_2 op$.

Beweis: Die Existenz von w_1 und w_2 ist klar. Wir brauchen nur die Eindeutigkeit von w_1 und w_2 zu zeigen. Sei also $w = w_1 w_2 op = y_1 y_2 op$ mit $w_1, w_2, y_1, y_2 \in L_{G_p}$ und $w_2 \neq y_2$. Sei o.B.d.A. $|w_2| < |y_2|$. Dann ist w_2 Suffix von y_2, d.h. $y_2 = z w_2$ für ein $z \neq \epsilon$. Da z Präfix von $y_2 \in L_{G_p}$ ist, gilt $\ddot{U}(z) \geq 1$. Ferner ist $\ddot{U}(w_2) = 1$ und damit $\ddot{U}(y_2) \geq 2$ im Widerspruch zu $\ddot{U}(y_2) = 1$. Damit ist die Annahme $w_2 \neq y_2$ widerlegt und die Behauptung gezeigt. ∎

Man beachte, daß wir für den Beweis der Behauptung 2 nur eine Richtung von Hilfsbehauptung 1 benutzt haben. Diese Beobachtung ist für die Aufgaben 2 und 3 am Ende dieses Abschnitts wichtig.

Aus Hilfsbehauptung 2 folgt nun die Eindeutigkeit von G_p recht leicht. Wir zeigen durch Induktion über $|w|$, daß es nur einen Ableitungsbaum von A nach $w \in L_{G_p}$ gibt. Für $|w| = 1$ und damit $w = a_i$ für ein i, $1 \leq i \leq n$, ist das klar. Sei nun $|w| > 1$ und sei (D, b) ein Ableitungsbaum von A nach w. Dann muß in der Wurzel die Produktion $A \rightarrow AA \; op$ benutzt werden, wobei op das letzte Zeichen von w ist. Sei nun $(D_i, b_i) = unterbaum \; ((D, b), (i))$, $i = 1, 2$, und seien $w_1, w_2 \in L_{G_p}$ die nach Hilfsbehauptung 2 eindeutig bestimmten Wörter mit $w = w_1 w_2 op$. Dann ist (D_i, b_i) ein Ableitungsbaum von A nach w_i, $i = 1, 2$. Nach Induktionsvoraussetzung ist aber (D_i, b_i), $i = 1, 2$, eindeutig bestimmt und damit auch der Baum (D, b). ∎

Definition 2 (Algebraische Definition der Semantik): Sei $b \in \mathbb{R}^M$ eine Belegung. Die **Interpretation** $I_p(b) : L_{G_p} \rightarrow R$ der Ausdrücke in polnischer Notation ist definiert durch:

$$I_p(b)(w) = \begin{cases} b(w) & \text{falls } w \in M \\ Op(I_p(b)(w_1), I_p(b)(w_2)) & \text{falls } w = w_1 w_2 \; op \text{ mit } w_1, w_2 \in L_{G_p} \\ & \quad \text{und } op \in \{+, -, \times, /\} \end{cases}$$

∎

Lemma 3. $I_p(b) : L_{G_p} \to R$ *ist eine totale Funktion*

Beweis: Die Behauptung folgt unmittelbar aus den Methoden von Abschnitt 1.5 und aus Lemma 2. ∎

Auch für Ausdrücke in polnischer Notation kann man die Semantik algorithmisch definieren (Aufgabe 1).

Wir kommen nun zum Hauptanliegen dieses Abschnitts: "Übersetzung" von vollständig geklammerten Ausdrücken in polnische Notation. Wir definieren die Übersetzung zunächst wieder algebraisch, und zwar als eine Funktion $\tilde{U}S$.

Definition 3 (Übersetzung in polnische Notation): Die Übersetzungsfunktion $\tilde{U}S : L_{G_v} \to (M \cup \{+, \times, -, /\})^*$ ist definiert durch

$$
\tilde{U}S(w) = \begin{cases} w & \text{falls } w \in M \\ \tilde{U}S(w_1)\tilde{U}S(w_2)op & \text{falls } w = (w_1 \; op \; w_2), \text{ mit } w_1, w_2 \in L_{G_v}, \\ & \text{und } op \in \{+, -, \times, /\} \end{cases}
$$

∎

Fortführung des Beispiels: Wir haben
$$
\tilde{U}S(((a_1 + a_2) \times (a_3 + a_1)))) = \tilde{U}S((a_1 + a_2))\tilde{U}S((a_3 + a_1)) \times
$$
$$
= \tilde{U}S(a_1)\tilde{U}S(a_2) + \tilde{U}S(a_3)\tilde{U}S(a_1) + \times = a_1 a_2 + a_3 a_1 + \times \quad ∎
$$

Die Vorstellung hinter Definition 3 ist recht einfach. Die Produktionen der Grammatiken G_v und G_p sehen ähnlich aus; sie unterscheiden sich nur in der Reihenfolge der Zeichen auf der rechten Seite. Wir können deshalb Ableitungsbäume für G_v einfach in Ableitungsbäume für G_p überführen, indem wir die Klammern unterdrücken und die Reihenfolge der Kinder $A \; op \; A$ in $A \; A \; op$ abändern. Genau das schreibt Definition 3 fest.

Fortführung des Beispiels: Die Ableitungsbäume für
$((a_1 + a_2) \times (a_3 + a_1))$ bzgl. G_v und $a_1 a_2 + a_3 a_1 + \times$ bzgl. G_p sind in Abb. 9 angegeben.

∎

Wir müssen nun noch exakt zeigen, daß die Übersetzungsfunktion $\tilde{U}S$ tatsächlich die von uns gewünschten Eigenschaften hat. Dazu zeigen wir: Erstens, $\tilde{U}S$ ist eine totale Funktion; zweitens, der Wert von $\tilde{U}S$ ist immer ein Ausdruck in polnischer Notation; drittens, Argument und Wert von $\tilde{U}S$ sind "äquivalent".

Satz 5. (Korrektheit der Übersetzungsfunktion $\tilde{U}S$)
Sei $\tilde{U}S$ die Übersetzungsfunktion von Definition 3.
(a) $\tilde{U}S$ ist eine totale Funktion.
(b) $\tilde{U}S$ ist eine Funktion von L_{G_v} nach L_{G_p}.

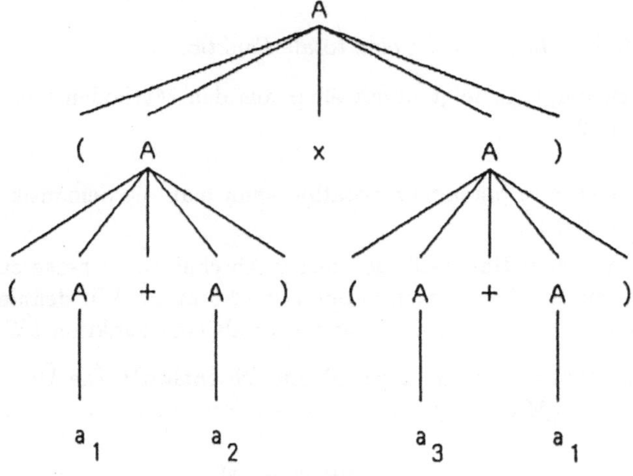

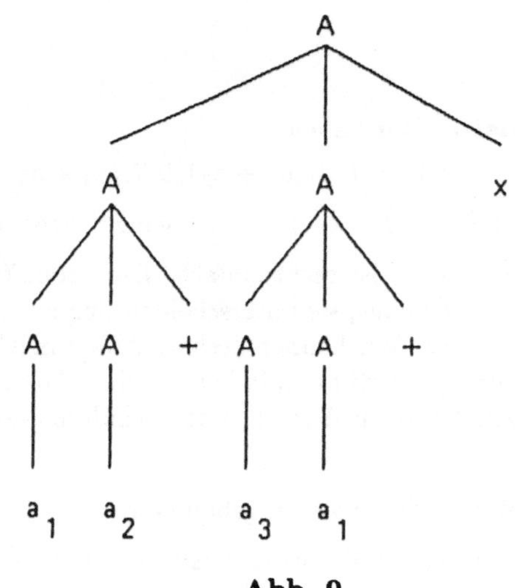

Abb. 9

(c) für alle (vollständig geklammerten) Ausdrücke $w \in L_{G_v}$ und alle Belegungen $b \in \mathbb{R}^M$ gilt:

$$I_v(b)(w) \;=\; I_p(b)(\tilde{U}S(w))$$

Beweis:

(a) Unmittelbar aus Lemma 2 und Abschnitt 1.5.

(b) Es bleibt zu zeigen, daß $\tilde{U}S(w) \in L_{G_p}$ für alle $w \in L_{G_v}$. Dazu benutzen wir Induktion über die Länge $|w|$ von w.

Falls $|w| = 1$, und daher $w \in M$, dann ist die Behauptung klar.

Falls $|w| > 1$, dann läßt sich w eindeutig schreiben als $w = (w_1 \text{ op } w_2)$ mit $w_1, w_2 \in L_{G_v}$ und $op \in \{+, \times, -, /\}$. Nach Induktionsvoraussetzung gilt $\tilde{U}S(w_1), \tilde{U}S(w_2) \in L_{G_p}$. Also ist auch $\tilde{U}S(w) = \tilde{U}S(w_1)\tilde{U}S(w_2)op \in L_{G_p}$.

(c) Wiederum benutzen wir Induktion über die Länge $|w|$ von w.

Falls $|w| = 1$, und daher $w \in M$, dann ist die Behauptung klar, da
$$I_p(b)(\tilde{U}S(w)) = I_p(b)(w) = b(w) = I_v(b)(w).$$

Falls $|w| > 1$, dann läßt sich w eindeutig schreiben als $w = (w_1 \text{ op } w_2)$ mit $w_1, w_2 \in L_{G_v}$ und $op \in \{+, \times, -, /\}$. Nach Induktionsvoraussetzung gilt $I_p(b)(\tilde{U}S(w_i)) = I_v(b)(w_i)$ für $i = 1, 2$ und damit:

$$
\begin{aligned}
I_p(b)(\tilde{U}S(w)) &= I_p(b)(\tilde{U}S(w_1)\tilde{U}S(w_2)op) && \text{Definition von } \tilde{U}S\\
&= Op(I_p(b)(\tilde{U}S(w_1)), I_p(b)(\tilde{U}S(w_2))) && \text{Definition von } I_p(b)\\
&= Op(I_v(b)(w_1), I_v(b)(w_2)) && \text{Induktions-}\\
& && \text{voraussetzung}\\
&= I_v(b)(w) && \text{Definition von } I_v(b)
\end{aligned}
$$

Als nächstes führen wir nun diese Übersetzung durch mit Hilfe einer Kellermaschine, d.h. wir definieren die Übersetzungfunktion $\tilde{U}S$ algorithmisch. Wir machen dazu zwei Beobachtungen. Sei $w \in L_{G_v}$ ein vollständig geklammerter Ausdruck. Erstens ist die Reihenfolge der Operanden in w und $\tilde{U}S(w)$ gleich. Dagegen verändert sich die Position von Operatoren: Es muß nämlich jeder Operator zu der zu ihm gehörigen schließenden Klammer geschoben werden. Schließlich braucht man nur noch alle Klammern zu streichen.

$$((a_1 + a_2) \times (a_3 + a_1))$$

Es liegt daher nahe, folgendes Verfahren zu benutzen. Der vollständig geklammerte Ausdruck wird Zeichen für Zeichen von links nach rechts gelesen. Operanden werden sofort ausgegeben, Operatoren kommen in einen Keller, Operatorkeller genannt. Bei jeder schließenden Klammer wird der oberste Operator aus dem Operatorkeller entnommen und hinten an die Ausgabe angehängt.

Wir definieren dieses Verfahren nun formal mit Hilfe einer programmlosen Maschine $M_{US} = (K, K^f, L_{G_v}, T_p^*, \delta, in, out)$. Dabei ist $K = \{+, -, \times, /\}^* \times T_v^* \times T_p^*$. Eine Konfiguration ist also ein Tripel (k^1, k^2, k^3), wobei k^1 dem Operatorkellerinhalt, k^2 der Resteingabe und k^3 der Teilausgabe entspricht. K^f besteht aus der Konfiguration (k^1, k^2, k^3), wobei $k^1 = k^2 = \epsilon$. Die Startkonfiguration zu $w \in L_{G_v}$ ist (ϵ, w, ϵ), d.h. $in(w) = (\epsilon, w, \epsilon)$. Die Ausgabefunktion out ist definiert durch $out((\epsilon, \epsilon, y)) = y$, $y \in T_p^*$. Die Übergangsfunktion δ ist durch die Tabelle in Abbildung 10 gegeben.

Wir müssen nun zeigen, daß die Maschine M_{US} korrekt übersetzt.

Operator-keller k^1	Rest-eingabe k^2	Teil-ausgabe k^3	Operator-keller h^1	Rest-eingabe h^2	Teil-ausgabe h^3	Kommentar
β	$(x$	y	β	x	y	öffnende Klammern werden überlesen
β	$a\,x$	y	β	x	$y\,a$	Operanden werden ausgegeben
β	$op\,x$	y	$\beta\,op$	x	y	Operatoren kommen in den Keller
$\beta\,op$	$)x$	y	β	x	$y\,op$	schließende Klammern entnehmen oberstes Element des Kellers und geben es aus

Die Tabelle gibt die Übergangsfunktion der Maschine M_{US} an.

Dabei gilt: $\delta((k^1, k^2, k^3)) = (h^1, h^2, h^3)$. Weiter ist $\beta \in \{+, -, \times, /\}^*$, $op \in \{+, -, \times, /\}$, $x \in T_v^*$, $a \in M$, $y \in T_p^*$.

Abb. 10

Satz 6. *(Äquivalenz der algebraischen und algorithmischen Definition der Übersetzungsfunktion $\tilde{U}S$)*
Für alle vollständig geklammerten Ausdrücke $w \in L_{G_v}$ gilt:

$$\tilde{U}S(w) \;=\; E/A_{M_{US}}(w)$$

Beweis: Der Beweis ist analog zum Beweis von Satz 3. Wir zeigen zuerst eine allgemeine Eigenschaft:

Lemma 4. *Sei $w \in L_{G_v}$, $x \in T_v^*$, $\beta \in \{+, -, \times, /\}^*$ und $y \in T_p^*$. Dann gilt für die Maschine M_{US} :*

$$(\beta, wx, y) \;\Rightarrow^* \; (\beta, x, y\,\tilde{U}S(w))$$

Beweis: Wir benutzen Induktion über die Länge von w.

Falls $|w| = 1$ und daher $w \in M$, dann gilt $(\beta, wx, y) \Rightarrow (\beta, x, yw)$. Wegen $\tilde{U}S(w) = w$ ist das die Behauptung.

Sei nun $|w| > 1$. Dann läßt sich w eindeutig schreiben als $w = (w_1\,op\,w_2)$ mit $w_1, w_2 \in L_{G_v}$, $op \in \{+, -, \times, /\}$. Es gilt:

$$
\begin{aligned}
& (\beta,\ (w_1\ op\ w_2)x,\ y) \\
\Rightarrow\quad & (\beta,\ w_1\ op\ w_2)x,\ y) && \text{Definition von } \delta \\
\Rightarrow^*\quad & (\beta,\ opw_2)x,\ y\tilde{U}S(w_1)) && \text{Induktionsvoraussetzung} \\
\Rightarrow\quad & (\beta\ op,\ w_2)x,\ y\ \tilde{U}S(w_1)) && \text{Definition von } \delta \\
\Rightarrow^*\quad & (\beta\ op,\ )x,\ y\ \tilde{U}S(w_1)\ \tilde{U}S(w_2)) && \text{Induktionsvoraussetzung} \\
\Rightarrow\quad & (\beta,\ x,\ y\ \tilde{U}S(w_1)\tilde{U}S(w_2)op) && \text{Definition von } \delta
\end{aligned}
$$

Wegen $\tilde{U}S((w_1\ op\ w_2)) = \tilde{U}S(w_1)\tilde{U}S(w_2)op$ ist damit der Induktionsschritt vollzogen.   ∎

Die Behauptung des Satzes folgt nun unmittelbar aus Lemma 4. Für $w \in L_{G_v}$ ist nämlich $in(w) = (\epsilon, w, \epsilon)$. Nach Lemma 4 gilt $(\epsilon, w, \epsilon) \Rightarrow^* (\epsilon, \epsilon, \tilde{U}S(w))$, und nach Definition der Maschine M_{US} ist $out(\epsilon, \epsilon, \tilde{U}S(w)) = \tilde{U}S(w)$. Also ist $E/A_{M_{US}}(w) = \tilde{U}S(w)$.   ∎

Die Maschine M_{US} ist also ein maschineller Übersetzer: er akzeptiert vollständig geklammerte Ausdrücke und transformiert sie in äquivalente Ausdrücke in polnischer Notation.

Aufgaben zu 2.1.2

1) Geben Sie eine Maschine an, die Ausdrücke in polnischer Notation auswertet.

2) Betrachten Sie die kontextfreie Grammatik $G = (\{A\}, M \cup \{-_1, -_2\}, \{A \to a_1| \ldots |a_n|A -_1 |AA-_2\}, A)$.

    a) Beweisen Sie, daß G eindeutig ist. (Hinweis: Argumentieren Sie wie in Lemma 2. Aber definiere $\ddot{U}(w) = |w|_{a_1} + \ldots + |w|_{a_n} - |w|_{-_2}$.)

    b) Geben Sie die algebraische Semantik an. Die Interpretation von $-_2$ ist *Sub* und die von $-_1$ ist *Minus* : $R \to R$ mit $Minus(x) = -x$ bzw. $Minus(error) = error$ ($-_2$ ist also die Subtraktion, $-_1$ die Negation).

    c) Geben Sie eine Maschine an, die die Ausdrücke in L_G auswertet, und beweisen Sie die Äquivalenz zur algebraischen Semantik aus b).

3) Sei F eine Menge von Zeichen, Funktionszeichen genannt, sei $st : F \to \mathbb{N}$ eine Funktion, Stelligkeit genannt. Betrachten Sie die kontextfreie Grammatik

$$
G = (\{A\}, M \cup F, \{A \to a_1| \ldots |a_n\} \cup \{A \to f\underbrace{AA\ldots A}_{st(f)-\text{mal}}; f \in F\}, A).
$$

Zeigen Sie, daß G eindeutig ist. (Hinweis: Benutzen Sie die Funktion $\ddot{U}(w) = |w|_{a_1} + \ldots + |w|_{a_n} - \sum_{f\in F} |w|_f (st(f) - 1)$.)

4) a) Geben Sie die Übersetzungsfunktion von Ausdrücken in polnischer Notation in vollständig geklammerten Ausdrücke an.

b) Beweisen Sie die Korrektheit der Übersetzungsfunktion analog zum Satz 5.

2.1.3 Eine Simulation

Die Kellermaschine aus Abschnitt 2.1.1 benutzt einen Keller, der Operanden und Operatoren enthalten kann. In der formalen Beschreibung der Maschine M_v entspricht dieser Keller der ersten Komponente der Konfiguration. Es gibt Gründe (Speicherplatz, Einheitlichkeit der Typen der Kellerinhalte), die Maschine M_v durch eine Maschine mit zwei Kellern zu ersetzen. Es werden dann Operanden in einen "Operandenkeller" und Operatoren in einen "Operatorkeller" geschrieben.

Formal ist diese neue Maschine wieder eine programmlose Maschine, etwa

$$\overline{M}_v = (\overline{K}, \overline{K}^f, L_{G_v}, R, \overline{\delta}, \overline{in}, \overline{out}).$$

Dabei ist $\overline{K} = R^* \times \{+, -, \times, /\}^* \times T_v^*$. Eine Konfiguration ist also ein Tripel $\overline{k} = (\overline{k}^1, \overline{k}^2, \overline{k}^3)$, wobei $\overline{k}^1$ dem Operandenkellerinhalt, $\overline{k}^2$ dem Operatorkellerinhalt und $\overline{k}^3$ dem Restausdruck entspricht. Die Endkonfigurationen aus $\overline{K}^f$ sind die Konfigurationen $(\overline{k}^1, \overline{k}^2, \overline{k}^3)$, für die $\overline{k}^1 \in R$ (statt R^*) und $\overline{k}^2 = \overline{k}^3 = \epsilon$. Bei gegebener Eingabe $w \in L_{G_v}$ starten wir die Maschine in der Konfiguration (ϵ, ϵ, w), d.h. $\overline{in} : L_{G_v} \to \overline{K}$ mit $\overline{in}(w) = (\epsilon, \epsilon, w)$. Die Ausgabefunktion $\overline{out}$ ist definiert durch $\overline{out}((m, \epsilon, \epsilon)) = m$. Die Übergangsfunktion $\overline{\delta}$ ist durch die Tabelle in Abbildung 11 gegeben.

Das Eingabe-Ausgabe-Verhalten von $\overline{M}_v$ hängt wiederum von der Belegung b ab. Wir schreiben daher $E/A_{\overline{M}_v}(b)$ für dieses Eingabe-Ausgabe-Verhalten.

Fortführung des Beispiels: Wir illustrieren die Wirkungsweise von $\overline{M}_v$. Parallel dazu lassen wir die Maschine M_v laufen. Wir benutzen dabei Abbildungen wie in dem Beispiel in Abschnitt 2.1.1, das der formalen Definition der Maschine M_v vorangeht.

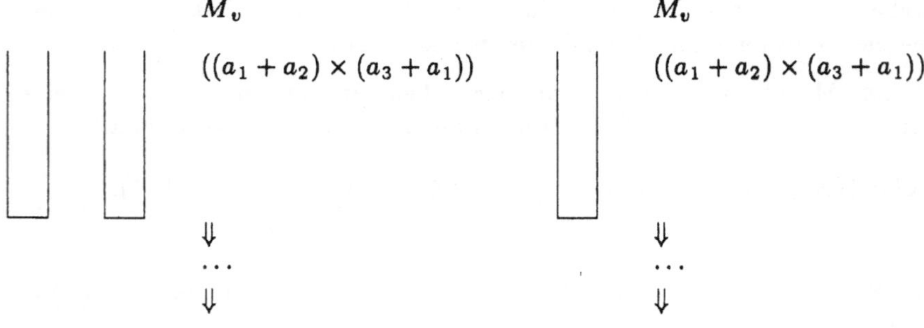

Operanden-keller $\overline{k}^1$	Operator-keller $\overline{k}^2$	Restaus-druck $\overline{k}^3$	Operanden-keller $\overline{h}^1$	Operator-keller $\overline{h}^2$	Restaus-druck $\overline{h}^3$	Kommentar
α	β	$(w$	α	β	w	öffnende Klammern werden überlesen
α	β	aw	$\alpha\, b(a)$	β	w	der Wert von Operanden kommt in den Operandenkeller
α	β	$op\ w$	α	$\beta\ op$	w	Operatoren werden in den Operatorkeller geschrieben
$\alpha m_1 m_2$	$\beta\ op$	$)w$	$\alpha\ Op(m_1 m_2)$	β	w	beim Lesen einer schließenden Klammer wird ein Teilausdruck ausgewertet

Die Tabelle gibt die Übergangsfunktion $\overline{\delta}$ der Maschine $\overline{M}_v$ an.

Dabei gilt: $\delta((\overline{k}^1,\overline{k}^2,\overline{k}^3)) = (\overline{h}^1,\overline{h}^2,\overline{h}^3)$. Weiter ist $\alpha \in R^*$, $m_1, m_2 \in R$, $\beta \in \{+,-,\times,/\}^*$, $op \in \{+,-,\times,/\}$, $w \in T_v^*$.

Abb. 11

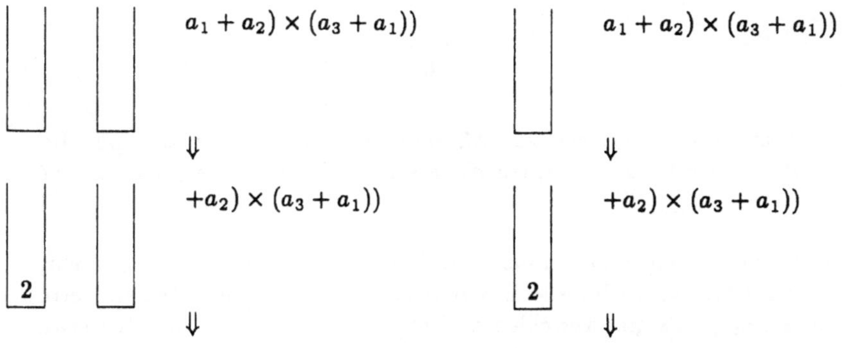

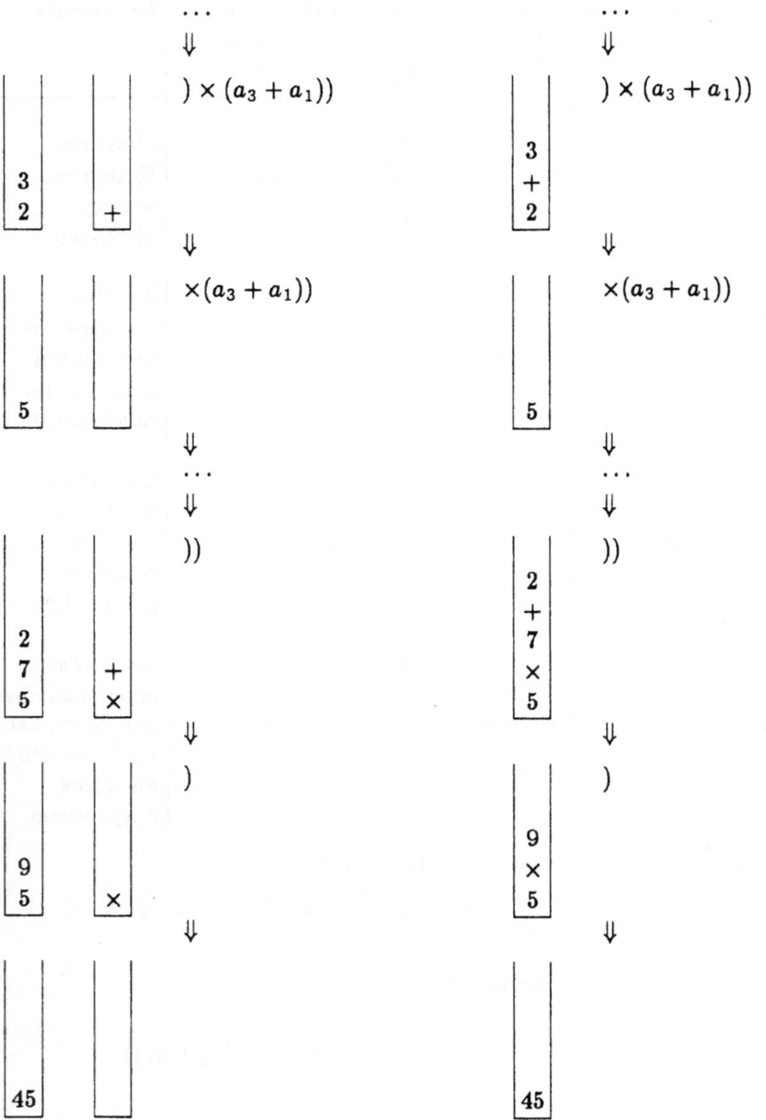

Wir sehen, daß die Konfigurationen von M_v und $\overline{M}_v$ sich sehr ähnlich sind. Im wesentlichen ist nur der Inhalt des einen Kellers von M_v bei $\overline{M}_v$ auf zwei Keller aufgeteilt. ∎

Wie überzeugen wir uns nun von der Korrektheit von $\overline{M}_v$, d.h. wie zeigen wir, daß $I_v(b)(w) = E/A_{\overline{M}_v}(b)(w)$ für alle Belegungen b und vollständig geklammerte Ausdrücke $w \in L_{G_v}$? Es gibt verschiedene Vorgehensweisen. Wir könnten etwa den Beweis von Satz 3 modifizieren (Aufgabe 1). Wir schlagen hier einen anderen Weg ein und zeigen, daß $\overline{M}_v$ die Maschine M_v zu simulieren vermag. Dann kann die Behauptung aus Abschnitt 1.7, Satz 1, abgeleitet werden. An dieser Stelle sollte der Leser den zweiten Teil von Abschnitt 1.7 (von Definition 3 bis Satz 1) noch einmal durchlesen.

Satz 7. *Die Maschine $\overline{M}_v$ vermag die Maschine M_v zu simulieren.*

Beweis: Sei, wie üblich, $M_v = (K, K^f, L_{G_v}, R, \delta, in, out)$ und

$$\overline{M}_v = (\overline{K}, \overline{K}^f, L_{G_v}, R, \overline{\delta}, \overline{in}, \overline{out}).$$

Wir führen eine Relation $Rel \subseteq K \times \overline{K}$ ein und verifizieren, daß sie eine Simulation der Maschine M_v auf die Maschine $\overline{M}_v$ ist. Sei $k = (k^1, k^2) \in K$ und $\overline{k} = (\overline{k}^1, \overline{k}^2, \overline{k}^3) \in \overline{K}$. Wir definieren: $(k, \overline{k}) \in Rel$ genau dann, wenn

(a) $k^2 = \overline{k}^3$, d.h. die Restausdrücke stimmen überein;

(b) $\overline{k}^1$ erhält man aus k^1 durch Streichen aller Elemente in $\{+, -, \times, /\}$;

(c) $\overline{k}^2$ erhält man aus k^1 durch Streichen aller Elemente in R.

Es bleibt zu beweisen, daß Rel eine Simulation ist. Dazu muß geprüft werden, ob die drei Bedingungen von Abschnitt 1.7, Definition 3, erfüllt sind.

Sei also $w \in L_{G_v}$. Dann ist $in(w) = (\epsilon, w)$ und $\overline{in}(w) = (\epsilon, \epsilon, w)$. Also gilt $(in(w), \overline{in}(w)) \in Rel$.

Sei nun $(k, \overline{k}) \in Rel$. Insbesondere stimmen dann die Restausdrücke k^2 und $\overline{k}^3$ in k und $\overline{k}$ überein. Man sieht nun leicht durch Inspektion der δ und $\overline{\delta}$ definierenden Tabellen, daß $(\delta(k), \overline{\delta}(\overline{k})) \in Rel$ gilt.

Sei schließlich $(k, \overline{k}) \in Rel$ mit $k \in K^f$. Dann ist $k^2 = \overline{k}^3 = \epsilon$ und $k^1 \in R$. Also ist $k^1 = \overline{k}^1 \in R$ und $\overline{k}^2 = \epsilon$ und daher $\overline{k} \in \overline{K}^f$. Auch gilt dann $out(k) = \overline{out}(\overline{k})$.   ∎

Es folgt nun

Satz 8. *Für alle $w \in L_{G_v}$ und $b \in \mathbb{R}^M$ gilt:*

$$I_v(b)(w) = E/A_{\overline{M}_v}(b)(w)$$

Beweis: Aus Satz 7 und Abschnitt 1.7, Satz 1, folgt $E/A_{M_v}(b) \subseteq E/A_{\overline{M}_v}(b)$. Nach Satz 3 gilt $I_v(b) = E/A_{M_v}(b)$, und nach Satz 2 ist $I_v(b)$ total. Also gilt $E/A_{M_v}(b) = E/A_{\overline{M}_v}(b) = I_v(b)$.   ∎

Der Leser mag an dieser Stelle einwenden, daß ein Beweis ähnlich zu dem von Satz 3 zumindest nicht schwieriger gewesen wäre. Andererseits mag der hier gewählte Zugang für Informatiker einsichtiger sein, da Maschinen verglichen werden.

Aufgaben zu 2.1.3

1) Beweisen Sie ähnlich wie in Satz 3, daß die Kellermaschine $\overline{M}_v$ korrekt arbeitet.

2.2 Unvollständig geklammerte Ausdrücke mit Prioritäten

Die in Abschnitt 2.1 behandelten vollständig geklammerten Ausdrücke sind in vielerlei Hinsicht unzulänglich. Zum einen müssen zu viele Klammern gesetzt werden, zum anderen haben wir zum Beispiel keine unären Operationen zugelassen.

Beispiel 1: Wir sind alle gewohnt, Ausdrücke der Form

$$a_1 + a_2 \cdot (a_3 + a_1) - - - a_2 + a_1 \cdot a_2 / a_3 \cdot -a_1$$

oder (mit "$\times$" statt "$\cdot$")

$$a_1 + a_2 \times (a_3 + a_1) - - - a_2 + a_1 \times a_2 / a_3 \times -a_1$$

zu schreiben. Die Regeln "Punktrechnung geht vor Strichrechnung", "Unäres Minus hat Vorrang", "Operationen auf dem gleichen Niveau werden von links nach rechts ausgeführt" erlauben es, viele Klammern zu sparen. Die vollständig geklammerte Version des obigen Ausdrucks ist demnach

$$(((a_1 + (a_2 \times (a_3 + a_1))) - (-(-a_2))) + (((a_1 \times a_2)/a_3) \times (-a_1)))$$

Auch benutzen wir das Zeichen "$-$" ohne Gefahr in zwei Bedeutungen: es steht sowohl für die binäre Operation "Subtraktion" als auch für die unäre Operation Negation, die jeder Zahl ihr Negatives zuordnet. ∎

Regeln wie "Punktrechnung geht vor Strichrechnung" und "Unäres Minus hat Vorrang" können wir präzise fassen, indem wir den Operationen **Prioritäten** zuordnen. Operationen höherer Priorität haben dabei Vorrang. Zum Beispiel, in einem Term wie $a_1 + a_2 \times a_3$ muß die Multiplikation vor der Addition ausgeführt werden, weil die Priorität von "$\times$" höher ist als die von "$+$".

Operator	Priorität
$+, -_2$	0
$\times, /$	1
$-_1$	2

In der Prioritätentabelle war es dabei nötig, syntaktisch zwischen unären $(-_1)$ und binären $(-_2)$ Minus unterschieden.

Wie können wir nun diese verschiedenen Begriffe formal fassen? Wir benutzen dazu eine kontextfreie Grammatik mit einem Nichtterminal für jede Prioritätsstufe. Wir nehmen also drei Nichtterminale, etwa A, T und F; dabei wird A (Ausdruck) alle Ausdrücke der Prioritätsstufe 0, 1 und 2 erzeugen, T (Term) alle Ausdrücke der Prioritätsstufe 1 und 2, und F (Faktor) alle Ausdrücke der Prioritätsstufe 2. Ferner drücken wir die implizite Klammerung auf einer Prioritätsstufe durch die Form der Produktionen aus.

Formal definieren wir diese kontextfreie Grammatik $G_u = (\{A, T, F\}, T_u, P_u, A)$ für die unvollständig geklammerten Ausdrücke mit Prioritäten als:

$$
\begin{aligned}
T_u \;&=\; M \;\cup\; \{+, -, \times, /, (,)\} \\
P_u \;&=\; \{A \;\to\; T \mid A + T \mid A - T, \\
&\qquad\; T \;\to\; F \mid T \times F \mid T / F, \\
&\qquad\; F \;\to\; a_1 \mid a_2 \mid \ldots \mid a_n \mid -F \mid (A) \;\}
\end{aligned}
$$

Dabei ist die Operandenmenge M wie in Abschnitt 2.1 definiert.

Fortführung des Beispiels: Der Ableitungsbaum für unseren Beispielausdruck ist in Abbildung 1 angegeben. Die Struktur dieses Baumes bringt die implizite Klammerung sehr deutlich zum Ausdruck. An dem Teilbaum in Abbildung 2 sieht man etwa, daß $--a_2$ wie $(-(-a_2))$ zu lesen ist. Analog spiegelt die Produktion $A \to A + T$ wieder, daß die Klammerung eines "Ausdrucks" $T + T + T$ gegeben ist durch $((T+T)+T)$. Allgemein gilt, daß der Ableitungsbaum eines unvollständig geklammerten Ausdrucks bzgl. der Grammatik G_u die gleiche Struktur widerspiegelt wie der Ableitungsbaum des entsprechenden vollständig geklammerten Ausdrucks bzgl. der Grammatik G_v.   ∎

Satz 1. *Die kontextfreie Grammatik G_u ist eindeutig.*

Beweis 1: Wie mit den Methoden der Theorie der Syntaxanalyse mechanisch überprüft werden kann, ist die Grammatik G_u eine LR-Grammatik und deshalb eindeutig (siehe Schlussbemerkungen zu Abschnitt 1.4).

Beweis 2: Wir führen nun einen Beweis mit elementaren Mitteln. Der Beweis läuft über mehrere Hilfsbehauptungen. Wir zeigen zunächst, daß sich die Minuszeichen eindeutig in unär und binär klassifizieren lassen. Die Lemmata 1, 2 und 3 schreiben fest, daß ein Minuszeichen genau dann binär ist, wenn es auf einen Operanden oder eine schließende Klammer folgt. Danach zeigen wir, wie man die implizite Klammerstruktur erkennen kann. Dabei gehen wir schrittweise vor. Zunächst betrachten wir Ausdrücke ohne Klammern, die als einzige Operation das unäre Minus enthalten (Lemma 4), dann erlauben wir auch die Operationen "×" und "/" (Lemma 5) und schließlich den vollen Umfang an Operationen (Lemma 6). Zum Schluß weiten wir die Eindeutigkeit noch auf Ausdrücke aus, die auch Klammern enthalten.

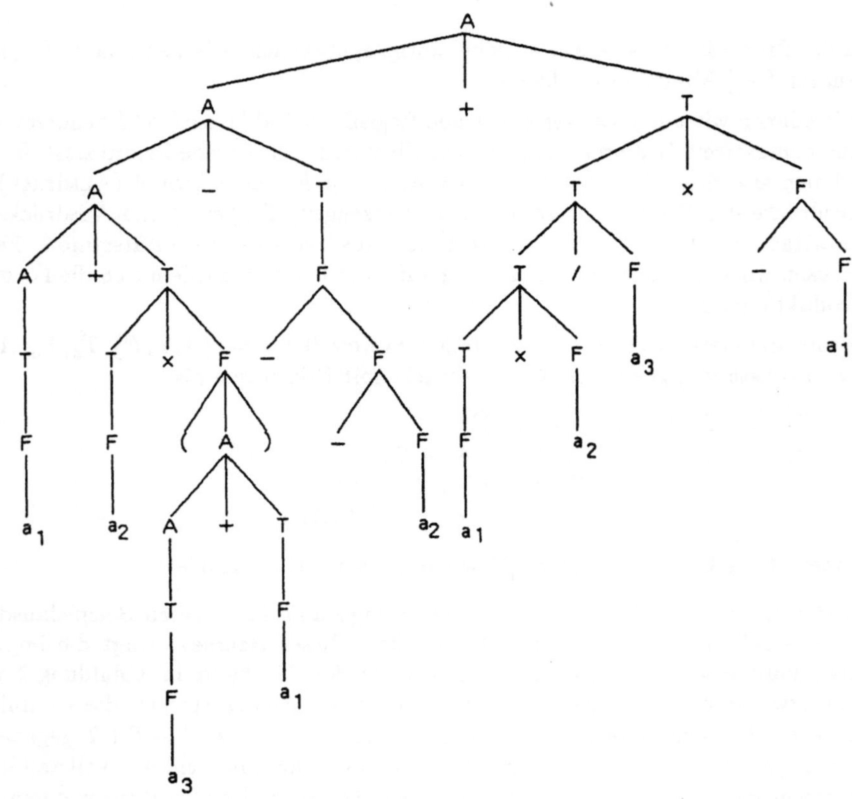

Abb. 1

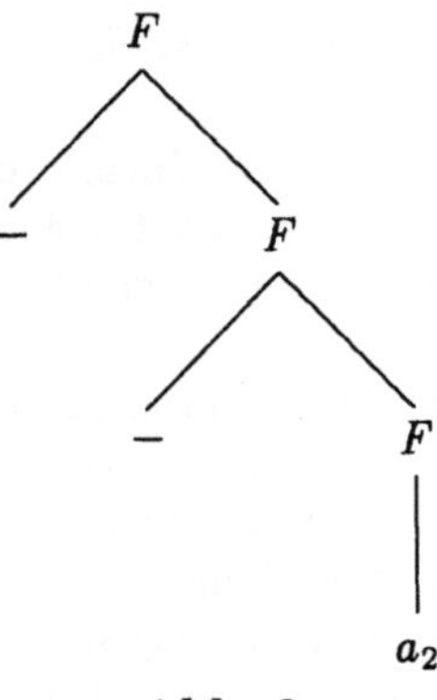

Abb. 2

Lemma 1. *Sei $X \in \{A, T, F\}$ ein Nichtterminal und $w \in L_{G_u, X}$ ein X-Konstrukt. Dann ist das letzte Zeichen in w ein Operand oder eine schließende Klammer.*

Beweis: Man sieht zunächst aus der Gestalt der Produktionen, daß die Behauptung für $X = F$ gilt. Dann gilt sie aber auch für $X = T$ und daher auch für $X = A$. ∎

Lemma 2. *Sei* $X \in \{A, T, F\}$ *ein Nichtterminal. Falls* $X \to^* \alpha_1 Y \alpha_2$ *mit* $Y \in \{A, T, F\}$ *und* $\alpha_1, \alpha_2 \in (\{A, T, F\} \cup T_u)^*$*, dann ist entweder* α_1 *leer oder* α_1 *endet mit einem Zeichen in* $\{(, +, -, \times, /\}$.

Beweis: Wir benutzen Induktion über die Länge der Ableitung von X nach α.
Falls die Länge 0 ist, gilt $X = Y$, also ist α_1 leer.
Falls die Länge > 0 ist, dann können wir die Ableitung schreiben als $X \to \beta \to^* \alpha_1 Y \alpha_2$, wo $X \to \beta$ die erste verwendete Produktion ist. Wir unterscheiden nun zwei Fälle. Falls die Länge der Ableitung 1 ist, d.h. $\beta = \alpha_1 Y \alpha_2$, dann folgt die Behauptung unmittelbar aus der Gestalt der rechten Seiten der Produktionen. Falls die Länge > 1 ist, unterscheiden wir wieder zwei Fälle. Falls $X \to \beta$ eine der Produktionen $A \to T$, $T \to F$, $F \to -F$ oder $F \to (A)$ ist, dann folgt die Behauptung unmittelbar aus der Induktionsvoraussetzung. Andernfalls ist β von der Form $Z_1 \ op \ Z_2$ mit $Z_1, Z_2 \in \{A, T, F\}$ und $op \in \{+, -, \times, /\}$. Wir können dann auch $\alpha_1 Y \alpha_2$ schreiben als $\gamma_1 \ op \ \gamma_2$ mit $Z_1 \to^* \gamma_1$ und $Z_2 \to^* \gamma_2$. Falls α_1 ein Präfix von γ_1 ist, folgt die Behauptung aus der Induktionsvoraussetzung für $Z_1 \to^* \gamma_1$. Falls α_1 kein Präfix von γ_1 ist, dann hat α_1 die Form $\gamma_1 \ op \ \alpha_3$, wobei α_3 ein Präfix von γ_2 ist. Falls $\alpha_3 = \epsilon$, dann ist op das Zeichen vor Y und daher die Behauptung richtig; falls $\alpha_3 \neq \epsilon$, dann folgt die Behauptung aus der Induktionsvoraussetzung für $Z_2 \to^* \gamma_2$. ∎

Lemma 3. *Sei* $X \in \{A, T, F\}$ *ein Nichtterminal, sei* $w \in L_{G_u, X}$ *ein X-Konstrukt und sei* $w = w_1 - w_2$ *mit* $w_1, w_2 \in T_u^*$*. Betrachte nun eine Ableitung von X nach w. Falls das betrachtete Minuszeichen durch die Produktion* $F \to -F$ *erzeugt wurde, dann ist entweder w_1 leer oder endet in einem Zeichen in* $\{(, +, -, \times, /\}$*. Falls das betrachtete Minuszeichen durch die Produktion* $A \to A - T$ *erzeugt wurde, dann endet w_1 in einem Zeichen in* $M \cup \{)\}$.

Beweis: Der erste Teil der Behauptung folgt unmittelbar aus Lemma 2. Wir können nämlich die Ableitung von X nach w schreiben als

$$X \to^* \beta_1 F \beta_2 \to \beta_1 - F \beta_2 \to^* w_1 - w_2,$$

wobei $\beta_1 \to^* w_1$ und $F \beta_2 \to^* w_2$. Nach Lemma 2 (mit $Y = F$) ist β_1 leer oder endet mit einem Zeichen in $\{(, +, -, \times, /\}$. Daher ist auch w_1 leer oder endet in einem solchen Zeichen.

Der zweite Teil der Behauptung folgt aus Lemma 1. Falls nämlich das betrachtete Minuszeichen durch die Produktion $A \to A - T$ erzeugt wurde, dann gibt es einen Suffix w_3 von w_1 mit $A \to^* w_3$. Nach Lemma 1 endet w_3 mit einem Zeichen in $M \cup \{)\}$. ∎

Lemma 3 ist wesentlich. Es besagt nämlich, daß wir in einem Ausdruck Minuszeichen eindeutig als unär (erzeugt durch $F \to -F$) bzw. binär (erzeugt durch $A \to A - T$) klassifizieren können. Die Klassifizierung geschieht nach dem vorausgehenden Zeichen. Wir nehmen von nun ab an, daß sämtliche Minuszeichen in einem Ausdruck w so klassifiziert sind, und schreiben $-_1$ beziehungsweise $-_2$. Dies ist äquivalent zu der Annahme, daß G_u statt $F \to -F$ und $A \to A - T$ die Produktionen $F \to -_1 F$ und $A \to A -_2 T$ enthält.

Fortführung des Beispiels: In unserem Beispielausdruck erhalten wir

$$a_1 + a_2 \times (a_3 + a_1) -_2 -_1 -_1 a_2 + a_1 \times a_2 / a_3 \times -_1 a_1$$

∎

Lemma 4. *Sei $w \in L_{G_u} \cap (\{-_1\} \cup M)^*$. Dann gibt es genau eine Ableitung von F nach w.*

Beweis: Nach Voraussetzung gibt es in w nur unäre Minuszeichen als Operatoren. Nach Lemma 3 ist demnach w von der Form $-_1 -_1 \ldots -_1 w_1$ mit $w_1 \in M^*$. Aus der Form ersieht man, daß dann sogar $w_1 \in M$. Die einzige Ableitung von F nach w ist demnach

$$F \to -_1 F \to -_1 -_1 F \to \ldots \to -_1 -_1 \ldots -_1 w_1$$

∎

Lemma 5. *Sei $w \in L_{G_u} \cap (\{-_1, \times, /\} \cup M)^*$. Dann gibt es genau eine kanonische Ableitung von T nach w.*

Beweis: Wir führen Induktion über die Anzahl der Vorkommen von Zeichen aus $\{\times, /\}$ in w.

Falls w kein Zeichen in $\{\times, /\}$ enthält, dann beginnt jede Ableitung von T nach w mit der Produktion $T \to F$. Ferner ist $w \in L_{G_u} \cap (\{-_1\} \cup M)^*$. Also folgt die Behauptung aus Lemma 4.

Falls nun w wenigstens ein Zeichen in $\{\times, /\}$ enthält, dann hat jede Ableitung von T nach w die Form $T \to T \ op \ F \to^* w_1 \ op \ w_2$ mit $op \in \{\times, /\}$, $w_1 \in L_{G_u, T}$, $w_2 \in L_{G_u, F}$. Da jedes aus F erzeugte F-Konstrukt nur unäre Minuszeichen als Operationszeichen enthält (da w keine Klammern enthält, kann die Produktion $F \to (A)$ nicht benutzt werden), muß gelten: w_2 ist der Suffix maximaler Länge von w, der kein Operationszeichen in $\{\times, /\}$ enthält. Damit sind w_1 und w_2 eindeutig festgelegt. Ferner gibt es nach Induktionsvoraussetzung nur eine kanonische Ableitung von T nach w_1 und nach Lemma 4 nur eine Ableitung von F nach w_2. Also gibt es nur eine kanonische Ableitung von T nach w. ∎

Lemma 6. *Sei $w \in L_{G_u} \cap (\{-_1, \times, /, -_2, +\} \cup M)^*$. Dann gibt es nur eine kanonische Ableitung von A nach w.*

Beweis: Analog zum Beweis von Lemma 5.   ∎

Nach dieser langen Reihe von Lemmata können wir nun Satz 1 beweisen. Dabei kehren wir zur ursprünglichen Produktionenmenge der Grammatik G_u zurück (ohne Unterschied zwischen $-_1$ und $-_2$).

Wir benutzen Induktion über die Anzahl der Klammern in $w \in L_{G_u}$.

Falls w keine Klammern enthält, folgt die Behauptung aus Lemma 6.

Falls w Klammern enthält, dann betrachten wir das vorderste innere Klammerpaar in w, d.h. wir schreiben w als $w = w_1(w_2)w_3$, so daß w_2 keine Klammern enthält und w_1 keine schließende Klammern. Aus der Form der Produktionen folgt, daß $F \to (A) \to^* w_2$ gelten muß. Nach Lemma 6 gibt es genau eine kanonische Ableitung von F nach (w_2). Ferner ist $w' = w_1 a_1 w_3 \in L_{G_u}$ (statt a_1 hätte man auch einen beliebigen anderen Operanden aus M benutzen können). Der Ausdruck w' enthält weniger Klammern als w. Daher gibt es nach Induktionsvoraussetzung genau eine kanonische Ableitung von A nach w'. Zusammen mit der eindeutigen kanonischen Ableitung von F nach w_2 und der Tatsache, daß in jeder Ableitung w_2 aus F hergeleitet werden muß, folgt die Behauptung. Dies beendet den Beweis von Satz 1.   ∎

Die Eindeutigkeit der Grammatik G_u war bereits sehr schwer nachzuweisen. Das weist zum einen auf die Bedeutung einer allgemeinen Theorie der Syntaxanalyse hin, zum anderen legt es nahe, soweit wie möglich geklammerte Strukturen zu verwenden. In Programmiersprachen finden wir viele Arten solcher Klammerung: **begin – end, if – fi, procedure – end.**

Satz 1 ebnet den Weg zur algebraischen Definition der Semantik von (unvollständig geklammerten) Ausdrücken. Es wird dazu für jedes Nichtterminal eine Interpretation eingeführt. Wegen der Eindeutigkeit der Grammatik G_u können diese Funktionen, wie üblich, rekursiv definiert werden.

Definition 1 (Algebraische Definition der Semantik): Sei $b \in \mathbb{R}^M$ eine Belegung. Die **Interpretationen** $I_A(b) : L_{G_u,A} \to R$, $I_T(b) : L_{G_u,T} \to R$ und $I_F(b) : L_{G_u,F} \to R$ sind definiert durch

$$I_F(b)(w) = \begin{cases} b(w) & \text{falls } w \in M \\ neg(I_F(b)(w_1)) & \text{falls } w = -w_1, \text{ mit } w_1 \in L_{G_u,F} \\ I_A(b)(w_1) & \text{falls } w = (w_1), \text{ mit } w_1 \in L_{G_u,A} \end{cases}$$

$$I_T(b)(w) = \begin{cases} I_F(b)(w) & \text{falls } w \in L_{G_u,F} \\ Op(I_T(b)(w_1), I_F(b)(w_2)) & \text{falls } w = w_1 \; op \; w_2 \text{ mit} \\ & \qquad w_1 \in L_{G_u,T}, \; w_2 \in L_{G_u,F} \\ & \qquad \text{und } op \in \{\times, /\} \end{cases}$$

116

und

$$
I_A(b)(w) = \begin{cases} I_T(b)(w) & \text{falls } w \in L_{G_u,T} \\ Op(I_A(b)(w_1), I_T(b)(w_2)) & \text{falls } w = w_1 \ op \ w_2 \text{ mit} \\ & \quad w_1 \in L_{G_u,A}, \ w_2 \in L_{G_u,T} \\ & \quad \text{und } op \in \{+, -\} \end{cases}
$$

Dabei weist die Funktion *neg* $: \ R \to R$ jeder reellen Zahl ihr Negatives zu und bildet "error" in "error" ab. ∎

Satz 2. *Die Interpretationen* $I_A(b)$, $I_F(b)$, $I_T(b)$ *sind wohldefiniert und total für jede Belegung* $b \in \mathbb{R}^M$.

Beweis: Die Wohldefiniertheit folgt aus der Eindeutigkeit von G_u. Die Totalität folgt aus den Methoden von Abschnitt 1.5. ∎

Beispiel: Sei $b(a_1) = 2$, $b(a_2) = 3$. Dann ist

$$
\begin{aligned}
I_A(b)(a_1 + -a_2 \times a_1) &= add(I_A(b)(a_1), I_T(b)(-a_2 \times a_1)) \\
&= add(I_T(b)(a_1), mul(I_T(b)(-a_2), I_F(b)(a_1))) \\
&= add(I_F(b)(a_1), mul(I_F(b)(-a_2), b(a_1))) \\
&= add(b(a_1), mul(neg(I_F(b)(a_2)), 2)) \\
&= add(2, mul(neg(b(a_2)), 2)) \\
&= add(2, mul(neg(3), 2)) \\
&= add(2, mul(-3, 2)) \\
&= add(2, -6) \\
&= -4
\end{aligned}
$$

∎

Die algebraische Definition der Semantik der unvollständig geklammerten Ausdrücke ist sehr elegant und prägnant. Allerdings setzt sie doch erhebliche Fertigkeiten beim "Auswerter" voraus. Wir geben daher noch eine algorithmische Definition durch eine Maschine an, die, wie die vorigen Maschinen, auf der Benutzung eines Kellers beruht. Die Grundidee ist wiederum nicht schwierig. Die Maschine liest den Ausdruck von links nach rechts und speichert Operanden und Operatoren in den Keller, bis sie auf die erste (explizite oder implizite) schließende Klammer stößt. Dann wertet sie einen Teilausdruck aus. Genauer geht sie wie folgt vor:

1) Operanden werden sofort durch ihren Wert ersetzt.

2) Minuszeichen werden in unär und binär klassifiziert und als solche in den Keller gespeichert. Dazu merkt sich die Maschine, ob das zuletzt gelesene (oder, genauer, das zuletzt verarbeitete) Zeichen des Ausdrucks in Klasse 1 $= \{\times, -, /, +, (\}$ oder Klasse 2 $= M \cup \{)\}$ ist. Nach Klasse 1-Zeichen kommen unäre Minuszeichen, nach Klasse 2-Zeichen binäre Minuszeichen (vgl. Lemma 3). Falls noch kein Zeichen gelesen wurde, verfährt man wie im ersten Fall (vgl. Lemma 3).

3) Implizite schließende Klammern werden an den Prioritäten der Operatoren erkannt. Eine implizite schließende Klammer liegt nämlich immer dann vor, wenn auf einen Operator ein Operator mit kleinerer oder gleicher Priorität folgt.

Beispiel 2: Wir illustrieren nun die (noch genau zu definierende) Maschine am Beispiel des Ausdrucks $a_1 - - - a_2 + a_1 \times -a_2 + a_1$ unter der Belegung $b(a_1) = 2$, $b(a_2) = 3$. Dabei besteht eine Konfiguration aus drei Komponenten: dem Kellerinhalt, dem Restausdruck und einer Zahl, die angibt, in welcher Klasse sich das zuletzt gelesene Zeichen befindet. Wir erhalten folgende Rechnung:

$$a_1 - - - a_2 + a_1 \times -a_2 + a_1,\ 1$$
$$\Rightarrow \quad [\ \ ]$$

$$- - -a_2 + a_1 \times -a_2 + a_1,\ 2$$
$$\Rightarrow \quad \begin{bmatrix} 2 \end{bmatrix}$$

$$- - a_2 + a_1 \times -a_2 + a_1,\ 1$$
$$\Rightarrow \quad \begin{bmatrix} -_2 \\ 2 \end{bmatrix}$$

$$-a_2 + a_1 \times -a_2 + a_1,\ 1$$
$$\Rightarrow \quad \begin{bmatrix} -_1 \\ -_2 \\ 2 \end{bmatrix}$$

$$a_2 + a_1 \times -a_2 + a_1,\ 1$$
$$\Rightarrow \quad \begin{bmatrix} -_1 \\ -_1 \\ -_2 \\ 2 \end{bmatrix}$$

$$+a_1 \times -a_2 + a_1,\ 2$$
$$\Rightarrow \quad \begin{bmatrix} 3 \\ -_1 \\ -_1 \\ -_2 \\ 2 \end{bmatrix}$$

$$+a_1 \times -a_2 + a_1,\ 2$$
$$\Rightarrow \quad \begin{bmatrix} -_.3 \\ -_1 \\ -_2 \\ 2 \end{bmatrix}$$

$$+a_1 \times -a_2 + a_1,\ 2$$
$$\Rightarrow \quad \begin{bmatrix} 3 \\ -_2 \\ 2 \end{bmatrix}$$

Bemerkung: Der oberste Operator im Keller ($-_1$) hat nicht kleinere Priorität als der nächste Operator ($+$); daher muß der Teilausdruck $-_1 3$ ausgewertet werden.

Bemerkung: Der oberste Operator im Keller ($-_1$) hat nicht kleinere Priorität als der nächste Operator ($+$); daher muß der Teilausdruck $-_1(-3)$ ausgewertet werden.

$$+a_1 \times -a_2 + a_1,\ 2 \qquad\qquad a_1 \times -a_2 + a_1,\ 1$$

$\Rightarrow$ [-1] $\qquad\qquad \Rightarrow$ [$+$; -1]

Bemerkung: Der oberste Operator im Keller ($-_2$) hat nicht kleinere Priorität als der nächste Operator; daher muß der Teilausdruck $2 -_2 3$ ausgewertet werden.

$$\times - a_2 + a_1,\ 2 \qquad -a_2 + a_1,\ 1 \qquad a_2 + a_1,\ 1$$

$\Rightarrow$ [2 ; $+$; -1] $\qquad \Rightarrow$ [$\times$; 2 ; $+$; -1] $\qquad \Rightarrow$ [$-_1$; $\times$; 2 ; $+$; -1]

$$+a_1,\ 2 \qquad +a_1,\ 2 \qquad +a_1,\ 2 \qquad +a_1,\ 2$$

$\Rightarrow$ [3 ; $-_1$; $\times$; 2 ; $+$; -1] $\quad \Rightarrow$ [-3 ; $\times$; 2 ; $+$; -1] $\quad \Rightarrow$ [6 ; $+$; -1] $\quad \Rightarrow$ [-7]

$$a_1,\ 1 \qquad\quad \epsilon,\ 2 \qquad\quad \epsilon,\ 2$$

$\Rightarrow$ [$+$; -7] $\qquad \Rightarrow$ [2 ; $+$; -7] $\qquad \Rightarrow$ [-5]

Das Resultat der Berechnung ist -5. ∎

Für die formale Definition dieser Maschine nehmen wir noch zwei kleine Änderungen vor, die den Umfang der Tabelle für die Übergangsfunktion ganz wesentlich reduzieren. Zum einen starten wir nicht mit einem leeren Keller, sondern mit einem extra "Operationszeichen" $\vdash$, das kleinere Priorität als alle übrigen hat (also -1 in unserem Fall), zum anderen hängen wir an den zu lesenden Ausdruck ein "Operationszeichen" $\dashv$ an, das ebenfalls kleinere Priorität hat als alle übrigen (hier also ebenfalls -1). Die Maschine ist dann die programmlose Maschine

$$M_u = (K, K^f, L_G, R, \delta, in, out)$$

Dabei ist die Menge der Konfigurationen $K = (R \cup \{+, -_1, -_2, \times, /, \vdash, (,)\})^* \times (T_u \cup \{\dashv\})^* \times \{1, 2\}$. In einer Konfiguration $k = (k^1, k^2, k^3)$ entspricht k^1 dem Kellerinhalt, k^2 dem Restausdruck und k^3 der Nummer der Klasse des zuletzt gelesenen Zeichens. Falls also $k^3 = 1(2)$, dann wird ein folgendes Minuszeichen als unäres (binäres) Minuszeichen interpretiert, d.h. als $-_1(-_2)$ in den Keller gespeichert. Für einen Ausdruck $w \in L_{G_u}$ ist die Startkonfiguration $(\vdash, w \dashv, 1)$, d.h. $in(w) = (\vdash, w \dashv, 1)$.

Die Maschine M_u hält mit "fast" leerem Keller und Restausdruck, oder, genauer, $K^f = \{\vdash r;\ r \in R\} \times \{\dashv\} \times \{2\}$. Für $(\vdash r, \dashv, 2) \in K^f$ gilt $out((\vdash r, \dashv, 2)) = r$. Die Übergangsfunktion δ ist durch die Tabelle in Abbildung 3 gegeben.

Wir müssen uns an dieser Stelle überzeugen, daß die Tabelle von Abbildung 3 tatsächlich eine Funktion definiert. Zunächst sind die Anwendungsfälle der Zeilen 1,2 und 3 disjunkt von denen der Zeilen 4,5,6 und 7, da sich diese Zeilen im Indikator k^3 unterscheiden. Falls der Indikator $k^3 = 1$ ist, legt das erste Zeichen des Restausdrucks die anzuwendende Zeile eindeutig fest. Sei nun der Indikator $k^3 = 2$. Da $op_1 \in \{+, -_2, \times, /,), \vdash\}$ unterscheidet das zweit-oberste Kellerzeichen (aus k^2) die Zeilen 5 und 6 von 4 und 7. Zwischen den Zeilen 5 und 6 unterscheidet schließlich die Priorität $p(op_1)$ und $p(op_2)$ der Operatoren op_1 und op_2. Damit ist gezeigt, daß auf jede Konfiguration höchstens eine Zeile der Tabelle zutrifft; δ ist demnach eine (partielle) Funktion.

Wie oben schreiben wir $E/A_{M_u}(b)$, um die Abhängigkeit des E/A-Verhaltens von der Belegung b explizit zu machen.

Wir zeigen nun, daß die Definition der Maschine M_u korrekt ist, d.h. daß die algorithmische Definition der Semantik, die der Maschine M_u entspricht, mit der algebraischen aus Definition 1 übereinstimmt.

Satz 3. *(Äquivalenz von algorithmischer und algebraischer Interpretation von unvollständig geklammerten Ausdrücken)*   *Für alle Belegungen $b \in \mathbb{R}^M$ und alle (unvollständig geklammerten) Ausdrücke $w \in L_{G_u}$ gilt:*

$$I_A(b)(w) = E/A_{M_u}(b)(w)$$

Beweis: Wie bei den Sätzen 3 und 5 des Abschnitts 2.1 zeigen wir zuerst eine etwas stärkere Hilfsbehauptung.

Lemma 7. *Sei $X \in \{A, T, F\}$, $w \in L_{G_u,X}$, $op' \in \{+, -_1, -_2, \times, /, (, \vdash\}$, $op'' \in \{+, -, \times, /,), \dashv\}$, $z \in (T_u \cup \{\dashv\})^*$, $\alpha \in (R \cup \{+, -_1, -_2, \times, /, \vdash, (,)\})^*$. Sei ferner*

$$p(op') < \begin{cases} 0 & \text{falls } X = A \\ 1 & \text{falls } X = T \end{cases}$$

Z	k^1	k^2	k^3	h^1	h^2	h^3	Bedingung	Kommentar
1	α	$a\ w$	1	$\alpha\ b(a)$	w	2		der Wert von Operanden kommt in Keller
2	α	$(\ w$	1	$\alpha\ ($	w	1		öffnende Klammer kommt in Keller
3	α	$-\ w$	1	$\alpha\ -_1$	w	1		unäres (Indikator $k^3 = 1$) Minuszeichen kommt in Keller
4	$\alpha\ -_1\ r$	$op_2\ w$	2	$\alpha\ neg(r)$	$op_2\ w$	2		unäres Minus wird ausgeführt
5	$\alpha\ r\ op_1 s$	$op_2\ w$	2	$\alpha\ Op_1(r,s)$	$op_2\ w$	2	$p(op_1) \geq p(op_2)$	op_1 wird ausgeführt
6	$\alpha\ op_1\ s$	$op_2\ w$	2	$\alpha\ op_1\ s\ \widetilde{op_2}$	w	1	$p(op_1) < p(op_2)$	op_2 kommt in Keller
7	$\alpha\ (\ r$	$)\ w$	2	$\alpha\ r$	w	2		schließende Klammer eliminiert öffnende Klammer

Die Tabelle gibt die Übergangsfunktion δ von M_u an.

Dabei gilt: $\delta((k^1, k^2, k^3)) = (h^1, h^2, h^3)$. Die Spalte Z gibt eine Numerierung der Zeilen an. Es ist:

$\alpha \in (R \cup \{+, -_1, -_2, \times, /, \vdash, (,)\})^*$, $\qquad op_1 \in \{+, -_2, \times, /,), \vdash\}$,

$w \in (T_u \cup \{\dashv\})^*$, $\qquad\qquad\qquad op_2 \in \{+, -, \times, /,), \dashv\}$.

$a \in M,\ b \in \mathbb{R}^M,\ r, s \in R,$

Weiter ist die Notation $\widetilde{op_2}$ definiert durch $\widetilde{op_2} = -_2$, falls $op_2 = -$, und $\widetilde{op_2} = op_2$ sonst. Schließlich ist

$$p(op) = \begin{cases} -1 & \text{für } op \in \{\vdash, \dashv, (,)\} \\ 0 & \text{für } op \in \{+, -, -_2\} \\ 1 & \text{für } op \in \{\times, /\} \\ 2 & \text{für } op \in \{-_1\} \end{cases}$$

Abb. 3

und

$$p(op'') \leq \begin{cases} 0 & \text{falls } X = A \\ 1 & \text{falls } X = T \end{cases}$$

wobei die Notation $p(op)$ die aus Abbildung 3 ist.
Dann gilt

$$(\alpha \ op', \ w \ op'' \ z, \ 1) \xRightarrow[M_u]{*} (\alpha \ op' \ I_X(b)(w), \ op'' \ z, \ 2)$$

Beweis: Wir benutzen Induktion über die Länge l der kanonischen Ableitung von X nach w.

Falls $l = 1$ ist, dann ist $X = F$ und $w \in M$. Die Behauptung folgt dann unmittelbar aus der Definition der Übergangsfunktion δ und der Tatsache, daß $I_X(b)(w) = b(w)$.

Sei also nun $l > 1$. Wir machen nun Fallunterscheidung nach der ersten benutzten Produktion in der (kanonischen) Ableitung.

Fall 1: Die Produktion ist $F \to -F$.

Dann ist $w = -w_1$ mit $w_1 \in L_{G_u,F}$.
Es gilt:

$$
\begin{array}{lll}
& (\alpha \ op', \ -w_1 \ op'' \ z, \ 1) & \\
\Rightarrow & (\alpha \ op' \ -_1, \ w_1 \ op'' \ z, \ 1) & \text{nach Definition von } \delta, \text{ Zeile 3} \\
\Rightarrow^* & (\alpha \ op' \ -_1 \ I_F(b)(w_1), \ op'' \ z, \ 2) & \text{nach Induktionsvoraussetzung} \\
\Rightarrow & (\alpha \ op' \ neg(I_F(b)(w_1)), \ op'' \ z, \ 2) & \text{nach Definition von } \delta, \text{ Zeile 4}
\end{array}
$$

(Der Leser sollte sorgfältig nachprüfen, daß die obige Anwendung der Induktionsvoraussetzung erlaubt ist und, insbesondere, daß die Konfiguration $(\alpha \ op' \ -_1, w_1 \ op'' \ z, \ 1)$ den Bedingungen des zu beweisenden Lemmas genügt.)
Damit ist wegen $I_F(b)(w) = neg(I_F(b)(w_1))$ der Induktionsschluß geführt.

Fall 2: Die Produktion ist $F \to (A)$.

Dann ist $w = (w_1)$ mit $w_1 \in L_{G_u,A}$.
Es gilt:

$$
\begin{array}{lll}
& (\alpha \ op', \ (w_1) \ op'' \ z, \ 1) & \\
\Rightarrow & (\alpha \ op' \ (, \ w_1) \ op'' \ z, \ 1) & \text{Definition von } \delta, \text{ Zeile 2} \\
\Rightarrow^* & (\alpha \ op' \ (I_A(b)(w_1), \ ) \ op'' \ z, \ 2) & \text{Induktionsvoraussetzung} \\
\Rightarrow & (\alpha \ op' \ I_A(b)(w_1), \ op'' \ z, \ 2) & \text{Definition von } \delta, \text{ Zeile 7}
\end{array}
$$

(Wie in Fall 1 sollte der Leser wieder die Anwendbarkeit der Induktionsvoraussetzung sorgfältig nachprüfen.)
Damit ist wegen $I_F(b)(w) = I_A(b)(w_1)$ der Induktionsschluß geführt.

Fall 3: Die Produktion ist $T \to F$.

Dann ist sogar $w \in L_{G_u,F}$, und der Schluß ist trivial.

Fall 4: Die Produktion ist $T \to T \ op \ F$ mit $op \in \{\times, /\}$.

Dann ist $w = w_1 \ op \ w_2$ mit $w_1 \in L_{G_u,T}$ und $w_2 \in L_{G_u,F}$.

Es gilt:

$$
\begin{array}{lll}
& (\alpha\ op',\ w_1\ op\ w_2\ op''\ z,\ 1) & \\
\Rightarrow^* & (\alpha\ op'\ I_T(b)(w_1),\ op\ w_2\ op''\ z,\ 2) & \text{Induktionsvoraussetzung} \\
\Rightarrow & (\alpha\ op'\ I_T(b)(w_1)\ op,\ w_2\ op''\ z,\ 1) & \text{Definition von } \delta,\ \text{Zeile 6} \\
\Rightarrow^* & (\alpha\ op'\ I_T(b)(w_1)\ op\ I_F(b)(w_2),\ op''\ z,\ 2) & \text{Induktionsvoraussetzung} \\
\Rightarrow & (\alpha\ op'\ Op(I_T(b)(w_1),\ I_F(b)(w_2)),\ op''\ z,\ 2) & \text{Definition von } \delta,\ \text{Zeile 5}
\end{array}
$$

Damit ist wegen $I_T(b)(w) = Op(I_T(b)(w_1),\ I_F(b)(w_2))$ der Induktionsschluß geführt.

Fall 5: Die Produktion ist $A \to T$.

Analog zu Fall 3.

Fall 6: Die Produktion ist $A \to A\ op\ T$ mit $op \in \{+, -\}$.

Analog zu Fall 4. ∎

Aus Lemma 7 folgt nun unmittelbar die Behauptung des Satzes. Es ist nämlich $(\vdash,\ w \dashv,\ 1) = in(w)$. Nach unserem Lemma folgt

$$
(\vdash,\ w \dashv,\ 1) \Rightarrow^* (\vdash I_A(b)(w),\ \dashv,\ 2)
$$

und das ist eine Endkonfiguration. Also ist $E/A_{M_u}(b)(w) = I_A(b)(w)$. ∎

Wir schließen dieses Kapitel mit einer Aussage über die Laufzeit der Maschine M_u. Da M_u nicht bei jedem Schritt ein Zeichen des Restausdrucks verarbeitet, ist die Aussage etwas komplizierter als bei der Maschine M_v.

Satz 4. *Sei $w \in L_{G_u}$ ein unvollständig geklammerter Ausdruck. Dann gilt: $Laufzeit_{M_u}(w) = |w| + Anzahl der Vorkommen von Operatoren in w. (Es gilt also auch: $Laufzeit_{M_u}(w) < 2|w|$)*

Beweis 1: Man führe Induktion über die Länge der Ableitung nach w, analog zum Beweis von Satz 3. Die Einzelheiten bleiben dem Leser überlassen (Aufgabe 5 am Ende des Abschnittes).

Beweis 2: Sei $t_i(w)$, $1 \leq i \leq 7$, die Anzahl der Anwendungen der Zeile i der Tabelle für die Übergangsfunktion δ in der Rechnung von M_u für die Eingabe w. Dann ist $t_1(w) + t_2(w) + t_3(w) + t_6(w) + t_7(w) = |w|$, da nur die Zeilen 4 und 5 kein Zeichen des Restausdrucks verarbeiten. Man sieht ferner an den Zeilen 3 und 6, daß jeder (verarbeitete) Operator in den Keller geschrieben wird. Ferner entfernt eine Anwendung der Zeilen 4 und 5 einen Operator aus dem Keller. Also gilt $t_4(w) + t_5(w) = $ Anzahl der Vorkommen von Operatoren in w. Aus

$$
Laufzeit_{M_u}(w) = t_1(w) + t_2(w) + \ldots + t_7(w)
$$

folgt die Behauptung. ∎

Zum Schluß sei noch bemerkt, daß eine Erweiterung für zusätzliche Operatoren (für, z.B., die unäre Funktion "Wurzel" oder die binäre Funktion "Modulo") keine prinzipiellen Schwierigkeiten bietet.

Aufgaben zu 2.2

1) Sei G folgende kontextfreie Grammatik

$G = (\{F, H\}, \{a, -, \uparrow\}, P, F)$ mit $P = \{F \to H, F \to -F, F \to H \uparrow F, H \to a\}$.

a) Geben Sie die Ableitungsbäume für $-a \uparrow a$, $a \uparrow a \uparrow a$, und $a \uparrow -a \uparrow -a$ an.

b) In welchem Sinn spiegeln sich in dieser Grammatik die Regeln

"$\uparrow$ bindet stärker als $-$", d.h. $-a \uparrow a$ ist äquivalent zu $-(a \uparrow a)$

"$\uparrow$ wird nach rechts geklammert", d.h. $a \uparrow a \uparrow a$ ist äquivalent zu

$a \uparrow (a \uparrow a)$

wieder? Schreiben Sie eine mindestens einseitige Begründung.

2) Erweitern Sie die kontextfreie Grammatik für unvollständig geklammerte arithmetische Ausdrücke G_u um einen Operator "$\uparrow$" für das Potenzieren. Dabei soll $\uparrow$ von "rechts nach links" abgearbeitet werden, d.h. $a \uparrow b \uparrow c$ ist äquivalent zu $a \uparrow (b \uparrow c)$. Außerdem sollen folgende Prioritäten gelten:

a) $-$ (unär) vor $\uparrow$,

$\uparrow$ vor $*$ und $/$,

$*$ und $/$ vor $+$ und $-$ (binär).

b) $\uparrow$ vor $-$ (unär),

$-$ (unär) vor $*$ und $/$,

$*$ und $/$ vor $+$ und $-$ (binär).

Es gibt Sprachen, in denen a), andere, in denen b) gilt. Geben Sie jeweils für a) und b) die Ableitungsbäume folgender Ausdrücke an:

$-a \uparrow b,\ -\,-a,\ a \uparrow -b,\ a \uparrow b \uparrow c,\ a - b \uparrow c$

3) a) Geben Sie eine Maschine an, die um das Operationszeichen $\uparrow$ erweiterte unvollständig geklammerte Ausdrücke abarbeitet (vgl. Aufgabe 2). Dabei ist nur die Variante b) ($\uparrow$ vor $-$ (unär)) durchzuspielen. Wenden Sie die Maschine auf den Ausdruck $-a \uparrow -a \uparrow a \times a$ an. Dabei sei $b(a) = 2$.

b) Geben Sie die algebraische Semantik der erweiterten unvollständig geklammerten Ausdrücke an (nur Variante (b) von Aufgabe 2). Dabei können Sie (ohne Beweis) annehmen, daß Ihre Grammatik eindeutig ist.

c) Beweisen Sie die Äquivalenz von algebraischer und algorithmischer Definition.

4) Geben Sie eine Maschine an, die unvollständig geklammerte Ausdrücke in polnische Notation übersetzt. Demonstrieren Sie Ihre Maschine am Beispiel
$a + b \times -c - d \times e/f$.

5) Geben Sie einen Beweis von Satz 4 durch Induktion über die Länge der Ableitung von w.

Kapitel III

PROSA, eine einfache Programmiersprache

In diesem Kapitel beginnen wir mit der Beschreibung der Programmiersprache PROSA (**Programmiersprache Saarbrücken**), und führen an Hand von PROSA die grundlegenden Konzepte ALGOL-ähnlicher höherer Programmiersprachen ein. Ferner illustrieren wir PROSA an mehreren nichttrivialen Beispielen und geben so dem Leser einen ersten Eindruck von algorithmischem Problemlösen.

Es gibt sehr viele verschiedene Programmiersprachen. In Gebrauch dürften immerhin einige hundert Programmiersprachen sein. Für die Klassifikation von Programmiersprachen gibt es verschiedene Ansätze. Wir wollen grob eine Klasse von Maschinen- und Assemblersprachen und eine Klasse von problemorientierten Programmiersprachen unterscheiden.

Maschinen- und Assemblersprachen: Eine Maschinensprache gehört fest zu einem bestimmten Rechner. Wenn ein Maschinenprogramm in den Speicher geladen ist, kann das Befehlswerk des Rechners die Befehle des Maschinenprogramms interpretieren. Die externe Darstellung eines Maschinenprogramms, sei es in Binär-, Oktal- oder Hexadezimalform, ist aber für den Menschen nur schwer lesbar. Das Programmieren in Maschinensprache ist daher sehr mühsam und fehleranfällig. Assemblersprachen bieten etwas mehr Komfort. Im wesentlichen gibt es eine 1:1-Beziehung zwischen Assembler- und Maschinenbefehlen. Im Assemblerprogramm werden jedoch die Befehle nicht durch Zahlen, sondern mit Hilfe symbolischer Namen dargestellt, und auch Adressen von Speicherzellen können symbolisch bezeichnet werden. Da auch jede Assemblersprache einem Rechner zugeordnet ist, hat sie mit den Maschinensprachen das Problem gemein, daß Programme, die in einer solchen Sprache geschrieben sind, nicht auf einem Rechner anderen Typs laufen können. Man sagt, diese Programme sind nicht **portabel**. Wir werden in Kapitel V eine einfache Maschinensprache einführen, um die Übersetzung von höheren Programmiersprachen in Maschinensprache darzustellen.

Problemorientierte Sprachen (auch **höhere** Sprachen genannt) enthalten Ausdrucksmittel für die Formulierung von Rechenvorschriften für die Lösung bestimmter Problemklassen. Von der Struktur der Rechner wird dabei weitgehend abstrahiert; übliche mathematische Notationen werden weitgehend übernommen. Die Programmiersprache ALGOL 60 wurde z.B. für die Formulierung von Rechenvorschriften der numerischen Mathematik entwickelt. Deshalb gibt es in ihr ganze Zahlen, reelle Zahlen, Vektoren und Matrizen (arrays). Von der Zahldarstellung im Rechner wird dadurch weitgehend abstrahiert. Koeffizienten eines Polynoms können durch einen Vektor (eindimensionales Feld), Koeffizienten eines Gleichungssystems durch eine Matrix (zweidimensionales Feld) dargestellt werden. Mehr oder weniger auf ALGOL 60 aufbauend, wurde später eine ganze Reihe von Programmiersprachen entwickelt, die auch für nichtnumerische Datenverarbeitung geeignet sind, z.B. ALGOL 68, Pascal, Ada und PL/I. Die in diesem Buch eingeführte Programmiersprache PROSA steht in dieser ALGOL-Pascal-Tradition.

Dieses Buch beschäftigt sich mit den Konzepten in (ALGOL-ähnlichen) Programmiersprachen und ihrer formalen Definition. PROSA enthält die wesentlichen dieser Konzepte. Eine gründliche Beschäftigung mit PROSA, wie sie in den folgenden Kapiteln geschieht, befähigt den Leser, sich andere Programmiersprachen selbstständig und schnell anzueignen. Eine eindeutige Definition einer Programmiersprache ist aus mehreren Gründen wichtig, für den Programmierer, weil eine exakte Definition die Bedeutung seiner Programme eindeutig festlegt und er daher die Korrektheit seiner Programme beweisen (vgl. Abschnitt 3.9) und ihre Laufzeit analysieren (vgl. Abschnitt 3.10) kann; für den Implementierer der Sprache, also den Entwickler des Übersetzungsprogramms, weil es keinen Zweifel darüber gibt, welche Sprache sein Übersetzer akzeptieren muß, und welches die Bedeutung von Programmen der Sprache ist; für den forschenden Informatiker, weil er auf der Grundlage einer formalen Beschreibung Untersuchungen der Sprache anstellen kann, evtl. sogar aus der formalen Beschreibung mit Hilfe eines geeigneten Systems einen Übersetzer oder Interpretierer erzeugen kann.

Dieses Kapitel ist wie folgt strukturiert: In Abschnitt 3.1 führen wir die grundlegenden Begriffe Syntax, Kontextbedingungen und Semantik ein und legen einige Notationen für den Rest des Kapitels fest. Programme rechnen mit Objekten (Daten); sie werden in Abschnitt 3.2 eingeführt. In 3.3 geben wir dann ein erstes Beispiel eines PROSA-Programms und diskutieren anhand dieses Beispiels wichtige Aspekte algorithmischer Sprachen. In 3.4 beginnen wir mit der Definition der PROSA-Maschine. Die PROSA-Maschine ist eine mathematische Maschine (siehe 1.7), die PROSA-Programme ausführt. In den Abschnitten 3.5 bis 3.8 wird dann PROSA formal definiert: der Deklarationsteil in 3.5, der Anweisungsteil in 3.7 und das Programm in 3.6; Abschnitt 3.8 ist eine kurze Zusammenfassung. In den Abschnitten 3.9 und 3.10 behandeln wir dann Korrektheitsbeweise und Laufzeitanalysen und ernten die Früchte der formalen Definition von PROSA. Die Bedeutung von PROSA-Programmen ist exakt festgelegt, und daher können wir über ihre Bedeutung mit mathematischen Strenge argumentieren.

Alle Konzepte werden schließlich in 3.11 anhand von weiteren Beispielen vertieft. Wir raten dem Leser, auch schon zwischendurch in diesem Abschnitt zu lesen.

3.1 Syntax, Kontextbedingungen und Semantik

Die formale Beschreibung von PROSA läßt sich in drei Teile gliedern: Syntax, Kontextbedingungen und Semantik. Die **Syntax** von PROSA wird durch eine kontextfreie Grammatik angegeben, wie dies in Kapitel II für arithmetische Ausdrücke geschehen ist. Diese Grammatik definiert also die Menge der (syntaktisch korrekten) PROSA-Programme. Anders herum gesagt, es läßt sich mit Hilfe der Grammatik entscheiden, ob ein vorgelegtes Wort über dem PROSA zugrunde liegenden Alphabet ein (syntaktisch korrektes) PROSA-Programm ist.

Die Menge der syntaktisch korrekten PROSA-Programme enthält allerdings noch viele unerwünschte Programme. Darunter sind auch solche, welche man durch Prüfen des Programmtextes, d.h. ohne Ausführung des Programms, als unerwünscht feststellen kann. Das sind zum Beispiel Programme, in denen Namen doppelt oder gar nicht deklariert sind, oder Operationen auf Operanden unpassenden Typs ausgeführt würden. Solche Fehler lassen sich nicht durch eine kontextfreie Grammatik ausschließen. Hierzu werden **Kontextbedingungen** als Bedingungen auf Attributen (siehe 1.6) formuliert. Syntaktisch korrekte PROSA-Programme, welche zusätzlich die Kontextbedingungen erfüllen, werden im folgenden **PROSA-Programme** genannt. Wir bezeichnen die Menge der PROSA-Programme mit **PROGRAMM.**

Die **Semantik** wird operationell definiert , d.h. die Bedeutung von PROSA-Programmen wird mit Hilfe einer abstrakten Maschine M_{PROSA}, eines Interpretierers, beschrieben. Diese abstrakte Maschine wird auf ein PROSA-Programm und eine Eingabe angesetzt, führt das Programm schrittweise aus, "konsumiert" dabei Stück für Stück die Eingabefolge, produziert stückweise Ausgabe, hält an oder läuft unendlich lange weiter. Falls sie hält, dann hält sie entweder regulär, d.h. weil das Programm vollständig abgearbeitet ist, oder irregulär, d.h. der nächste Befehl nicht ausführbar ist. Das Ein-/Ausgabeverhalten der PROSA-Maschine definiert die Semantik von PROSA-Programmen. Es ist eine Funktion

$$E/A_{M_{PROSA}} : \textbf{PROGRAMM} \times \textbf{D}^* \dashrightarrow \textbf{D}^*,$$

wobei **D** die Menge der elementaren Objekte (vgl. 3.2) ist. Die PROSA-Maschine nimmt also ein Programm und eine Eingabefolge (= Folge von elementaren Objekten) und produziert daraus eine Ausgabefolge.

Wie bereits erwähnt, werden wir die Syntax von PROSA durch eine kontextfreie Grammatik $G_{PROSA} = (N, T, P, \langle Programm \rangle)$ definieren. Die Produktionen P und das Nichtterminalalphabet N werden wir im Laufe dieses Kapitels definieren. Wir benutzen der besseren Lesbarkeit wegen als Nichtterminale beliebige Worte inklusive Leerzeichen, eingeschlossen in spitze Klammern. Typische Nichtterminal-symbole sind $\langle Programm \rangle$, $\langle De\ Teil \rangle$, $\langle An\ Teil \rangle$, $\langle Ausdr \rangle$, usw.. Das Startsymbol ist $\langle Programm \rangle$.

Auch das Terminalalphabet führen wir erst im Laufe des Kapitels ein. Es umfaßt insbesondere die Buchstaben a, b, c, ..., A,B,..., Z, die Ziffern $0, 1, 2, ..., 9$, einige Spezialsymbole wie (,), $+$, $-$, ... und Wortsymbole wie **begin**, **end**, **integer**, ...

Einige Regeln der PROSA-Grammatik sind:

$\langle Name \rangle \rightarrow A|B|...|Z|a|b|c|...|z$

$\langle Name \rangle \rightarrow \langle Name \rangle A|...|\langle Name \rangle z|\langle Name \rangle 0|...|\langle Name \rangle 9,$

d.h. $\langle Name \rangle$ erzeugt alle Folgen von Buchstaben und Ziffern, die mit einem Buchstaben beginnen. Um Schreibarbeit zu sparen, führen wir noch folgende abkürzende Notation ein: Ist $\langle Wort \rangle \in N$, so steht $\langle Wort \rangle$ für $L_{G,\langle Wort \rangle}$. Wir schreiben also etwa $I71 \in \langle Name \rangle$ und $resultat \in \langle Name \rangle$. Es wird immer aus der Umgebung ersichtlich sein, ob $\langle Wort \rangle$ ein Nichtterminal oder die von diesem Nichtterminal erzeugte Sprache bezeichnet.

Zur exakten Formulierung der Kontextbedingungen benutzen wir attributierte Grammatiken (von nun ab setzen wir die Kenntnis von Abschnitt 1.6. voraus), d.h. wir erweitern die kontextfreie PROSA-Grammatik um Attributierungsregeln. Wir benutzen als Bezeichnungen für Attribute Worte aus Großbuchstaben, z.B. *KONTEXT*, *TYP*. Für die Wertebereiche der Attribute benutzen wir Worte aus Groß- und Kleinbuchstaben, beginnend mit einem Großbuchstaben, z.B. *Typ*, *Kontext*. Die Kontextbedingungen formulieren wir dann als Bedingungen auf Attributvorkommen in Produktionen. Wir illustrieren nun diese Vorgehensweise durch einige Beispiele. Diese Beispiele werden sämtlich im Laufe des Kapitels ausführlich besprochen. Es ist also nicht nötig, daß der Leser sie an dieser Stelle in allen Details erfaßt; der allgemeine Eindruck genügt.

Beispiel 1:

$\langle Ausdr \rangle \rightarrow \langle Ausdr \rangle + \langle Term \rangle$

Bedingung: $TYP(\langle Ausdr \rangle_2) = TYP(\langle Term \rangle)$ und $TYP(\langle Ausdr \rangle_2) \in \{int, real\}$

Dann: $\qquad TYP(\langle Ausdr \rangle_1) == TYP(\langle Ausdr \rangle_2)$

Hier wird die Typberechnung für Summen beschrieben. Die Kontextbedingung fordert, daß die beiden Operanden einer Addition, in einem vorgelegten Programm die aus den in der Produktion rechts auftretenden Nichtterminalen $\langle Ausdr \rangle$ und $\langle Term \rangle$ abgeleiteten Worte, den gleichen Typ haben, und zwar einen der Typen *int* oder *real*. Der Typ der Summe, also des aus dem links auftretenden Nichtterminal $\langle Ausdr \rangle$ abgeleiteten Wortes, ist in diesem Fall definiert als der Typ der beiden Operanden. Er ist undefiniert, falls die Kontextbedingung nicht erfüllt ist.

Wenn für ein gegebenes syntaktisch korrektes Programm p alle Attributexemplare auf seinem Strukturbaum ausgewertet werden können und alle Bedingungen auf den Attributexemplaren erfüllt sind, sagen wir "p erfüllt die Kontextbedingungen" und nennen p ein PROSA-Programm.

Beispiel 2:

$\langle De\ Folge\rangle \rightarrow \langle De\ Folge\rangle; \langle De\rangle$

Bedingung: $Def(AB(\langle De\ Folge\rangle_2)) \cap Def(AB(\langle De\rangle)) = \emptyset$

Dann: $AB(\langle De\ Folge\rangle_1) == AB(\langle De\ Folge\rangle_2) \cup AB(\langle De\rangle)$

Diese Kontextbedingung besagt, daß die Artbindungsfunktion (die Artbindungsfunktion AB liefert für jeden deklarierten Namen seine Sorte (*const* oder *var*) und
seinen Typ (*int*, *real*, *bool*, *char* oder *string*)) für eine Deklarationsfolge nur definiert ist, falls kein Name in der Deklarationsfolge mehrfach auftritt, d.h. wenn
es keine Doppeldeklaration gibt. Falls dies für den ganzen Deklarationsteil gilt,
steht beim Nichtterminal $\langle De\ Teil\rangle$ die gesamte Artbindungsinformation aus allen
Deklarationen des Programms in einem Attribut $KONTEXT$ zur Verfügung, vgl.
Beispiel 3. Im Attribut $KONTEXT$ kann man also die Sorte und den Typ (zusammen Art genannt) eines jeden deklarierten Namens nachschlagen.

Beispiel 3:

$\langle De\ Teil\rangle \rightarrow \langle De\ Folge\rangle;$
$KONTEXT(\langle De\ Teil\rangle) == AB(\langle De\ Folge\rangle)$

Diese Kontextinformation wird am Nichterminal $\langle Programm\rangle$ aufgehängt und steht
dann im gesamten Anweisungsteil zur Verfügung.

Beispiel 4:

$\langle Programm\rangle \rightarrow$ **program** $\langle Name\rangle; \langle De\ Teil\rangle$ **begin** $\langle An\ Teil\rangle$ **end.**
$KONTEXT(\langle Programm\rangle) == KONTEXT(\langle De\ Teil\rangle)$

Die Beispiele 1 bis 4 zeigen, wie im Deklarationsteil Kontextinformation aufgesam-
melt wird und diese dann dem Anweisungsteil zur Verfügung gestellt wird. Die
Abbildung 1 zeigt den Informationsfluß anhand des Strukturbaums.

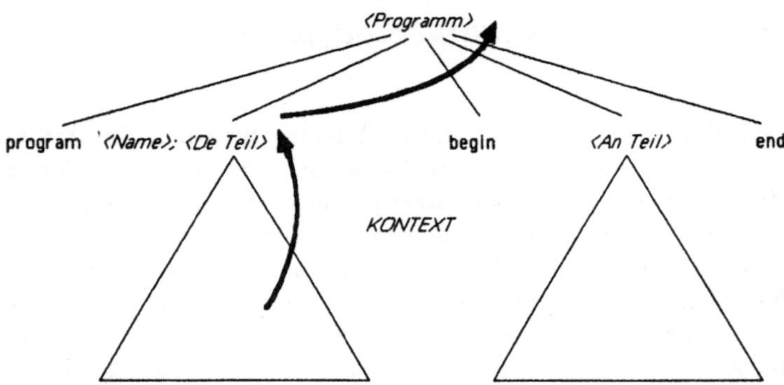

Abb. 1

Das Attribut $KONTEXT(\langle Programm\rangle)$ benutzen wir nun an allen Stellen des Anweisungsteils, an denen Information über angewandte Namen benötigt wird.

Beispiel 5:

$\langle Bez\rangle \rightarrow \langle ang\ Name\rangle$

$ART(\langle Bez\rangle) == KONTEXT(\langle Programm\rangle)(ID(\langle ang\ Name\rangle))$

Wie oben erwähnt, kann man im Attribut $KONTEXT$ die Art (= Sorte und Typ) eines jeden Namens nachschlagen. $ART(\langle Bez\rangle)$ ist also ein Element in $\{const,\ var\}$ $\times\{int,\ real,\ bool,\ char,\ string\}$. Wir benutzen die Art von Bezeichnern, um etwa die Zulässigkeit von Wertzuweisungen zu überprüfen.

Beispiel 6:

$\langle Zuw\rangle \rightarrow \langle Bez\rangle := \langle Ausdruck\rangle$

Bedingung: $ART(\langle Bez\rangle) = (var,\ TYP(\langle Ausdruck\rangle))$

Eine Wertzuweisung hat die Form $n := E$ mit $E \in \langle Ausdruck\rangle$ und $n \in \langle Bez\rangle$. Man bestimmt die Art des Bezeichners n, indem man unter n im Kontext des Programms nachschlägt (vgl. Beispiel 5). Der Bezeichner muß eine Variablenbezeichnung sein und im Typ mit dem Ausdruck übereinstimmen. Der Typ des Ausdrucks wird wie in Beispiel 1 berechnet.

Wir stellen nun noch sämtliche Attribute, die ihnen zugeordneten Wertebereiche und die Nichtterminale, welchen die Attribute zugeordnet sind, zusammen. Diese Zusammenstellung ist als Referenz für den Rest des Kapitels gedacht.

Attribut	**Wertebereich**	**Nichtterminale**
AB	*Kontext*	$\langle De \rangle$
KONTEXT	*Kontext*	$\langle De\ Teil \rangle, \langle Programm \rangle$
TYP	*Typ*	$\langle Ausdr \rangle, \langle Term \rangle, \langle Faktor \rangle, \langle Stand\ Bez \rangle, \langle Typ \rangle$
SORTE	*Sorte*	$\langle ang\ Name \rangle$
ART	*Art*	$\langle Bez \rangle$
ID	*Name*	$\langle Name \rangle, \langle def\ Name \rangle, \langle ang\ Name \rangle$

Dabei sind

$$Sorte = \{const, var\},$$
$$Typ = \{int, real, char, string, bool\},$$
$$Art = Sorte \times Typ,$$
$$Name = L_{G, \langle Name \rangle},$$
$$Kontext = Abb(Name, Art).$$

3.2 Objekte und Typen

Programme rechnen mit **Objekten** (Daten), das sind Zahlen, Zeichen, Wahrheitswerte usw.. Die Menge der Objekte – zusammen mit den Eigenschaften der Objekte und den auf den Objekten zulässigen Operationen – wird i.a. aus einer außerhalb der Programmiersprache liegenden Welt, meist der Mathematik, übernommen. Eine Menge von Objekten – zusammen mit den darauf zulässigen Operationen – nennen wir einen **Datentyp**. Im Fall von PROSA gibt es fünf **elementare Datentypen**: die ganzen Zahlen (*int*), die reellen Zahlen (*real*), die Zeichen (*char*), die Worte (*string*) und die Wahrheitswerte (*bool*). Die zugehörigen Objektmengen sind:

$$\mathbf{D}_{int} = \mathbb{Z}$$
$$\mathbf{D}_{real} = \mathbb{R}$$
$$\mathbf{D}_{char} = \{A, B, C, \ldots, Z, a, b, c, \ldots, z, 0, 1, \ldots, 9, \ , +, -, ., :, \ldots\}$$
$$\text{(endlich, aber hier nicht weiter spezifiziert)}$$
$$\mathbf{D}_{string} = \mathbf{D}_{char}^{*}$$
$$\mathbf{D}_{bool} = \{true, false\}$$

Mit $\mathbf{D} = \mathbf{D}_{int} \cup \mathbf{D}_{real} \cup \mathbf{D}_{char} \cup \mathbf{D}_{string} \cup \mathbf{D}_{bool}$ bezeichnen wir die Menge aller Objekte. PROSA verfügt über die folgenden Operationen. Die Bedeutung der meisten dieser Operationen ist wohlbekannt aus der Welt, aus der wir die Objekte "geborgt" haben. Insbesondere ist die Bedeutung der arithmetischen Operationen aus der Mathematik bekannt. Wir benutzen Bezeichnungen wie *iplus* und *rplus* statt des üblichen +, um die Operationen auf den ganzen und den reellen Zahlen auseinanderzuhalten, und um die Operation von der Programmnotation für die Operation zu unterscheiden.

Arithmetische Operationen:

$uniminus : \mathbf{D}_{int} \to \mathbf{D}_{int}$

$div, mod : \mathbf{D}_{int} \times \mathbf{D}_{int} \dashrightarrow \mathbf{D}_{int}$

$iplus, iminus, imul : \mathbf{D}_{int} \times \mathbf{D}_{int} \to \mathbf{D}_{int}$

$unrminus : \mathbf{D}_{real} \to \mathbf{D}_{real}$

$rplus, rminus, rmul : \mathbf{D}_{real} \times \mathbf{D}_{real} \to \mathbf{D}_{real}$

$rdiv : \mathbf{D}_{real} \times \mathbf{D}_{real} \dashrightarrow \mathbf{D}_{real}$

Dabei ist für $x, y \in \mathbb{Z}$ $y = iplus(imul(x, div(y, x)), mod(y, x))$ und $0 \leq mod(y, x) < x$ für $x > 0$, und $div(y, x)$ und $mod(y, x)$ sind undefiniert für $x \leq 0$. Die Bedeutung der übrigen Operationen ist klar.

Logische Operationen:

$non : \mathbf{D}_{bool} \to \mathbf{D}_{bool}$

$et, vel : \mathbf{D}_{bool} \times \mathbf{D}_{bool} \to \mathbf{D}_{bool}$

Dabei ist *non* die Negation, *et* die boolesche Und- und *vel* die boolesche Oder-verknüpfung, d.h. $et(a, b) = true$ genau, wenn $a = b = true$, und $vel(a, b) = false$ genau, wenn $a = b = false$.

Vergleiche:

$ikl, igr, igl, ingl, igrgl, iklgl : \mathbf{D}_{int} \times \mathbf{D}_{int} \to \mathbf{D}_{bool}$

("*kl*" steht für "kleiner als", "*gr*" für "größer als", usw.)

$rkl, rgr, rgl, rngl, rgrgl, rklgl : \mathbf{D}_{real} \times \mathbf{D}_{real} \to \mathbf{D}_{bool}$

$ckl, cgr, cgl, cngl, cgrgl, cklgl : \mathbf{D}_{char} \times \mathbf{D}_{char} \to \mathbf{D}_{bool}$

Wir setzen dabei eine Ordnung auf $\mathbf{D}_{char}$ voraus.

Zeichenkettenoperationen:

$conc : \mathbf{D}_{string} \times \mathbf{D}_{string} \to \mathbf{D}_{string}$

$head : \mathbf{D}_{string} \dashrightarrow \mathbf{D}_{char}$

$tail : \mathbf{D}_{string} \dashrightarrow \mathbf{D}_{string}$

$empty : \mathbf{D}_{string} \to \mathbf{D}_{bool}$

Dabei ist *conc* die Konkatenation, *head* liefert das erste Zeichen eines nichtleeren Wortes, und $head(\epsilon)$ ist undefiniert, *tail* streicht den ersten Buchstaben eines nichtleeren Wortes und liefert das Restwort ab, und $tail(\epsilon)$ ist undefiniert.

Konvertierungsoperationen:

$convcs : \mathbf{D}_{char} \to \mathbf{D}_{string}$

$convir : \mathbf{D}_{int} \to \mathbf{D}_{real}$

Dabei macht *convcs* aus einem Zeichen ein Wort der Länge eins und *convir* wandelt
eine ganze Zahl in eine reelle Zahl um. Es gilt für jedes nichtleere Wort x die
Gleichung $x = conc(convcs(head(x)), tail(x))$.

Objekte aus **D** können in PROSA-Programmen durch **Standardbezeichnungen**
dargestellt werden. Die Schreibweise für Standardbezeichnungen ist so gewählt,
daß man jeder Standardbezeichnung den Typ des dargestellten Objektes ansieht.
Insbesondere kann man Zeichen und Zeichenketten der Länge 1 in ihrer Darstellung
unterscheiden. Wir geben einige Beispiele für Standardbezeichnungen.

$\mathbf{D}_{int}$: dezimale Darstellung, z.B. 0 37 5

$\mathbf{D}_{real}$: dezimale Darstellung mit Punkt, z.B. 0.0 1.5 37.25

$\mathbf{D}_{char}$: Zeichen in Hochkomma, z.B. 'A' 'b' ' '

$\mathbf{D}_{string}$: Wort in doppelten Hochkommata, z.B. "A" "PROSA" " "

$\mathbf{D}_{bool}$: **true**   **false**

Die Menge der Standardbezeichnungen wird durch folgende Grammatik erzeugt. Für die Kontextbedingungen brauchen wir das Attribut *TYP*, das uns für
jede Standardbezeichnung ihren Typ liefert.

$\langle Stand\ Bez \rangle \rightarrow \langle pos\ int\ Stand\ Bez \rangle$

$TYP(\langle Stand\ Bez \rangle) == int$

$\langle Stand\ Bez \rangle \rightarrow \langle pos\ real\ Stand\ Bez \rangle$

$TYP(\langle Stand\ Bez \rangle) == real$

$\langle Stand\ Bez \rangle \rightarrow \langle char\ Stand\ Bez \rangle$

$TYP(\langle Stand\ Bez \rangle) == char$

$\langle Stand\ Bez \rangle \rightarrow \langle string\ Stand\ Bez \rangle$

$TYP(\langle Stand\ Bez \rangle) == string$

$\langle Stand\ Bez \rangle \rightarrow \langle bool\ Stand\ Bez \rangle$

$TYP(\langle Stand\ Bez \rangle) == bool$

$\langle pos\ int\ Stand\ Bez \rangle \rightarrow \langle Zi \rangle | \langle pos\ int\ Stand\ Bez \rangle \langle Zi \rangle$

$\langle pos\ real\ Stand\ Bez \rangle \rightarrow \langle pos\ int\ Stand\ Bez \rangle . \langle pos\ int\ Stand\ Bez \rangle$

$\langle char\ Stand\ Bez \rangle \rightarrow '\langle Zei \rangle'$

$\langle string\ Stand\ Bez \rangle \rightarrow$ ” $\langle Wort \rangle$ ”

$\langle bool\ Stand\ Bez \rangle \rightarrow$ **true** | **false**

$\langle Zi \rangle \rightarrow 0| \ldots |9$

$\langle Zei \rangle \rightarrow$ alle Darstellungen von Objekten aus $\mathbf{D}_{char}$

$\langle Wort \rangle \rightarrow$ alle Worte aus $\langle Zei \rangle^*$ ohne ”

Eine Standardbezeichnung bezeichnet ein Objekt in $\mathbf{D}$. Wir machen diese Verbindung explizit durch eine Funktion $c : \langle Stand\ Bez \rangle \rightarrow \mathbf{D}$, die jeder Standardbezeichnung das durch sie bezeichnete Objekt zuordnet, z.B. $c(0) =$ die ganze Zahl *null* in $\mathbf{D}_{int}$, $c(1.5) =$ die reelle Zahl *eins punkt fuenf* in $\mathbf{D}_{real}$.

Wir haben bei der Einführung der elementaren Datentypen implizit vorrausgesetzt, daß die Operationen auf den elementaren Typen den bekannten Gesetzen genügen. Dies ist für die beiden arithmetischen Typen, insbesondere für die reellen Zahlen, leider eine starke Abweichung von der Realität. Ganze Zahlen sind in einem Rechner meist nur in einem bestimmten Bereich darstellbar. So werden etwa in vielen Rechnern ganze Zahlen durch Bitstrings der Länge 32 dargestellt; dabei stellt der Bitstring $a_{31}a_{30} \ldots a_0$ mit $a_i \in \{0,1\}$ die Zahl $\sum_{i=0}^{30} a_i 2^i - a_{31} 2^{31}$ dar. Es sind dann gerade die Zahlen im Bereich von -2^{31} bis $2^{31} - 1$ darstellbar. Benutzt man längere Bitstrings zur Darstellung, so kann man aber im Prinzip beliebige ganze Zahlen darstellen.

Bei den reellen Zahlen liegt das Problem tiefer, da eine reelle Zahl im allgemeinen eine unendlich große Darstellung benötigt. In realen Rechnern behilft man sich meist so: Man stellt reelle Zahlen als **Gleitkommazahlen** $m \times 2^e$ dar; dabei heißt m die **Mantisse** und e der **Exponent**. Benutzt man obige Darstellung für Mantisse und Exponenten, und benutzt man 24 Bits für die Mantisse und 8 Bits für den Exponenten, so ist $-2^{23} \leq m < 2^{23}$ und $-2^7 \leq e < 2^7$. Natürlich sind nur sehr "wenige" (endlich viele!) reelle Zahlen auf diese Art darstellbar; insbesondere muß man bei den arithmetischen Operationen runden. Man rechnet etwa

$$2^{23} \times 2^0 + 1 \times 2^{-1}$$

$$\rightarrow \quad 2^{23} \times 2^0 + 0.5 \times 2^0 \qquad \text{, Angleichung der Exponenten}$$

$$\rightarrow \quad (2^{23} + 0.5) \times 2^0 \qquad \text{, Addition der Mantissen}$$

$$\rightarrow \quad 2^{23} \times 2^0 \qquad \text{, Runden der Mantisse auf 24 Bits}$$

Wir haben bei dieser Rechnung das Gleichheitszeichen absichtlich vermieden. Man sieht an diesem Beispiel, daß die reelle Arithmetik auf tatsächlichen Rechnern mit Fehlern behaftet ist. In der numerischen Mathematik wird die Kontrolle der Rundungsfehler intensiv untersucht, in der Informatik gibt es Bestrebungen, die Gleitkomma-Arithmetik durch bessere Methoden zu ersetzen. Wir können darauf hier nicht weiter eingehen und klammern dieses Problem im folgenden aus, indem wir voraussetzen, daß die ganzen und reellen Zahlen der Mathematik in PROSA zur Verfügung stehen und die bekannten Gesetze gelten.

3.3 Ein PROSA-Programm

In diesem Abschnitt geben wir anhand eines einfachen Beispiels eine erste Einführung in PROSA. Unser Beispielprogramm wertet ein Polynom nach dem Hornerschema aus. Wir nehmen dazu an, daß auf dem Eingabeband eine Folge $n, x, a_n, \ldots, a_0$ steht mit $n \in \mathbb{N}$ und $x, a_n, \ldots, a_0 \in \mathbb{R}$. Unsere Aufgabe ist es,

$$\sum_{i=0}^{n} a_i x^i$$

zu berechnen. Eine naheliegende Vorgehensweise dafür ist es, nacheinander die Summen

$$s_{n+1} = 0$$
$$s_n = a_n$$
$$s_{n-1} = a_n x + a_{n-1} = s_n x + a_{n-1}$$
$$s_{n-2} = a_n x^2 + a_{n-1} x + a_{n-2} = s_{n-1} x + a_{n-2}$$
$$\vdots$$
$$s_0 = a_n x^n + a_{n-1} x^{n-1} + \ldots + a_0 = s_1 x + a_0$$

zu berechnen; dieses Verfahren ist unter dem Namen **Hornerschema** bekannt. Programm 1 ist eine Formulierung des Hornerschemas in PROSA.

Ein PROSA-Programm besteht aus dem Wortsymbol **program**, dem Namen des Programms (hier *Hornerschema*), dem Deklarationsteil, dem Wortsymbol **begin**, dem Anweisungsteil und dem Wortsymbol **end** gefolgt von einem Punkt. Die Wortsymbole **begin** und **end** dienen zur Klammerung des Anweisungsteils, der Punkt gibt das Ende des Programms an (In Kapitel 6 werden wir mit der Einführung von Prozeduren Schachtelungen von Programmen erlauben; die **begin** ... **end** Klammerung wird dann bedeutsam. In diesem Kapitel benutzen wir sie nur der Einheitlichkeit halber). In einem Programm darf man an beliebigen Stellen Kommentare einfügen. Ein Kommentar ist ein beliebiger Text, der in die Klammern (∗ und ∗) eingeschlossen sind. Sie sind für den menschlichen Leser des Programms gedacht und sollen ihm das Verständnis des Programms erleichtern. Für die Semantik von PROSA-Programmen haben sie keine Bedeutung.

Im Deklarationsteil führt man **Variable** und **Konstanten** ein. Eine Variable führt man durch Angabe ihres Namens und ihres Typs ein. So führt man etwa

---

```
program Hornerschema;
(* auf dem Eingabeband steht eine Folge n, x, aₙ, ..., a₀ mit
```
$n \in \mathbb{N}, x \in \mathbb{R}, a_i \in \mathbb{R}$ für $0 \le i \le n$ *)
```
const  NULL = 0.0;
var N: integer; var I: integer; var X: real; var A: real; var S: real;
begin  read N; read X; S := NULL; I := N;
```
(* es gilt: $N = n$, $X = x$, $I = n$, $S = \sum_{j=I+1}^{n} a_j x^{j-I-1}$,
und auf dem Eingabeband stehen noch $a_I, \ldots, a_0$ *)
```
       while I ≥ 0
       do
```
(* es gilt: $N = n$, $X = x$, $S = \sum_{j=I+1}^{n} a_j x^{j-I-1}$
und auf dem Eingabeband stehen noch $a_I, \ldots, a_0$ *)
```
          read A;
          S := S * X + A;
          I := I - 1
       od ;
```
(* es gilt: $S = \sum_{j=0}^{n} a_j x^j$ *)
```
       print S
end.
```

──────────── **Prog. 1** ────────────

durch **var** N: **integer** eine Variable mit dem Namen N ein; diese Variable kann
ganzzahlige Werte annehmen. Analog führt **var** X: **real** eine Variable mit dem Namen X ein, die reelle Werte annehmen kann. Durch die Deklaration bekommt eine
Variable noch keinen Wert; ihr Wert ist noch undefiniert. Erst im Answeisungsteil
werden Variablen Werte zugewiesen. Der Wert einer Variablen kann sich im Laufe
der Abarbeitung des Programms ändern.

Eine Variable besteht aus drei Teilen: einem Namen, einem Speicherplatz eines
bestimmten Typs und einem Wert dieses Typs. Der Wert kann undefiniert sein. Die
PROSA-Maschine verfügt über unendlich viele Speicherplätze eines jeden der fünf
elementaren Typen.

Wir bezeichnen mit $\mathbf{V}_{int} = \{v_1^{int}, v_2^{int}, \ldots\}$ die Menge der Speicherplätze vom
Typ int. Analog definieren wir $\mathbf{V}_{real}, \mathbf{V}_{bool}, \mathbf{V}_{char}$ und $\mathbf{V}_{string}$. Durch die Deklaration **var** N: **integer** wird der Name N als Bezeichnung für einen Speicherplatz
in $\mathbf{V}_{int}$ eingeführt. Wir sagen auch: Der Name N wird an einen Speicherplatz in
$\mathbf{V}_{int}$ gebunden, oder: ein Speicherplatz in $\mathbf{V}_{int}$ wird an N gebunden. In diesem
Speicherplatz können dann im Anweisungsteil ganze Zahlen abgelegt werden. So
wird etwa durch **read** N das erste Element der Eingabefolge (hier n) in dem an N
gebundenen Speicherplatz gespeichert.

Eine Konstantenbezeichnung wird durch Angabe ihres Namens und einer Standardbezeichnung eingeführt. In unserem Beispiel führen wir durch **const** $NULL =$
0.0 den Namen $NULL$ als Bezeichnung für die reelle Zahl $null$ ein. Nach Abarbeitung dieser Deklaration sind die Standardbezeichnung 0.0 und der Name $NULL$
synonym.

Fassen wir zusammen: Im Deklarationsteil führen wir Namen für Variable und Konstante ein. Bei Variablen geben wir in der Deklaration den Typ der Variablen an, bei Konstanten geben wir die Standardbezeichnung des Objekts an, für das der Name stehen soll.

In unserem Beispiel führt der Deklarationsteil sechs Namen ein, fünf Variablenbezeichnungen und eine Konstantenbezeichnung. Die Namen N und I sind Bezeichner für ganzzahlige Variable und X, A und S sind Bezeichner für reelle Variable. Der Name *NULL* bezeichnet eine Konstante, nämlich die reelle Zahl *null*.

Im Anweisungsteil findet die eigentliche Rechnung statt. Er besteht aus einer Folge von Anweisungen, die nacheinander ausgeführt werden. Die einfachsten Anweisungen sind die Leseanweisung (z.B. **read** N), die Druckanweisung (z.B. **print** S) und die Wertzuweisung (z.B. $S := S * X + A$). Die Leseanweisung konsumiert das erste Element der Eingabefolge und speichert es in der angegebenen Variablen ab; die Druckanweisung berechnet den Wert eines Ausdrucks und hängt ihn hinten an die Ausgabefolge an. Die Wertzuweisung schließlich weist der Variablen, deren Name links vom Zuweisungszeichen := steht, den Wert des Ausdrucks zu, der rechts vom Zuweisungszeichen steht. Im Beispiel wird also der Ausdruck $S * X + A$ ausgewertet und die erhaltene reelle Zahl in dem von S bezeichneten Speicherplatz abgespeichert.

Neben den einfachen Anweisungen gibt es noch zusammengesetzte Anweisungen. Das sind die bedingte Anweisung und die Schleifenanweisung. In unserem Beispiel gibt es die Schleifenanweisung

while $I \geq 0$

do read A; $S := S * X + A$; $I := I - 1$ **od**

Die Semantik der Schleifenanweisung ist wie folgt: Zunächst wird die Schleifenbedingung (hier $I \geq 0$) ausgewertet. Falls sie *true* ergibt, dann wird der Rumpf (hier: **read** A; $S := S * X + A$; $I := I - 1$) und dann noch einmal die Schleifenanweisung ausgeführt (Die Wortsymbole **do** und **od** klammern den Rumpf der Schleife). Falls die Schleifenbedingung *false* ergibt, dann ist die Ausführung der Schleifenanweisung sofort beendet. In unserem Beispiel treten wir also mit den Werten $n, n-1, \ldots, 0$ für I in den Rumpf der Schleife ein. Wenn I bei Eintritt den Wert i hat, dann stehen noch die Zahlen $a_i, \ldots, a_0$ auf dem Eingabeband und der Wert der Variablen S ist s_{i+1}. Wir lesen dann a_i und ändern den Wert der Variablen S in den Wert des Ausdrucks $S * X + A$ ab. Dieser Wert ist $s_{i+1} \cdot x + a_i = s_i$. Schließlich verringern wir noch I um 1. Damit sind wir in einer ähnlichen Situation wie vor Eintritt in den Rumpf der Schleife. Sei nämlich $i'\ (= i - 1)$ der neue Wert der Variablen I. Dann stehen noch die Zahlen $a_{i'}, \ldots, a_0$ auf dem Eingabeband und die Variable S hat den Wert $s_{i'}$. Der Kommentar, den wir in den Rumpf der Schleife eingefügt haben, bleibt also richtig. Wir sagen auch: der Kommentar ist eine Invariante der Schleife. Wir diskutieren Invarianten ausführlich in Abschnitt 3.9.

138

3.4 Die PROSA-Maschine

Die **PROSA-Maschine** M_{PROSA} führt PROSA-Programme aus. Sie verfügt
über einen Prozessor, welcher die Anweisungen der Programme ausführt, einen
Programmspeicher, in welchem die auszuführenden Programme stehen, einen Datenspeicher, in welchem Zwischenergebnisse der Berechnungen gespeichert werden,
ein Eingabegerät, mit dem das Eingabeband gelesen wird, und ein Ausgabegerät,
mit dem auf das Ausgabeband geschrieben wird . Der Datenspeicher von M (wir
schreiben meist M statt M_{PROSA}) ist in Speicherzellen eingeteilt.

Die PROSA-Maschine ist eine mathematische Maschine im Sinne von Abschnitt 1.7, d.h.

$$M_{PROSA} = (\mathbf{K}, \mathbf{K}^f, \mathbf{PROGRAMM}, \delta, \mathbf{E}, \mathbf{A}, in, out)$$

Wir werden in diesem Abschnitt die Konfigurationsmenge $\mathbf{K}$, die Endkonfiguration $\mathbf{K}^f$, die Ein- und Ausgabemengen $\mathbf{E}$ und $\mathbf{A}$ und die Funktionen in und out
definieren. Die Übergangsfunktion δ und die Menge **PROGRAMM** der PROSA-
Programme werden dann in den Abschnitten 3.5 bis 3.8 eingeführt.

Eine Konfiguration der PROSA-Maschine besteht aus dem noch auszuführenden **Programmrest**, einer **Bindung**, einem **Speicherzustand**, einer **Eingabefolge** und einer **Ausgabefolge**, d.h.

$$\mathbf{K} = \mathbf{PR} \times \mathbf{B} \times \mathbf{S} \times \mathbf{D}^* \times \mathbf{D}^*$$

Dabei ist **PR** die Menge der möglichen Programmreste, **B** die Menge der Bindungen
und **S** die Menge der Speicherzustände. Die Eingabe- und die Ausgabefolge sind
Folgen von elementaren Objekten.

Der Speicher der PROSA-Maschine ist in fünf Bereiche eingeteilt, je einen
für jeden der fünf elementaren Typen. Sei $t \in Typ$ ein elementarer Typ. Der
t-Speicher $\mathbf{V}_t$ besteht aus unendlich vielen Speicherplätzen (synonym: Speicherzellen) $v_1^t, v_2^t, v_3^t, \ldots$, die beliebige Objekte vom Typ t aufnehmen können. $\mathbf{V} =
\mathbf{V}_{int} \cup \mathbf{V}_{real} \cup \mathbf{V}_{string} \cup \mathbf{V}_{char} \cup \mathbf{V}_{bool}$ ist die Menge der Speicherzellen. Der
Speicherzustand ist eine Funktion, die jeder Speicherzelle ihren Inhalt zuord-
net. Dabei können natürlich Speicherzellen in $\mathbf{V}_t$ nur Objekte aus $\mathbf{D}_t$ aufnehmen.
Die Menge der Speicherzustände bezeichnen wir mit **S**, d.h.

$$\mathbf{S} = \{s \mid s : \mathbf{V} \dashrightarrow \mathbf{D} \text{ und } s(v) \in \mathbf{D}_t, \text{ falls } s(v) \text{ definiert und } v \in \mathbf{V}_t \text{ für ein } t \in Typ\}.$$

In PROSA-Programmen können wir mittels Deklarationen für Speicherplätze
und Objekte Namen einführen. Die PROSA-Maschine führt mithilfe der Bindung
b Buch über die Bedeutung der im Programm eingeführten Namen. Die Bindung
liefert für jeden Namen entweder einen Speicherplatz (falls der Name einen Speicherplatz bezeichnet) oder ein Objekt (falls der Name eine Konstante bezeichnet),
d.h.

$$\mathbf{B} = \{b \mid b : \langle Name \rangle \dashrightarrow \mathbf{V} \cup \mathbf{D}\}$$

Ein Programmrest ist der noch nicht ausgeführte Teil eines Programms. Er ist eine Folge von Anweisungen, der noch eine Folge von Deklarationen vorausgehen kann, also

$$\mathbf{PR} = \{p; \mid p \in \langle An\ Folge\rangle \text{ oder } p = d; q \text{ mit } d \in \langle De\ Folge\rangle \text{ und}$$
$$q \in \langle An\ Folge\rangle\}$$

In einer Endkonfiguration sind der Programmrest und die noch zu lesende Eingabefolge leer, d.h.

$$\mathbf{K}^f = \{(p, b, s, e, a) \in \mathbf{K} \mid p = \epsilon \text{ und } e = \epsilon\}.$$

Die Ausgabemenge $\mathbf{A}$ ist die Menge der Folgen von elementaren Objekten, d.h. $\mathbf{A} = \mathbf{D}^*$. Die Funktion *out* extrahiert aus jedem Endzustand die Ausgabefolge, d.h.

$$out : \mathbf{K}^f \to \mathbf{D}^*$$
$$out((\epsilon, b, s, \epsilon, a)) = a$$

Eine Eingabe für die PROSA-Maschine besteht aus einer Eingabefolge, d.h. $\mathbf{E} = \mathbf{D}^*$. Die Funktion $in : \mathbf{PROGRAMM} \times \mathbf{E} \to \mathbf{K}$ liefert zu jedem Paar von PROSA-Programm und Eingabefolge die zugehörige Anfangskonfiguration. In der Anfangskonfiguration sind die Bindung und der Speicherzustand jeweils die leere Funktion, und die Ausgabefolge ist die leere Folge von Objekten, d.h.

$in((p, e)) = (dt\ at;, \emptyset, \emptyset, e, \epsilon)$
für $p = \mathbf{program}\ n;\ dt\ \mathbf{begin}\ at\ \mathbf{end}$.
mit $n \in \langle Name\rangle$, $dt \in \langle De\ Teil\rangle$, $at \in \langle An\ Teil\rangle$ und $e \in \mathbf{D}^*$.

Die Maschine beginnt also die Rechnung in einem "jungfräulichen" Zustand: Alle Speicherzellen sind noch unbeschrieben, kein Name hat eine Bedeutung und das Ausgabeband ist noch leer.

Wir illustrieren nun diese Definitionen an dem Programm 1 von Abschnitt 3.3. Wir benutzen als Eingabefolge $e = (3, 1.0, 2.0, 4.7, 6.9, 3.2)$. Die Anfangskonfiguration ist dann $(q;, \emptyset, \emptyset, e, \epsilon)$, wobei q das in 3.3 angegebene Programm ohne die Wortsymbole **program, begin, end** und ohne den Programmnamen *Hornerschema* ist. Der Programmname hat keine semantische Bedeutung. Er ist nützlich, damit man sich auf das Programm beziehen kann, wir als Autoren uns gegenüber Ihnen als Leser, oder Sie als Programmierer sich gegenüber dem Übersetzer oder anderen Teilen des Betriebssystems. Nach Abarbeitung des Deklarationsteils (die Definition der Übergangsfunktion δ findet man in 3.5) erreichen wir eine Konfiguration

$k_1 = (p_1, b_1, s_1, e, \epsilon)$ mit

$p_1 = \mathbf{read}\ N;\ \mathbf{read}\ X;\ S := NULL;\ I := N;$
      $\mathbf{while}\ I \geq 0$
      $\mathbf{do\ read}\ A;\ S := S * X + A;\ I := I - 1\ \mathbf{od};$
      $\mathbf{print}\ S;$

140

und $b_1 \in \mathbf{B}$ mit

$$Def(b_1) = \{N, X, S, A, I, NULL\}$$
$$b_1(N) = v_1^{int}, b_1(I) = v_2^{int}$$
$$b_1(X) = v_1^{real}, b_1(S) = v_2^{real}, b_1(A) = v_3^{real}, b_1(NULL) = null$$

Wir lesen dann N und X ein und weisen an S und I zu. Als nächstes ist die Schleife auszuführen. Die Bedingung $I \geq 0$ liefert *true*, da I den Wert 3 hat. Es wird dann A gelesen und an S zugewiesen. Die nun erreichte Konfiguration ist $k_2 = (p_2, b_1, s_2, e_2, \epsilon)$, wobei:

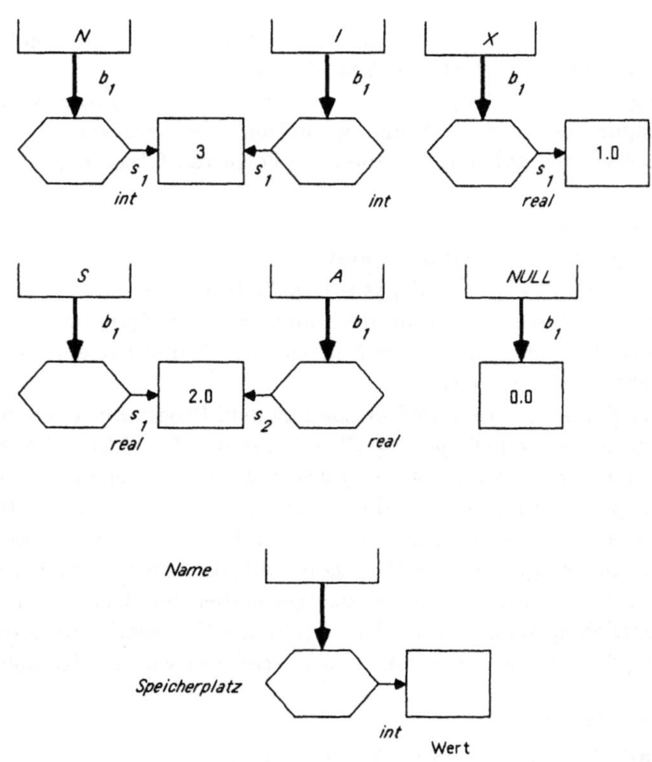

Abb. 1

$$p_2 \;=\; \begin{aligned}[t] &I := I - 1; \\ &\textbf{while } I \geq 0 \;\; \textbf{do read} \;\; A; \; S := S * X + A; \; I := I - 1 \;\textbf{od}; \\ &\textbf{print } S; \end{aligned}$$

$$s_2 \in S \quad \text{mit}$$
$$Def(s_2) = \{v_1^{int}, v_2^{int}, v_1^{real}, v_2^{real}, v_3^{real}\}$$
$$s_2(v_1^{int}) = 3, \quad s_2(v_2^{int}) = 3,$$
$$s_2(v_1^{real}) = 1.0, \quad s_2(v_2^{real}) = 2.0, \quad s_2(v_3^{real}) = 2.0$$
$$e_2 \;=\; (4.7, 6.9, 3.2)$$

Die obige Schreibweise von Bindung und Speicherzustand ist unübersichtlich. Wir benutzen daher meist eine bildliche Darstellung, die wir am Beispiel der "Umgebung" (b_1, s_2) illustrieren, vgl. Abbildung 1.

In diesem Bild sieht man sehr deutlich die drei Komponenten einer Variablen: Name, Speicherplatz und Wert. Wir zeichnen Objekte als Kästchen, in denen wir die Standardbezeichnung des Objekts angeben, Speicherplätze als Kästchen mit "spitzen" Enden und Namen als oben offene Behälter, in die wir die Namen schreiben. Die Funktionen b und s sind durch dicke bzw. dünne Funktionspfeile angegeben. Bei Speicherplätzen geben wir auch meist ihren Typ an. Um die Bilder zu vereinfachen, zeichnen wir auch oft mehrere Kopien eines Objekts, vgl. Abbildung 2.

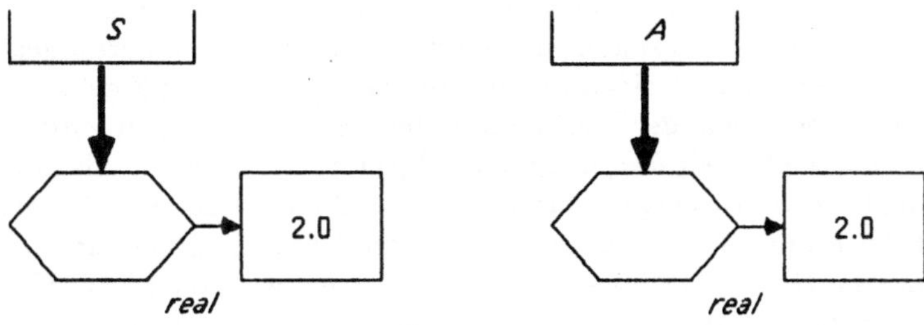

Abb. 2

Zum Abschluß führen wir noch einige Schreibweisen ein. Wir werden in diesem Kapitel oft Funktionen konstruieren, indem wir eine bereits definierte Funktion an einem Argument abändern. Sei dazu $f : X \dashrightarrow Y$ eine Funktion, $x \in X$ und $y \in Y$. Soll $g : X \dashrightarrow Y$ definiert werden durch

$$Def(g) \;=\; Def(f) \cup \{x\}$$

$$g(a) = \begin{cases} y & \text{falls } a = x \\ f(a) & \text{falls } a \neq x \;, \end{cases}$$

so schreiben wir dafür kürzer $g = f[x \backslash y]$ (lies: g gleich f mit $f(x)$ ersetzt durch y). Wir werden ferner oft Funktionen mit endlichem Definitionsbereich konstruieren.

142

Für eine Funktion f mit Definitionsbereich $\{a, b\}$ und $f(a) = c$ und $f(b) = d$ schreiben wir etwa

$$\left\{ \begin{array}{l} a \to c \\ b \to d \end{array} \right\}.$$

Wie bereits erwähnt, werden wir die Übergangsfunktion δ im Laufe dieses Kapitels definieren. Dies geschieht durch eine große Fallunterscheidung. Wir geben ein Beispiel:

<table>
<tr><td>(KD)</td></tr>
<tr><td>

p hat die Form **const** $n = t; p'$
      mit $n \in \langle Name \rangle, t \in \langle Stand\ Bez \rangle, p' \in \mathbf{PR}$.
Dann

      $(p, b, s, e, a) \Rightarrow (p', b', s, e, a)$ mit $b' = b[n \backslash c(t)]$

</td></tr>
</table>

Wir gehen bei der Definition der Übergangsfunktion davon aus, daß $k = (p, b, s, e, a)$ die aktuelle Konfiguration ist. Die Fallunterscheidung in der Definition von δ erfolgt nach der syntaktischen Form des Programmrests. In unserem Beispiel beginnt der Programmrest mit einer Konstantendeklaration. In der Folgekonfiguration $\delta(k) = k' = (p', b', s, e, a)$ sind der Programmrest und die Bindung verändert, alle übrigen Komponenten sind unverändert. Der neue Programmrest geht aus dem alten durch Streichen der Deklaration hervor; die neue Bindung b' geht aus der alten Bindung b hervor, indem der Wert an der Stelle n auf $c(t)$ gesetzt wird, d.h. in der neuen Bindung halten wir fest, daß n das Objekt $c(t)$ bezeichnet. Als mnemonische Abkürzung für diesen Übergang benutzen wir KD (**K**onstanten**d**eklaration).

Schließlich brauchen wir noch zwei Begriffe : freie Speicherplätze und Umgebung. Ein Paar $(b, s) \in \mathbf{B} \times \mathbf{S}$ von Bindung und Speicherzustand heißt **Umgebung**. Die Menge $\mathbf{FV}_{k,t}$ der **freien Speicherplätze** vom Typ $t \in Typ$ bzgl. einer Konfiguration $k = (p, b, s, e, a)$ ist gegeben durch

$$\mathbf{FV}_{k,t} = \mathbf{V}_t - Bild(b)$$

d.h. $\mathbf{FV}_{k,t}$ ist die Menge der Speicherplätze vom Typ t, die noch an keinen Namen gebunden sind.

3.5 Der Deklarationsteil

Der **Deklarationsteil** steht am Anfang eines PROSA-Programms. Er ist eine (möglicherweise leere) Folge von Konstanten- und Variablendeklarationen. In einer **Konstantendeklaration** führt man einen Namen als Bezeichnung für ein Objekt ein, in einer **Variablendeklaration** führt man einen Namen als Bezeichnung für einen Speicherplatz ein. Die Syntax des Deklarationsteils ist wie folgt:

$\langle De\ Teil \rangle \rightarrow \epsilon \,|\, \langle De\ Folge \rangle$;

$\langle De\ Folge \rangle \rightarrow \langle De \rangle \,|\, \langle De\ Folge \rangle ; \langle De \rangle$

$\langle De \rangle \rightarrow \langle const\ De \rangle \,|\, \langle var\ De \rangle$

$\langle const\ De \rangle \rightarrow$ **const** $\langle def\ Name \rangle = \langle Stand\ Bez \rangle$

$\langle var\ De \rangle \rightarrow$ **var** $\langle def\ Name \rangle : \langle elem\ Typ \rangle$

$\langle elem\ Typ \rangle \rightarrow$ **integer** $|$**real** $|$**char** $|$**string** $|$**boolean**

$\langle def\ Name \rangle \rightarrow \langle Name \rangle$

Beispiel 1: Zwei Beispiele für Deklarationsteile sind:
(a) **var** a : **integer**; **const** *inull* $= 0$; **var** b : **real**; **const** *rnull* $= 0.0$;
(b) **var** a : **integer**; **var** c : **boolean**; **var** a : **real**; ∎

Die PROSA-Maschine arbeitet den Deklarationsteil Deklaration für Deklaration ab und baut dabei sukzessive eine Bindung auf. Die Übergänge für die Abarbeitung einer Konstanten- (KD) bzw. Variablendeklaration (VD) sind wie folgt:

(KD)

---

p hat die Form **const** $n = t; p'$
    mit $n \in \langle Name \rangle, t \in \langle Stand\ Bez \rangle, p' \in$ **PR**.
Dann
    $(p, b, s, e, a) \Rightarrow (p', b', s, e, a)$ mit $b' = b[n \backslash c(t)]$

(VD)

---

p hat die Form **var** $n : t; p'$
    mit $n \in \langle Name \rangle, t \in \langle elem\ Typ \rangle, p' \in$ **PR**
Dann
    $(p, b, s, e, a) \Rightarrow (p', b', s, e, a)$ mit $b' = b[n \backslash v]$.
    Dabei ist $v \in \mathbf{FV}_{k,t}$ beliebig gewählt.

144

Erläuterung zu VD: $FV_{k,t}$ ist die Menge der noch nicht an Namen gebundenen
Speicherplätze. Wir wählen daraus einen beliebigen aus und binden ihn an den
Namen n. In unseren Beispielen wählen wir stets $v = v_i^t$, wobei i der kleinste Index
ist, für den $v_i^t \in FV_{k,t}$ gilt.

Fortführung des Beispiels: Wir erhalten nach Abarbeitung des Deklarationsteils folgende Bindung b:

(a) $Def(b) = \{a, inull, b, rnull\}$
   $b(a) = v_1^{int}$, $b(b) = v_1^{real}$, $b(inull) = c(0)$, $b(rnull) = c(0.0)$

(b) $Def(b) = \{a, c\}$
   $b(a) = v_1^{real}$, $b(c) = v_1^{bool}$ ∎

Im Beispiel 1(b) wird der Name a doppelt deklariert. Obwohl die PROSA-
Maschine Mehrfachdeklarationen klaglos verdaut (sie merkt sich immer nur die
letzte), sind Mehrfachdeklarationen unerwünscht, da sie zumindest beim menschlichen Leser des Programms zu Mißverständnissen führen. Wir verbieten daher
Mehrfachdeklarationen. Dazu führen wir für die Nichtterminale der Deklarations-
teilgrammatik ein Attribut AB (**Artbindung**) ein, in dem wir über die deklarierten
Namen und ihre Art Buch führen. Die Art eines Namens besteht aus seiner Sorte
(Konstanten- oder Variablenbezeichnung) und seinem Typ. Wir benötigen die Art
der deklarierten Namen, um im Anweisungsteil Kontextbedingungen (z.B. Typkorrektheit) überprüfen zu können. Namen treten im Anweisungsteil **angewandt** auf
und im Deklarationsteil **definierend**. Wir fordern: zu jedem angewandt vorkom-
menden Namen gibt es genau ein definierendes Vorkommen, d.h. Namen dürfen
nicht mehrfach deklariert werden, und jeder angewandt vorkommende Name wird
auch deklariert. Um diese Bedingung überprüfen zu können, müssen wir uns nur
die Menge der deklarierten Namen merken. Die zusätzliche Information, Art und
Typ der deklarierten Namen, wird uns dann erlauben, im Anweisungsteil die korrekte Verwendung der Namen zu überprüfen. Sei also wie schon am Ende von
Abschnitt 3.1 eingeführt

$Sorte = \{const, var\}$
$Typ = \{int, real, bool, char, string\}$
$Art = Sorte \times Typ$
$Kontext = Abb(\langle Name \rangle, Art)$.

Die Attributierung des Deklarationsteils erfolgt gemäß folgender Regeln. Wir
behandeln zunächst die Produktionen für $\langle const\ De \rangle$ und $\langle var\ De \rangle$.

$\langle const\ De \rangle \rightarrow$ **const** $\langle def\ Name \rangle = \langle Stand\ Bez \rangle$
$AB(\langle const\ De \rangle) == \{ID(\langle def\ Name \rangle) \rightarrow (const, TYP(\langle Stand\ Bez \rangle))\}$

$\langle var\ De \rangle \rightarrow$ **var** $\langle def\ Name \rangle : \langle elem\ Typ \rangle$
$AB(\langle var\ De \rangle) == \{ID(\langle def\ Name \rangle) \rightarrow (var, TYP(\langle elem\ Typ \rangle))\}$

Der Attributwert für ein Nichtterminal $\langle const\ De\rangle$ bzw. $\langle var\ De\rangle$ ist eine Artbindungsfunktion. Diese Funktion hat einen einelementigen Definitionsbereich: der Definitionsbereich besteht gerade aus dem deklarierten Namen. Der Wert der Funktion ist seine Art, d.h. seine Sorte (*const* oder *var*) und sein Typ. Die Deklaration **var a: integer** führt also zur Artbindung $\{a \rightarrow (var, int)\}$ und die Deklaration **const** $pi = 3.14$ führt zur Artbindung $\{pi \rightarrow (const, real)\}$. Um diese Beispiele voll verständlich zu machen, brauchen wir noch die Attributierung der Produktionen für $\langle elem\ Typ\rangle$ und $\langle def\ Name\rangle$. Im Attribut TYP des Nichtterminals $\langle elem\ Typ\rangle$ merken wir uns den abgeleiteten Typ. Im Attribut ID eines Namens und eines definierenden Namens merken wir uns das abgeleitete Wort, also

$\langle elem\ Typ\rangle \rightarrow$ **integer** $\langle elem\ Typ\rangle \rightarrow$ **string**

$TYP(\langle elem\ TYP\rangle) == int$ $TYP(\langle elem\ Typ\rangle) == string$

$\langle elem\ Typ\rangle \rightarrow$ **real** $\langle elem\ Typ\rangle \rightarrow$ **boolean**

$TYP(\langle elem\ TYP\rangle) == real$ $TYP(\langle elem\ Typ\rangle) == bool$

$\langle elem\ Typ\rangle \rightarrow$ **char**

$TYP(\langle elem\ TYP\rangle) == char$

$\langle Name\rangle \rightarrow A$ $\langle Name\rangle \rightarrow B$

$ID(\langle Name\rangle) == A$ $ID(\langle Name\rangle) == B$

analog für alle anderen Alternativen der Namensgrammatik (vgl. 3.1)

$\langle Name\rangle \rightarrow \langle Name\rangle A$

$ID(\langle Name\rangle_1) == ID(\langle Name\rangle_2)A$

analog für alle anderen Alternativen der Namensgrammatik (vgl. 3.1)

$\langle def\ Name\rangle \rightarrow \langle Name\rangle$

$ID(\langle def\ Name\rangle) == ID(\langle Name\rangle)$

Die Artbindung einer Folge von Deklarationen erhalten wir durch Aufsammeln der Artbindungen der einzelnen Deklarationen. Dabei überprüfen wir jeweils auf Doppeldeklarationen.

$\langle De\rangle \rightarrow \langle const\ De\rangle$ $\langle De\rangle \rightarrow \langle var\ De\rangle$

$AB(\langle De\rangle) == AB(\langle const\ De\rangle)$ $AB(\langle De\rangle) == AB(\langle var\ De\rangle)$

$\langle De\ Folge\rangle \rightarrow \langle De\rangle$

$AB(\langle De\ Folge\rangle) == AB(\langle De\rangle)$

$\langle De\ Folge \rangle \rightarrow \langle De\ Folge \rangle; \langle De \rangle$
Bedingung: $Def(AB(\langle De\ Folge \rangle_2) \cap Def(AB(\langle De \rangle))) = \emptyset$
Dann: $\qquad AB(\langle De\ Folge \rangle_1) == AB(\langle De\ Folge \rangle_2) \cup AB(\langle De \rangle)$

$\langle De\ Teil \rangle \rightarrow \epsilon$
$KONTEXT(\langle De\ Teil \rangle) = \emptyset$

$\langle De\ Teil \rangle \rightarrow \langle De\ Folge \rangle;$
$KONTEXT(\langle De\ Teil \rangle) == AB(\langle De\ Folge \rangle)$

Die interessanteste Regel ist dabei die Produktion $\langle De\ Folge \rangle \rightarrow \langle De\ Folge \rangle; \langle De \rangle$. Wir formulieren hier als Kontextbedingung, daß die Definitionsbereiche der beiden Artbindungsfunktionen disjunkt sein müssen, d.h. daß der Name, der in der Deklaration neu eingeführt wird, nicht schon in der vorausgehenden Deklarationsfolge deklariert ist. Damit sind Doppeldeklarationen ausgeschlossen. Nur wenn diese Bedingung erfüllt ist, ist die Attributberechnung für die linke Seite der Regel erfolgreich.

Fortführung des Beispiels:

(a) Der Deklarationsteil führt zu folgendem Kontext:
$$\{\ a \quad \rightarrow \quad (var, int),$$
$$inull \ \rightarrow \quad (const, int),$$
$$b \quad \rightarrow \quad (var, real),$$
$$rnull \rightarrow \quad (const, real)\ \}$$

(b) In diesem Beispiel ist eine Kontextbedingung verletzt. Die Abbildung 1 gibt einen Teil des Ableitungsbaumes und die relevanten Attribute wider. Die Attributwerte sind jeweils in Kästchen hinter dem Nichtterminal angegeben.

Wir haben nun die Definition der Syntax, der Kontextbedingungen(mit Hilfe einer Attributierung) und der Semantik(mit Hilfe der PROSA-Maschine) des Deklarationsteils abgeschlossen. Der folgende Satz stellt einen Zusammenhang zwischen Kontextbedingungen und Semantik her.

Satz 1. *Sei $dt \in \langle De\ Teil \rangle$ ein Deklarationsteil, der die Kontextbedingungen erfüllt, d.h. das Attribut $KONTEXT$ der Wurzel des Ableitungsbaums von $\langle De\ Teil \rangle$ nach dt kann erfolgreich berechnet werden. Sei $ko \in Kontext$ der Wert dieses Attributs an der Wurzel des Ableitungsbaums. Sei b die Bindung, die man nach Abarbeitung von dt durch die PROSA-Maschine erhält. Dann gilt:*

(1) $Def(ko) = Def(b)$
(2) *für alle $n \in Def(b)$ und alle $t \in Typ$:*
$\qquad b(n) \in \mathbf{D}_t \Leftrightarrow ko(n) = (const, t)$
$\qquad b(n) \in \mathbf{V}_t \Leftrightarrow ko(n) = (var, t)$
(3) *für $n, m \in Def(b), n \neq m, b(n) \in \mathbf{V}, b(m) \in \mathbf{V}$ gilt : $b(n) \neq b(m)$*

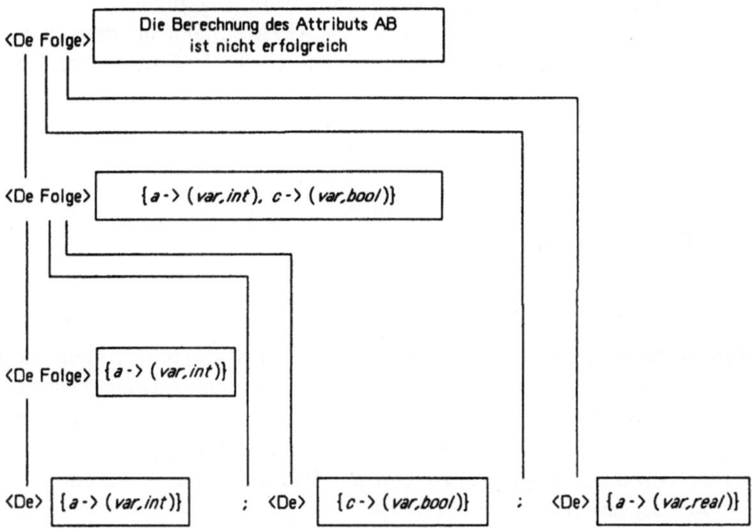

Abb. 1

Beweis: Diese drei Eigenschaften sind leicht einzusehen. Die erste Eigenschaft folgt aus der Tatsache, daß wir sowohl bei der Attributberechnung als auch bei der Konstruktion der Bindung Information über die einzelnen Deklarationen aufsammeln. Für die zweite Eigenschaft betrachten wir zunächst die einzelne Deklaration. Durch Vergleich der Attributberechnungsregeln und der Übergänge der PROSA-Maschine sieht man, daß die zweite Eigenschaft für die einzelne Deklaration erfüllt ist. Da die Kontextbedingungen erfüllt sind, und damit kein Name mehrfach deklariert wird, gilt sie dann auch für den gesamten Deklarationsteil. Die dritte Eigenschaft ist schließlich eine direkte Konsequenz der Definition des Übergangs VD. Ein Name wird stets an eine freie Variable in $\mathbf{FV}_{k,t}$ gebunden. Damit ist b auf Variablenbezeichnungen injektiv. ∎

Zum Abschluß führen wir noch einige abkürzende Schreibweisen ein, die in vielen Programmiersprachen in dieser oder ähnlicher Weise erlaubt sind. Wir schreiben:

(1) **const** $n_1 = s_1$; $n_2 = s_2$; ...; $n_k = s_k$ statt
    const $n_1 = s_1$; **const** $n_2 = s_2$; ...; **const** $n_k = s_k$

(2) **var** n_1: t_1; n_2: t_2; ...; n_k: t_k statt
    var n_1: t_1; **var** n_2: t_2; ...; **var** n_k: t_k

(3) **var** $n_1, \ldots, n_k$: t statt

    var n_1: t; **var** n_2: t; $\ldots$; **var** n_k: t

Solche den Komfort des Programmierens fördenden Möglichkeiten bezeichnet man als "syntaktischen Zucker", da sie das Erscheinungsbild von Programmen verbessern, ohne aber durch neue Konzepte die Formulierungsmöglichkeiten des Programmierers zu erweitern. Wir werden von diesen Abkürzungen in unseren Beispielen Gebrauch machen; sie sind aber nicht Teil der formalen Definition von PROSA.

3.6 Das Programm

Ein **PROSA-Programm** besteht aus einem Deklarationsteil, in dem die im Programm benutzten Namen eingeführt werden, und einem Anweisungsteil, welcher den Algorithmus beschreibt. Der Anweisungsteil ist in die Klammer **begin** ... **end** eingeschlossen und wird in dem durch den Deklarationsteil gegebenen Kontext ausgeführt. Das Wortsymbol **program** und der Programmname werden dem Deklarationsteil vorausgestellt.

$\langle Programm \rangle \rightarrow$ **program** $\langle Name \rangle$; $\langle De\ Teil \rangle$ **begin** $\langle An\ Teil \rangle$ **end**.

$KONTEXT(\langle Programm \rangle) == KONTEXT(\langle De\ Teil \rangle)$

In Abschnitt 3.3 sahen wir bereits ein PROSA-Programm. Weitere Beispiele findet der Leser in Abschnitt 3.11.

Sei nun $p =$ **program** n; dt **begin** at **end**. ein PROSA-Programm und sei $e \in D^*$ eine Eingabefolge. Dann ist (vgl. 3.4) die Anfangskonfiguration der PROSA-Maschine zu Programm p und Eingabefolge e gegeben als $(dt\ at;, \emptyset, \emptyset, e, \epsilon)$; dies definiert zumal die Semantik des Programms p.

3.7 Der Anweisungsteil

Der **Anweisungsteil** besteht aus einer Folge von Anweisungen. Eine einzelne Anweisung ist entweder eine Zuweisung, eine bedingte Anweisung, eine Iterationsanweisung, eine Eingabeanweisung, eine Ausgabeanweisung oder eine Fehleranweisung. Jede Anweisung wird in dem durch den Deklarationsteil gegebenen Kontext ausgeführt. Durch das Attribut $KONTEXT(\langle Programm \rangle)$ sind für jedes angewandte Auftreten eines Namens, d.h. jedes Auftreten im Anweisungsteil, seine Art, d.h. seine Sorte und sein Typ, bekannt. Die Syntax des Anweisungsteils ist wie folgt:

$\langle An\ Teil \rangle \rightarrow \langle An\ Folge \rangle$

$\langle An\ Folge \rangle \rightarrow \langle An\ Folge \rangle; \langle An \rangle \,|\, \langle An \rangle$

$\langle An \rangle \rightarrow \langle Zuw \rangle \,|\, \langle bed\ An \rangle \,|\, \langle iter\ An \rangle \,|\, \langle Ein\ An \rangle \,|\, \langle Aus\ An \rangle \,|\, \langle Fehler\ An \rangle$

Die Anweisungen einer Anweisungsfolge werden in der Reihenfolge der Aufschreibung abgearbeitet. Die Ausführung einer Anweisung (im Nicht-Fehlerfall) überführt M von einer Konfiguration k in eine Konfiguration k'. Zwei aufeinanderfolgende Anweisungen $Anw_1; Anw_2$ arbeitet M folgendermaßen ab: M starte die Abarbeitung von Anw_1 in der Konfiguration k und beende sie in der Konfiguration k'. Dann beginnt M die Abarbeitung von Anw_2 in der Konfiguration k'. In den Abschnitten 3.7.1 bis 3.7.7 diskutieren wir nun die verschiedenen Anweisungen.

3.7.1 Die Wertzuweisung

Eine **Wertzuweisung** besteht aus einem Namen auf der linken Seite und einem Ausdruck auf der rechten Seite des Wertzuweisungsoperators ":=". Der Name muß dabei eine Variablenbezeichnung sein, und sein Typ muß mit dem Typ des Ausdrucks übereinstimmen.

Durch Verarbeitung der Wertzuweisung $n := E$ wird der Speicherzustand der abstrakten Maschine M geändert, indem der Wert für das Argument $b(n)$, also für die an n gebundene Variable, auf den Wert des Ausdrucks E in der aktuellen Umgebung gesetzt wird.

Wir geben nun die formale Definition der Syntax, der Kontextbedingungen und der Semantik.

Syntax und Kontextbedingungen

$\langle Zuw \rangle \rightarrow \langle Bez \rangle := \langle Ausdruck \rangle$

Bedingung: $ART(\langle Bez \rangle) = (var, TYP(\langle Ausdruck \rangle))$

$\langle Bez \rangle \rightarrow \langle ang\ Name \rangle$

$ART(\langle Bez \rangle) == KONTEXT(\langle Programm \rangle)(ID(\langle ang\ Name \rangle))$

$\langle ang\ Name \rangle \rightarrow \langle Name \rangle$

$ID(\langle ang\ Name \rangle) == ID(\langle Name \rangle)$

Diese Regeln bedürfen der Erläuterung. Das Attribut $KONTEXT(\langle Programm \rangle)$ ist eine Artbindung, d.h. eine Funktion von *Name* nach *Art*. Sie liefert für jeden deklarierten Namen seine Art. Also kann man die Funktion $KONTEXT(\langle Programm \rangle)$ auf $ID(\langle ang\ Name \rangle)$ anwenden und erhält eine Art:

$$\underbrace{\underbrace{KONTEXT(\langle Programm \rangle)}_{\in Abb(L_{G,\langle Name \rangle},\langle Art \rangle)}\underbrace{(ID(\langle ang\ Name \rangle))}_{\in L_{G,\langle Name \rangle}}}_{\in \langle Art \rangle}$$

Beachten Sie, daß die Berechnung der Art des Bezeichners nicht erfolgreich verläuft, wenn der Name nicht deklariert wurde. In der Kontextbedingung der Zuweisung verlangen wir, daß der Name eine Variablenbezeichnung ist (die Sorte ist *var*), und daß sein Typ mit dem des Ausdrucks übereinstimmt. Damit ist sichergestellt, daß der an den Namen gebundene Speicherplatz den Wert des Ausdrucks aufnehmen kann. Wir kommen nun zur **Semantik**.

(ZW)

---

p hat die Form $n := E;\ p'$
     mit $n \in \langle Bez \rangle, E \in \langle Ausdr \rangle, p' \in \mathbf{PR}$
Dann $(p, b, s, e, a) \Rightarrow (p', b, s[b(n)\backslash I(b, s, E)], e, a)$,
     falls $I(b, s, E)$ definiert ist.
Falls $I(b, s, E)$ nicht definiert ist, existiert die
     Nachfolgekonfiguration nicht.

Der Ausdruck E wird also in der aktuellen Umgebung (b, s) ausgewertet (siehe 3.7.2). Falls sein Wert undefiniert ist, stoppt die PROSA-Maschine. Falls sein Wert definiert ist, wird er in dem durch n bezeichneten Speicherplatz abgelegt. Die oben angegebenen Kontextbedingungen stellen sicher, daß n eine Variablenbezeichnung ist, und daß der Typ der Variablen n mit dem Typ des Ausdrucks E übereinstimmt, d.h. daß der Speicherplatz $b(n)$ den Wert $I(b, s, E)$ aufnehmen kann; dabei erfolgt eine genaue Definition der Funktion I im Abschnitt 3.7.2.

    Wir zeigen das nun noch etwas formaler. Aufgrund der Kontextbedingungen ist $KONTEXT(\langle Programm \rangle)(n) = (var, t)$ und $t = TYP(\langle Ausdruck \rangle)$ für ein

$t \in Typ$. Nach Satz 1 von Abschnitt 3.5 gilt dann $b(n) \in \mathbf{V}_t$ und nach Satz 2 (siehe Abschnitt 3.7.2) gilt dann $I(b, s, E) \in \mathbf{D}_t$, falls $I(b, s, E)$ definiert ist. Also ist der Speicherzustand $s[b(n) \backslash I(b, s, E)]$ ein zulässiger Speicherzustand.

Wir illustrieren die Definition dieses Abschnitts noch durch Beispiel 1(a) von Abschnitt 3.5 .

Fortführung des Beispiels: Im Kontext dieses Deklarationsteils sind die Wertzuweisungen

$$\mathbf{a} := inull + 5 \quad \text{und} \quad b := rnull - 4.0$$

zulässig, dagegen verletzen die Zuweisungen

$$\mathbf{a} := rnull \quad \text{und} \quad inull := 4$$

die Kontextbedingungen. Im ersten Fall stimmen die Typen nicht überein, und im zweiten Fall ist *inull* keine Variablenbezeichnung. Abarbeitung der beiden zulässigen Wertzuweisungen führt zu einem Speicherzustand s mit

$$s(v_1^{int}) = c(5) \quad \text{und} \quad s(v_1^{real}) = -c(4.0) \qquad\qquad \blacksquare$$

Bemerkung: Die Unterscheidung zwischen Bezeichnern und angewandten Namen ist an dieser Stelle noch künstlich, da alle Bezeichner angewandte Namen sind. Im Kapitel IV werden wir aber die Menge der Bezeichner kräftig ausweiten, z.B. werden dann auch Bezeicher der Form $A[i]$ zulässig werden. Ein angewandter Name bleibt aber immer das Vorkommen eines Namens im Anweisungsteil. Wir haben daher im Vorgriff auf Kapitel IV schon hier zwischen Bezeichnern und angewandten Namen unterschieden.

3.7.2 Ausdrücke

Wir haben Ausdrücke ausführlich im Kapitel II behandelt. Wir müssen nun wegen der vergrößerten Anzahl der Operatoren und Operandentypen einige Erweiterungen vornehmen. Die vergrößerte Anzahl der Operatoren braucht keine neuen Konzepte; die Konzepte aus dem Abschnitt 2.2 über unvollständig geklammerte Ausdrücke genügen. Wir ordnen den Operatoren Prioritäten gemäß folgender Aufstellung zu:

		Priorität
Gleichheits- und Vergleichsoperatoren	$=, \neq, <, \leq, >, \geq$	0
Additionsoperatoren	$+, -, \mathbf{or}, .$	1
Multiplikations operatoren	$*, /, \mathbf{and}$	2
Unäre Operatoren	$-, \mathbf{not}, \mathbf{convir}, \mathbf{convcs}$	3
	$\mathbf{empty}, \mathbf{tl}, \mathbf{hd}$	

und benutzen für jede Stufe ein eigenes Nichtterminal. Die Nichtterminale sind

$\langle Ausdruck \rangle$ für Stufe 0,
$\langle einf\ Ausdruck \rangle$ für Stufe 1,
$\langle Term \rangle$ für Stufe 2 und
$\langle Faktor \rangle$ für Stufe 3.

Die **Typkorrektheit** von Ausdrücken wird durch Attribute und Kontextbedingungen formuliert. Dann berechnen wir für jeden Teilausdruck seinen Ergebnistyp in einem Attribut TYP. Dabei beginnt man mit dem Typ der terminalen Operanden. Ein terminaler Operand ist entweder eine Standardbezeichnung, dann ist der Typ aus der Syntax ersichtlich, oder es ist ein Name, dann ist der Typ durch den Kontext gegeben. Für zusammengesetzte Ausdrücke berechnen wir den Typ aus den Typen der Teilausdrücke und dem Operator. Dabei formulieren wir in einer Kontextbedingung, daß die Typen der Teilausdrücke miteinander und mit dem Operator verträglich sind.

Syntax und Kontextbedingungen:

$$\langle Gl\ Op \rangle \quad \rightarrow\ =\ \mid \neq$$
$$\langle Vergl\ Op \rangle\ \rightarrow\ <\ \mid \leq\ \mid >\ \mid \geq$$
$$\langle Add\ Op \rangle \quad \rightarrow\ +\ \mid -$$
$$\langle Mul\ Op \rangle \quad \rightarrow\ *\ \mid /$$

$\langle Ausdr \rangle \rightarrow \langle einf\ Ausdr \rangle \langle Gl\ Op \rangle \langle einf\ Ausdr \rangle$

Bedingung: $TYP(\langle einf\ Ausdr \rangle_1) = TYP(\langle einf\ Ausdr \rangle_2)$ und
$TYP(\langle einf\ Ausdr \rangle_1) \neq string$

Dann: $TYP(\langle Ausdr \rangle) == bool$

$\langle Ausdr \rangle \rightarrow \langle einf\ Ausdr \rangle \langle Vergl\ Op \rangle \langle einf\ Ausdr \rangle$

Bedingung: $TYP(\langle einf\ Ausdr \rangle_1) = TYP(\langle einf\ Ausdr \rangle_2)$ und
$TYP(\langle einf\ Ausdr \rangle_1) \in \{int, real, char\}$

Dann: $TYP(\langle Ausdr \rangle) == bool$

$\langle Ausdr \rangle \rightarrow \langle einf\ Ausdr \rangle$

$TYP(\langle Ausdr \rangle) == TYP(\langle einf\ Ausdr \rangle)$

$\langle einf\ Ausdr \rangle \rightarrow \langle einf\ Ausdr \rangle \langle Add\ Op \rangle \langle Term \rangle$

Bedingung: $TYP(\langle einf\ Ausdr \rangle_2) = TYP(\langle Term \rangle)$ und
$TYP(\langle Term \rangle) \in \{int, real\}$

Dann: $TYP(\langle einf\ Ausdr \rangle_1) == TYP(\langle Term \rangle)$

$\langle einf\ Ausdr \rangle \rightarrow \langle einf\ Ausdr \rangle$ **or** $\langle Term \rangle$

Bedingung: $TYP(\langle einf\ Ausdr \rangle_2) = TYP(\langle Term \rangle) = bool$

Dann: $\quad TYP(\langle einf\ Ausdr \rangle_1) == bool$

$\langle einf\ Ausdr \rangle \rightarrow \langle einf\ Ausdr \rangle.\langle Term \rangle$

Bedingung: $TYP(\langle einf\ Ausdr \rangle_2) = TYP(\langle Term \rangle) = string$

Dann: $\quad TYP(\langle einf\ Ausdr \rangle_1) == string$

$\langle einf\ Ausdr \rangle \rightarrow \langle Term \rangle$

$TYP(\langle einf\ Ausdr \rangle) == TYP(\langle Term \rangle)$

$\langle Term \rangle \rightarrow \langle Term \rangle \langle Mul\ Op \rangle \langle Faktor \rangle$

Bedingung: $TYP(\langle Term \rangle_2) = TYP(\langle Faktor \rangle)$ und

$\qquad\qquad TYP(\langle Term \rangle_2) \in \{int, real\}$

Dann: $\quad TYP(\langle Term \rangle_1) == TYP(\langle Term \rangle_2)$

$\langle Term \rangle \rightarrow \langle Term \rangle$ **and** $\langle Faktor \rangle$

Bedingung: $TYP(\langle Term \rangle_2) = TYP(\langle Faktor \rangle) = bool$

Dann: $\quad TYP(\langle Term \rangle_1) == bool$

$\langle Term \rangle \rightarrow \langle Faktor \rangle$

$TYP(\langle Term \rangle) == TYP(\langle Faktor \rangle)$

$\langle Faktor \rangle \rightarrow \langle Stand\ Bez \rangle$

$TYP(\langle Faktor \rangle) == TYP(\langle Stand\ Bez \rangle)$

$\langle Faktor \rangle \rightarrow \langle Bez \rangle$

Bedingung: $ART(\langle Bez \rangle) = (const, t)$ oder $ART(\langle Bez \rangle) = (var, t)$ für ein $t \in Typ$

Dann: $\quad TYP(\langle Faktor \rangle) = t$

$\langle Faktor \rangle \rightarrow (\langle Ausdr \rangle)$

$TYP(\langle Faktor \rangle) == TYP(\langle Ausdr \rangle)$

$\langle Faktor \rangle \rightarrow -\langle Faktor \rangle$

Bedingung: $TYP(\langle Faktor \rangle_2) \in \{int, real\}$

Dann: $\quad TYP(\langle Faktor \rangle_1) == TYP(\langle Faktor \rangle_2)$

$\langle Faktor \rangle \rightarrow$ **hd** $\langle Faktor \rangle$
Bedingung: $TYP(\langle Faktor \rangle_2) = string$
Dann: $\quad\quad TYP(\langle Faktor \rangle_1) == char$

$\langle Faktor \rangle \rightarrow$ **tl** $\langle Faktor \rangle$
Bedingung: $TYP(\langle Faktor \rangle_2) = string$
Dann: $\quad\quad TYP(\langle Faktor \rangle_1) == string$

$\langle Faktor \rangle \rightarrow$ **empty** $\langle Faktor \rangle$
Bedingung: $TYP(\langle Faktor \rangle_2) = string$
Dann: $\quad\quad TYP(\langle Faktor \rangle_1) == bool$

$\langle Faktor \rangle \rightarrow$ **not** $\langle Faktor \rangle$
Bedingung: $TYP(\langle Faktor \rangle_2) = bool$
Dann: $\quad\quad TYP(\langle Faktor \rangle_1) == bool$

$\langle Faktor \rangle \rightarrow$ **convcs** $\langle Faktor \rangle$
Bedingung: $TYP(\langle Faktor \rangle_2) = char$
Dann: $\quad\quad TYP(\langle Faktor \rangle_1) == string$

$\langle Faktor \rangle \rightarrow$ **convir** $\langle Faktor \rangle$
Bedingung: $TYP(\langle Faktor \rangle_2) = int$
Dann: $\quad\quad TYP(\langle Faktor \rangle_1) == real$

Lemma 1. *Die obige Grammatik für* $\langle Ausdruck \rangle$ *ist eindeutig.*

Beweis: Der Beweis verläuft analog zum Beweis von Lemma 1 in Abschnitt 2.2 und wird daher dem Leser überlassen. ∎

Wir kommen nun zur **Semantik von Ausdrücken**. Zur Definition der Semantik von Ausdrücken benutzen wir die in Kapitel II eingeführte algebraische Methode. Der Wert eines Ausdrucks wird induktiv über die Werte seiner Unterausdrücke definiert. Allerdings müssen wir berücksichtigen, daß wir jetzt Operanden mehrerer Typen haben, und daß der Wert eines Ausdrucks nur relativ zu einer Umgebung (b, s) definiert ist. Das letztere berücksichtigen wir, indem die Interpretationsfunktion nunmehr als eine Funktion

$$I_N : \mathbf{B} \times \mathbf{S} \times L_{G,N} \dashrightarrow \mathbf{D}$$

definiert wird. Dabei ist N ein beliebiges Nichtterminal der Ausdrucksgrammatik. Das erstere berücksichtigen wir, indem wir die für die Kontextbedingungen berechneten Typen von (Teil-)Ausdrücken benutzen, um zu den Operatoren jeweils die richtigen Operationen auszuwählen.
Sei also N ein Nichtterminal der Ausdrucksgrammatik und sei $x \in L_{G,N}$. Wir können nun den Ableitungsbaum von N nach x gemäß obiger Regeln attributieren und das Attribut TYP an der Wurzel ausrechnen. Wir schreiben im folgenden $TYP(x)$ für den Wert dieses Attributs.

Die Funktion

$$I_{\langle einf\ Ausdr \rangle} : \mathbf{B} \times \mathbf{S} \times L_{G, \langle einf\ Ausdr \rangle} \dashrightarrow \mathbf{D}$$

ist nun wie folgt definiert. Sei also

$$b \in \mathbf{B}, s \in \mathbf{S}, x \in L_{G, \langle einf\ Ausdr \rangle}.$$

Dann ist

$$I_{\langle einf\ Ausdr\rangle}(b, s, x) =$$

$$\begin{cases}
iadd(I_{\langle einf\ Ausdr\rangle}(b, s, x_1), I_{\langle Term\rangle}(b, s, x_2)) \\
\quad \text{falls } x = x_1 + x_2 \text{ mit} \\
\quad x_1 \in \langle einf\ Ausdr\rangle,\ x_2 \in \langle Term\rangle \text{ und} \\
\quad TYP(x_1) = TYP(x_2) = int \\[2mm]
radd(I_{\langle einf\ Ausdr\rangle}(b, s, x_1), I_{\langle Term\rangle}(b, s, x_2)) \\
\quad \text{falls } x = x_1 + x_2 \text{ mit} \\
\quad x_1 \in \langle einf\ Ausdr\rangle,\ x_2 \in \langle Term\rangle \text{ und} \\
\quad TYP(x_1) = TYP(x_2) = real \\[2mm]
isub(I_{\langle einf\ Ausdr\rangle}(b, s, x_1), I_{\langle Term\rangle}(b, s, x_2)) \\
\quad \text{falls } x = x_1 - x_2 \text{ mit} \\
\quad x_1 \in \langle einf\ Ausdr\rangle,\ x_2 \in \langle Term\rangle \text{ und} \\
\quad TYP(x_1) = TYP(x_2) = int \\[2mm]
rsub(I_{\langle einf\ Ausdr\rangle}(b, s, x_1), I_{\langle Term\rangle}(b, s, x_2)) \\
\quad \text{falls } x = x_1 - x_2 \text{ mit} \\
\quad x_1 \in \langle einf\ Ausdr\rangle,\ x_2 \in \langle Term\rangle \text{ und} \\
\quad TYP(x_1) = TYP(x_2) = real \\[2mm]
vel(I_{\langle einf\ Ausdr\rangle}(b, s, x_1), I_{\langle Term\rangle}(b, s, x_2)) \\
\quad \text{falls } x = x_1 \text{ or } x_2 \text{ mit} \\
\quad x_1 \in \langle einf\ Ausdr\rangle,\ x_2 \in \langle Term\rangle \text{ und} \\
\quad TYP(x_1) = TYP(x_2) = \langle bool\rangle \\[2mm]
conc(I_{\langle einf\ Ausdr\rangle}(b, s, x_1), I_{\langle Term\rangle}(b, s, x_2)) \\
\quad \text{falls } x = x_1.x_2 \text{ mit} \\
\quad x_1 \in \langle einf\ Ausdr\rangle,\ x_2 \in \langle Term\rangle \text{ und} \\
\quad TYP(x_1) = TYP(x_2) = string
\end{cases}$$

Die Definition der Funktionen

$$I_{\langle Ausdruck\rangle}, I_{\langle Term\rangle}, I_{\langle Faktor\rangle}$$

verläuft analog und bleibt dem Leser überlassen.

Schließlich haben wir für die Nichtterminale $\langle Stand\ Bez\rangle$ und $\langle Bez\rangle$

$$I_{\langle Stand\ Bez\rangle}(b, s, x) = c(x)$$

und

$$I_{\langle Bez\rangle}(b, s, x) =$$

$$\begin{cases}
b(x) & \text{falls } ART(x) = (const, t) \text{ für ein } t \in Typ \\
s(b(x)) & \text{falls } ART(x) = (var, t) \text{ für ein } t \in Typ
\end{cases}$$

Wir wollen nun noch den Zusammenhang zwischen Kontextbedingungen und Semantik herstellen.

Satz 1. *Sei ko der Kontext eines Programms, sei b eine Bindung, und sei s ein Speicherzustand. Es gelte ferner, daß $Def(ko) = Def(b)$, und daß für alle $x \in Def(b)$ und alle $t \in Typ$ gilt: $b(x) \in \mathbf{D}_t$, genau wenn $ko(x) = (const, t)$ und $b(x) \in \mathbf{V}_t$ genau, wenn $ko(x) = (var, t)$. (Nach Satz 1 ist die Voraussetzung erfüllt, wenn ko und b aus dem gleichen Deklarationsteil konstruiert werden.)*

Sei nun E ein Ausdruck, der die Kontextbedingungen erfüllt. Dann gilt:

(1) Falls $I_{\langle Ausdruck \rangle}(b, s, E)$ definiert ist, dann ist $I_{\langle Ausdruck \rangle}(b, s, E) \in \mathbf{D}_{TYP(E)}$, d.h. der durch die Attributierung berechnete Typ stimmt mit dem tatsächlichen Ergebnistyp überein.

(2) Falls $I_{\langle Ausdruck \rangle}(b, s, E)$ nicht definiert ist, dann muß bei der Auswertung einer der folgenden Fälle eingetreten sein:
Division durch 0, Anwendung einer Operation hd, tl auf das leere Wort oder Benutzung einer nicht initialisierten Variablen, d.h. einer Variablenbezeichnung n für die $s(b(n))$ undefiniert ist.

Beweis: Beide Eigenschaften sieht man leicht durch Induktion über die Struktur des Ausdrucks E ein. Sie gelten trivialerweise, wenn E eine Standardbezeichnung bzw. ein Bezeichner ist. Für zusammengesetzte Ausdrücke folgt die erste Behauptung aus der Beobachtung, daß die Typberechnung in der Attributierung und die Wertberechnung analog erfolgen. Die zweite Behauptung folgt aus der Beobachtung, daß außer der Division und *head*, *tail* alle Operationen total sind. ∎

3.7.3 Bedingte Anweisung

Bedingte Anweisungen haben die Form "**if** B **then** A_1 **else** A_2 **fi**" in der zweiseitigen Variante und "**if** B **then** A_1 **fi**" in der einseitigen. Dabei sind B ein Ausdruck mit booleschem Ergebnis, A_1 und A_2 Folgen von Anweisungen. Die zweiseitige bedingte Anweisung erlaubt die wahlweise Ausführung von A_1 und A_2 in Abhängigkeit von dem Wert des Ausdrucks B. Hat B in der aktuellen Umgebung den Wert *true*, so wird A_1 ausgeführt, hat B den Wert *false*, so wird A_2 ausgeführt. In einer einseitig bedingten Anweisung wird die Anweisungsfolge A_1 ausgeführt, falls B den Wert *true* hat, sonst wird A_1 "übersprungen" und unmittelbar mit der nachfolgenden Anweisung fortgefahren.

Syntax und Kontextbedingungen
$\langle bed\ An \rangle \rightarrow$ **if** $\langle Ausdr \rangle$ **then** $\langle An\ Folge \rangle$ **else** $\langle An\ Folge \rangle$ **fi** $\ |$
$\qquad\qquad$ **if** $\langle Ausdr \rangle$ **then** $\langle An\ Folge \rangle$ **fi**

Bedingung : $TYP(\langle Ausdr \rangle) = bool$

Semantik:

(IF1)

---

p hat die Form **if** B **then** p_1 **fi**; p'
      mit $B \in \langle Ausdr \rangle$, $p_1 \in \langle An\ Folge \rangle$, $p' \in \mathbf{PR}$
Dann $(p, b, s, e, a) \Rightarrow$
$\begin{cases} (p_1; p', b, s, e, a) & \text{falls } I(b, s, B) = true \\ (p', b, s, e, a) & \text{falls } I(b, s, B) = false. \end{cases}$
Falls $I(b, s, B)$ undefiniert ist, dann existiert die
      Nachfolgekonfiguration nicht.

(IF2)

---

p hat die Form **if** B **then** p_1 **else** p_2 **fi**; p'
      mit $B \in \langle Ausdr \rangle, p_1, p_2 \in \langle An\ Folge \rangle, p' \in \mathbf{PR}$.
Dann $(p, b, s, e, a) \Rightarrow$
$\begin{cases} (p_1; p', b, s, e, a) & \text{falls } I(b, s, B) = true \\ (p_2; p', b, s, e, a) & \text{falls } I(b, s, B) = false. \end{cases}$
Falls $I(b, s, B)$ undefiniert ist, dann existiert die
      Nachfolgekonfiguration nicht.

Der Leser sollte sich genau veranschaulichen, wie die Semantik der bedingten Anweisungen in den Übergängen der PROSA-Maschine zum Ausdruck kommt. Sei nämlich **if** B **then** p_1 **else** p_2 **fi**; p' der Programmrest. Falls B in der aktuellen Umgebung den Wert *true* hat, dann ist das noch auszuführende Programm $p_1; p'$. Falls B den Wert *false* hat, dann müssen wir noch $p_2; p'$ ausführen. Falls der Wert von B undefiniert ist, dann halten wir.

Beispiel:

```
program Absolutbetrag;
var vorz: char; x, betrag: real;
begin read x;
      if x ≥ 0.0 then vorz := '+'; betrag := x
               else  vorz := '−'; betrag := −x
      fi
end.
```

Bemerkung: Viele Programmiersprachen (z.B. Pascal) kennen das in ALGOL 68 eingeführte **fi** als Abschlußsymbol von bedingten Anweisungen nicht. Das führt zu folgendem Problem: zu welchem **then** gehört das **else** in der folgenden Anweisung:

$$\text{if } B_1 \text{ then if } B_2 \text{ then } A_1 \text{ else } A_2$$

d.h. welche der beiden bedingten Anweisungen ist einseitig, welche zweiseitig? Um die Mehrdeutigkeit aufzuheben, wird in Pascal gemäß einer zusätzlich zur

Pascal-Grammatik gegebenen Festlegung immer zu einem **else** das letzte "offene" **then** genommen, d.h. die zu obiger Pascal-Anweisung äquivalente PROSA-Anweisung wäre

$$\textbf{if } B \textbf{ then if } B_2 \textbf{ then } A_1 \textbf{ else } A_2 \textbf{ fi fi}$$

Wir weichen hier und in der nun folgenden iterativen Anweisung von der Pascal-Syntax ab, indem wir die Klammerungen **if ... fi** und **do ... od** einführen. Das erspart uns die in Pascal häufig erforderlichen **begin ... end**-Klammerungen um Folgen von Anweisungen herum. ∎

3.7.4 Iterative Anweisung

Eine iterative Anweisung (Schleife) hat die Form **while** B **do** A **od**. Der boolesche Ausdruck B heißt die **Schleifenbedingung**, die Anweisungsfolge A der **Schleifenrumpf**. Der Effekt einer Schleifenanweisung ist die wiederholte Ausführung des Rumpfes, genauer: die Anweisungsfolge A wird solange ausgeführt, wie der boolesche Ausdruck B den Wert *true* hat.

Syntax und Kontextbedingungen:

$\langle iter\ An \rangle \rightarrow$ **while** $\langle Ausdr \rangle$ **do** $\langle An\ Folge \rangle$ **od**
Bedingung: $TYP(\langle Ausdr \rangle) = bool$

Semantik:

$$\boxed{\begin{array}{l} \textbf{(WH)} \\ \hline \\ p \text{ hat die Form } \textbf{while } B \textbf{ do } p_1 \textbf{ od}; \ p' \\ \qquad \text{mit } B \in \langle Ausdr \rangle,\ p_1 \in \langle An\ Folge \rangle,\ p' \in \textbf{PR} \\ \text{Dann } (p, b, s, e, a) \Rightarrow \\ \left\{ \begin{array}{ll} (p_1; p, b, s, e, a) & \text{falls } I(b, s, B) = true \\ (p', b, s, e, a) & \text{falls } I(b, s, B) = false. \end{array} \right. \\ \text{Falls } I(b, s, B) \text{ undefiniert ist, dann existiert die} \\ \qquad \text{Nachfolgekonfiguration nicht.} \end{array}}$$

Der Leser beachte dabei, daß das noch auszuführende Programm länger wird, wenn die Schleifenbedingung den Wert *true* hat. Es wird dann der Rumpf p_1, gefolgt vom gesamten Programm p, ausgeführt.

Beispiel: Wir betrachten folgendes Programm:

program *Beispiel*;
var *i*, *x*, *y*: **integer**;
begin $i := 0$; $x := 11$; $y := 4$;
     while $x \geq y$ **do** $x := x - y$; $i := i + 1$ **od**
end.

Die Verarbeitung dieser **while**-Schleife auf der PROSA- Maschine M verläuft folgendermaßen (es ist dabei $x \geq y$ die Bedingung B und $x := x - y$; $i := i + 1$ der Schleifenrumpf p_1):

Programmrest	$s(b(i))$	$s(b(x))$	$s(b(y))$
while $x \geq y$ **do** $x := x - y$; $i := i + 1$ **od**;	0	11	4
$x := x - y$; $i := i + 1$; **while** $x \geq y$ **do** $x := x - y$; $i := i + 1$ **od**;	0	11	4
while $x \geq y$ **do** $x := x - y$; $i := i + 1$ **od**;	1	7	4
$x := x - y$; $i := i + 1$; **while** $x \geq y$ **do** $x := x - y$; $i := i + 1$ **od**;	1	7	4
while $x \geq y$ **do** $x := x - y$; $i := i + 1$ **od**;	2	3	4
ϵ	2	3	4

Allgemein ist die Semantik der obigen **while**-Schleife die folgende Abbildung von **S** nach **S**. Sei dazu s ein Speicherzustand, so daß $s(b(x))$ und $s(b(y))$ definiert sind und $s(b(i)) = 0$ ist. Dann gilt

$$(\textbf{while } x \geq y \textbf{ do } x := x - y; \, i := i + 1 \textbf{ od};, b, s, e, a) \;\Rightarrow^* \; (\epsilon, b, s', e, a) \,,$$

wobei die folgenden drei Fälle zu unterscheiden sind:

Fall 1: $(s(b(x)) \geq s(b(y)) > 0$
Dann ist
$$s'(b(x)) = s(b(x)) \quad mod \quad s(b(y))$$
$$s'(b(y)) = s(b(y))$$
$$s'(b(i)) = s(b(x)) \quad div \quad s(b(y))$$

Fall 2: $s(b(x)) < s(b(y))$
Dann ist $s' = s$

Fall 3: $s(b(x)) \geq s(b(y))$ und $s(b(y)) < 0$
Dann terminiert das Programm nicht, d.h. s' existiert nicht. Es liegt eine sogenannte "unendliche Schleife" vor.

Der Leser sollte an dieser Stelle versuchen, den formulierten Zusammenhang zwischen s und s' zu beweisen. Wir werden das in Abschnitt 3.9 tun. ∎

Zum Abschluß dieses Abschnittes diskutieren wir noch einige Varianten der Iterationsanweisung. In Pascal gibt es neben der **while**-Schleife noch die **repeat-Anweisung** mit der Form **repeat** ⟨*An Folge*⟩ **until** ⟨*Ausdr*⟩. Die Bedeutung von "**repeat** A **until** B" ist gleich der Bedeutung von "A; **while not** B **do** A **od**".

Die **repeat**-Anweisung ist recht nützlicher syntaktischer Zucker, da die Anweisungsfolge A unter Umständen sehr groß sein kann. Bei einer Formulierung ohne **repeat**-Anweisung wäre sie eventuell doppelt zu schreiben. **while**- und **repeat**-Anweisung lassen sich in Form von Flußdiagrammen darstellen:

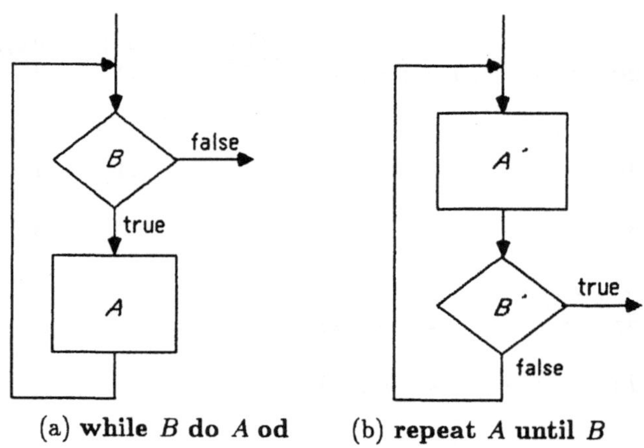

(a) **while** B **do** A **od**   (b) **repeat** A **until** B

Abb. 1

Die Programmiersprache Ada enthält ein noch allgemeineres Schleifenkonzept. Eine Schleife wird durch die Abarbeitung einer in ihr enthaltenen **exit**-Anweisung verlassen. Das Verlassen der Schleife kann unter einer Bedingung erfolgen, was in der Form **exit when** ⟨*Ausdr*⟩ beschrieben wird. Wenn Schleifen (durch eine Marke) benannt sind, können sogar durch die Angabe **exit** ⟨*Name*⟩ mehrere geschachtelte Schleifen auf einmal verlassen werden. Eine Schleife mit mehreren bedingten Ausgängen kann etwa folgendes Flußdiagramm haben:

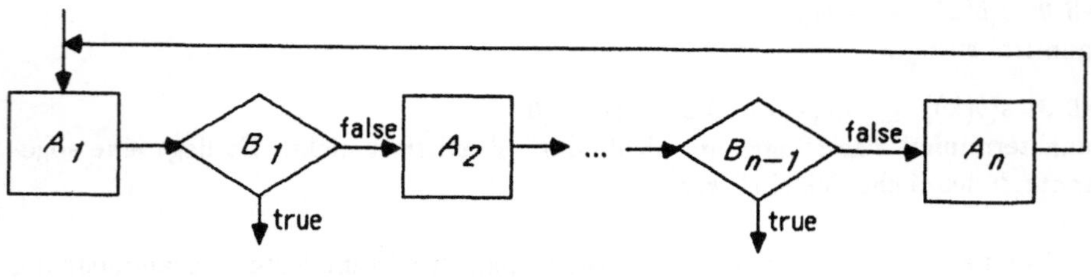

Abb. 2

Die Pascal-Anweisungen **while** B_1 **do** A_1 und **repeat** A_2 **until** B_2 werden in Ada als die beiden Spezialfälle

loop	**loop**
exit when not B_1;	A_2;
A_1	**exit when** B_2
end loop	**end loop**

geschrieben.

Ein weiterer wichtiger Fall von Schleife ist die sogenannte **Zählschleife**. Sie ist charakterisiert durch die Existenz einer Zählvariable, für die in einem Schleifenkopf ein Anfangswert, ein Endwert und eine Schrittgröße angegeben werden. Die Iteration wird begonnen, indem die Zählvariable mit dem Anfangswert initialisiert wird. Jeder Iterationsschritt wird mit einem Vergleich der Werte von Zählvariable und Endwert begonnen, mit einer Ausführung des Schleifenrumpfes fortgesetzt und mit einer Veränderung der Zählvariable um den Wert der Schrittgröße beendet. Ergibt sich beim Vergleich, daß die Terminierungsbedingung erfüllt ist, so wird die Schleife verlassen. Solche Zählschleifen gab es schon in FORTRAN (DO-Statement) und ALGOL 60 (for-Statement), und es gibt sie auch in neueren Sprachen wie ALGOL 68, Pascal und Ada, da sie gerade beim numerischen Rechnen mit Vektoren und Matrizen der mathematischen Schreibweise entgegenkommen. Die Semantik der Zählschleife in den verschiedenen Programmiersprachen unterscheidet sich darin, ob Endwert und Schrittgröße nur einmal zu Anfang der Schleifenausführung ausgewertet werden (ALGOL 68, Pascal, PL/I) oder ob sie nach jedem Iterationsschritt neu ausgewertet werden (ALGOL 60). Außerdem verbieten einige Programmiersprachen (Pascal, Ada) explizite Veränderungen der Zählvariable im Schleifenrumpf, um die Lesbarkeit und die Sicherheit zu erhöhen. Pascal und Ada schränken die möglichen Schrittwerte auf $+1$ und -1 bzw. die Nachfolger- und Vorgängerfunktion auf Aufzählungstypen ein. Die beiden Pascal-Varianten sind:

for $\langle Name \rangle := \langle Ausdr \rangle$ **to** $\langle Ausdr \rangle$ **do** **begin** $\langle An\ Folge \rangle$ **end**

und

for $\langle Name \rangle := \langle Ausdr \rangle$ **downto** $\langle Ausdr \rangle$ **do** **begin** $\langle An\ Folge \rangle$ **end**

3.7.5 Eingabe- und Ausgabeanweisungen

Eingabe- und Ausgabeanweisungen ermöglichen die Kommunikation von Programmen mit der Umwelt. Eingabeanweisungen lesen die Daten für die Programmausführung vom Eingabeband, Ausgabeanweisungen schreiben die Resultate auf das

Ausgabeband. Das Ausgabeband der PROSA-Maschine hat unbeschränkte Kapazität. Deshalb sind die einzigen Fehlermöglichkeiten (bei der Verarbeitung):

- eine Eingabeanweisung versucht von einem leeren Eingabeband zu lesen;
- eine Eingabeanweisung **read** n liest ein Objekt vom Eingabeband, welches nicht den Typ von n hat;
- eine Ausgabeanweisung will den Wert eines Ausdrucks ausgeben, welcher in der aktuellen Umgebung undefiniert ist.

Syntax und Kontextbedingungen

$\langle Ein\ An \rangle \rightarrow$ **read** $\langle Bez \rangle$

Bedingung: $ART(\langle Bez \rangle) = (var, t)$ für ein $t \in Typ$

$\langle Aus\ An \rangle \rightarrow$ **print** $\langle Ausdr \rangle$

Semantik

<table>
<tr><td>(EIN)</td></tr>
<tr><td>

p hat die Form **read** $n; p'$
       mit $n \in \langle ang\ Name \rangle$ und $p' \in$ **PR**.
Dann ist $(p, b, s, e, a) \Rightarrow (p', b, s, [b(n) \backslash head(e)], tail(e), a)$
       falls $e \neq \epsilon$ und $head(e) \in \mathbf{D}_t$, wobei $ART(n) = (var, t)$.
Falls diese Bedingung nicht erfüllt ist, existiert die
       Nachfolgekonfiguration nicht.

</td></tr>
</table>

<table>
<tr><td>(AUS)</td></tr>
<tr><td>

p hat die Form **print** $E; p'$
       mit $E \in \langle Ausdr \rangle$ und $p' \in$ **PR**.
Dann $(p, b, s, e, a) \Rightarrow (p', b, s, e, conc(a, I(b, s, E)))$,
       falls $I(b, s, E)$ definiert ist.
Falls $I(b, s, E)$ nicht definiert ist, dann existiert die
       Nachfolgekonfiguration nicht.

</td></tr>
</table>

Die Semantik der Eingabe- und Ausgabeanweisungen ist ungewöhnlich, weil wir erlauben, beliebige Objekte in einem Schritt zu lesen und zu drucken. Außerdem lesen und drucken wir nicht Darstellungen von natürlichen und reellen Zahlen, sondern die Zahlen selbst, d.h. wir drucken z.B. die natürliche Zahl "siebzehn" und nicht das Wort 17. Dies weicht natürlich stark von der Realität ab, vereinfacht aber die Darstellung. Ferner paßt es gut damit zusammen, daß die PROSA-Maschine mit ganzen und reellen Zahlen rechnet (vgl. Abschnitt 3.2), und wir die Darstellung dieser Objekte in diesem Buch ausklammern. Um dem Leser aber trotzdem eine bessere Vorstellung zu vermitteln, geben wir in Abschnitt 3.11 ein Programm an, das aus einer natürlichen Zahl ihre Binärdarstellung berechnet. In realen Rechnern läuft dieses Programm vor der Druckanweisung ab, falls die Zahl binär ausgegeben werden soll. Die Zahl wird dann ziffernweise ausgegeben. Ein ähnliches Programm gibt es natürlich auch für die Dezimaldarstellung.

3.7.6 Die Fehleranweisung

Die Fehleranweisung erlaubt es, die PROSA-Maschine explizit zu stoppen. Sie kann benutzt werden, um die Rechnung zu unterbrechen, wenn zum Beispiel eine vom Programmentwickler unerlaubte Eingabe gelesen wird.

Syntax
$\langle Fehler\ An \rangle \rightarrow$ **Fehlerhalt**

Semantik

(FEH)
p hat die Form **Fehlerhalt**; p' mit $p' \in$ **PR** Dann existiert die Nachfolgekonfiguration von (p, b, s, e, a) nicht

In dem Beispielprogramm von Abschnitt 3.3 könnten wir etwa die Anweisung

$$\text{if } N < 0 \text{ then } \textbf{Fehlerhalt}$$

vor der iterativen Anweisung einfügen. Das Programm würde dann die Bedingung $n \in \mathbb{N}_0$ selbst testen und sich nicht auf die Eingangszusicherung verlassen.

3.7.7 Kommentare

Ein Kommentar ist eine beliebige Zeichenfolge, in der die Klammern (* und *) nicht vorkommen, eingeschlossen in die Klammern (* und *). Kommentare dürfen an beliebiger Stelle in ein PROSA-Programm eingeschoben werden und sollen die Lesbarkeit von Programmen verbessern. Wir benutzen Kommentare intensiv, um die Korrektheit von Programmen korrekt zu beweisen (vgl. Abschnitt 3.9). Die Kommentare sind nicht Bestandteil des PROSA-Programms; sie erscheinen vielmehr nur in der textlichen Aufschreibung von Programmen. Das eigentliche Programm erhält man durch Streichen der Kommentare.

3.8 Zusammenfassung

In den vorhergehenden Abschnitten definierten wir Syntax, Kontextbedingungen und Semantik von PROSA. Wir fassen nun die Diskussion der Semantik noch einmal kurz zusammen.

Sei p = **program** n; dt **begin** at **end**. ein PROSA-Programm, welches die Kontextbedingungen erfüllt, und sei $e \in \mathbf{D}^*$ eine Eingabefolge. Dann ist

$$in((p,e)) = (dt\ at;, \emptyset, \emptyset, e, \epsilon)$$

die Anfangskonfiguration der PROSA-Maschine zum Programm p und der Eingabefolge e. Die Rechnung von M geschieht nun gemäß der oben definierten Übergangsfunktion von M. Die Rechnung führt entweder zu einer Endkonfiguration $(\epsilon, b, s, \epsilon, a)$, dann ist a das Resultat der Rechnung, oder sie ist unendlich lang, oder sie endet in einer Nichtendkonfiguration. In den beiden letzten Fällen sind das Resultat der Rechnung und ihre Laufzeit undefiniert. Die exakten Definitionen dieser Begriffe wurden schon in Abschnitt 1.7 gegeben. Wir wiederholen sie kurz.

$$Laufzeit : \mathbf{PROGRAMM} \times \mathbf{D}^* \dashrightarrow \mathbb{N}_0$$

$$Laufzeit((p,e)) = \begin{cases} T & \text{falls } \delta^{(T)}(in((p,e))) \in \mathbf{K}^f \\ undefiniert & \text{sonst} \end{cases}$$

und

$$E/A_M : \mathbf{PROGRAMM} \times \mathbf{D}^* \dashrightarrow \mathbf{D}^*$$

$$E/A_M((p,e)) = out(\delta^{Laufzeit((p,e))}(in((p,e)))).$$

Wir haben bei der Definition der Übergangsfunktion δ ausführlich diskutiert, wann ihr Wert nicht definiert ist. Es sind die folgenden Laufzeitfehler möglich:
- Division durch Null
- Anwendung von *head*, *tail* auf leeres Wort
- versuchtes Einlesen vom leeren Eingabeband
- Einlesen eines Objektes falschen Typs
- Benutzung einer Variablen vor der ersten Wertzuweisung an die Variable
- Ausführung der Fehlerhaltanweisung.

Jedes PROSA-Programm p definiert eine Funktion f_p von $\mathbf{D}^*$ nach $\mathbf{D}^*$, nämlich

$$f_p(e) = E \backslash A_M((p,e))$$

für alle $e \in \mathbf{D}^*$. Wir nennen f_p die durch das Programm p **berechnete Funktion**.

Eine Funktion $f : D^* \dashrightarrow D^*$ nennen wir **PROSA-berechenbar**, wenn $f = f_p$ für ein PROSA-Programm p, d.h. wenn es ein PROSA-Programm p gibt, das f berechnet. Es stellen sich nun zwei Fragen:

1) Sind alle Funktionen $f : D^* \dashrightarrow D^*$ PROSA-berechenbar ?
2) Falls die Antwort auf die Frage 1) nein ist, kann man PROSA erweitern, so daß die Antwort ja wird ?

Die detaillierte Behandlung dieser Fragen bleibt einer Vorlesung "Theorie der Berechenbarkeit" vorbehalten; wir wollen aber die Antworten kurz anreißen (der Rest des Abschnitts ist für das Verständnis dieses Buches nicht wesentlich). Die Antwort auf die erste Frage ist nein; es gibt Funktionen, die nicht PROSA-berechenbar sind. Diese Aussage lässt sich sogar leicht beweisen.

Sei $p_1, p_2, p_3, \ldots$ eine Aufzählung der Menge **PROGRAMM** in aufsteigender lexikographischer Reihenfolge und sei $f_i = f_{p_i}$ die von dem Programm p_i berechnete Funktion. Sei dann $f : D^* \dashrightarrow D^*$ definiert durch

$$Def(f) = \mathbb{N}, \quad f(i) = \begin{cases} 0 & \text{falls } f_i(i) \text{ undefiniert} \\ & \text{oder } f(i) \notin \mathbb{N}_0 \\ f_i(i) + 1 & \text{falls } f_i(i) \in \mathbb{N}_0 \end{cases}$$

Dann ist $f \neq f_i$ für alle i, denn es ist $f(i) \neq f_i(i)$. Also ist f nicht PROSA-berechenbar. Wäre nämlich f PROSA-berechenbar, dann müßte $f = f_i$ für ein i gelten.

Können wir nun PROSA so erweitern, daß alle Funktionen PROSA-berechenbar werden? Diese Frage hat eine andere Qualität als die erste Frage. Da wir den Begriff der Erweiterung nicht definiert haben, ist sie im Gegensatz zur ersten Frage keine Frage im mathematischen Sinn, sondern eine Frage im umgangssprachlichen Sinn. Es kann also auch nur eine solche Antwort darauf gegeben werden, d.h. die Korrektheit der Antwort kann nur plausibel gemacht, aber nicht bewiesen werden. Wie ist nun die Antwort ? Die Antwort ist nein und zwar mit folgender Begründung. Wenn wir davon ausgehen, daß man auch die Programme der PROSA-Erweiterung mit einem endlichen Alphabet niederschreibt (wie sollte man es sonst machen!), dann können wir die obige Konstruktion einer nicht berechenbaren Funktion auch für die Erweiterung durchführen. Auch in einer Erweiterung könnten daher nicht alle sondern höchstens mehr Funktionen als mit PROSA berechenbar sein. Aber auch das ist nicht zu erwarten. Es wurden nämlich in der Vergangenheit schon viele verschiedene Präzisierungen des Begriffs berechenbar vorgeschlagen, so wie wir hier die Präzisierung PROSA-berechenbar vorschlagen, die sich sämtlich als äquivalent erwiesen haben. Wir werden in diesem Buch noch den Begriff RESA-berechenbar kennenlernen und in den Kapiteln V und VII zeigen, daß eine Funktion RESA-berechenbar ist, wenn sie PROSA-berechenbar ist.

Aufgaben zu 3.1–3.8

1) Betrachten Sie die Grammatik der Standardbezeichnungen. Attributieren Sie die Grammatik so, daß das Axiom ⟨*Stand Bez*⟩ ein Attribut *OBJECT* hat, dessen Wert das durch die Standardbezeichnung bezeichnete Objekt ist.

2) Überprüfen Sie das nachfolgende PROSA-Programm auf Fehler, die durch Verletzung der Kontextbedingungen entstehen. Gehen Sie dabei wie folgt vor:

a) Konstruieren Sie einen Syntaxbaum gemäß der PROSA-Grammatik.

b) Berechnen Sie an jedem Knoten des Baumes die Attribute, die zur Überprüfung der Kontextbedingungen notwendig sind. Berechnen Sie alle Attribute im Teilbaum mit Wurzel ⟨*De Teil*⟩. Korrigieren Sie die gefundenen Fehler, so daß zur Berechnung der Attribute im Anweisungsteil ein korrektes Attribut *KONTEXT* aus dem Deklarationteil verwendet werden kann.

```
program falsch;
var a: integer; var b: integer;
var c: string; var d: string; var a: string;
begin
  read (c); read (d); read (char);
  if hd c = char then a := tl c
                 else  h := d
  fi;
  c := a + b
end.
```

3) Schreiben Sie ein PROSA-Programm, das zwei ganze Zahlen in zwei Variablen mit Namen *EINS* und *ZWEI* einliest. Falls *EINS* > *ZWEI*, so soll eine 1 ausgedruckt werden, andernfalls sollen die Werte von *EINS* und *ZWEI* vertauscht und eine 0 ausgedruckt werden.
Geben Sie für jeden Programmschritt an, wie sich b und s ändern, wenn 5 und 10 auf dem Eingabeband stehen.

4) Erweitern Sie die formale Beschreibung von PROSA so, daß eine Variable in ihrer Deklaration initialisiert werden kann, d.h. sie kann nun einen Wert erhalten (Beispiel: **var** x: **integer**:=5). Dieser Wert kann durch eine Standardbezeichnung gleichen Typs oder einen Namen gegeben sein. Dabei gelte für den Namen folgende Kontextbedingung:

a) Er muß eine Konstantenbezeichnung vom gleichen Typ sein oder
b) Er muß eine Konstantenbezeichnung vom gleichen Typ oder Name einer initialisierten Variablen gleichen Typs sein.

Geben Sie eine Attributierung des Deklarationsteils an, die zusätzlich zu den bisherigen noch die neuen Kontextbedingungen überprüft. Geben Sie ferner die modifizierte Übergangsfunktion der PROSA-Maschine an.

5) Schreiben Sie ein PROSA-Programm, das die Zahl n einliest und alle Primzahlen kleiner n ausdruckt.

6) Gegeben seien zwei boolesche Variablen a und b. Geben Sie den Wert der booleschen Variablen c nach Ausführung des folgenden Programmstücks an für alle Kombinationen von Werten für a und b.

```
if not b then  d := not a
          else  d := true
fi;
if d then if not a then c := not b
                    else  c := true
          fi
     else  c := false
fi
```

7) Beweisen Sie Lemma 1 aus 3.7.2.

8) Schreiben Sie ein PROSA-Programm, das für ein $n > 0$ die Fakultätsfunktion $n!$ berechnet. Dokumentieren Sie den Programmlauf für den Eingabewert 2 mithilfe einer Tabelle, die für jede Konfiguration $k = (p, b, s, e, a)$

- das Programmstück p
- den Definitionsbereich von b
- den Wert $s(b(x))$ für jedes $x \in Def(b)$
- a und e
  enthält.

3.9 Korrektheitsbeweise

Wir schreiben PROSA-Programme, um Probleme algorithmisch zu lösen. Natürlich müssen wir uns immer davon überzeugen, daß die von uns entwickelten Programme die zu lösenden Probleme tatsächlich lösen. Wir taten das im Beispiel von Abschnitt 3.3, indem wir unser Programm mit ausführlichen Kommentaren erläuterten und so seine Wirkungsweise darlegten. In diesem Abschnitt werden wir eine Methode kennenlernen, die es erlaubt, die Korrektheit von Programmen zu beweisen.

Nehmen wir etwa an, wir sollten folgendes Problem lösen. Gegeben sind zwei natürliche Zahlen n und m; dabei darf n Null sein, m aber nicht. Wir sollen nun ein Programm schreiben, das die Zahlen n und m vom Eingabeband einliest und dann natürliche Zahlen c und d berechnet und ausdruckt, die die Eigenschaft $n = c \cdot m + d$ und $0 \le d < m$ haben. (Es ist leicht zu sehen, daß die Zahlen c und d eindeutig bestimmt sind. Es ist $c = n \ div \ m$ und $d = n \ mod \ m$). Der Leser sollte an dieser

Stelle versuchen, ein PROSA-Programm zu schreiben, und dann versuchen, eine andere Person davon zu überzeugen, daß dieses tatsächlich die gestellte Aufgabe löst.

Die Autoren schlagen das PROSA-Programm von Abbildung 1 zur Lösung der Aufgabe vor. In diesem Programm haben wir die Aufgabe in der Form zweier Kommentare (genannt Eingangszusicherung und Endzusicherung) noch einmal präzisiert.

```
program Division_mit_Rest;
(* wir erwarten: auf dem Eingabeband stehen Zahlen n und m
    mit n ∈ ℕ₀ und m ∈ ℕ, d.h. e = (n, m) *)
var i, x, y: integer;
begin  read x; read y; i := 0;
        while x ≥ y do x := x − y;  i := i + 1 od;
        print i; print x
        (* es gilt: auf dem Ausgabeband stehen Zahlen c, d mit
            n = c · m + d, 0 ≤ d < m und c, d ∈ ℕ₀ *)
end.
```

Abb. 1.   Ein PROSA-Programm zur Berechnung der Funktionen *div* und *mod*.

In der Eingangszusicherung legen wir fest, welche Eingabefolgen für unser Programm zulässig sind. Auch führen wir Bezeichnungen für die Elemente der Eingabefolge ein, um uns in der Endzusicherung darauf beziehen zu können. In unserem Beispiel erwarten wir also, daß die Eingabefolge e die Form n, m hat mit $n \in \mathbb{N}_0$ und $m \in \mathbb{N}$. In der Endzusicherung schreiben wir vor, daß das Programm zwei Zahlen c und d ausgibt, die die Eigenschaften $n = c \cdot m + d$, $0 \leq d < m$ und $c, d \in \mathbb{N}_0$ haben. Die Eingangszusicherung und die Endzusicherung legen zusammen das beabsichtigte E/A-Verhalten des Programms fest: Ein Programm soll aus einem Paar (n, m) mit $n \in \mathbb{N}_0$, $m \in \mathbb{N}$ das Paar $(n \ div \ m, \ n \ mod \ m)$ berechnen. Das tatsächliche E/A-Verhalten des Programms ist aber durch den Programmtext und die Semantik von PROSA festgelegt. Wir wollen uns nun davon überzeugen, daß das tatsächliche E/A-Verhalten mit dem beabsichtigten E/A-Verhalten übereinstimmt, d.h. daß das Programm für *alle* Eingaben (n, m) mit $n \in \mathbb{N}_0$, $m \in \mathbb{N}$ die Ausgabe $(n \ div \ m, \ n \ mod \ m)$ erzeugt. Für ein konkretes Zahlenpaar, etwa $(13, 5)$, ist das leicht nachzuprüfen: wir brauchen nur das PROSA-Programm auszuführen und nachzusehen, ob die erzeugte Ausgabe die gewünschte Eigenschaft hat. Die Ausgabe für die Eingabe $(13, 5)$ ist $(2, 3)$ und es gilt in der Tat $13 = 2 \cdot 5 + 3$. Auf diese Weise können wir uns aber natürlich nicht davon überzeugen, daß das Programm für *alle* Eingaben richtig funktioniert. Genau dessen möchten wir uns aber sicher sein.

Wir versehen dazu das Programm mit weiteren (Zwischen-) Zusicherungen, die uns über die Konfigurationen der PROSA-Maschine während der Rechnung Auskunft geben. Abbildung 2 zeigt das obige Programm mit solchen zusätzlichen Zusicherungen. Wir sichern im Gegensatz zur Abbildung 5 in der Eingangszusicherung nur mehr $m \in \mathbb{Z}$ zu. Dies wird uns später erlauben, den Unterschied zwischen totaler und partieller Korrektheit zu illustrieren.

```
program Division_mit_Rest;
(* wir erwarten: auf dem Eingabeband stehen Zahlen n und m;
   n ∈ N₀, m ∈ Z *);
var i, x, y: integer;
begin read x; read y; i := 0;
          (* es gilt: s(b(x)) = n ≥ 0, s(b(y)) = m, s(b(i)) = 0
             und n = s(b(i)) · s(b(y)) + s(b(x)) *)
          while x ≥ y
          do (* es gilt: s(b(y)) = m, n = s(b(i)) · s(b(y)) + s(b(x)),
                 s(b(x)) ≥ s(b(y)) und s(b(x)) ∈ N₀ *)


             x := x - y; i := i + 1


             (* es gilt: s(b(y)) = m, n = s(b(i)) · s(b(y)) + s(b(x))
                und s(b(x)) ∈ N₀ *)
          od;


          (* es gilt: s(b(y)) = m, n = s(b(i)) · s(b(y)) + s(b(x)),
             s(b(x)) ∈ N₀ und s(b(x)) < s(b(y)) *)
          print i; print x
          (* das Ausgabeband enthält Zahlen c, d mit c, d ∈ N₀,
             n = c · m + d und 0 ≤ d < m *)
end.
```

Abb. 2.   Das Programm von Abbildung 1 mit Zusicherungen

Die Zusicherung nach dem **do** der **while**-Schleife besagt, daß bei jedem Eintritt in den Rumpf der **while**-Schleife gilt:

$$s(b(y)) = m, \quad n = s(b(i)) \cdot s(b(y)) + s(b(x)), \quad s(b(x)) \in \mathbb{N}_0 \text{ und } s(b(x)) \geq s(b(y)),$$

d.h. der Wert der Variablen y ist m, die Werte $s(b(i))$, $s(b(y))$, $s(b(x))$ der Variablen i, y und x erfüllen $n = s(b(i)) \cdot s(b(y)) + s(b(x))$, der Wert von x ist eine natürliche Zahl und ist mindestens so groß wie der Wert von y.

Wie kann man die Gültigkeit dieser Zusicherung einsehen? Wenn wir den Schleifenrumpf zum ersten Mal betreten, gilt $s(b(x)) = n$, $s(b(y)) = m$ und $s(b(i)) = 0$, weil wir den Variablen in der ersten Zeile des Anweisungsteils ja diese Werte gegeben haben. Also gilt $n = s(b(x)) + s(b(y)) \cdot s(b(i))$. Ferner gilt $s(b(x)) \geq s(b(y))$, da diese Bedingung vor Betreten des Rumpfes überprüft wird. Wir führen nun den Rumpf $x := x-y$; $i := i+1$ aus. Natürlich gilt dann immer noch $n = s(b(x)) + s(b(y)) \cdot s(b(i))$, da wir den Wert von x um m $(= s(b(y)))$ erniedrigen und den Wert von i um eins erhöhen. Auch ist der Wert von x nun nicht-negativ.

Beachten Sie nun, daß die Zusicherung am Ende des Rumpfes identisch ist mit der Zusicherung am Anfang des Rumpfes; am Anfang kommt allerdings noch die Schleifenbedingung $s(b(x)) \geq s(b(y))$ hinzu. Damit wissen wir, daß die Zusicherung auch beim zweiten Betreten des Rumpfes gilt. Das gleiche Argument zeigt nun, daß die Zusicherung auch beim dritten, vierten, ... Betreten des Rumpfes gilt. Weil die Zusicherung also bei jedem Betreten des Rumpfes gilt, wird sie **Schleifeninvariante** genannt. Irgendwann ist die Schleifenbedingung nicht mehr erfüllt, zumindest wenn $m \geq 0$; (diese Aussage muß natürlich bewiesen werden, und wir werden das in Abschnitt 3.10 auch tun. Wenn $m \leq 0$ ist, dann terminiert die Schleife nie). Zu diesem Zeitpunkt gilt dann die Schleifeninvariante und zusätzlich gilt $s(b(x)) < s(b(y))$. Beachten Sie, daß die Zusicherung nach der **while**-Schleife gerade die Schleifeninvariante zusammen mit $s(b(x)) < s(b(y))$ ist. Die Druckanweisungen geben nun die Werte von i und x aus. Diese Werte erfüllen die Endzusicherung, und damit ist die Korrektheit unseres Programms (bis auf die Terminierung) gezeigt. Beachten Sie, daß wir in unserer Argumentation nie über das ganze Programm argumentiert haben, sondern immer nur über die kleinen Abschnitte zwischen den Zusicherungen. Wir werden nun die in diesem Beispiel benutzte Beweismethode allgemein beschreiben. Zunächst präzisieren wir den Begriff der Zusicherung.

Definition 1:

(a) Eine **Zusicherung** Z ist eine Funktion $Z : \mathbf{B} \times \mathbf{S} \times \mathbf{D}^* \times \mathbf{D}^* \rightarrow \mathbf{D}_{bool}$.

(b) Eine **Eingangszusicherung** Z ist eine Funktion $Z : \mathbf{D}^* \rightarrow \mathbf{D}_{bool}$. In ihr führen wir ferner Bezeichnungen für die Elemente des Eingabebandes ein. ∎

Eine Eingangszusicherung Z legt für jede Eingabefolge $e \in \mathbf{D}^*$ fest, ob sie zulässig ist ($Z(e) = true$) oder ob sie nicht als Eingabe für das Programm zulässig ist ($Z(e) = false$). In unserem Beispiel ist die Eingangszusicherung für eine Eingabefolge $e = (e_1, e_2, \ldots, e_k)$ genau dann wahr, wenn $k = 2$, $e_1 \in \mathbb{N}_0$ und $e_2 \in \mathbf{Z}$ gilt. Ferner legen wir in der Eingangszusicherung fest, daß wir die zwei Elemente der Eingabefolge mit n und m bezeichnen. Die übrigen Zusicherungen Z haben als Argument 4-Tupel (b, s, e, a), die aus der aktuellen Bindung $b \in \mathbf{B}$, dem Speicherzustand $s \in \mathbf{S}$, der Eingabefolge $e \in \mathbf{D}^*$ und der Ausgabefolge $a \in \mathbf{D}^*$ bestehen. Die Bedeutung des Wahrheitswertes $Z(b, s, e, a)$ wird nach Definition 2 erläutert. Wir erlauben zur Formulierung von Zusicherungen die üblichen Methoden der Mathematik, d.h. deutschen Text kombiniert mit der üblichen Symbolik der Mathematik. Natürlich darf man bei der Formulierung von Zusicherungen die in der Eingangszusicherung eingeführten Bezeichnungen benutzen.

Definition 2:

(a) Seien P und Q Zusicherungen und p eine Anweisungsfolge.
Dann heißt $\{P\}\, p\, \{Q\}$ ein **Hoaresches Tripel** (genannt nach dem englischen Informatiker C.A.R. Hoare).

(b) Sei $\{P\}\, p\, \{Q\}$ ein Hoaresches Tripel. Die Anweisungsfolge p heißt **partiell korrekt** bezüglich der Zusicherungen P und Q, oder das Tripel $\{P\}\, p\, \{Q\}$ heißt partiell korrekt, wenn für alle $b \in \mathbf{B}$, $s \in \mathbf{S}$, $e \in \mathbf{D}^*$, $a \in \mathbf{D}^*$

mit $P(b, s, e, a) = true$ gilt: Die Rechnung mit der Anfangskonfiguration $(p;, b, s, e, a)$ ist entweder unendlich lang oder sie endet in einer Konfiguration $(\epsilon, b', s', e', a')$ mit $Q(b', s', e', a') = true$.

(c) Sei $\{P\}\ p\ \{Q\}$ ein Hoaresches Tripel. Die Anweisungsfolge p heißt **total korrekt** bezüglich der Zusicherungen P und Q, oder das Tripel heißt total korrekt, wenn für alle $b \in \mathbf{B}$, $s \in \mathbf{S}$, $e \in \mathbf{D}^*$, $a \in \mathbf{D}^*$ mit $P(b, s, e, a) = true$ gilt: Die Rechnung mit der Anfangskonfiguration $(p;, b, s, e, a)$ ist endlich und endet in einer Konfiguration $(\epsilon, b', s', e', a')$ mit $Q(b', s', e', a') = true$. ∎

Wir müssen diese Definitionen noch ein wenig erläutern. Wir schließen in diesem Abschnitt Zusicherungen in geschweifte Klammern { und } ein. Dies ist in der Theorie der Programmverifikation üblich. In unseren Beispielprogrammen benutzen wir weiterhin die Kommentarklammern. Sei nun $b \in \mathbf{B}$, $s \in \mathbf{S}$, $e \in \mathbf{D}^*$, $a \in \mathbf{D}^*$ mit $P(b, s, e, a) = true$. Die partielle Korrektheit von $\{P\}\ p\ \{Q\}$ besagt dann, daß die Rechnung mit Anfangszustand $(p;, b, s, e, a)$ zu keinem Laufzeitfehler führt. Ferner erfüllt die Endkonfiguration $(\epsilon, b', s', e', a')$, falls die Rechnung endlich ist, die Zusicherung Q, d.h. $Q(b', s', e', a') = true$. Im Fall der totalen Korrektheit behaupten wir noch zusätzlich, daß die Rechnung endlich ist. Insbesondere folgt also aus der totalen Korrektheit eines Hoareschen Tripels auch seine partielle Korrektheit. Wenn nun für ein Programm p, eine Eingangszusicherung P und eine Endzusicherung Q das Tripel $\{P\}\ p\ \{Q\}$ total korrekt ist, dann stimmen das beabsichtigte und das tatsächliche E/A-Verhalten überein. Wir werden in diesem Abschnitt lernen, wie man die partielle Korrektheit eines Programms beweist. Totale Korrektheit behandeln wir dann im nächsten Abschnitt. Insbesondere werden wir zeigen, daß das Programm von Abbildung 6 bezüglich der angegebenen Zusicherungen partiell korrekt ist. Informell haben wir das vor Definition 1 schon gemacht. Es ist nicht total korrekt, da etwa die Rechnung für die Eingabe $5, -7$ unendlich lang ist. Beachten Sie, daß wir in Abbildung 6 $m \leq 0$ erlauben. Das Programm von Abbildung 5 ist sogar total korrekt.

Weitere Beispiele sind:

Beispiel 1:
(a) Das Tripel

{das erste Element der Eingabefolge ist 5 und $b(i) \in \mathbf{V}_{int}$} **read** i $\{s(b(i)) = 5\}$

ist total korrekt.

(b) Das Tripel

$\{b(i) \in \mathbf{V}_{int}$ und $s(b(i)) \in \mathbb{N}\}$ **while** $i \neq 0$ **do** $i := i - 1$ **od** $\{s(b(i)) = 0\}$

ist total korrekt.

(c) Das Tripel

$\{b(i) \in \mathbf{V}_{int}$ und $s(b(i)) \in \mathbf{Z}\}$ **while** $i \neq 0$ **do** $i := i - 1$ **od** $\{s(b(i)) = 0\}$

ist partiell korrekt, aber nicht total korrekt.

Beachten Sie dabei den Unterschied von (b) und (c). In beiden Fällen sind wir sicher, daß die Rechnung fehlerfrei verläuft, und daß i den Wert 0 hat, wenn die

Schleife verlassen wird. Aber nur im Fall (b) können wir auch sicher sein, daß die Schleife terminiert. Das Tripel in (b) ist demnach total korrekt, während das Tripel in (c) nur partiell korrekt ist. ∎

Als nächstes geben wir Regeln zur Herleitung von partiell korrekten bzw. total korrekten Hoareschen Tripeln an. Wir geben zunächst Regeln für den Fall einer einzelnen einfachen Anweisung (Wertzuweisung, Leseanweisung oder Druckanweisung) an und behandeln dann zusammengesetzte Anweisungen. Die Regeln werden uns erlauben, die Korrektheit unserer Beispielprogramme durch Induktion über die Struktur des Programmtexts zu beweisen.

Lemma 1.

Seien E ein Ausdruck, $x \in \langle Name \rangle$ ein Name und P und Q Zusicherungen.

(a) Das Tripel $\{P\}$ $x := E$ $\{Q\}$ ist total korrekt, wenn für alle $b \in \mathbf{B}$, $s \in \mathbf{S}$, $e \in \mathbf{D}^*$, $a \in \mathbf{D}^*$ gilt:
Aus $P(b, s, e, a) = true$ folgt:
  $I(b, s, E)$ ist definiert,
  $b(x) \in \mathbf{V}_t$ und $I(b, s, E) \in \mathbf{D}_t$ für ein $t \in Typ$ und
  $Q(b, s[b(x) \backslash I(b, s, E)], e, a) = true$.

*(b) Das Tripel $\{P\}$ **read** x $\{Q\}$ ist total korrekt, wenn für alle $b \in \mathbf{B}$, $s \in \mathbf{S}$, $e \in \mathbf{D}^*$, $a \in \mathbf{D}^*$ gilt:*
Aus $P(b, s, e, a) = true$ folgt:
  $e \neq \epsilon$,
  $head(e) \in \mathbf{D}_t$ und $b(x) \in \mathbf{V}_t$ für ein $t \in Typ$ und
  $Q(b, s[b(x) \backslash head(e)], tail(e), a) = true$.

*(c) Das Tripel $\{P\}$ **print** E $\{Q\}$ ist total korrekt, wenn für alle $b \in \mathbf{B}$, $s \in \mathbf{S}$, $e \in \mathbf{D}^*$, $a \in \mathbf{D}^*$ gilt:*
Aus $P(b, s, e, a) = true$ folgt:
  $I(b, s, E)$ ist definiert und
  $Q(b, s, e, conc(a, I(b, s, E))) = true$.

Beweis: In allen drei Fällen ist der Beweis sehr einfach. Wir beweisen daher nur den Teil (a). Seien $b \in \mathbf{B}$, $s \in \mathbf{S}$, $e \in \mathbf{D}^*$, $a \in \mathbf{D}^*$ mit $P(b, s, e, a) = true$. Daraus folgt nach Voraussetzung, daß $I(b, s, E)$ definiert ist, daß x eine Variablenbezeichnung ist, und daß die Typen von x und E übereinstimmen. Die Rechnung zur Anfangskonfiguration $(x := E; , b, s, e, a)$ führt also nicht zu einem Laufzeitfehler. Vielmehr endet sie in der Konfiguration $(\epsilon, b, s[b(x) \backslash I(b, s, E)], e, a)$. Nach Voraussetzung gilt dann $Q(b, s[b(x) \backslash I(b, s, E)], e, a) = true$. ∎

Wir werden Lemma (1a) nur auf Wertzuweisungen in PROSA-Programmen anwenden. Die Bedingungen $b(x) \in \mathbf{V}_t$ und $I(b, s, E) \in \mathbf{D}_t$ für ein $t \in Typ$ sind dann wegen der Kontextbedingungen automatisch erfüllt. Deswegen lassen wir solche Bedingungen in Beispielen meist weg.

Beispiel 2:

(a) Beispiel (1a) ist eine Anwendung von Lemma (1b).

(b) Aus Lemma (1a) folgt die totale Korrektheit von

$\{s(b(y)) = m, n = s(b(i)) \cdot s(b(y)) + s(b(x)), s(b(x)) \in \mathbb{N}_0, s(b(x)) \geq s(b(y))\}$
$x := x - y$
$\{s(b(y)) = m, n = (s(b(i)) + 1) \cdot s(b(y)) + s(b(x)), s(b(x)) \in \mathbb{N}_0\}$

(c) Aus Lemma (1a) folgt die totale Korrektheit von

$\{s(b(y)) = m, n = (s(b(i)) + 1) \cdot s(b(y)) + s(b(x)), s(b(x)) \in \mathbb{N}_0\}$
$i := i + 1$
$\{s(b(y)) = m, n = s(b(i)) \cdot s(b(y)) + s(b(x)), s(b(x)) \in \mathbb{N}_0\}$ ∎

Lemma 2 erlaubt uns für einfache Anweisungen korrekte Tripel zu konstruieren. Das folgende Lemma gibt an, wie man korrekte Tripel für zusammengesetzte Programme aus korrekten Tripeln für die Bestandteile konstruieren kann. Wir behandeln dazu die Hintereinanderausführung (Teil (a)), die bedingte Anweisung (Teil (c)) und die Iterationsanweisung (Teil (e)). Die Iterationsanweisung ist dabei am interessantesten. Teil (e) besagt, daß die partielle Korrektheit eines Tripels $\{P\}$ **while** B **do** p **od** $\{P \wedge \neg B\}$ im wesentlichen aus der partiellen Korrektheit des Tripels $\{P \wedge B\}\, p\, \{P\}$ folgt. Das ist relativ einfach einzusehen (vgl. die Argumentation vor Definition 1). Eine Rechnung des Programms **while** B **do** p **od** hat die Form von Abbildung 3.

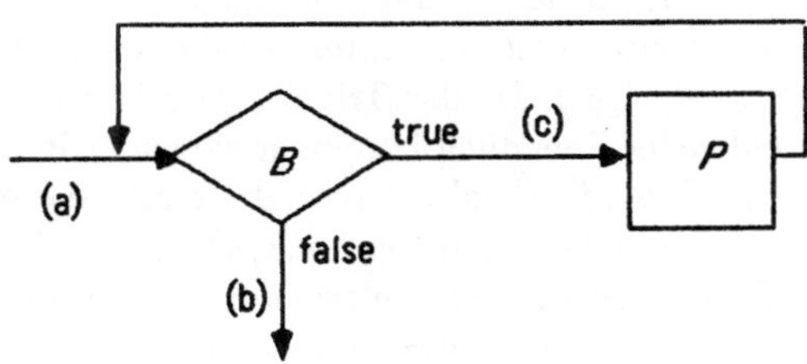

Abb. 3.   Eine Rechnung des Programms **while** B **do** p **od**

Nehmen wir nun an, daß wir mit einer Konfiguration beginnen (Kante (a)), die P erfüllt. Falls B erfüllt ist, dann erfüllt die Konfiguration sogar $P \wedge B$ und wir erreichen die Kante (c). Wir starten nun die Ausführung von p in einer Konfiguration, die $P \wedge B$ erfüllt und beenden sie daher nach Voraussetzung in einer Konfiguration, die P erfüllt. Diese Konfiguration unterziehen wir nun dem Test $B, \ldots$. Die Wiederholung dieses Arguments zeigt, daß wir die Bedingung B stets in einer Konfiguration erreichen, die P erfüllt. Nach Verlassen der Schleife gilt demnach P und $\neg B$. Nach dieser informellen Diskussion geben wir nun die Details.

Lemma 2.   *Seien P, Q, R, T Zusicherungen, p, q Anweisungsfolgen und B ein boolescher Ausdruck.*

174

(a) *Falls* $\{P\}$ *p* $\{Q\}$ *und* $\{Q\}$ *q* $\{R\}$ *partiell korrekt sind, dann ist auch* $\{P\}$ *p;*
q $\{R\}$ *partiell korrekt.*

(b) *Falls* $\{Q\}$ *p* $\{R\}$ *partiell korrekt ist und P impliziert Q und R impliziert T,*
dann ist $\{P\}$ *p* $\{T\}$ *partiell korrekt.*

(c) *Falls* $\{P \wedge B\}$ *p* $\{Q\}$ *und* $\{P \wedge \neg B\}$ *q* $\{Q\}$ *partiell korrekt sind, und falls aus*
$P(b, s, e, a) = true$ *folgt, daß* $I(b, s, B)$ *definiert ist für alle* $b \in \mathbf{B}$, $s \in \mathbf{S}$,
$e \in \mathbf{D}^*$, $a \in \mathbf{D}^*$, *dann ist* $\{P\}$ **if** *B* **then** *p* **else** *q* **fi** $\{Q\}$ *partiell korrekt. Dabei*
ist $P \wedge B$ *(analog* $P \wedge \neg B$*) definiert durch:* $(P \wedge B)(b, s, e, a) = true$ *genau*
dann, wenn $P(b, s, e, a) = true$ *und* $I(b, s, B) = true$.

(d) *Die Aussagen (a), (b) und (c) gelten auch, wenn "partiell korrekt" durch "total*
korrekt" ersetzt wird.

(e) *Falls* $\{P \wedge B\}$ *p* $\{P\}$ *partiell korrekt ist, und falls aus* $P(b, s, e, a) = true$ *folgt,*
daß $I(b, s, B)$ *definiert ist für alle* $b \in \mathbf{B}$, $s \in \mathbf{S}$, $e \in \mathbf{D}^*$, $a \in \mathbf{D}^*$, *dann ist*
$\{P\}$ **while** *B* **do** *p* **od** $\{P \wedge \neg B\}$ *partiell korrekt.*

Beweis: Für diesen Beweis bezeichnen wir ein Quadrupel (b, s, e, a) mit $b \in \mathbf{B}$,
$s \in \mathbf{S}$, $e \in \mathbf{D}^*$, $a \in \mathbf{D}^*$ als eine Umgebung.

(a) Sei (b, s, e, a) eine Umgebung mit $P(b, s, e, a) = true$. Da das Tripel $\{P\}$ *p* $\{Q\}$
partiell korrekt ist, ist die Rechnung zur Anfangskonfiguration $(p; , b, s, e, a)$ entweder unendlich lang oder sie endet in einer Konfiguration $(\epsilon, b', s', e', a')$ mit
$Q(b', s', e', a') = true$. Im ersten Fall ist auch die Rechnung zur Anfangskonfiguration $(p; q; , b, s, e, a)$ unendlich lang, und daher ist das Tripel $\{P\}$ *p*; *q*$\{Q\}$
partiell korrekt. Im zweiten Fall betrachten wir die Rechnung mit der Anfangskonfiguration $(q; , b', s', e', a')$. Da das Tripel $\{Q\}$ *q* $\{R\}$ partiell korrekt ist, ist
diese Rechnung entweder unendlich lang oder sie endet in einer Konfiguration
$(\epsilon, b'', s'', e'', a'')$ mit $R(b'', s'', e'', a'') = true$. Im ersten dieser Fälle ist auch die
Rechnung mit dem Anfangszustand $(p; , b, s, e, a)$ unendlich lang und daher das
Tripel $\{P\}$ *p*; *q* $\{R\}$ partiell korrekt. Im zweiten dieser Fälle ist $(\epsilon, b'', s'', e'', a'')$
auch die Endkonfiguration zur Startkonfiguration $(p; q; , b, s, e, a)$, und daher ist
auch in diesem Fall das Tripel $\{P\}$ *p*; *q* $\{R\}$ partiell korrekt.

(b) Sei (b, s, e, a) eine Umgebung mit $P(b, s, e, a) = true$. Aus "P impliziert Q"
folgt dann auch $Q(b, s, e, a) = true$. Da das Tripel $\{Q\}$ *p* $\{R\}$ partiell korrekt
ist, ist die Rechnung zur Anfangskonfiguration $(p; , b, s, e, a)$ entweder unendlich
lang, oder sie terminiert in einem Zustand $(\epsilon, b', s', e', a')$ mit $R(b', s', e', a') =$
$true$ und damit $T(b', s', e', a') = true$. In jedem der beiden Fälle haben wir also
die partielle Korrektheit von $\{P\}$ *p* $\{T\}$ bewiesen.

(c) Sei (b, s, e, a) eine Umgebung mit $P(b, s, e, a) = true$. Nach Voraussetzung ist
dann $I(b, s, B)$ definiert.

Fall 1: $I(b, s, B) = true$. Dann ist $\delta(\mathbf{if}\ B\ \mathbf{then}\ p\ \mathbf{else}\ q\ \mathbf{fi}; , b, s, e, a) =$
$(p; , b, s, e, a)$ und $P(b, s, e, a) \wedge I(b, s, B) = true$. Da das Tripel $\{P \wedge B\}$ *p* $\{Q\}$
partiell korrekt ist, ist die Rechnung mit der Anfangskonfiguration $(p; , b, s, e, a)$
entweder unendlich lang, oder sie endet in einem Zustand $(\epsilon, b', s', e', a')$ mit

$Q(b', s', e', a') = true$. In jedem der beiden Fälle ist damit die partielle Korrektheit von $\{P\}$ **if** B **then** p **else** q **fi** $\{Q\}$ gezeigt.

Fall 2: $I(b, s, B) = false$. Dieser Fall ist analog zu Fall 1 und bleibt daher dem Leser überlassen.

(d) Für den Fall der totalen Korrektheit brauchen die Beweise der Fälle (a), (b) und (c) nur verkürzt zu werden; man braucht nur jeweils die Alternative zu streichen, daß eine Rechnung unendlich lang sein könnte.

(e) Sei (b, s, e, a) eine Umgebung mit $P(b, s, e, a) = true$.
Sei $k_0, k_1, k_2, \ldots, k_i = (p_i, b, s_i, e_i, a_i), \ldots$ die Rechnung zum Anfangszustand $k_0 = (\textbf{while } B \textbf{ do } p \textbf{ od}; ,b, s, e, a)$. Wir müssen zeigen, daß die Rechnung entweder unendlich lang ist oder in einem Zustand k_n endet mit $(P \wedge \neg B)(b, s_m, e_m, a_m) = true$ und $p_m = \epsilon$. Nehmen wir also an, daß die Rechnung endlich ist und Länge m hat. Wir zeigen zuerst folgende Hilfsbehauptung.

Behauptung: *Für alle i, $0 \leq i \leq m$, gibt es ein j, $i \leq j \leq m$, mit $P(b, s_j, e_j, a_j) = true$ und ferner $p_j = \textbf{while } B \textbf{ do } p \textbf{ od};$ oder $p_j = \epsilon$ und $I(b, s_j, B) = false$.*

Bemerkung: Für $i < m$ ist k_j die nächste Konfiguration, in der die Schleifenbedingung getestet wird. Für $i = m$ ist die Hilfsbehauptung gerade die Aussage des Lemmas.

Beweis: Für $i = 0$ gilt die Behauptung mit $j = 0$. Sei nun $m > i \geq 0$, und sei die Behauptung für i schon gezeigt. Wir wollen nun die Behauptung für $i + 1$ zeigen. Sei $j \geq i$ so gewählt, daß j die Behauptung für i erfüllt. Falls $j > i$ ist, dann erfüllt j die Behauptung auch für $i + 1$. Wir müssen also nur den Fall $j = i$ behandeln. Dann ist insbesondere $P(b, s_i, e_i, a_i) = true$ und $p_i = \epsilon$ oder $p_i = \textbf{while } B \textbf{ do } p$ **od**; . Wegen $i < m$ kann der Fall $p_i = \epsilon$ nicht vorliegen. Also ist $p_i = \textbf{while } B \textbf{ do } p$ **od**; . Aus $P(b, s_i, e_i, a_i) = true$ folgt nach Voraussetzung, daß $I(b, s_i, B)$ definiert ist. Wir unterscheiden zwei Fälle.

Fall 1: $I(b, s_i, B) = true$. Dann ist $k_{i+1} = (p; \textbf{while } B \textbf{ do } p \textbf{ od}; ,b, s_i, e_i, a_i)$. Nach Voraussetzung ist das Tripel $\{P \wedge B\}\, p\, \{P\}$ partiell korrekt. Also ist die Rechnung mit dem Anfangszustand $k' = (p; ,b, s_i, e_i, a_i)$ entweder unendlich lang oder sie endet in einem Zustand $(\epsilon, b, s', e', a')$ mit $P(b, s', e', a') = true$. Im ersten Fall wäre auch die Rechnung zum Anfangszustand k_{i+1} und damit zum Anfangszustand k_0 unendlich lang, was nach Annahme nicht der Fall ist. Also liegt der zweite Fall vor. Damit gibt es also ein $j \geq i + 1$ mit $k_j = (\textbf{while } B \textbf{ do } p \textbf{ od}; ,b, s', e', a')$ und $P(b, s', e', a') = true$, und der Induktionsschritt ist vollzogen.

Fall 2: $I(b, s_i, B) = false$. Dann ist $k_{i+1} = (\epsilon, b, s_i, e_i, a_i)$ und $i + 1 = m$. Die Behauptung gilt dann mit $j = m$.
Wir wenden nun die Behauptung mit $i = m$ an. Dann ist $j = m$, und da k_m die letzte Konfiguration der Rechnung ist, auch $p_m = \epsilon$, $I(b, s_m, B) = false$ und $P(b, s_m, e_m, a_m) = true$. Damit ist auch Teil *(e)* bewiesen. ∎

Beispiel 3: Aus Beispiel (2b) und Lemma 2a folgt die partielle Korrektheit von

$\{s(b(y)) = m,\ n = s(b(i)) \cdot s(b(y)) + s(b(x)),\ s(b(x)) \in \mathbb{N}_0,\ s(b(x)) \geq s(b(y))\}$

$x := x - y;\ i := i + 1$

$\{s(b(y)) = m,\ n = s(b(i)) \cdot s(b(y)) + s(b(x)),\ s(b(x)) \in \mathbb{N}_0\}.$

Aus Lemma 2e mit $B = (x \geq y)$ und
$P = (s(b(y)) = m$ und $n = s(b(i)) \cdot s(b(y)) + s(b(x))$ und $s(b(x)) \in \mathbb{N}_0)$ folgt dann
weiter die partielle Korrektheit von

$\{P\}$ **while** $x \geq y$ **do** $x := x - y;\ i := i + 1$ **od** $\{P \wedge s(b(x)) < s(b(y))\}.$
Sei nun $Q = ($auf dem Eingabeband stehen Zahlen n und $m,\ n \in \mathbb{N}_0,\ m \in \mathbb{Z}),$
$\qquad R = (s(b(x)) = n \geq 0,\ s(b(y)) = m$ und $s(b(i)) = 0)$
$\quad$ und $T = (s(b(x)) = n\ mod\ m$ und $s(b(i)) = n\ div\ m)$

Dann ist das Tripel $\{Q\}$**read** $x;$ **read** $y;\ i := 0\{R\}$ partiell korrekt. Ferner gilt:
R *impliziert* P und $(P \wedge s(b(x)) < s(b(y)))$ *impliziert* T. Also folgt aus Lemma
2a und Lemma 2b die partielle Korrektheit von

$\quad$ $\{$auf dem Eingabeband stehen Zahlen n und $m;\ n \in \mathbb{N}_0,\ m \in \mathbb{Z}\}$

$\quad$ **read** $x;$ **read** $y;\ i := 0;$

$\quad$ **while** $x \geq y$ **do** $x := x - y;\ i := i + 1$ **od**;

$\quad$ $\{s(b(x)) = n\ mod\ m$ und $s(b(i)) = n\ div\ m\}$

Damit ist gezeigt, daß unser Programm die Größen $n\ mod\ m$ und $n\ div\ m$ berechnet (zumindest, wenn es terminiert). Beachten Sie aber, daß wir nicht bewiesen haben, daß das Programm für alle Eingaben terminiert. In der Tat terminiert das Programm z.B. für die Eingabe 0,0 nicht. Wir kommen auf dieses Problem im nächsten Abschnitt zurück.

Der Leser sollte an dieser Stelle versuchen, die partielle Korrektheit des Programms aus Abschnitt 3.3 mit Hilfe der angegebenen Zusicherungen zu beweisen. Wir haben bei diesen Zusicherungen folgende vereinfachende Schreibweise benutzt, die wir von jetzt ab immer benutzen werden. Wenn x eine Variablenbezeichnung ist, dann schreiben wir x statt $s(b(x))$. Wir schrieben in diesem Abschnitt $s(b(x))$, um den Unterschied zwischen den Variablennamen x, y und i und den Bezeichnungen n und m klar zu machen. Mit ein bißchen Sorgfalt ist dieser Unterschied auch bei der vereinfachten Schreibweise klar. Programm 2 zeigt unser Beispiel in der vereinfachten Schreibweise.

Wir schließen diesen Abschnitt mit einem weiteren Beispiel ab, einem Programm zur Berechnung des ganzzahligen Anteils der Wurzel aus einer natürlichen Zahl, d.h. für eine Eingabe $m \in \mathbb{N}$ wollen wir eine Zahl $k \in \mathbb{N}$ berechnen mit $k^2 \leq m < (k + 1)^2$. Wir wollen aus didaktischen Gründen ein Programm, das ohne Multiplikationen arbeitet. Im Unterschied zu unserem ersten Beispiel werden wir nicht ein Programm angeben und dieses *danach* als korrekt beweisen, sondern den Korrektheitsbeweis gleichzeitig mit dem Programm entwickeln. Eine grobe Lösung

---

program *Division_mit_Rest*;
(∗ wir erwarten: auf dem Eingabeband stehen Zahlen n, m mit
   $n \in \mathbb{N}_0$ und $m \in \mathbf{Z}$. ∗)
var i, x, y: **integer**;
begin read x; **read** y; $i := 0$;

       (∗ $x = n \geq 0$, $y = m$, $i = 0$, $n = i \cdot y + x$, $x \in \mathbb{N}_0$ ∗)
       while $x \geq y$
       do (∗ $y = m$, $n = i \cdot y + x$, $x \in \mathbb{N}_0$ und $x \geq y$ ∗)
          $x := x - y$; $i := i + 1$
          (∗ $y = m$, $n = i \cdot y + x$, $x \in \mathbb{N}_0$ ∗)
       od;

       (∗ $y = m$, $n = i \cdot y + x$; $x \in \mathbb{N}_0$, $x < y$ ∗)
       print i; **print** x
       (∗ auf dem Ausgabeband steht n *div* m und n *mod* m ∗)
end.

—————————————— **Prog. 2** ——————————————

des Problems ist schnell gefunden: wir berechnen nacheinander die Quadratzahlen bis wir das gewünschte k gefunden haben. Dies führt zu der in Programm 3 gezeigten Grobstruktur.

```
(0)    program Wurzelziehen;
(1)    (∗ wir erwarten: auf dem Eingabeband steht m ∈ ℕ ∗)
(2)    var n, z: integer;
(3)    begin  read  n; z := 1;
(4)         while die auf z folgende Quadratzahl ≤ n
(5)         do (∗ es ist z = k² und (k + 1)² ≤ n für ein k ∈ ℕ und n = m ∗)
(6)              z := die nächste Quadratzahl
(7)              (∗ es ist z = (k + 1)² ≤ n für ein k ∈ ℕ und n = m ∗)
(8)         od;
(9)         (∗ es ist z = k² ≤ n < (k + 1)² für ein k ∈ ℕ und n = m ∗)
(10)        gib k aus
(11)   end.
```

—————————————— **Prog. 3** ——————————————

Die partielle Korrektheit dieses Programms ist unmittelbar aus den Zusicherungen ersichtlich. Wir können uns nun auf die beiden Anweisungen konzentrieren, die keine PROSA-Anweisungen sind. Um k ausgeben zu können, deklarieren wir noch eine Variable y in Zeile 2, initialisieren sie mit 1 in Zeile 3, fügen $y := y + 1$ in Zeile 6 ein und ersetzen Zeile 10 durch **print** y. In der Zusicherung können wir

178

nun k durch y ersetzen. Natürlich brauchen wir dann nicht mehr von der Existenz einer Zahl k zu reden; wir kennen sie ja. Es ist der Wert der Variablen y. Wir erhalten Programm 4.

```
(0)    program Wurzelziehen;
(1)    (* wir erwarten: auf dem Eingabeband steht m ∈ N *)
(2)    var n, z, y: integer;
(3)    begin read  n; z := 1; y := 1;
(4)           while die auf z folgende Quadratzahl ≤ n
(5)           do (* es ist z = y² und (y + 1)² ≤ n und n = m *)
(6)              z := die nächste Quadratzahl; y := y + 1
(7)              (* es ist z = y² ≤ n und n = m *)
(8)           od
(9)           (* es ist z = y² ≤ n < (y + 1)² und n = m *)
(10)          print  y
(11)   end.
```
———————————— **Prog. 4** ————————————

Wie können wir nun die auf z folgende Quadratzahl berechnen? Bei Eintritt in den Rumpf der Schleife ist $z = k^2$. Wir möchten $z = (k+1)^2$ beim Verlassen des Rumpfes erreichen. Wegen $(k+1)^2 = k^2 + 2k + 1$ brauchen wir dazu z nur um $2k + 1$ zu erhöhen. Wir führen nun eine Variable x ein, die stets den Wert $2y + 1$ hat; dazu müssen wir nur in Zeile 3 die Zuweisung $x := 3$ und in Zeile 6 die Zuweisung $x := x + 2$ hinzufügen. Schließlich können wir dann die Zuweisung an z in Zeile 6 ersetzen durch $z := z + x$ und den Test in Zeile 4 ersetzen durch $z + x \leq n$. Wir erhalten damit das *partiell korrekte* PROSA-Programm 5.

```
(0)    program Wurzelziehen;
(1)    (* wir erwarten: auf dem Eingabeband steht m ∈ N *)
(2)    var n, z, y, x: integer;
(3)    begin read  n; z := 1; y := 1; x := 3;
(4)           while z + x ≤ n
(5)           do (* es ist z = y², (y + 1)² ≤ n, x = 2y + 1 und n = m *)
(6)              z := z + x; y := y + 1; x := x + 2
(7)              (* es ist z = y² ≤ n, x = 2y + 1 und n = m *)
(8)           od;
(9)           (* es ist z = y² ≤ n < (y + 1)² und n = m *)
(10)          print  y
(11)   end.
```
———————————— **Prog. 5** ————————————

3.10 Laufzeit und Termination

Wir können nun für Programme schon partielle Korrektheit beweisen. Dies reicht aber nicht. Wir möchten auch wissen, daß unsere Programme stets eine Antwort liefern und halten, und mehr noch, wir wollen eine Aussage über die Laufzeit unserer Programme. Darum kümmern wir uns in diesem Abschnitt.

Betrachten wir zunächst das Programm aus der Abbildung 5 von Abschnitt 3.9. Es ist ganz leicht, sich davon zu überzeugen, daß dieses Programm für jede Eingabe $n \in \mathbb{N}_0$ und $m \in \mathbb{N}$ anhält. Es ist nämlich der Wert der Variablen x stets eine natürliche Zahl und der Wert dieser Variablen wird bei jeder Ausführung des Schleifenrumpfes echt verringert (nämlich um $m > 0$). Die Werte der Variablen x bei den verschiedenen Ausführungen des Rumpfes liefern uns also eine echt abnehmende Folge natürlicher Zahlen. Da eine solche Folge höchstens so lang sein kann, wie ihr erstes Glied groß ist, muß die Schleife terminieren und damit natürlich das ganze Programm. Das Programm von Abbildung 5 von Abschnitt 3.9 ist also total korrekt bezüglich der dort angegebenen Eingangs- und Endzusicherung.

Wie steht es mit dem Programm von Abbildung 6? Wir haben gegenüber Abbildung 5 nur die Eingangszusicherung geändert; m darf nun eine beliebige ganze Zahl sein. Die Folge der Werte der Variablen x ist nun nicht mehr unbedingt abnehmend (falls $m < 0$ ist, steigt sie sogar) und daher terminiert die Schleife nicht in jedem Fall. Das Programm ist also nur partiell korrekt bezüglich der in Abbildung 6 angegebenen Eingangs- und Endzusicherung.

Für $n \in \mathbb{N}_0$, $m \in \mathbb{N}$ hält das Programm also stets an. Wie lang ist nun die Rechnung für die Eingabe n und m? Wir beobachten zunächst, daß die Variable i die Anzahl der Ausführungen des Rumpfes der Schleife zählt. Der Endwert von i ist $n \, div \, m$, und daher wird der Rumpf der Schleife genau $n \, div \, m$ mal ausgeführt. Die Laufzeit unseres Programms für die Eingabe n und m ist demnach $3 \cdot (n \, div \, m) + 9$ Zeiteinheiten, nämlich $3 \cdot (n \, div \, m)$ Zeiteinheiten für die $n \, div \, m$ Ausführungen des Rumpfes (eine Zeiteinheit für die Auswertung der Bedingung und zwei Zeiteinheiten für den Rumpf selbst) und 9 Zeiteinheiten für die übrigen Anweisungen (drei Zeiteinheiten für das Abarbeiten der Deklarationen, drei Zeiteinheiten für die Leseanweisungen und das Initialisieren von i, eine Zeiteinheit für die letzte Auswertung der Bedingung, die zum Verlassen der Schleife führt, und zwei Zeiteinheiten für die Druckanweisungen). Unter Benutzung der O-Notation können wir sagen: die Laufzeit unseres Programms für die Eingabe n und m ist $O(n \, div \, m)$.

Wir gehen nun zu dem zweiten Beispiel von Abschnitt 3.9 über und zeigen auch dafür die Termination und analysieren dann die Laufzeit. Für die Termination beobachten wir, daß der Abstand zwischen z und n bei jedem Schleifendurchlauf kleiner wird, d.h. der Wert des Ausdrucks $n - z$ nimmt bei jeder Ausführung des Rumpfes ab. Auch ist dieser Wert stets nichtnegativ, und daher kann der Rumpf nur endlich oft ausgeführt werden. Die Iterationsanweisung terminiert demnach und damit auch das ganze Programm. Da wir in Abschnitt 3.9 schon die partielle Korrektheit bewiesen haben, ist das Programm also total korrekt bezüglich der angegebenen Eingangs- und Endzusicherung.

Auch die Laufzeit für die Eingabe n bestimmen wir leicht. Die Variable y zählt die Anzahl der Ausführungen des Rumpfes der Schleife. Bei Termination (beachten Sie, daß wir schon wissen, daß das Programm hält) gilt $y^2 \leq n$, und daher wird die Schleife höchstens $\sqrt{n}$-mal durchlaufen. Die Laufzeit ist also $O(\sqrt{n})$.

Wir abstrahieren nun noch etwas von diesen beiden Beispielen und diskutieren allgemein die Termination einer Iterationsanweisung **while** B **do** p **od**.

Satz 1. *Sei P eine Zusicherung, B ein boolescher Ausdruck und p eine Anweisungsfolge. Sei ferner $\{P \wedge B\}\ p\ \{P\}$ total korrekt, und sei $t : \mathbf{B} \times \mathbf{S} \times \mathbf{D}^* \times \mathbf{D}^* \to \mathbb{N}_0$ eine Funktion mit folgender Eigenschaft:*

> *für alle Umgebungen (b, s, e, a) mit $P \wedge B(b, s, e, a) = true$ gilt:*
> *aus der Anfangskonfiguration $(p;, b, s, e, a)$ erreicht man eine Konfiguration $(\epsilon, b', s', e', a')$ mit $t(b', s', e', a') < t(b, s, e, a)$, d.h. jede Ausführung des Rumpfes erniedrigt den Wert von t.*
>
> *Dann ist $\{P\}$ **while** B **do** p **od** $\{P \wedge \neg B\}$ total korrekt.*

Beweis: Wir wissen schon, daß $\{P\}$ **while** B **do** p **od** $\{P \wedge \neg B\}$ partiell korrekt ist (vgl. Lemma 2e aus Abschnitt 3.9). Wir müssen also noch ausschließen, daß die Rechnung unendlich lang ist.

Da $\{P \wedge B\}\ p\ \{P\}$ total korrekt ist, gäbe es im Fall einer unendlichen Rechnung zur Anfangskonfiguration $k_0 = (\mathbf{while}\ B\ \mathbf{do}\ p\ \mathbf{od};\ , b_0, s_0,\ e_0,\ a_0)$ eine unendliche Folge von Konfigurationen $k_i = (\mathbf{while}\ B\ \mathbf{do}\ p\ \mathbf{od};\ , b_i, s_i, e_i, a_i)$, $i \geq 0$, mit $I(b_i, s_i, B) = true$ und $(p;\ , b_i, s_i, e_i, a_i) \Rightarrow^* (\epsilon, b_{i+1}, s_{i+1}, e_{i+1}, a_{i+1})$, d.h. die Umgebung $(b_{i+1}, s_{i+1}, e_{i+1}, a_{i+1})$ geht aus der Umgebung (b_i, s_i, e_i, a_i) durch einmalige Ausführung des Rumpfes hervor. Sei nun $n_i = t(b_i, s_i, e_i, a_i)$. Dann ist $n_i \in \mathbb{N}_0$ und $n_{i+1} < n_i$. Da es keine unendlich langen absteigenden Folgen natürlicher Zahlen gibt, haben wir einen Widerspruch erreicht. ∎

In den obigen Beispielen haben wir implizit die Funktionen $t(b, s, e, a) = s(b(x))$ bzw. $t(b, s, e, a) = n - s(b(x))$ benutzt.

Zur Abschätzung der Laufzeit zählen wir die Anzahl der Ausführungen der einzelnen Anweisungen. Wiederum sind natürlich die Schleifen das Hauptproblem. Man muß also versuchen, die Anzahl der Ausführungen des Schleifenrumpfes in Beziehung zu den Eingaben zu setzen und so die Laufzeit abzuschätzen. Es ist nicht möglich, dafür ein allgemeines Schema anzugeben, der Leser findet aber in diesem Buch noch viele Beispiele und kann so seine Fertigkeit im Analysieren der Laufzeit von Programmen entwickeln.

Aufgaben zu 3.9. und 3.10

1) Schreiben Sie ein PROSA-Programm, das eine Folge von positiven reellen Zahlen einliest (die durch 0 abgeschlossen wird) und die größte Zahl ausdruckt.
Beweisen Sie die Korrektheit Ihres Programms.

2) Schreiben Sie ein PROSA-Programm, das die Binärdarstellung der Zahlen von 0 bis 15 ausdruckt, d.h. auf dem Ausgabeband soll $0000, 0001, \ldots 1111$ erscheinen. Benutzen Sie hierbei eine **while**-Schleife, in deren Rumpf die Binärdarstellung für den Laufindex ausgerechnet und ausgedruckt wird.
Beweisen Sie die Korrektheit des Programms.

3) Gegeben sei folgendes PROSA-Programm:

```
program rechne;
var i,j,n: integer;
begin i := 0;
      j := 1;
      read  n;
      while i < n
      do i := i + 1;
         j := j + i
      od;
      print  j
end.
```

a) Verfolgen Sie die Rechnungen für die Eingaben 3, 2 und 1.

b) Welcher funktionale Zusammenhang besteht zwischen Eingaben und Ausgaben des angegebenen Programms?

c) Finden Sie eine geeignete Schleifeninvariante und beweisen Sie die Korrektheit des Programms bzgl. der unter b) gefundenen Spezifikation.

d) Geben Sie die Laufzeit an und begründen Sie Ihre Behauptung.

3.11 Weitere Beispiele

In diesem Abschnitt geben wir vier weitere Beispiele. Bei jedem der Beispiele beweisen wir die Korrektheit der angegebenen Lösung durch Angabe von Zusicherungen und analysieren die Laufzeit der Programme. Der Leser sollte jeweils eine eigene Lösung zu finden versuchen und dann ihre Korrektheit zeigen und ihre Laufzeit analysieren.

Beispiel 1: Auf dem Eingabeband stehe eine natürliche Zahl $n > 0$. Wir wollen die **Binärdarstellung** von n berechnen, d.h. die Ziffernfolge $a_k, \ldots, a_0$ mit $a_i \in \{0, 1\}$ für $0 \leq i \leq k$ und $a_k = 1$ und

$$n = \sum_{i=0}^{k} a_i 2^i$$

Die Ziffernfolge soll als Wort $a_k \ldots a_0 \in \{0, 1\}^*$ ausgegeben werden. Die Grobstruktur unserer Lösung ist:

1) lies n ein;
2) berechne k;
3) berechne $a_k, \ldots, a_0$ in dieser Reihenfolge;
4) gib das Wort $a_k \ldots a_0$ aus.

Um k zu berechnen, berechnen wir nacheinander die Zweierpotenzen 2^0, 2^1, ... bis wir eine Zweierpotenz ereichen, die n überschreitet. Die letzte Zweierpotenz, die unterhalb n liegt, liefert dann das gewünschte k. Das führt zu folgendem Programm 6 (wir setzen dazu die Deklarationen **var** N, K, POT: **integer** voraus; ferner habe N den Wert n):

$K := 0$; $POT := 1$;
$(*$ es ist $POT = 2^K$, $POT \leq N$ und $N = n$ $*)$

while $POT + POT \leq N$
do $(*$ es ist $POT = 2^K$, $2 \cdot POT \leq N$ und $N = n$ $*)$
   $K := K + 1$; $POT := POT + POT$
   $(*$ es ist $POT = 2^K$, $POT \leq N$ und $N = n$
od;

$(*$ es ist $POT = 2^K$, $POT \leq N < 2 \cdot POT$ und $N = n$, d.h. $K = k$ $*)$

———————————— **Prog. 6** ————————————

Wir haben nun $k (= K)$ und $2^k (= POT)$. Da wir K bei jedem Schleifendurchlauf um 1 erhöhen, K den Anfangswert 0 und den Endwert $k = \lfloor \log n \rfloor$ hat, ist die Laufzeit dieses Programmstücks $O(\log n)$. Wir können nun die Folge $a_k, \ldots, a_0$

schrittweise bestimmen. Zunächst ist natürlich $a_k = 1$. Wir ziehen nun $a_k \cdot 2^k$ von n ab, berechnen 2^{k-1} und können dann durch den Vergleich $n - a_k 2^k \geq 2^{k-1}$ den Wert von a_{k-1} bestimmen. Wir ziehen dann $a_{k-1} 2^{k-1}$ ab, berechnen $a_{k-2}, \ldots$. Dies führt zu Programm 7 (wir setzen die zusätzliche Deklaration **var** *RES*: **string** voraus).

$(*$ es ist $POT = 2^K$, $POT \leq n < 2 \cdot POT$ und $N = n$ $*)$
$RES := ""$;
$(*$ es ist $POT = 2^K$, $K = k$, $RES = a_k \ldots a_{K+1}$ und $N = \sum_{i=0}^{K} a_i 2^i$ $*)$

while $K \geq 0$
do $(*$ es ist $POT = 2^K$, $k \geq K \geq 0$, $RES = a_k \ldots a_{K+1}$ und $N = \sum_{i=0}^{K} a_i 2^i$ $*)$

    if $N \geq POT$ **then** $(* \ a_K = 1 \ *)$
                            $RES := RES."1"$;
                            $N := N - POT$
              else $(* \ a_K = 0 \ *)$
                            $RES := RES."0"$
    fi;
    $K := K - 1; POT := POT/2$
    $(*$ es ist $k \geq K \geq -1$, $RES = a_k \ldots a_{K+1}$ und $N = \sum_{i=0}^{K} a_i 2^i$;
      ferner ist $POT = 2^K$ falls $K \geq 0$ $*)$
od

$(*$ es ist $RES = a_k \ldots a_{K+1}$ und $K = -1$, d.h. $RES = a_k \ldots a_0$ $*)$
—————————————— **Prog. 7** ——————————————

Die Laufzeit dieses Programms ist offensichtlich $O(k) = O(\log n)$. Insgesamt erhalten wir Programm 8.

Beispiel 2: Auf dem Eingabeband stehe ein Wort $s = s_k \ldots s_0$ mit $s_i \in \{0, 1\}$. Wir sollen das Wort $rev(s) = s_0 \ldots s_k$ berechnen und ausgeben. Dieses Problem hat eine sehr einfache Lösung. Wir brauchen s nur schrittweise durch wiederholtes Streichen des ersten Zeichens zu verkürzen und gleichzeitig das Resultat aufzubauen. Programm 9 zeigt das entsprechende PROSA-Programm.

Die Laufzeit dieses Programms ist offensichtlich $O(k + 1)$, da wir bei jedem Schleifendurchlauf ein Zeichen von s streichen.

Beispiel 3: Auf dem Eingabeband stehen zwei natürliche Zahlen n und m, $n > 0$, $m > 0$. Wir wollen das Produkt $n \cdot m$ berechnen, ohne den Multiplikationsoperator zu benutzen. Sei dazu $a_k \ldots a_0$ die Binärdarstellung von n mit $a_k = 1$, $a_i \in \{0, 1\}$, $n = \sum_{i=0}^{k} a_i 2^i$.

```
program Binärdarstellung;
(* auf dem Eingabeband stehe eine natürliche Zahl n > 0.
   Seien k ∈ ℕ₀, aₖ,...,a₀ ∈ {0,1} definiert durch
```

$a_k = 1$ und $n = \sum_{i=0}^{k} a_i 2^i$. Das folgende Programm
berechnet das Wort $a_k \ldots a_0$ in der Zeit $O(k) = O(\log n)$ *)

```
var N, K, POT: integer; var RES: string;
begin
        read N;
        K := 0; POT := 1;


        while POT + POT ≤ N
        do (* es ist POT = 2^K, 2·POT ≤ N und N = n *)
           K := K + 1; POT := POT + POT
        od;


        (* es ist POT = 2^K, K = k, N = n *)
        RES := "";


        while K ≥ 0
        do (* es ist POT = 2^K, RES = aₖ...a_{K+1}, k ≥ K ≥ 0
              und N = ∑_{i=0}^{K} aᵢ2ⁱ *)


            if N ≥ POT then RES := RES."1";
                            N := N - POT
                       else RES := RES."0"
            fi;
            K := K - 1; POT := POT/2
        od


        (* es ist RES = aₖ...a₀ *)
        print RES
end.
```

--- **Prog. 8** ---

Nach Beispiel 1 können wir das Wort $a_k \ldots a_0$ in Zeit $O(k)$ berechnen. Es ist dann

$$m \cdot n = m \cdot \sum_{i=0}^{k} a_i 2^i = \sum_{i=0}^{k} a_i m 2^i$$

Die letztere Summe können wir nun leicht nach dem uns aus Abschnitt 3.3 bekannten Hornerschema berechnen. Dies führt insgesamt zu Programm 10.
Die Laufzeit des Programms aus Beispiel 1 war $O(k)$. Dieselbe Laufzeitabschätzung gilt für den hinzugefügten Teil, da wir in jedem Schleifendurchlauf ein Zeichen von RES streichen. Also ist die Laufzeit insgesamt $O(k) = O(\log n)$.

---

program *Umdrehen_eines_Wortes*;
(* auf dem Eingabeband steht ein Wort $s = s_k \ldots s_0$.
   Wir berechnen das Wort $s_0 \ldots s_k$ in der Zeit $O(k+1)$ *)
var S, RES: **string**;
begin
    read S; $RES := $ ""$;
    while not empty S
    do (* es gibt ein $i \geq 0$ mit $S = s_i \ldots s_0$ und $RES = s_{i+1} \ldots s_k$ *)
       $RES := $ (**convcs hd** S)$.S$; $s := $ **tl** S
    od;
    (* $S = \epsilon$ und $RES = rev(s)$ *)
    print RES
end.

——————————————— **Prog. 9** ———————————————

---

program *Multiplikation*;
(* auf dem Eingabeband stehen die natürlichen Zahlen n und m; sei $a_k \ldots a_0$
   mit $a_i \in \{0,1\}$, $a_k = 1$, und $n = \sum_{i=0}^{k} a_i 2^i$ die Binärdarstellung von n.
   Wir berechnen $n \cdot m$ in Zeit $O(\log\ n)$*.
var N, M, POT, K, ERG: **integer**; **var** RES: **string**;
begin
    read N; **read** M;
    (* benutze das Programm von Beispiel 1, um $RES = a_k \ldots a_0$ zu berechnen.
      Wir verzichten darauf, dieses Programm hier einzukopieren.
      Es ist ferner $M = m$ *)
    $ERG := 0$;
    while not empty RES
    do (* es gibt ein $i \geq 0$ mit $RES = a_i \ldots a_0$ und
        $ERG = m \cdot \sum_{j=i+1}^{k} a_j 2^{j-(i+1)}$ *)
      if hd $RES = $ '1'
      then $ERG := ERG + ERG + M$
      else $ERG := ERG + ERG$
      fi;
      $RES := $ **tl** RES
    od;

    (* es ist $ERG = n \cdot m$ *)
    print ERG
end.

——————————————— **Prog. 10** ———————————————

Beispiel 4:

Die kontextfreie Grammatik $G = (\{S\}, \{[,], (,)\}, \{S \rightarrow \epsilon|[S]|(S)|SS\}, S)$ erzeugt die wohlgeformten Ausdrücke über zwei Arten von Klammern, runden und eckigen. Wir wollen ein Programm schreiben, das für ein Wort $w \in \{(,), [,]\}^*$ entscheidet, ob $w \in L_G$ gilt oder nicht. Wir gehen dazu wie im Kapitel II vor und realisieren einen Kellerautomaten, der die Sprache erkennt. Dieser Automat liest das Wort von links nach rechts. Öffnende Klammern werden in den Keller (**var** K: **string**) geschrieben, bei einer schließenden Klammer vergleichen wir ihre Art mit der der obersten Klammer im Keller. Wenn die Arten (rund bzw. eckig) übereinstimmen, fahren wir fort, wenn sie nicht übereinstimmen, weisen wir das Wort zurück. Diese Überlegungen führen zu Programm 11.

```
program Klammern;
(* auf dem Eingabeband steht ein Wort w ∈ {(,), [,]}*.
   Wir entscheiden w ∈ L_G in Zeit O(|w|). In der Formulierung
   der Invarianten benutzen wir die Funktion rev aus Beispiel 2 *)
var W, K : string; var C : char; var RES : bool;
begin
    read W; K := ""; RES := true;

    while not empty W and RES
    do (* w ∈ L_G genau dann, wenn rev(K).W ∈ L_G,
           W ≠ ε, rev(K) ∈ {(, [}* und RES = true *)

        C := hd W;  W := tl W;
        if C = '(' or C = '['
        then K := convcs C.K
        else  if not empty K
              then if ( C = ')' and hd K = '(' )
                      or ( C = ']' and hd K = '[' )
                   then K := tl K
                   else  RES := false
                   fi
              else  RES := false
              fi
        fi
        (* w ∈ L_G genau, wenn rev(K).W ∈ L_G und RES = true;
           ferner ist rev(K) ∈ {(, [}* *)
    od;
    (* w ∈ L_G genau dann, wenn K = ε und RES = true *)
    print RES and empty K
end.
```

Prog. 11

Wir müssen die angegebenen Invarianten noch etwas erläutern. Es ist klar, daß das Wort K stets nur aus öffnenden Klammern besteht, und daß bei Eintritt in die Schleife $W \neq \epsilon$ und $RES = true$ gilt. Beim ersten Eintritt gilt auch $w \in L_G$ genau dann, wenn $rev(K).W \in L_G$, da $W = w$ und $K = \epsilon$. Wir zeigen nun, daß die Nachbedingung des Schleifenrumpfes gilt, wenn die Vorbedingung gilt. Falls C eine öffnende Klammer ist, ist das klar. Für den Fall der schließenden Klammer haben wir das folgende Lemma.

Lemma 3. *Sei* $k \in \{(,[\}^*$, $c \in \{),]\}$, $v \in \{(,[,),]\}^*$. *Dann ist* $rev(k)cv \in L_G$ *genau dann, wenn folgende drei Bedingungen gelten:*

1) $k \neq \epsilon$
2) $c = \,')'$ *und* $hd(k) = \,'('$ *oder*
   $c = \,']'$ *und* $hd(k) = \,'['$
3) $rev(tl(k))v \in L_G$

Beweis: Sei zunächst $rev(k)cv \in L_G$. Dann gilt 1), da kein Wort in L_G mit einer schließenden Klammer beginnt, es gilt 2), weil die Zeichenkombinationen $(]$ und $[)$ in einem Wort aus L_G nicht vorkommen, und es gilt 3), da man durch Streichen des ersten Klammerpaares aus einem Wort in L_G wieder ein Wort in L_G erhält (Der Leser sollte versuchen, dieses knappe Argument auszuarbeiten).
Gelten nun umgekehrt die Bedingungen 1), 2) und 3), dann ist auch $rev(k)cv \in L_G$, da man in ein Wort in L_G an beliebiger Stelle ein Klammerpaar einfügen darf und wieder ein Wort in L_G erhält. ∎

Aus dem Lemma und der Bemerkung davor schließen wir, daß die Nachbedingung des Rumpfes gilt, wenn die Vorbedingung gilt. Aus der Nachbedingung und der Abfrage **not empty** W **and** RES folgt die Vorbedingung. Damit ist die Schleifeninvariante verifiziert. Beim Verlassen der Schleife gilt:

1) $w \in L_G$ genau dann, wenn $rev(K).W \in L_G$ und $RES = true$
2) $rev(K) \in \{(,[\}^*$
3) $W = \epsilon$ oder $RES = false$

Daraus folgt: $w \in L_G$ genau dann, wenn $K = \epsilon$ und $RES = true$.

Sei nämlich $w \in L_G$. Dann ist $RES = true$ nach 1) und damit $W = \epsilon$ nach 3) und damit $rev(K) \in L_G$ nach 1). Wegen $rev(K) \in \{(,[\}^*$ folgt daraus $K = \epsilon$. Sei nun umgekehrt $K = \epsilon$ und $RES = true$. Dann folgt $W = \epsilon$ aus 3) und damit $rev(K).W = \epsilon \in L_G$. Also ist $w \in L_G$ nach 1) und die Korrektheit des Programms ist bewiesen.

Die Laufzeit ist offensichtlich $O(|w|)$, da in jedem Schleifendurchlauf ein Zeichen von W gestrichen wird.

Kapitel IV

Datenstrukturen

Die fünf bisher in PROSA bekannten Typen (*int*, *real*, *bool*, *char*, *string*) hatten wir "elementar" genannt; in diesem Kapitel führen wir komplexe Datentypen, nämlich Felder und Verbunde, und Zeigervariable ein. Ein Feld (array, row) ist eine Zusammenfassung von mehreren Variablen des gleichen Typs, ein Verbund (record, structure) ist eine Zusammenfassung von mehreren Variablen beliebigen Typs. Die Zeiger sind eine neue Menge von Variablen; eine Zeigervariable kann als Wert einen Verbund annehmen. Diese neuen Konstrukte steigern die Ausdruckskraft von PROSA wesentlich. Denn ein Mathematiker würde wohl kaum ein Programm zur Lösung eines Gleichungssystems $A \cdot x = b$ in einer Sprache schreiben, die ihm den Datentypen Feld nicht anbieten würde. Erst mithilfe dieses Typs kann er die Matrix A der Koeffizienten und die Vektoren x und b deklarieren und benutzen. Verbunde zusammen mit Zeigern erlauben den Aufbau großer Geflechte, etwa die für effizientes Suchen geeignete Abspeicherung von großen Datenmengen in "geordneten" Bäumen. Insbesondere kann ein Programm nach Bedarf, z.B. je nach Länge der Eingabe neue Verbundobjekte kreieren. Im bisherigen PROSA ist die Anzahl der Variablen, mit denen ein Programm arbeiten kann, aus dem Deklarationsteil ersichtlich und damit fest.

Dieses Kapitel ist wie folgt aufgebaut. Im ersten Abschnitt führen wir Felder ein und erläutern sie durch einige Beispiele. Im zweiten Abschnitt tun wir das gleiche für Verbunde und Zeiger. Im dritten Abschnitt schließlich beschreiben wir die neuen Konzepte formal und geben die erweiterte Syntax und Semantik von PROSA genau an.

4.1 Felder

Ein Feld ist eine Zusammenfassung mehrerer Variablen des gleichen Typs. Dabei können die Variablen in einer oder mehreren Dimensionen angeordnet werden. Ein Feld der Dimension eins ist ein Vektor, ein Feld der Dimension zwei ist eine Matrix, usw.. Die Abbildung 1 zeigt ein eindimensionales und ein zweidimensionales Feld. Das eindimensionale Feld faßt drei Variablen vom Typ *int* zusammen, die durch die Indizes 1, 2 und 3 ausgewählt werden. Das zweidimensionale Feld faßt vier Variablen vom Typ *int* zusammen, die durch die Indexpaare (4,2), (4,3), (5,2) und (5,3) ausgewählt werden.

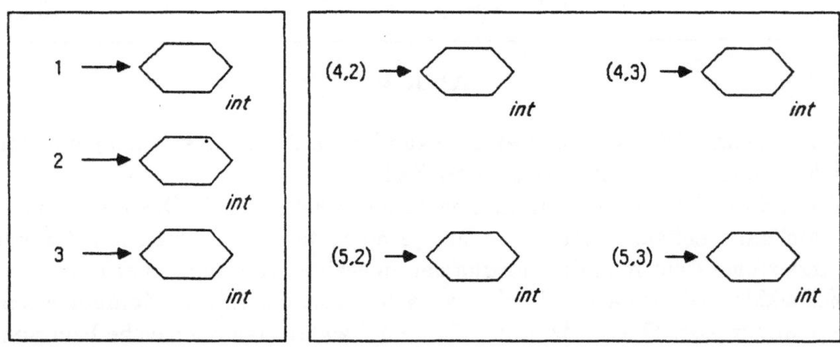

Abb. 1

Ein Feldobjekt kreiert man durch eine Deklaration, in der man es auch gleich an einen Namen bindet. Durch die **Felddeklarationen**

    var *v*: **array** [1..3] **of integer**;

    var *m*: **array** [4..5, 2..3] **of integer**;

erhält man die Umgebung von Abbildung 2.

In der Deklaration eines Feldes beschreibt man den Typ der einzelnen Feldkomponente (in unserem Beispiel *int*) und gibt die Dimension des Feldes an. Für jede der Dimensionen gibt man den Indexbereich (in unserem Beispiel 1..3 (lies: 1 bis 3) bzw. 4..5 und 2..3) an. Abarbeitung einer solchen Deklaration erzeugt das entsprechende Feldobjekt und bindet es an den in der Deklaration angegebenen Namen. Beachten Sie, daß die Namen *v* und *m* durch die obigen Deklarationen an Feldobjekte gebunden werden und nicht an Variable. Allerdings sind in einem Feldobjekt mehrere Variablen zu einem Ganzen zusammengefaßt und dies erklärt historisch die Verwendung des Wortsymbols **var** in einer Felddeklaration. Die Autoren bevorzugen, **var** als Zusammensetzung der Buchstaben v (für Variable), a (für Array) und r (für Record) zu interpretieren. Dann werden Variablendeklarationen (z.B. **var** *x*: **integer**), Felddeklarationen (z.B. **var** *m*: **array**[4..5,2..3] **of integer**) und Recorddeklarationen (z.B. **var** *y*: **record** *alter*: **integer**; *name*: **string end**) sämtlich

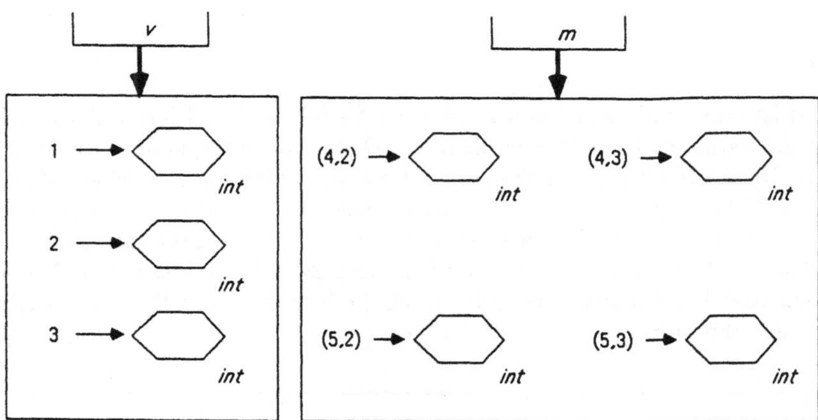

Abb. 2

durch das gleiche Wortsymbol **var** angekündigt und erst das Wortsymbol hinter dem Doppelpunkt unterscheidet die drei Fälle.

Wie wählt man nun eine Komponente eines Feldes aus? Dazu gibt man eine Folge von ganzzahligen Ausdrücken an, je einen für jede Dimension des Feldes. Diese Indexfolge stellt man dem Feldnamen in eckigen Klammern nach. In unserem Beispiel wählen wir etwa durch $v[2]$, $v[3 * 5 - 12]$ und $m[5,2]$ Komponenten der Felder v und m aus. Durch $v[3]$ und $v[3*5-12]$ wählt man die gleiche Komponente des Feldes v aus. Die auf diese Weise gebildeten Namen für Feldkomponenten können wir nun wie die Namen einfacher Variablen in Ausdrücken und Zuweisungen benutzen. Die Abarbeitung der folgenden Zuweisungen

$$v[2] := 2; \; v[3] := 17;$$

$$m[4,2] := 4; \; m[4,3] := 19; \; m[5,2] := 33, \; m[5,3] := 0;$$

$$v[v[2] - 1] := m[4,2] * v[2] + m[4,3] * v[3];$$

liefert die Umgebung von Abbildung 3.

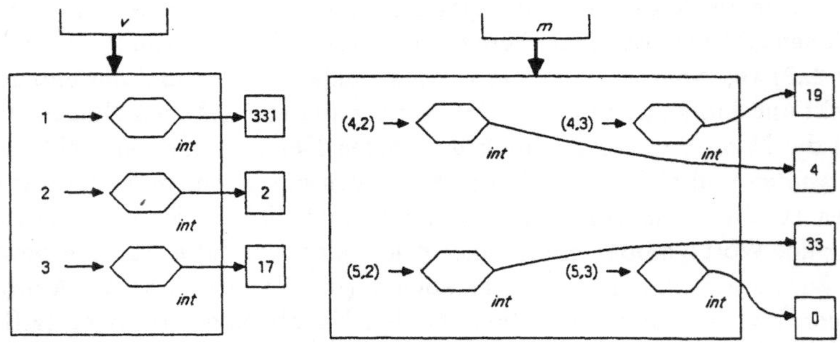

Abb. 3

Sehen wir uns die letzte dieser Zuweisungen genauer an. Der Ausdruck $m[4,2] * v[2] + m[4,3] * v[3]$ hat den Wert $4 \cdot 2 + 19 \cdot 17 = 331$. Dieser Wert wird an die Variable mit dem Namen $v[v[2] - 1]$ zugewiesen. Welche Variable ist das? Der Ausdruck $v[2] - 1$ auf Indexposition hat den Wert $2 - 1 = 1$ und daher bezeichnet der Name $v[v[2] - 1]$ die gleiche Variable wie der Name $v[1]$. Es wird also der Wert 331 an die durch 1 ausgewählte Komponente des Feldes v zugewiesen.

Allgemein hat die Deklaration eines k-dimensionalen Feldes die Form

$$\textbf{var } x\text{: } \textbf{array } [u_1..o_1, u_2..o_2, \ldots, u_k..o_k] \textbf{ of } t,$$

wobei $x \in \langle Name \rangle$ ein Name ist, t ein elementarer oder Zeigertyp ist und die Indexgrenzen $u_1, o_1, \ldots, u_k, o_k$ Standardbezeichnungen oder Konstantenbezeichnungen für ganze Zahlen sind. Zeigertypen werden in Abschnitt 4.2 behandelt. (Im Kapitel 5 werden wir bei der Diskussion von **dynamischen** Feldern beliebige Ausdrücke zur Angabe der Indexgrenze zulassen). Die Abarbeitung dieser Deklaration erzeugt ein Feldobjekt und bindet es an den Namen x, d.h. nach Abarbeitung dieser Deklarationen ist $b(x) = f$ wobei f eine injektive Abbildung des Indexbereichs $[wu_1, wo_1] \times [wu_2, wo_2] \times \ldots \times [wu_k, wo_k]$ in die Variablen vom Typ t ist. Dabei ist wu_i(bzw. wo_i) der Wert des Ausdrucks u_i(bzw. o_i), d.h. $wu_i = c(u_i)$, wenn u_i eine Standardbezeichnung ist, und $wu_i = b(u_i)$, wenn u_i eine Konstantenbezeichnung ist, und $[wu_i, wo_i] = \{n \in \mathbf{Z} \mid wu_i \leq n \leq wo_i\}$. Wenn nun x der Name eines k-dimensionalen Feldes vom Typ t ist und $e_1, \ldots, e_k$ Ausdrücke vom Typ int sind, dann ist $x[e_1, \ldots, e_k]$ ein Bezeichner einer Variablen vom Typ t. In der Umgebung (b, s) bezeichnet $x[e_1, \ldots, e_k]$ die Variable $b(x)(I(b, s, e_1), \ldots, I(b, s, e_k))$, d.h. die Ausdrücke $e_1, \ldots, e_k$ werden in der Umgebung (b, s) ausgewertet und in dem Feldobjekt $b(x)$ wird die durch die Werte dieser Ausdrücke bestimmte Komponente ausgewählt.

Wir kommen nun zu den Anwendungsbeispielen.

Beispiel 1 (Skalarprodukt zweier Vektoren): Auf dem Eingabeband stehen 20 reelle Zahlen. Die ersten zehn sind die Komponenten eines Vektors A und die letzten zehn sind die Komponenten eines Vektors B. Wir berechnen das Skalarprodukt der beiden Vektoren (siehe Prog. 1).

Beispiel 2 (Bildkomprimierung): In der graphischen Datenverarbeitung werden zweidimensionale Felder oft zur Darstellung von Bildern benutzt. Ein Schwarzweißbild auf einem Raster der Größe 1000 mal 1000 können wir etwa in einem Feld

$$\textbf{var } Bild\text{: } \textbf{array } [1..1000, 1..1000] \textbf{ of boolean};$$

abspeichern. Der Bildpunkt mit den Koordinaten i, j ist dann hell, genau wenn $Bild[i,j] = true$. Es ist oft wünschenswert, z.B. bei der Archivierung oder bei der Übertragung, die in einem Bild enthaltene Information zu komprimieren. In einer oft benutzten Methode geht man dazu das Bild zeilenweise von oben nach unten durch und gibt immer die Länge von Folgen gleicher Wertigkeit an. Zusammen mit dem Wert des Bildpunkts $Bild[1, 1]$ beschreibt diese Kodierung das Bild vollständig. Das folgende Bild (h $= true$, d $= false$) der Größe 5 mal 5 wird also wie in Abbildung 4 kodiert.

```
program Skalarprodukt;
var i: integer; var s: real;
var A: array [1..10] of real; var B: array [1..10] of real;
begin i := 1; while i ≤ 10 do read A[i]; i := i + 1 od;
      i := 1; while i ≤ 10 do read B[i]; i := i + 1 od;
      (* wir haben nun die beiden Vektoren eingelesen
```

und berechnen nun $\sum_{j=1}^{i-1} A[j] \cdot B[j]$ für $i = 1,\dots,11$; *)

```
      i := 1; s := 0.0;
```

(* es gilt: $s = \sum_{j=1}^{i-1} A[j] \cdot B[j]$ und $i \leq 11$; *)

```
      while i ≤ 10
```

do (* es gilt $s = \sum_{j=1}^{i-1} A[j] \cdot B[j]$ und $i \leq 10$; *)

```
        s := s + A[i] * B[i];
        i := i + 1
```

(* es gilt $s = \sum_{j=1}^{i-1} A[j] \cdot B[j]$ und $i \leq 11$ *)

```
      od;
```

(* es gilt $s = \sum_{j=1}^{i-1} A[j] \cdot B[j]$ und $i \leq 11$ und $i > 10$, d.h. $i = 11$,
und daher gilt
$s = \sum_{j=1}^{10} A[j] \cdot B[j]$; *)

```
      print s
end.
```

―――――――――――― **Prog. 1** ――――――――――――

<pre>
d   d   d   d   d
h   h   h   h   h   Kodierung   false, 5, 5, 2, 1, 4, 1, 4, 1, 2
d   d   h   d   d   ――――――→   ↑
d   d   h   d   d   steht für die d's in den Positionen
d   d   h   d   d   Bild[3, 4], Bild[3, 5], Bild[4, 1], Bild[4, 2]
</pre>

Abb. 4

Der Anweisungsteil in Prog. 2 berechnet die Kodierung eines Bildes. Wir setzen die Deklarationen **var** i, j, *Länge*: **integer**; **var** *aktuell*: **boolean**; voraus.

Beispiel 3 (Suchen in einem sortierten Feld): Für die folgenden Beispiele setzen wir die Deklarationen

var A: **array** [1..10000] **of real**; **var** x: **real**;

var *unten*, *oben*, i, *nächster*: **integer**;

voraus. Das Feld A sei bereits initialisiert, und es gelte $A[1] \leq A[2] \leq \dots \leq A[10000]$. Auch sei in x eine reelle Zahl gespeichert. Wir wollen nach x in dem

```
(* in dem Feld Bild steht das zu komprimierende Bild; *)
print Bild[1,1];
aktuell := Bild[1,1]; i := 1; Länge := 0;
while i ≤ 1000
do (* wir gehen jetzt die i-te Zeile durch; *)
    j := 1;
    while j ≤ 1000
    do (* die letzten Länge Bildpunkte einschließlich Bild[i,j − 1]
          (bzw. Bild[i − 1, 1000], falls j = 1) haben den Wert aktuell *)
       if Bild[i,j] = aktuell
       then (* Bild[i,j] hat den gleichen Wert wie der Bildpunkt davor *)
            Länge := Länge + 1
       else (* der Wert ändert sich und wir müssen eine Folge abschließen *)
            print Länge; Länge := 1; aktuell := Bild[i,j]
       fi;
       j := j + 1
    od;
i := i + 1
od
```

———————————————— **Prog. 2** ————————————————

Feld A suchen, d.h. nach Beendigung des Programms soll entweder ein Index i, gefunden sein mit $A[i] = x$ oder es soll sicher sein, daß $A[j] \neq x$ für alle j, $1 \leq j \leq 10000$. Die einfachste Vorgehensweise ist es, das Feld A linear zu durchsuchen, d.h. x nacheinander mit $A[1], A[2], \ldots$ zu vergleichen. Nehmen wir einmal an, wir hätten x schon mit $A[1], \ldots, A[i − 1]$ verglichen und x noch nicht gefunden, d.h. x kann nur noch eines der Elemente $A[i], \ldots, A[10000]$ sein. Wenn nun $i = 10000$ oder $x \leq A[i]$ ist, dann kann x nur noch gleich $A[i]$ sein, wenn es überhaupt im Feld vorhanden ist. Ein einfacher Vergleich schließt daher die Suche ab. Andernfalls, d.h. falls $i < 10000$ und $x > A[i]$, erhöhen wir i um 1 und sind wieder in der Situation von oben. Diese Überlegungen führen zu folgendem Anweisungsteil; bei der Formulierung der Zusicherungen benutzen wir S für die Menge $\{A[1], \ldots, A[10000]\}$.

Das Programm Prog. 3 zur Suche in einem geordneten Feld braucht bis zu 10000 Durchläufe der Schleife, um zu entscheiden, ob x im Feld A vorkommt. In jedem Schleifendurchlauf wird die Wertzuweisung $i := i + 1$ ausgeführt und der Ausdruck $x > A[i]$ **and** $i < 10000$ ausgewertet. Die Laufzeit des Programms auf der PROSA-Maschine ist also höchstens $20000 + c$, wobei c eine kleine Konstante ist, die die Übergänge außerhalb der Schleife berücksichtigt. Dabei wiegt allerdings die Auswertung der Schleifenbedingung schwerer als die Zuweisung (vgl. Kapitel V).

Eine kurze Überlegung erlaubt es, die Schleifenbedingung zu vereinfachen. Das Weglassen der Teilbedingung $i < 10000$ führt nur dann zu einem Fehler, wenn

---

$i := 1;$
(* es gilt: $i \leq 10000$ und falls $x \in S$, dann $x \in \{A[i], \ldots, A[10000]\}$ *)
while $x > A[i]$ **and** $i < 10000$
do (* es gilt: $i < 10000$ und falls $x \in S$, dann $x \in \{A[i + 1], \ldots, A[10000]\}$; *)
   $i := i + 1$
   (* es gilt: $i \leq 10000$ und falls $x \in S$, dann $x \in \{A[i], \ldots, A[10000]\}$ *)
od;
(* es gilt: $i \leq 10000$ und falls $x \in S$, dann $x \in \{A[i], \ldots, A[10000]\}$ und
$(x \leq A[i]$ oder $i \geq 10000)$; oder anders formuliert: falls $x \in S$, dann $x = A[i]$ *)
if $x = A[i]$
   then (* es gilt: $x \in S$ *)
      print i
   else (* es gilt: $x \notin S$ *)
      print "nicht gefunden"
fi

—————————————— **Prog. 3** ——————————————

$x > A[j]$ für alle j, $1 \leq j \leq 10000$. Wenn wir also ein zusätzliches Feldelement $A[10001]$ hinzufügen und darin eine Zahl abspeichern, die nicht kleiner ist als x, etwa x selbst, dann brauchen wir den Test $i < 10000$ nicht mehr und erhalten den folgenden modifizierten Anweisungsteil.

$i := 1;\ A[10001] := x;$
(* es gilt: $i \leq 10001, A[10001] = x$ und falls $x \in S$, dann $x \in \{A[i], \ldots, A[10000]\}$ *)
while $x > A[i]$
do (* es gilt: $i \leq 10001, A[10001] = x$, falls $x \in S$, dann $x \in \{A[i], \ldots, A[10000]\}$
   und $x > A[i]$;
   es gilt: $i \leq 10000, A[10001] = x$, falls $x \in S$, dann $x \in \{A[i + 1], \ldots, A[10000]\}$ *)
   $i := i + 1$
   (* es gilt: $i \leq 10001, A[10001] = x$, falls $x \in S$, dann $x \in \{A[i], \ldots, A[10000]\}$ *)
od;
(* es gilt: $i \leq 10001, A[10001] = x$, falls $x \in S$, dann $x \in \{A[i], \ldots, A[10000]\}$
und $x \leq A[i]$ *)
if $x = A[i]$ und $i \neq 10001$
  then (* $x \in S$ *)
      print i
  else (* $x \notin S$ *)
      print "nicht gefunden"
fi

—————————————— **Prog. 4** ——————————————

Die Laufzeit des modifizierten Programms ist höchstens $20000 + c + 1$ (die $+1$

zählt die Anweisung $A[10001] := x$), also etwas höher als die des Ausgangsprogramms. Auf einer realen Maschine wird allerdings das modifizierte Programm schneller laufen, da die einfachere Bedingung schneller ausgewertet werden kann (vgl. Kapitel V, Aufgaben).

Bei obiger Modifikation haben wir an der Strategie der linearen Suche nichts geändert, wir haben sie nur geschickter implementiert. Bei der linearen Suche schneiden wir vom Suchraum in jeder Iteration ein Element ab und brauchen daher bis zu 10000 Iterationen zur Lösung des Suchproblems. Wir können viel geschickter vorgehen und die Größe des Suchraums in jedem Schritt halbieren (sogenannte **Binärsuche**). Nehmen wir an, wir hätten Indizes *unten* und *oben*, *unten* $\leq$ *oben*, und wüßten, daß aus $x \in S$ folgt $x \in \{A[\textit{unten}], \ldots, A[\textit{oben}]\}$. Falls nun *oben* $<$ *unten*, dann ist $x \notin S$. Falls *unten* $\leq$ *oben*, dann wählen wir einen Index *nächster* mit *unten* $\leq$ *nächster* $\leq$ *oben*, etwa *nächster* $:= \lfloor(\textit{unten} + \textit{oben})/2\rfloor$ (binäres Suchen!), und vergleichen x mit $A[\textit{nächster}]$. Falls $x = A[\textit{nächster}]$, dann können wir die Suche beenden (im Programm merken wir uns das in einer booleschen Variable), falls $x < A[\textit{nächster}]$, dann können wir die Suche auf die Menge $\{A[\textit{unten}], \ldots, A[\textit{nächster} - 1]\}$ einengen (im Programm tun wir das, indem wir *oben* $:=$ *nächster* $- 1$ ausführen), und falls $x > A[\textit{nächster}]$, dann können wir die Suche auf die Menge $\{A[\textit{nächster} + 1], \ldots, A[\textit{oben}]\}$ einengen (*unten* $:=$ *nächster* $+ 1$). Diese Überlegungen führen zu folgendem Programm, in dem der Leser die Zeilen (3), (6), (16) und (19) zunächst ignorieren kann.

In Zeile (7) wird an *nächster* der ganzzahlige Anteil der Division von *unten* $+$ *oben* durch 2 zugewiesen. Diesen Befehl gibt es in fast allen Programmiersprachen, und wir benutzen ihn daher auch in PROSA, obwohl wir im Abschnitt 3.7.2 über Ausdrücke "vergessen" haben, ihn einzuführen.

Die (partielle) Korrektheit dieses Programms folgt unmittelbar aus den Zusicherungen. Bevor wir die Termination zeigen und die Laufzeit abschätzen, illustrieren wir das Programm an einem Beispiel. Sei dazu $A[i] = i$, $1 \leq i \leq 10000$ und $x = 4053$. Dann ergeben sich die folgenden Werte bei der $k+1$-ten Ausführung des Rumpfs der Schleife, genauer nach der $k+1$-ten Ausführung von Zeile (7).

k	*unten*	*oben*	*nächster*	*oben* $-$ *unten* $+ 1$
0	1	10000	5000	10000
1	1	4999	2500	4999
2	2501	4999	3750	2499
3	3751	4999	4375	1249
4	3751	4374	4062	624
5	3751	4061	3906	311
6	3907	4061	3984	155
7	3985	4061	4023	77
8	4024	4061	4042	38
9	4043	4061	4052	19
10	4053	4061	4057	9
11	4053	4056	4054	4
12	4053	4053	4053	1

---

(1) *unten* := 1; *oben* := 10000; *gefunden* := **false**;
(2) (*falls $x \in S$, dann $x \in \{A[unten], \ldots, A[oben]\}$ *)
(3) (* k := 0; es gilt: $oben - unten + 1 \leq 10000/2^k$ *)
(4) **while not** *gefunden* **and** *unten* $\leq$ *oben*
(5) **do** (* *unten* $\leq$ *oben* und falls $x \in S$, dann $x \in \{A[unten], \ldots, A[oben]\}$;
(6) $oben - unten + 1 \leq 10000/2^k$; *)

(7)   *nächster* := $\lfloor (unten + oben)/2 \rfloor$;
(8)   (* *unten* $\leq$ *nächster* $\leq$ *oben*; *)
(9)   **if** $x = A[nächster]$
(10)   **then** *gefunden* := **true**
(11)   **else** (* $x \neq A[nächster]$; *)
(12)   **if** $x < A[nächster]$
(13)   **then** *oben* := *nächster* $- 1$
(14)   **else** *unten* := *nächster* $+ 1$
(15)   **fi**
(16)   (* k := $k + 1$; *)
(17)   **fi**

(18)   (* falls *gefunden* = *true*, dann $x = A[nächster]$ und
              falls *gefunden* = *false*, dann folgt aus $x \in S$ sogar
              $x \in \{A[unten], \ldots, A[oben]\}$;
(19) $oben - unten + 1 \leq 10000/2^k$ *)
(20) **od**;
(21) (* falls *gefunden* = *true* dann $x = A[nächster]$ und
          falls *gefunden* = *false* dann $oben < unten$ und $x \notin S$; *)

──────────────── **Prog. 5** ────────────────

Mit nur 13 Durchläufen der Schleife finden wir in diesem Beispiel das Element x. Wir sehen ferner, daß der Wert des Ausdrucks $oben - unten + 1$ bei jedem Durchlauf der Schleife halbiert wird. Das wollen wir nun allgemein zeigen. Dazu führen wir in Gedanken die Variable k in das Programm ein und zählen in ihr die Schleifendurchläufe. Da wir k nicht tatsächlich einführen, setzen wir die Wertzuweisungen für k in Kommentare. Die Behauptung über den Wert des Ausdrucks $oben - unten + 1$ können wir nun als die Zusicherung $oben - unten + 1 \leq 10000/2^k$ formulieren. Es bleibt, uns von der Korrektheit dieser Zusicherung zu überzeugen. Zunächst beobachten wir, daß k genau dann um eins erhöht wird, wenn sich auch der Wert des Ausdrucks $oben - unten + 1$ ändert. Es ist dann $x \neq A[nächster]$, und der neue Wert des Ausdrucks ist entweder $nächster - 1 - unten + 1$ oder $oben - (nächster + 1) + 1$. In jedem Fall ist der neue Wert des Ausdrucks beschränkt durch

$$\max(n\ddot{a}chster - unten, oben - n\ddot{a}chster)$$
$$\leq \max(\lfloor(unten + oben)/2\rfloor - unten, oben - \lfloor(unten + oben)/2\rfloor)$$
$$\leq \max((unten + oben)/2 - unten, oben - (unten + oben)/2 + 1/2)$$
$$\leq \max((oben - unten)/2, (oben - unten + 1)/2)$$
$$\leq (oben - unten + 1)/2,$$

wobei die zweite Ungleichung aus der Tatsache folgt, daß $(unten + oben)/2$ ein Vielfaches von $1/2$ ist. Wir haben damit gezeigt, daß die Zusicherung $oben - unten + 1 \leq 10000/2^k$ eine Invariante der Schleife ist.

Es ist nun leicht, eine obere Schranke für die Anzahl der Schleifendurchläufe herzuleiten. Wenn man Zeile (6) erreicht, ist $unten \leq oben$ und daher $1 \leq oben - unten + 1 \leq 10000/2^k$. Daraus folgt $2^k \leq 10000$ oder $k \leq \log 10000 = 13, \ldots$. Da k bei jeder Ausführung des Rumpfes, außer der letzten, um 1 erhöht wird, folgt daraus, daß der Rumpf höchstens 14mal ausgeführt wird, nämlich für $k = 0, 1, \ldots, 13$ (Es kann für ein konkretes x durchaus vorkommen, daß wir weniger als 14 Ausführungen des Rumpfes benötigen). Da einmaliges Ausführen des Rumpfes höchstens 4 PROSA-Schritte kostet, schließen wir, daß die Gesamtlaufzeit durch $4 \log 14 + c$ beschränkt ist. Dabei ist c eine kleine Konstante, die die Schritte außerhalb der Schleife zählt. Allgemein ist für ein Feld A: **array**$[1..n]$ die Laufzeit durch $c + 4(1 + \log n) = O(\log n)$ beschränkt. Die Binärsuche ist also wesentlich schneller als die lineare Suche. Wenn wir etwa in einem Feld mit $2^{20} \approx 10^6$ Elementen suchen, dann braucht die lineare Suche bis zu 2^{20} Iterationen, während die Binärsuche stets mit $1 + \log 2^{20} = 21$ Iterationen auskommt.

Die Binärsuche ist ein Programm mit einer nicht-trivialen Korrektheits- und Laufzeitanalyse. Der Leser sollte zur Überprüfung seines Verständnisses folgende Varianten durchspielen und jeweils Korrektheit und Termination (falls möglich) beweisen.

(1) Die Zeile (7) wird in $n\ddot{a}chster := unten$; abgeändert.

(2) Die Zeile (7) wird in $n\ddot{a}chster := \lceil(unten + oben)/2\rceil$; abgeändert.

(3) Die Zeilen (13) und (14) werden in $oben := n\ddot{a}chster$ bzw. $unten := n\ddot{a}chster$ abgeändert.

Beispiel 4: Wir programmieren den Kellerautomat zur Auswertung von vollständig geklammerten Ausdrücken, wie er in Abschnitt 2.1.3 angegeben wurde. Dieser Kellerautomat benutzt zwei Keller: einen Operandenkeller und einen Operatorkeller. Wir realisieren beide Keller durch je ein Feld und eine Variable.

> **var** *Operandenk*: **array**$[1..100]$ **of real**; **var** *top1*: **integer**;
> **var** *Operatork*: **array**$[1..100]$ **of char**; **var** *top2*: **integer**;

Für jedes der beiden Felder speichern wir in einer Variablen *top1* bzw. *top2* die Länge des benutzten Teils ab, d.h. wenn etwa der Operatorkeller leer ist, dann ist $top2 = 0$ und wenn der Operatorkeller den Inhalt $op_1, op_2, \ldots, op_k$ mit $op_i \in \{+, -, *, /\}$ hat, dann ist $top2 = k$ und $Operatork[i] = op_i$ für $1 \leq i \leq k$.

Die Initialisierung des Kellerautomaten ist nun ganz einfach:

$$top1 := 0; \quad top2 := 0;$$

hält fest, daß beide Keller anfangs leer sind.

Der auszuwertende Ausdruck stehe als Wort über dem Alphabet $\{(,), +, -, *, /, 1, \dashv\}$ auf dem Eingabeband. Wir nehmen der Einfachheit halber für unser Programm an, daß als Operand nur die Zahl 1 und als Operator nur $+$ benutzt wird; der allgemeine Fall bleibt den Übungen überlassen. Der Eingabestring werde ferner durch das Symbol $\dashv$ abgeschlossen. Die Menge der Eingaben wird also durch die folgende Grammatik mit Startsymbol S erzeugt:

$$S \rightarrow A \dashv$$
$$A \rightarrow (A + A) | 1$$

In dem nun folgenden Anweisungsteil (Prog. 6) benutzen wir außer den oben eingeführten Variablen noch die Variable **var** *symbol*: **char**, in die wir stets das nächste Symbol der Eingabe einlesen, und eine Variable **var** *ok*: **boolean**.

Da dieses Programm eine Realisierung des Kellerautomaten von Abschnitt 2.1.3 in PROSA ist, folgt die Korrektheit aus Abschnitt 2.1.3.

Aufgaben zu 4.1

1) Gegeben seien zwei 10×10 Matrizen A, B (sie werden zeilenweise vom Eingabeband eingelesen). Schreiben Sie ein PROSA-Programm, das das Produkt C dieser Matrizen ausrechnet. (Benutzen Sie 2-dimensionale Felder).

2) Gegeben seien zwei Felder p, q: **array**[1..100] **of integer**. Im Feld p stehe eine Permutation der Zahlen 1 bis 100, d.h. $p[i] \in \{1, 2, \ldots, 100\}$ und $p[i] \neq p[j]$ für $i \neq j$. Schreiben Sie ein Programm, das q gemäß p umordnet, d.h.

$$q_{nachher}[p[i]] = q_{vorher}[i] \qquad \text{für } 1 \leq i \leq 100.$$

Hier bezeichnet q_{vorher} ($q_{nachher}$) den Inhalt des Feldes q vor bzw. nach Ausführung des Programms. Argumentieren Sie, daß Ihr Programm korrekt ist. Wie lange läuft Ihr Programm?

3) Diskutieren Sie die drei am Ende von Beispiel 3 angegebenen Varianten der Binärsuche. Geben Sie für eine der drei Varianten ein Beispiel an, für das das Programm *nicht* hält. Beweisen Sie die Korrektheit der beiden anderen Varianten und analysieren Sie die Laufzeit.

```
read symbol; ok := true;
while symbol ≠ '⊣' and ok
do (* der bisher gelesene Teilausdruck wurde gemäß der Tabelle in Abschnitt 2.1.3
       abgearbeitet, symbol enthält das erste Zeichen des Restausdrucks *)
   if symbol = '('
   then (* es gibt nichts zu tun *) symbol := symbol
   else if symbol = '1'
        then (* wir müssen die ganze Zahl 1 in den Operandenkeller kellern *)
                top1 := top1 + 1;
                Operandenk[top1] := 1.0
        else if symbol = '+'
             then top2 := top2 + 1;
                     Operatork[top2] := symbol
             else if symbol = ')'
                  then (* wir müssen jetzt einen Teilausdruck auswerten; dies geht
                          natürlich nur, wenn der Operatorkeller mindestens ein
                          Symbol und der Operandenkeller mindestens zwei
                          Operanden enthält *)
                       if top1 < 2 or top2 < 1
                       then (* die Eingabe ist nicht zulässig *)
                            ok := false
                       else (* Auswerten *)
                            Operandenk[top1 − 1] := Operandenk[top1 − 1]]
                                                    +Operandenk[top1];
                            top1 := top1 − 1; top2 := top2 − 1
                       fi
                  else (* unzulässiges Symbol *) ok := false
                  fi
             fi
        fi
   fi;
   read symbol
od;
if ok and symbol = '⊣' and top1 = 1 and top2 = 0
then (* der Kellerautomat ist in einem Endzustand *)
     print Operandenk[1]
else print "unzulässige Eingabe"
fi
```

──────────────────────────── **Prog. 6** ────────────────────────────

4) Ändern Sie die Zeile (7) der Binärsuche (Beispiel 3) in

$$\text{nächster} := \lfloor (x − A[unten])/A[unten] \rfloor;$$

ab. Warum wird dieses Suchverfahren Interpolationssuche genannt? Beweisen Sie die Korrektheit und die Termination.

5) Erweitern Sie das Programm von Beispiel 4, so daß es
   a) auch die Operatoren −, * und / und
   b) beliebige ganzzahlige Operanden verkraftet.

4.2 Verbunde und Zeiger

Ein Verbund (engl.: Record) ist eine Zusammenfassung mehrerer Variablen beliebigen Typs. Um die verschiedenen Variablen in einem Verbundobjekt ansprechen zu können, benutzt man Namen (Selektoren). Die folgende Abbildung zeigt ein Verbundobjekt, in dem drei Variablen zusammengefaßt sind, die durch die Bezeichner *Vorname*, *Wohnort* und *PLZ* ausgewählt werden. Dieses Verbundobjekt ist vom Typ *Datenblatt*; den neuen Datentyp *Datenblatt* führt man durch eine Typdeklaration ein.

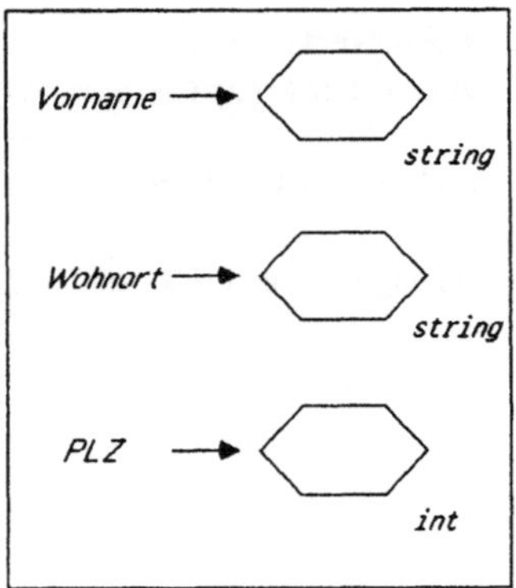

Abb. 1. Ein Verbundobjekt

```
type Datenblatt = record Vorname: string;
                         Wohnort: string;
                         PLZ:     integer
             end
```

Die Objekte des Datentyps *Datenblatt* bestehen aus zwei Variablen des Typs *string* und einer Variable vom Typ *int*. Diese Variablen werden durch die Bezeichner

Vorname, Wohnort, bzw. *PLZ* selektiert. In mathematischer Schreibweise ist ein Objekt des Typs *Datenblatt* eine injektive Funktion

$f : \{Vorname, Wohnort, PLZ\} \to \mathbf{V}$

mit $f(Vorname) \in \mathbf{V}_{string}$, $f(Wohnort) \in \mathbf{V}_{string}$, $f(PLZ) \in \mathbf{V}_{int}$. Wir zeichnen Verbundobjekte wie in Abbildung 1, d.h. wir schließen die graphische Darstellung einer Funktion in ein Objektkästchen ein. Die Menge **VER** aller Verbundobjekte ist also die Menge der injektiven Funktionen von einer endlichen Menge von Namen (Selektoren) in die Menge der Variablen.

Die Objekte der elementaren Typen, z.B. die ganze Zahl fünf, können in PROSA direkt an Bezeichner gebunden werden (in einer Konstantendeklaration), und sie können als Wert an Variable des entsprechenden Typs zugewiesen werden (in einer Wertzuweisung). Vollkommen analog können Verbundobjekte direkt an Bezeichner gebunden werden (in einer Verbunddeklaration, auch Recorddeklaration genannt) bzw. können als Wert an Variable zugewiesen werden (in einer Wertzuweisung). Dazu führen wir die Menge $\mathbf{V}_{pointer}$ der Zeigervariablen (engl.: pointer variable) ein. Eine Zeigervariable $v \in \mathbf{V}_{pointer}$ nimmt als Wert ein Verbundobjekt an, ähnlich wie eine Variable aus $\mathbf{V}_{int}$ als Wert eine ganze Zahl annimmt. Man sagt oft auch: die Variable v zeigt auf das Verbundobjekt $s(v)$.

Betrachten wir dazu die folgenden Deklarationen und Wertzuweisungen:

const $n = 1$; **const** $m = 2$;
var *Mehlhorn: Datenblatt*; **var** *Loeckx: Datenblatt*; **var** *Wilhelm: Datenblatt*;
var x: **integer**; **var** *Autor:* $\uparrow$*Datenblatt*; $x := n$; *Autor* $:= Loeckx$

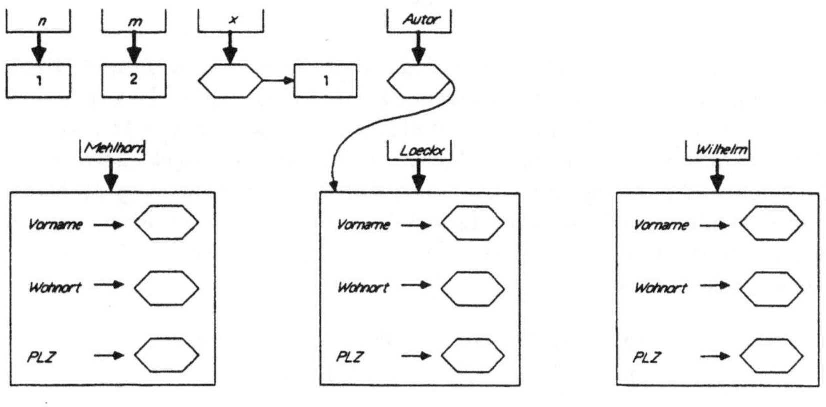

Abb. 2

Sie liefern die Umgebung von Abbildung 2. Durch die Konstantendeklaration **const** $n = 1$ binden wir das Objekt "ganze Zahl 1" an den Bezeichner n, durch die Variablendeklaration **var** x: **integer** binden wir eine ganzzahlige Variable an den Bezeichner x, und schließlich weisen wir durch die Wertzuweisung $x := n$ das Objekt "ganze Zahl 1" der durch x bezeichneten Variablen als Wert zu. Vollkommen analog schaffen wir durch die drei Verbunddeklarationen **var** *Loeckx: Datenblatt,* **var** *Mehlhorn: Datenblatt* und **var** *Wilhelm: Datenblatt* drei Objekte vom Typ *Datenblatt* und binden sie an die drei Bezeichner. Durch die Variablendeklaration **var** *Autor:* ↑*Datenblatt* binden wir *Autor* an eine Zeigervariable (erkennbar durch das Symbol ↑; dieses Symbol macht auch syntaktisch den Unterschied zu einer Verbunddeklaration aus). Die Zeigervariable kann als Werte Objekte vom Typ *Datenblatt* annehmen (kann auf Objekte vom Typ *Datenblatt* zeigen). Durch die Zuweisung *Autor* := *Loeckx* weisen wir das an *Loeckx* gebundene Datenblatt der an *Autor* gebundenen Variablen als Wert zu.

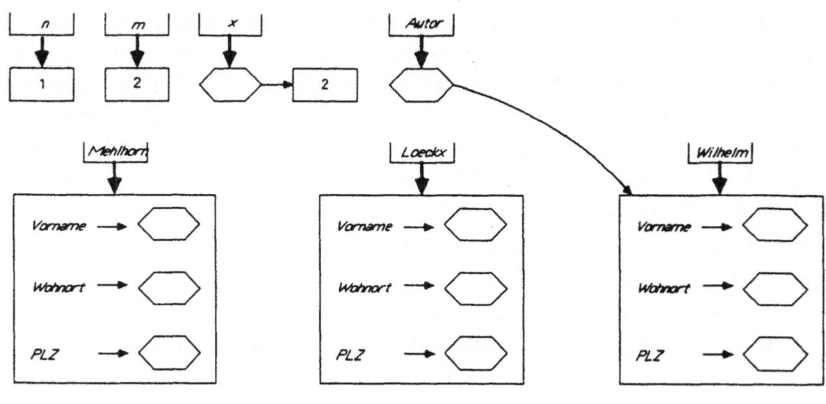

Abb. 3

In der Umgebung von Abbildung 2 sind die Zuweisungen x := m und *Autor* := *Wilhelm* möglich. Sie führen zur Umgebung von Abbildung 3. Dagegen sind die Zuweisungen n := m und *Mehlhorn* := *Wilhelm* unsinnig, da n und *Mehlhorn* keine Variablen sondern ein ganzzahliges Objekt bzw. ein Verbundobjekt bezeichnen.

Nachdem wir nun begründet haben, weshalb die Wertzuweisung *Mehlhorn* := *Wilhelm* unsinnig ist, können wir jetzt erklären, weshalb die Programmiersprache Pascal sie zulässt, und was sie dort bedeutet. Sie ist dort nichts anderes als eine abkürzende Schreibweise für

$$Mehlhorn.Vorname := Wilhelm.Vorname;$$
$$Mehlhorn.Wohnort := Wilhelm.Wohnort;$$
$$Mehlhorn.PLZ := Wilhelm.PLZ.$$

Soweit die Analogie zu den elementaren Objekten. Wir hätten Verbundobjekte nicht eingeführt, wenn sie nicht etwas Neues brächten. In einem Verbundobjekt sind Variablen zusammengefaßt (Dies erklärt historisch die Benutzung des Wortsymbols **var** für eine Verbunddeklaration. Wir bevorzugen die Interpretation von Abschnitt 4.1; **var** besteht aus den Anfangsbuchstaben von Variable, Array und

Record). An diese Variablen kann man wie an alle anderen Variablen Werte zuweisen. Durch

$$Loeckx.Vorname := \text{"Jacques"};$$

$$Mehlhorn.Vorname := \text{"Kurt"};$$

$$Wilhelm.Vorname := \text{"Reinhard"};$$

$$Autor \uparrow .Wohnort := \text{"Scheidt"};$$

$$Mehlhorn.Wohnort := Loeckx.Wohnort$$

geht die Umgebung von Abbildung 2 über in die Umgebung von Abbildung 4. Der Name *Loeckx* bezeichnet ein Verbundobjekt. Aus diesem Objekt wählen wir durch *.Vorname* eine der Variablen aus. Durch *Loeckx.Vorname* :="Jacques" weisen wir an diese Variable zu. Die Bedeutung der nächsten beiden Wertzuweisungen ist genauso erklärt. Sehen wir uns nun den angewandten Namen *Autor↑.Wohnort* an. *Autor* bezeichnet eine Zeigervariable. Mit dem Pfeil ↑ sagen wir, daß wir nicht die Variable selbst, sondern ihren Wert meinen. Dieser Wert ist ein Verbundobjekt. Durch *.Wohnort* selektieren wir daraus die zweite Komponente.

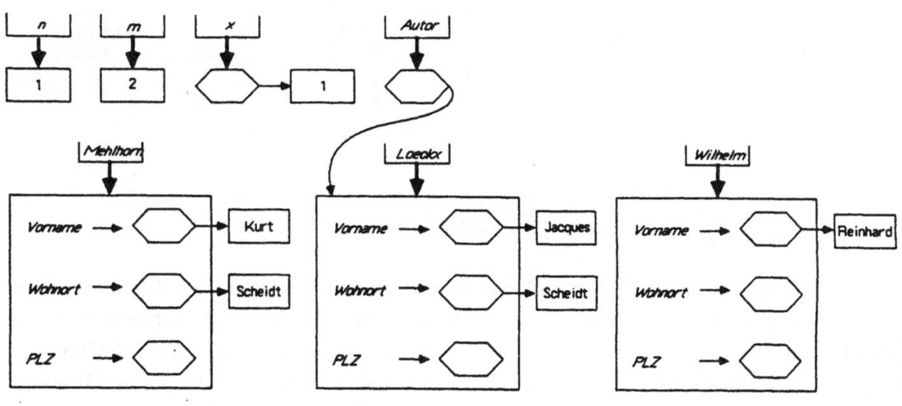

Abb. 4

Beachten Sie, daß die angewandten Namen *Autor↑.Wohnort* und *Loeckx.Wohnort* in der aktuellen Umgebung dieselbe Variable bezeichnen; wir könnten also die vierte Wertzuweisung auch durch *Loeckx.Wohnort* :="Scheidt" ersetzen und in der fünften Wertzuweisung *Mehlhorn.Wohnort := Autor ↑ .Wohnort* schreiben.

Wie bereits erwähnt, bezeichnen wir die Menge $\{v_1^{pointer}, v_2^{pointer}, \ldots\}$ der Zeigervariablen mit $V_{pointer}$. Die Menge der Variablen ist also von nun ab

$$V = V_{int} \cup V_{real} \cup V_{char} \cup V_{string} \cup V_{bool} \cup V_{pointer}.$$

Zeigervariablen können als Werte beliebige Verbundobjekte annehmen. Wir werden aber durch die Kontextbedingungen diese Freiheit einschränken und sicherstellen, daß an Zeigervariable, die durch eine Deklaration **var** x: ↑t eingeführt werden, nur Verbundobjekte des Typs t zugewiesen werden.

Zeigervariable können auch als Komponenten von Verbunden und in Feldern auftreten. Dies erlaubt uns, rekursive Datentypen und Geflechte von Verbunden aufzubauen, wie wir nun demonstrieren. Die Typdeklaration

    type *Element* = **record** *inhalt*: **integer**;
                              nachf: ↑*Element*
    end

führt den Verbundtyp *Element* ein. Ein Objekt dieses Typs ist ein Paar aus einer ganzzahligen Variablen und einer Zeigervariablen, die auf Objekte des Typs *Element* zeigen kann. Die Abbildung 5 zeigt ein Geflecht aus zwei Objekten des Typs *Element*.

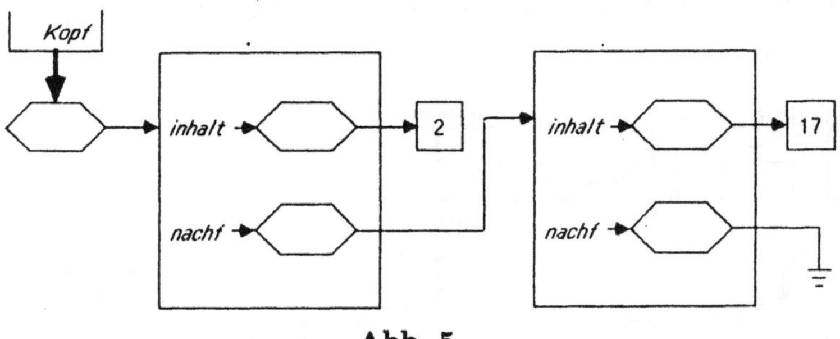

Abb. 5

Die Zeigervariable *Kopf* zeigt dabei auf ein Objekt vom Typ *Element*, dessen Inhaltskomponente den Wert zwei hat und dessen Nachfolgerkomponente auf ein Objekt vom Typ *Element* zeigt. Dieses Objekt wiederum hat eine Inhaltskomponente vom Wert 17 und eine Nachfolgerkomponente mit Wert *nil*. Das Objekt *nil* mit Standardbezeichnung **nil** ist der undefinierte Zeigerwert. Wir zeichnen es als ≑. Die Anweisung

    print *Kopf* ↑ .*inhalt*

druckt 2 auf das Ausgabeband und der Ausdruck

    Kopf ↑ .*nachf* ↑ .*nachf* = **nil**

liefert den Wert *true*. Beachten Sie dabei, daß *Kopf* ↑ das "linke" Objekt vom Typ *Element* liefert, .*nachf* daraus die Nachfolgerkomponente auswählt, ↑ uns dann das "rechte" Verbundobjekt liefert und schließlich .*nachf* daraus die Nachfolgerkomponente auswählt. Der Wert dieser Komponente ist *nil*.

Wir benutzen den undefinierten Zeigerwert *nil* oft, um die Durchmusterung von Geflechten abzubrechen. So druckt etwa das folgende Programmstück die Inhalte der von der Variablen *Kopf* aus erreichbaren Objekte aus; dabei ist p durch die Deklaration **var** p: ↑*Element* eingeführt.

$p := Kopf;$
while $p \neq$ **nil**
do print $p \uparrow .inhalt;$
   $p := p \uparrow .nachf$
od

Durch **print** $p \uparrow .inhalt$ drucken wir den Inhalt des Elements aus, auf das p gerade zeigt. und durch $p := p \uparrow .nachf$ rücken wir den Zeiger p um eine Position weiter. Dies tun wir, solange p nicht ins Leere zeigt.

In obigem Geflecht sind die beiden Verbundobjekte **anonym**, d.h. sie werden von keinem im Deklarationsteil eingeführten Namen bezeichnet, sondern sind nur von der Variablen *Kopf* aus über Zeiger erreichbar. Anonyme Objekte können wir durch die **new**-Anweisung während des Programmlaufs dynamisch erzeugen.

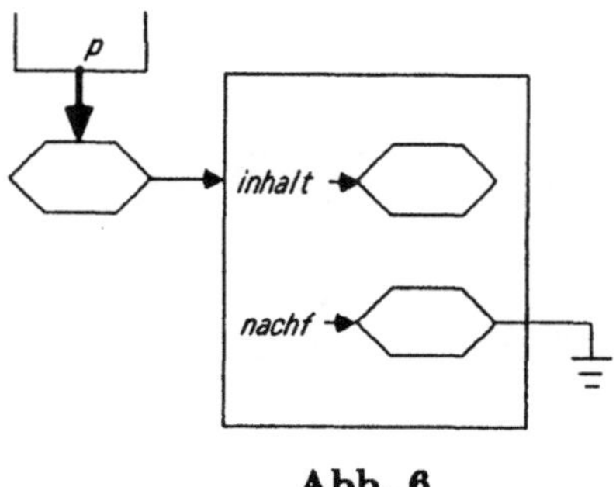

Abb. 6

So erzeugt etwa

     $p :=$ **new** *Element*

ein neues Objekt vom Typ *Element* und weist es an die Zeigervariable mit dem Namen p zu. Wir erhalten (beachten Sie, daß die Variable $p\uparrow.nachf$ als Wert *nil* hat) die Umgebung von Abbildung 6.
Durch

     $p \uparrow .inhalt := 1;$
     $p \uparrow .nachf := Kopf$

erhalten wir dann die Situation von Abbildung 7.
Der Inhalt des neuen Objekts wurde also auf 1 gesetzt und die Nachfolgerkomponente weist nun auf das gleiche Objekt wie die Zeigervariable *Kopf*. Durch

     $Kopf := p$
     $p :=$ **nil**

erhalten wir schließlich die Situation von Abbildung 8.

Nach diesen einfachen Beispielen über Verbunde und Zeiger geben wir noch vier komplexere Beispiele an.

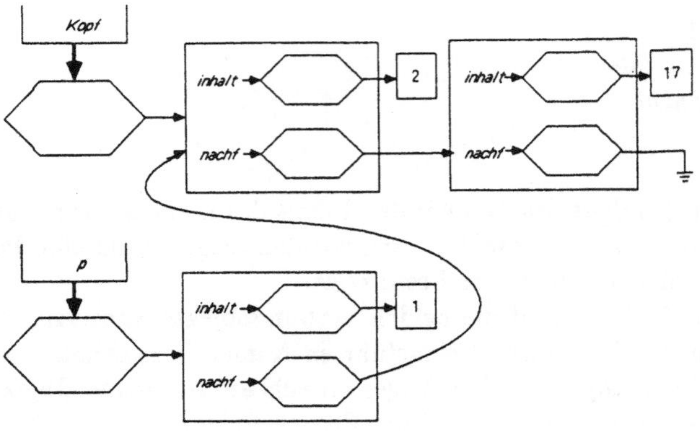

Abb. 7

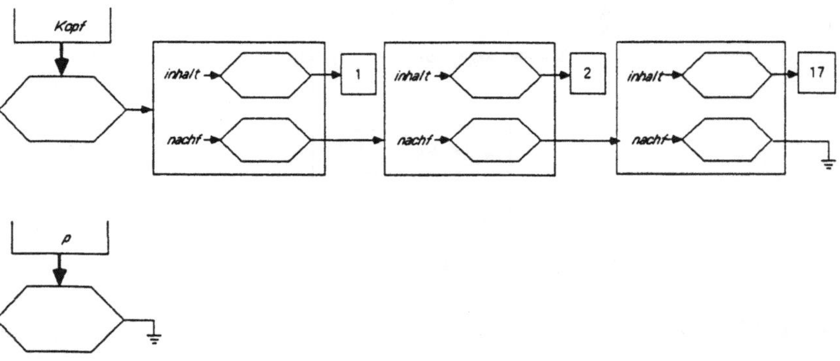

Abb. 8

Beispiel 1 (Einfügen in eine sortierte Liste): Wir sahen bereits, wie man ein zusätzliches Element in eine Liste einfügen kann. Wir werden nun die Vorgehensweise etwas verallgemeinern. Es zeige dazu wie oben die Zeigervariable *Kopf* auf eine aufsteigend sortierte Liste, d.h. die Folge der Inhalte der Listenelemente ist eine aufsteigende Folge. Bezeichne ferner x eine ganzzahlige Variable. Wir nehmen der Einfachheit halber an, daß der Inhalt des ersten Listenelements kleiner ist als der Wert von x und der Inhalt des letzten Listenelements größer ist als der Wert von x. Wir wollen nun x an der richtigen Stelle in die Liste einfügen, d.h. wir wollen zuerst ein Element der Liste bestimmen und die Zeigervariable p darauf zeigen lassen, so daß

$$p \uparrow .inhalt < x \leq p \uparrow .nachf \uparrow .inhalt$$

gilt, und dann ein neues Element mit Inhalt x nach dem Objekt $p \uparrow$ in die Liste einhängen. Beachten Sie, daß es nach unserer Annahme über das erste und letzte Listenelement ein Objekt $p \uparrow$ mit der gewünschten Eigenschaft gibt. Wie finden

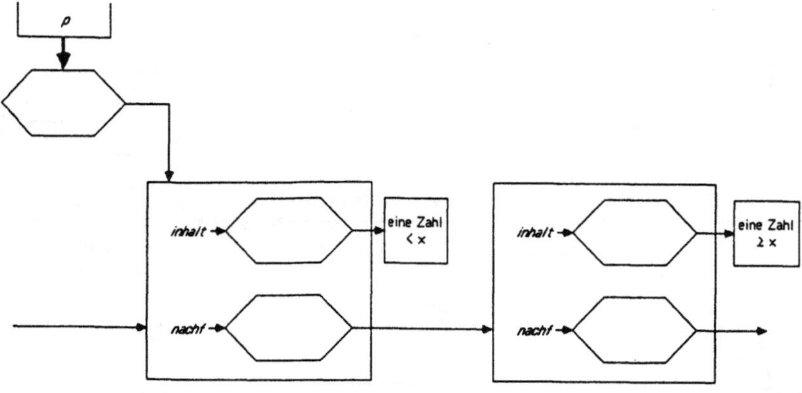

Abb. 9

wir nun das Objekt $p \uparrow$? Dazu verwenden wir lineare Suche. Wir brauchen nur p auf das erste Listenelement zu setzen (dann ist $p \uparrow .inhalt < x$ schon richtig) und dann so lange nach hinten zu versetzen, bis auch $x \leq p \uparrow .nachf \uparrow .inhalt$ zutrifft. Das liefert das folgende Programmstück, dessen Effekt durch Abbildung 9 illustriert wird.

```
p := Kopf;
(* es gilt: x > p ↑ .inhalt *);
while x > p ↑ .nachf ↑ .inhalt
do (* es gilt: x > p ↑ .nachf ↑ .inhalt *);
   p := p ↑ .nachf;
   (* es gilt: x > p ↑ .inhalt *)
od;
(* es gilt: p ↑ .inhalt < x ≤ p ↑ .nachf ↑ .inhalt. *)
```

———————————————— **Prog. 7** ————————————————

Wir fügen nun ein neues Element nach dem Objekt $p \uparrow$ ein und speichern dort x ab. Sei dazu q eine weitere Zeigervariable vom Typ *Element*.

```
q := new Element;            (* (1) *)
q ↑ .inhalt := x;            (* (2) *)
q ↑ .nachf := p ↑ .nachf;    (* (3) *)
p ↑ .nachf := q;             (* (4) *)
```

Diese vier Anweisungen liefern uns die Situation von Abbildung 10. In dieser Abbildung sind die neu errichteten Verweise mit der Nummer der jeweiligen Anweisung beschriftet. Der Leser sollte sich auch die Situation nach der j-ten Zuweisung, $1 \leq j \leq 3$, aufzeichnen.

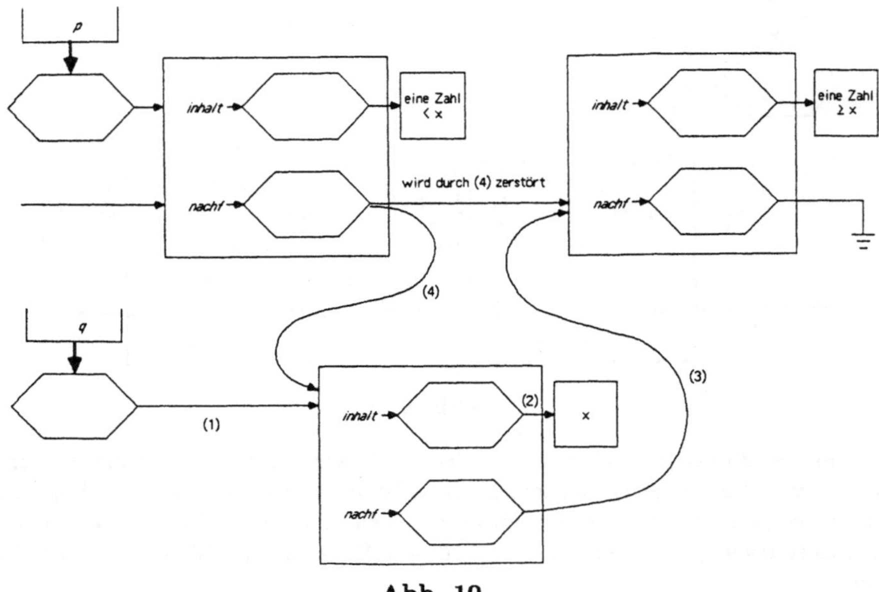

Abb. 10

Es ist klar, daß die Schleife in diesem Programm höchstens i-mal durchlaufen wird, wenn wir x in eine Liste aus i Elementen einfügen. Die Laufzeit dieses Programms ist also $O(i)$ für das Einfügen in eine Liste aus i Elementen.

Wir haben bei der Formulierung dieses Programms und auch der Zusicherungen darauf vertraut, daß der Leser den Begriff "aufsteigend sortierte Liste" intuitiv erfaßt. Wir wollen nun noch eine formale Definition geben. Die Zeigervariable *Kopf* zeigt auf eine aufsteigend sortierte lineare Liste, wenn

(1) kein Listenelement auf einen seiner Vorgänger zeigt und

(2) der Inhalt eines jeden Listenelements nicht größer ist als der Inhalt des darauf folgenden Listenelements.

Formaler können wir das so schreiben. Ein beliebiges Listenelement erreichen wir von *Kopf* aus, indem wir ein paar Mal den Nachfolgerverweisen folgen, d.h. für $s \in$ $\{\uparrow .nachf\}^*$, etwa $s = \uparrow .nachf \uparrow .nachf$, ist *Kopf s* der Name eines Listenelements. Wir können dann (1) und (2) auch schreiben als: Für alle $s, t \in \{\uparrow .nachf\}^*$ mit $t \neq \epsilon$ gilt:

(1) *Kopf s* $\neq$ *Kopf st*, d.h. die Namen *Kopf s* und *Kopf st* bezeichnen verschiedene Listenelemente,

(2) *Kopf s* $\uparrow$ *.inhalt* $\leq$ *Kopf st* $\uparrow$ *.inhalt*, d.h. die Inhalte späterer Listenelemente sind nicht kleiner als die vorhergehender Elemente.

Nun können wir auch unsere Bedingungen an das erste und das letzte Listenelement präzisieren, d.h.

(3) *Kopf* $\uparrow$.*inhalt* $< x$, und

(4) falls *Kopfs* $\uparrow$.*nachf* $= nil$, dann ist $x \leq$ *Kopfs* $\uparrow$.*inhalt*, d.h. wenn *Kopfs* auf das letzte Listenelement zeigt, dann ist dessen Inhalt mindestens so groß wie der Wert von x.

Beispiel 2 (Sortieren durch wiederholtes Einfügen): Wir weiten nun das Programm aus dem vorhergehenden Beispiel zu einem Sortierprogramm aus. Stehe dazu auf dem Eingabeband eine Folge $e_1, \ldots, e_n$ von ganzen Zahlen im Bereich $[-M, M]$ gefolgt von der Zahl $e_{n+1} = M + 1$. Wir wollen eine Folge $a_1, \ldots, a_n$ ausgeben mit $\{a_1, \ldots, a_n\} = \{e_1, \ldots, e_n\}$ und $a_1 \leq a_2 \leq \ldots \leq a_n$, d.h. die Ausgabefolge ist die aufsteigend sortierte Version der Eingabefolge.

Wir lösen diese Aufgabe iterativ, indem wir die Eingabefolge Zahl für Zahl einlesen und jeweils an der richtigen Stelle der Ausgabefolge einfügen. Das führt zu folgender Grobstruktur eines Programms

---

```
       program Sortieren;
       var x: integer;
(I)    begin Initialisiere die Datenstruktur;
               read x; (* i := 0; es ist x = e_{i+1} *);
               while x ≠ M + 1
               do (* wir haben schon e_1, e_2, ... e_i eingelesen und sortiert,
                   es ist x = e_{i+1} *);
(R)            füge x an der richtigen Stelle der sortierten Folge ein;
               read x
               (* i := i + 1, wir haben nun schon e_1, ..., e_i
               eingelesen und sortiert, x = e_{i+1} *)
       od
       (* die ganze Folge wurde eingelesen und sortiert *)
       end.
```

—————————————— **Prog. 8** ——————————————

Zur Darstellung der bereits sortierten Folge und zum Einfügen von x an der richtigen Stelle können wir die Lösung von Beispiel 1 benutzen. Dazu brauchen wir nur die Zeile (R) durch das Programmstück von Beispiel 1 zu ersetzen. In Beispiel 1 nahmen wir an, daß die sortierte Folge durch ein Element kleiner x und ein Element größer x eingerahmt ist. Um diese Annahme sicherzustellen, bauen wir an der Stelle (I) die Struktur von Abbildung 11 auf. Insgesamt erhalten wir

---

```
program Sortieren;
type Element = record inhalt: integer;
                      nachf: ↑ Element
          end;
```

var x: **integer**;
var *Kopf*, p, q: ↑ *Element*;

begin (* wir initialisieren nun die Datenstruktur *);
    Kopf := **new** *Element*; p := **new** *Element*;
    Kopf ↑ *.inhalt* := $-M - 1$; p ↑ *.inhalt* := $M + 1$;
    Kopf ↑ *.nachf* := p;

    read x;
    while $x \neq M + 1$
    do (* es kommt nun das Programmstück aus Beispiel 1 *);
       p := *Kopf*;
       while $x > p$ ↑ *.nachf* ↑ *.inhalt*
       do p := p ↑ *.nachf*
       od;
       q := **new** *Element*;
       q ↑ *.inhalt* := x;
       q ↑ *.nachf* := p ↑ *.nachf*;
       p ↑ *.nachf* := q;

       read x
    od
    (* es liegt nun die sortierte Folge, vor und wir drucken sie aus.
    Wir vergessen dabei nicht, die beiden zusätzlichen Zahlen $-M - 1$ und
    $M + 1$ zu unterdrücken *);
    p := *Kopf* ↑ *.nachf*;
    while p ↑ *.inhalt* $\neq M + 1$
    do print p ↑ *.inhalt*;
       p := p ↑ *.nachf*
    od
end.

———————————————————— **Prog. 9** ————————————————————

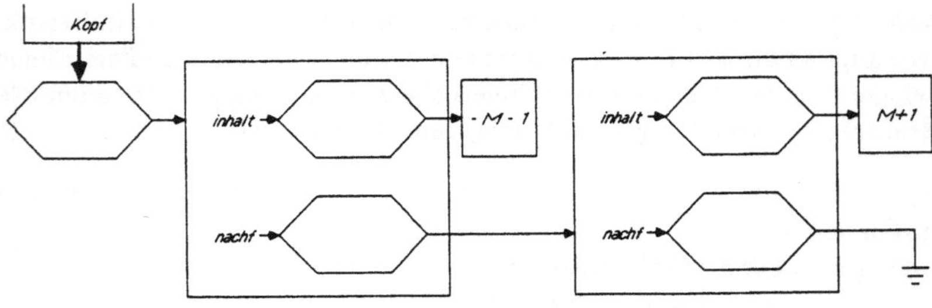

Abb. 11

Zum Abschluß analysieren wir noch die Laufzeit des Programms. Wir sahen oben, daß zum Einfügen von e_i $O(i)$ Schritte notwendig sind, d.h. höchstens $c \cdot i$ Schritte für eine Konstante c. Insgesamt sind also höchstens

$$\sum_{i=1}^{n} c \cdot i = c \cdot \sum_{i=1}^{n} i = cn(n+1)/2 = O(n^2)$$

Schritte notwendig, um eine Folge von n Zahlen zu sortieren. Es gibt auch Verfahren, die mit $O(n \log n)$ Schritten auskommen.   ∎

Beispiel 3 (Allgemeine Geflechte): In diesem Beispiel lernen wir allgemeine Geflechte kennen, in denen jeder Knoten mehrere Zeiger besitzt. Wir benutzen dazu den Typ

```
type person = record name: string;
                     mutter: ↑person;
                     ehepartner: ↑person;
                     jüngsteskind: ↑person;
                     geschwister: ↑person
              end
```

und nehmen an, daß es für jeden Menschen, der jemals gelebt hat, ein Objekt dieses Typs gibt. In diesem Objekt ist sein Name vermerkt, und es sind Zeiger auf andere Verbunde vorgesehen. Diese Zeiger zeigen auf die Mutter, den Ehepartner, das jüngste Kind und das nächst ältere Geschwister. Der zweite Autor dieses Buches hat momentan 3 Kinder, und so gibt es als Teil dieses Geflechts die Struktur von Abbildung 12.

Für die folgenden Programmstücke setzen wir die Deklarationen **var** *Adam*, *p*, *q*, *r*: ↑*person* voraus. Die Variable *Adam* zeige auf das Objekt, das den ersten Menschen beschreibt.

Das folgende Programmstück druckt die Namen aller Geschwister (einschließlich seiner selbst) einer durch den Zeiger *p* gegebenen Person aus:

```
(* p zeigt auf eine Person *);
q := p ↑ .mutter; q := q ↑ .jüngsteskind;
(* q zeigt nun auf das jüngste Geschwister von p *);
while q ≠ nil
do print q ↑ .name;
   q := q ↑ .geschwister
od
```

———————————— **Prog. 10** ————————————

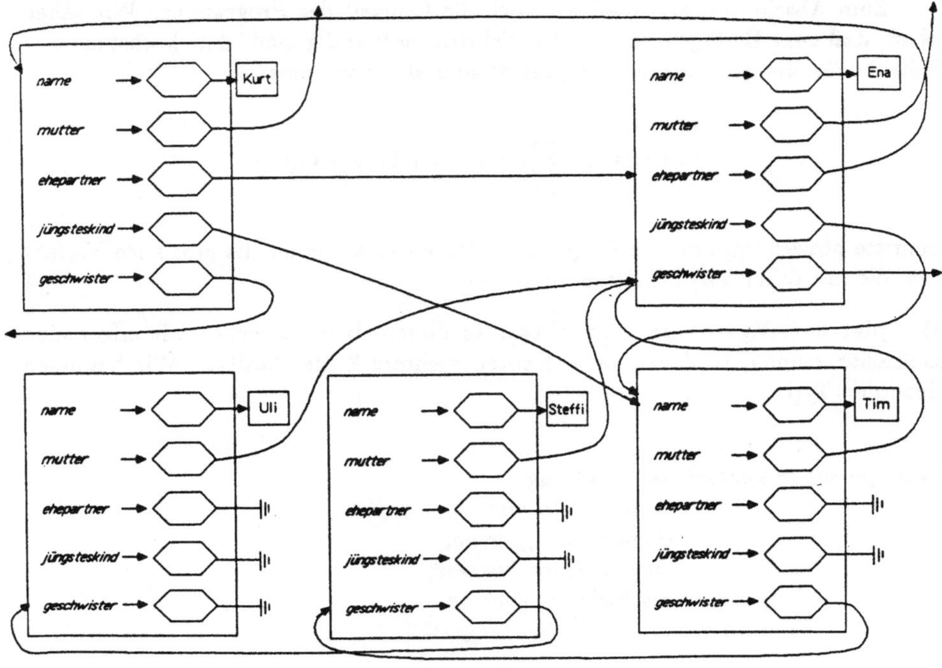

Abb. 12

Das nächste Programmstück trägt ein Neugeborenes mit dem Namen x ein (x ist eine Variable vom Typ *string*). Die Mutter ist durch den Zeiger p gegeben.

$q :=$ **new** *person*;
$q \uparrow .name := x$;
$q \uparrow .mutter := p$;
$q \uparrow .geschwister := p \uparrow .jüngsteskind$;
$p \uparrow .jüngsteskind := q$;
$p \uparrow .ehepartner \uparrow .jüngsteskind := q$

——————— **Prog. 11** ———————

Dieses Beispiel wird in Aufgabe 3 fortgesetzt. In Kapitel 6 werden wir ein Programm kennenlernen, das die Namen aller Menschen ausdruckt. ∎

Beispiel 4 (Sortieren durch Fachverteilung:): In diesem Beispiel benutzen wir ein Feld von Zeigern. Auf dem Eingabeband stehe ein Folge $e_1, \dots, e_n$ von nicht-leeren Worten über dem Alphabet $\{0, 1\}$, gefolgt vom leeren Wort $e_{n+1} = \epsilon$. Wir wollen diese Folge so umordnen, daß alle mit 0 beginnenden Worte vor allen mit 1 beginnenden Worten stehen. Dazu lesen wir die e_i nacheinander ein und hängen sie gemäß dem ersten Zeichen in eine lineare Liste ein und drucken anschließend beide Listen aus. Wir nennen dieses Programm Fachverteilung, weil es der Vorgehensweise beim Briefsortieren entspricht.

```
program Fachverteilung;
type element = record inh: string;
                       nachf:↑ element
            end;
var p: ↑ element;
var Kopf: array[0..1] of ↑ element;
var i: integer;

begin p :=new element;
     read p↑.inh;
     while not empty p↑.inh
     do (* in der Liste mit dem Kopf Kopf[0] stehen alle mit 0 beginnenden Worte,
         und in der Liste mit dem Kopf[1] stehen alle mit 1 beginnenden Worte *)
        if hd p ↑ .inh ='0'
        then p ↑ .nachf := Kopf[0];
             Kopf[0] := p
        else p ↑ .nachf := Kopf[1];
             Kopf[1] := p
        fi;
        p :=new element;
        read p↑.inh
     od;
     i := 0;
     while i ≤ 1
     do p := Kopf[i];
        while p ≠ nil
        do print p ↑ .inh;
           p := p ↑ .nachf
        od;
        i := i + 1
     od
end.
```

--- **Prog. 12** ---

∎

Wir führten in diesem Abschnitt mit den Zeigervariablen eine zusätzliche Menge von Variablen ein. Zeigervariablen können als Wert beliebige Verbunde annehmen. Wie paßt das nun mit der Vorstellung zusammen, daß Variablen den Speicherplätzen in realen Rechnern entsprechen und daher nur Objekte beschränkter Größe aufnehmen können? Die Lösung ist recht einfach. Ein Verbundobjekt realisiert man auf einem realen Rechner durch mehrere aufeinanderfolgende Speicherplätze; in einer "Zeigerspeicherzelle", die auf ein Verbundobjekt zeigt, speichert man dann die Nummer der ersten dieser Speicherzellen ab. Wir beschreiben die Realisierung von Verbunden und Zeigern auf realen Rechnern ausführlich in Abschnitt 5.6.

Aufgaben zu 4.2

1) Ändern Sie das Programm in Beispiel 1 so ab, daß es auch funktioniert, wenn das einzufügende Element kleiner als das erste oder größer als das letzte in der sortierten Liste ist.

2) Schreiben Sie ein PROSA-Programm mit folgender Eigenschaft. Das Programm verwaltet eine Folge von natürlichen Zahlen, die anfangs leer ist. Es werden nun Zahlen vom Eingabeband eingelesen. Ist eine gelesene Zahl positiv, so wird sie hinten an die Folge angehängt. Ist sie negativ, also von der Form $-n$ mit $n \in \mathbb{N}_0$, so werden die ersten n Zahlen der Folge entfernt und gefolgt von einem Stern ausgegeben. Die Eingabe $2, 3, -1, 2, 2, 2, -3, 2, -1, -1, \ldots$ führt also zur Ausgabe $2, *, 3, 2, 2, *, 2, *, 2, *$. Benutzen Sie folgenden Typ, um die Folge zu verwalten.

    type *liste* $=$ **record** *inh*: **integer**;
                        nächster: ↑*liste*
    end

3) Diese Aufgabe setzt das Beispiel 3 fort.

    a) Geben Sie ein Programm an, das die Namen aller Schwägerinnen und Schwager einer gegeben Person ausdruckt.

    b) Geben Sie ein Programmstück an, das bei einer Heirat zweier durch die Zeiger p und q gegebenen Personen ablaufen muß, um die Verwandtschaftsbeziehungen und ihre Darstellung konsistent zu halten.

    c) Geben Sie ein Programm an, das die weibliche Ahnenkette einer gegebenen Person ausdruckt, d.h. die Mutter, dann deren Mutter usw.

    d) Geben Sie ein Programm an, das für zwei gegebene Personen das erste gemeinsame Element der weiblichen Ahnenkette ausdruckt.

    e) Geben Sie ein Programm an, das alle Nachkommen einer gegebenen Person ausdruckt. (sehr schwer)

4) Ein Wort ist eine Folge von Buchstaben. Benutzen Sie einen Datentyp

type *Buchstabenliste* = **record** *inh*: **char**;

$$nachf: \uparrow Buchstabenliste$$

end

zur Darstellung von Worten. Geben Sie Programme für Operationen *head* und *tail* an, die den Operationen **hd** und **tl** auf Strings entsprechen.

5) Auf dem Eingabeband stehe eine Folge von Worten über dem Alphabet $\{0, 1\}$. Geben Sie ein Programm an, das diese Folge aufsteigend nach lexikographischer Ordnung sortiert.

a) Erweitern Sie die Lösung von Beispiel 2, indem Sie ein Programm entwickeln, das $\leq_{lex}$ berechnet. Dieses Programm benutzen Sie dann für die Auswertung der benötigten Vergleichsoperationen.

b) Erweitern Sie das Programm von Beispiel 3. Beachten Sie, daß dieses Programm bereits die Unterscheidung nach dem ersten Zeichen vorgenommen hat. Gehen Sie nun ähnlich für das zweite Zeichen vor, ...

4.3 Die erweiterte Syntax und Semantik von PROSA

Wir werden nun die in diesem Kapitel neu eingeführten Konzepte exakt beschreiben und die Syntax und Semantik von PROSA entsprechend erweitern. Dazu benutzen wir die in Kapitel III eingeführten Methoden. Wir behandeln zunächst den Deklarationsteil und dann den Anweisungsteil.

4.3.1 Der Deklarationsteil

Im Deklarationsteil gibt es zwei große Neuerungen. Zum einen haben wir nun zusätzliche Typen, nämlich Felder und Verbunde, zum anderen können wir in Typdeklarationen Namen für Typen einführen. Während die zweite Änderung unsere Grammatik nur geringfügig ändert, führt die erste Erweiterung zu einer wesentlichen Vergrößerung der Teilgrammatik für Typen.

Ein Deklarationsteil besteht nun aus drei Teilen, je einem Deklarationsteil für Konstanten, Typen und Variablen, Felder (arrays) und Verbunde (records). Die Deklarationen werden durch die Wortsymbole **const** (bei Konstanten), **type** (bei Typen) und **var** (bei Variablen, **Arrays** und **Records**) eingeleitet. Wie bisher sammeln wir im Attribut *KONTEXT* des Deklarationsteils die Arten der deklarierten Namen.

Wiederum besteht die Art aus Sorte und Typ. Die Sorte gibt uns grobe Auskunft über den Namen, d.h. ob er eine Konstante, eine Variable, einen Typ, einen Verbund oder ein Feld bezeichnet; also

$$Sorte = \{const, var, record, array, type\}.$$

Der Typ gibt uns dann innerhalb der Sorte genauere Auskunft über den Namen. Bei Konstanten sind die elementaren Typen möglich, also

$$Elementtyp = \{int, real, bool, char, string\}.$$

Bei Variablen sind neben den elementaren Typen auch noch Zeigertypen möglich. Ein Zeigertyp wird durch eine frei wählbare Bezeichnung (die durch eine Typdeklaration eingeführt werden muß) identifiziert, also

$$Zeigertyp = L_{G,\langle Name \rangle}.$$

Wir fassen die elementaren Typen und die Zeigertypen in den kleinen Typen zusammen, also

$$kleiner\ Typ = Elementtyp \cup Zeigertyp.$$

Für einen Verbund merken wir uns die Menge der Selektoren und für jeden Selektor die Art der selektierten Komponente. Wir beschreiben diesen Zusammenhang durch die **Artbindung**, die jedem Selektor die Art der Komponente zuordnet. Als Komponenten von Verbunden sind beliebige Variablen möglich, also

$$Verbundtyp = Abb(L_{G,\langle Name \rangle}, \{var\} \times kleiner\ Typ).$$

Für ein Feld merken wir uns die Dimension und die Art der Komponenten. Als Komponenten sind beliebige Variablen möglich, also

$$Feldtyp = \mathbb{N} \times (\{var\} \times kleiner\ Typ).$$

Für einen Typnamen merken wir uns die Art des Verbundes, für den der Typname steht.
Damit können wir die Menge *Art* definieren als

$$Art = Constart \cup Varart \cup Verbundart \cup Feldart \cup Typart$$

mit

$$Constart = \{const\} \times Elementtyp$$
$$Varart = \{var\} \times kleiner\ Typ$$
$$Verbundart = \{record\} \times Verbundtyp$$
$$Feldart = \{array\} \times Feldtyp$$
$$Typart = \{type\} \times Verbundart.$$

Nachdem wir nun die Menge *Art* definiert haben, geben wir jetzt die Syntax und die Kontextbedingungen des Deklarationsteils an. Wir gehen dabei in vollkommener Analogie zum Kapitel III vor, d.h. für jede einzelne Deklaration berechnen wir ein Attribut *AB*, in dem wir den deklarierten Namen an seine Art binden. Die Artbindungen aller Deklarationen fassen wir dann im Attribut *KONTEXT* des Programms zusammen. Da die Produktionen für den Deklarationsteil stark rekursiv sind, sollte der Leser die nächsten Seiten zunächst oberflächlich lesen und dann noch einmal gründlich.

$\langle De\ Teil\rangle \rightarrow \langle const\ De\ Teil\rangle\langle type\ De\ Teil\rangle\langle var\ De\ Teil\rangle$

Bedingung: Jeder Name darf im Deklarationsteil nur einmal definierend auftreten.

Dann: Dann wird $KONTEXT(\langle Programm\rangle)$ definiert als die folgende Funktion aus $Abb(Name, Art)$: $KONTEXT(\langle Programm\rangle)(x) = (s,t)$, falls eine Deklaration für x im Deklarationsteil vorliegt mit der Artbindung $\{x \rightarrow (s,t)\}$.

$\langle const\ De\ Teil\rangle \rightarrow \langle const\ De\ Folge\rangle;\ |\ \epsilon$

$\langle const\ De\ Folge\rangle \rightarrow \langle const\ De\ Folge\rangle;\langle const\ De\rangle\ |\ \langle const\ De\rangle$

$\langle const\ De\rangle \rightarrow \textbf{const}\ \langle def\ Name\rangle = \langle Stand\ Bez\rangle$
$AB(\langle const\ De\rangle) == \{ID(\langle def\ Name\rangle) \rightarrow (const, TYP(\langle Stand\ Bez\rangle))\}$

Erläuterung: Für Konstanten hat sich nichts geändert.

$\langle type\ De\ Teil\rangle \rightarrow \langle type\ De\ Folge\rangle;\ |\ \epsilon$

$\langle type\ De\ Folge\rangle \rightarrow \langle type\ De\ Folge\rangle;\langle type\ De\rangle\ |\ \langle type\ De\rangle$

$\langle type\ De\rangle \rightarrow \textbf{type}\ \langle def\ Name\rangle = \langle Verbundtyp\rangle$
$AB(\langle type\ De\rangle) == \{ID(\langle def\ Name\rangle) \rightarrow (type, (record, TYP(\langle Verbundtyp\rangle)))\}$

Erläuterung: Wir merken uns in der Artbindung *AB* die Sorte (nämlich *type*) des deklarierten Namens und die Art des eingeführten Verbundes. Die Deklaration

$$\textbf{type}\ element = \textbf{record}\ inh:\ \textbf{integer};$$
$$nachf:\ \uparrow element$$
$$\textbf{end}$$

führt zur Artbindung

$$\{element \rightarrow (type, (record, \left\{\begin{array}{l} inh \rightarrow (var, int) \\ nachf \rightarrow (var, element) \end{array}\right\})))\}$$

$\langle var\ De\ Teil\rangle \rightarrow \langle var\ De\ Folge\rangle;\,|\ \epsilon$

$\langle var\ De\ Folge\rangle \rightarrow \langle var\ De\ Folge\rangle;\langle var\ De\rangle\ |\ \langle var\ De\rangle$

$\langle var\ De\rangle \rightarrow \langle Variablen\ De\rangle\ |\ \langle Verbund\ De\rangle\ |\ \langle Feld\ De\rangle$

Erläuterung: Eine var-Deklaration ist entweder eine Variablendeklaration oder eine Verbunddeklaration oder eine Felddeklaration.

$\langle Variablen\ De\rangle \rightarrow \mathbf{var}\ \langle def\ Name\rangle :\ \langle kleiner\ Typ\rangle$
$AB(\langle Variablen\ De\rangle) == \{ID(\langle def\ Name\rangle) \rightarrow (var, TYP(\langle kleiner\ Typ\rangle))\}$

$\langle Verbund\ De\rangle \rightarrow \mathbf{var}\ \langle def\ Name\rangle :\ \langle Verbundtyp\rangle$
$AB(\langle Verbund\ De\rangle) == \{ID(\langle def\ Name\rangle) \rightarrow (record, TYP(\langle Verbundtyp\rangle))\}$

$\langle Verbund\ De\rangle \rightarrow \mathbf{var}\ \langle def\ Name\rangle :\ \langle ang\ Name\rangle$
Bedingung: $KONTEXT(\langle Programm\rangle)(ID(\langle ang\ Name\rangle)) = (type, a)$
$\qquad\qquad$ für ein $a \in Verbundart$
Dann: $\qquad AB(\langle Verbund\ De\rangle) == \{ID(\langle def\ Name\rangle) \rightarrow a\}$

$\langle Feld\ De\rangle \rightarrow \mathbf{var}\ \langle def\ Name\rangle :\ \langle Feldtyp\rangle$
$AB(\langle Feld\ De\rangle) == \{ID(\langle def\ Name\rangle) \rightarrow (array, TYP(\langle Feldtyp\rangle))\}$

Erläuterung: In jedem der drei Fälle vermerken wir im Attribut AB Sorte und Typ. Bei einer Verbunddeklaration sind zwei Formen möglich. Entweder gibt man den Verbundtyp explizit an, oder man bezieht sich auf einen durch eine Typdeklaration eingeführten Typnamen. Die Deklarationen

var x: $\uparrow element$;	(∗ eine Variablendeklaration ∗)
var y: $element$;	(∗ eine Verbunddeklaration ∗)
var z: **record** $alter$: **integer**; PLZ: **integer end**;	(∗ eine Verbunddeklaration ∗)
var A: **array**[1..2] **of** $\uparrow element$	(∗ eine Felddeklaration ∗)

liefern die Artbindung

$$x \rightarrow (var, element)$$

$$y \rightarrow \left(record, \left\{\begin{array}{l} inh \rightarrow (var, int) \\ nachf \rightarrow (var, element) \end{array}\right\}\right)$$

$$z \rightarrow \left(record, \left\{\begin{array}{l} alter \rightarrow (var, int) \\ PLZ \rightarrow (var, int) \end{array}\right\}\right)$$

$$A \rightarrow (array, (1, (var, element)))$$

Wir müssen nun noch die Teilgrammatiken für $\langle kleiner\ Typ\rangle$, $\langle Verbundtyp\rangle$ und $\langle Feldtyp\rangle$ angeben.

$\langle kleiner\ Typ\rangle \rightarrow \langle elem\ Typ\rangle$
$TYP(\langle kleiner\ Typ\rangle) == TYP(\langle elem\ Typ\rangle)$

$\langle kleiner\ Typ\rangle \rightarrow \langle Zeigertyp\rangle$
$TYP(\langle kleiner\ Typ\rangle) == TYP(\langle Zeigertyp\rangle)$

$\langle elem\ Typ\rangle \rightarrow$ **integer** $\qquad\qquad \langle elem\ Typ\rangle \rightarrow$ **real**
$TYP(\langle elem\ Typ\rangle == int \qquad\qquad TYP(\langle elem\ Typ\rangle) == real$

$\langle elem\ Typ\rangle \rightarrow$ **string** $\qquad\qquad \langle elem\ Typ\rangle \rightarrow$ **boolean**
$TYP(\langle elem\ Typ\rangle) == string \qquad\quad TYP(\langle elem\ Typ\rangle) == bool$

$\langle elem\ Typ\rangle \rightarrow$ **char**
$TYP(\langle elem\ Typ\rangle) == char$

$\langle Zeigertyp\rangle \rightarrow\ \uparrow \langle ang\ Name\rangle$
Bedingung: $KONTEXT(\langle Programm\rangle)(ID(\langle ang\ Name\rangle)) == (type, a)$ für ein $a \in$
$\qquad\qquad$ *Verbundart.*
Dann: $\qquad TYP(\langle Zeigertyp\rangle) == ID(\langle ang\ Name\rangle)$

Erläuterung: Die elementaren Typen sind wie im Kapitel III definiert. Einen **Zeigertyp** gibt man durch einen Typnamen mit vorgestelltem $\uparrow$ an. Die Bedingung in der Regel für $\langle Zeigertyp\rangle$ testet, ob der Name ein Typname ist. Der TYP eines $\langle Zeigertyps\rangle$ ist der abgeleitete Name. Der Typ von $\uparrow Element$ ist also *Element*.

Einen **Verbundtyp** beschreibt man durch die Folge seiner Komponenten. Für jede Komponente gibt man den **Selektor**, der eindeutig sein muß, und die Art der Komponente an. Den Zusammenhang zwischen Selektoren und Arten der Komponenten stellen wir durch eine Artbindung dar.

$\langle Verbundtyp\rangle \rightarrow$ **record** $\langle Komp\ Folge\rangle$ **end**

Bedingung: Kein Name tritt mehr als einmal in der Komponentenfolge definierend
$\qquad\qquad$ auf.
Dann: $\qquad AB(\langle Komp\ Folge\rangle)$ ist die folgende Abbildung aus $Abb(Name, Art)$:
$\qquad\qquad AB(\langle Komp\ Folge\rangle)(x) = a$, falls es eine Komponente mit der Artbin-
$\qquad\qquad$ dung $\{x \rightarrow a\}$ in dieser Verbunddeklaration gibt.
$\qquad\qquad TYP(\langle Verbundtyp\rangle) == AB(\langle Komp\ Folge\rangle)$

$\langle Komp\ Folge\rangle \rightarrow \langle Komp\ Folge\rangle; \langle Komp\rangle | \langle Komp\rangle$

$$\langle Komp \rangle \rightarrow \langle Name \rangle : \langle kleiner\ Typ \rangle$$
$$AB(\langle Komp \rangle) == \{ID(\langle Name \rangle) \rightarrow (var, TYP(\langle kleiner\ Typ \rangle)))\}$$

Der TYP von

$$\textbf{record}\ inh:\ \textbf{integer};\ nachf:\ \uparrow element\ \textbf{end}$$

ist

$$\left\{ \begin{array}{l} inh \rightarrow (var, int) \\ nachf \rightarrow (var, element) \end{array} \right\}$$

Einen **Feldtyp** beschreibt man durch Angabe des Komponententyps und durch Angabe der Bereiche für die einzelnen Dimensionen. Einen Bereich definiert man durch seine untere und obere Grenze, die man wiederum entweder durch ganzzahlige Standardbezeichnungen oder durch Konstantenbezeichnungen definiert. Im Attribut TYP merken wir uns die Dimension und die Komponentenart.

$$\langle Feldtyp \rangle \rightarrow \textbf{array}[\langle Ber\ Folge \rangle]\ \textbf{of}\ \langle kleiner\ Typ \rangle$$
$$TYP(\langle Feldtyp \rangle) == (LAENGE(\langle Ber\ Folge \rangle), (var, TYP(\langle kleiner\ Typ \rangle))))$$

$$\langle Ber\ Folge \rangle \rightarrow \langle Ber\ Ang \rangle$$
$$LAENGE(\langle Ber\ Folge \rangle) == 1$$

$$\langle Ber\ Folge \rangle \rightarrow \langle Ber\ Folge \rangle, \langle Ber\ Ang \rangle$$
$$LAENGE(\langle Ber\ Folge \rangle_1) == LAENGE(\langle Ber\ Folge \rangle_2) + 1$$

$$\langle Ber\ Ang \rangle \rightarrow \langle Grenze \rangle .. \langle Grenze \rangle$$

$$\langle Grenze \rangle \rightarrow \langle Ausdr \rangle$$

Bedingung: $TYP(\langle Ausdr \rangle) = int$ und $\langle Ausdr \rangle$ besteht nur aus Standardbezeichnungen und Konstantenbezeichnungen

Beispiel:
Der Typ von $\textbf{array}[1..n]\ \textbf{of}\ \uparrow element$ ist $(1, (var, element))$

Damit ist die Syntax des Deklarationsteiles abgeschlossen. Wir geben noch ein zusammenfassendes Beispiel. Der Deklarationsteil

```
const n = 10;
type element = record inh: integer; nachf: ↑ element end;
var a: array[1..n, 1..n] of ↑ element;
var e : element;
var p : ↑element
```

führt zu dem *KONTEXT*

$$n \to (const, int)$$

$$element \to \left(type, \left(record, \left\{ \begin{array}{l} inh \to (var, int) \\ nachf \to (var, element) \end{array} \right\} \right)\right)$$

$$a \to (array, (2, (var, element)))$$

$$e \to \left(record, \left\{ \begin{array}{l} inh \to (var, int) \\ nachf \to (var, element) \end{array} \right\} \right)$$

$$p \to (var, element)$$

Wir kommen nun endlich zur Semantik des Deklarationsteils. Die Menge $\mathbf{V}_{pointer}$ kommt als neue Menge von Variablen dazu; also ist von nun ab

$$\mathbf{V} = \mathbf{V}_{int} \cup \mathbf{V}_{real} \cup \mathbf{V}_{char} \cup \mathbf{V}_{string} \cup \mathbf{V}_{bool} \cup \mathbf{V}_{pointer}.$$

Zeigervariablen nehmen als Wert Verbunde an oder den trivialen Wert *nil*. Damit ist die Menge $\mathbf{S}$ der Speicherzustände nun

$$\mathbf{S} = Abb(\mathbf{V}, \mathbf{D} \cup \mathbf{VER} \cup \{nil\}),$$

wobei $\mathbf{D}$ wie in Kapitel III definiert ist und

$$\mathbf{VER} = \{f \in Abb(\langle Name \rangle, \mathbf{V}) \mid f \text{ injektiv und } Def(f) \text{ endlich}\}$$

ist. Ein Name kann in einer Deklaration an eine Konstante, einen Typ, eine Variable, einen Verbund oder ein Feld gebunden werden. Also ist die Menge $\mathbf{B}$ der Bindungen von nun an $\mathbf{B} = Abb(\langle Name \rangle, \mathbf{D} \cup \mathbf{V} \cup \langle Verbundtyp \rangle \cup \mathbf{VER} \cup \mathbf{FEL})$, wobei

$$\mathbf{FEL} = \{f \mid f : [u_1, o_1] \times \ldots \times [u_k, o_k] \to \mathbf{V}_t \text{ für ein } k,$$
$$u_i, o_i \in \mathbf{Z}, \ u_i \leq o_i, \ t \in Elementtyp \cup \{pointer\}$$
$$\text{und } f \text{ injektiv}\}$$

ist. Eine Konfiguration der PROSA-Maschine ist wie bisher ein 5-Tupel $k = (p, b, s, e, a)$. Bevor wir zur Semantik des Deklarationsteils kommen, müssen wir noch den Begriff der **freien Variablen** neu klären. Eine Variable v kann in PROSA auf mehrere Weisen belegt werden. Sie kann entweder in einer Variablendeklaration direkt an einen Namen gebunden werden ($v \in Bild(b)$), oder sie kann durch eine Verbund- oder Felddeklaration Teil eines Verbundes oder eines Feldes werden ($v \in Bild(f)$ mit $f \in Bild(b) \cap (\mathbf{VER} \cup \mathbf{FEL})$), oder sie kann Komponente eines Verbundes werden, der durch eine **new**-Anweisung geschaffen wird. In diesem Fall muß es dann eine Variable geben, die auf den Verbund zeigt, und daher ist

$v \in Bild(f)$ für ein $f \in Bild(s) \cap \mathbf{VER}$. Insgesamt definieren wir die Menge der freien Variablen vom Typ $t \in Elementtyp \cup \{pointer\}$ in der Konfiguration k durch:

$$FV_{k,t} = V_t - Bild(b) - \bigcup_{f \in Bild(b) \cap (\mathbf{VER} \cup \mathbf{FEL})} Bild(f) - \bigcup_{f \in Bild(s) \cap \mathbf{VER}} Bild(f).$$

Nach diesen Vorbereitungen kommen wir nun zum Deklarationsteil. Die PROSA-Maschine arbeitet den Deklarationsteil Deklaration für Deklaration ab. Sei also $k = (p, b, s, e, a)$ ein Zustand der Maschine, in dem der Programmrest p mit einer Deklaration beginnt. Für die Definition von $k' = \delta(k) = (p', b', s', e', a')$ unterscheiden wir sieben Fälle.

*Fall 1 (***Konstantendeklaration***):*
p hat die Form **const** $n = m$; p' mit $n \in \langle Name \rangle$ und $m \in \langle Stand\ Bez \rangle$.
Dann ist

$$k' = \delta(k) = (p', b[n \backslash c(m)], s, e, a)$$

Erläuterung: Bei Abarbeitung einer Konstantendeklaration wird der Name an das durch die Standardbezeichnung bezeichnete Objekt gebunden .

*Fall 2 (***Variablendeklaration eines elementaren Typs***):*
p hat die From **var** n: t; p' mit $n \in \langle Name \rangle$ und $t \in \langle elem\ Typ \rangle$.
Dann ist

$$k' = \delta(k) = (p', b[n \backslash v], s[v \backslash \text{undefiniert}], e, a).$$

Dabei ist $v \in \mathbf{FV}_{k,u}$ beliebig gewählt, $u = TYP(t)$.

Erläuterung: Bei der Abarbeitung einer Variablendeklaration wird der deklarierte Name an eine freie Variable des entsprechenden Typs gebunden. Der Wert dieser Variablen ist undefiniert.

*Fall 3 (***Variablendeklaration eines Zeigertyps***):*
p hat die Form **var** n: $\uparrow m$; p' mit $n, m \in \langle Name \rangle$.
Dann ist

$$k' = \delta(k) = (p', b[n \backslash v], s[v \backslash nil], e, a)$$

Dabei ist $v \in \mathbf{FV}_{k,pointer}$ beliebig gewählt.

Erläuterung: Bei der Abarbeitung einer Zeigerdeklaration wird der deklarierte Name an eine freie Variable in $\mathbf{V}_{pointer}$ gebunden. Die Variable bekommt den Wert nil.

*Fall 4 (***Typdeklaration***):*
p hat die Form **type** $n = t$; p' mit $n \in \langle Name \rangle$ und $t \in \langle Verbundtyp \rangle$.
Dann ist

$$k' = \delta(k) = (p', b[n \backslash t], s, e, a).$$

Erläuterung: Bei der Abarbeitung einer Typdeklaration wird der deklarierte Name an den den Typ beschreibenden Text t gebunden. Dieser Text wird dann etwa im Fall 6 benutzt. Die Deklaration

type *element* = **record** *inh* : **integer**; *nachf* :↑ *element* **end**

führt zur Bindung

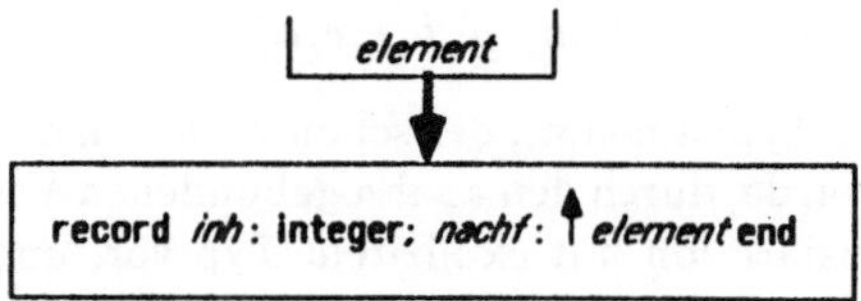

Fall 5 (**Verbunddeklaration mit explizitem Typ**):
p hat die Form

var n: **record** sel_1: t_1; sel_2: t_2; ...; sel_m: t_m **end**; p'

mit $n, sel_1, \ldots, sel_m \in \langle Name \rangle$ und $t_1, \ldots, t_m \in \langle kleiner\ Typ \rangle$.
Dann ist

$$k' = \delta(k) = (p', b[n \backslash f], s', e, a)$$

mit $f \in$ **VER**, $Def(f) = \{sel_1, \ldots, sel_m\}$, $f(sel_i) \in$ **FV**$_{k, t'_i}$, wobei $t'_i = TYP(t_i)$,
falls $t_i \in \langle elem\ Typ \rangle$ und $t'_i = pointer$, falls $t_i \in \langle Zeigertyp \rangle$, $1 \leq i \leq m$. Ferner ist

$$s'(w) = \begin{cases} \text{undefiniert,} & \text{falls } w = f(sel_i) \text{ für ein } i \text{ und } t_i \in \langle elem\ Typ \rangle; \\ nil, & \text{falls } w = f(sel_i) \text{ für ein } i \text{ und } t_i \in \langle Zeigertyp \rangle; \\ s(w), & \text{sonst.} \end{cases}$$

Erläuterung: Bei der Abarbeitung einer Verbunddeklaration wird ein Verbundobjekt f geschaffen. Dieses Objekt ordnet den Komponentennamen freie Variablen des entsprechenden Typs zu. Die zugeordneten Variablen bekommen den undefinierten Wert bzw. den Wert *nil*. Die Deklaration

var e: **record** *inh*: **integer**; *nachf*: ↑ *element* **end**

führt zur Umgebung

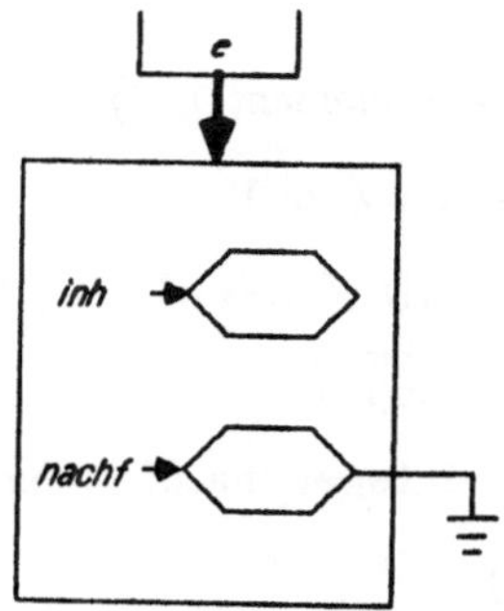

*Fall 6 (***Verbunddeklaration mit Typnamen***):*
p hat die Form **var** n: m; p' mit $n, m \in \langle Name \rangle$.
Dann ist

$$k' = (\textbf{var } n\colon b(m); p', b, s, e, a)$$

Erläuterung: Wir ersetzen den Typnamen m, der schon vorher in einer Typdeklaration (siehe Fall 4) eingeführt wurde, durch den an ihn gebundenen Verbundtyp $b(m)$. Es liegt dann eine Verbunddeklaration mit explizitem Typ vor, und wir verfahren beim nächsten Übergang wie im Fall 5. Die Deklaration **var** e: *element* wird in zwei Schritten abgearbeitet. Im ersten Schritt modifizieren wir den Programmtext und ersetzen *element* durch $b(element)$ =**record** *inh*: **integer**; *nachf*: ↑*element* **end**, im zweiten Schritt verfahren wir dann wie beim vorgehenden Beispiel.

*Fall 7 (***Felddeklaration***):* p hat die Form **var** n: **array**$[u_1..o_1, \ldots, u_m..o_m]$ **of** t; p' mit $n \in \langle Name \rangle$, $u_1, o_1, \ldots, u_m, o_m \in \langle Ausdruck \rangle$ und $t \in \langle kleiner~Typ \rangle$.
Dann ist

$$k' = \delta(k) = (p', b[n \backslash f], s', e, a)$$

mit $f \in \textbf{FEL}$, $Def(f) = \bigtimes_{i=1}^{m} [I(b, s, u_i), I(b, s, o_i)]$, $Bild(f) \subseteq \textbf{FV}_{k,t'}$. Dabei ist $t' = TYP(t)$ falls $t \in \langle elem~Typ \rangle$, und $t' = pointer$, falls $t \in \langle Zeigertyp \rangle$. Ferner ist

$$s'(w) = \begin{cases} undefiniert, & \text{falls } w \in Bild(f) \text{ und } t \in \langle elem~Typ \rangle; \\ nil, & \text{falls } w \in Bild(f) \text{ und } t \in \langle Zeigertyp \rangle; \\ s(w), & \text{sonst.} \end{cases}$$

Erläuterung: Bei der Abarbeitung einer Felddeklaration wird ein Feldobjekt f geschaffen und an den Namen des Feldes gebunden. Das Feldobjekt f ordnet jeder zulässigen Folge von Indizes eine freie Variable des entsprechenden Typs zu. Die zugeordneten Variablen werden auf den undefinierten Wert bzw. auf *nil* gesetzt.

Damit ist auch die Semantik des Deklarationsteils definiert. Wir illustrieren die Definitionen noch mit demselben Beispiel, mit dem wir auch die Syntax erläutert haben. Nach Abarbeitung dieses Deklarationsteils erhalten wir etwa folgende Umgebung (b, s) mit:

$$Def(b) = \{a, n, element, p, e\}$$

$$b(n) = \text{ die Zahl } 10$$

$$b(a) = f \text{ mit } Def(f) = \{(i, j) \in \mathbb{N} \mid 1 \le i, j \le 10\}$$

$$\text{und } f(i, j) = v_{10(i-1)+j}^{pointer}$$

$$b(element) = \textbf{record } inh\colon \textbf{ integer}; nachf\colon \uparrow element \textbf{ end}$$

$$b(p) = v_{101}^{pointer}$$

$$b(e) = g \text{ mit } Def(g) = \{inh, nachf\} \text{ und}$$

$$g(inh) = v_1^{int}, \ g(nachf) = v_{102}^{pointer}$$

und

$$Def(s) = \{v_i^{pointer} \mid 1 \le i \le 102\} \cup \{v_1^{int}\}$$

mit

$$s(v_1^{pointer}) = \ldots = s(v_{102}^{pointer}) = nil$$

und

$$s(w) = \text{undefiniert für alle anderen Variablen } w.$$

Wir diskutieren nun noch den Zusammenhang zwischen Syntax und Semantik. Sei dazu $dt \in \langle De\ Teil \rangle$ ein Deklarationsteil, der die Kontextbedingungen erfüllt. Sei ferner ko der Wert des Attributs $KONTEXT$ des Deklarationsteils. Wir betrachten nun die Rechnung der PROSA-Maschine mit dem Anfangszustand $(dt;, \emptyset, \emptyset, e, \epsilon)$.

Diese Rechnung endet normal, d.h. sie führt zu einer Konfiguration $(\epsilon, b, s, e, \epsilon)$. Dies sieht man wie folgt ein. Zunächst sind auf Grund der PROSA-Grammatik nur die sieben diskutierten Fälle für eine Deklaration möglich. In jedem der sieben Fälle stellen die Kontextbedingungen sicher, daß der Übergang der PROSA-Maschine wohldefiniert ist. Insbesondere ist im Fall 6 der Name m tatsächlich Bezeichnung eines Typs, sind im Fall 7 u_i und o_i Ausdrücke mit ganzzahligem Wert, und ist im Fall 4 das Wort t tatsächlich ein Verbundtyp.

Wir können nun weiter den Zusammenhang zwischen dem Attribut ko und der Bindung b präzisieren. Zunächst gilt sicher $Def(ko) = Def(b)$. Sei nun $n \in Def(ko)$. Dann ist $ko(n) = (so, t)$ für eine Sorte $so \in \{const, type, var, record, array\}$ und einen Typ t. Wir diskutieren nun den Wert $b(n)$.

Fall 1: $so = const$.
Dann ist t ein elementarer Typ, und es gilt $b(n) \in D_t$

Fall 2: $so = type$.
Dann ist $b(n) \in \langle Verbundtyp \rangle$ und es gilt $t = (record, TYP(b(n)))$, d.h. wenn wir den Ableitungsbaum für $b(n)$ attributieren, dann ist t im wesentlichen gleich dem TYP-Attribut der Wurzel.

Fall 3: $so = var$.
Dann ist t entweder ein elementarer Typ oder ein Zeigertyp. Wir unterscheiden diese 2 Fälle.

Fall 3.1: $t \in Elementtyp$
Dann ist $b(n) \in \mathbf{V}_t$.

Fall 3.2: $t \in Zeigertyp$.
Dann ist $b(n) \in \mathbf{V}_{pointer}$.

Fall 4: $so = record$.
Dann ist $t \in Verbundtyp$ eine Artbindung, und es ist $b(n) \in \mathbf{VER}$ mit $Def(b(n)) = Def(t)$. Für alle $x \in Def(t)$ gilt: $b(n)(x) \in \mathbf{V}_{t(x)}$ falls $t(x) \in Elementtyp$ und $b(n)(x) \in \mathbf{V}_{pointer}$ sonst.

Fall 5: so = array.

Dann ist $t = (d, (var, t'))$ für ein $t' \in$ *kleiner Typ*. Ferner ist $b(n) = f \in$ **FEL** mit: der Definitionsbereich $Def(f)$ ist ein d-dimensionales kartesisches Produkt und $Bild(f) \subseteq \mathbf{V}_{t'}$, falls $t' \in$ *Elementtyp* und $Bild(f) \subseteq \mathbf{V}_{pointer}$ sonst.

Die Möglichkeiten zur Konstruktion von Typen sind bei PROSA gegenüber Pascal eingeschränkt; wir fanden, daß eine Behandlung der vollen Typvielfalt von Pascal, die ganz sicher einen wesentlichen Teil des Erfolgs von Pascal ausmacht, den Umfang der Beschreibung ungebührlich verlängert hätte, ohne etwas prinzipiell Neues zu bringen. Wir wollen nun aber noch kurz auf die Möglichkeiten eingehen, die Pascal über PROSA hinaus bietet.

Einmal besitzt es einige zusätzliche elementare Typen. Der Benutzer kann einen Aufzählungstyp als eine geordnete Menge von durch Namen angegebenen Werten definieren. Er kann Untertypen von existierenden Typen definieren, etwa Intervalle von ganzen Zahlen. Er kann mit Teilmengen von existierenden elementaren Typen arbeiten. Ferner hat er als weitern strukturierten Typ den Typ *file*, mit dem sequentiell zu bearbeitende Dateien deklariert werden können. Außerdem erlaubt Pascal im Gegensatz zu PROSA als Komponententypen von Verbunden und Feldern (fast) alle Typen, also insbesondere Verbunde und Felder als Komponenten von Verbunden und Feldern.

4.3.2 Der Anweisungsteil

Im Anweisungsteil sind auch einige Erweiterungen vorzunehmen:

- Es gibt nun zusammengesetzte angewandte Namen wie a$[3, 4]$ $\uparrow$.*nachf* $\uparrow$.*inh* und nicht nur einfache Bezeichnungen wie etwa n;
- **nil** ist eine neue Standardbezeichnung und, in Ausdrücken können wir Zeigerwerte auf Gleichheit testen;
- in Zuweisungen können wir nun auch an Zeigervariablen zuweisen;
- es gibt die **new**-Anweisung.

Wie schon beim Deklarationsteil bleiben alle im Kapitel III gegebenen Produktionen, Kontextbedingungen und Übergänge der PROSA-Maschine erhalten. Es müssen also nur die vier Erweiterungen behandelt werden.

Als Bezeichner waren bisher nur Namen möglich. Die Einführung von Verbunden, Feldern und Zeigern bringt eine große Vielfalt von Namen mit sich. Wir geben nun zunächst die erweiterte Syntax an und danach die Semantik. Dabei erläutern wir alle Definitionen an unserem obigen Beispiel.

$\langle Bez \rangle \rightarrow \langle ang\ Name \rangle$

$ART(\langle Bez \rangle) == KONTEXT(\langle Programm \rangle)(ID(\langle ang\ Name \rangle))$

Erläuterung: Die Art einer Bezeichnung erhalten wir durch Nachschlagen im Kontext des Programms. In unserem Beispiel ist die Art von n gleich $(const, int)$ und die Art von a gleich $(array, (2, (var, element)))$.

$\langle Bez \rangle \rightarrow \langle Bez \rangle . \langle Name \rangle$

Bedingung: $ART(\langle Bez \rangle_2) = (record, f)$ für ein $f \in Verbundtyp$ und $ID(\langle Name \rangle) \in Def(f)$

Dann: $\quad ART(\langle Bez \rangle_1) == f(ID(\langle Name \rangle))$

Erläuterung: Ein Bezeichner der Form $n_1.n_2$ ist nur zulässig, wenn n_1 einen Verbund bezeichnet und n_2 zu den zulässigen Selektoren gehört. Dann ist die Art der Bezeichnung $n_1.n_2$ gegeben durch die Art der selektierten Komponente. In unserem Beispiel hat $e.inh$ die Art (var, int), $p{\uparrow}.nachf$ die Art $(var, element)$ und $a[2,3] \uparrow .inh$ die Art (var, int). Dagegen ist der Bezeichner $p.inh$ nicht zulässig, da die Art von p gleich $(var, element)$ ist.

$\langle Bez \rangle \rightarrow \langle Bez \rangle \uparrow$

Bedingung: $ART(\langle Bez \rangle_2) = (var, m)$ und $KONTEXT(\langle Programm \rangle)(m) = (type, (record, f))$ für ein $m \in Zeigertyp$ und ein $f \in Verbundtyp$

Dann: $\quad ART(\langle Bez \rangle_1) == (record, f)$

Erläuterung: Ein Bezeichner der Form $n \uparrow$ ist nur zulässig, wenn n eine Zeigervariable bezeichnet. Wenn dann m der Typ dieser Zeigervariablen ist und m durch eine Typdeklaration an eine Verbundart gebunden wurde, dann ist diese Verbundart die Art des Bezeichners $n \uparrow$. In unserem Beispiel haben $p{\uparrow}$ und $a[2,3] \uparrow$ die Art

$$\left(record, \left\{ \begin{array}{l} inh \rightarrow (var, int) \\ nachf \rightarrow (var, element) \end{array} \right\} \right).$$

Dagegen ist der Bezeichner $e \uparrow$ unzulässig, da e keine Zeigervariable bezeichnet.

$\langle Bez \rangle \rightarrow \langle Bez \rangle [\langle Indexfolge \rangle]$

Bedingung: $ART(\langle Bez \rangle_2) = (array, (d, t))$ für ein $d \in \mathbb{N}$ und ein $t \in Varart$ und $LAENGE \langle Indexfolge \rangle) = d$

Dann: $\quad ART(\langle Bez \rangle_1) == t$

$\langle Indexfolge \rangle \rightarrow \langle Ausdruck \rangle$

Bedingung: $TYP(\langle Ausdruck \rangle) = int$

Dann: $\quad LAENGE(\langle Indexfolge \rangle) == 1$

$\langle Indexfolge \rangle \rightarrow \langle Ausdruck \rangle, \langle Indexfolge \rangle$

Bedingung: $TYP(\langle Ausdruck \rangle) = int$

Dann: $LAENGE(\langle Indexfolge \rangle_1) == LAENGE(\langle Indexfolge \rangle_2) + 1$

Erläuterung: Ein Bezeichner der Form $n[E_1, E_2, \ldots, E_d]$ ist zulässig, wenn n Bezeichner eines Feldes der Dimension d ist und die $E_1, \ldots, E_d$ ganzzahlige Ausdrücke sind. Die Art des Bezeichners ist dann die Art der Komponenten des Feldes. In unserem Beispiel hat $a[2,3]$ die Art $(var, element)$. Dagegen ist der Bezeichner $p[2]$ nicht zulässig.

Wir kommen nun zur **Semantik von Bezeichnern**. Dazu definieren wir eine Funktion

$$L : \langle Bez \rangle \times \mathbf{B} \times \mathbf{S} \dashrightarrow \mathbf{V} \cup \mathbf{FEL} \cup \mathbf{VER} \cup \{nil\}.$$

Für ein $x \in \langle Bez \rangle$ liefert $L(x, b, s)$ das von x in der Umgebung (b, s) bezeichnete Objekt bzw. die bezeichnete Variable. Die Funktion L ist wie folgt definiert.

$$L(x, b, s) = \begin{cases} b(x), & \text{falls } x \in \langle Name \rangle; \\[2ex] L(y, b, s)(z), & \text{falls } x = y.z \text{ mit } y \in \langle Bez \rangle, \\ & z \in \langle Name \rangle \\ & \text{und } L(y, b, s) \in \mathbf{VER}; \\[2ex] \text{undefiniert}, & \text{falls } x = y.z \text{ mit } y \in \langle Bez \rangle, \\ & z \in \langle Name \rangle \\ & \text{und } L(y, b, s) = nil; \\[2ex] s(L(y, b, s)), & \text{falls } x = y \uparrow \text{ mit } y \in \langle Bez \rangle \\ & \text{und } L(y, b, s) \in \mathbf{V}_{pointer}; \\[2ex] L(y, b, s)(I(b, s, E_1), \ldots, I(b, s, E_d)), & \text{falls } x = y[E_1, \ldots, E_d]. \end{cases}$$

Erklärung: Wenn x ein Name ist, dann bezeichnet x natürlich das Objekt $b(x)$. Wenn x kein Name ist, dann ist x entweder von der Form $y.z$ (Selektion in einem Verbund), von der Form $y \uparrow$ (Übergang von einer Zeigervariablen zum Wert dieser Variablen (auch Dereferenzierung genannt)) oder von der Form $y[E_1, \ldots, E_d]$ (Selektion in einem Feld). In jedem der drei Fälle verschaffen wir uns zunächst das durch y bezeichnete Objekt $L(y, b, s)$. Im ersten Fall ist das ein Verbundobjekt (Fall 1a) oder nil (Fall 1b), im zweiten Fall ist es eine Zeigervariable und im dritten Fall ist es ein Feldobjekt. Im Fall 1a und im dritten Fall selektieren wir die entsprechende Komponente (natürlich müssen wir bei einem Feldzugriff die Ausdrücke auf Indexposition auswerten), im zweiten Fall gehen wir zum Wert der Zeigervariablen über und im Fall 1b ist L undefiniert, da man im undefinierten Verbundobjekt nicht selektieren kann.

In unserem Beispiel ist etwa (mit der zusätzlichen Annahme, $s(v_{13}^{pointer}) = g$)

$$
\begin{aligned}
L(\mathbf{a}[2,3] \uparrow .inh, b, s) &= L(\mathbf{a}[2,3] \uparrow, b, s)(inh) \\
&= s(L(\mathbf{a}[2,3], b, s))(inh) \\
&= s(L(\mathbf{a}, b, s)(I(b, s, 2), I(b, s, 3)))(inh) \\
&= s(f(2,3))(inh) \\
&= s(v_{13}^{pointer})(inh) \\
&= g(inh) \\
&= v_1^{int}
\end{aligned}
$$

Damit sind die Syntax und Semantik von Bezeichnern geklärt. Wir stellen noch kurz den Zusammenhang zwischen Syntax und Semantik klar. Sei dazu x ein Bezeichner in einem PROSA-Programm p, und sei (b, s) eine Umgebung, die während der Ausführung von p auftritt. Sei ferner $L(x, b, s)$ definiert. Dann gilt

$$
\begin{aligned}
ART(x) &= (array, \ldots) &\Leftrightarrow&\quad L(x, b, s) \in \mathbf{FEL} \\
ART(x) &= (record, \ldots) &\Leftrightarrow&\quad L(x, b, s) \in \mathbf{VER} \cup \{nil\} \\
ART(x) &= (var, \ldots) &\Leftrightarrow&\quad L(x, b, s) \in \mathbf{V} \\
ART(x) &= (const, \ldots) &\Leftrightarrow&\quad L(x, b, s) \in \mathbf{D} \\
ART(x) &= (type, \ldots) &\Leftrightarrow&\quad L(x, b, s) \in \langle Verbundtyp \rangle.
\end{aligned}
$$

Unter welchen Umständen kann nun $L(x, b, s)$ undefiniert sein? Sei dazu y der kleinste Präfix von x mit $L(y, b, s)$ undefiniert. Dann gibt es zwei Möglichkeiten. Entweder ist $y = z_1.z_2$ mit $L(z_1, b, s) = nil$, oder es ist $y = z[E_1, \ldots, E_k]$, und einer der Ausdrücke ist undefiniert oder sein Wert liegt außerhalb des zulässigen Indexbereiches, (beachten Sie, daß die anderen beiden Möglichkeiten der Undefiniertheit, nämlich $y = x$ und $b(x)$ undefiniert bzw. $y = z_1.z_2$ und z_2 ist kein zulässiger Selektor in dem Verbundobjekt $L(z_1, b, s)$ durch die Kontextbedinkungen ausgeschlossen sind.).

Wir kommen nun zu den Ausdrücken. Hier ändert sich an der Syntax wenig. Wir brauchen nur zwei zusätzliche Regeln, die den Vergleich von Zeigern mit *nil* und untereinander erlauben. Wenn man zwei Zeiger auf Gleichheit testet, müssen diese natürlich den gleichen Typ haben.

$\langle Ausdruck \rangle \rightarrow \langle Bez \rangle = \mathbf{nil}$

Bedingung: $ART(\langle Bez \rangle) = (var, m)$ für ein $m \in Zeigertyp$

Dann: $\quad TYP(\langle Ausdruck \rangle) == bool$

$\langle Ausdruck \rangle \rightarrow \langle Bez \rangle = \langle Bez \rangle$

Bedingung: $ART(\langle Bez \rangle_1) = (var, m) = ART(\langle Bez \rangle_2)$ für ein $m \in Zeigertyp$

Dann: $\quad TYP(\langle Ausdruck \rangle) == bool$

In unserem Beispiel ist also $(n = 10)$ **and** $(a[2,3] = p)$ zulässig, dagegen ist $p = n$ nicht zulässig.

An der Semantik von Ausdrücken ändert sich nur wenig. Die beiden neuen Regeln sind leicht zu behandeln, und wir überlassen sie dem Leser. Eine zweite Änderung betrifft die Interpretation von Bezeichnern. Wir definieren nun

$$I_{\langle Bez \rangle}(b, s, x) = \begin{cases} b(x), & \text{falls } ART(x) = (const, \ldots); \\ s(L(x, b, s)), & \text{falls } ART(x) = (var, \ldots); \end{cases}$$

und tragen so der größeren Menge von Bezeichnern Rechnung.

Als nächstes behandeln wir die Zuweisung. Wir hatten bisher

$\langle Zuw \rangle \rightarrow \langle Bez \rangle := \langle Ausdruck \rangle$

Bedingung: $ART(\langle Bez \rangle) = (var, TYP(\langle Ausdruck \rangle))$

Dies deckt die Zuweisungen der Form

$$a[2,3] \uparrow .inh := 10;$$
$$p \uparrow .inh := e.inh;$$
$$a[2,3] := p;$$

ab. Beachten Sie, daß die letzte Zuweisung die Zuweisung an eine Zeigervariable ist, d.h. die Produktion aus Kapitel III deckt die Zeiger schon mit ab. Beachten Sie ferner, daß wir auch bei Zeigervariablen die Übereinstimmung des Typs überprüfen, d.h. wir stellen sicher, daß an einen Bezeichner der Art (var, t) mit $t \in Zeigertyp$ nur Objekte vom Typ t zugewiesen werden. Diese Kontextbedingung stellt sicher, daß auch Zeiger in PROSA effektiv getypt sind, obwohl wir für alle Zeigertypen dieselbe Menge von Variablen benutzen. Nur die Zuweisung von nil müssen wir gesondert betrachten, da wir die gleiche Standardbezeichnung **nil** für alle Typen benutzen.

$\langle Zuw \rangle \rightarrow \langle Bez \rangle := $ **nil**

Bedingung: $ART(\langle Bez \rangle) = (var, m)$ für ein $m \in Zeigertyp$

Damit ist auch die Syntax von Zuweisungen erklärt. Die Semantik von Zuweisungen ist wie im Kapitel III erklärt.

Es bleibt die **new**-Anweisung. Sie ist eine zusätzliche Anweisung, also

$\langle Anw \rangle \rightarrow \langle new\ Anw \rangle$

Eine **new**-Anweisung ist im wesentlichen eine Wertzuweisung. Wir schaffen durch sie ein neues Objekt eines Verbundtyps und weisen es an eine Zeigervariable zu. Natürlich müssen der Typ des Verbundobjekts und der Typ der Zeigervariable übereinstimmen. Dies stellen wir durch eine Kontextbedingung sicher.

$\langle new\ Anw \rangle \rightarrow \langle Bez \rangle := \mathbf{new}\ \langle ang\ Name \rangle$

Bedingung: $ART(\langle Bez \rangle) = (var, ID(\langle ang\ Name \rangle))$

Erläuterung: Die Bezeichnung auf der linken Seite der Zuweisung muß eine Zeigervariable bezeichnen, d.h. ihre Art muß (var, m) für ein $m \in Zeigertyp$ sein. Der Zeigertyp m muß mit dem Typ, der durch den Typnamen auf der rechten Seite angegeben wird, übereinstimmen. In unserem Beispiel sind also die folgenden beiden **new**-Anweisungen zulässig:

$$p := \mathbf{new}\ element;$$

$$a[2,3] \uparrow .nachf := \mathbf{new}\ element$$

Dagegen ist

$$e := \mathbf{new}\ element$$

unzulässig, da e keine Zeigervariable bezeichnet und ist

$$p := \mathbf{new}\ knoten$$

unzulässig, da die Art von p nicht $(var, knoten)$ sondern $(var, element)$ ist.

Wir kommen nun zur Semantik der **new**-Anweisung. Ausführung einer **new**-Anweisung kreiert ein anonymes Objekt des angegebenen Verbundtyps und weist es an eine Zeigervariable dieses Typs zu. Die Typübereinstimmung ist bereits durch die Kontextbedingungen gesichert und bedarf keiner Überprüfung mehr.

Sei also $k = (p, b, s, e, a)$ eine Konfiguration der PROSA-Maschine, wobei p die Form $n := \mathbf{new}\ m; p'$, $n \in \langle Bez \rangle$, $m \in \langle ang\ Name \rangle$ und $b(m) = \mathbf{record}\ sel_1\colon t_1; sel_2\colon t_2; \ldots; sel_h\colon t_h\ \mathbf{end}$ hat. Dann ist $\delta(k) = k' = (p', b, s', e, a)$ mit:

$$s'(w) = \begin{cases} f, & \text{falls } w = L(n, b, s); \\ \text{undefiniert}, & \text{falls } w = f(sel_i) \text{ und } t_i \in \langle elem\ Typ \rangle \text{ für ein } i; \\ nil, & \text{falls } w = f(sel_i) \text{ und } t_i \in \langle Zeigertyp \rangle \text{ für ein } i; \\ s(w), & \text{sonst}; \end{cases}$$

wobei $f \in \mathbf{VER}$ mit

$$Def(f) = \{sel_1, sel_2, \ldots, sel_h\} \text{ und } f(sel_i) \in \mathbf{FV}_{k, t'_i}$$

mit $t'_i = TYP(t_i)$, falls $t_i \in \langle elem\ Typ \rangle$ und $t'_i = pointer$ falls $t_i \in \langle Zeigertyp \rangle$.

Erläuterung: n ist Bezeichner einer Zeigervariablen von Typ m. Der Typname m wurde bei Abarbeitung seiner Typdeklaration an ein Element in $\langle Verbundtyp \rangle$ gebunden. Wir benutzen die in diesem Text enthaltene Information, um ein neues Verbundobjekt zu schaffen. Die in f enthaltenen Variablen werden wie üblich je nach Typ mit nil oder dem undefinierten Wert initialisiert. Das Objekt f wird an die durch den Bezeichner n bezeichnete Variable $L(n, b, s)$ zugewiesen. In unserem Beispiel erhalten wir nach Abarbeitung von

$$p := \mathbf{new}\ element$$

den Speicherzustand s' mit

$$s'(v_{101}^{pointer}) = h \text{ mit } Def(h) = \{inh, nachf\}$$
$$\text{und } h(inh) = v_2^{int}, \ h(nachf) = v_{103}^{pointer}$$
$$s'(v_{103}^{pointer}) = nil$$
$$s'(w) = s(w) \text{ für } w \neq v_{101}^{pointer}, \ w \neq v_{103}^{pointer}$$

Aufgaben zu 4.3

1) Gegeben sei der folgende Deklarationsteil:

```
const n = 10;
type knoten = record inh: integer;
                     links: ↑knoten;
                     rechts: ↑knoten
             end;
var a: ↑knoten;
var c: array[1..10] of ↑knoten
```

Geben Sie hierfür den Wert des Attributs *KONTEXT* an.

2) Welche der folgenden Namen sind gemäß dem Deklarationsteil in Aufgabe 1 zulässig?

$$c[n] \uparrow .links \uparrow .inh$$
$$c[n].inh$$
$$a[3]$$
$$a \uparrow .links \uparrow .rechts$$

Geben Sie bei nichtzulässigen Namen die verletzte Kontextbedingung an.

Kapitel V

Übersetzung von PROSA nach RESA, Teil 1

Höhere Programmiersprachen wie etwa Pascal und PROSA dienen der Formulierung von Algorithmen durch den (menschlichen) Programmierer. Programme in höheren Programmiersprachen sind deshalb leicht lesbar (oder zumindest sollten sie es sein!). Sie können allerdings nicht direkt durch einen Rechner ausgeführt werden. Man könnte sogar sinnvoll die "Höhe" einer Programmiersprache als den "Abstand" der Sprache von der Maschinensprache eines typischen Rechners definieren; Programme in höheren Programmiersprachen müssen also in die Maschinensprache des Rechners übersetzt werden, bevor sie von diesem Rechner ausgeführt werden können. In diesem Kapitel wird ein einfacher Rechner RESA (**RE**chner **SA**arbrücken) und seine Maschinensprache eingeführt und gezeigt, wie man PROSA–Programme in RESA–Programme übersetzen kann.

RESA ist eine mathematische Abstraktion einfacher Rechner. Seine Struktur entspricht der mancher früher Mikroprozessoren und Großrechner. Sein Befehlsvorrat ist auf das notwendigste beschränkt. RESA wird mitsamt seiner Maschinensprache in Abschnitt 5.1 eingeführt. Dabei werden weder der innere Aufbau noch die technische Realisierung behandelt. Dies bleibt einer Vorlesung "Struktur von Rechenanlagen" vorbehalten.

Dieses Kapitel hat zwei Ziele. Das erste ist die Erarbeitung folgenden Satzes:

Satz 1. *Zu jedem einfachen PROSA–Programm p_1 gibt es ein äquivalentes RESA–Programm p_2. Das Programm p_2 kann effektiv aus dem Programm p_1 konstruiert werden. Ferner gilt für alle Eingabefolgen $e \in \mathbb{Z}^* : Laufzeit(p_2, e) \leq c + d \cdot Laufzeit(p_1, e)$. Dabei sind c und d Konstanten, die von p_1 aber nicht von e abhängen.*

∎

Wir müssen noch einige Begriffe erläutern, die in der Formulierung dieses Satzes vorkommen.

Definition 1: Einfaches PROSA ist die in den Kapiteln III und IV eingeführte Programmiersprache mit zwei Einschränkungen:

(a) Als elementare Datentypen sind nur *int* und *bool* zugelassen.

(b) Als Eingabefolgen und Ausgabefolgen sind nur Folgen von ganzen Zahlen erlaubt.

∎

234

Die beiden Beschränkungen sind nicht gravierend, und die in diesem Kapitel eingeführten Methoden lösen das Übersetzungsproblem auch ohne diese Einschränkung. Allerdings wäre dann das Kapitel etwas umfangreicher geworden.

Den Begriff der Äquivalenz von Programmen führten wir in Kapitel I ein. Wir wiederholen die Definition. Sei p_i ein Programm für die Maschine M_i, $i = 1, 2$. Dann heißen p_1 und p_2 **äquivalent**, wenn für alle Eingabefolgen e gilt: $E/A_{M_1}(p_1, e) = E/A_{M_2}(p_2, e)$.

Satz 1 beinhaltet drei Teilaussagen. Zunächst gibt es zu jedem PROSA-Programm p_1 ein äquivalentes RESA-Programm p_2. Insbesondere ist also jede durch ein PROSA-Programm berechenbare Funktion auch durch ein RESA-Programm berechenbar. Der Satz besagt ferner, daß das RESA–Programm p_2 aus dem PROSA–Programm p_1 effektiv konstruiert werden kann. Damit meinen wir, daß p_2 durch Anwendung eines Algorithmus' aus p_1 gewonnen werden kann. Wir werden diesen Algorithmus in diesem Kapitel umgangssprachlich angeben. Wir könnten ihn im Prinzip auch als RESA–Programm (oder auch als PROSA–Programm) formulieren und werden das für einen Teilalgorithmus auch tun. Nehmen wir nun einmal an, wir hätten ein RESA–Programm $\ddot{U}$ (für Übersetzer), das PROSA–Programme in äquivalente RESA–Programme übersetzt. Sei dann p_1 ein beliebiges PROSA-Programm und e eine Eingabefolge. Wir lassen zunächst das Programm $\ddot{U}$ mit der Eingabe p_1 auf der RESA-Maschine ablaufen und erhalten ein RESA–Programm p_2. Dann lassen wir p_2 mit der Eingabe e auf der RESA-Maschine ablaufen. Nach außen hin verhält sich die RESA-Maschine dann wie eine PROSA-Maschine; mit Hilfe des Übersetzerprogramms $\ddot{U}$ vermag sie also auch PROSA-Programme abzuarbeiten.

Die dritte Teilaussage besagt, daß die Laufzeit des RESA-Programms p_2 für eine Eingabe e höchstens $c + d \cdot Laufzeit(p_1, e)$ Schritte beträgt. Die Konstante d ist dabei im wesentlichen die maximale Anzahl von RESA-Befehlen, die wir für eine PROSA-Anweisung erzeugen. Die Konstante c ist die Anzahl der RESA-Befehle, die wir für die Initialisierung von Verwaltungsgrößen brauchen. Aus der Abschätzung der Laufzeit des erzeugten RESA-Programms folgt, daß Laufzeitabschätzungen von PROSA-Programmen eine direkte praktische Bedeutung haben. Wenn wir nämlich die Laufzeit des PROSA-Programms p_1 für die Eingabe e nach oben abgeschätzt haben, dann haben wir damit auch die Laufzeit des aus p_1 gewonnenen RESA-Programms p_2 für die Eingabe e abgeschätzt. Die letztere Laufzeit interessiert uns letztendlich, da nur die RESA-Maschine – und nicht die PROSA-Maschine – technisch realisierbar ist. Nun ist natürlich der Rechner, den Sie in ihrer täglichen Arbeit benutzen, keine RESA-Maschine. Die Ähnlichkeit ist aber so groß, daß Sie nach dem Studium dieses Kapitels keine Schwierigkeiten haben sollten, einen zu Satz 1 analogen Satz für Ihren Rechner zu zeigen. Damit ist also die Laufzeit eines PROSA-Programms auf der abstrakten PROSA-Maschine ein direkter Maßstab für die Laufzeit auf realen Rechnern.

Die Übersetzung von PROSA nach RESA erfolgt in zwei großen Schritten. Zuerst übersetzen wir sogenanntes primitives PROSA nach RESA. Anschließend wird gezeigt, wie man einfaches PROSA in primitives PROSA übersetzen kann.

Definition 2: Ein PROSA-Programm p heißt **primitiv**, wenn gilt:

(1) p benutzt nur ganzzahlige Variable.

(2) In p gibt es keine Typdeklarationen, und p benutzt keine Zeiger, Verbunde und Konstantenbezeichnungen.

(3) Alle von p benutzten Felder sind eindimensional und haben einen Indexbereich, der bei 0 beginnt. Ferner treten Feldzugriffe nur in Wertzuweisungen der Form $x := a[i]$ und $a[i] := x$ auf, wo i und x einfache Variable sind. Ferner hat die Variable i an dieser Stelle einen Wert, der im Indexbereich von a liegt.

(4) In Druck- und Leseanweisungen treten nur einfache Variable auf.

(5) Boolesche Ausdrücke treten nur in den Tests von bedingten Anweisungen und Iterationsanweisungen auf. Sie sind von der Form $x = 0$ oder $x > 0$. Dabei ist x eine einfache Variable.

(6) Ausdrücke enthalten höchstens ein Operationszeichen. Falls ein Ausdruck ein Operationszeichen enthält, dann sind beide Operanden Variablenbezeichnungen.

(7) In p gibt es höchstens ein Feld H : **array** $[0 .. \infty]$ **of integer** unendlicher Größe, und dieses wird durch die letzte Deklaration des Deklarationsteils deklariert. ∎

Definition 2 und zwar insbesondere Punkt (7) bedarf der Erläuterung. Wir haben hier implizit eine Erweiterung von PROSA vorgenommen und erlauben nun die Deklaration eines unendlichen Feldes H. Die Abarbeitung der Deklaration eines solchen Feldes macht keine Schwierigkeit. Wir brauchen H nur an eine Funktion h mit $Def(h) = \mathbb{N}_0$ und $Bild(h) \subseteq \mathbf{FV}_{k,int}$ (k ist die aktuelle Konfiguration) zu binden. Da die Menge der Variablen vom Typ int unendlich groß ist, ist das kein Problem. Wir brauchen das Feld H (meist **Halde** genannt) zur Simulation von Zeigern und Verbunden (vgl. Abschnitt 5.4), indem wir im wesentlichen alle in einem Programmlauf durch eine new–Anweisung geschaffenen Verbundobjekte in das Feld H packen. In jedem konkreten endlichen Programmlauf wird natürlich nur ein endlicher Teil des Feldes H benutzt; es ist aber nicht vor Ende des Programmlaufs ersichtlich, wie groß dieser Teil ist. In diesem Sinn ist das Feld H also nur potentiell unendlich.

Primitives PROSA ist der Programmiersprache von RESA schon recht ähnlich, und die Übersetzung von primitivem PROSA nach RESA (Abschnitt 5.3.) ist recht einfach. Die Übersetzung von einfachem PROSA nach primitivem PROSA führen wir in mehreren Teilschritten durch. Jeder Teilschritt formt das Programm um und macht es "primitiver". In 5.4. eliminieren wir Konstanten und Verbundbezeichnungen (Teil von Eigenschaft 2), in 5.5. führen wir dann den Datentyp $bool$ auf den Datentyp int zurück (Eigenschaften 1 und 5), in 5.6. simulieren wir Zeiger und Verbunde durch Felder (Eigenschaft 2), in 5.7. reduzieren wir mehrdimensionale Felder auf eindimensionale Felder (Eigenschaft 3), und in 5.8. brechen wir dann schließlich komplexe Ausdrücke in primitive Ausdrücke auf (Eigenschaft 4 und 6).

Für jeden Teilschritt geben wir einen Algorithmus an, der den Teilschritt realisiert. Diese Algorithmen gehen den Programmtext jeweils von vorne nach hinten durch (man sagt auch: sie machen einen Paß über das Programm) und ändern ihn, wie schon erwähnt, so ab, daß das resultierende Programm "primitiver" ist als das Ausgangsprogramm. Die Korrektheit dieser Algorithmen, d.h. die Tatsache, daß das durch den Algorithmus erzeugte Programm äquivalent zum Ausgangsprogramm ist, ist bei den Teilschritten 5.4 und 5.5 offensichtlich. Bei den anderen Teilschritten beweisen wir die Korrektheit ausführlich. Unser Hilfsmittel dafür ist der in Abschnitt 1.7 eingeführte Begriff der Bisimulation.

Die Aufteilung der Übersetzung in der oben angedeuteten Art hat vor allem den Vorteil, die Einzelschritte einsichtig und beweisbar zu machen. Bei der Konstruktion von realen Übersetzern verlangen Effizienzgesichtspunkte jedoch teilweise andere Algorithmen und außerdem eine Zusammenfassung mehrerer Einzelschritte zu einem komplexeren Übersetzungsschritt. Übersetzer für einfache Programmiersprachen wie Pascal oder PROSA nehmen die Übersetzung in Maschinensprache meist sogar in einem Paß, also einem Durchlauf durch das Programm, vor.

Damit kommen wir zum zweiten Ziel des Kapitels, der informellen Beschreibung realer Übersetzer. Parallel zur Darstellung des Übersetzerprozesses in der oben angedeuteten Zerlegung skizzieren wir, wie reale Übersetzer direkt PROSA-Programme in RESA-Programme überführen. Im wesentlichen läuft das auf eine Beschreibung des kombinierten Effekts mehrerer Teilschritte und auf eine weniger abstrakte Beschreibung der Teilschritte hinaus. Eine dafür zentrale Datenstruktur, die **Symboltabelle**, führen wir in Abschnitt 5.2 als Erweiterung des Attributs *KONTEXT* ein. Die weiteren Abschnitte haben dann jeweils einen mehr theoretischen ersten und einen mehr praktischen zweiten Teil; dieser wird jeweils durch die Worte "Reale Übersetzer" eingeleitet.

5.1 Die Rechenanlage RESA

Wir führen eine einfache Rechenanlage RESA (**RE**chner **SA**arbrücken) und ihre Maschinensprache ein. RESA besteht aus einem Programmspeicher, einem Datenspeicher, einem Eingabeband, einem Ausgabeband und einem Rechen- und Leitwerk. Im Rechen- und Leitwerk gibt es drei Register: den Akkumulator, den Befehlszähler und das Indexregister, vgl. Abbildung 1.

Formal ist die RESA-Maschine eine mathematische Maschine im Sinn von Abschnitt 1.7, also

$$M_{RESA} = (\mathbf{K}, \mathbf{K}^f, \mathbf{P}, \delta, \mathbf{E}, \mathbf{A}, in, out).$$

Ein **RESA-Programm** ist eine Folge von **RESA-Befehlen**, also $\mathbf{P} = \mathbf{BEF}^*$. Die Menge **BEF** der RESA-Befehle ist definiert durch:

BEF = {READ, PRINT, FEHLERHALT, HALT, STORE IR, LOAD IR}
    ∪{LOAD, STORE, ADD, SUB, MUL, JUMPFORW,
        JUMPBACKW, JUMPFORW=, JUMPFORW>,
        LOADIR, STOREIR, LOADNUM} × $\mathbb{N}_0$

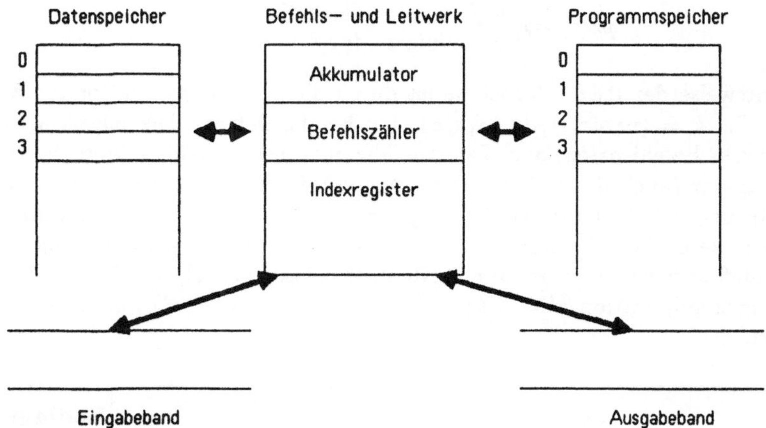

Abb. 1

Die Menge der Konfigurationen ist gegeben durch

$$\mathbf{K} = \mathbf{PZ} \times \mathbf{Z} \times \mathbf{Z} \times \mathbf{DZ} \times \mathbf{Z} \times \mathbf{Z}^* \times \mathbf{Z}^*$$

wobei

$$\mathbf{DZ} = \{dz \mid dz : \mathbb{N}_0 \dashrightarrow \mathbf{Z}\}$$

die Menge der **Datenspeicherzustände** ist und

$$\mathbf{PZ} = \{pz \mid pz : \mathbb{N}_0 \dashrightarrow \mathbf{BEF}\}$$

die Menge der **Programmspeicherzustände** ist. Wir erklären nun die einzelnen Komponenten einer Konfiguration, etwa $(pz\,,\,ac\,,\,ir\,,\,dz\,,\,bz\,,\,e\,,\,a) \in \mathbf{K}$:

- $pz \in \mathbf{PZ}$ ist der Programmspeicherzustand und enthält das auszuführende Programm;
- $ac \in \mathbf{Z}$ ist der Inhalt eines Registers, **Akkumulator** genannt, in dem die Operationen ausgeführt werden;
- $ir \in \mathbf{Z}$ ist der Inhalt eines weiteren Registers, **Indexregister** genannt;
- $dz \in \mathbf{DZ}$ ist der Datenspeicher; er enthält die Daten, mit denen gerechnet wird;
- $bz \in \mathbf{Z}$ heißt der **Befehlszähler**; er gibt an, welcher Befehl im Programmspeichers als nächster ausgeführt werden muß;
- $e \in \mathbf{Z}^*$ und $a \in \mathbf{Z}^*$ sind wie üblich die Resteingabefolge und die Ausgabefolge.

Ein RESA-Programm $p = (bef_0, \ldots, bef_m)$ wird mit einer Eingabe $e \in \mathbf{Z}^*$ (es ist also $\mathbf{E} = \mathbf{Z}^*$) gestartet, indem man das Programm im Programmspeicher ablegt und die Eingabe auf das Eingabeband gibt. Der Akkumulator, der Befehlszähler und das Indexregister bekommen den Wert 0, alle Datenspeicherzellen haben den undefinierten Wert, und das Ausgabeband ist leer. Also ist:

$$in(p,e) = (pz, 0, 0, \emptyset, 0, e, \epsilon)$$

wobei

$$pz(i) = \begin{cases} bef_i & \text{für } 0 \leq i \leq m \\ \text{undefiniert} & \text{für } i > m \end{cases}$$

Die Arbeitsweise der RESA-Maschine ist durch die Übergangsfunktion $\delta : \mathbf{K} \dashrightarrow \mathbf{K}$ definiert. Sei $k = (pz, ac, ir, dz, bz, e, a)$ eine Konfiguration. Die RESA-Maschine führt nun den Befehl $pz(bz)$ aus. Die Ausführung dieses Befehls ändert die Inhalte einiger Register (auch des Befehlszählers) und einiger Datenspeicherzellen. Damit kommt ein neuer Befehl zur Ausführung, usw. ..., bis wir eine Konfiguration erreichen, die keine Folgekonfiguration hat. Die Einzelheiten sind wie folgt. Falls $pz(bz)$ undefiniert ist, dann ist $\delta(k)$ undefiniert. Falls $pz(bz) = bef \in \mathbf{BEF}$, dann ist die Folgekonfiguration $k' = \delta(k) = (pz, ac', ir', dz', bz', e', a')$ durch die Tabelle 1 definiert.

pz(bz)		ac′	ir′	dz′	bz′	e′	a′	Bedingung
READ		$head(e)$			$bz + 1$	$tail(e)$		$e \neq \epsilon$
PRINT					$bz + 1$		$a \cdot ac$	
STORE	IR		ac		$bz + 1$			
LOAD	IR	ir			$bz + 1$			
LOAD	i	$dz(i)$			$bz + 1$			$dz(i)$ definiert
STORE	i			$dz[i\backslash ac]$	$bz + 1$			
ADD	i	$ac + dz(i)$			$bz + 1$			$dz(i)$ definiert
SUB	i	$ac - dz(i)$			$bz + 1$			$dz(i)$ definiert
MUL	i	$ac \cdot dz(i)$			$bz + 1$			$dz(i)$ definiert
JUMPFORW	i				$bz + i$			
JUMPBACKW	i				$bz - i$			
JUMPFORW=	i				$bz + i$			$ac = 0$
					$bz + 1$			$ac \neq 0$
JUMPFORW>	i				$bz + i$			$ac > 0$
					$bz + 1$			$ac \leq 0$
LOADIR	i	$dz(i + ir)$			$bz + 1$			$dz(i + ir)$ def
STOREIR	i			$dz[i + ir\backslash ac]$	$bz + 1$			$i + ir \geq 0$
LOADNUM	i	i			$bz + 1$			
HALT								
FEHLERHALT								

Tabelle 1: Die Übergangsfunktion δ der RESA-Maschine.

In dieser Tabelle ist der Folgezustand k' durch Fallunterscheidung nach dem Befehl $pz(bz)$ angegeben. Für jeden Befehl $pz(bz)$ wird in der Spalte "Bedingung" unter Umständen noch eine Fallunterscheidung gemacht. Freie Plätze in dieser Tabelle zeigen an, daß sich die Komponenten nicht ändern. Freie Zeilen zeigen an, daß der Folgezustand undefiniert ist. Es ist also im Fall $pz(bz) =$ READ etwa $ac' = head\ e$, $ir' = ir$, $dz' = dz$, $bz' = bz + 1$, $e' = tail\ e$, $a' = a$, falls $e \neq \epsilon$, und k' ist undefiniert, falls $e = \epsilon$. Sämtliche Befehle, die lesend auf den Speicher zugreifen, sind nur dann ausführbar, wenn der Inhalt der gelesenen Speicherzelle definiert ist. Andernfalls gibt es keine Folgekonfiguration. Die Menge der Endzustände ist gegeben durch:

$$\mathbf{K}^f = \{(pz, ac, ir, dz, bz, e, a) \mid pz(bz) = \text{HALT und } e = \epsilon\}.$$

Die Funktion $out : \mathbf{K}^f \dashrightarrow \mathbf{Z}^*$ (es ist also $\mathbf{A} = \mathbf{Z}^*$) extrahiert die Ausgabefolge, d.h. $out\ ((pz,\ ac,\ ir,\ dz,\ bz,\ e,\ a)) = a.$

Damit ist die Definition der RESA-Maschine abgeschlossen. Wir erläutern die Definitionen noch mit einem Beispiel.

Beispiel 1:   Auf dem Eingabeband stehen die Zahlen $n \in \mathbb{N}$, $x \in \mathbf{Z}, a_n, ..., a_0 \in \mathbf{Z}$. Wir wollen $\sum_{i=0}^{n} a_i x^i$ berechnen. Das PROSA-Programm aus Abschnitt 3.3 löst diese Aufgabe; beachten Sie aber, daß wir statt reellen Koeffizienten a_i und Argument x jetzt ganzzahlige Werte voraussetzen.

```
program Hornerschema;
   const Null = 0;
   var N, X, A, S, I: integer;
   begin
      read N; read X;
      S := Null; I := N;
      while I ≥ 0
      do read A;
         S := S*X+ A;
         I := I- 1;
      od;
      print S
   end.
```

Wir geben nun ein äquivalentes RESA-Programm an. Die Datenspeicherzellen von RESA benutzen wir dabei, um die PROSA-Variablen zu realisieren. Insbesondere spielt die Zelle 0 (1, 2, 3, 4) die Rolle der Variablen mit der Bezeichnung N (X, A, S, I). Die Konstantenbezeichnung *Null* eliminieren wir, indem wir die Zuweisung $S := Null$ durch $S := 0$ ersetzen. Wir erhalten folgendes RESA-Programm. Dabei gruppieren wir die Befehle gemäß den RESA-Anweisungen.

```
READ
STORE       0    } read  N

READ
STORE       1    } read  X
```

```
LOADNUM      0    ⎫
STORE        3    ⎬  S := Null

LOAD         0    ⎫
STORE        4    ⎬  I := N

LOADNUM      0    ⎫  falls 0 − I > 0,
SUB          4    ⎬  dann springe hinter den Rumpf
JUMFORW      13   ⎭

READ              ⎫
STORE        2    ⎬  read  A

LOAD         3    ⎫
MUL          1    ⎬  S := S * X + A
ADD          2    ⎪
STORE        3    ⎭

LOADNUM      1    ⎫
STORE        5    ⎪
LOAD         4    ⎬  I := I − 1
SUB          5    ⎪
STORE        4    ⎭

JUMPBACKW    14   } springe zum Test 0 − I > 0

LOAD         3    ⎫  print S
PRINT             ⎭

HALT              }
```

Dieses RESA-Programm sollte durch die angegebene Kommentierung fast selbsterklärend sein. Die Iterationsanweisung übersetzten wir wie folgt:

(1) teste, ob $I < 0$ ist
(2) falls ja, dann springe hinter den Rumpf nach (5)
(3) Übersetzung des Rumpfes
(4) springe zum Test nach (1)
(5)

Da RESA nur sehr eingeschränkte Tests kennt, simulieren wir die Überprüfung $I < 0$ durch $0 − I > 0$. ∎

Der eben vorgestellte Befehlsvorrat von RESA ist sehr klein; reale Rechner haben oft einen Befehlssatz von über 100 Befehlen. Auch mit dem angegebenen Vorrat können wir aber die Übersetzung von PROSA nach RESA durchführen. Im Kapitel VII (Übersetzung von PROSA mit Prozeduren) benutzen wir einen etwas erweiterten Befehlsvorrat. Statt des einen Indexregister IR benutzen wir vier Indexregister IR, IR1, BFS und BAP. Für die zusätzlichen Indexregister gibt es die gleichen Befehle, wie bisher für das Indexregister IR. Ferner erlauben wir für $OP \in \{ADD, SUB, MUL\}$ auch die Befehle OPIR $\;i$ mit der Semantik $ac' := ac \; op \; dz(i + ir)$.

Schließlich brauchen wir noch einen Sprungbefehl mit berechnetem Sprungziel, JUMPAC setzt bz' auf den Wert ac des Akkumulators, und einen Speicherbereinigungsbefehl, CLEARBFS entfernt den Inhalt aller Speicherzellen, deren Adresse größer oder gleich dem Inhalt von BFS ist, d.h. $dz(i)$ = undefiniert für $i \geq bfs$ nach Ausführung des Befehls; dabei ist bfs der Inhalt von BFS.

Wir werden beim Schreiben von RESA-Programmen zwei Konventionen benutzen. Entweder schreiben wir genau einen Befehl pro Zeile und benutzen dann keine Trennzeichen oder wir schreiben mehrere Befehle in eine Zeile und benutzen dann den Strichpunkt als Trennzeichen. Bei der Definition von RESA abstrahierten wir von existierenden realen Rechnern. Natürlich besitzen reale Rechner nur endliche (Daten- und Programm-) Speicher. In einem weiteren Punkt sind wir ebenfalls von der Realität abgewichen. Startet man eine reale Maschine, so bekommen alle Speicherzellen einen definierten Wert (bei vielen Maschinen ist das der Wert 0) und nicht den undefinierten Wert wie bei RESA. Während bei RESA das Lesen einer Speicherzelle, in die noch nicht geschrieben wurde, zu einem Fehler führt, ist das bei realen Anlagen nicht so. Vielmehr liest man den Wert, der durch das Einschalten in der Zelle abgespeichert wurde. Wir kommen auf diesen Unterschied im Abschnitt 5.3 zurück.

Aufgaben zu 5.1

1) Auf dem Eingabeband der RESA-Maschine stehen $2n^2 + 1$ Zahlen:
$n, a_{11}, a_{12}, \cdots, a_{1n}, a_{21}, \cdots, a_{nn}, b_{11}, \cdots, b_{nn}$
Schreiben Sie ein RESA-Programm, das die Zahlen $c_{11}, \cdots, c_{nn}$ ausdruckt, wobei

$$c_{ik} = \sum_{j=1}^{n} a_{ij} b_{jk}$$

Formulieren Sie hierzu das Programm zuerst in primitivem PROSA (gemäß der Definition in der Einleitung dieses Kapitels). Machen Sie das RESA-Programm durch Kommentare leserlich.

2) Nehmen Sie an, RESA besäße kein Indexregister, verfüge statt dessen aber über (sogenannte indirekte) Befehle OPIND, OP$\in$ {LOAD, STORE, ADD, MUL, ...} mit folgender Semantik

pz(bz)	ac$'$	dz$'$	bz$'$	Bedingung
LOADIND	$dz(dz(i))$		$bz+1$	$dz(i)$ definiert; $dz(i) \in \mathbb{N}_0$ und $dz(dz(i))$ definiert
STOREIND		$dz[dz(i)\backslash ac]$	$bz+1$	$dz(i)$ definiert; $dz(i) \in \mathbb{N}_0$
ADDIND	$ac+dz(dz(i))$		$bz+1$	$dz(i)$ definiert; $dz(i) \in \mathbb{N}_0$ und $dz(dz(i))$ definiert
$\vdots$	$\vdots$	$\vdots$	$\vdots$	$\vdots$

a) Schreiben Sie das Programm aus Aufgabe 1 unter Verwendung dieses Rechners !

b) Geben Sie für jeden IR-Befehl eine Folge von Anweisungen mit indirekten Befehlen an, die ihn simuliert. Organisieren Sie hierbei den Datenspeicher geeignet. Achten Sie insbesondere auf mögliche Fehlerfälle.

c) Schreiben Sie nun das Programm für Aufgabe 1 neu, indem Sie die IR-Befehle gemäß b) simulieren.

d) Berechnen Sie die Laufzeiten der Programme aus a) und c) und vergleichen Sie diese.

Bemerkung : In realen Rechnern stehen in der Regel sowohl indirekte Befehle als auch mehrere Indexregister zur Verfügung.

3) Begründen Sie, warum der Rechner RESA, wenn er weder über Indexregister, noch über indirekte Befehle verfügt, nur sehr begrenzt einsetzbar ist.
Hinweis: Kann die Anzahl der Datenspeicherzellen, die ein Programm benutzt, von der Eingabe abhängen?

4) Zeigen Sie, daß man zu jedem RESA-Programm p ein äquivalentes primitives PROSA-Programm p_2 konstruieren kann. Hinweis: Das Programm beginnt mit den Deklarationen **var** AC, IR, BZ : **integer**; **var** DZ : **array**$[0..\infty]$**of integer**. Wenn p_1 aus den Befehlen $bef_0, \cdots, bef_m$ besteht, dann hat der Anweisungsteil von p_2 die Form

$BZ := 0;\ AC := 0;\ IR := 0;$
while $BZ \leq m$
do Übersetzung von bef_0;
    Übersetzung von bef_1;

    $\vdots$

od

Den j-ten Befehl bef_j übersetzt man wie folgt. Sei etwa bef_j gleich LOAD i. Dann schreibt man

$$\textbf{if } BZ = j \textbf{ then } AC := DZ[i]; \ BZ := BZ + 1 \textbf{ fi}$$

Falls bef_j gleich JUMPFORW$> i$ ist, dann schreibt man

```
if  BZ = j
then
    if  AC > 0
    then BZ  :=  BZ + i
    else BZ  :=  BZ + 1
    fi
fi
```

Geben Sie die Übersetzung für die übrigen Befehle an !

5.2 Die Symboltabelle in Übersetzern

Zur Überprüfung der Kontextbedingungen haben wir in den vorangehenden Kapiteln das Attribut *KONTEXT* eingeführt. Es führt Buch über die Artbindung aller in einem PROSA-Programm deklarierten Namen. Die Art eines Namens ist aber nicht nur wichtig zur Überprüfung der Kontextbedingungen, sondern sie enthält auch Informationen, welche für die Übersetzung in Maschinensprache wichtig sind. Tritt zum Beispiel der Name x in einem Ausdruck auf, so würde je nach der Sorte von x einer der RESA-Befehle LOADNUM, LOAD, oder LOADIR benutzt werden, um den Wert von x in den Akkumulator zu laden.

Nehmen wir einmal an, die Sorte von x sei *const*. Dann wüßten wir aus dem Wert von *KONTEXT* wohl, daß wir einen LOADNUM-Befehl erzeugen müßten, bekämen aus *KONTEXT* aber keine Information über den Operanden des LOAD-NUM-Befehls. Dazu fehlt in *KONTEXT* der Wert der Konstante, an die x gebunden ist.

Übersetzer verwenden darum eine Erweiterung des Attributs *KONTEXT*, die **Symboltabelle**, um alle Informationen, die im Deklarationsteil eines Programms enthalten sind, aufzuzeichnen. Das hat vor allen Dingen Effizienzgründe. Der Text des Deklarationsteils enthält zwar die gleiche Information, erlaubt aber kein schnelles Nachschlagen von Informationen über einen Namen, dessen angewandtes Auftreten man gerade bearbeitet. Die Symboltabelle kann mittels der Methoden, die man in einer Vorlesung "Datenstrukturen" kennenlernt, so organisiert werden, daß alle auf ihr notwendigen Operationen, vor allen Dingen die Suche, effizient zu realisieren sind. Zum anderen enthält die Symboltabelle Informationen über Namen, welche erst aufgrund von Berechnungen aus dem Deklarationsteil gewonnen werden. Dazu gehört z.B. die Zuordnung von Adressen an Namen gemäß einer vorgenommenen Speicherbelegung. Diese Berechnungen werden einmal durchgeführt und die Ergebnisse dann in die Symboltabelle eingetragen. Wollte man die gleiche Information bei jedem Suchen aus dem Deklarationsteil neu berechnen, wäre der Aufwand dafür untragbar. Wir halten also fest: Jeder reale Übersetzer verwendet eine Datenstruktur (ein Attribut), genannt Symboltabelle, in der alle für die Übersetzung relevanten Informationen aus dem Deklarationsteil abgespeichert werden.

Im folgenden werden wir für einfaches PROSA das Attribut $KONTEXT$ zu einem Attribut ST erweitern. Die erweiterte Artbindung für verschiedene Sorten sieht in ST folgendermaßen aus (ein erläuterndes Beispiel folgt nach den Definitionen):

Konstantenbezeichnungen:

$Name \rightarrow \{const\} \times ((\{int\} \times \mathbb{Z}) \cup (\{bool\} \times \{true, false\}))$

Konstantenbezeichnungen werden also zusätzlich an die von ihnen bezeichnete Konstante gebunden.

Variablenbezeichnungen:

$Name \rightarrow \{var\} \times \{int, bool\} \times Adr$ mit $Adr = \mathbb{N}$.

Bezeichnungen einfacher Variablen werden zusätzlich an die Adresse einer RESA-Datenspeicherzelle gebunden. Wie solche Adressen gewählt werden, d.h. wie die Speicherbelegung vorgenommen wird, werden wir schrittweise in den folgenden Abschnitten sehen.

Feldbezeichnungen:

$Name \rightarrow \{array\} \times Typ \times Dim \times GrenzBeschr \times Adr \times Größe$ mit
$\quad GrenzBeschr = Grenzpaar^*$
$\quad GrenzPaar = UGrenze \times OGrenze$
$\quad Größe = \mathbb{N}$
$\quad UGrenze = OGrenze = \mathbb{Z}$.

An relevanten Informationen über Feldbezeichnungen gibt es über die Dimension Dim und den Komponententyp Typ hinaus, welche ja beide schon im Attribut KONTEXT enthalten waren, jetzt die Werte der unteren und oberen Grenzen und wiederum eine Datenspeicheradresse, die Anfangsadresse des Feldes. Die Größe-Komponente gibt den Speicherplatzverbrauch für das Feldobjekt an.

Verbundbezeichnungen:

$Name \rightarrow \{record\} \times KompBeschr^* \times Adr \times Größe$ mit
$\quad KompBeschr = Name \rightarrow Sorte \times Typ \times Adr$.

Wird ein Name vom Typ Verbund deklariert, so kann man ihm, eine konsekutive Ablage der Komponenten im Speicher vorausgesetzt, eine Anfangsadresse zuordnen, ebenso jeder seiner Komponenten. Eine mögliche Art, Verbundkomponenten Adressen zuzuordnen, werden wir in Abschnitt 5.4 kennenlernen. Die eingetragene Größe gibt den Speicherbedarf für Verbundobjekte dieses Typs an.

Zeiger:

$Name \rightarrow \{var\} \times Name \times Adr.$

Auch einem Zeigernamen wird eine feste Adresse im RESA-Datenspeicher zugeordnet.

Wir fassen noch einmal das Wichtigste zusammen: Durch Deklaration eingeführte Variablen-, Feld-, Verbund-, und Zeigerbezeichnungen werden mit ihrer Deklarationsinformation und zusätzlich mit RESA-Datenspeicheradressen in die Symboltabelle eingetragen. Diese Adressen werden benutzt, um Operanden von LOAD- und STORE-Befehlen zu bestimmen, wenn Zugriffe auf diese Objekte übersetzt werden.

Typbezeichnungen:

$Name \rightarrow \{type\} \times KompBeschr^* \times Größe$

Einem deklarierten Typnamen wird also im wesentlichen die Beschreibung des Verbundes zugeordnet. Die berechnete Größe von Objekten dieses Typs kann z.B. bei der Übersetzung von *new*-Anweisungen verwendet werden, um die Speicherbelegung auf der Halde zu steuern (vgl. Abschnitt 5.6).

Beispiel 1:

Der Deklarationsteil

```
const  null    = 0 ; tt = true;
type   v       = record
                      komp1 : integer;
                      komp2 : ↑ v
                  end;
var    verb : v ;
       b : boolean ;
       a : array [null .. 5] of integer;
       x : integer;
```

würde (gemäß einer später beschriebenen Speicherbelegungsstrategie) zur folgenden Symboltabelle führen:

$$
\begin{aligned}
null \;\; &\rightarrow \;\; (const, int, 0)\\
tt \;\; &\rightarrow \;\; (const, bool, true)\\
v \;\; &\rightarrow \;\; (type, (komp1 \rightarrow (var, int, 0)\\
&\qquad\qquad\quad komp2 \rightarrow (var, \;\; v, 1)), 2)\\
verb \;\; &\rightarrow \;\; (record, (komp1 \rightarrow (var, int, 0)\\
&\qquad\qquad\qquad komp2 \rightarrow (var, \;\; v, 1)),\\
&\qquad\qquad\quad 0, 2)\\
b \;\; &\rightarrow \;\; (var, bool, 2)\\
a \;\; &\rightarrow \;\; (array, int, 1, (0, 5), 3, 6)\\
x \;\; &\rightarrow \;\; (var, int, 9)
\end{aligned}
$$

In dieser Symboltabelle sind die zugeordneten Adressen 0 für *verb*, 2 für *b*, 3 für *a* und 9 für *x*. Beachten Sie, daß die Werte der Größenkomponenten gerade 2 (bei *verb*), 1 (bei *b*) und 6 (bei *a*) sind. Die Abbildung 1 zeigt die Belegung des RESA-Speichers.

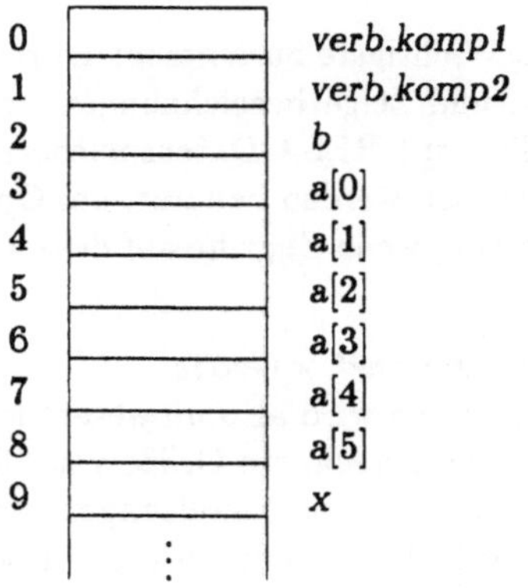

<pre>
0 ┌──────────┐   verb.komp1
1 ├──────────┤   verb.komp2
2 ├──────────┤   b
3 ├──────────┤   a[0]
4 ├──────────┤   a[1]
5 ├──────────┤   a[2]
6 ├──────────┤   a[3]
7 ├──────────┤   a[4]
8 ├──────────┤   a[5]
9 ├──────────┤   x
   │   ⋮   │
</pre>

Abb. 1. Die Speicherbelegung

Beachten Sie auch, daß die Datenspeicherzelle, die etwa *verb.komp2* zugeordnet ist, die Nummer 0 (=die *verb* zugeordnete Adresse) + 1 (= die *komp2* zugeordnete Adresse bzgl. der Anfangsadresse des Verbundes) hat, und daß die Datenspeicherzelle, die etwa a[4] zugeordnet ist, die Nummer 3 (= die a zugeordnete Anfangsadresse) + 4 (= Index) hat. Wir diskutieren diese Zuordnung ausführlich in den nächsten Abschnitten.

5.3 Die Übersetzung von primitivem PROSA nach RESA

Wir übersetzen in diesem Abschnitt Programme von primitivem PROSA nach RESA. Dazu müssen wir die folgenden zwei Unterschiede überwinden.

1) In PROSA werden Speicherzellen über Namen angesprochen, während in RESA dafür ganze Zahlen (Adressen) benutzt werden. Ferner gibt es in PROSA Felder.

2) In PROSA gibt es Kontrollstrukturen (bedingte Anweisung und Iterationsanweisung), während in RESA der Ablauf durch Sprünge geregelt wird.

Wir lösen nun diese beiden Unterschiede auf. Sei dazu
program n ; dt **begin** at **end.** ein primitives PROSA-Programm mit Deklarationsteil dt und Anweisungsteil at. Der Deklarationsteil dt besteht aus einer Folge d_1; d_2; $\ldots$; d_k; von Deklarationen. Wir dürfen dabei annehmen, daß d_k die Deklaration des unendlichen Feldes **var** H : **array** $[0 \; .. \; \infty]$ **of integer** ist. Sei b die Bindung, die man durch Abarbeitung des Deklarationsteils dt erhält. Dann ist $Def(b) = \{n_1, \ldots, n_k\}$, wobei n_i der in d_i deklarierte Name ist. Sei nun

$$rad : Def(b) \; \rightarrow \; \mathbb{N}_0 \quad \text{durch}$$

$$rad(n_i) \; = \sum_{j=0}^{i-1} gr(n_j)$$

definiert, wobei

$$gr(n_i) = \begin{cases} 1 & \text{falls } d_i = \textbf{var } n_i : \textbf{integer} \\ l_i + 1 & \text{falls } d_i = \textbf{var } n_i : \textbf{array } [0 \; .. \; l_i] \textbf{ of integer} \end{cases}$$

Die **Größe** $gr(n_i)$ ist also die Anzahl der durch die Deklaration d_i belegten Speicherplätze. Die **Relativadresse** $rad(n_i)$ gibt uns an, welche Speicherplätze der RESA-Maschine die Rolle der durch die Deklaration d_i belegten Speicherplätze der PROSA-Maschine spielen. Wir benutzen dabei folgendes Prinzip.

Wenn $d_i = \textbf{var } n_i$: **integer**, dann spielt der Speicherplatz $rad(n_i)$ der RESA-Maschine die Rolle des Speicherplatzes $b(n_i)$ der PROSA-Maschine. Wenn $d_i = $ **var** n_i : **array** $[0 \; .. \; l_i]$ **of integer**, dann spielt der Speicherplatz $rad(n_i) + k$ der RESA-Maschine, $0 \leq k \leq l_i$, die Rolle des Speicherplatzes $b(n_i)(k)$ der PROSA-Maschine.

Natürlich steht auf diese Weise jeder Speicherplatz der RESA-Maschine für höchstens einen Speicherplatz der PROSA-Maschine. Wir formulieren diese Behauptung als

248

Lemma 1. *Sei $V_1 = \mathbf{V} \cap (Bild(b) \cup \bigcup\{Bild(f) \mid f \in \mathbf{FEL} \cap Bild(b)\})$ die Menge der durch die Bindung b belegten Speicherplätze. Dann ist die Abbildung $\alpha : V_1 \to \mathbb{N}_0$ mit*

$$\alpha(v) = \begin{cases} rad(n) & \text{falls } v = b(n) \\ rad(n) + h & \text{falls } f = b(n) \in \mathbf{FEL} \text{ und } v = f(h) \end{cases}$$

injektiv.

Beweis: Unmittelbar aus der Definition der Abbildung *rad*. ∎

Beispiel 1:   Für den folgenden Deklarationsteil
    var i : **integer**;
    var a : **array** $[0 .. 3]$ **of integer**;
    var b : **integer**; **var** c : **integer**;
    var H : **array** $[0 .. \infty]$ **of integer**;
ist $rad(i) = 0$, $rad(a) = 1$, $rad(b) = 5$, $rad(c) = 6$ *und* $rad(H) = 7$.

Die Rolle des Speicherplatzes mit dem Namen a[2] spielt der RESA-Speicherplatz mit der Nummer $3 = rad(a)+2$. Die Abbildung α aus Lemma 1 wird durch folgende Aufstellung widergespiegelt.

PROSA-Bezeichner	i	a[0]	a[1]	a[2]	a[3]	b	c	H[0]
Adresse des entsprechenden RESA- Speicherplatzes	0	1	2	3	4	5	6	7

∎

Wir müssen nun den Anweisungsteil *at* umformen. Dazu definieren wir eine Funktion *übersetze*, die PROSA-Anweisungsfolgen in RESA-Befehlsfolgen übersetzt. Die Übersetzung eines PROSA-Programms ist dann

    übersetze(*at*) ; HALT

d.h. die Übersetzung der Anweisungsfolge *at* gefolgt von dem HALT-Befehl. Den Wert der der Funktion *übersetze* für eine Anweisungsfolge p definieren wir durch folgende Fallunterscheidung

Fall 1: $p = p_1; p_2$, wobei p_1 eine Anweisung und p_2 eine Anweisungsfolge ist. Dann ist

$$\textit{übersetze}(p) = \textit{übersetze}(p_1); \textit{übersetze}(p_2)$$

Fall 2: p ist eine Leseanweisung **read** x mit x Name. Dann ist

$$\textit{übersetze}(p) = \text{READ}$$
$$\text{STORE} \quad rad(x)$$

Fall 3: p ist Druckanweisung **print** x mit x Name. Dann ist

$$\ddot{u}bersetze(p) = \text{LOAD} \quad rad(x)$$
$$\text{PRINT}$$

Fall 4: p ist eine Wertzuweisung. Dann ist

$$\ddot{u}bersetze(p) = \begin{cases}
\begin{array}{lll}
\text{LOAD} & rad(y) & \text{falls } p = x := y \\
\text{STORE} & rad(x) & \quad \text{mit } x, y \text{ Namen} \\
\\
\text{LOAD} & rad(i) & \text{falls } p = a[i] := x \\
\text{STORE} & \text{IR} & \quad \text{mit } i, x, a \text{ Namen} \\
\text{LOAD} & rad(x) & \\
\text{STOREIR} & rad(a) & \\
\\
\text{LOAD} & rad(i) & \text{falls } p = x := a[i] \\
\text{STORE} & \text{IR} & \quad \text{mit } i, x, a \text{ Namen} \\
\text{LOADIR} & rad(a) & \\
\text{STORE} & rad(x) & \\
\\
\text{LOAD} & rad(y) & \text{falls } p = x := y \; op \; z \\
\text{OP} & rad(z) & \quad \text{mit } x, y, z \text{ Namen} \\
\text{STORE} & rad(x) & \\
\\
\text{LOADNUM} & c(n) & \text{falls } p = x := n \text{ mit } x \text{ Name} \\
\text{STORE} & rad(x) & \quad \text{und } n \text{ Standardbezeichnung}
\end{array}
\end{cases}$$

Fall 5: p ist bedingte Anweisung **if** $x \; op \; 0$ **then** p_1 **else** p_2 **fi** mit x Name, $op \in \{>, =\}$ und p_1 und p_2 Anweisungsfolgen. Dann ist

$$\ddot{u}bersetze(p) = \begin{array}{ll}
\text{LOAD} & rad(x) \\
\text{JUMPFORWop} & L_2 + 2 \\
\ddot{u}bersetze(p_2) & \\
\text{JUMPFORW} & L_1 + 1 \\
\ddot{u}bersetze(p_1) &
\end{array}$$

wobei L_i die Länge der Befehlsfolge $\ddot{u}bersetze(p_i)$ ist, $i = 1, 2$. Beachten Sie, daß wir zunächst den Wert von x laden. Wenn $x \; op \; 0$ wahr ist, dann springen wir über die Übersetzung von p_2 hinweg zur Anfangszeile der Übersetzung von p_1. Wenn $x \; op \; 0$ falsch ist, führen wir die Übersetzung von p_2 aus und springen dann über die Übersetzung von p_1 hinweg.

Fall 6: p ist bedingte Anweisung **if** $x \; op \; 0$ **then** p_1 **fi** mit x Name, und $op \in \{>, =\}$ und p_1 Anweisungsfolge. Dann ist

$$\ddot{u}bersetze(p) = \begin{array}{ll} \text{LOAD} & rad(x) \\ \text{JUMPFORWop} & 2 \\ \text{JUMPFORW} & L_1 + 1 \\ \ddot{u}bersetze(p_1) & \end{array}$$

wobei L_1 die Länge der Befehlsfolge $\ddot{u}bersetze(p_1)$ ist.

Fall 7: p ist Iterationsanweisung **while** x op 0 **do** p_1 **od** mit x Name und $op \in \{>, =\}$ und p_1 Anweisungsfolge. Dann ist

$$\ddot{u}bersetze(p) = \begin{array}{ll} \text{LOAD} & rad(x) \\ \text{JUMPFORWop} & 2 \\ \text{JUMPFORW} & L_1 + 2 \\ \ddot{u}bersetze(p_1) & \\ \text{JUMPBACKW} & L_1 + 3 \end{array}$$

wobei L_1 die Länge der Befehlsfolge $\ddot{u}bersetze(p_1)$ ist.

Fall 8: p ist die Fehlerhaltanweisung **Fehlerhalt**. Dann ist

$$\ddot{u}bersetze(p) = \text{FEHLERHALT}$$

Beispiel 1 (Fortführung): Der Anweisungsteil

$$i := 3;$$
$$b := 0;$$
$$c := b - i;$$
$$\textbf{if}\,c > 0 \textbf{ then Fehlerhalt fi};$$
$$b := 3;$$
$$c := i - b;$$
$$\textbf{if}\,c > 0 \textbf{ then Fehlerhalt fi} \ ;$$
$$\mathbf{a}[i] := i;$$

wird übersetzt in (wir benutzen die Abbildung rad von oben):

$$\begin{array}{lll} \text{LOADNUM} & 3 & \left.\rule{0pt}{2.2em}\right\} \ i := 3 \\ \text{STORE} & 0 & \\[1em] \text{LOADNUM} & 0 & \left.\rule{0pt}{2.2em}\right\} \ b := 0 \\ \text{STORE} & 5 & \\[1em] \text{LOAD} & 5 & \\ \text{SUB} & 0 & \left\} \ c := b - i \right. \\ \text{STORE} & 6 & \end{array}$$

```
LOAD          6  ⎫
JUMPFORW>     2  ⎬  if c > 0 then Fehlerhalt fi
JUMPFORW      2  ⎪
FEHLERHALT       ⎭

LOADNUM       3  ⎫
STORE         5  ⎬  b := 3

LOAD          0  ⎫
SUB           5  ⎬  c := i − b
STORE         6  ⎭

LOAD          6  ⎫
JUMPFORW>     2  ⎬  if c > 0 then Fehlerhalt fi
JUMPFORW      2  ⎪
FEHLERHALT       ⎭

LOAD          0  ⎫
STORE         IR ⎬  a[i] := i
LOAD          0  ⎪
STOREIR       1  ⎭
```

Wir müssen nun zeigen, daß die angegebene Übersetzung korrekt ist. Wahrscheinlich ist der Leser davon bereits überzeugt, da der Übersetzungsvorgang ja recht einfach und naheliegend ist. Wir weisen daher auf zwei Fußangeln hin, in denen wir uns selbst beim Schreiben dieses Kapitels verfingen.

In einer früheren Version dieses Buches startete die RESA-Maschine ihre Rechnungen mit der Zahl null in allen Speicherzellen. Eine PROSA-Wertzuweisung kann dann zu einem Fehler führen, da der Ausdruck auf der rechten Seite nicht definiert ist, während die übersetzte Anweisung nicht zu einem Fehler führt. Auch fehlte früher in der Definition von primitivem PROSA, daß bei Feldzugriffen, z.B. $a[i]$, den Wert der Variablen i sicher im Indexbereich des Feldes a liegt. Wenn dann in unserem Beispiel i den Wert 4 hat, dann führt die PROSA-Anweisung

$$a[i] := i$$

zu einem Fehler, die RESA-Anweisungsfolge

```
LOAD     0
STORE    IR
LOAD     0
STOREIR  1
```

speichert dagegen die Zahl 4 in der Speicherzelle 5 ab.

Diese Beispiele zeigen, daß die Korrektheit der Übersetzung nicht vollkommen offensichtlich ist. Insbesondere ist nicht klar, ob Anweisungen in PROSA genau dann zu Fehlern führen, wenn die entsprechenden RESA-Befehlsfolgen zu Fehlern führen. Wir werden das nun zeigen.

Lemma 2. *Sei $k = (pr, b, s, e, a)$ ein Zustand der PROSA-Maschine, in dem der Programmrest pr die Eigenschaft der Primitivität erfüllt. Sei die Abbildung α definiert wie in Lemma 1. Sei $\bar{k} = (qr, ac, ir, t, 0, e, a)$ ein Zustand der RESA-Maschine mit $qr = \ddot{u}bersetze(pr)$; HALT und $t(\alpha(v)) = s(v)$ für alle Variablen v. Dann gilt:*

1) Falls die Rechnung der PROSA-Maschine mit Anfangszustand k unendlich lang ist, dann ist die Rechnung der RESA-Maschine mit Anfangszustand $\bar{k}$ unendlich lang.

2) Falls die Rechnung der PROSA-Maschine mit Anfangszustand k endlich ist und in einem normalen Zustand $(\epsilon, b, s', e', a')$ endet, dann endet die Rechnung der RESA-Maschine zum Anfangszustand $\bar{k}$ in einem Zustand $\bar{k}' = (qr, ac', ir', t', |qr|, e', a')$ mit $s'(v) = t'(\alpha(v))$ für alle Variablen $v \in V_1$. Falls die PROSA-Maschine in einem Fehlerzustand endet, dann tut das auch die RESA-Maschine.

3) Falls die Rechnung der PROSA-Maschine T Schritte lang ist, dann ist die Rechnung der RESA-Maschine höchstens $4\,T$ Schritte lang.

Erläuterung: Wir sagten oben, daß der RESA-Speicherplatz $\alpha(v)$ die Rolle der PROSA-Variablen v spielt. In der Bedingung $s(v) = t(\alpha(v))$ haben wir das präzise formuliert. Wenn wir also nun die PROSA- und die RESA-Maschinen in sich entsprechenden Konfigurationen k und $\bar{k}$ starten, dann sind die Rechnungen entweder beide unendlich lang oder beide endlich. Im zweiten Fall enden sie entweder beide mit einem Fehler oder in sich entsprechenden Zuständen. Insbesondere gilt $s'(v) = t'(\alpha(v))$ für alle Variablen v.

Beweis: Wir benutzen Induktion über den Aufbau des Programmrestes pr. Für den Induktionsanfang müssen wir die Fälle der Wertzuweisung, der Lese- und Druckanweisung und der Fehleranweisung betrachten. Für den Induktionsschritt sind dann die Hintereinanderausführung, die bedingte Anweisung und die Iterationsanweisung zu betrachten.

Sei also nun pr eine Wertzuweisung, etwa $a[i] := x$ mit a, i und x Namen. Die übrigen Fälle des Induktionsanfangs sind ähnlich und werden dem Leser überlassen. Dann ist

$$\ddot{u}bersetze(pr) = \begin{array}{ll} \text{LOAD} & rad(i) \\ \text{STORE} & \text{IR} \\ \text{LOAD} & rad(x) \\ \text{STOREIR} & rad(a) \end{array}$$

Es ist klar, daß die Rechnungen beider Maschinen endlich sind, und daß die Behauptung 3 gilt. Nach Eigenschaft (3) der Primitivität ist der Wert von i im Indexbereich von a und deswegen führt die Wertzuweisung $a[i] := x$ genau dann zu einem Fehler, wenn $s(b(x))$ undefiniert ist. Wegen $s(v) = t(\alpha(v))$ für alle Variablen v und wegen der Definition von α gilt

$$s(b(i)) = t(rad(i)) \qquad \text{und}$$
$$s(b(x)) = t(rad(x))$$

Insbesondere ist also $t(rad(i))$ definiert und größer gleich null, da $s(b(i))$ im Indexbereich von a liegt. Also sind die Anweisungen LOAD $rad(i)$; STORE IR und

STOREIR $rad(a)$ auf jeden Fall ausführbar und LOAD $rad(x)$ führt zu einem Fehler genau dann, wenn $s(b(x))$ undefiniert ist. Damit ist gezeigt, daß die Rechnungen beider Maschinen entweder zu einem Fehler führen oder beide normal enden. Sei also nun $s(b(x))$ definiert. Dann ist

$$s' = s[b(a)(s(b(i)))\backslash s(b(x))] \quad \text{und}$$
$$t' = t[rad(a) + t(rad(i))\backslash t(rad(x))].$$

Erinnern Sie sich, daß $b(a) \in \mathbf{FEL}$ und daß daher $b(a)(s(b(i)))$ die durch $a[i]$ bezeichnete Variable ist. Aus der Definition von α (vgl. Lemma 1) folgt dann mit $n = a$ und $k = s(b(i))$

$$\alpha(b(a)(s(b(i)))) = rad(a) + s(b(i))$$
$$= rad(a) + t(rad(i))$$

Daraus folgt nun wegen der Injektivität von $\alpha : s'(v) = t'(\alpha(v))$ für alle Variablen $v \in V_1$.

Wir kommen nun zum Induktionschritt. Wir behandeln den Fall der bedingten Anweisung **if** $x = 0$ **then** p_1 **fi**. Alle übrigen Fälle gehen ähnlich und bleiben dem Leser überlassen. Es ist

$$
\begin{aligned}
\ddot{u}bersetze(pr) \;=\; &\text{LOAD} &&rad(x) \\
&\text{JUMPFORW=} &&2 \\
&\text{JUMPFORW} &&L_1 + 1 \\
&\ddot{u}bersetze(p_1)
\end{aligned}
$$

wobei L_1 die Länge der Befehlsfolge $\ddot{u}bersetze(p_1)$ ist. Wenn $s(b(x))$ undefiniert ist, dann ist $t(rad(x)) = s(b(x))$ undefiniert, und beide Rechnungen führen zu einem Fehler. Sei also nun $s(b(x))$ definiert. Wenn $s(b(x)) \neq 0$, und daher $t(rad(x)) \neq 0$, dann ist $s' = s$, $t' = t$, $e' = e$ und $a' = a$, und wir sind fertig. Sei also nun $s(b(x)) = 0$, und damit $t(rad(x)) = 0$. Dann ist

$$\delta_{PROSA}(k) = (p_1, b, s, e, a) \quad \text{und}$$
$$\delta^{(2)}_{RESA}(k) = (qr, s(b(x)), ir, t, 3, e, a)$$

Wir brauchen nun nur die Induktionsvoraussetzung auf p_1 anzuwenden und zu beobachten, daß die Rechnung der RESA-Maschine mit den Anfangskonfigurationen

$$(\ddot{u}bersetze(p_1), \; ac, \; ir, \; t, \; 0, \; e, \; a) \quad \text{und}$$
$$(qr \qquad\quad , \; ac, \; ir, \; t, \; 3, \; e, \; a)$$

sich nur im Befehlszähler (bei der unteren Rechnung ist er immer um drei höher) und im Programm (bei der unteren Rechnung stehen noch drei zusätzliche Befehle im Programmspeicher) unterscheiden. Damit ist der Induktionsschritt geleistet. ∎
 Aus Lemma 2 folgt nun

Satz 1. *Zu jedem primitiven PROSA-Programm p gibt es ein äquivalentes RESA-Programm q. Das Programm q kann effektiv aus p konstruiert werden, und es gilt Laufzeit(q, e) $\leq 4 \cdot$ Laufzeit(p, e) für alle e $\in \mathbb{Z}^*$.*

Beweis: Sei $p = $ **program** $n; dt$ **begin** at **end.** , und sei $q = übersetze(at);$HALT. Nach Abarbeitung des Deklarationsteils von p ist die PROSA-Maschine im Zustand $(at;, b, \emptyset, e, \epsilon)$, wobei e eine Eingabefolge ist. Sei nun α wie in Lemma 1 definiert. Dann erfüllt der RESA-Zustand $\bar{k} = (übersetze(at);$HALT$, 0, 0, \emptyset, 0, e, \epsilon)$ die Voraussetzungen von Lemma 2. Damit folgt die Äquivalenz vom p und q aus Lemma 2. Ferner gilt nach Lemma 2 die Behauptung über die Laufzeit. ∎

Wir erläuterten unmittelbar vor Lemma 2, daß es für die Korrektheit der Übersetzung von PROSA in RESA wesentlich ist, daß die Werte sämtlicher RESA-Speicherzellen zu Beginn der Rechnung undefiniert sind. Wie wir bereits im Abschnitt 5.1 bemerkten, ist diese Annahme unrealistisch. Wir wollen daher nun Übersetzungen angeben, die auch ohne diese Annahme auskommen. Wir werden dazu zunächst annehmen, daß alle Speicherzellen anfangs den Wert 0 haben, und später, daß wir gar nichts über die Anfangswerte wissen.

Nehmen wir also zunächst an, daß zu Beginn einer Rechnung der RESA-Maschine sämtliche Speicherzellen den Wert 0 haben. Wir ordnen dann jeder PROSA-Variablen zwei Speicherzellen zu : eine davon enthält den Wert 1 oder 0, je nachdem, ob an die Variable schon ein Wert zugewiesen wurde (Wert 1) oder nicht (Wert 0); die andere Speicherzelle enthält den tatsächlichen Wert der Variablen, falls es diesen gibt, und 0 sonst. Beachten Sie, daß der Anfangsspeicherzustand der RESA-Maschine (alle Speicherzellen haben den Wert 0) dann korrekt beschreibt, daß noch keine PROSA-Variable einen Wert hat. Wenn wir nun den Wert einer PROSA-Variablen lesen wollen, so überprüfen wir zunächst mit Hilfe der zusätzlichen Speicherzelle, ob es diesen Wert gibt; wenn wir in eine PROSA-Variable schreiben wollen, dann setzen wir die zusätzliche Speicherzelle auf 1. Eine Wertzuweisung $x := y$ mit x, y Namen wird dann in folgende Befehlsfolge übersetzt (wir nehmen an, daß wir x die Speicherzellen $2 \cdot rad(x)$ und $1 + 2 \cdot rad(x)$ zuordnen):

LOAD	$2 \cdot rad(y)$
JUMPFORW>	2
FEHLERHALT	
LOAD	$1 + 2 \cdot rad(y)$
STORE	$1 + 2 \cdot rad(x)$
LOADNUM	1
STORE	$2 \cdot rad(x)$

Die übrigen Fälle der Wertzuweisung behandelt man analog.

Wir kommen nun zu dem komplizierteren Fall, daß wir nichts über den Anfangsspeicherzustand der RESA-Maschine wissen. Dieser Fall kommt in folgender Situation vor. Nach Beendigung eines Programms p_1 startet man ein Programm p_2. Der Anfangsspeicherzustand für p_2 ist dann bei manchen Maschinen der Endspeicherzustand von p_1. Wie kann man nun in diesem Fall vorgehen? Wir beschreiben eine mögliche Lösung, die allerdings wegen ihres Aufwands an Rechenzeit und Speicherplatz selten benutzt wird, in Aufgabe 2. Eine attraktive Alternative ist die Änderung der PROSA-Semantik, die das Initialisierungsproblem "wegdefiniert". Für jeden der elementaren Datentypen definiert man einen "Nullwert" (engl. : default value), der bei der Deklaration automatisch an jede Variable des entsprechenden Typs zugewiesen wird. Wir werden später bei Zeigervariablen diese Lösung wählen. Da die Festlegung eines solchen Nullwerts bei manchen Datentypen (z.B. *char* oder *bool*) unnatürlich ist, können wir diese Vorgehensweise nicht allgemein wählen.

Primitives Prosa ist so stark reduziert, daß die Speicherbelegung keine großen Probleme aufwirft. Alle in primitivem PROSA geschriebenen Programme enthalten nur Deklarationen von Objekten, welchen ein Übersetzer feste RESA-Datenspeicheradressen zuordnen kann. Insofern ist die Speicherbelegung und die Adreßzuordnung gemäß der Funktion *rad* realistisch. Ein realer Übersetzer würde ähnlich die Adressen von deklarierten Namen berechnen und in die Symboltabelle eintragen. Die Funktion *übersetze* stellt ebenfalls eine realistische Möglichkeit dar, RESA-Befehlsfolgen für PROSA-Anweisungen zu erzeugen. Dabei entspricht das Auswerten der Funktion *rad* für einen Namen x dem Nachschlagen der Adreßkomponente von x in der Symboltabelle.

Aufgaben zu 5.3

1) Nehmen Sie an, daß der Anfangswert sämtlicher RESA-Speicherzellen 0 ist. Geben Sie korrekte Übersetzungen für die Wertzuweisungen $a[i] := x$ und $x := a[i]$ an.

2) Nehmen Sie an, daß RESA-Speicherzellen beliebige Anfangswerte haben. Reservieren Sie für jede PROSA-Variable zwei RESA-Speicherzellen, und fügen Sie zu Beginn des erzeugten RESA-Programms Zuweisungen ein, die sämtliche reservierten Speicherzellen mit 0 besetzen. Entwickeln Sie aus dieser Idee eine korrekte Übersetzung von primitivem PROSA nach RESA. Die Übersetzung braucht nur für primitive PROSA-Programme zu funktionnieren, die das unendliche Feld H nicht benutzen.
Bemerkung: Den allgemeinen Fall behandeln wir in Abschnitt 5.6 , Aufgabe 5.

3) Nehmen Sie an, daß RESA für jeden der Operanden $op \in \{=, \neq, >, \geq, \leq, <\}$ über einen bedingten Sprung verfügt. Lassen sich die Übersetzungsschemata für bedingte Anweisungen und Iterationsanweisungen vereinfachen? Ist die Vertauschung des **then** -und **else** -Teils bei bedingten Anweisungen noch nötig? Läßt sich die Auswertung boolescher Ausdrücke (siehe Abschnitt 5.5) vereinfachen? Geben Sie Beispiele!

4) Übersetzen Sie die Beispielprogramme aus Kapitel IV nach RESA.

5) Wie behandelt der von Ihnen benutzte Übersetzer das Initialisierungsproblem?

5.4 Elimination von Konstanten- und Verbundbezeichnungen

Konstantenbezeichnungen bezeichnen Objekte eines elementaren Typs. Sie werden durch Konstantendeklarationen der Form **const** $n = m$ eingeführt, wobei n ein Name und m eine Standardbezeichnung ist. Wir können eine solche Konstantendeklaration eliminieren, indem wir jedes angewandte Auftreten von n durch die Standardbezeichnung m ersetzen. Dann wird natürlich die Konstantendeklaration nicht mehr gebraucht, und wir können sie aus dem Deklarationsteil streichen. Auf diese Weise erhalten wir ein Programm ohne Konstantendeklarationen.

Beispiel 1:

$$\vdots$$

$$\textbf{const}\quad null = 0.0;$$

$$\vdots$$

$$x := null;$$

$$\vdots$$

geht über in

$$\vdots$$

$$x := 0.0;$$

$$\vdots$$

Verbundbezeichnungen bezeichnen Verbundobjekte. Sie werden durch Deklarationen der Form **var** $n : XYZ$ eingeführt, wobei n ein Name ist und XYZ entweder Name eines Verbundtyps oder von der Form **record** $s_1 : t_1; \ldots; s_k : t_k$ **end** mit $s_i \in \langle Name \rangle$ und $t_i \in \langle kleiner\ Typ \rangle$ ist. Wir können die zweite Variante auf die erste zurückführen, indem wir eine Typdeklaration

$$\textbf{type}\ \overline{XYZ} = XYZ$$

an den Anfang des Deklarationsteils hinzufügen (dabei ist $\overline{XYZ}$ ein neuer Name) und die Deklaration **var** $n : XYZ$ ersetzen durch **var** $n : \overline{XYZ}$. Offensichtlich ändert sich dadurch die Semantik nicht.

Beispiel 2:

$$\vdots$$

$$\textbf{var} \;\; e \; : \; \textbf{record} \;\; a \; : \; \textbf{integer} \; ; \; b \; : \uparrow t \; \textbf{end};$$

$$\vdots$$

geht über in

$$\textbf{type} \;\; ty \; = \textbf{record} \;\; a \; : \; \textbf{integer} \; ; \; b \; : \uparrow t \; \textbf{end};$$

$$\vdots$$

$$\textbf{var} \;\; e \; : \; ty;$$

$$\vdots$$

∎

Wir können also jetzt annehmen, daß jede Deklaration eines Verbundbezeichners von der Form **var** n: XYZ ist, wobei XYZ Name eines Verbundtyps ist. Wir tun nun drei Dinge:

1) Ersetzen der Deklaration **var** $n : XYZ$ durch die Deklaration einer Zeigervariablen **var** $n : \uparrow XYZ$;
2) Einfügen der **new**-Anweisung unmittelbar nach dem Deklarationsteil $n := \textbf{new} \; XYZ$ ein;
3) Ersetzen eines jeden Auftretens von n. (der Punkt ist der Punkt der Selektion) durch $n \uparrow$. im Anweisungsteil.

Wir behaupten, daß das so modifizierte Programm zum Ausgangsprogramm äquivalent ist. Das ist ganz einfach einzusehen. Abarbeitung der Deklaration **var** $n : XYZ$ bzw. der Deklaration **var** $n : \uparrow XYZ$ und der Anweisung $n := \textbf{new} \; XYZ$ liefert

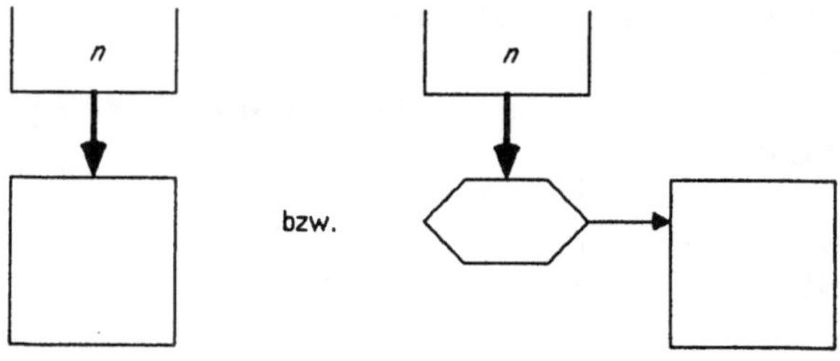

Abb. 1

wobei das Kästchen jeweils ein Verbundobjekt des Typs XYZ darstellt. Im Anweisungsteil selektiert nun offensichtlich $n.sel$ im alten Programm (sel ist ein Selektor) die gleiche Komponente wie $n\uparrow .sel$ im neuen Programm.

Wir fassen die Diskussion zusammen.

Definition 1: Ein einfaches PROSA-Programm heißt **1–einfach**, wenn es keine Deklarationen für Konstantenbezeichnungen und Verbundbezeichnungen enthält.

Satz 1. *Zu jedem einfachen PROSA-Programm p gibt es ein äquivalentes 1-einfaches PROSA-Programm q. Das Programm q kann effektiv aus p konstruiert werden, und es gilt $Laufzeit(q,e) \leq 2 \cdot Laufzeit(p,e)$ für alle Eingaben $e \in \mathbb{Z}^*$.*

Beweis: Unmittelbar aus obiger Diskussion. Die Laufzeit kann sich höchstens um den Faktor 2 erhöhen, da für jede der neuen new-Anweisungen auch die entsprechende Deklaration abgearbeitet wird. ∎

Ein Transformationsschritt, der Konstantendeklarationen eliminiert, indem er die entsprechenden Standardbezeichnungen für die angewandten Vorkommen der Konstantenbezeichnungen einsetzt, ist ein für reale Übersetzer zu aufwendiger Schritt. Er würde einen Lauf über das gesamte Programm und teure Stringoperationen verlangen.

Reale Übersetzer tragen die Information, an welche Konstante eine Konstantenbezeichnung gebunden ist, in die Symboltabelle in. Dies geschieht nicht in einem gesonderten Lauf über den Deklarationsteil, sondern zusammen mit der Verarbeitung der sonstigen Deklarationen. Werden anschließend die Anweisungen übersetzt, so werden die Werte der Konstantenbezeichnungen aus der Symboltabelle entnommen.

Beispiel 3:   Für die Konstantendeklarationen

        const   *null* = 0; *eins* = 1;

würden in der Symboltabelle die Einträge

        $null \rightarrow (const, int, 0)$
        $eins \rightarrow (const, int, 1)$

vorgenommen, und bei der Übersetzung einer Wertzuweisung

        $x := (eins + eins) * null;$

von einem möglichen Übersetzer die Befehle

```
LOADNUM        1
STORE          t    (* t ist die Adresse einer Hilfsspeicherzelle *)
LOADNUM        1
ADD            t
STORE          t
LOADNUM        0
MUL            t
STORE    rad(x)
```

erzeugt. Ein etwas schlauerer Übersetzer würde allerdings entdecken, daß auch die beiden Befehle

```
LOADNUM        0
STORE    rad(x)
```

ausreichen.

Die Behandlung von Verbundbezeichnungen in realen Übersetzern unterscheidet sich in folgender Weise von der oben vorgeführten Reduktion dieses Falls auf den des dynamisch kreierten anonymen Verbundobjekts. Ein Verbundobjekt beansprucht eine feste Anzahl von Speicherzellen, nämlich je eine für jede Komponente des Objekts, und kann also nach dem in Abschnitt 5.3 beschriebenen Schema RESA-Adressen zugeordnet bekommen. Diese Adressen, eine für den Verbund als ganzes, und Adressen für alle Komponenten werden in die Symboltabelle eingetragen.

Beispiel 4:   Wir betrachten die Deklarationen

type t = **record** $b1$: **integer** ; $b2$: ↑ t **end**;

var r : t;

var s : t;

   und nehmen an, daß wir für die Verbunde r und s ab Zelle 17 Speicherplatz belegen. Es ergeben sich die folgenden Symboltabellen (vgl. Abschnitt 5.2):

$$
\begin{aligned}
t \to \ &(type \ , \ (b1 \ \to \ \ (var \ , \ int \ , \ 0) \\
&\qquad\qquad b2 \to \ (var \ , \ t \ , \ 1)) \ , \ 2) \\
r \to \ &(record \ , \ (b1 \ \to \ \ (var \ , \ int \ , \ 0) \\
&\qquad\qquad b2 \to (var \ , \ t \ , \ 1)) \ , \ 17 \ , \ 2) \\
s \to \ &(record \ , \ (b1 \ \to \ \ (var \ , \ int \ , \ 0) \\
&\qquad\qquad b2 \to \ (var \ , \ t \ , \ 1)) \ , \ 19 \ , \ 2).
\end{aligned}
$$

Das durch s bezeichnete Verbundobjekt belegt also die Zellen 19 und 20, und zwar belegt die Komponente $s.b1$ die Zelle 19 = 19 + 0 und die Komponente $s.b2$ die Zelle 20 = 19 + 1; in der Symboltabelle werden also für die Komponenten eines Verbundes die Adressen relativ zur Anfangsadresse des Verbundes angegeben. Ferner speichern wir in einer RESA-Speicherzelle, die einer Zeigervariablen entspricht, stets die Anfangsadresse der "Übersetzung" desjenigen Verbundobjekts ab, auf das die Zeigervariable zeigt; vgl. Abschnitt 5.6 . Die Wertzuweisung $r.b1 := 0$ übersetzen wir in

<pre>
                    LOADNUM   0
                    STORE   17
</pre>

die Wertzuweisung $r.b2 := s.b2$ übersetzen wir in

<pre>
                    LOAD   20
                    STORE 18
</pre>

und die Wertzuweisung $r.b2 \uparrow .b2 := s.b2$ übersetzen wir in

<pre>
                    LOAD   18
                    STORE   IR
                    LOAD   20
                    STOREIR 1
</pre>

   Beachten Sie dabei den Unterschied zwischen den beiden letzten Wertzuweisungen. Während wir die Adresse der Komponente $b2$ in dem Verbundobjekt r direkt berechnen können, nämlich 18 = 17 + 1, ist dies für die Komponente $b2$ in dem Verbundobjekt $r.b2 \uparrow$ nicht möglich, da hierzu der Inhalt der Komponente $b2$ des Verbundobjektes r bekannt sein muss (diese Komponente oder, genauer, ihre entsprechende RESA-Speicherzelle enthält die Anfangsadresse des Verbundobjektes $r.b2 \uparrow$). Vielmehr müssen wir die Anfangsadresse dieses Verbundobjekts durch RESA-Befehle berechnen. Beachten Sie, daß LOAD 18 die Anfangsadresse des Objekts $r.b2 \uparrow$ in den Akkumulator lädt; STORE IR speichert dann diese Adresse im Indexregister, und STOREIR 1 speichert dann in der Zelle 1 relativ zu dieser Adresse, d.h. in $r.b2 \uparrow .b2$. ∎

Wir haben an diesem Beispiel ein wichtiges Prinzip der Übersetzung kennengelernt, nämlich die Unterscheidung zwischen **Übersetzungszeit**, das ist die Zeit, zu der ein PROSA-Programm in ein RESA-Programm übersetzt wird, und **Laufzeit**, das ist die Zeit der Ausführung des erzeugten RESA-Programms. Information über ein PROSA-Programm und seine Ausführung, welche schon zur Übersetzungszeit bekannt ist, nennt man **Übersetzungszeitinformation** oder auch **statisch**; Information, die erst zur Laufzeit bekannt ist, nennt man **Laufzeitinformation** oder **dynamisch**. Die Komponentenadressen bei durch Deklaration eingeführten Verbunden sind zur Übersetzungszeit bekannt, sind also statische Information. Die bei Komponentenadressen nötige Addition von Anfangsadresse und Relativadresse addiert zwei statische Werte, ergibt also auch ein statisches Ergebnis. Wenn aber – wie oben – auf ein Verbundobjekt über eine Zeigervariable zugegriffen wird, so ist die Anfangsadresse dieses Verbundobjektes erst im Laufe der Ausführung des RESA-Programms bekannt. Die Adresse einer Komponente dieses Verbundes ist ebenfalls das Resultat der Addition der Relativadresse auf die Anfangsadresse an. Dabei ist jedoch ein Summand, die Anfangsadresse, dynamisch und der andere, die Relativadresse, statisch. Die Addition kann also nicht mehr vom Übersetzer vorgenommen werden, sondern muß durch RESA-Befehle realisiert werden, in diesem Fall durch einen Indexregisterbefehl.

Aufgaben zu 5.4

1) Gehen Sie die Beispielprogramme von Kapitel IV durch, und eliminieren Sie Konstanten- und Verbundbezeichnungen.

5.5 Zurückführung des Datentyps bool auf den Datentyp int

Wir führen in diesem Abschnitt den Datentyp *bool* auf den Datentyp *int* zurück. Auch die Datentypen *string* und *char* lassen sich auf den Datentyp *int* zurückführen. Wir skizzieren das kurz am Ende des Abschnitts. Der Teilschritt 5.5 dient als Vorbereitung für den Teilschritt 5.6 . Dort führen wir Verbunde auf Felder zurück, indem wir sämtliche in einem Programm kreierten Verbundobjekte in ein ganzzahliges Feld H "stopfen". Dann darf es aber zur Vermeidung von Typkonflikten nur noch einen Datentyp geben. In realen Übersetzern entfällt der Teilschritt 5.5 vollständig, da in allen realen Rechnern Speicherplätze sowohl ganzzahlige als auch boolesche Werte aufnehmen können und die Grundoperationen für diese Werte als Maschinenbefehle zur Verfügung stehen. Wir müssen also mit diesem Abschnitt für die Einfachheit der RESA-Maschine und die weitgehende Formulierung des Übersetzungsprozesses als Umformung von PROSA-Programmen "bezahlen".

Um den Abschnitt übersichtlich zu halten, gehen wir in mehreren Schritten vor. Im ersten Schritt zeigen wir, daß wir von den Operatoren $=, \neq, >, \geq, <, \leq$ nur $=$ und $>$ wirklich brauchen, und daß wir uns auf Vergleiche mit der Zahl 0 beschränken können; im zweiten Schritt trennen wir die Auswertung von Ausdrücken durch Einführung von Hilfsvariablen in einen arithmetischen und einen booleschen Teil auf, und im dritten Schritt eliminieren wir schließlich boolesche Variable und die booleschen Operatoren **and** , **or** , und **not** . Wir beschreiben nun die einzelnen Schritte genauer.

Seien E_1 und E_2 ganzzahlige Ausdrücke und $op \in \{=, \neq, >, \geq, <, \leq\}$. Wegen $(E_1 \ op \ E_2) = ((E_1 - E_2) \ op \ 0)$ können wir uns auf Vergleiche mit der Zahl 0 beschränken und dürfen daher annehmen, daß alle Vergleiche von der Form $E \ op \ 0$ sind, wobei E ein ganzzahliger Ausdruck ist. Wegen $E \geq 0 = \textbf{not} \ (E < 0)$ und $E \leq 0 = \textbf{not} \ (E > 0)$ dürfen wir zunächst annehmen, daß nur die Vergleichsoperatoren $>$ und $<$ benutzt werden, und wegen $(E < 0) = (\textbf{not} \ ((E > 0) \ \textbf{or} \ (E = 0)))$ dürfen wir dann annehmen, daß nur der Vergleichsoperator $>$ benutzt wird. Schließlich können wir wegen $(E \neq 0) = (\textbf{not} \ (E = 0))$ auch annehmen, daß nur der Gleichheitsoperator $=$ benutzt wird. Es sind nun also alle Vergleiche von der Form $E \ op \ 0$, wobei E ein ganzzahliger Ausdruck ist und $op \in \{=, >\}$. Damit ist der erste Schritt abgeschlossen.

Beispiel 1:   Der Ausdruck $x < y$ wird nach diesen Regeln zunächst umgeformt in $x - y < 0$ und dann in $\textbf{not} \ (((x - y) > 0) \ \textbf{or} \ ((x - y) = 0))$ ∎

Im zweiten Schritt schränken wir zunächst das Vorkommen von zusammengesetzten booleschen Ausdrücken ein und trennen dann alle Ausdrücke durch Einführung von neuen Variablen in einen booleschen und einen arithmetischen Teil auf. Wir wollen zunächst erreichen, daß in bedingten Anweisungen und Iterationsanweisungen nur einfache boolesche Variable getestet werden. Dazu führen wir für jede solche Anweisung eine neue boolesche Variable, etwa b, ein und formen dann die Anweisung gemäß folgendem Schema um:

262

$$\textbf{if } E \textbf{ then } S_1 \textbf{ else } S_2 \textbf{ fi}$$

geht über in

$$b := E;$$
$$\textbf{if } b \textbf{ then } S_1 \textbf{ else } S_2 \textbf{ fi}$$

und

$$\textbf{while } E \textbf{ do } S \textbf{ od}$$

geht über in

$$b := E;$$
$$\textbf{while } b \textbf{ do } S; \ b := E \textbf{ od}$$

Offensichtlich läßt diese Änderung die Semantik des Programms unverändert.

Beispiel 2:

$$\textbf{var } x, y : \textbf{integer};$$
$$x := 5; \ y := 2;$$
$$\textbf{while } (x - y > 0 \textbf{ and } y > 0) \textbf{ do } x := x - y \textbf{ od}$$

wird also in

$$\textbf{var } x, y : \textbf{integer}; \textbf{var } b : \textbf{boolean};$$
$$x := 5; y := 2;$$
$$b := x - y > 0 \textbf{ and } y > 0;$$
$$\textbf{while } b \textbf{ do } x := x - y; b := (x - y > 0 \textbf{ and } y > 0) \textbf{ od}$$

überführt.

Als nächstes trennen wir nun Ausdrücke in einen arithmetischen und einen booleschen Teil auf. Sei dazu E ein ganzzahliger Ausdruck, $op \in \{=, >\}$; sei ferner $E \ op \ 0$ Teilausdruck eines booleschen Ausdrucks F; sei schließlich F die rechte Seite einer Wertzuweisung $x := F$. Wir führen zwei neue Variablen, etwa i und b, ein (**var** i : **integer**; **var** b : **boolean**) und ersetzen die Wertzuweisung $x := F$ durch

$$i := E;$$
$$\textbf{if } i \ op \ 0 \textbf{ then } b := \textbf{true} \ \textbf{ else } b := \textbf{false fi};$$
$$x := F'$$

Dabei geht F' aus F durch Ersetzen von $E \ op \ 0$ durch b hervor. Offensichtlich läßt auch dieser Schritt die Semantik unverändert. Wir wenden den zweiten Schritt auf alle Teilausdrücke $E \ op \ 0$ an, die in unserem Programm vorkommen. Dadurch erreichen wir, daß alle Tests von der Form $i \ op \ 0$ mit i ganzzahliger Variable und $op \in \{=, >\}$ oder von der Form b mit b boolescher Variable sind, und daß alle zusammengesetzten booleschen Ausdrücke aus booleschen Variablen, den Konstanten *true* und *false* und den Operatoren **and** , **or** , **not** aufgebaut sind.

Beispiel 2 (Fortführung): Das Programm wird weiter überführt in

$$\textbf{var } x, y : \textbf{integer}; \textbf{var } b, b_1, b_2, b_3, b_4 : \textbf{boolean}; \textbf{var } i_1, i_2, i_3, i_4 : \textbf{integer};$$
$$x := 5, y := 2;$$
$$i_1 := x - y;$$

```
i₂ := y;
if i₁ > 0 then  b₁ := true  else  b₁ := false fi;
if i₂ > 0 then  b₂ := true  else  b₂ := false fi;
b := b₁ and  b₂;
while b
do  x := x − y;
    i₃ := x − y;
    i₄ := y;
    if i₃ > 0 then  b₃ := true  else  b₃ := false fi;
    if i₄ > 0 then  b₄ := true  else  b₄ := false fi;
    b := b₃ and  b₄
od
```

Im dritten Schritt ersetzen wir nun alle booleschen Variablen durch ganzzahlige Variablen. Wir simulieren dazu *true* durch die 1 und *false* durch die 0. Wir gehen wie folgt vor:

(a) Ersetze im Deklarationsteil jede Deklaration einer booleschen Variablen durch die entsprechende Deklaration einer ganzzahligen Variablen, d.h. ersetze **var** b : **boolean** durch **var** b : **integer** für alle Namen b.

(b) Ersetze jeden booleschen Ausdruck E auf der rechten Seite einer Wertzuweisung durch $umw(E)$, wobei die Funktion umw auf booleschen Ausdrücken wie folgt definiert ist:

$$umw(E) = \begin{cases} E & E \text{ ist Variablen-} \\ & \text{bezeichnung} \\ 1 & E = \textbf{true} \\ 0 & E = \textbf{false} \\ (umw(E_1) * umw(E_2)) & E = E_1 \textbf{ and } E_2 \\ (1 - ((1 - umw(E_1)) * (1 - umw(E_2)))) & E = E_1 \textbf{ or } E_2 \\ (1 - umw(E_1)) & E = \textbf{not } E_1 \\ umw(E_1) & E = (E_1) \end{cases}$$

(c) Ersetze jeden Test von b mit b boolescher Variable durch den Vergleich $b > 0$.

Beispiel 3:   Der boolesche Ausdruck

$$b_1 \textbf{ or } (b_2 \textbf{ and } b_3)$$

wird umgewandelt in

$$1 - (1 - b_1) * (1 - (b_2 * b_3)).$$

Beispiel 2 (Fortführung): Das Programm wird weiter überführt in

var $x, y, b, b_1, b_2, b_3, b_4, i_1, i_2, i_3, i_4$: **integer**;

```
x := 5; y := 2;
i₁ := x − y;
i₂ := y;
if i₁ > 0 then b₁ := 1 else b₁ := 0 fi;
if i₂ > 0 then b₁ := 1 else b₂ := 0 fi;
b := (b₁ ∗ b₂);
while b > 0
do  x := x − y;
    i₃ := x − y;
    i₄ := y;
    if i₃ > 0 then b₃ := 1 else b₃ := 0 fi;
    if i₄ > 0 then b₄ := 1 else b₄ := 0 fi;
    b := b₃ ∗ b₄
od
```

∎

Die Korrektheit des dritten Schritts ist nicht unmittelbar einsichtig; sie folgt aber aus folgender einfachen Überlegung. Sei $i : \{true, false\} \to \mathbf{Z}$ mit $i(true) = 1$ und $i(false) = 0$ die in unserer Simulation benutzte Einbettung der Wahrheitswerte in die ganzen Zahlen. Dann gilt für alle $x, y \in \{true, false\}$:

$$\begin{aligned}
i(x \text{ and } y) &= i(x) \cdot i(y) \\
i(x \text{ or } y) &= 1 - (1 - i(x)) \ast (1 - i(y)) \\
i(\text{not } x) &= 1 - i(x)
\end{aligned}$$

Der Leser kann diese Gleichungen leicht durch direktes Ausprobieren der Werte für x und y überprüfen. Es gilt etwa

$$i(true \text{ or } false) = i(true) = 1$$

und

$$1 - (1 - i(true)) \cdot (1 - i(false)) = 1 - (1 - 1) \cdot (1 - 0) = 1$$

In der Definition der Funktion umw nützen wir gerade die obigen Identitäten aus. Damit ist die Korrektheit des dritten Schritts gezeigt. Wir fassen nun noch die Diskussion des Abschnitts zusammen.

Definition 1: Ein PROSA-Programm heißt **2-einfach**, wenn es 1-einfach ist, nur ganzzahlige Variable benutzt und alle booleschen Ausdrücke von der Form $h \ op \ 0$ sind, wobei $op \in \{=, >\}$ und h eine ganzzahlige Variable ist. Ferner kommen boolesche Ausdrücke nur in den Tests von bedingten Anweisungen und Iterationsanweisungen vor.

Satz 1. *Zu jedem einfachen PROSA-Programm p gibt es ein äquivalentes 2-einfaches PROSA-Programm q. Das Programm q kann effektiv konstruiert werden, und es gilt $Laufzeit(q, e) \leq c + d \cdot Laufzeit(p, e)$ für alle Eingaben $e \in \mathbf{Z}^{*}$. Dabei sind c und d Konstanten, die von p aber nicht von e abhängen.*

Beweis: Der erste Teil des Satzes folgt unmittelbar aus obiger Diskussion. Die Aussage über die *Laufzeit* sieht man wie folgt ein. Wir gewinnen das Programm q in vier Schritten aus p; sei $q_i, 1 \leq i \leq 4$, das Programm nach Ausführung des i-ten Schritts, und sei $e \in \mathbf{Z}^*$ beliebig. Im ersten Schritt ändern wir nur die Gestalt der Ausdrücke und daher ist $Laufzeit(q_1, e) \leq Laufzeit(p, e)$. Im zweiten Schritt fügen wir vor jeder Bedingung eine Wertzuweisung ein, und daher ist $Laufzeit(q_2, e) \leq 2 \cdot Laufzeit(q_1, e)$. Im dritten Schritt trennen wir boolesche Ausdrücke in einen arithmetischen und einen booleschen Teil auf. Sei dazu F ein boolescher Ausdruck, der $b(F)$ Teilausdrücke der Form E *op* 0 hat. Dann fügen wir $2b(F)$ zusätzliche Deklarationen hinzu, $b(F)$ Wertzuweisungen und $b(F)$ bedingte Anweisungen (die Ausführungszeit 2 haben). Insgesamt fügen wir also $c = \sum 2b(F)$ Deklarationen hinzu (die Summation ist über alle boolesche Ausdrücke, die in q_2 vorkommen) und ersetzen die Wertzuweisung $x := F$ durch eine Folge von Anweisungen mit Ausführungszeit $3b(F) + 1$. Also ist $Laufzeit(q_3, e) \leq c + d \cdot Laufzeit(q_2, e)$, wobei $d = max\{1 + 3b(F)\}$. Der vierte Schritt ändert schließlich die Laufzeit nicht, d.h. $Laufzeit(q_4, e) = Laufzeit(q_3, e)$. Insgesamt $Laufzeit(q, e) \leq c + 2d \cdot Laufzeit(q_2, e)$ ∎

Zum Abschluss skizzieren wir noch kurz die Behandlung der Typen *char* und *string*. Der Datentyp *char* ist ganz einfach zu behandeln. Wir numerieren die Zeichen des Alphabets durch, etwa

$$a \leftrightarrow 0 \qquad b \leftrightarrow 1 \qquad c \leftrightarrow 2 \qquad \ldots$$

und arbeiten dann nur noch mit Zahlen. Da es auf Zeichen nur die Vergleiche als Operationen gibt, müssen wir nur aufpassen, daß die Numerierung die alphabetische Ordnung der Zeichen widerspiegelt. Der Datentyp *string* ist schwerer zu behandeln. Meist werden Worte als lineare Listen von Zeichen realisiert; wir kommen darauf im Abschnitt 6.2 zurück.

Aufgaben zu 5.5

1) Geben Sie $umw((b_1$ **and** $(b_2$ **or** **not** $(b_3$ **and** $b_4))$ **or** $b_5)$ an.

2) Im Beweis von Satz 1 wurden Konstanten c und d definiert, etwa $c = \sum b(F)$, wobei die Summation über alle booleschen Ausdrücke F im Programm q_2 läuft. Wie muß man die Definition von c abändern, wenn die Summation über alle booleschen Ausdrücke im Programm p laufen soll?

3) Führen Sie den Übersetzungsschritt dieses Abschnitts für die Beispielprogramme von Kapitel IV durch.

5.6 Darstellung von Verbunden und Zeigern durch Felder

Wir zeigen, wie man Verbunde und Zeiger durch Felder darstellt. Wir führen die Methode zunächst an einem Beispiel ein und abstrahieren dann daraus die allgemeine Vorgehensweise.

Das folgende PROSA-Programm liest eine Folge von nicht-negativen Zahlen ein, und baut daraus eine lineare Liste auf und druckt das vorletzte Element der Folge aus.

```
program Liste;
(* auf dem Eingabeband stehen e₁,...,eₙ,eₙ₊₁ mit eᵢ ∈ ℕ₀ für 1 ≤ i ≤ n und
eₙ₊₁ ∈ ℤ, eₙ₊₁ < 0 *)

type  element = record inh : integer; nachf : ↑ element end;
var i : integer; var p, q :↑ element ;

(* wir benutzen p als Listenkopf und q als Hilfsvariable *)

begin
    read i ;
    while i ≥ 0
    do (* wir haben nun bereits aus e₁,...,eⱼ₋₁ eine Liste
          mit dem Listenkopf p aufgebaut,
          und in i steht eⱼ für ein j ≤ n.
          Wir kreieren nun ein neues Listenelement,
          speichern eⱼ darin ab und hängen es vorne
          an die bereits existierende Liste an. *)
        q := new element;
        q↑ . inh := i ;
        q↑ . nachf := p ;
        p := q ;
        read i
    od;

    (* wir drucken nun eₙ₋₂ aus *)

    print p↑ .nachf↑ .nachf↑ .inh
end.
```

Wir wollen nun ein äquivalentes Programm unter Verwendung von Feldern angeben. Dazu verwenden wir zwei eindimensionale Felder *inhalt* und *nachfolger* und repräsentieren ein Objekt vom Typ *element* durch eine Zeile, d.h. zwei Variablen gleichen Index', in beiden Feldern. Den Listenkopf ersetzen wir durch eine ganzzahlige Variable. Die Liste aus Abbildung 1

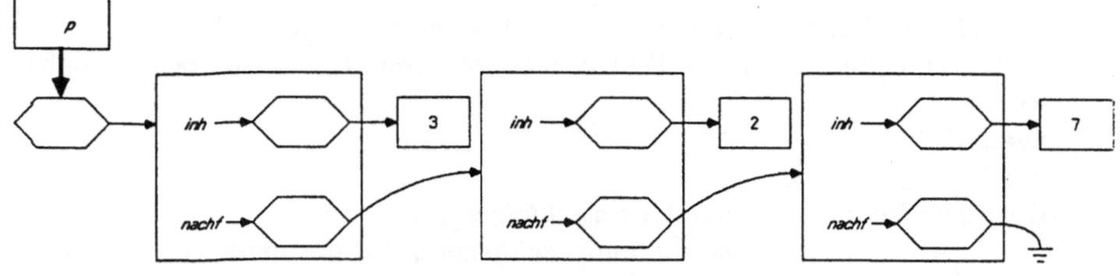

Abb. 1

können wir dann wie in Abbildung 2 darstellen:

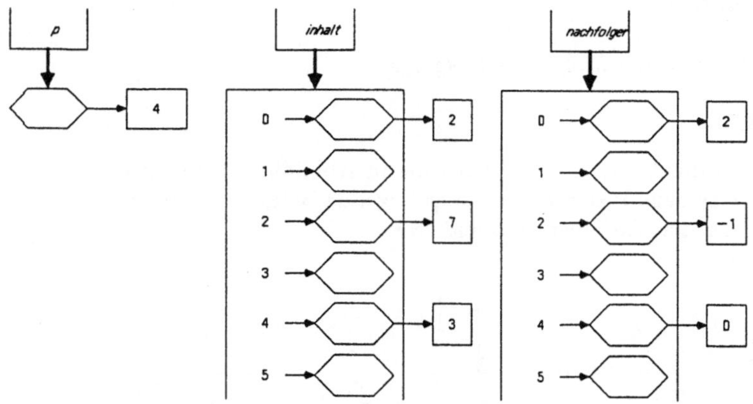

Abb. 2

In diesem Beispiel ist das erste Listenelement in der Zeile 4 der beiden Felder abgelegt; daher hat p den Wert 4. Das zweite Listenelement steht dann in Zeile 0 der beiden Felder; daher hat *nachfolger*[4] den Wert 0. Das letzte Listenelement steht schließlich in Zeile 2; daher ist *nachfolger*[0] = 2. Der Zeiger des letzten Listenelements ist *nil*; wir stellen *nil* durch die ganze Zahl −1 dar. Beachten Sie, daß die Zuordnung der Verbundobjekte zu den Zeilen der Felder willkürlich ist.

Unser Beispielprogramm können wir nun mit Feldern wie folgt schreiben:

```
program Liste1;
    var inhalt , nachfolger array[0 .. ∞]  of integer;
    var frei : integer;
    var i: integer; var  p, q: integer;
    begin
        frei := 0; p := −1; q := −1;
        (* nil wird durch −1 simuliert, und daher müssen p und q mit −1 vorbesetzt
```

werden. In der Variablen *frei* führen wir Buch darüber, welche Feldelemente schon für Verbundobjekte benutzt sind. Die Feldelemente mit Index 0 ,..., *frei*-1 sind schon belegt, und die Feldelemente *frei*, *frei*+1, ... sind noch verfügbar
*)
read *i* ;
while *i* ≥ 0
do   *q* := *frei* ; *frei* := *frei* + 1 ; *nachfolger*[*q*] := −1 ;
    (* wir benutzen *inhalt*[*q*] und *nachfolger*[*q*] für das neue Verbundobjekt
    vom Typ *element*. Der Zeiger wird mit *nil* (sprich −1) vorbelegt. *)
    inhalt[*q*] := *i*;
    nachfolger[*q*] := *p*;
    (* damit werden die beiden Komponenten des neuen Elements gesetzt *)
    p := *q* ;
    read *i*
od;
print *inhalt*[*nachfolger*[*nachfolger*[*p*]]]

  end.

Für die Eingabe 7, 2, 3, −1 wird die in Abbildung 1 gezeigte Listenstruktur aufgebaut. Das neue Programm erzeugt folgende Belegungen der Felder *inhalt* und *nachfolger* und der Variablen *p*, *q* und *frei*

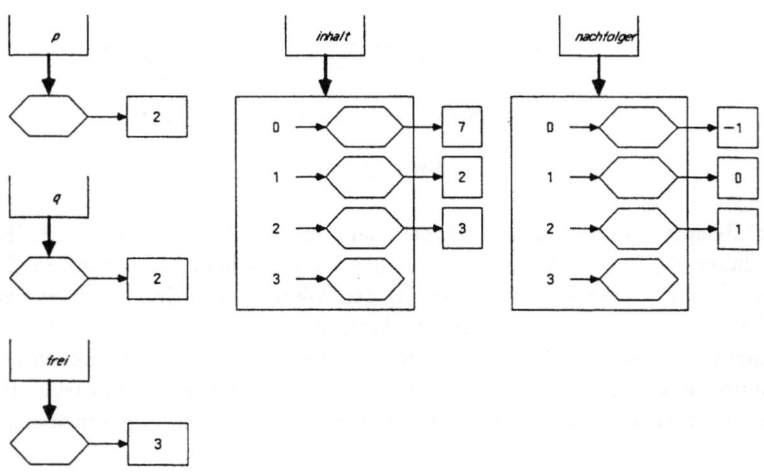

Abb. 3

In beiden Programmen druckt die **print**-Anweisung die Zahl **7** aus.

Bevor wir die Methode allgemein formulieren, werden wir sie zuvor noch etwas modifizieren. Bei der obigen Vorgehensweise braucht man für jede Komponente eines Verbundtyps ein potentiell unendliches Feld. Es ist nun allerdings schwierig, mehrere (potentiell) unendliche Felder effizient in RESA zu verwirklichen. Gut ist das nur für ein Feld möglich (vgl. Abschnitt 5.3). Wir ersetzen daher die beiden Felder *inhalt* und *nachfolger* durch ein einziges Feld H (das Feld H wird meist **Halde** genannt) und realisieren ein Objekt vom Typ *element* durch zwei aufeinanderfolgende Feldelemente. Das führt zu folgendem Programm:

```
program Liste2;
   var H :array[0 ..∞]  of integer;
   var frei: integer;
   var i: integer; var p, q: integer;
   begin
       frei := 0; p := −2; q := −2;
       (* die Feldelemente H[frei], H[frei+1], ... sind noch verfügbar;
       −2 entspricht nil *)
       read i;
       while i ≥ 0
       do   q := frei; frei := frei+2; H[q+1] := −2;
           (* die Feldelemente H[q], H[q+1] realisieren das neue Objekt
           vom Typ element;
           H[q] entspricht der Inhaltskomponente und
           H[q+1] der Nachfolgerkomponente *)
           H[q] := i; H[q+1] := p;
           (* die Komponenten des neuen Objekts werden gesetzt *)
           p := q ;
           read i
       od;
       print H[H[H[p+1]+1]]
   end.
```

Die Eingabe 7,2,3,−1 führt zu der in Abbildung 4 gezeigten Belegung des Feldes H und der Variablen *frei*, q und p:

Dabei bilden $H[0]$ und $H[1]$ das dritte Listenelement, $H[2]$ und $H[3]$ das zweite Listenelement, und $H[4]$ und $H[5]$ das erste Listenelement. Ein Zeiger auf ein Listenelement, das durch die Zellen $H[j]$ und $H[j+1]$ realisiert ist, wird durch die Zahl j verwirklicht. Wenn also p ein Zeiger ist, so entspricht $H[p]$ der Komponente $p{\uparrow}.inh$ und $H[p + 1]$ der Komponente $p{\uparrow}.nachf$ des Objekts, auf das p zeigt. Insbesondere entspricht dann $H[H[H[p+1]+1]]$ der Komponente $p{\uparrow}.nachf{\uparrow}.nachf{\uparrow}.inh$. Ferner ist durch die Ersetzung von *nil* durch −2 sichergestellt, daß aus $z = nil$ und damit $z{\uparrow}.inh$ und $z{\uparrow}.nachf$ undefiniert auch folgt, daß $H[−2+0]$ und $H[−2+1]$ undefiniert sind.

Nach diesem einführenden Beispiel geben wir nun eine allgemeine Methode zur Überführung eines einfachen PROSA-Programms in ein Programm ohne Verbunde an.

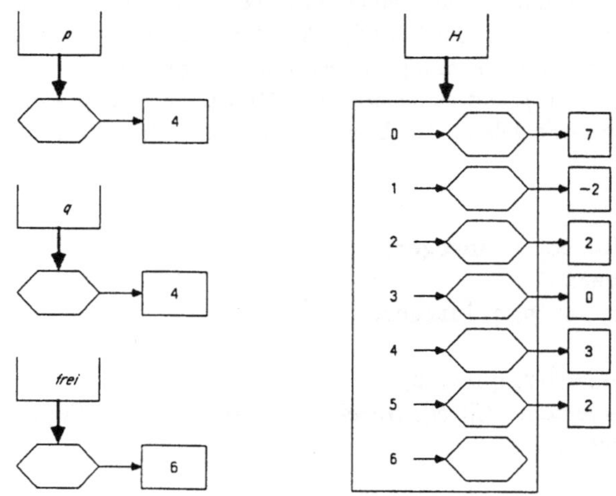

Abb. 4

Algorithmus zur Übersetzung eines einfachen PROSA-Programmes in ein einfaches PROSA-Programm ohne Zeiger und Verbunde

Eingabe : ein einfaches PROSA-Programm p_1, das keine Deklarationen für die Namen H und *frei* enthält.

Ausgabe : Ein einfaches PROSA-Programm p_2, das keine Zeiger und Verbunde benutzt und äquivalent zu p_1 ist.

Vorgehensweise :

1) Füge zum Deklarationsteil die Deklarationen
   var *frei* : **integer**;
   var H : **array**$[0 .. \infty]$ **of integer**
   hinzu.

2) Streiche aus dem Deklarationsteil sämtliche Typdeklarationen.

3) Ersetze sämtliche Deklarationen von Zeigervariablen durch entsprechende Deklarationen von ganzzahligen Variablen, d.h. ersetze **var** n: $\uparrow XYZ$ durch **var** n: **integer**. Dabei ist XYZ ein Typname.

4) Stelle dem Anweisungsteil die Wertzuweisungen
   $frei := 0;\ n_1 := -c\ ; \cdots ;\ n_k := -c\ ;$ voran, wobei $n_1, \ldots, n_k$ die im Programm p_1 deklarierten Zeigervariablen sind und c die maximale Anzahl der Komponenten eines Verbundtyps ist.

5) Ersetze jeden Bezeichner x in Wertzuweisungen, Ausdrücken und Leseanweisungen durch $subst(x)$. Dabei ist die Funktion $subst$:$\langle Bez \rangle \to \langle Bez \rangle$ wie folgt definiert (vgl. die Grammatik für Bezeichner in Abschnitt 4.3.2):

$$
subst(x) = \begin{cases}
x & \text{falls } x \in \langle Name\rangle \\[2ex]
\begin{aligned}&y[E'_1,\ldots,E'_k]\\ &\quad\text{wobei } E'_i \text{ aus } E_i \text{ durch}\\ &\quad\text{Ersetzen von Bezeich-}\\ &\quad\text{nern } z \text{ durch } subst(z)\\ &\quad\text{hervorgeht}\end{aligned} & \begin{aligned}&\text{falls } x = y[E_1,\ldots,E_k] \text{ mit}\\ &\quad y \in \langle Name\rangle \text{ und}\\ &\quad E_1,\ldots,E_k \in \langle Ausdr\rangle\end{aligned} \\[4ex]
H[subst(y) + k - 1] & \begin{aligned}&\text{falls } x = y\uparrow.sel\\ &\quad\text{mit } y \in \langle Bez\rangle \text{ und}\\ &\quad Art(y) = (var, XYZ)\\ &\quad\text{und } sel \text{ ist der } k\text{-te Se-}\\ &\quad\text{lektor im Verbundtyp}\\ &\quad XYZ\end{aligned}
\end{cases}
$$

Erläuterung: Die Funktion *subst* ersetzt sämtliche Zeigerzugriffe durch Zugriffe auf das Feld H. Wenn y ein Zeiger ist, dann repräsentieren die Zellen $H[subst(y)],\ldots$ die Komponenten des Verbundobjekts $y\uparrow$. Insbesondere entspricht $H[subst(y) + b - 1]$ der b-ten Komponente des Verbundobjekts $y\uparrow$.

6) Ersetze jede new-Anweisung $x := \textbf{new } XYZ$ mit XYZ Typname durch die Wertzuweisungen

$$subst(x) := frei;$$
$$frei := frei + k;$$
$$H[subst(x) + i_1 - 1] := -c\;;$$
$$\vdots$$
$$H[subst(x) + i_l - 1] := -c\;;$$

Dabei ist k die Anzahl der Komponenten des Verbundtyps XYZ und die i_1-te,$\ldots$, i_l-te Komponente dieses Verbundtyps sind Zeiger.

Erläuterung : Wir reservieren k Zellen der Halde für das Verbundobjekt. Alle Komponenten, die Zeiger sind, werden mit *nil* vorbesetzt.

7) Ersetze **nil** durch $-c$ ∎

Wir illustrieren nun diesen Algorithmus an unserem Beispiel. Nach den Regeln 1), 2) und 3) wird der Deklarationteil zu

$$\textbf{var } i : \textbf{integer} \; ; \; \textbf{var } p, q : \textbf{integer} \; ;$$
$$\textbf{var } frei : \textbf{integer} \; ;$$
$$\textbf{var } H : \textbf{array}[0 .. \infty] \textbf{ of integer};$$

Nach Regel 4) stellen wir dem Anweisungsteil die Zuweisungen

$$frei := 0 \; ; \; p := -2 \; ; \; q := -2 \; ;$$

voran. Beachten Sie, daß in unserem Beispiel $c = 2$ ist. Nach Regel 6) wird

$$q := \textbf{new } element$$

ersetzt durch

$$q := frei \; ; \; frei := frei + 2 \; ; N[q \; + \; 1] := \; -\,2;$$

Beachten Sie dabei, daß $subst(q) = q$. Die Wertzuweisung $q \uparrow .inh := i$ wird ersetzt durch $H[q+1-1] := i$ und die Zuweisung $q \uparrow .nachf := p$ durch $H[q+2-1] := p$. Schließlich geht der Bezeichner in der Druckanweisung über in

$$subst(p \uparrow .nachf \uparrow .nachf \uparrow .inh)$$
$$= H[subst(p \uparrow .nachf \uparrow .nachf) + 1 - 1]$$
$$= H[H[subst(p \uparrow .nachf) + 2 - 1] + 1 - 1]$$
$$= H[H[H[subst(p) + 2 - 1] + 2 - 1] + 1 - 1]$$
$$= H[H[H[p + 1] + 1]]$$

Insgesamt liefert also der Algorithmus zumindest in diesem Beispiel das Gewünschte. Das müssen wir nun auch allgemein zeigen. Zuvor noch folgende Definition.

Definition 1: Ein PROSA-Programm heißt **3-einfach**, wenn es 2-einfach ist und darüberhinaus keine Zeiger und Verbunde benutzt. Das Programm darf ein unendliches Feld H : **array**$[0 .. \infty]$ **of integer** benutzen.

Satz 1. *Sei p_1 ein 2-einfaches PROSA-Programm, in dem die Namen H und frei nicht benutzt werden, und sei p_2 aus p_1 nach obigem Algorithmus gewonnen. Dann ist p_2 3-einfach und p_1 und p_2 sind äquivalent, d.h. für alle $e \in \mathbf{Z}^*$ gilt:*
$$E/A_M(p_1, \; e) = E/A_M(p_2, \; e).$$
Ferner gilt für alle $e \in \mathbf{Z}^*$:
$$Laufzeit(p_2, \; e) \; \leq \; c_1 \; + \; c_2 \cdot Laufzeit(p_1, \; e).$$
Dabei sind c_1 und c_2 Konstanten, die von p_1 aber nicht von e abhängen.

Bemerkung: Der Beweis dieses Satzes ist umfangreich. Wir führen ihn durch Angabe einer Bisimulation R; vgl. Abschnitt 1.7. Die Bisimulation R gibt den Zusammenhang zwischen sich entsprechenden Konfigurationen des Ausgangsprogramms p_1 und des daraus gewonnenen Programms p_2 an. Wir werden die Bisimulation R zunächst definieren und anschließend die Definition zunächst allgemein und dann an unserem Beispiel erläutern. Der Leser sollte den folgenden Beweis zumindest einschließlich dieser Erläuterungen lesen; die allgemeinen Erläuterungen sollten parallel zur Definition gelesen werden. Im Rest des Beweises verifizieren wir dann, daß R eine Bisimulation ist. Die Verifikation ist umfangreich und technisch aufwendig. Sie geschieht durch eine vollständige Diskussion der möglichen PROSA-Anweisungen. Obwohl die Verifikation technisch aufwendig ist, ist sie im Prinzip einfach, da sie nur mechanisches Anwenden der PROSA-Übergangsfunktion und des Übersetzungsalgorithmus' verlangt. Die intellektuelle Leistung liegt also vor allem in der Angabe des Übersetzungsalgorithmus' und der Bisimulation R.

Beweis: Wir definieren nun die Bisimulation R. Seien $k_i = (pr_i, \; b_i, \; s_i, \; e_i, \; a_i)$, $i = 1, 2$, Konfigurationen der PROSA-Maschine. Dann ist $(k_1, \; k_2) \in R$ wenn entweder $k_1 = in(p_1, e)$ und $k_2 = in(p_2, \; e)$ für ein $e \in \mathbf{Z}^*$, oder wenn folgende vier Bedingungen erfüllt sind:

(1) pr_1 ist eine Anweisungsfolge und pr_2 geht aus pr_1 nach den Regeln 5,6 und 7 des Algorithmus' hervor;

(2) $e_1 = e_2$ und $a_1 = a_2$;

(3) $Def(b_2) = Def(b_1) \cup \{H, \; frei\} - \{XYZ; \; XYZ \text{ ist ein Typname in } p_1\}$,
$b_2(H) = h \in \textbf{FEL}, \; Def(h) = \mathbb{N}_0, \; Bild(h) \subseteq \textbf{V}_{int}$ und $b_2(frei) \in \textbf{V}_{int}$;

(4) Sei $V_i = \textbf{V} - \textbf{FV}_{k_i}$, $i = 1, \, 2$, die Menge der in k_i belegten Variablen. Dann gibt es eine injektive Abbildung
$$\alpha \; : \; V_1 \to V_2 - \{b_2(H)(i); \; i \geq s_2(b_2(frei))\} - \{b_2(frei)\}$$
mit folgenden Eigenschaften:

  (a) für alle $x \in Def(b_1)$ mit $b_1(x) \in V_1$ gilt: $\alpha(b_1(x)) = b_2(x)$;

  (b) für alle $x \in Def(b_1)$ mit $b_1(x) \in \textbf{FEL}$ gilt: $Def(b_1(x)) = Def(b_2(x))$ und $\alpha(b_1(x)(i)) = b_2(x)(i)$ für alle $i \in Def(b_1)$;

  (c) für alle $v \in V_1 \cap \textbf{V}_{int}$ gilt : $s_1(v) = s_2(\alpha(v))$;

  (d) für alle $v \in V_1 \cap \textbf{V}_{pointer}$ gilt:
falls $s_1(v) = nil$, dann ist $s_2(\alpha(v)) = -c$
falls $s_1(v) = f \in \textbf{VER}$, dann gilt für den i-ten Selektor *sel* in dem Verbundtyp von f : $\alpha(f(sel)) = b_2(H)(s_2(\alpha(v)) + i - 1)$.

Erläuterung: Die Anfangskonfigurationen $k_1 = in(p_1, e)$ und $k_2 = in(p_2, e)$ entsprechen sich natürlich. Sei nun k_1 keine Anfangskonfiguration. Wir betrachten dann nur den Fall, daß der Deklarationsteil von p_1 bereits ganz abgearbeitet ist. Wir fordern dann, daß sich die Programmreste in k_1 und k_2 entsprechen, d.h. der Programmrest in k_2 geht durch den Übersetzungsalgorithmus aus dem Programmrest in k_1 hervor (Eigenschaft (1)). Natürlich sollen die Eingabefolgen und die Ausgabefolgen gleich sein (Eigenschaft (2)). Der Zusammenhang (Eigenschaft (3)) der Bindungen b_1 und b_2 ist auch einfach ersichtlich. Die beiden Namen H und *frei* kommen zu b_2 dazu, und alle Typnamen fallen weg. Die Eigenschaft (4) ist die wichtigste. Wir fordern, daß es für jede in k_1 belegte Variable v eine entsprechende Variable $\alpha(v)$ in k_2 gibt. Natürlich kann $\alpha(v)$ nur in dem Bereich von H liegen, der schon echt belegt ist, d.h. vor dem Index *frei*. Auch entspricht die Variable $b_2(frei)$ keiner Variablen in k_1. Die Abbildung α muß die Eigenschaften (a) bis (d) haben. (a) besagt, daß Variablen, die von einem Namen bezeichnet werden, sich gemäß α entsprechen, d.h. wenn der Bezeichner x in k_1 die Variable $b_1(x)$ bezeichnet, dann bezeichnet er in k_2 die Variable $b_2(x) = \alpha(b_1(x))$. (b) besagt eine ähnliche Eigenschaft für in Feldern enthaltene Variable. Sei nämlich x ein Feldname, d.h. $b_1(x) \in \textbf{FEL}$. Dann ist zunächst x auch Feldname in k_2 und zwar Name eines Feldes der genau gleichen Größe, also $b_2(x) \in \textbf{FEL}$ und $Def(b_1(x)) = Def(b_2(x))$. Sei nun $i \in Def(b_1)$ ein zulässiger Feldindex (wenn x Name eines d-dimensionalen Feldes ist, dann ist i ein d-Tupel ganzer Zahlen). Dann sind $b_1(x)(i)$ und $b_2(x)(i)$ Variable. Diese Variablen müssen sich gemäß α entsprechen, d.h. $\alpha(b_1(x)(i)) = b_2(x)(i)$. In (c) fordern wir, daß sich entsprechende ganzzahlige Variable den gleichen Wert haben. In (d) wird die analoge Eigenschaft für Zeigervariable formuliert. Wenn v den Wert *nil* hat, dann hat $\alpha(v)$ den Wert $-c$. Falls der Wert von v ein Verbundobjekt f vom Typ XYZ ist, dann entsprechen die in f enthaltenen Variablen (etwa k Stück) k aufeinanderfolgenden Variablen im Feld H; genauer ist der Zusammenhang folgender.

Wenn $s_1(v) = f \in \mathbf{VER}$, dann ist $s_2(\alpha(v))$ eine ganze Zahl, so daß die Variablen mit den Indizes $s_2(\alpha(v)), \ldots, s_2(\alpha(v)) + k - 1$ im Feld H den k Variablen des Verbundobjekts f entsprechen. Insbesondere gilt also für den i-ten Selektor sel von f die Gleichung : $\alpha(f(sel)) = b_2(H)(s_2(\alpha(v)) + i - 1)$.

Wir erläutern nun die Bisimulation R noch an unserem Beispiel. Betrachten wir dazu die Konfigurationen mit leerem Programmrest. In Abbildung 5 ist die Funktion α durch gestrichelte Pfeile angedeutet. Beachten Sie, daß $c = 2$ ist.

Für die Zeigervariable v in dem ersten Listenelement gilt etwa: $s_1(v)$ ist das zweite Listenelement. Darin selektiert der Selektor $nachf$ die Variable w. Es ist $\alpha(w) = b_2(H)(3)$. Wegen $s_2(\alpha(v)) = 2$ gilt $3 = s_2(\alpha(v)) + 2 - 1$, d.h. die Eigenschaft (4d) ist erfüllt.

Wir treten nun in den Beweis des Satzes ein. Von den definierenden Eigenschaften einer Bisimulation sind die Bedingungen über die Anfangszustände $((in(p_1, e), in(p_2, e)) \in R)$ und die Endzustände (für alle k_1, k_2 gilt: $(k_1, k_2) \in R$ impliziert $k_1 \in \mathbf{K}^f$ genau, wenn $k_2 \in \mathbf{K}^f$) offensichtlich erfüllt. Wir müssen also die Bedingung an die Übergangsfunktion verifizieren, d.h. für alle k_1, k_2 mit $(k_1, k_2) \in R$ gilt: Es gibt $i > 0, j > 0$ mit $(\delta^{(i)}(k_1), \delta^{(j)}(k_2)) \in R$. Wir unterscheiden zwei Fälle.

Fall 1: $k_1 = in(p_1, e)$, $k_2 = in(p_2, e)$ für ein $e \in \mathbb{Z}^*$. Wir zeigen $(k_1', k_2') \in R$, wobei k_1' aus k_1 durch Abarbeitung des Deklarationsteils von p_1 hervorgeht, und k_2' aus k_2 durch Abarbeitung des Deklarationsteils von p_2 und der durch Regel 4 erzeugten Wertzuweisungen hervorgeht. Die Eigenschaften (1), (2) und (3) sind dann offensichtlich erfüllt. Für die Eigenschaft (4) müssen wir zunächst die Funktion α definieren. Für $v \in V_1$ und $v = b_1(n)$ für einen Namen n setze $\alpha(v) = b_2(n)$. Für $v \in V_1$ und $v = b_1(n)(i)$ für einen Namen n und einen Feldindex i (v ist Teil eines Feldes) setze $\alpha(v) = b_2(n)(i)$. Die Eigenschaften (4a) bis (4d) sind dann auch erfüllt. Also gilt $(k_1', k_2') \in R$.

Fall 2 (nicht Fall1): Der Programmrest pr_1 beginnt in diesem Fall mit einer Anweisung. Wir argumentieren durch Fallunterscheidung nach dieser Anweisung. Zuvor beweisen wir jedoch noch ein Lemma über die Semantik von Bezeichnern und Ausdrücken.

Lemma 1. *Sei $(k_1, k_2) \in R$, sei x ein Variablenbezeichner, der in p_1 vorkommt, und sei E ein Ausduck, der in p_1 vorkommt. Dann gilt*

a) *$\alpha(L(x, b_1, s_1)) = L(subst(x), b_2, s_2)$, d.h. x und $subst(x)$ bezeichnen sich entsprechende Variable.*

b) *$I(b_1, s_1, E)$ ist definiert genau, wenn $I(b_2, s_2, E')$ definiert ist. Ferner folgt aus $I(b_1, s_1, E) \in \mathbb{Z}$: $I(b_1, s_1, E) = I(b_2, s_2, E')$. Der Ausdruck E' geht dabei durch Ersetzen aller Variablenbezeichner x durch $subst(x)$ aus E hervor.*

Beweis: Wir beweisen beide Teile gemeinsam durch strukturelle Induktion.

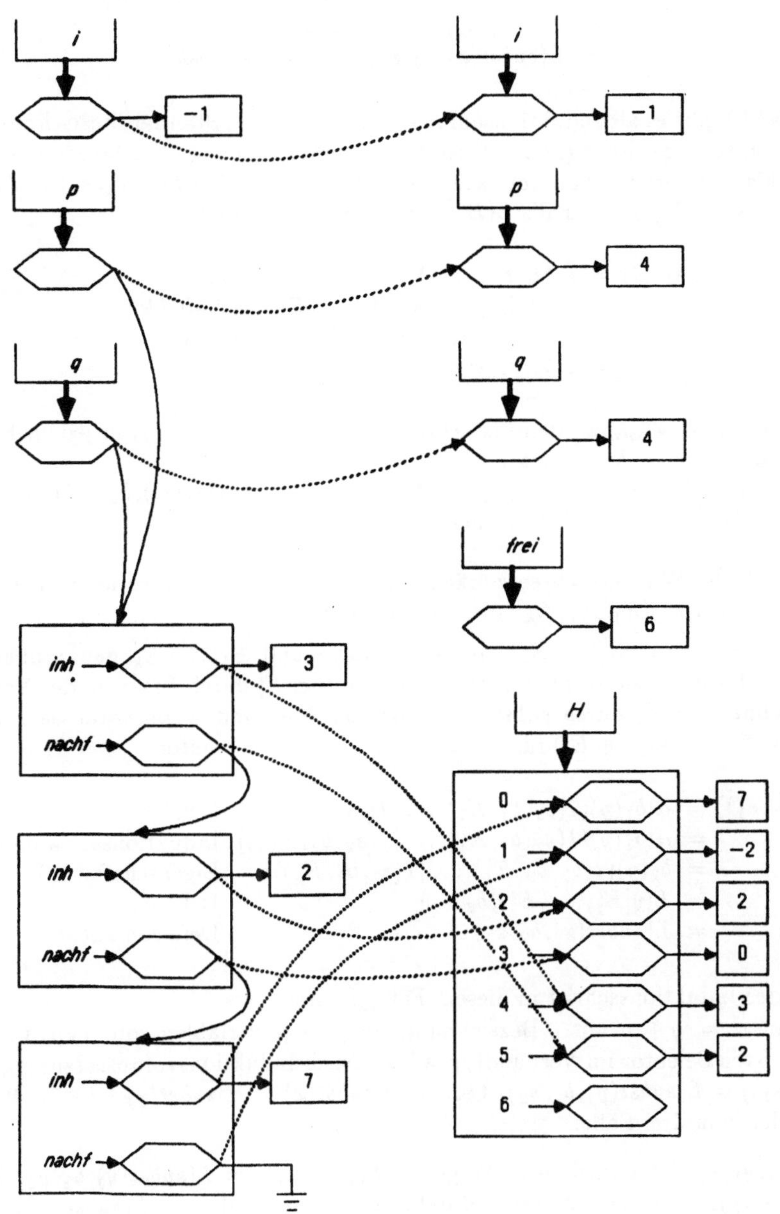

i
i
−1
−1
p
p
4
q
q
4
frei
6
H
inh
nachf
3
inh
nachf
2
inh
nachf
7
0
1
2
3
4
5
6
7
−2
2
0
3
2

Abb. 5

Induktionsanfang: Für den Teil a) sei $x \in \langle Name \rangle$. Dann gilt

$$
\begin{aligned}
\alpha(L(x, b_1, s_1)) &= \alpha(b_1(x)), && \text{Def. von } L \\
&= b_2(x) && \text{nach Eigenschaft (4a)} \\
&= L(x, b_2, s_2) && \text{Def. von } L \\
&= L(subst(x), b_2, s_2) && \text{Def. von } subst
\end{aligned}
$$

Für den Teil b) gibt es als Induktionsanfang drei Fälle: E ist Standardbezeichnung, E ist Konstantenbezeichnung, oder E ist Variablenbezeichnung. Die beiden ersten Fälle sind klar. Im dritten Fall unterscheiden wir die Unterfälle $L(E, b_1, s_1) \in \mathbf{V}_{int}$ und $L(E, b_1, s_1) \in \mathbf{V}_{pointer}$. Falls $L(E, b_1, s_1) \in \mathbf{V}_{int}$, dann ist

$$
\begin{aligned}
I(b_1, s_1, E) &= s_1(L(E, b_1, s_1)) && \text{Def. von } I \\
&= s_2(\alpha(L(E, b_1, s_1))) && \text{Eigenschaft (4c)} \\
&= s_2(L(subst(E), b_2, s_2)) && \text{nach Teil a)} \\
&= I(b_2, s_2, subst(E)) && \text{Def. von } I
\end{aligned}
$$

Falls $L(E, b_1, s_1) \in \mathbf{V}_{pointer}$, dann ist $I(b_1, s_1, E) = s_1(L(E, b_1, s_1))$ in jedem Fall definiert (der Wert kann *nil* sein).
Nach Eigenschaft (4d) ist auch $s_2(\alpha(L(E, b_1, s_1))) = s_2(L(subst(E), b_2, s_2)) = I(b_2, s_2, subst(E))$ in jedem Fall definiert.

Induktionsschritt: Wir betrachten zunächst den Teil a). Der Bezeichner x ist entweder von der Form $y[E_1, \ldots, E_k]$ oder von der Form $y \uparrow .n$.

Sei also $x = y[E_1, \ldots, E_k]$ mit y Feldname und $E_1, \ldots, E_k$ ganzzahligen Ausdrücken. Dann ist $subst(x) = y[E_1', \ldots, E_k']$, wobei E_i' durch Ersetzen der Variablenbezeichner z in E_i durch $subst(z)$ hervorgeht. Nach Induktionsvoraussetzung gilt $I(s_1, b_1, E_i) = I(s_2, b_2, E_i')$ für $1 \leq i \leq k$. Es folgt dann weiter

$$
\begin{aligned}
\alpha(L(x, b_1, s_1)) &= \alpha(b_1(y)(I(s_1, b_1, E_1), \ldots, I(s_1, b_1, E_k))) && \text{Def. von} L \\
&= \alpha(b_1(y)(I(s_2, b_2, E_1'), \ldots, I(s_2, b_2, E_k'))) && \text{Induktionsannahme} \\
&= b_2(y)(I(s_2, b_2, E_1'), \ldots, I(s_2, b_2, E_k')) && \text{Eigenschaft (4b)} \\
&= L(y[E_1', \ldots, E_k'], b_2, s_2) && \text{Def. von } L \\
&= L(subst(x), b_2, s_2) && \text{Def. von } subst
\end{aligned}
$$

Damit ist der Induktionsschritt in diesem Fall geleistet.

Sei nun $x = y \uparrow .n$ mit y Bezeichnung einer Zeigervariablen vom Typ XYZ und n dem i-ten Selektor im Verbundtyp XYZ. Nach Induktionsvoraussetzung gilt $\alpha(L(y, b_1, s_1)) = L(subst(y), b_2, s_2)$. Ferner ist $subst(x) = H[subst(y) + i - 1]$. Wir unterscheiden nun drei Fälle:

Fall 1: $L(y, b_1, s_1)$ ist undefiniert. Wegen $\alpha(L(y, b_1, s_1)) = L(subst(y), b_2, s_2)$ ist auch $L(subst(y), b_2, s_2)$ undefiniert und daher $s_1(L(y, b_1, s_1)) = s_2(L(subst (y), b_2, s_2))$ undefiniert.

Fall 2: $L(y, b_1, s)$ ist definiert und $s_1(L(y, b_1, s_1)) = nil$. Dann ist $L(x, b_1, s_1)$ undefiniert. Ferner gilt nach Induktionsvoraussetzung $\alpha(L(y, b_1, s_1)) = L(subst(y),$ $b_2, s_2)$ und daher nach Eigenschaft (4d) $s_2(L(subst(y), b_2, s_2)) = -c$. Damit ist $s_2(L(subst(y), b_2, s_2)) + i - 1 < 0$ und daher $L(subst(x), b_2, s_2) = L(H[subst(y) + i - 1], b_2, s_2)$ undefiniert. Wenn also $s_1(L(y, b_1, s_1)) = nil$ ist, dann sind sowohl $L(x, b_1, s_1)$ als auch $L(subst(x), b_2, s_2)$ undefiniert.

Fall 3: $L(y, b_1, s_1)$ ist definiert und $s_1(L(y, b_1, s_1)) \neq nil$. Dann ist $s_1(L(y, b_1, s_1))$ $= f \in \mathbf{VER}$ und es gilt

$$
\begin{aligned}
\alpha(L(x, b_1, s_1)) &= \alpha(s_1(L(y, b_1, s_1))(n)) & &\text{Def. von } L \\
&= b_2(H)(s_2(\alpha(L(y, b_1, s_1)) + i - 1) & &\text{Eigenschaft (4d)} \\
&= b_2(H)(s_2(L(subst(y), b_2, s_2)) + i - 1) & &\text{Induktionsvoraussetzung} \\
&= b_2(H)(I(b_2, s_2, subst(y) + i - 1)) & &\text{Def. von } I \\
&= L(H[subst(y) + i - 1], b_2, s_2) & &\text{Def. von } L \\
&= L(subst(x), b_2, s_2) & &\text{Def. von } subst
\end{aligned}
$$

Damit ist auch im zweiten Fall der Induktionsschritt geleistet und damit insgesamt der Teil a) abgeschlossen.

Der Induktionsschritt für den Teil b) ist trivial. Sicher ist die Behauptung für einen zusammengesetzten Ausdruck korrekt, wenn sie für die Unterausdrücke gilt.∎

Wir kommen nun zum Beweis des Satzes zurück. Mit Hilfe von Lemma 1 überprüfen wir nun die Übergangsbedingung einer Bisimulation. Wir gehen durch Fallunterscheidung nach der ersten Anweisung des Programmrests pr_1 vor.

Fall 1: Der Programmrest pr_1 beginnt mit einer Wertzuweisung, d.h.
$pr_1 = x := E; pr_1'$ mit $x \in \langle Bez \rangle$ und $E \in \langle Ausdr \rangle$.
Dann hat nach Eigenschaft (1) der Relation R der Programmrest pr_2 die Form
$pr_2 = subst(x) := E'; pr_2'$, wobei E' aus E durch Anwendung der Funktion $subst$ auf alle Variablenbezeichner in E hervorgeht, und pr_2' aus pr_1' durch Anwendung der Regeln 5, 6 und 7 des Übersetzungsalgorithmus' hervorgeht. Wir unterscheiden nun zwei Fälle, je nachdem ob x eine ganzzahlige Variable oder eine Zeigervariable bezeichnet.

Fall 1.1: x bezeichnet eine ganzzahlige Variable. Nach Lemma 1 gilt $I(b_1, s_1, E) = I(b_2, s_2, E')$ und $\alpha(L(x, b_1, s_1)) = L(subst(x), b_2, s_2)$. Für die Folgekonfigurationen $k_1' = \delta(k_1)$ und $k_2' = \delta(k_2)$ gilt demnach: Falls entweder $I(b_1, s_1, E)$ oder $L(x, b_1, s_1)$ undefiniert ist, so sind auch $I(b_2, s_2, E')$ bzw. $L(subst(x), b_2, s_2)$ undefiniert, und in beiden Fällen existiert keine Folgezustand. Seien also nun alle vier Größen definiert. Dann ist $k_1' = (pr_1', b_1, s_1', e_1, a_1)$ und $k_2' = (pr_1', b_2, s_2', e_1, a_1)$ mit

$$
\begin{aligned}
s_1' &= s_1[L(x, b_1, s_1) \backslash I(b_1, s_1, E)] \text{ und} \\
s_2' &= s_2[L(subst(x), b_2, s_2) \backslash I(b_2, s_2, E')]
\end{aligned}
$$

Damit sind sicher die Eigenschaften (1), (2), (3), (4a), (4b) und (4d) für das Paar (k_1', k_2') erfüllt. Wir müssen nun noch (4c) nachweisen. Sei dazu $v \in V_1 \cap \mathbf{V}_{int}$ beliebig. Falls $v = L(x, b_1, s_1)$, dann gilt

$$\begin{aligned}
s_1'(v) &= I(b_1, s_1, E) && \text{Def. von } s_1' \\
&= I(b_2, s_2, E') && \text{Lemma 1} \\
&= s_2'(L(subst(x), b_2, s_2)) && \text{Def. von } s_2' \\
&= s_2'(\alpha(L(x, b_1, s_1))) && \text{Lemma 1} \\
&= s_2'(\alpha(v)) && \text{Def. von } v
\end{aligned}$$

und (4c) ist gezeigt. Falls $v \neq L(x, b_1, s_1)$, dann ist $s_1'(v) = s_1(v)$. Ferner gilt wegen der Injektivität von α auch $\alpha(v) \neq \alpha(L(x, b_1, s_1)) = L(subst(x), b_2, s_2)$ und daher $s_2'(\alpha(v)) = s_2(\alpha(v))$. Wegen $s_1(v) = s_2(\alpha(v))$ ist damit auch in diesem Fall die Eigenschaft (4c) gezeigt.

Fall 1.2: x bezeichnet eine Zeigervariable. Dann ist E auch Bezeichnung einer Zeigervariablen. Seien $k_1' = \delta(k_1)$ und $k_2' = \delta(k_2)$. Wie im Fall 1.1 sieht man ein, daß entweder beide Übergänge nicht existieren oder beide Übergänge existieren. Im ersten Fall ist nichts zu zeigen. Im zweiten Fall gilt $k_1' = (pr_1', b_1, s_1', e_1, a_1)$ und $k_2' = (pr_2', b_2, s_2', e_1, a_1)$ mit

$$\begin{aligned}
s_1' &= s_1[L(x, b_1, s_1) \backslash I(b_1, s_1, E)] \text{ und} \\
s_2' &= s_2[L(subst(x), b_2, s_2) \backslash I(b_2, s_2, E')]
\end{aligned}$$

Damit sind sicher die Eigenschaften (1), (2), (3), (4a), (4b), (4c) für das Paar (k_1', k_2') erfüllt. Wir müssen nun noch Eigenschaft (4d) nachweisen. Da E Bezeichnung einer Zeigervariablen ist, gilt nach Definition von I:

$$I(b_1, s_1, E) = s_1(L(E, b_1, s_1))$$

und

$$\begin{aligned}
I(b_2, s_2, E') &= s_2(L(E', b_2, s_2)) && \text{Def. von } I \\
&= s_2(L(subst(E), b_2, s_2)) && \text{da } E' = subst(E) \\
&= s_2(\alpha(L(E, b_1, s_1))) && \text{Lemma 1}
\end{aligned}$$

Mit $v = L(x, b_1, s_1)$ und $w = L(E, b_1, s_1)$ können wir also auch schreiben

$$\begin{aligned}
s_1' &= s_1[v \backslash s_1(w)] \text{ und} \\
s_2' &= s_2[\alpha(v) \backslash s_2(\alpha(w))]
\end{aligned}$$

Falls nun $s_1(w) = nil$, dann ist nach (4d) $s_2(\alpha(w)) = -c$, und man sieht wie im Fall 1.1, daß die Eigenschaft (4d) für s_1' und s_2' gilt. Sei nun $s_1(w) \neq nil$. Dann ist $s_1(w) = f$ für ein $f \in \mathbf{VER}$ und damit $s_1'(v) = f$. Sei sel der i-te Selektor in dem Verbundtyp von f. Dann gilt

$$\begin{aligned}
\alpha(f(sel)) &= b_2(H)(s_2(\alpha(w)) + i - 1), && \text{da (4d) für } k_1,\ k_2 \text{ gilt} \\
&= b_2(H)(s_2'(\alpha(v)) + i - 1)\,, && \text{nach Def. von } \alpha'
\end{aligned}$$

und damit ist (4d) auch für s_1' und s_2' erfüllt. Damit ist Fall 1.2 und insgesamt die Diskussion der Wertzuweisung abgeschlossen.

Fall 2: Der Programmrest pr_1 beginnt mit einer new-Anweisung; d.h. $pr_1 = x :=$ **new** XYZ; $pr_{1'}$ mit $x \in \langle Bez \rangle$ und $XYZ \in \langle Name \rangle$; x bezeichnet eine Zeigervariable vom Typ XYZ, und XYZ bezeichnet einen Verbundtyp. Seien $n_1, \ldots, n_k$ die Selektoren in diesem Verbundtyp und sei t_i der Typ der i-ten Komponente. t_i ist entweder ein elementarer Typ und dann gleich *int* oder ein Zeigertyp. Seien $i_1, i_2, \ldots, i_l$ die Komponenten, die Zeiger sind. Dann hat pr_2 die Form

$$subst(x) := frei;$$
$$frei := frei + k;$$
$$H[subst(x) + i_1 - 1] := -c;$$
$$\vdots$$
$$H[subst(x) + i_l - 1] := -c; \; pr_2'$$

wobei pr_2' aus pr_1' durch Anwendung der Regeln 5, 6 und 7 des Übersetzungsalgorithmus' hervorgeht. Falls $L(x, b_1, s_1)$ undefiniert ist, dann ist nach Lemma 1 auch $L(subst(x), b_2, s_2)$ undefiniert, und in beiden Fällen existiert die Nachfolgekonfiguration nicht. Sei nun $L(x, b_1, s_1)$ definiert. Dann ist auch $L(subst(x), b_2, s_2)$ definiert.

Sei nun $k_1' = \delta(k_1) = (pr_1', b_1, s_1', e_1, a_1)$ und $k_2' = \delta^{(2+l)}(k_2) = (pr_2', b_2, s_2', e_1, a_1)$. Abbildung 6 gibt die Änderung von s_1' gegenüber s_1 und von s_2' gegenüber s_2 wieder. Dabei ist $m = s_2(b_2(frei))$.

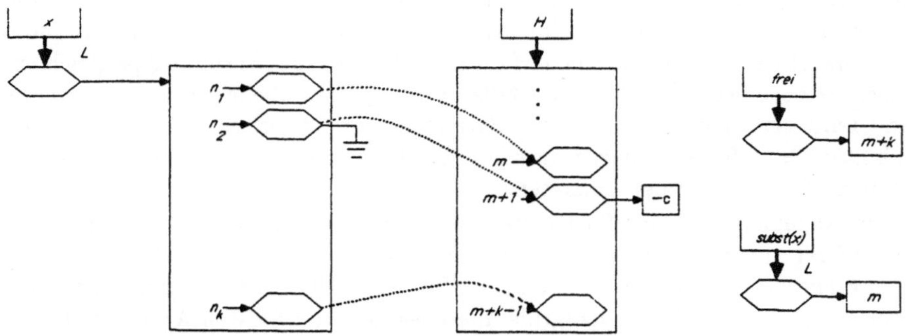

Abb. 6

Ferner nahmen wir für das Bild an, daß n_2 eine Zeigervariable selektiert. Wir brauchen nun nur die Abbildung α, wie durch die gestrichelten Pfeile angegeben, zu einer Abbildung α' zu erweitern. Dann erfüllt das Paar (k_1', k_2') zusammen mit der Abbildung α' offensichtlich die Bedingungen (1) bis (4). Also gilt $(k_1', k_2') \in R$. Damit ist die new -Anweisung erschöpfend behandelt.

Es bleiben nun noch folgende Fälle zu behandeln : die Lese- und Druckanweisung, die bedingte Anweisung und die Iterationsanweisung. Sie sind sämtlich einfacher als die behandelten Fälle und bleiben daher dem Leser überlassen.

Schließlich müssen wir noch die Behauptung über die Laufzeit zeigen. Wir beobachten zunächst, daß durch die Regeln (5), (6) und (7) aus einer Anweisung von p_1 höchstens $c+2$ Anweisungen von p_2 werden. Dabei ist c die maximale Anzahl von Komponenten in einem Verbundtyp. Ferner wird durch die Regeln (1), (2) und (3) der Deklarationsteil um höchstens 2 Deklarationen verlängert, und die Regel (4) fügt höchstens $d+1$ Anweisungen hinzu. Dabei ist d die Anzahl der Deklarationen in p_1. Insgesamt gilt also

$$Laufzeit(p_2, e) \leq (c + 2) \cdot Laufzeit(p_1, e) + d + 3,$$

und die Behauptung über die Laufzeit ist gezeigt. ∎

Wir haben nun den schwersten Teilschritt auf dem Weg von einfachem zu primitivem PROSA hinter uns. In den nächsten beiden Abschnitten werden wir noch mehrdimensionale Felder auf eindimensionale Felder zurückführen und die Syntax der Ausdrücke vereinfachen. Zuvor bringen wir aber noch einige Überlegungen zu realen Übersetzern.

Ein realer Übersetzer beseitigt Verbunddeklarationen und Verbundzugriffe nicht durch eine Übersetzung von PROSA nach PROSA, sondern erzeugt direkt RESA-Befehlsfolgen für die Verbundzugriffe (diese Befehlsfolgen werden auch bei dem hier gewählten mehrstufigen Zugang erzeugt; allerdings ist der Zusammenhang zwischen PROSA-Anweisung und erzeugter RESA-Befehlsfolge nicht mehr unmittelbar.) Ein realer Übersetzer trägt dazu alle Information über eine Verbunddeklaration in die Symboltabelle ein, in diesem Fall also die Bindung der Komponentennamen an ihren Typ und ihre Adresse relativ zum Anfang des Verbundes. Außerdem ist der Speicherplatzbedarf für alle Objekte eines Verbundtyps gleich und statisch berechenbar, so daß er ebenfalls in die Symboltabelle eingetragen werden kann. Trifft der Übersetzer auf einen Bezeichner, so erzeugt er dafür mit Hilfe der Symboltabelle Befehlssequenzen, in denen die Relativadressen der Verbundkomponenten als Adreßoperanden auftreten.

Das allgemeine Schema für Dereferenzierung (Übergang von einer Variablen zu ihrem Wert) und Selektion wollen wir nun kurz skizzieren. Dazu führen wir eine rekursiv definierte Funktion $code$ ein, die für jeden Bezeichner e (der Einfachheit halber erlauben wir keine Feldzugriffe; diese werden im nächsten Abschnitt behandelt) eine Befehlsfolge $code(e)$ liefert, die den Wert von e in den Akkumulator lädt. In der Definition der Funktion $code$ verwenden wir der kürzeren Schreibweise wegen die in 5.3 eingeführte Addressierungsfunktion rad. Ein realer Übersetzer würde die gleiche Information aus den Adreßkomponenten der Symboltabelle erhalten (siehe Beispiel 1). Die Rekursion in der Definition von $code$ wird mit der Übersetzung einer Zeigervariablen p oder einer Zeigerkomponente eines Verbundes v beendet.

$$
\begin{aligned}
code(p) &= \text{LOAD} & rad(p) \\
code(v.x) &= \text{LOADNUM} & rad(v) \\
&= \text{STORE} & \text{IR} \\
&= \text{LOADIR} & rad(x)
\end{aligned}
$$

Der allgemeine Rekursionsschritt hat dann die Form:

$$
\begin{aligned}
code(e \uparrow .x) \ &= code(e) \\
&= \text{STORE} \qquad\quad \text{IR} \\
&= \text{Test auf } nil \\
&= \text{LOADIR} \qquad rad(x)
\end{aligned}
$$

Dabei steht "Test auf *nil*" für eine Befehlsfolge, die zum Fehlerhalt führt, wenn e auf *nil* zeigt. Als nächstes weiten wir nun die Funktion *code* auf Wertzuweisungen aus. Sei dazu y eine einfache Variable. Wir müssen bei der Erzeugung der Befehlssequenzen berücksichtigen, ob wir den Wert einer selektierten Komponente oder ihre Adresse benötigen. Es ist:

$$
\begin{aligned}
code(e \uparrow .x := y) \ &= code(e) \\
&= \text{STORE} \qquad\quad \text{IR} \\
&= \text{Test auf } nil \\
&= \text{LOAD} \qquad rad(y) \\
&= \text{STOREIR} \quad rad(x) \\
code(y := e \uparrow .x) \ &= code(e \uparrow .x) \\
&= \text{STORE} \qquad rad(y)
\end{aligned}
$$

Wegen des sparsamen Umgangs mit Registern beim Entwurf von RESA müssen wir den folgenden Fall noch gesondert betrachten:

$$
\begin{aligned}
code(e_1 \uparrow .x_1 := e_2 \uparrow .x_2) = \ &= code(e_1) \\
&= \text{STORE} \qquad\qquad t_1 \\
&= \text{Test auf } nil \\
&= code(e_2 \uparrow .x_2) \\
&= \text{STORE} \qquad\qquad t_2 \\
&= \text{LOAD} \qquad\qquad t_1 \\
&= \text{STORE} \qquad\qquad \text{IR} \\
&= \text{LOAD} \qquad\qquad t_2 \\
&= \text{STOREIR} \qquad rad(x_1)
\end{aligned}
$$

Es müssen hier also die Adresse des von e_1 referenzierten Verbundes und der Wert der Komponente x_2 im von e_2 referenzierten Verbund in den Speicherzellen mit Adressen t_1 und t_2 zwischengespeichert werden. Einen allgemeinen Mechanismus, mit dem sichergestellt wird, daß diese Zwischenspeicherzellen ohne Seiteneffekt auf den sonstigen Speicherzustand gewählt werden können, lernen wir in Abschnitt 5.8 kennen.

Beispiel 1:   Gegeben sei der Deklarationsteil
type *person* = **record**

        pkz   :   **integer**;

        gemahl : $\uparrow$ *person* ;

        alter   :   **integer**

$$\textbf{end};$$

var p: $\uparrow$ *person*; **var** q: **integer**

Er führt zu den Symboltabelleneinträgen

$$
\begin{aligned}
person \;\to\; &(type, \\
&\quad (pkz \to (var,\; int,\; 0) \\
&\quad\; gemahl \to (var, person,\; 1) \\
&\quad\; alter \to (var,\; int,\; 2)),\; 3) \\
p \quad\;\; \to\; &(var,\; person,\; 37) \\
q \quad\;\; \to\; &(var,\; int,\; 38).
\end{aligned}
$$

Die Wertzuweisung

$$q := p \uparrow .gemahl \uparrow .gemahl \uparrow .alter$$

wird übersetzt in

LOAD	37
STORE	IR
Test auf *nil*	
LOADIR	1
STORE	IR
Test auf *nil*	
LOADIR	1
STORE	IR
Test auf *nil*	
LOADIR	2
STORE	38

Zur Darstellung von *nil* wählen wir den Wert -1, da das keine gültige RESA-Datenspeicheradresse ist. Jeder der oben auftretenden Tests auf *nil* wird also in einen Test auf -1 übersetzt. Beachten Sie dabei den Unterschied zur Behandlung von *nil* am Anfang des Abschnitts. Dort haben wir nicht explizit auf *nil* getestet, sondern wollten, daß eine Selektion auf dem *nil*-Objekt zu einem nicht zulässigen Index im Feld H führt. Die beiden Arten, *nil* zu behandeln, sind äquivalent.

Aufgaben zu 5.6

1) Wenden Sie den Teilschritt 5.6 auf die Beispielprogramme aus Kapitel IV an.

2) Füllen Sie die fehlenden Teile im Beweis des Satzes 1 ein, d.h. behandeln Sie die Lese- und Druckanweisung, die bedingte Anweisung und die Iterationsanweisung.

3) Berechnen Sie die Konstanten c_1 und c_2 für das in diesem Abschnitt benutzte Beispielprogramm.

4) Übersetzen Sie das Beispielprogramm nach RESA.

5) (Fortführung der Aufgabe 2 von Abschnitt 5.3) Wandeln Sie die Übersetzung so ab, daß sie auch funktioniert, wenn sämtliche RESA-Speicherzellen bei Beginn der Rechnung den Wert 0 haben. Hinweis : Stellen Sie für einen Verbund mit b Elementen $2b$ Elemente des Feldes H bereit, und benutzen Sie k davon, um darüber Buch zu führen, welche Komponenten einen definierten Wert haben.

5.7 Mehrdimensionale Felder

Wir führen in diesem Abschnitt mehrdimensionale Felder auf eindimensionale Felder zurück.

Beispiel 1: Sei a ein zweidimensionales Feld mit den Indexbereichen 3 .. 5 und 2 .. 3. Wir schreiben die Feldelemente als Matrix auf und numerieren die Matrix zeilenweise von 0 an durch

$$
\begin{array}{cc}
a[3,2] & a[3,3] \\
0 & 1 \\
a[4,2] & a[4,3] \\
2 & 3 \\
a[5,2] & a[5,3] \\
4 & 5
\end{array}
$$

Die Nummer des Feldelements $a[i,j]$ läßt sich leicht nach der Formel $(i-3)\cdot(3-2+1)+j-2$ berechnen. Dabei steht $3-2+1$ für die Anzahl der Elemente pro Zeile des Feldes. Wir können daher statt des Feldes a auch ein Feld $\tilde{a}$ mit Indexbereich $[0 .. 5]$ deklarieren und jedes Auftreten von $a[i,j]$ durch $\tilde{a}[(i-3)*2+(j-2)]$ ersetzen. ∎

Allgemein beruht diese Vorgehensweise auf folgendem Lemma.

Lemma 1. *Seien* $u_1, o_1, u_2, o_2, \ldots, u_k, o_k$ *ganze Zahlen mit* $u_i \leq o_i$ *für* $1 \leq i \leq k$. *Sei* $D = [u_1 .. o_1] \times [u_2 .. o_2] \times \ldots \times [u_k .. o_k]$, *und sei* $\tilde{D} = [0 .. \prod_{i=1}^{k}(o_i - u_i + 1) - 1]$. *Dann ist die Abbildung*

$$
\alpha \; : \; D \to \tilde{D}
$$

mit

$$
\alpha(i_1, \ldots, i_k) = \sum_{j=1}^{k} \left\{ (i_j - u_j) \cdot \prod_{l=j+1}^{k} (o_l - u_l + 1) \right\}
$$

eine Bijektion.

284

Beweis: Beachte zunächst, daß $|D| = |\tilde{D}|$ und $\alpha(D) \subseteq \tilde{D}$. Wir müssen also nur die Injektivität von α zeigen. Seien dazu $(i_1, \ldots, i_k), (i'_1, \ldots, i'_k)$ zwei verschiedene Elemente von D. Sei m der kleinste Index für den $i_m \neq i'_m$, etwa $i_m < i'_m$. Dann gilt

$$\alpha(i'_1, \ldots, i'_k) - \alpha(i_1, \ldots, i_k)$$

$$\geq \alpha(i'_1, \ldots, i'_m, u_{m+1}, \ldots, u_k) - \alpha(i_1, \ldots, i_m, o_{m+1}, \ldots, o_k)$$

$$= (i'_m - i_m) \prod_{l=m+1}^{k} (o_l - u_l + 1) - \sum_{j=m+1}^{k} \{(o_j - u_j) \prod_{l=j+1}^{k} (o_l - u_l + 1)\}$$

da $i'_l = i_l$ für $1 \leq l < m$

$$\geq \prod_{l=m+1}^{k} (o_l - u_l + 1) - \sum_{j=m+1}^{k} \{(o_j - u_j) \prod_{l=j+1}^{k} (o_l - u_l + 1)\}$$

da $i'_m \geq i_m + 1$

$$= (o_{m+1} - u_{m+1} + 1) \prod_{l=m+2}^{k} (o_l - u_l + 1) - (o_{m+1} - u_{m+1}) \prod_{l=m+2}^{k} (o_l - u_l + 1)$$

$$- \sum_{j=m+2}^{k} \{(o_j - u_j) \prod_{l=j+1}^{k} (o_l - u_l + 1)\},$$

indem man den ersten Term aus dem Produkt herauszieht und einen Term der Summe abspaltet.

$$= \prod_{l=m+2}^{k} (o_l - u_l + 1) - \sum_{j=m+2}^{k} \{(o_j - u_j) \prod_{l=j+1}^{k} (o_l - u_l + 1)\}$$

durch Subtraktion der ersten beiden Glieder. Beachten Sie, daß die Formel nun die gleiche Form hat wie in der vierten Zeile, außer daß $m + 1$ durch $m + 2$ ersetzt ist. Wir können daher in gleicher Weise fortfahren.

$$= \quad \ldots$$

$$= (o_k - u_k + 1) - (o_k - u_k) = 1.$$

Lemma 1 legt nahe, ein k-dimensionales Feld $a[u_1 .. o_1, \ldots, u_k .. o_k]$ durch ein eindimensionales Feld $\tilde{a}[0 .. \prod_{i=1}^{k}(o_i - u_i + 1) - 1]$ zu simulieren. Wir brauchen dann nur jeden Zugriff auf $a[i_1, \ldots, i_k]$ durch einen Zugriff auf $\tilde{a}[\alpha(i_1, \ldots, i_k)]$ zu ersetzen. Dabei ist aber Vorsicht geboten.

Beispiel 1 (Fortführung):   Es ist $\alpha(i,j) = (i-3) \times 2 + j - 2$. Der Zugriff $a[3,4]$ führt zu einem Fehler, aber der Zugriff $\tilde{a}[(3-3) \times 2 + 4 - 2]$ ist zulässig.   ∎

Das Beispiel zeigt, daß die Abbildung α aus Lemma 1 auch Elemente außerhalb D auf Elemente innerhalb $\tilde{D}$ abbilden kann. Es genügt also nicht, ein k-Tupel $(i_1,\ldots,i_k)$ durch $\alpha(i_1,\ldots,i_k)$ zu ersetzen, vielmehr müssen wir auch testen, ob alle Indizes i_l zulässig sind, d.h. wir müssen $u_l \le i_l \le o_l$ für alle $l, 1 \le l \le k$ testen. Dies führt zu folgender Vorgehensweise, die wir zunächst an einem Beispiel illustrieren.

Beispiel 2:   Betrachte folgendes PROSA-Programmstück
```
var  a : array[3..5 , 2..3] of integer;
var  j: integer;
begin
    a[3,2] := 5;
    j := 4;
    a[a[3, j − 2], j − 2] := 6
end.
```

Wir ersetzen im Deklarationsteil die Deklaration des Feldes a durch **var ã : array[0 .. 5] of integer**. Im Anweisungsteil müssen wir dann die Zugriffe auf a durch Zugriffe auf ã und die nötigen Überprüfungen der Indizes ersetzen. Wir behandeln die verschiedenen Zugriffe auf a nacheinander. Bei geschachteltem Auftreten gehen wir von innen nach außen vor. Im Beispiel behandeln wir zunächst die Zugriffe $a[3,2]$ und $a[3,j-2]$. Wir führen für jeden der beiden Zugriffe zwei neue Variablen ein (hier i_1, x_1 bzw. i_2, x_2) und berechnen in der einen den Index und in der anderen den Wert des Feldelements.
```
var  ã : array[0 .. 5] of integer;
var  j : integer; var  i₁, i₂, x₁, x₂ : integer;
begin
    if  (3 < 3)or (3 > 5)or (2 < 2)or (2 > 3)
    then Fehlerhalt
    fi;
    i₁ := (3 − 3) ∗ (3 − 2 + 1) + (2 − 2);
    x₁ := 5;
    a[i₁] := x₁;
    j := 4;
    if (3 < 3)or (3 > 5)or (j − 2 < 2)or (j − 2 > 3)
    then Fehlerhalt
    fi;
    i₂ := (3 − 3) ∗ (3 − 2 + 1) + j − 2 − 2;
    x₂ := ã[i₂];
    a[x₂, j − 2] := 6
end
```

Im nächsten Schritt behandeln wir nun den Feldzugriff $a[x_2, j-2]$ auf die gleiche Weise und ersetzen ihn durch

if $(x_2 < 3)$**or** $(x_2 > 5)$**or** $(j - 2 < 2)$**or** $(j - 2 > 3)$
then Fehlerhalt fi;
$i_3 := (x_2 - 3) * (3 - 2 + 1) + j - 2 - 2;$
$x_3 := 6;$
$\tilde{a}[i_3] := x_3$

Wir haben nun ein Programm, das nur eindimensionale Felder benutzt. Ferner treten auf Indexposition nur einfache Variable auf, und Feldzugriffe kommen nicht mehr in zusammengesetzten Ausdrücken vor. Leider ist das Programm nun nicht mehr 2-einfach. Wir wenden daher nun noch einmal den Algorithmus aus Abschnitt 5.3 an, um die 2-Einfachheit wiederherzustellen. ■

Allgemein gehen wir nach folgendem Algorithmus vor:

(1) Ersetze im Deklarationsteil jede Felddeklaration
    var a : **array**$[u_1 .. o_1, u_2 .. o_2, \ldots, u_k .. o_k]$ **of integer**
durch
    var $\tilde{a}$: **array**$[0 .. \prod_{j=1}^{k}(o_j - u_j + 1) - 1]$ **of integer**

(2) Behandle den Anweisungsteil gemäß folgender Vorschrift:

    (a) bezeichne alle Auftreten von Feldnamen als unbehandelt;

    (b) **solange** es ein unbehandeltes Auftreten eines Feldnamen gibt
      tue sei $a[E_1, \ldots, E_k]$ ein unbehandeltes Auftreten, bei dem die Ausdrücke $E_1, \ldots, E_k$ keine Feldnamen enthalten

      $(*$ beachte, daß Feldnamen nur in Wertzuweisungen und Druckanweisungen auftreten können $*)$;

      füge unmittelbar vor der Anweisung, die den unbehandelten Feldzugriff $a[E_1, \ldots, E_k]$ enthält, die Anweisungsfolge
        if $(E_1 < u_1)$ **or** $(E_1 > o_1)$ **or** $\ldots$ **or** $(E_k < u_k)$ **or** $(E_k > o_k)$
        then Fehlerhalt fi;
        $i := \sum_{j=1}^{k}(E_j - u_j) \prod_{l=j+1}^{k}(o_l - u_l + 1);$
      ein. Dabei ist i eine neue ganzzahlige Variable;
      falls $a[E_1, \ldots, E_k]$ auf der linken Seite einer Wertzuweisung
      $a[E_1, \ldots, E_k] := E$ vorkommt, dann ersetze diese Wertzuweisung durch

        $x := E;$
        $\tilde{a}[i] := x$

      falls $a[E_1, \ldots, E_k]$ in einer Leseanweisung **read** $a[E_1, \ldots, E_k]$ vorkommt, dann ersetze diese Anweisung durch

        read x; $\tilde{a}[i] := x$

      falls $a[E_1, \ldots, E_k]$ Teil eines Ausdrucks E ist, dann füge noch die Anweisung

        $x := \tilde{a}[i];$

hinzu und ersetze das Vorkommen von $a[E_1, \ldots, E_k]$ in E durch x;

in jedem Fall ist dabei x eine neue ganzzahlige Variable.

(3) mache das nach den Schritten (1) und (2) erhaltene Programm wieder 2-einfach (vgl. Abschnitt 5.3). ∎

Der Leser möge sich an dieser Stelle noch einmal davon überzeugen, daß wir in unserem Beispiel nach obigem Algorithmus vorgegangen sind. Wir fassen nun die Diskussion zusammen.

Definition 1: Ein PROSA-Programm heißt **4-einfach**, wenn es 3-einfach ist und zusätzlich folgende Eigenschaften erfüllt: Alle benutzten Felder sind eindimensional und der Indexbereich beginnt stets bei 0. Auf der Indexposition in Feldzugriffen treten nur einfache Variable auf. Ferner kommen Feldzugriffe nur in Wertzuweisungen der Form $x := a[i]$ und $a[i] := x$ vor. Dabei sind i und x einfache Variable.

Satz 1. *Zu jedem 3-einfachen PROSA-Programm p_1 gibt es ein äquivalentes 4-einfaches PROSA-Programm p_2. Das Programm p_2 kann gemäß obigem Algorithmus erzeugt werden. Ferner gilt für alle $e \in \mathbf{Z}^* : Laufzeit(p_2, e) \leq c_1 + c_2 Laufzeit \cdot (p_1, e)$. Dabei sind c_1 und c_2 Konstante, die von p_1 aber nicht von e abhängen.*

Beweis: Sei p_1 ein 3-einfaches PROSA-Programm, und sei p_2 das aus p_1 gemäß obigem Algorithmus erzeugte Programm. Wir zeigen zunächst, daß p_2 4-einfach ist. Sicher kommen in p_2 nur eindimensionale Felder vor, deren Indexbereich bei 0 beginnt. Ferner treten alle neu erzeugten Feldzugriffe in Wertzuweisungen der Form $\tilde{a}[i] := x$ und $x := \tilde{a}[i]$ mit i und x Namen einfacher Variablen auf. Da jeder Feldzugriff in p_1 durch den Algorithmus behandelt wird, sind in p_2 alle Feldzugriffe von der gewünschten Form. Durch die eingefügten bedingten Anweisungen zur Indexüberprüfung wird die 2-Einfachheit zerstört. Wir stellen sie im dritten Schritt wieder her. Also ist p_2 4-einfach.

Es bleibt zu zeigen, daß p_2 und p_1 äquivalent sind. Durch die eingefügten bedingten Anweisungen wird überprüft, ob die Indizes im zulässigen Bereich sind. Für zulässige Indizes ist die Funktion α aus Lemma 1 bijektiv, und daher entsprechen sich die Elemente der Felder im Programm p_1 und der Felder in p_2 umkehrbar eindeutig. Also sind p_1 und p_2 äquivalent. Die Behandlung von Feldzugriffen erzeugt für Feldzugriff eine gewisse Anzahl von Deklarationen und Anweisungen Also gilt für alle $e \in \mathbf{Z}^* : Laufzeit(p_2, e) \leq c_1 + c_2 \cdot Laufzeit(p_1, e)$ für geeignete Konstanten c_1 und c_2, die von p_1 aber nicht von e abhängen. ∎

Reale Übersetzer erzeugen für Feldzugriffe direkt RESA-Befehlsfolgen. In Abschnitt 5.2 war bereits der Symboltabelleneintrag für ein Feld beschrieben worden. Er enthält außer dem Typ und der Dimension noch eine Beschreibung der Feldgrenzen und die Anfangsadresse des Feldes. Für das zweidimensionale Feld a in Beispiel 1 ist die Grenzbeschreibung (3,5),(2,3).

Eine Betrachtung der bijektiven Abbildung $\alpha : D \to \tilde{D}$ aus Lemma 1 wird uns zeigen, wie RESA-Befehlsfolgen aussehen, die das Element $a[i_1,\ldots,i_k]$ aus dem Feld $a[u_1 \ .. \ o_1, u_2 \ .. \ o_2, \ldots, u_k \ .. \ o_k]$ adressieren. Bei einer Ablage des Feldes ab der RESA-Adresse $c = rad(a)$ hat die Feldkomponente $a[i_1,\ldots,i_k]$ die Adresse $c + \alpha(i_1,\ldots,i_k)$. Die Komponente $a[u_1,\ldots,u_k]$ hat also z.B. die Adresse c, $a[u_1,u_2,\ldots,u_k+1]$ liegt bei Adresse $c+1$ und $a[u_1+1,u_2,\ldots,u_k]$ bei $c + \prod_{l=2}^{k}(o_l - u_l + 1)$.

Betrachten wir die statischen und die dynamischen Teile des Ausdrucks für $\alpha(i_1,\ldots,i_k)$. Da die Feldgrenzen u_l und o_l aus der Deklaration zu entnehmen, also statisch sind, können wir auch $d_l = o_l - u_l + 1$, also die Größe der l-ten Dimension statisch berechnen und, wenn wir auf Effizienz des Übersetzers Wert legen, in der Symboltabelle ablegen. Der Ausdruck für $\alpha(i_1,\ldots,i_k)$ ist dann also gleich

$$\sum_{j=1}^{k}(i_j - u_j) \times \prod_{l=j+1}^{k} d_l.$$

Für solche Art von Ausdrücken bietet sich eine Auswertung mit einem Horner-schema an, d.h.

$$\alpha(i_1,\ldots,i_k) \ = \ (\ldots((i_1 - u_1) \times d_1 + i_2 - u_2) \times d_2 + \ldots i_k - u_k) \times d_k$$

Dafür läßt sich leicht ein PROSA-Programm schreiben:

$$
\begin{aligned}
&l := 1; \ t := 0; \\
&\textbf{while} \ l \leq k \ \textbf{do} \\
&t := (t + i_l - u_l) \times d_l; \\
&l := l + 1 \\
&\textbf{od}
\end{aligned}
$$

Wie man die **while** -Schleife in RESA übersetzt, wurde bereits in Abschnitt 5.3 erklärt. Die Übersetzung von Ausdrücken wird in Abschnitt 5.8 erklärt werden. Beachten Sie nur noch einmal die verschiedenen Arten von Namen in diesem PROSA-Programm zur Selektion einer Feldkomponente: k, $u_1,\ldots.u_k, d_1,\ldots,d_k$ bezeichnen statische Größen, sind also für den Übersetzer, wenn er RESA-Befehle erzeugt, konstant; $i_1,\ldots, i_k$ sind Indexausdrücke aus dem zu übersetzenden PROSA-Programm, die i.a. nicht statisch sind. Für ihre Auswertung müssen also RESA-Befehlsfolgen erzeugt werden. l und t sind Namen, die zusätzlich eingeführt werden; ihnen entsprechen zusätzliche Speicherzellen im RESA-Datenspeicher.

Aufgaben zu 5.7

1) Übersetzen Sie das Beispielprogramm dieses Abschnitts nach RESA.

2) Berechnen Sie die Konstanten c_1 und c_2 für das Beispielprogramm dieses Abschnitts. Geben Sie eine allgemeine Definition für c_1 und c_2.

3) Wenden Sie den Teilschritt 5.7 auf die Beispielprogramme von Kapitel IV an.

4) Die Elemente eines mehrdimensionalen Feldes wurden in diesem Abschnitt zeilenweise numeriert. Numerieren Sie spaltenweise, und schreiben Sie den Abschnitt entsprechend um.

5.8 Übersetzung von Ausdrücken in primitive Ausdrücke

Wir haben in den vorhergehenden Abschnitten bereits viel erreicht und zu jedem einfachen PROSA-Programm ein äquivalentes 4-einfaches PROSA-Programm konstruiert. Wir werden in diesem Abschnitt den letzten Schritt der Übersetzung in primitives PROSA vornehmen. 4-einfache PROSA-Programme erfüllen schon die Eigenschaften (1), (2), (3), (5) und (7) der Primitivität (vgl. die Definition 2 aus Abschnitt 5.1). Ferner sind Leseanweisungen schon von der Form **read** x, wobei x der Name einer einfachen Variable ist.

Wir bringen nun zunächst Druckanweisungen auf die gewünschte Form. Dazu führen wir eine neue ganzzahlige Variable, etwa **var** n : **integer** ein, und ersetzen jede Druckanweisung, etwa

        print E

durch

        $n := E$; **print** n.

Damit ist nun auch die Bedingung (4) der Primitivität erfüllt.

Wir müssen uns nun noch um die Eigenschaft (6) kümmern: Ausdrücke enthalten höchstens ein Operationszeichen. Wir ersetzen zunächst jedes unäre Minuszeichen durch eine Subtraktion, d.h. $-E$ wird durch $0 - E$ ersetzt. Sei nun op ein binäres Operationszeichen und $E = E_1 \; op \; E_2$ ein Ausdruck, in dem zwei oder mehr Operationszeichen auftreten. Der Ausdruck E ist die rechte Seite einer Wertzuweisung, etwa $x := E$. Wir führen zwei neue ganzzahlige Variable ein, etwa **var** h_1, h_2 : **integer**, und ersetzen die Zuweisung

        $x := E$

durch

$$h_1 := E_1;$$
$$h_2 := E_2;$$
$$x := h_1 \ op \ h_2$$

Falls nun E_1 oder E_2 mehr als ein Operationszeichen enthält, so wiederholen wir den Prozeß. Es ist klar, daß wir auf diese Weise die Eigenschaft (6) sicherstellen und ein primitives PROSA-Programm erzeugen.

Satz 1. *Zu jedem einfachen PROSA-Programm p gibt es ein äquivalentes primitives PROSA-Programm q. Das Programm q kann effektiv aus dem Programm p konstruiert werden. Ferner gilt für alle $e \in \mathbf{Z}^* : Laufzeit(q, e) \leq c_1 + c_2 \cdot Laufzeit(p, e)$. Dabei sind c_1 und c_2 Konstanten, die von p aber nicht von e abhängen.*

Beweis: unmittelbar aus obiger Diskussion. ∎

Damit ist die Übersetzung in primitives PROSA abgeschlossen. Insbesondere ist der Hauptsatz dieses Kapitels nun bewiesen. Wir gaben für jeden der Übersetzungsschritte einen Algorithmus an, der den Schritt vollzieht. Im Prinzip hätten wir diese Algorithmen auch in PROSA formulieren können. Das wollen wir jetzt zumindest für den letzten Schritt nachholen.

Im Kapitel II führten wir Kellermaschinen zur Auswertung von Ausdrücken und zur syntaktischen Analyse von Ausdrücken ein. Wir werden nun diese Kellermaschine so modifizieren, daß sie eine Folge von Wertzuweisungen ausgibt, deren Ausführung dann den Ausdruck auswertet.

Beispiel 1: Der Ausdruck $(((a + b) * c)/(e - f))$ könnte etwa in folgendes Programmstück überführt werden. Dabei sind h_1, h_2, h_3 zusätzliche Variable (meist Hilfsvariable genannt).

$$h_1 := a;$$
$$h_2 := b;$$
$$h_1 := h_1 + h_2;$$
$$h_2 := c;$$
$$h_1 := h_1 * h_2;$$
$$h_2 := e;$$
$$h_3 := f;$$
$$h_2 := h_2 - h_3;$$
$$h_1 := h_1/h_2;$$

Führt man dieses Programmstück aus, so liegt bei Termination der Wert unseres Ausdrucks in h_1 vor. Beachten Sie dabei die nahe Verwandtschaft des Programms mit der Arbeitsweise des Kellerautomaten von Kapitel II. Die Hilfsvariablen h_1, h_2, h_3 entsprechen genau dem Operandenkeller. Der Kellerautomat speichert zunächst die Werte von a ($h_1 := a$) und b ($h_2 := b$) im Keller. Nach Lesen der ersten schließenden Klammer ersetzt er diese beiden Werte durch einen, ihre Summe $h_1 := h_1 + h_2$. Obiges Programmstück spiegelt also gerade die arithmetischen Aktionen des Kellerautomaten wider. ∎

Wir wollen diese Methode formalisieren und dazu nun den Kellerautomaten von Kapitel II so modifizieren, daß er anstatt den Ausdruck auszuwerten, vielmehr eine äquivalente Folge von einfachen Wertzuweisungen ausdruckt. (Diese einfachen Wertzuweisungen nennt man meist **Dreiadreßbefehle**, da in ihnen drei Variablen vorkommen.) Dazu müssen wir folgende Änderung am Kellerautomaten durchführen; der Einfachheit halber beschränken wir die Eingabe auf vollständig geklammerte Ausdrücke ohne unäres Minuszeichen.

Eingabezeichen	bisher	nun
(	keine Aktion	keine Aktion
Identifier a	kellern des Wertes von a in den Operandenkeller	drucken des Befehls $h_i := a$;
$+,-,*,/$	kellern in den Operatorkeller	kellern in den Operatorkeller
)	die beiden obersten Werte des Operandenkellers werden verknüpft nach Maßgabe des obersten Elements des Operatorkellers und durch das Ergebnis ersetzt	drucken des Befehls $h_i := h_j \; op \; h_k$; dabei ist op das oberste Element des Operatorkellers

Ein Problem müssen wir noch lösen. Welche Indizes müssen wir den Hilfsvariablen h geben? Dazu führen wir einen Zähler $toph$ mit, dessen Wert stets der Index der zuletzt benutzten Hilfsvariable ist. Wenn wir dann etwa den Identifier a lesen und $toph$ den Wert 5 hat, dann erhöhen wir $toph$ auf 6 und drucken den Befehl $h_6 := a$. Wir schreiben nun diesen Kellerautomaten als PROSA-Programm.

program *Übersetzung von Ausdrücken;*
(* Eingabe : Ein vollständig geklammerter Ausdruck E ohne unäre Minuszeichen. Aus Gründen der Einfachheit setzen wir voraus, daß alle Identifier aus genau einem Buchstaben bestehen. Wir setzen ferner voraus, daß hinter dem Ausdruck E das Zeichen ⊣ auf dem Eingabeband steht.
Ausgabe :   Eine Folge von einfachen Wertzuweisungen (Dreiadreßbefehlen), deren Ausführung den Ausdruck auswertet.
Bemerkung : Das Programm benutzt ein Feld k : **array** [1 .. ∞] **of char** und zwei ganzzahlige Variablen $topk, toph$. Die Folge $k[1], \ldots, k[topk]$ entspricht dem Operatorkeller von Kapitel II. Die Variable $toph$ enthält stets die Höhe des Operandenkellers.*)

```
var toph, topk : integer; x : char;
var k : array [1 .. ∞] of char;
begin
    toph := 0; topk := 0;
    read x;
    while  x ≠ ' ⊣'
```

```
      do if  x = '('
         then x := x  (* ein Befehl, der nichts bewirkt *)
         else if  x = 'a' or x = 'b' or ... or x = 'z'
              then  (* Lesen eines Bezeichners *)
                      toph := toph + 1;
                      print 'h'; print  toph; print  ":=";
                      print  x; print  ';'
              else  (* Lesen eines Operatorsymbols *)
                      if  x = '+' or x = '−' or x = '*' or x = /
                      then  topk := topk + 1;
                            k[topk] := x
                      else  (* x = ')' *)
                            print 'h'; print  toph − 1; print " := h";
                            print  toph − 1; print  k[topk]; print 'h';
                            print  toph; print  ';';
                            toph := toph − 1;  topk := topk −1
                      fi
              fi
         fi;
         read x
      od
   end.
```

Der Leser sollte dieses Programm an mehreren Beispielen durchgehen, um mit dem verwirrenden Wechsel zwischen Zeichen und Werten von Variablen vertraut zu werden. Sei etwa 5 der Wert der Variablen $toph$ unmittelbar nach dem Kommentar $(*x =)'$ $*)$ und sei $op \in \{+, -, *, /\}$ der Wert von $k[toph]$. Dann druckt die Folge von Druckanweisungen die Wertzuweisung

$$h4 := h4\ op\ h5;$$

Beispiel 1 (Fortführung): Die Eingabe $((a + b) * c/(e − f))\ \dashv$ produziert die im Beispiel angegebene Folge von Wertzuweisungen. ∎

Lemma 1. *Sei E ein vollständig geklammerter ganzzahliger Ausdruck der Länge n ohne Minuszeichen. Dann ist die Laufzeit des obigen Programms mit der Eingabe $E \dashv$ linear in n.*

Beweis: Der Rumpf der while-Schleife wird n-mal ausgeführt, pro Ausführung fallen eine konstante Anzahl von Befehlen an. ∎

Lemma 2. *Sei E ein vollständig geklammerter ganzzahliger Ausdruck ohne unäres Minuszeichen, sei b eine Bindung, s ein Speicherzustand und sei p die Anweisungsfolge, die das obige Programm aus E erzeugt, wenn wir ihn mit dem Wert $i \in \mathbb{N}$ (statt 0) für toph starten. Sei ferner $\tilde{b}$ eine Bindung, die b um die Hilfsvariablen*

$h1$, $h2$, $h3$,... *erweitert und sei* $k_{end} = (\varepsilon,\ \tilde{b},\ s_{end},...)$. *die Endkonfiguration der PROSA-Maschine zur Anfangskonfiguration* $(p,\ \tilde{b},\ s,...)$. *Dann gilt*

$$I(b,\ s,\ E) = s_{end}(\tilde{b}(h(i+1))),$$

d.h. der Wert des Ausdrucks E *in der Umgebung* (b,s) *ist gleich dem Wert der Variablen* $h(i+1)$ *nach Ausführung von* p.

Beweis: Wir führen den Beweis über die Länge von E. Wenn E Länge 1 hat, d.h. nur ein einzelner Identifier a ist, dann wird nur die Wertzuweisung $h(i+1) := a$ erzeugt; die Behauptung ist also richtig. Falls E Länge größer 1 hat, dann ist $E = (E_1 \ op \ E_2)$. Zunächst wird aus E_1 ein Programm p_1 erzeugt, dann aus E_2 ein Programm p_2 und schließlich beim Lesen von ')' die Wertzuweisung $h(i+1) := h(i+1) \ op \ h(i+2)$. Beachten Sie dabei, daß der Ausdruck E_2 mit dem Anfangswert $i+1$ für *toph* abgearbeitet wird. Insgesamt wird also das Programm $p_1; \ p_2; \ h(i+1) := h(i+1) \ op \ h(i+2)$ erzeugt. Sei s_1 der Speicherzustand, der nach Abarbeitung von p_1 entsteht. Dann gilt nach Induktionsvoraussetzung $I(b,\ s,\ E_1) = s_1(\tilde{b}(h(i+1)))$. Ferner haben alle einfachen Variablen bzgl. s und s_1 den gleichen Wert. Sei nun s_2 der Speicherzustand nach Abarbeitung von p_2 startend in $(p_2,\ \tilde{b},\ s_1,...)$ und sei s_2' der Speicherzustand nach Abarbeitung von $p_1; \ p_2$ beginnend in $(p_1; \ p_2, \tilde{b},\ s,\ ...)$. Nach Induktionsvoraussetzung gilt $I(b,\ s,\ E_2) = I(b,\ s_1,\ E_2) = s_2(\tilde{b}(h(i+2)))$ $= s_2'(\tilde{b}(h(i+2)))$. Ferner ändert das Programm p_2 den Wert von $h(i+1)$ nicht. Also gilt für s_2' auch $I(b,\ s,\ E_1) = s_2'(\tilde{b}(h(i+1)))$. Damit berechnet schließlich die Wertzuweisung $h(i+1) := h(i+1) \ op \ h(i+2)$ den Wert $I(b,\ s,\ E)$. ∎

Für $i = 0$ liefert Lemma 2 gerade die Korrektheit des obigen Programms. Wir sind nun am Ende einer langen Reise, auf der wir einfaches PROSA schrittweise in primitives PROSA überführten. Für alle Teilschritte der Übersetzung gaben wir Algorithmen an, die den Teilschritt realisieren. Für den letzten Teilschritt formulieren wir diesen Algorithmus sogar in PROSA.

Zum Abschluß des Kapitels beschreiben wir noch, wie **reale Übersetzer** direkt RESA-Befehlsfolgen zur Auswertung von Ausdrücken erzeugen. Dann müssen wir nur noch erklären, welche RESA-Speicherzellen anstatt der oben eingeführten zusätzlichen Variablen $h1, h2,...$ benutzt werden. Beachten Sie, daß die explizite Deklaration der Hilfsvariablen $h1, h2,...$ eine Übersetzung in einem Paß ausschließt, da ja die Anzahl der benötigten Hilfsvariablen – sie entspricht der maximalen Anzahl von Operatoren in einem Ausdruck – erst nach einem vollständigen Durchlauf des Programmtextes bekannt ist. Diese Anzahl muß aber bekannt sein, um dem unendlichen Feld H eine Anfangsadresse zuordnen zu können. Reale Übersetzer belegen nun, um dieses Problem zu lösen, den Speicher für die Halde H anders als bisher beschrieben. Jeder reale Rechner hat natürlich einen endlichen Speicher, etwa mit den Adressen 0 bis *maxad* $-$ 1. Man belegt nun für die deklarierten Variablen Speicher am Anfang des Datenspeichers, d.h. wie in Abschnitt 5.3 beschrieben, beginnend mit der Zelle 0. Für die Halde H belegt man am oberen Ende

294

des Speichers Platz, d.h. beginnend mit der Adresse $maxad - 1$. Beachten Sie nun, daß die Größe des unteren Teils durch den Programmtext festgelegt ist und nicht von der speziellen Rechnung des Programms abhängt. Daher können wir die anschließenden Zellen als Hilfsspeicherzellen für die Auswertung von Ausdrücken benutzen. Wenn also c die Adresse der ersten freien Zelle oberhalb des statisch belegten Speicherteils ist, so wird die Auswertung von Ausdrücken die Zellen mit den Adressen $c, c + 1, \ldots, c + k$ (mit wieder statisch festem k) für die Ablage von Zwischenergebnissen benutzen.

Beispiel 2: Der Ausdruck $(((a + b) * c)/(e - f))$ könnte etwa in folgendes RESA-Programmstück übersetzt werden. Die erste freie Speicherzelle habe die Adresse 100.

```
LOAD    rad(a)
ADD     rad(b)
MUL     rad(c)
STORE   100
LOAD    rad(e)
SUB     rad(f)
STORE   101
LOAD    100
DIV     101
```

Der folgende Kellerautomat leistet die Übersetzung von arithmetischen Ausdrücken (in vollständig geklammerter Schreibweise und ohne unäres Minuszeichen) in RESA-Programme. Die Spalten haben folgende Bedeutung: Unter Op_and steht das relevante (rechte) Ende des Operandenkellers vor bzw. nach einem Übergang. Unter Op_or entsprechend der relevante Inhalt des Operatorkellers. $Eing\_Zeich$ ist das betrachtete Eingabezeichen. Im Zähler h wird die aktuelle Adresse des oberen Kellerendes gemerkt. In der Spalte $Code$ wird die auszugebende Befehlssequenz angegeben. Man beachte, daß die Erhöhung bzw. Erniedrigung des Zählers h **vor** der Erzeugung der RESA-Befehle geschieht. In der letzten Zeile ist $op = +$, OP = ADD, oder $op = -$, OP = SUB usw. einzusetzen.

Op_and	Op_or	$Eing\_Zeich$	Op_and	Op_or	h	$Code$
		(		(		
		$Identifier\ a$	h		$h + 1$	LOAD $rad(a)$ STORE h
		$op \in \{+, -, *, /\}$		op		
m, n	(op	)			$h - 1$	LOAD n OP m STORE h

Aufgaben zu 5.8

1) Schreiben Sie ein PROSA-Programm, das den Kellerautomaten am Ende von
5.8 realisiert, d.h. das einen vollständig geklammerten Ausdruck einliest und die
entsprechende RESA-Befehlsfolge als Ausgabe produziert. Die Funktion *'rad'*
stehe hierbei zur Verfügung.

2) Geben Sie einen Kellerautomaten (ein PROSA-Programm) an, der (bzw. das)
unvollständig geklammerte Ausdrücke in Folgen von Dreiadreßbefehlen (bzw. in
RESA-Befehlsfolgen) übersetzt.

3) Wie Aufgabe 1), aber erlauben Sie auch Operanden der Form $a[i]$.

Kapitel VI

Prozeduren

Wenn ein Programm für eine nichttriviale Anwendung und in einer realistischen Größenordnung (ein paar hundert Seiten) mit den bisherigen Sprachkonzepten von PROSA geschrieben werden müßte, gäbe es große Schwierigkeiten. Da man annehmen kann, daß an einem solchen Programm mehrere Programmierer beteiligt sein würden, muß eine vernünftige Aufteilung des Problems und des Programms gefunden werden; denn ebensowenig, wie sieben Werkzeugmacher, die gleichzeitig an einem Werkstück feilen, ein brauchbares Produkt erstellen, werden sieben Programmierer, die zusammen eine Schleife programmieren, damit den gewünschten Effekt erzielen. Eine vernünftige Strukturierung eines Programms in überschaubare Teile ist aber im bisher vorgestellten PROSA kaum möglich. Insbesondere sind alle deklarierten Namen überall im Anweisungsteil gültig, und überall dort ist der Inhalt der von ihnen bezeichneten Variablen lesbar und veränderbar.

In diesem Kapitel wird das neue Konzept "Prozedur" vorgestellt, welches die obigen Probleme zumindest zum Teil löst. Es bietet die Möglichkeit, einzelne "abgeschlossene" Programmstücke getrennt zu programmieren und für das restliche Programm irrelevante Details zu "verstecken". Die Vorteile von Prozeduren sind:

- Modularität, d.h. ein Programm kann in überschaubare abgeschlossene Teile gegliedert werden, die mit ihrer Umwelt in kontrollierter Weise zusammenarbeiten,

- Abstraktion, d.h. nachdem eine Prozedur geschrieben und verifiziert ist, interessiert nur noch, was sie tut (z.B. Lösen eines Gleichungssystems), aber nicht mehr wie sie es tut (z.B. durch Elimination oder Iteration),

- Erweiterbarkeit der Sprache, d.h. durch einen Satz von Prozeduren kann die Programmiersprache um höhere Operationen erweitert werden,

- Ausdruckskraft, d.h. die Kontrollstruktur der rekursiven Prozeduren erlaubt oft sehr effiziente und kurze Programme,

- Geheimnisprinzip, d.h. Details der Realisierung können vor der Umgebung versteckt werden.

Der Aufbau dieses Kapitels ist wie folgt. Im Abschnitt 6.1 führen wir an Hand eines Beispiels die wesentlichen neuen Konzepte ein. Die Darstellung ist informell. Da wir eine große Anzahl von neuen Konzepten einführen, die stark voneinander abhängen, läßt sich der Abschnitt 6.1 nur schwer sequentiell lesen. Wir empfehlen daher, diesen Abschnitt mehrfach mit zunehmender Genauigkeit zu lesen. Im Abschnitt 6.2 behandeln wir dann die neuen Konzepte mit Hilfe vieler Beispiele genauer. Diese Beispiele illustrieren auch die oben aufgezählten Vorteile der Prozeduren und behandeln auch Korrektheitsbeweise und Laufzeitanalysen bei Programmen mit Prozeduren. Im Abschnitt 6.3 behandeln wir dann die Syntax und im Abschnitt 6.4 die Semantik formal.

6.1 Einführung

Eine Prozedur wird charakterisiert durch
- ihren Namen,
- ihren Rumpf,
- ihre formalen Parameterliste,
- ihren Ergebnistyp (nur bei Funktionsprozeduren),
- die Bindung am Ort der Deklaration.

Eine Prozedur wird durch eine Prozedurdeklaration eingeführt. In einer Prozedurdeklaration gibt man den Namen, den Rumpf, die Liste der Spezifikationen formaler Parameter und bei Funktionsprozeduren den Ergebnistyp explizit und die Bindung am Ort der Deklaration implizit durch den Ort der Deklaration an. Der Rumpf einer Prozedur besteht, wie ein Programm, aus einem Deklarationsteil und einem Anweisungsteil, eingeschlossen in die Klammern **begin** und **end**. Man kann den Rumpf durch einen Prozeduraufruf, d.h. durch Angabe des Namens der Prozedur, gefolgt von der Liste der aktuellen Parameter, zur Ausführung bringen, siehe Abbildung 1. Im Beispielprogramm *fallgesetze* (siehe nächste Seite) werden die Prozeduren *gewichterde*, *fallstreckeerde*, *quadrat* und *gewichtmond* deklariert.

$$\vdots$$

```
procedure gewichtmond (const m: real; var gew: real);
              Name              formale Parameterliste

Deklaration   const g = 1.63;
              begin gew := g * m;
                    print g;
                    gewichtmond(2.0 + 3.0, gewe);     Rumpf
                    print gewe
              end;
```

$$\vdots$$

```
Aufruf        gewichterde (17.0, gewm);
              Name        Liste der aktuellen Parameter
```

Abb. 1.　Eine Prozedurdeklaration und ein Prozeduraufruf

Die Kommunikation zwischen dem Rumpf der Prozedur und einer Aufrufstelle geschieht über die Parameter und die globalen Namen. Parameterlisten gibt es als Listen von formalen Parametern (in Prozedurdeklarationen) und als Listen von aktuellen Parametern (in Prozeduraufrufen). Die formalen Parameter sind Platzhalter für die aktuellen Parameter. Aus der Mathematik kennen wir diesen Begriff aus Funktionsdefinitionen. Wir schreiben etwa $f(x) = x^2$ und meinen damit, daß die Funktion f jede Zahl auf ihr Quadrat abbildet. Hier steht also der formale

Parameter x (in der Mathematik spricht man meist von Variablen, aber diesen Namen haben wir schon vergeben) für eine beliebige Zahl. Für jede Zahl, d.h. jeden aktuellen Parameter, können wir dann den Wert von f ausrechnen, indem wir den formalen Parameter durch den aktuellen Parameter ersetzen. Es ist etwa $f(3) = 3^2$ Die Parameterübergabe beim Prozeduraufruf funktioniert in erster Näherung genauso. Man ersetzt im Prozedurrumpf die formalen Parameter durch die aktuellen Parameter und führt dann diesen Rumpf aus. Die Details sind allerdings etwas komplizierter. Sei z.B. der aktuelle Parameter x eine Variablenbezeichnung. Sollen wir dann den formalen Parameter durch das Wort x ersetzen oder durch die durch x bezeichnete Variable oder durch den Wert dieser Variablen oder noch anders vorgehen? Verschiedene Möglichkeiten sind sinnvoll und werden in höheren Programmiersprachen auch benutzt. Wir besprechen in diesem Abschnitt die sogenannte var- und const-Übergabe etwas genauer; die name-Übergabe, die ein historisches Relikt der 60er Jahre ist, und die value-Übergabe, die z.B. in Pascal benutzt wird, werden dann im Abschnitt 6.2 behandelt. Die Auswahl der Alternative wird durch das entsprechende Wortsymbol (**var**, **const**, usw.) vor dem formalen Parameter festgelegt.

Beispiel:

program *fallgesetze*;
    (* Einige der **print**-Anweisungen mögen dem Leser als nicht sehr sinnvoll erscheinen; sie werden benutzt, um den Kontrollfluß des Programms zu erklären *)
    (* die beiden Erd-Prozeduren benützen die Erdbeschleunigung; für diese führen wir eine Konstantenbezeichnung ein *)
const $g = 9.81$;
var *gewe, gewm*: **real**; (* Gewicht auf der Erde bzw. auf dem Mond *)

procedure *gewichterde* (**const** m: **real**; **var** *gew*: **real**);
    (* berechnet das Gewicht der Masse m auf der Erde und weist es dem formalen Parameter *gew* zu *)
    begin
        $gew := g * m$;
        print g (* druckt 9.81 *)
    end;

procedure *fallstreckeerde* (**const** t: **real**; **var** s: **real**);
    (* berechnet die Fallstrecke in t Sekunden *)
    var h: **real**;
    procedure *quadrat* (**const** x: **real**; **var** q: **real**);
        begin $q := x * x$ **end**;
    begin
        $quadrat(t, h)$;
        $s := (g/2.0) * h$
    end;

```
procedure gewichtmond(const m: real; var gew: real);
    (* berechnet das Gewicht auf dem Mond *)
    const g = 1.63;
        (* dazu wird die Bezeichnung g für die Mondbeschleunigung eingeführt
        *)
    begin
        gew := g * m;
        print g ; (* druckt 1.63 *)
        gewichterde(2.0 + 3.0, gewe);
        print gewe
    end;
begin
    print g; (* druckt 9.81 *)
    gewichterde(2.0 + 3.0, gewe); print gewe;
    gewichterde(17.0, gewe); print gewe;
    gewichtmond(17.0, gewm); print gewm
end.                                                                    ▮
```

Formale Parameterlisten sehen syntaktisch ähnlich wie Folgen von Deklarationen aus, und in der Tat verhalten sich formale Parameter syntaktisch bzgl. des Rumpfs genau wie entsprechend deklarierte Konstanten oder Variablen. Ein mit **const** spezifizierter formaler Parameter darf also im Prozedurrumpf genau wie eine Konstantenbezeichnung und ein mit **var** spezifizierter formaler Parameter darf genau wie eine Variablenbezeichnung benutzt werden. In unserem Beispiel ist demnach m für den Rumpf von *gewichterde* eine Konstantenbezeichnung und *gew* eine Variablenbezeichnung. Bei einem const-Parameter muß der entsprechende aktuelle Parameter ein Ausdruck sein. Bei der Prozedur *gewichterde* ist der erste aktuelle Parameter also immer ein Ausdruck. Bei der Parameterübergabe beim Prozeduraufruf wird dieser Ausdruck ausgewertet und dann sein Wert an den formalen Parameter gebunden, vgl. Abbildung 2.

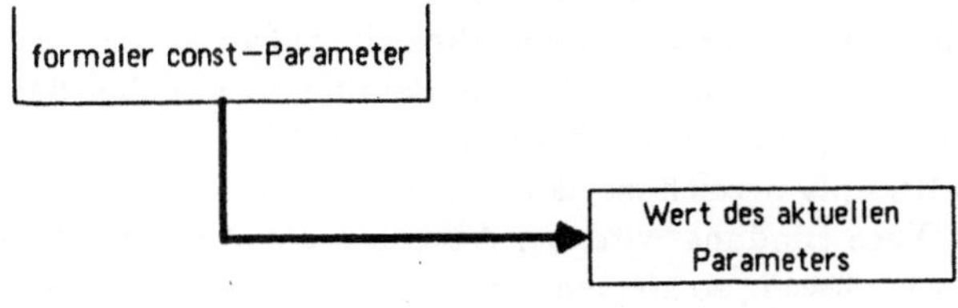

Abb. 2. Parameterübergabe bei einem const-Parameter. Der Wert des aktuellen Parameters wird an den formalen Parameter gebunden.

In unserem Beispiel wird also beim ersten Aufruf von *gewichterde* im Hauptprogramm die Zahl 5.0 an *m* gebunden und beim zweiten Aufruf die Zahl 17.0. Der Effekt des Aufrufs für den Rumpf ist der gleiche wie ein Voranstellen einer Konstantendeklaration **const** $m = 5.0$ bzw. **const** $m = 17.0$. Im Rumpf des ersten Aufrufs bezeichnet *m* die Konstante 5.0 und im Rumpf des zweiten Aufrufs bezeichnet *m* die Konstante 17.0. Der wesentliche Unterschied zu einer normalen Konstantendeklaration ist, daß der Wert, der auf der rechten Seite der Konstantendeklaration steht, erst beim Prozeduraufruf als Wert des aktuellen Parameters bestimmt wird.

Als nächstes behandeln wir nun var-Parameter. Bei einem var-Parameter muß der entsprechende aktuelle Parameter immer eine Variablenbezeichnung sein. Bei der Prozedur *gewichterde* ist also der zweite aktuelle Parameter immer die Bezeichnung einer reellen Variablen. Bei der Parameterübergabe wird nun die durch den aktuellen Parameter bezeichnete Variable auch an den formalen Parameter gebunden, vgl. Abbildung 3.

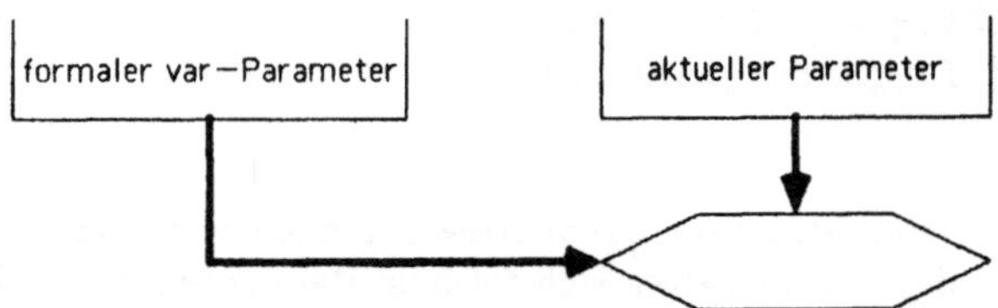

Abb. 3.   Parameterübergabe bei einem var-Parameter. Die an den aktuellen Parameter gebundene Variable wird auch an den formalen Parameter gebunden.

Während der Ausführung des Rumpfs bezeichnet der formale Parameter die gleiche Variable wie der aktuelle Parameter. Insbesondere bewirkt eine Zuweisung an den formalen Parameter eine Zuweisung an den aktuellen Parameter ("aliasing"). Die Zuweisung $gew := g * m$ bewirkt also im Aufruf *gewichterde*$(17.0, gewe)$ die Zuweisung von $17.0 * 9.81 = 166.77$ an die durch *gewe* bezeichnete Variable. Dieser Wert wird durch die dem Aufruf folgende Druckanweisung ausgegeben.

Wir fassen nun die Diskussion der Parameterübergabe noch kurz zusammen. Ein formaler const-Parameter wird beim Prozeduraufruf an den Wert des aktuellen Parameters gebunden, ein formaler var-Parameter wird bei der Übergabe an die durch den aktuellen Parameter bezeichnete Variable gebunden. Während der Ausführung des Rumpfs bezeichnet dann der formale Parameter diesen Wert bzw. diese Variable. Diese Bindung wird bei Abschluß des Aufrufs (Rückkehr aus der Prozedur) wieder vergessen; so können dann die formalen Parameter beim nächsten Aufruf wieder an andere Objekte und Variablen gebunden werden.

Die Möglichkeit, einen Namen mehrfach deklarieren zu können, zwingt uns dazu, einige weitere Begriffe einzuführen. Der Name *g* tritt in den Prozeduren *gewichterde* und *fallstreckeerde* angewandt auf, ist aber in ihnen nicht deklariert und auch nicht als formaler Parameter spezifiziert. Diese Vorkommen von *g* beziehen sich auf die Konstantendeklaration **const** $g = 9.81$ im Hauptprogramm und nicht etwa auf die zur Prozedur *gewichtmond* lokale Deklaration **const** $g = 1.63$. Auf diese letztere Deklaration von *g* beziehen sich nur die beiden angewandten Vorkommen von *g* innerhalb der Prozedur *gewichtmond*.

Für jede Programmiersprache, die in einem Programm mehr als ein deklarierendes Auftreten eines Namens erlaubt, legen die **Sichtbarkeitsregeln** fest, welche angewandten Vorkommen sich auf welches deklarierende Vorkommen beziehen. Der Teil des Programmes, in dem sich alle angewandten Vorkommen eines Namens auf das gleiche definierende Vorkommen beziehen, heißt **Gültigkeitsbereich** (synonym auch **Sichtbarkeitsbereich**) dieses deklarierenden Vorkommens.

Um die Sichtbarkeitsregeln für PROSA (und Pascal) anzugeben, müssen wir etwas weiter ausholen. Die Sichtbarkeit wird über die Schachtelung von Prozeduren definiert. Der Rumpf einer Prozedur, ebenso wie der wesentliche Teil eines Programms, ist ein **Block**, eine Folge von Deklarationen und eine Folge von Anweisungen, die in die Klammmern **begin** und **end** eingeschlossen ist. Der Deklarationsteil eines Blocks kann wieder Prozedurdeklarationen enthalten, somit kommt man zu geschachtelten Prozeduren und Blöcken. Wir sagen, daß ein Block B einen Block B' **umfaßt**, wenn B' ein Teiltext von B ist. B **umfaßt** B' **echt**, wenn B den Block B' umfaßt und $B \neq B'$. B **umfaßt** B' **direkt**, wenn B den Block B' umfaßt und es keinen Block B'' gibt, der B' echt umfaßt und von B echt umfaßt wird. Da in PROSA (und Pascal) Schachtelungen von Blöcken nur über die Schachtelung von Prozedurdeklarationen möglich ist, umfaßt ein Block, d.h. ein Rumpf einer Prozedur *p* oder das Hauptprogramm, einen anderen Block, d.h. den Rumpf einer Prozedur *q*, direkt, wenn *q* im Deklarationsteil von *p* deklariert ist. Im Beispiel umfaßt das Hauptprogramm die Rümpfe von *gewichterde*, *fallstreckeerde* und *gewichtmond* echt und direkt, den Rumpf von *quadrat* echt.

Ein Name tritt **definierend** auf, wenn er als formaler Parameter spezifiziert ist, oder wenn er im Hauptprogramm oder in einer Prozedur deklariert ist. Jedem definierenden Vorkommen eines Namens ordnen wir einen Block zu, der dann die äußere Grenze seiner Sichtbarkeit darstellt. Der Spezifikation eines formalen Parameters einer Prozedur ordnen wir den Rumpf dieser Prozedur zu, der Deklaration eines Namens den Block, in dessen Deklarationsteil die Deklaration steht.

In unserem Beispiel gelten folgende Zuordnungen von Blöcken zu definierenden Vorkommen von Namen:

const $g = 9.81$	Hauptprogramm
const $g = 1.63$	Rumpf von *gewichtmond*
var *gew*: **real** in *gewichterde*	Rumpf von *gewichterde*
var *gew*: **real** in *gewichtmond*	Rumpf von *gewichtmond*

Ist ein definierendes Vorkommen eines Namens x einem Block B zugeordnet, so heißt x **lokal** zu B. Ist x nicht lokal zu B, aber lokal zu einem B umfassenden Block, so heißt x **global** zu B, vgl. Abbildung 4.

Bevor wir die Sichtbarkeitsregeln für PROSA genau festlegen, wollen wir sie anhand unseres Beispielprogramms kurz illustrieren. Die beiden Prozeduren

Rumpf von	lokale Namen	globale Namen
gewichterde	*m, gew*	*g, gewe, gewm, gewichterde, fallstreckeerde, gewichtmond*
fallstreckeerde	*t, s, h, quadrat*	*g, gewe, gewm, gewichterde, fallstreckeerde, gewichtmond*
gewichtmond	*m, gew, g*	*gewe, gewm, gewichterde, fallstreckeerde, gewichtmond*

Abb. 4. Prozeduren und ihre lokalen und globalen Namen im Programm *fallgesetze*.

gewichterde und *fallstreckeerde* benutzen beide die Erdbeschleunigung, der wir im Hauptprogramm den Namen g gegeben haben. Die Prozedur *gewichtmond* benutzt die Mondbeschleunigung, der wir—etwas unsymmetrisch—innerhalb dieser Prozedur auch den Namen g gegeben haben. Innerhalb der Prozedur *gewichtmond* herrschen gewissermaßen Mondverhältnisse, außerhalb irdische. Der Aufruf von *gewichterde* in der Prozedur *gewichtmond* soll demonstrieren, daß bei der Berechnung eines "Erdgewichtes" auf dem Mond die Mondverhältnisse, sprich die Konstantendeklaration **const** $g = 1.63$, keinen Einfluß auf das Ergebnis haben. Wie das erreicht wird, werden wir gleich erklären. Die Prozeduraufrufe *gewichterde*$(17.0, gewe)$ und *gewichtmond*$(17.0, gewm)$ berechnen das Gewicht einer Masse von 17 (kg) auf der Erde bzw. dem Mond. Das Programm gibt die Folge 9.81, 9.81, 49.05, 9.81, 166.77, 1.63, 9.81, 49.05, 27.71 aus.

Wir definieren nun genau die Sichtbarkeitsregeln von PROSA. Der **Sichtbarkeitsbereich (Gültigkeitsbereich)** eines definierenden Vorkommens eines Namens x ist per Definition der diesem Namen zugeordnete Block B ausgenommen aller von B echt umfaßten Blöcke, denen auch ein definierendes Vorkommen von x zugeordnet ist, vgl. Abbildung 5.

def. Vorkommen	Sichtbarkeitsbereich
const $g = 9.81$	das ganze Programm, ausgenommen der Rumpf von *gewichtmond*
const $g = 1.63$	Rumpf von *gewichtmond*

Abb. 5. Die Sichtbarkeitsbereiche der beiden definierenden Vorkommen von g im Programm *fallgesetze*.

Jetzt wissen wir, wieweit sich die Sichtbarkeit eines definierenden Vorkommens erstreckt. Interessant ist aber auch die entgegengesetzte Frage: Wie findet man zu einem gegebenen angewandten Vorkommen eines Namens x das zugehörige definierende Vorkommen? Dazu gibt es folgende einfache Regel, die unmittelbar aus der Definition des Sichtbarkeitsbereichs folgt. Sei B der kleinste Block, der das gegebene angewandte Vorkommen enthält, und sei B' der kleinste B umfassende Block, dem ein definierendes Vorkommen von x zugeordnet ist. Dann gehört dieses definierende Vorkommen zu dem gegebenen angewandten Vorkommen. Falls es keinen solchen Block B' gibt, ist das Programm fehlerhaft. Mehr algorithmisch läßt sich diese Regel wie folgt formulieren. Suche zunächst nach einem B zugeordneten definierenden Vorkommen. Falls es keines gibt, wiederhole den Vorgang für den B direkt umfassenden Block und so weiter. Falls dieser Algorithmus schließlich erfolglos bis zum äußersten Block, d.h. bis zum Hauptprogramm, fortschreitet, dann liegt ein Programmfehler vor. Die Kontextbedingungen werden später so festgelegt, daß sie in diesem Fall verletzt sind. Die Abbildung 6 gibt zu jedem angewandten Vorkommen eines Namens im Programm *fallgesetze* das zugehörige definierende Vorkommen an.

Angew. Vorkommen			Zugehöriges def. Vorkommen
gew, m	in	*gewichterde*	form. Parameter von *gewichterde*
g	in	*gewichterde*	Konst.dekl. im Hauptprogramm
q, x	in	*quadrat*	form. Parameter von *quadrat*
t, s	in	*fallstreckeerde*	form. Parameter in *fallstreckeerde*
h	in	*fallstreckeerde*	Variablendekl. in *fallstreckeerde*
quadrat	in	*fallstreckeerde*	Prozedurdekl. in *fallstreckeerde*
g	in	*fallstreckeerde*	Konst.dekl. im Hauptprogramm
gew, m	in	*gewichtmond*	form. Parameter in *gewichtmond*
g	in	*gewichtmond*	Konst.dekl. in *gewichtmond*
gewichterde	in	*gewichtmond*	Prozedurdekl. im Hauptprogramm
gewe	in	*gewichtmond*	Variablendekl. im Hauptprogramm
g	im	Hauptprogramm	Konst.dekl. im Hauptprogramm
gewichterde	im	Hauptprogramm	Prozedurdekl. im Hauptprogramm
gewichtmond	im	Hauptprogramm	Prozedurdekl. im Hauptprogramm
gewe, gewm	im	Hauptprogramm	Variablendekl. im Hauptprogramm

Abb. 6. Zuordnung von angewandten zu definierenden Vorkommen von Namen im Programm *fallgesetze*.

Die obige Sichtbarkeitsregel legt natürlich auch die Bedeutung von globalen Namen in Prozedurrümpfen fest. Die Vorkommen von *g* in den Rümpfen von *gewichterde* und *fallstreckeerde* beziehen sich auf die Deklaration von *g* im Hauptprogramm, d.h. *g* steht dort für die Konstante 9.81. Das angewandte Vorkommen von *g* im Rumpf von *gewichtmond* bezieht sich auf die lokale Deklaration in *gewichtmond*, d.h. *g* steht dort für die Konstante 1.63. Damit druckt die Druckanweisung in *gewichterde* bei beiden Aufrufen 9.81 und die Druckanweisung im Rumpf von *gewichtmond* 1.63. Zu beachten ist, daß auch der Aufruf von *gewichterde* im Rumpf von *gewichtmond* für *g* 9.81 ausdruckt, obwohl *g* an der Aufrufstelle den Wert 1.63 hat. Wir haben ja durch unsere Definition des Sichtbarkeitsbereichs festgelegt, daß die Bedeutung eines globalen Namens in einem Prozedurrumpf sich aus dem Ort der Deklaration der Prozedur und nicht dem des Aufrufs ergibt.

Diese Sichtbarkeitsregel wird oft als das **"Prinzip der statischen Bindung"** bezeichnet. Gemeint ist damit, daß die Bindung eines angewandten Vorkommens eines Namens an sein definierendes Vorkommen aus dem Programmtext, also **statisch** ersichtlich ist. Die Alternative zum Prinzip der statischen Bindung ist das **Prinzip der dynamischen Bindung**. Dabei ergibt sich die Bindung eines angewandten Vorkommens eines Namens aus der bei der Programmausführung zeitlich zuletzt abgearbeiteten Deklaration des Namens. In unserem Beispiel würde also bei dynamischer Bindung die Druckanweisung beim Aufruf von *gewichterde* in *gewichtmond* 1.63 ausgeben. Das Prinzip der dynamischen Bindung durchbricht das Prinzip der Lokalität und macht es fast unmöglich, die Bindung globaler Namen zu überblicken. Insbesondere hängt die Bindung der globalen Namen und damit die Bedeutung der Prozedur von der Aufrufstelle der Prozedur ab. Es ist also im allgemeinen unmöglich, die Korrektheit einer Prozedur unabhängig von der Aufrufstelle zu verifizieren. Das ist ein gravierender Nachteil, und daher befolgen fast alle modernen Programmiersprachen (mit der Ausnahme von LISP) das Prinzip der statischen Bindung. In unserem Programm *fallgesetze* wäre es unmöglich, die Semantik der Prozedur *gewichterde* durch den Satz "berechnet das Gewicht der Masse m auf der Erde und gibt es über den formalen Parameter *gew* aus" zu beschreiben, da der Wert des globalen Namens g erst durch die Aufrufstelle der Prozedur festgelegt würde.

Wir haben nun eine Vielzahl neuer Begriffe eingeführt. Im Rest dieses Abschnitts illustrieren wir, wie die PROSA-Maschine Programme mit Prozeduren abarbeitet. Der Leser wird überrascht sein, wie einfach das ist, und wie wenig wir die PROSA-Maschine modifizieren müssen, um die neuen Konzepte zu behandeln.

Betrachten wir die Konfiguration der modifizierten PROSA-Maschine, nachdem das Hauptprogramm die Prozedur *gewichtmond* aufgerufen hat, aber bevor der Rumpf dieser Prozedur betreten wird. Diese Konfiguration ist

$$k_1 = (pr_1, bk_1, s_1, \epsilon, a_1);$$

dabei sind der Programmrest pr_1, der Bindungskeller $bk_1 = ((b_1, 0), (b_2, 1))$ und der Speicherzustand wie in Abbildung 7 gegeben; die bisher erfolgte Ausgabe ist $a_1 = 9.81, 9.81, 49.05, 9.81, 166.77$.

Wir müssen diese Konfiguration nun näher erläutern. Der Programmrest ist wie bisher der noch auszuführende Rest des Programms. Der Bindungskeller ist etwas Neues. Ein **Bindungskeller** bk ist eine Folge

$$((b_1, sv_1), \ldots, (b_m, sv_m))$$

von Paaren (b_i, sv_i) mit $1 \leq i \leq m$. Dabei ist b_i eine Bindung im bisherigen Sinn, und $sv_i \in \mathbb{N}_0$ mit $sv_i < i$ ist der Index des **statischen Vorgängers** von b_i; die Zahl sv_i heißt der **statische Vorgängerverweis** der Bindung b_i. Im Bindungskeller gibt es für jede Prozedur, die wir betreten, aber noch nicht verlassen haben, eine (lokale) Bindung. In dieser Bindung ist die Bedeutung der formalen Parameter und der lokalen Namen dieser Prozedur vermerkt; die Bedeutung der globalen Namen findet man über die statischen Vorgängerverweise, wie gleich genauer erklärt wird.

In unserem Beispiel kennt die aktuelle Bindung b_2 (die Bindung b_m bezeichnen wir als **aktuelle Bindung**) nur die Namen m und *gew*; die Deklaration von g

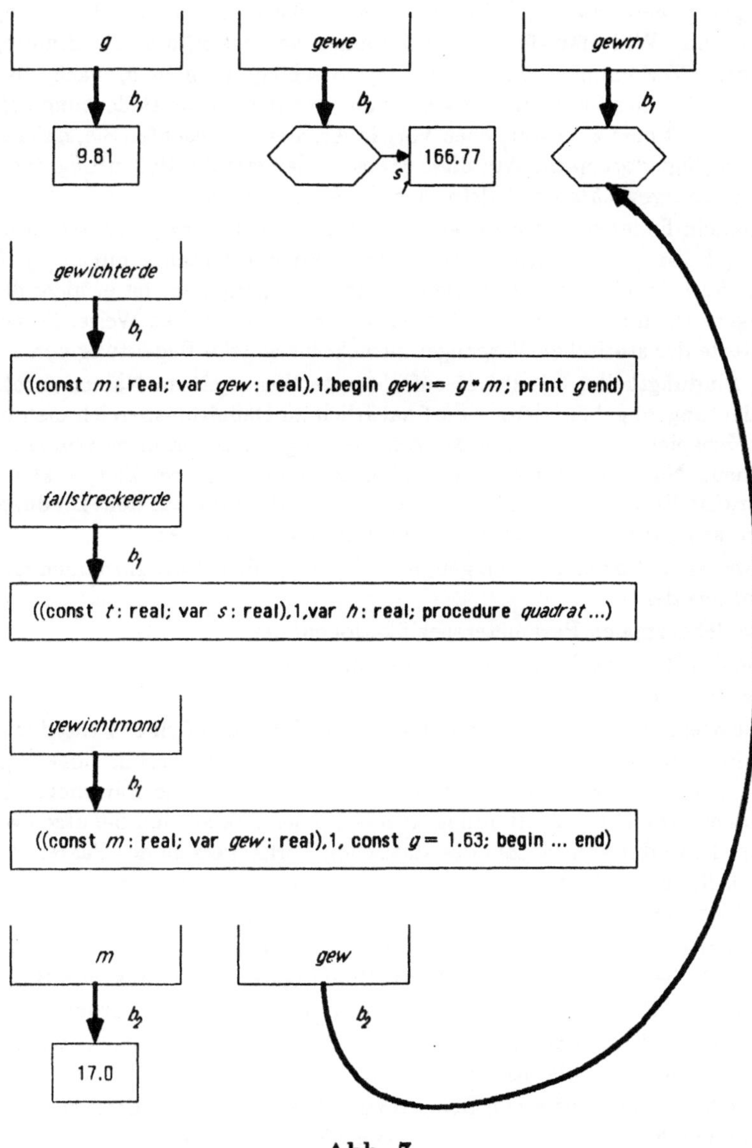

Abb. 7

im Rumpf von *gewichtmond* ist ja noch nicht abgearbeitet. Der Name m ist an die Konstante 17.0 und der Name *gew* ist an die durch den aktuellen Parameter *gewm* dieses Aufrufs bezeichnete Variable gebunden. Die im Bindungskeller unter b_2 liegende Bindung b_1, die gültig war, bevor wir die Prozedur *gewichtmond* betreten haben, kennt alle Namen auf dem Niveau des Hauptprogramms, d.h. die Namen *g*, *gewe*, *gewm*, *gewichterde*, *fallstreckeerde*, *gewichtmond*, die im Hauptprogramm deklariert sind. Will man die Bedeutung eines Namens x, d.h. die Bindung eines angewandten Vorkommens von x, wissen, so schlägt man in b_2 nach. Ist $b_2(x)$ definiert, das ist hier für *m* und *gew* der Fall, so hat man die Bedeutung gefunden. Andernfalls geht man zum statischen Vorgänger, hier b_1 (beachten Sie, daß $sv_2 = 1$), über und schlägt dort nach. Auf diese Weise finden wir die Bedeutung der Namen *g*, *gewe*, *gewm*, *gewichterde*, *fallstreckeerde*, *gewichtmond*.

Allgemein findet man die Bedeutung eines Namens x bzgl. eines Bindungskellers $bk = ((b_1, sv_1), \ldots, (b_m, sv_m))$ wie folgt. Wir betrachten x mit $b_h(x)$, $h = m$. Ist dieser Wert definiert, so ist die Bedeutung von x gefunden. Ist er nicht definiert, so verringern wir h auf sv_h und verfahren weiter in der gleichen Weise. So verfolgen wir die Kette der statischen Vorgänger zurück, bis wir die Bedeutung von x finden.

Der Bindungskeller erlaubt es auf elegante Weise, einem Namen x lokal eine neue Bedeutung zu geben; denn x darf natürlich im Definitionsbereich mehrerer b_i's sein. Ein Beispiel werden wir mit der Abarbeitung der Deklaration **const** $g = 1.63$ gleich sehen. Nur eine dieser Bedeutungen ist aber zu jedem Zeitpunkt sichtbar. Wenn wir eine Prozedur verlassen und seine lokale Bindung aus dem Bindungskeller entfernen, kann wieder eine ältere Bedeutung sichtbar werden.

An was sind Prozedurnamen gebunden? Wir binden Prozedurnamen an Tripel, bestehend aus der

- Liste der formalen Parameterspezifikationen, der
- Höhe des Bindungskellers bei der Deklaration und dem
- Prozedurrumpf.

Diese drei Komponenten beinhalten die für den Aufruf einer Prozedur wesentlichen Informationen. Die Liste der formalen Parameterspezifikationen gibt uns Auskunft über die formalen Parameter und erlaubt uns, die Parameterübergabe vorzunehmen. Die Höhe des Bindungskellers bei der Deklaration benutzen wir beim Aufruf der Prozedur zum Setzen des statischen Vorgängers sv des Paares (b, sv) im Bindungskeller und erlaubt uns so, auf die globalen Größen zuzugreifen. Der Rumpf ist schließlich der Block, der beim Aufruf zur Ausführung kommt.

Die Zahl 1 in den an *gewichterde* und *fallstreckeerde* gebundenen Tripeln (siehe Abbildung 7) besagt demnach, daß der Bindungskeller nur aus der Bindung b_1 bestand, als die Deklarationen dieser Prozeduren abgearbeitet wurden.

Die weiteren Komponenten einer Konfiguration, nämlich Speicherzustand, Ein- und Ausgabefolge sind wie bisher definiert.

Wir kehren nun zu unserem Beispiel zurück mit der Konfiguration k_1 und dem Bindungskeller $bk_1 = ((b_1, 0), (b_2, 1))$. Die nächste Konfiguration, die wir näher betrachten wollen, ist die vor dem Aufruf *gewichterde*$(2.0 + 3.0, gewe)$ im Rumpf von *gewichtmond* erreichte. Die PROSA-Maschine hat die Konstantendeklaration **const** $g = 1.63$ verarbeitet und b_2 um die Bindung von *g* an die Zahl 1.63 zur Bindung b_2' erweitert. Außerdem hat sie die Wertzuweisung an *gew* ausgeführt und damit den Speicherzustand geändert. Beachten Sie, daß durch die Zuweisung an den formalen Parameter *gew* auch der aktuelle Parameter *gewm* einen Wert bekommen hat; die beiden Namen bezeichnen ja schließlich dieselbe Variable. Die ausgeführte

print-Anweisung hat die Folge auf dem Ausgabeband um die Zahl 1.63 verlängert. Die neue Konfiguration ist

$$k_2 = (pr_2, bk_2, s_2, \epsilon, a_2).$$

Dabei ist $pr_2 = $ *gewichterde*$(2.0 + 3.0, $ *gewe*$)$; **print** *gewe*; **end**; **print** *gewm*; **end**;. und $bk_2 = ((b_1, 0), (b'_2, 1))$. Die Bindungen b_1, b'_2 und den Speicherzustand s_2 entnimmt man der Abbildung 8. Beachten Sie, daß g sowohl im Definitionsbereich von b_1 als auch im Definitionsbereich von b'_2 ist. Es ist $b_1(g) = 9.81$ und $b'_2(g) = 1.63$. Die aktuelle Bedeutung von g ist demnach durch die Deklaration von g in *gewichtmond* gegeben. Dies stimmt genau mit unserer Sichtbarkeitsregel überein. Nach Verlassen von *gewichtmond* dagegen ist wieder die Deklaration von g im Hauptprogramm gültig, da beim Verlassen das Element $(b'_2, 1)$ aus dem Bindungskeller entfernt wird.

Der nächste Übergang verarbeitet den Aufruf *gewichterde*$(2.0 + 3.0, $ *gewe*$)$. Dazu wiederholen wir noch einmal kurz unsere Vorstellungen zum Prozeduraufruf. Beim Aufruf führen wir zunächst die Parameterübergabe durch, und führen dann den Rumpf der Prozedur aus. Dies erreichen wir, indem wir den Aufruf durch den Rumpf der Prozedur ersetzen, und diesem Rumpf die Listen der formalen Parameterspezifikationen und der aktuellen Parameter voraus stellen. Der neue Programmrest ist demnach: $pr_3 = ($**const** m: **real**; **var** *gew*: **real**$)$ $(2.0+3.0,$ *gewe*$)$ *gew* := $g * m$; **print** g; **end**; **print** *gewe*; **end**; **print** *gewm*; **end**;. Die Parameterübergabe nehmen wir dann später durch die Abarbeitung der beiden Listen, d.h. der formalen und der aktuellen Parameterliste, vor. Für die Abarbeitung der Prozedur etablieren wir eine neue lokale Bindung (b_3, sv_3), in der wir die Bedeutung der lokalen Namen festhalten werden. Solange wir die Parameterübergabe noch nicht vorgenommen haben, gibt es noch keine lokalen Namen, und daher ist $b_3 = \emptyset$ die leere Funktion. Die Bedeutung der globalen Namen ist durch den Bindungskeller bei der Deklaration gegeben; der Bindungskeller bei der Deklaration bestand nur aus der Bindung b_1 und daher ist $sv_3 = 1$. Die Konfiguration k_3 ist also insgesamt gegeben durch

$$k_3 = (pr_3, ((b_1, 0), (b'_2, 1), (\emptyset, 1)), s_2, \epsilon, a_2).$$

Beachten Sie, daß das Tripel b_1(*gewichterde*) sämtliche Informationen enthält, die wir für diesen Übergang brauchten. Wir entnehmen ihm die Liste der formalen Parameterspezifikationen, die Höhe des Bindungskellers bei der Deklaration und den Rumpf. Die zweite Komponente erlaubt uns das Setzen des statischen Vorgängers sv_3 auf 1, die beiden anderen Komponenten übernahmen wir in den Programmrest. Die Liste der aktuellen Parameter entnimmt man dem Aufruf. Beachten Sie ferner, daß g nun wieder die Erdbeschleunigung ist. In der aktuellen Bindung, die ja noch leer ist, hat g keine Bedeutung. Wir gehen daher zur Bindung b_1 zurück ($sv_3 = 1$!) und finden dort $b_1(g) = 9.81$. Sie sehen an diesem Beispiel sehr schön, wie man das Prinzip der statischen Bindung in der PROSA-Maschine mit Hilfe der statischen Vorgängerverweise realisiert. Eine kleine technische Anmerkung ist an dieser Stelle auch notwendig. Beim Einkopieren des Prozedurrumpfs in den Programmrest lassen

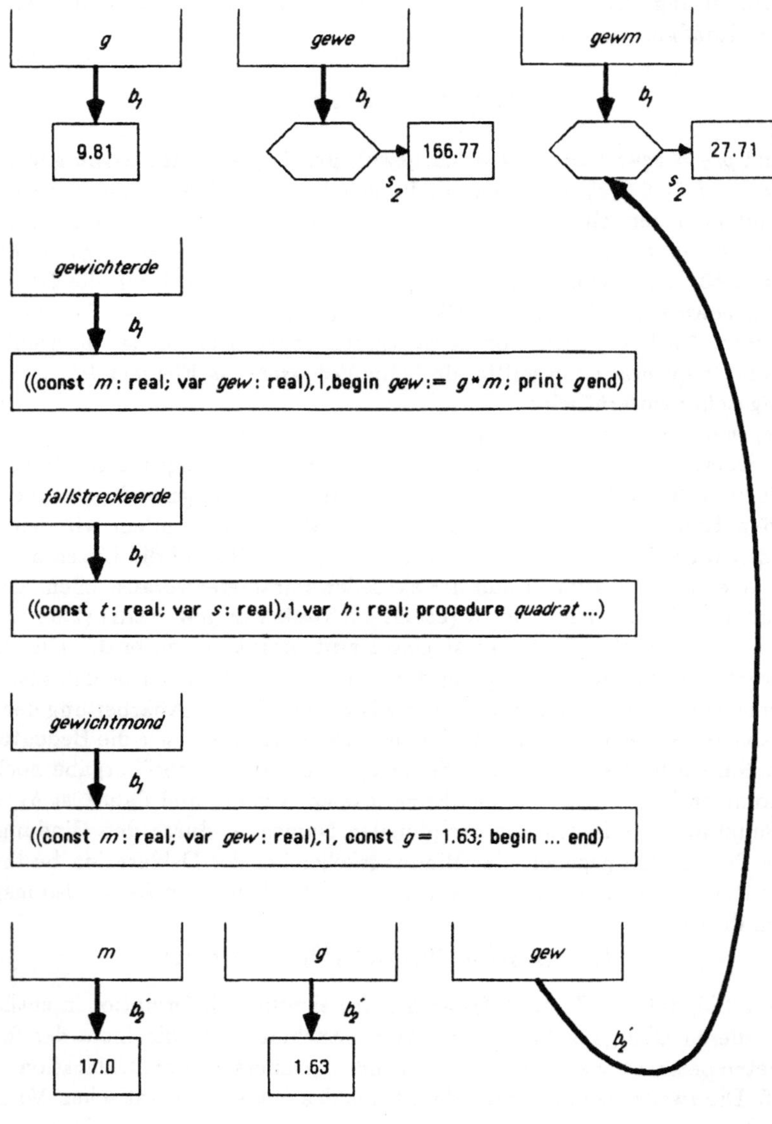

Abb. 8

wir das Wortsymbol **begin** weg und fügen ein Semikolon vor dem **end** ein; damit
kommt nach jeder Anweisung (auch der letzten eines Rumpfes) ein Semikolon und
wir ersparen uns bei der Beschreibung der Übergangsfunktion der PROSA-Maschine
unnötige Fallunterscheidungen.

Als nächstes führen wir die Parameterübergabe durch. Wir binden m an den Wert 5.0 und *gew* an die durch den aktuellen Parameter bezeichnete Variable $b_1(gewe)$. Die dafür nötigen Übergänge der PROSA-Maschine arbeiten die Liste der formalen Parameterspezifikationen und die Listen der aktuellen Parameter schrittweise ab und erweitern jeweils die aktuelle Bindung. Die Details findet der Leser in Abschnitt 6.4. Wir erhalten die Konfiguration

$$k_4 = (pr_4, ((b_1, 0), (b_2', 1), (b_3, 1)), s_2, \epsilon, a_2)$$

mit $pr_4 = gew := g * m$; **print** *g*; **end**; **print** *gewe*; **end**; **print** *gewm*; **end**;. Die Bindungen b_1, b_2' und b_3 und den Speicherzustand s_2 entnimmt man der Abbildung 9.

Die Verarbeitung der folgenden beiden Anweisungen verändern Speicherzustand und Inhalt des Ausgabebandes. Schauen wir uns zunächst die Wertzuweisung $gew := g * m$ an. Die aktuelle Bindung b_3 liefert die Bedeutung von *gew* und die von *m*, dagegen nicht die von *g*. Wir gehen daher zum statischen Vorgänger b_1 über und finden dort die Erdbedeutung von *g*. Der Wert des Ausdrucks $g * m$ ist demnach 49.05 und dieser Wert wird der durch *gew* bezeichneten Variable $b_3(gew)$ zugewiesen. Da diese Variable *zwei* Namen hat (beachten Sie, daß $b_1(gewe) = b_3(gew)$), ist die Zuweisung an die durch *gew* bezeichnete Variable auch gleichzeitig eine Zuweisung an die durch *gewe* bezeichnete Variable. Auf diese Weise wird gerade der gewünschte Effekt der var-Parameterübergabe erreicht. Der formale Parameter bezeichnet dieselbe Variable wie der aktuelle Parameter, und daher ist eine Zuweisung an den formalen Parameter auch immer eine Zuweisung an den aktuellen Parameter.

Die Druckanweisung **print** *g* fügt schließlich die Zahl 9.81 an das Ausgabeband an. Wir erhalten die Konfiguration

$$k_5 = (pr_5, ((b_1, 0), (b_2', 1), (b_3, 1)), s_3, \epsilon, a_5)$$

mit $a_5 = a_2 . 9.81$ und $pr_5 = $ **end**; **print** *gewe*; **end**; **print** *gewm*; **end**;. Die Bindungen b_1, b_2', b_3 und den Speicherzustand s_3 entnimmt man der Abbildung 10.

Das **end** am Begin des Programmrestes signalisiert uns das Ende der Abarbeitung des letzten Aufruf, nämlich des Aufrufs *gewichterde*$(2.0 + 3.0, gewe)$. Wir entfernen die für diesen Aufruf eingerichtete lokale Bindung und erhalten die Konfiguration

$$k_6 = (pr_6, ((b_1, 0), (b_2', 1)), s_3, \epsilon, a_5)$$

mit $pr_6 = $ **print** *gewe*; **end**; **print** *gewm*; **end**;. Beachten Sie, daß dadurch die alte Bedeutung von *gew* wieder sichtbar wird, nämlich $b_2'(gew) = b_1(gewm)$. Diese Bedeutung war durch die Parameterübergabe an *gew* im Aufruf von *gewichterde* zeitweilig unsichtbar gewesen.

Die Druckanweisung **print** *gewe* druckt 49.05, die Abarbeitung des **end** streicht die lokale Bindung $(b_2', 1)$ aus dem Bindungskeller, die Druckanweisung **print** *gewm* druckt 27.71, und die Abarbeitung des **end** entfernt die lokale Bindung $(b_1, 0)$ aus dem Bindungskeller. Damit ist die Endkonfiguration

$$k_7 = (\epsilon, \epsilon, s_3, \epsilon, a_7)$$

g
gewe
gewm
9.81
166.77
27.71
gewichterde
((const m : real; var gew : real),1,begin gew := g*m; print g end)
fallstreckeerde
((const t : real; var s : real),1,var h : real; procedure quadrat ...)
gewichtmond
((const m : real; var gew : real),1, const g = 1.63; begin ... end)
m
g
gew
17.0
1.63
m
gew
5.0

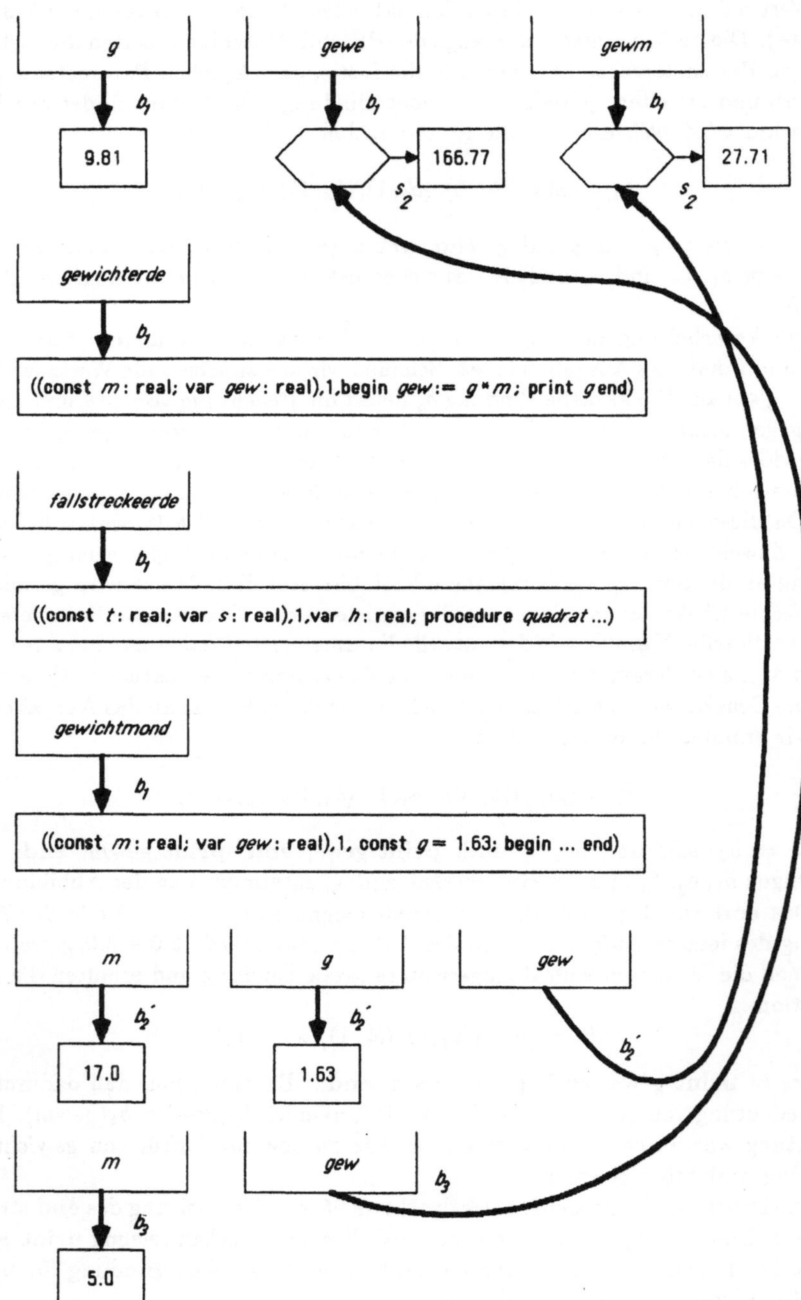

Abb. 9

mit $a_7 = (9.81, 9.81, 49.05, 9.81, 166.77, 1.63, 9.81, 49.05, 27.71)$ erreicht.

Wir sahen an diesem Beispiel, daß eine kleine Erweiterung der PROSA-Maschine, nämlich die Einführung des Bindungskellers, es erlaubt, PROSA-Prozeduren zu verarbeiten. Ein Prozedurname wird bei der Verarbeitung seiner Deklaration an die wesentlichen Teile der Prozedur gebunden: die Liste der formalen Parameterspezifikationen, die Höhe des Bindungskellers bei der Deklaration und den Rumpf. Die zweite Komponente erlaubt uns beim Aufruf, die Bindung am Ort der Deklaration wiederherzustellen, und so den globalen Namen die richtige Bedeutung zu geben. In unserem Beispiel setzten wir beim Aufruf von *gewichterde* den statischen Verweis *sv* auf 1; damit hat der Name *g* wieder dieselbe Bedeutung wie bei der Deklaration der Prozedur. Die Liste der Spezifikationen der formalen Parameter erlaubt uns, die Parameterübergabe durchzuführen. Der Rumpf wird im Anschluß daran zur Ausführung gebracht.

In diesem Abschnitt führten wir eine Fülle von neuen Konzepten ein und illustrierten sie an einem durchgehenden Beispiel. Der Leser sollte diesen Abschnitt wiederholt lesen, bis er ein gutes intuitives Verständnis der neuen Begriffe erreicht hat. Im nächsten Abschnitt werden wir mit Einzelbeispielen das Verständnis vertiefen und abrunden; wir werden auch diejenigen Konzepte besprechen, die wir im ersten Durchgang weggelassen haben, z.B. Funktionsprozeduren, nicht elementare Datentypen und Prozeduren als Parameter.

Aufgaben zu 6.1

Den Aufgaben 1 bis 4 liegt das nachstehende PROSA-Programm *Beispiel* zu Grunde. Alle Prozeduren in diesem Programm sind parameterlos. Für solche Prozeduren entfällt das Klammerpaar, das üblicherweise die Liste der (formalen oder aktuellen) Parameter einschließt.

1) Geben Sie für die Rümpfe aller Prozeduren die lokalen und die globalen Namen an.

2) Geben Sie für die beiden definierenden Vorkommen von x bzw. q die jeweiligen Sichtbarkeitsbereiche an.

3) Geben Sie für jedes angewandte Vorkommen eines Namens das zugehörige definierende Vorkommen an.

4) Dokumentieren Sie den Ablauf des Programms, indem Sie die Folge der Konfigurationen angeben.

5) Betrachten Sie das nachfolgende PROSA-Programm *Aufgabe*.

   a) Welche Folge von Zahlen steht nach Ausführung des Programms auf dem Ausgabeband?

   b) Geben Sie für jede der auf dem Ausgabeband stehenden Zahlen die Konfiguration der PROSA-Maschine unmittelbar vor der entsprechenden **print**-Anweisung an.

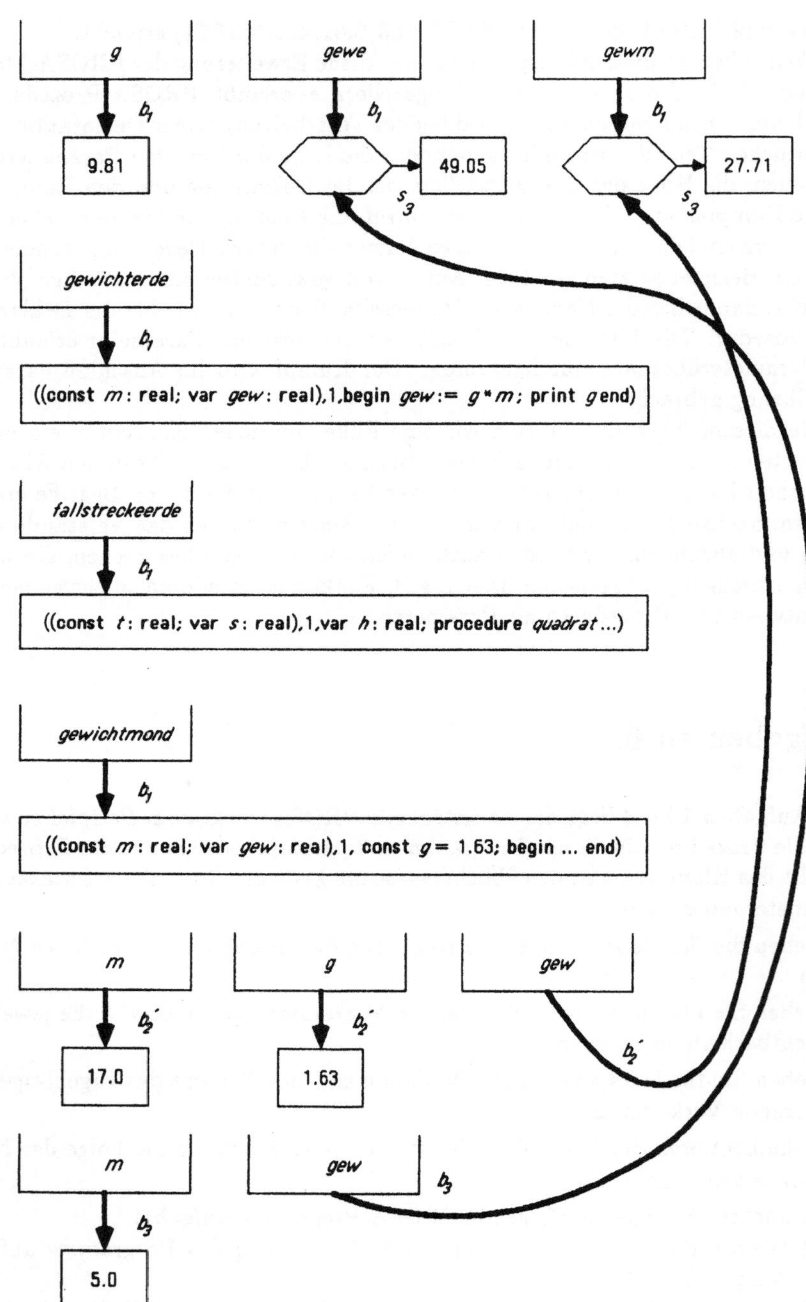

Abb. 10

```
program Beispiel;
var x: integer;
procedure p;
    begin q
    end;
procedure q;
    begin x := x + 1
    end;
procedure r
    var x: integer;
    procedure q;
        begin x := x - 1
        end;
    begin
    x := 0; p; print x; q; print x
    end;
begin
x := 0; p; print x;
r; print x;
end.
```

———————————————— Prog. 1 ————————————————

```
program Aufgabe;
var i: integer;
procedure druckei;
    begin print i;
            i := i + 1
    end;
procedure q;
    var i: integer;
    begin i := 10;
            druckei;
            print i;
    end;
begin
    i := 0;
    q;
    print i
end.
```

———————————————— Prog. 2 ————————————————

6.2 Vertiefung und weitere Beispiele

Wir besprechen nun die neuen Konzepte etwas genauer; die formale Behandlung bleibt aber dem nächsten Abschnitt vorbehalten. Um die Syntax zu präzisieren, geben wir einige der kontextfreien Produktionen für Prozedurdeklarationen an.

Prozedurdeklarationen sind ein zusätzlicher Teil des Deklarationsteils, so daß also die Produktion für den Deklarationsteil von nun an wie folgt lautet:

$\langle De\ Teil \rangle \to \langle const\ De\ Teil \rangle \langle type\ De\ Teil \rangle \langle var\ De\ Teil \rangle \langle proc\ De\ Teil \rangle$

Der Prozedurdeklarationsteil ist eine Folge von Prozedurdeklarationen:

$\langle proc\ De\ Teil \rangle \to \langle proc\ De\ Folge \rangle; \mid \epsilon$

$\langle proc\ De\ Folge \rangle \to \langle proc\ De\ Folge \rangle; \langle proc\ De \rangle \mid \langle proc\ De \rangle$

Die Deklaration einer eigentlichen Prozedur, d.h. einer Prozedur, die kein Ergebnis liefert, besteht aus dem Wortsymbol **procedure**, dem Namen der Prozedur, der Parameterliste und dem Rumpf. Bei einer Funktionsprozedur, d.h. einer Prozedur die ein Ergebnis liefert, beginnt die Deklaration mit dem Schlüsselwort **function**, außerdem kommt noch der Ergebnistyp hinzu.

$\langle proc\ De \rangle \to$ **procedure** $\langle def\ Name \rangle (\langle Par\ Spez\ Folge \rangle); \langle Block \rangle$

$\langle proc\ De \rangle \to$ **function** $\langle def\ Name \rangle (\langle Par\ Spez\ Folge \rangle) : \langle kleiner\ Typ \rangle; \langle Block \rangle$

$\langle Block \rangle \to \langle De\ Teil \rangle$ **begin** $\langle An\ Teil \rangle$ **end**

Eine Parameterspezifikationsfolge ist eine Folge von Parameterspezifikationen:

$\langle Par\ Spez\ Folge \rangle \to \langle Par\ Spez \rangle \mid \langle Par\ Spez\ Folge \rangle; \langle Par\ Spez \rangle$

Eine Parameterspezifikation besteht schließlich aus einem der Wortsymbole **const** oder **var**, einem Namen und einer Typbezeichnung. Später werden wir die kontextfreie Grammatik noch erweitern.

Beispiel 1: Die folgende Funktionsprozedur nimmt zwei Worte als Parameter und berechnet die Relation $\leq_{lex}$.

```
function lexkleinergleich (const x: string; const y: string): boolean;
   (* wir berechnen x ≤_lex y *)
   var xh, yh: string; var res, fertig: boolean;
   begin
      xh := x; yh := y; fertig := false;
      while not fertig
      do (* es gilt xh ≤_lex yh genau wenn x ≤_lex y *)
        if empty xh
        then res := true; fertig := true
        else
          if empty yh
          then res := false; fertig := true
          else
```

```
            if hd xh ≠ hd yh
            then
              if hd xh < hd yh
              then res := true; fertig := true
              else res := false; fertig := true
              fi
            else xh := tl xh; yh := tl yh
            fi
        fi
      fi
    od;
    lexkleinergleich := res
  end;
```

Gehen wir an diesem Beispiel noch einmal die einzelnen Teile einer Prozedurdeklaration durch. Der Name ist *lexkleinergleich*. Die formale Parameterliste besteht aus den Spezifikationen **const** *x*: **string** und **const** *y*: **string**, d.h. die Bezeichner *x* und *y* verhalten sich im Rumpf wie Konstantenbezeichner. Der Ergebnistyp ist *bool*. Der Rumpf besteht aus den Deklarationen für die lokalen Variablen *xh*, *yh*, *res* und *fertig* und einem Anweisungsteil. Der Name *lexkleinergleich* der Funktionsprozedur verhält sich im Rumpf wie eine boolesche Variable. Das Ergebnis des Prozeduraufrufs ist der Wert dieser Variablen am Ende der Abarbeitung des Rumpfes. Da der Aufruf einer Funktionsprozedur einen Wert abliefert, kann man solche Aufrufe in Ausdrücken benutzen. Einige mögliche Aufrufe sind (dabei setzen wir die Deklarationen **var** *a*: **boolean** und **var** *s*, *t*: **string** voraus):

```
print lexkleinergleich("Hannah", "Eva");
a := lexkleinergleich(s, t);
if lexkleinergleich("Barbara", s) then ...
```

Beispiel 1 illustriert einige der Vorteile von Prozeduren. Durch die Funktionsprozedur *lexkleinergleich* haben wir PROSA um eine Operation erweitert. Die Korrektheit der Realisierung dieser Operation ist aus der Schleifeninvariante unmittelbar einsichtig. Jeden Anwender dieser Prozedur interessiert nur noch das "Was", d.h. daß die Prozedur die Relation $\leq_{lex}$ auswertet, aber nicht mehr das "Wie", d.h. daß die Berechnung durch eine while-Schleife geschieht.

Beispiel 2:   In diesem Beispiel benutzen wir var-Parameter.

```
procedure tausche(var x: integer; var y: integer);
  (* ein Aufruf tausche(a, b) tauscht die Werte der beiden Variablen a und b aus *)
  var z: integer;
  begin
    z := x; x := y; y := z
  end;
```

Die Prozedur *tausche* hat die beiden var-Parameter x und y. Für den Rumpf der Prozedur sind x und y Bezeichnungen für ganzzahlige Variablen. Allerdings werden x und y nicht durch Variablendeklarationen an Variablen gebunden, vielmehr geschieht dies bei der Parameterübergabe. Betrachte dazu folgendes Programm:

```
program Trivial;
var A: array[1..2] of integer;
procedure tausche(var x: integer; var y: integer);
    var z: integer;
    begin
        z := x; x := y; y := z
    end;
begin
    A[1] := 1; A[2] := 2;
    tausche(A[1], A[2]);
    print A[1]
end.
```

Unmittelbar vor Aufruf von $tausche(A[1], A[2])$ ist die PROSA-Maschine in der Konfiguration $(pr_1, ((b_1, 0)), s_1, \epsilon, \epsilon)$ mit $pr_1 = tausche(A[1], A[2])$; **print** $A[1]$; **end**;. Die Abbildung 1 zeigt die Bindung b_1 und den Speicherzustand s_1.

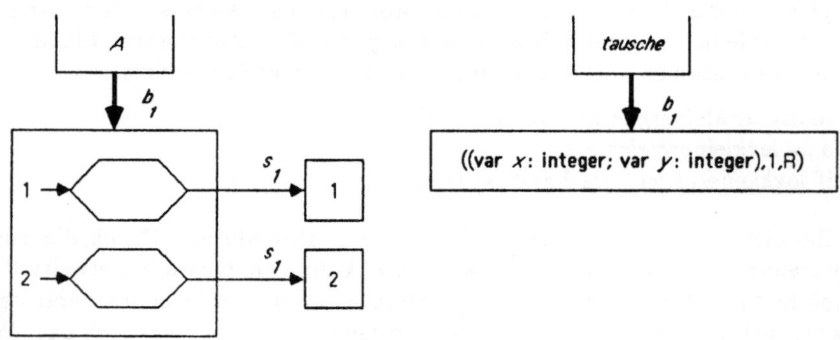

Abb. 1. Die Umgebung vor dem Aufruf $tausche(A[1], A[2])$. R steht als Abkürzung für den Rumpf **var** z: **integer**; **begin** $z := x$; $x := y$; $y := z$ **end** von *tausche*.

Wir rufen nun $tausche(A[1], A[2])$ auf. Durch die Parameterübergabe werden die formalen Parameter x und y als Variablenbezeichnungen eingeführt. Sie bezeichnen *dieselben* Variablen wie die aktuellen Parameter $A[1]$ und $A[2]$. Wir erhalten die Konfiguration $(pr_2, ((b_1, 0), (b_2, 1)), s_1, \epsilon, \epsilon)$. Abbildung 2 zeigt die Bindungen b_1 und b_2 und den Speicherzustand s_1.

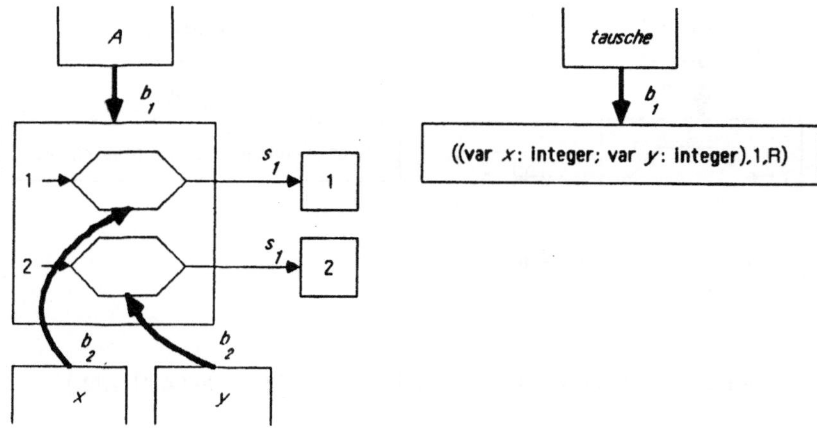

Abb. 2. Die Bindungen b_1 und b_2 und der Speicherzustand s_1

Ausgehend von dieser Konfiguration führen wir nun den Rumpf der Prozedur aus. Die Deklaration führt zu einer Erweiterung der Bindung b_2 zu b_2', die Zuweisungen vertauschen die Werte der an x und y gebundenen Variablen. Wir erhalten die Umgebung von Abbildung 3. Die Rückkehr aus dem Aufruf läßt uns das Paar $(b_2', 1)$ aus dem Bindungskeller vergessen, und wir erhalten Abbildung 4.

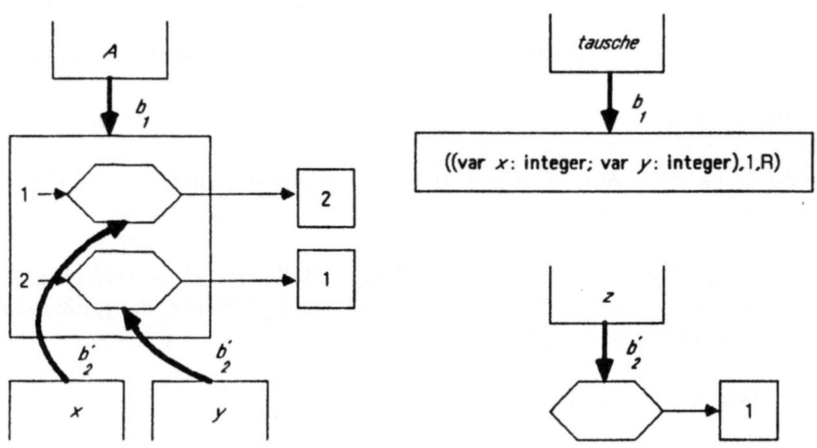

Abb. 3. Die Umgebung nach Ausführung des Rumpfes aber vor der Rückkehr aus dem Prozeduraufruf.

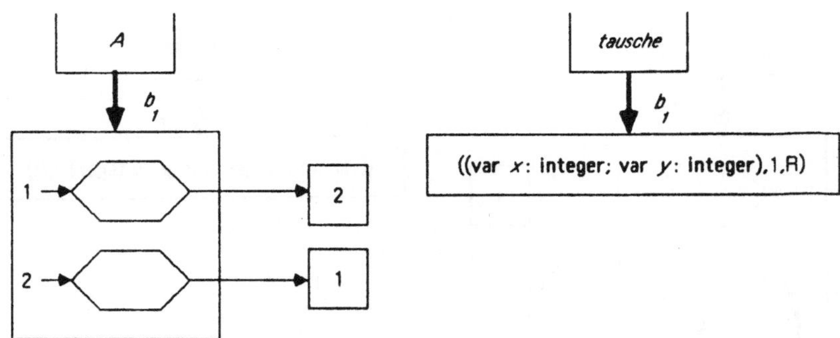

Abb. 4. Nach Rückkehr aus dem Aufruf *tausche*(A[1], A[2])

Ein Aufruf *tausche*(A[1], 1) ist natürlich unsinnig, da 1 keine Variablenbezeichnung ist, und führt zu einem Fehler. ∎

Beispiel 3: Die folgende Prozedur *bubblesort* nimmt ein Feld reeller Zahlen und sortiert es in aufsteigender Reihenfolge.

```
procedure bubblesort (var A: array[u..o] of real);
    (* Vorbedingung: keine; wir benutzen S für die Menge {A[u],...,A[o]}.
       Nachbedingung: S = {A[u],...,A[o]} und A[u] ≤ A[u+1] ≤ ... ≤ A[o].
       Laufzeit: O(n²), wobei n = u - o + 1. *)
    var i, j: integer;
    var a: real;
    begin
        (* wir sortieren A, indem wir immer größere Anfangsabschnitte sortieren *)
        i := u + 1;
        while i ≤ o

        do (* es gilt:  A[u] ≤ A[u + 1] ≤ ... ≤ A[i - 1] und S = {A[u], A[u +
           1],...,A[o]} *)
           a := A[i];
           (* wir fügen nun A[i] an der richtigen Stelle ein. Dazu vergleichen wir a
           mit A[i - 1], A[i - 2],... und schieben alle Elemente, die größer sind als
           a, um eine Position nach rechts *)
           j := i - 1;
           while j ≥ u and a < A[j]

           do (* es gilt: S = {a, A[u],..., A[j], A[j + 2],..., A[o]},
              A[u] ≤ A[u + 1] ≤ ... ≤ A[j] ≤ A[j + 2] ≤ ... ≤ A[o] und a < A[j] *)
              A[j + 1] := A[j]; j := j - 1;
           od;
           A[j + 1] := a
```

     od
  end;

Im Kontext der Deklarationen
    var B: **array**[1..7] **of real**
    var C: **array**[4..10] **of real**
sind die Aufrufe
    bubblesort(B);
    bubblesort(C);

möglich. Die Parameterübergabe beim Aufruf *bubblesort*(B) bewirkt dabei folgendes: Die Bezeichner A, u und o werden neu eingeführt, und zwar ist A ein Feldname und sind u und o Namen für ganzzahlige Konstanten. A bezeichnet das gleiche Feld wie der aktuelle Parameter B, u bezeichnet die Konstante 1, d.h. die Untergrenze von B, und o die Konstante 7, d.h. die Obergrenze von B. Abbildung 5 zeigt die Umgebung nach der Parameterübergabe.

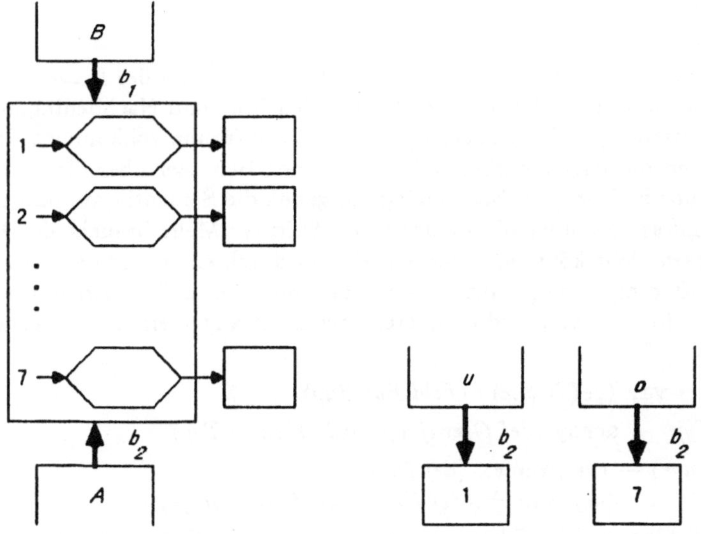

Abb. 5. Der Bindungskeller nach einem Aufruf von *bubblesort*

In dieser Umgebung wird nun der Rumpf der Prozedur ausgeführt. Die Vorgehensweise ist dabei die schon in den Kommentaren der Prozedurdeklaration angedeutete. Wir sortieren das Feld A und damit das Feld B, indem wir immer größere Anfangsstücke aufsteigend ordnen. Um $A[i]$ hinzuzunehmen brauchen wir es dann nur an der richtigen Stelle in den bereits sortierten Abschnitt einzufügen.

In dem Kommentar am Anfang der Prozedurdeklaration haben wir wieder den Effekt der Prozedur beschrieben und zwar in der Form einer Vor- und einer Nachbedingung und einer Laufzeitangabe. In der Vorbedingung legen wir Bedingungen fest, die die aktuellen Parameter erfüllen müssen (in unserem Beispiel gibt es keine), und führen Bezeichnungen für die Anfangswerte von Variablen ein. So führen wir S als Bezeichnung für die Menge $\{A[u], \ldots, A[o]\}$ ein, d.h. für die Menge der in dem Feld gespeicherten Werte. Auf diese Bezeichnung können wir dann in der Nachbedingung und in den Zwischenbehauptungen, die wir zur Verifikation des Rumpfes benutzen, Bezug nehmen. In der Nachbedingung behaupten wir Zusammenhänge, die nach der Ausführung des Rumpfes gelten. In unserem Beispiel sagen wir also, daß das Feld A immer noch die Menge S enthält, also die gleiche Menge wie vor Ausführung des Rumpfes, und daß das Feld A nun aufsteigend geordnet ist. Ferner behaupten wir, daß die Laufzeit des Rumpfes $O(n^2)$ ist, wobei $n = o - u + 1$. Dies sieht man wie folgt ein. Die äußere Schleife wird für $i = u+1, u+2, \ldots, o$ ausgeführt. Für einen festen Wert von i wird die innere Schleife höchstens für $j = i-1, i-2, \ldots, u$ ausgeführt. Also ist die Gesamtzahl der Operationen größenordnungsmäßig

$$\sum_{k=1}^{n} k = n(n+1)/2 = O(n^2)$$

Für den Benutzer (d.h. "Aufrufer") der Prozedur ist nur der Prozedurkopf, der aus dem Namen und der Parameterliste, aus den Vor- und Nachbedingungen und der Laufzeit besteht, wichtig, dagegen ist der Rumpf für ihn vollkommen irrelevant. Der Name und die Parameterliste informieren den Benutzer über die syntaktische Form des Aufrufs, Vor- und Nachbedingung geben die Semantik an, und die Laufzeitangabe informiert über die Laufzeit des Aufrufs. Mehr braucht der Benutzer nicht zu wissen. Wir könnten sogar den Rumpf durch einen anderen ersetzen, der die gleichen Bedingungen garantiert, ohne den Benutzer zu beeinträchtigen.

Die Spezifikation von Feldparametern geschieht allgemein nach folgender Syntax.

$\langle Par\ Spez \rangle \rightarrow$ **var** $\langle def\ Name \rangle : \langle Feld\ Par\ Typ \rangle$

$\langle Feld\ Par\ Typ \rangle \rightarrow$ **array**$[\langle def\ Grenzfolge \rangle]$ **of** $\langle kleiner\ Typ \rangle$

$\langle def\ Grenzfolge \rangle \rightarrow \langle def\ Name \rangle..\langle def\ Name \rangle|$
$\qquad\qquad \langle def\ Name \rangle..\langle def\ Name \rangle, \langle def\ Grenzfolge \rangle$

Bei einem Feldparameter führen wir also neben dem Namen für das Feld auch Konstantenbezeichnungen für die Grenzen ein. In Beispiel 3 sind das die Namen u und o. Bei einem mit **var** a: **array**$[u1..o1, \ldots, uk..ok]$ **of** t spezifizierten Feldparameter darf jedes k-dimensionale Feld vom Typ t als aktueller Parameter auftreten. Für den Rumpf ist a der Name eines k-dimensionalen Feldes und sind die $u1, o1, \ldots, uk, ok$ Konstantenbezeichner. Bei der Parameterübergabe wird a an das durch den aktuellen Parameter bezeichnete Feld gebunden und die $u1, o1, \ldots, uk, ok$ werden an die entsprechenden Feldgrenzen gebunden.

Als nächstes sehen wir uns nun den Prozeduraufruf etwas genauer an. Ein Prozeduraufruf ist ein Prozedurname, gefolgt von einer Folge von aktuellen Parametern. Er stellt eine Anweisung dar.

$\langle Anw \rangle \rightarrow \langle Proc\ Aufruf \rangle$

$\langle Proc\ Aufruf \rangle \rightarrow \langle ang\ Name \rangle (\langle akt\ Par\ Folge \rangle)$

$\langle akt\ Par\ Folge \rangle \rightarrow \langle akt\ Par \rangle | \langle akt\ Par\ Folge \rangle, \langle akt\ Par \rangle$

$\langle akt\ Par \rangle \rightarrow \langle Ausdruck \rangle | \langle ang\ Name \rangle$

Die Folge der aktuellen Parameter ist eine Folge von Ausdrücken oder Namen. Die Länge dieser Folge muß dabei mit der Länge der entsprechenden Liste der formalen Parameter übereinstimmen. Sei L diese Länge. Dann muß ferner der i-te aktuelle Parameter, $1 \leq i \leq L$, im Typ mit dem i-ten formalen Parameter übereinstimmen. Ist der i-te formale Parameter als const spezifiziert, dann ist der aktuelle Parameter ein Ausdruck, ist er als var oder proc spezifiziert (proc-Parameter werden weiter unten erklärt), dann muß der aktuelle Parameter ein angewandter Name sein, vgl. Abbildung 6.

formale Parameter-spezifikation	akt. Parameter	Erläuterung
const n: t	E	$t \in \langle elem\ Typ \rangle$, E ist Ausdruck vom Typ t.
var n: t	y	$t \in \langle kleiner\ Typ \rangle$, y ist ein angewandter Name, der eine Variable vom Typ t bezeichnet.
var n: t	y	$t \in \langle Feld\ Par\ Typ \rangle$, y ist ein angewandter Feldname. Die Dimension von y muß mit der Dimensionsangabe in t übereinstimmen.
proc $n(psf)$	y	$psf \in \langle Art\ Folge \rangle$, y ist ein angewandter Prozedurname, dessen Typ mit der Artfolge psf übereinstimmt.

Abb. 6. Der Zusammenhang zwischen formaler Parameterspezifikation und aktuellem Parameter. Es ist $n \in \langle Name \rangle$.

Was passiert nun genau beim Prozeduraufruf? Wie bereits erwähnt, verfügt die PROSA-Maschine über einen Bindungskeller statt wie bisher über eine Bindung. Ein Bindungskeller ist eine Folge von Paaren (b_i, sv_i). Dabei ist b_i eine Bindung im bisherigen Sinn und $sv_i \in \mathbb{N}$, $sv_i < i$. Die Zahl sv_i ist der statische Vorgängerverweis der Bindung b_i. Wenn wir die Menge der Bindungskeller mit **BK** bezeichnen, dann ist also

$$\mathbf{BK} = (\mathbf{B} \times \mathbb{N})^*$$

322

und die Menge der Konfigurationen

$$\mathbf{K} = \mathbf{PR} \times \mathbf{BK} \times \mathbf{S} \times \mathbf{E} \times \mathbf{A}.$$

Wir benutzen $bk, bk_1, \dots$ zur Bezeichnung von Bindungskellern.

Ein Prozeduraufruf wird nun wie folgt abgearbeitet. Sei dazu $n(apf); p'$ der Aufruf einer Prozedur n mit der aktuellen Parameterfolge apf gefolgt vom Programmrest p'. Sei ferner $bk = ((b_1, sv_1), \dots, (b_m, sv_m))$ der Bindungskeller.

1) Schlage die Bedeutung des Prozedurnamens n im aktuellen Bindungskeller bk nach. Man findet $bk(n)$, wie schon erwähnt, durch folgenden Algorithmus:

Setze h auf m. Falls $b_h(n)$ definiert ist, dann ist $bk(n) = b_h(n)$. Andernfalls setze h auf sv_h und wiederhole.

Sei nun $bk(n) = ((psf), i, dt$ **begin** at **end**$)$ die Bedeutung des Prozedurnamens n. Dabei ist psf die Folge der Parameterspezifikationen, i die Höhe des Bindungskellers bei der Deklaration und dt **begin** at **end** der Rumpf. Wir ändern nun den Bindungskeller in $bk' = ((b_1, sv_1), \dots, (b_m, sv_m), (b_{m+1}, i))$ ab und bereiten uns so auf die Abarbeitung des Rumpfes vor. Dabei ist $b_{m+1} = \emptyset$. Beachte, daß mit $sv_{m+1} = i$ festgelegt ist, daß für die Bestimmung der Bedeutung von globalen Bezeichnungen derselbe Bindungskeller benutzt wird, der bei der Deklaration bestand. Damit bekommen globale Namen die richtige Bedeutung.

2) Als nächstes nehmen wir die Parameterübergabe vor. Seien dazu $n_1, \dots, n_k$ die Namen der formalen Parameter. Wir machen $\{n_1, \dots, n_k\}$ zum Definitionsbereich von b'_{m+1} und setzen (e_i ist der i-te aktuelle Parameter) für $1 \leq i \leq k$

$$b'_{m+1}(n_i) = \begin{cases} I(bk, s, e_i), & \text{falls } n_i \text{ ein const-Parameter ist;} \\ L(bk, s, e_i), & \text{falls } n_i \text{ ein var-Parameter ist;} \\ bk(e_i), & \text{falls } n_i \text{ ein proc-Parameter ist.} \end{cases}$$

Dabei ist s der aktuelle Speicherzustand. Nach der Parameterübergabe "kennt" die aktuelle Bindung die Bedeutung der formalen Parameter. Ein const-Parameter wird dabei wie eine Konstantenbezeichnung behandelt. Sein Wert wird durch den Wert des aktuellen Parameters an der Aufrufstelle bestimmt. Beachten Sie, daß die aktuellen Parameter in der Umgebung (bk, s), d.h. in der Umgebung der Aufrufstelle, ausgewertet werden. Ein var-Parameter wird wie eine Variablenbezeichnung behandelt. Er wird an die durch den aktuellen Parameter bezeichnete Variable gebunden. Analog wird ein proc-Parameter wie eine Prozedurbezeichnung behandelt. Er wird an die durch den aktuellen Parameter bezeichnete Prozedur gebunden.

3) Wir führen nun den Rumpf in der aktuellen Umgebung (bk', s) aus. Dazu fügen wir dt at; **end**; vorn an den Programmrest an und arbeiten dann die Deklarationen und Anweisungen ab. Durch die Ausführung des Rumpfes wird im allgemeinen die Bindung bk' (durch den Deklarationsteil dt) und der Speicherzustand s (durch den Anweisungsteil at) weiter abgeändert. Sei etwa s' der neue Speicherzustand.

4) Nach Ausführung des Rumpfes kehren wir aus der Prozedur zurück. Die Abarbeitung des **end** streicht das letzte Glied des Bindungskellers. Wir beginnen dann die Ausführung des Restprogrammes p' in der Umgebung (bk, s').

Der Vollständigkeit halber sei noch nachgeholt wie die PROSA-Maschine eine Prozedurdeklaration abarbeitet. Sei dazu $n(psf)$; D die Deklaration einer Prozedur mit dem Namen n, der Parameterspezifikationsfolge psf und dem Rumpf D und sei $bk = ((b_1, sv_1), \ldots, (b_m, sv_m))$ der aktuelle Bindungskeller. Durch das Abarbeiten der Deklaration geht dann b_m in $b_m{}'$ über mit

$$b_m{}' = b_m[n\backslash(psf, m, D)],$$

d.h. das Tripel (psf, m, D) wird an den Prozedurnamen n gebunden. Die mittlere Komponente besagt dabei, daß bei der Deklaration der Bindungskeller $((b_1, sv_1), \ldots, (b_m, sv_m))$ aktuell war. Auf diesen Bindungskeller wird dann bei einem Aufruf der Prozedur n durch entsprechendes Setzen des statischen Vorgängers bezuggenommen (vgl. Schritt 1 von oben). Damit haben alle globalen Bezeichnungen des Rumpfes dieselbe Bedeutung wie an der Deklarationsstelle.

Beispiel 4:   Die rekursive Prozedur GGT berechnet den größten gemeinsamen Teiler zweier ganzer Zahlen.

```
program größtergemeinsamerTeiler;
var a, b, c: integer;
procedure GGT(const x: integer; const y: integer; var z: integer);
   (* Vorbedingung: x ≥ 0 und y ≥ 0;
      Nachbedingung: z = ggT(x,y);
      Laufzeit: O(log max(x,y)) *)
   begin
      if y = 0
      then z := x
      else GGT(y, x mod y, z)
      fi;
      print x
   end;
begin (* Hauptprogramm *)
   a := 8; b := 6;
   GGT(a, b, c);
   print c
end.
```

Unmittelbar vor dem Aufruf der Prozedur GGT ist die PROSA-Maschine in der Konfiguration:

$$(GGT(a, b, c);\ \textbf{print}\ c;\ \textbf{end};, ((b_1, 0)), s, \epsilon, \epsilon),$$

wobei b_1 und s durch Abbildung 7 gegeben sind.

Durch den Aufruf und die Parameterübergabe erreichen wir die Konfiguration

$$(at;\ \textbf{end};\ \textbf{print}\ c;\ \textbf{end};, ((b_1, 0), (b_2, 1)), s, \epsilon, \epsilon),$$

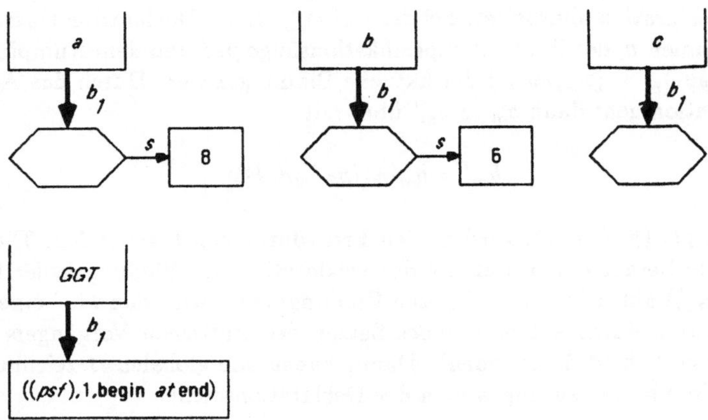

Abb. 7. Die Situation vor dem ersten Aufruf. $at = $ **if** $y = 0$ **then** $z := x$ **else** $GGT(y, x$ **mod** $y, z)$ **fi**; **print** x und $psf = $ **const** x: **integer**; **const** y: **integer**; **var** z: **integer**.

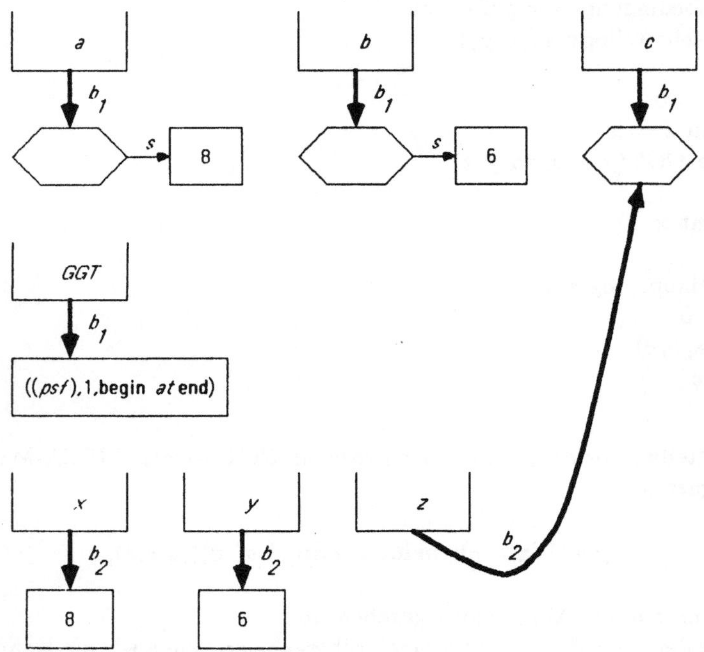

Abb. 8. Die Situation nach dem ersten Aufruf.

wobei b_1, b_2 und s durch Abbildung 8 gegeben sind. Im Programmrest haben wir den Aufruf durch *at*; **end** ersetzt; das **end** markiert die Stelle, an der der Aufruf beendet ist. Die Bindung b_2 bindet x an 8, y an 6 und z an die Variable $b_1(c)$.

Die nächste Konfiguration ist

$$(GGT(y, x \bmod y, z); \textbf{print } x; \textbf{end}; \textbf{print } c; \textbf{end};, ((b_1, 0), (b_2, 1)), s, \epsilon, \epsilon).$$

Durch den Aufruf und die Parameterübergabe erreichen wir dann

$$(at; \textbf{end}; \textbf{print } x; \textbf{end}; \textbf{print } c; \textbf{end};, ((b_1, 0), (b_2, 1), (b_3, 1)), s, \epsilon, \epsilon),$$

wobei b_1, b_2, b_3 und s durch die Abbildung 9 gegeben sind. Die Bindung b_3 bindet x an 6, d.h. an den Wert des Ausdrucks y an der Aufrufstelle, y an 2, d.h. an den Wert des Ausdrucks $x \bmod y$ an der Aufrufstelle, und z an die Variable $b_2(z) = b_1(c)$.

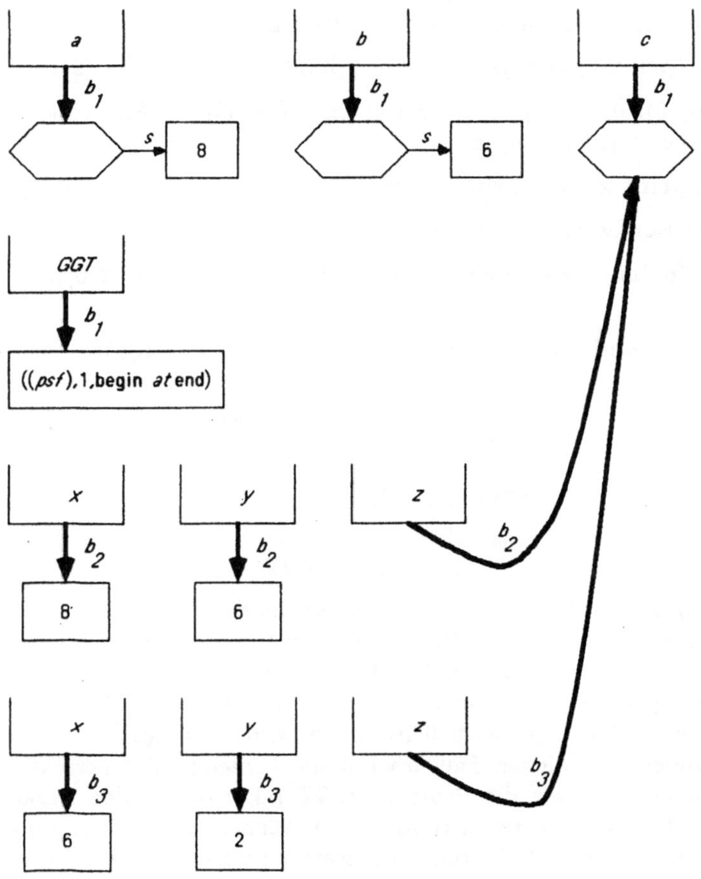

Abb. 9.   Die Situation nach dem zweiten Aufruf.

Die nächste Konfiguration ist dann

$$(GGT(y, x \textbf{ mod } y, z); \textbf{ print } x; \textbf{ end}; \textbf{ print } x; \textbf{ end}; \textbf{ print } c; \textbf{ end};, bk, s, \epsilon, \epsilon)$$

mit $bk = ((b_1, 0), (b_2, 1), (b_3, 1))$. Durch den Aufruf und die Parameterübergabe erreichen wir die Konfiguration

$$(at; \textbf{ end}; \textbf{ print } x; \textbf{ end}; \textbf{ print } x; \textbf{ end}; \textbf{ print } c; \textbf{ end};, bk, s, \epsilon, \epsilon)$$

mit $bk = ((b_1, 0), (b_2, 1), (b_3, 1), (b_4, 1))$. Die Bindung b_4 bindet x an 2, y an 0 und z an die Variable $b_3(z) = b_2(z) = b_1(z)$. Wir weisen nun den Wert des Ausdrucks x in der aktuellen Umgebung (bk, s), d.h. 2, an die durch z bezeichnete Variable zu und drucken diesen Wert auch aus. Wir erhalten

$$(\textbf{end}; \textbf{ print } x; \textbf{ end}; \textbf{ print } x; \textbf{ end}; \textbf{ print } c; \textbf{ end};, bk, s', \epsilon, (2)),$$

wobei b_1, b_2, b_3, b_4 und s' durch Abbildung 10 gegeben sind.

Das **end** am Anfang des Programmrestes gibt den Abschluß des letzten Aufrufs an. Wir streichen $(b_4, 1)$ aus dem Keller und erhalten

$$(\textbf{print } x; \textbf{ end}; \textbf{ print } x; \textbf{ end}; \textbf{ print } c; \textbf{ end};, bk, s', \epsilon, (2))$$

mit $bk = ((b_1, 0), (b_2, 1), (b_3, 1))$. Wir drucken nun $I(((b_1, 0), (b_2, 1), (b_3, 1)), s', x) = s'(b_3(x)) = 6$ und gehen über in

$$(\textbf{end}; \textbf{ print } x; \textbf{ end}; \textbf{ print } c; \textbf{ end};, ((b_1, 0), (b_2, 1), (b_3, 1)), s', \epsilon, (2, 6)).$$

Die nächsten Konfigurationen der Rechnung sind

$$(\textbf{print } x; \textbf{ end}; \textbf{ print } c; \textbf{ end};, ((b_1, 0), (b_2, 1)), s', \epsilon, (2, 6)),$$

und dann

$$(\textbf{end}; \textbf{ print } c; \textbf{ end};, ((b_1, 0), (b_2, 1)), s', \epsilon, (2, 6, 8)),$$

und dann

$$(\textbf{print } c; \textbf{ end};, ((b_1, 0)), s', \epsilon, (2, 6, 8)),$$

und dann

$$(\textbf{end};, ((b_1, 0)), s', \epsilon, (2, 6, 8, 2)),$$

und schließlich

$$(\epsilon, \epsilon, s', \epsilon, (2, 6, 8, 2)).$$

Die Rechnung ist nun beendet. Ihr Resultat ist die Folge $2, 6, 8, 2$.

Die Prozedur GGT ist die PROSA-Formulierung der entsprechenden rekursiven Prozedur aus der Einleitung. Wie dort zeigt man die Korrektheit und die Laufzeitangabe durch Induktion über y. Wir führen das für die Korrektheit nocheinmal vor. Wenn y gleich 0 ist, dann wird $x = ggT(x, 0) = ggT(x, y)$ an z zugewiesen. In diesem Fall arbeitet die Prozedur also korrekt. Sei nun $y > 0$. Dann rufen wir die Prozedur GGT rekursiv mit den Parametern y, $x \textbf{ mod } y$ und z auf. Wegen $x \textbf{ mod } y < y$ können wir die Induktionsvoraussetzung anwenden. Nach Induktionsvoraussetzung weist der rekursive Aufruf den Wert $ggT(y, x \textbf{ mod } y) = ggT(x, y)$ an die durch z bezeichnete Variable zu. Damit arbeitet die Prozedur also auch in diesem Fall korrekt. ∎

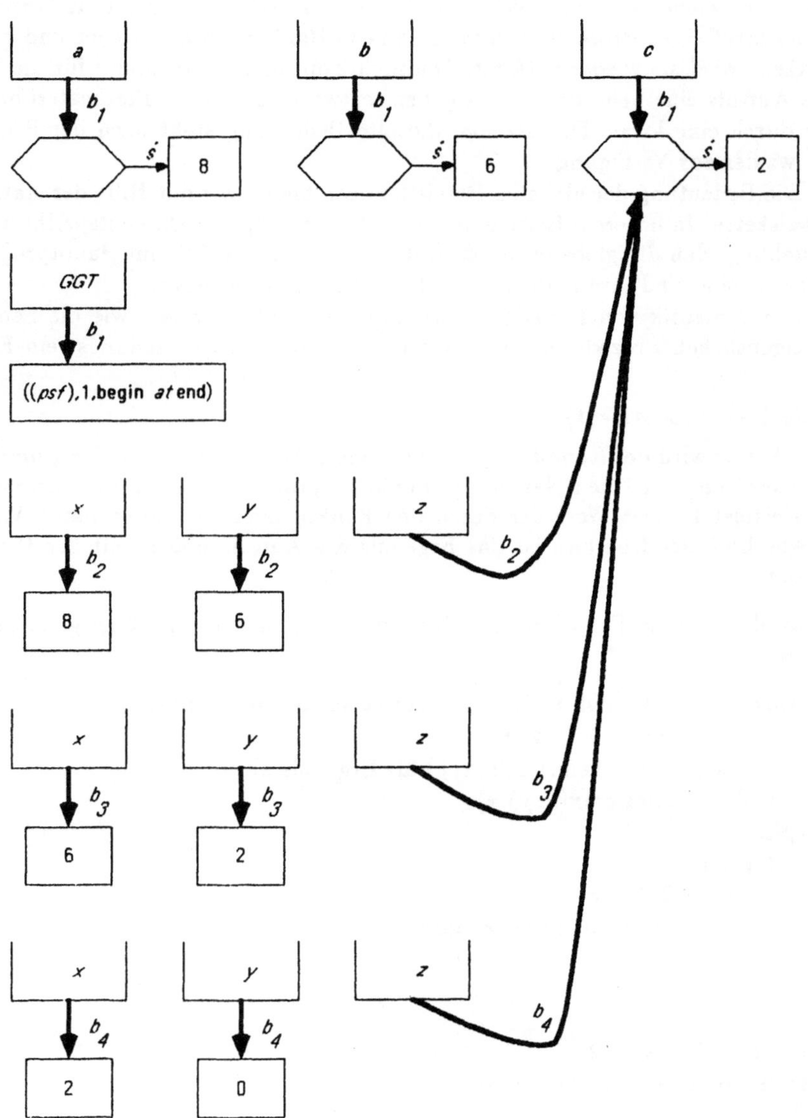

Abb. 10. Die Situation nach dem dritten Aufruf und der Abarbeitung des Rumpfes.

Beispiel 4 illustriert sehr schön, wie der Bindungskeller verschiedene Bedeutungen eines Bezeichners auseinanderhält. Der Bezeichner x bekommt etwa bei jedem Aufruf eine neue Bedeutung. Die alte Bedeutung wird dadurch zeitweise unsichtbar; sie geht aber nicht verloren. Bei der Rückkehr aus einem Aufruf wird die alte Bedeutung wieder sichtbar. Wir erreichen diesen Effekt durch das Kellerprinzip. Beim Aufruf einer Prozedur kommt eine neue Bindung in den Keller und bei der Rückkehr wird sie wieder entfernt. Dadurch kann man Bezeichnern für die Dauer eines Aufrufs eine neue Bedeutung geben, entweder durch die Parameterübergabe oder durch eine lokale Deklaration, die alte Bedeutung steht nach der Rückkehr aber wieder zur Verfügung.

Die Bedeutung der globalen Bezeichnungen finden wir mit Hilfe der statischen Verweiskette. In unserem Beispiel ist $sv_i = 1$ für $i = 2, 3, 4$. Dies entspricht unserer Vorstellung, daß die globalen Größen, d.h. a, b, c und GGT, im Hauptprogramm deklariert sind und ihre Bedeutung daher durch b_1 festgelegt ist.

Die Semantik von Funktionsprozeduren ist ähnlich erklärt wie die Semantik von eigentlichen Prozeduren. Der Aufruf einer Funktionsprozedur ist ein Faktor, also

$\langle Faktor \rangle \rightarrow \langle Proc\ Aufruf \rangle$

Beim Aufruf wird der Rumpf der Prozedur wie üblich abgearbeitet. Im Rumpf sind Wertzuweisungen an den Namen der Funktionsprozedur zulässig und erforderlich; vgl. Beispiel 1. Der Wert der durch den Funktionsnamen bezeichneten Variable bei Abschluß des Rumpfes ist das Ergebnis des Aufrufs und damit der Wert des Faktors.

Beispiel 5: Eine Funktionsprozedur zur Berechnung des größten gemeinsamen Teilers.

```
function GGTF (const x: integer; const y: integer): integer;
    (* Vorbedingung: x ≥ 0, y ≥ 0;
       Nachbedingung: liefert ggT(x,y) als Ergebnis ab;
       Laufzeit: O(log max(x,y) *)
    begin
       if y = 0
       then GGTF :=x
       else GGTF := GGTF(y, x mod y)
       fi
    end;
begin
    if GGTF(18,8) = 2
    then print 4 + GGTF(17,9)
    fi
end;
```

Die Funktionsprozedur $GGTF$ liefert den größten gemeinsamen Teiler ihrer beiden Argumente ab. Die Aufrufe von $GGTF$ können als Faktor in ganzzahligen

Ausdrücken benutzt werden. Damit ist die Formulierung als Funktionsprozedur noch eleganter als die Formulierung als eigentliche Prozedur (Beispiel 4). ∎

Wir geben nun noch einige weitere Beispiele.

Beispiel 6:   Eine Funktionsprozedur zur Berechnung der Fakultätsfunktion.

```
procedure fac(const n: integer): integer;
   (* Vorbedingung: keine;
      Nachbedingungen: Liefert n! ab, falls n ≥ 0 und 1 sonst;
      Laufzeit: O(n), falls n ≥ 0 und O(1) sonst *)
   begin
      if n ≤ 0
      then fac := 1
      else fac := n * fac(n − 1)
      fi
   end;
```
∎

Beispiel 7:   Eine Funktionsprozedur zur Suche in einem geordneten Feld. Die Funktionsprozedur *Binärsuche* realisiert das Verfahren von Kapitel IV, Beispiel 3.

```
function Binärsuche(var : array A[u..o] of string, const x: string): integer;
   (* Vorbedingung: A[u] ≤_lex A[u + 1] ≤_lex ... ≤_lex A[o];
      Nachbedingung: Liefert als Resultat eine Zahl i ab mit A[i] = x, falls
                     ein solches i existiert. Falls kein solches i existiert,
                     wird 0 geliefert;
      Laufzeit: O(log n) mit n = o − u + 1 *)
   function iter(const oben, unten: integer): integer;
      (* Vorbedingung: unten ≤ oben und falls es ein i mit A[i] = x gibt,
                       dann gilt unten ≤ i ≤ oben;
         Nachbedingung : wie für Binärsuche;
         Laufzeit: O(log(oben − unten + 1)) *)
      var res, mitte: integer;
      begin
         mitte := (unten + oben)/2;
         if A[mitte] = x
         then res := mitte
         else if unten = oben
              then res := 0
              else (* A[mitte] ≠ x und unten < oben *)
                 if lexkleinergleich(x, A[mitte])
                    (* Ein Aufruf der Prozedur von Beispiel 1 *)
                 then res := iter(unten, mitte − 1)
                 else res := iter(mitte + 1, oben)
                 fi
              fi
      fi;
```

$$iter := res$$
$$\textbf{end};$$
$$\textbf{begin}$$
$$Bin\ddot{a}rsuche := iter(u, o)$$
$$\textbf{end};$$

Ein Aufruf von $Bin\ddot{a}rsuche(A, x)$ bestimmt die Position von x im Feld A. Die eigentliche Arbeit wird dabei von der lokal zu $Bin\ddot{a}rsuche$ deklarierten Funktion $iter$ geleistet. Im Gegensatz zu Kapitel IV formulierten wir die Iteration nicht als **while**-Schleife sondern als rekursive Prozedur. Dadurch wird die Funktionsweise von $Bin\ddot{a}rsuche$ durchsichtiger. Die Formulierung "vergleiche x mit dem mittleren Element und fahre im Fall der Ungleichheit mit der vorderen bzw. der hinteren Hälfte fort" spiegelt sich fast direkt im Programmtext wieder. ∎

Beispiel 8: Sei $G = (N, T, P, S)$ eine kontextfreie Grammatik und sei $x \in T^*$ ein Wort. Wir werden in diesem Beispiel eine Prozedur angeben, die die Frage $x \in L_G$ entscheidet. Wir nehmen der Einfachheit halber an, daß die Grammatik G in sogenannter Chomsky-Normalform ist, d.h. für alle Produktionen $(A, \alpha) \in P$ gilt:

1) $|\alpha| = 1$ oder $|\alpha| = 2$;
2) wenn $|\alpha| = 1$, dann $\alpha \in T$;
3) wenn $|\alpha| = 2$, dann $\alpha \in N^2$.

Man beachte, daß für jedes $A \in N$ und $x \in T^*$ die Aussage $A \rightarrow^* x$ dann impliziert, daß $x \neq \epsilon$. Eine Grammatik in Chomsky-Normalform ist zum Beispiel die Grammatik $G = (\{A, B, S\}, \{a, b\}, P, S)$ mit $P = \{S \rightarrow AB, A \rightarrow BA, B \rightarrow AB, A \rightarrow a, B \rightarrow b\}$. Sei nun $x \in T^* - \{\epsilon\}$. Wie können wir $x \in L_G$ oder allgemeiner $X \rightarrow^* x$ für ein $X \in N$ entscheiden? Dazu zwei einfache Beobachtungen:

1) wenn $|x| = 1$, dann gilt $X \rightarrow^* x$ genau wenn $(X, x) \in P$.
2) wenn $|x| > 1$, dann gilt $X \rightarrow^* x$ genau wenn es Worte $y, z \in T^*$ und eine Produktion $(X, YZ) \in P$ gibt mit $Y \rightarrow^* y$ und $Z \rightarrow^* z$.

Diese beiden Beobachtungen legen folgendes Verfahren (oft Parsing durch **backtracking** genannt) nahe, um zu entscheiden, ob $x \in T^* - \{\epsilon\}$ aus $X \in N$ ableitbar ist. Wenn $|x| = 1$ dann überprüfe, ob (X, x) eine Produktion der Grammatik ist. Wenn $|x| > 1$, dann gehe alle Zerlegungen $x = yz$ von x in Worte $y, z \in T^* - \{\epsilon\}$ und alle Produktionen $(X, YZ) \in P$ durch und überprüfe $Y \rightarrow^* y$ und $Z \rightarrow^* z$. Zur Überprüfung dieser beiden Fragen, verwende dasselbe Verfahren wie für x. Beachten Sie, daß aus $y, z \in T^* - \{\epsilon\}$ folgt $|y| < |x|$ und $|z| < |x|$ und daß daher die rekursive Verwendung des Verfahrens endlich ist.

Bevor wir dieses Verfahren in PROSA formulieren können, müssen wir festlegen, wie wir die Grammatik G und das Wort x darstellen. Wir schlagen für x ein Feld **var** W: **array**$[1..n]$ **of char** vor und für die Produktionen von G zwei Felder **var** $P1$: **array**$[1..m, 1..2]$ **of char** und **var** $P2$: **array**$[1..k, 1..3]$ **of char**. Dabei ist für $1 \leq i \leq m$,

$$P1[i, 1] \rightarrow P1[i, 2]$$

eine Produktion von G, und für $1 \leq i \leq k$,

$$P2[i,1] \rightarrow P2[i,2]P2[i,3]$$

eine Produktion von G. Das Feld W enthält das Wort x buchstabenweise, d.h. $x = W[1]\ldots W[n]$. Wie stellen wir nun ein Teilwort von x dar? Am einfachsten geht das durch zwei Indizes u und o im Feld W. Das Teilwort ist dann $W[u]\ldots W[o]$. Wir geben nun die Funktionsprozedur *zerlege* an, die durch den Aufruf *zerlege*$(1, n, X)$ $X \rightarrow^* x$ entscheidet für $x \in T^* - \{\epsilon\}$ und $X \in N$.

```
function zerlege(const u, o: integer; X: char): boolean;
   (* Vorbedingung: 1 ≤ u ≤ o ≤ n;
       Nachbedingung: das Resultat ist true genau wenn X →* W[u]... W[o];
       Laufzeit: siehe die Bemerkung nach Lemma 2 *)
   var ableitbar: boolean;
   var i, j, h: integer;
   begin
      ableitbar := false;
      if u = o
      then (* das abzuleitende Wort hat Länge 1; wir überprüfen, ob X → W[u]
      in der Tabelle P1 vorkommt *)
          i := 1;
          while not ableitbar and i ≤ m
          do if P1[i,1] = X and P1[i,2] = W[u]
             then ableitbar := true
             else (* Wir probieren die nächste Produktion *)
                 i := i + 1
             fi
          od
      else (* Das abzuleitende Wort hat Länge > 1; Wir gehen nun alle Produk-
      tionen in P2 (Laufindex h) und alle Zerlegungen
          W[u]... W[o] = W[u]... W[j]W[j + 1]... W[o]
      durch und überprüfen, ob
      P2[h,1] = X und P2[h,2] →* W[u]... W[j] und P2[h,3] →* W[j+1]... W[o]
      *)
          h := 1;
          while not ableitbar and  h ≤ k
          do (* Wir probieren nun alle Möglichkeiten für j *)
             j := u;
             while not ableitbar and  j < o
             do ableitbar := ((P2[h,1] = X) and
                          zerlege(u,j,P2[h,2]) and zerlege(j+1,o,P2[h,3]));
                 j := j + 1
             od;
             h := h + 1
```

> **od;**
>
> **fi;**
>
> *zerlege* := *ableitbar*
>
> **end;**

Die Korrektheit dieses Programms dürfte unmittelbar aus den Vorbemerkungen und den Kommentaren ersichtlich sein. Wir müssen aber noch die Laufzeit bestimmen. Sei dazu für $s \in \mathbb{N}$, $L(s)$ die maximale Laufzeit eines Aufrufs *zerlege*(u, o, X) mit $s = o - u + 1$, d.h. wir messen die Laufzeit des Programms in der Länge des abzuleitenden Wortes. Für $s = 1$, gehen wir gerade die Produktionen der Tafel *P1* durch und daher ist

$$L(1) \leq c_1 m$$

für eine geeignete Konstante c_1. Für $s > 1$ gehen wir die Produktionen in Tafel *P2* durch. Für jede Produktion probieren wir sämtliche Möglichkeiten für j, d.h. $j = u, u + 1, \ldots, o - 1$, und initiieren die rekursiven Aufrufe *zerlege*$(u, j, P2[h, 2])$ und *zerlege*$(j + 1, o, P2[h, 3])$. Mit $s_1 = j - u + 1$ und $s_2 = o - (j + 1) + 1$ sind dann die Kosten dieser Aufrufe durch $L(s_1)$ und $L(s_2)$ beschränkt. Ferner gilt $s_1 + s_2 = s$ und $1 \leq s_1 < s$. Damit gilt für $s \geq 2$:

$$L(s) \leq c_2 + k \sum_{s_1=1}^{s-1} (c_2 + L(s_1) + L(s - s_1))$$

für eine geeignete Konstante c_2. Die Konstante c_2 zählt dabei die Schritte, die wir außerhalb der rekursiven Aufrufe verbringen. Mit diesen Abschätzungen für $L(s)$ können wir nun ohne Schwierigkeiten Schranken für $L(1), L(2), L(3), \ldots$ ausrechnen. Es ist

$$L(2) \leq c_2 + k(c_2 + L(1) + L(1))$$
$$\leq (k + 1)c_2 + 2c_1 km.$$

$$L(3) \leq c_2 + k \sum_{s_1=1}^{2} (c_2 + L(s_1) + L(s - s_1))$$
$$\leq c_2 + k((c_2) + L(1) + L(2)) + (c_2 + L(2) + L(1))$$
$$\leq (2k + 1)c_2 + 2k(k + 1)c_2 + 2k(2k + 1)c_1 m.$$

Natürlich könnten wir auf diese Weise auch eine Schranke für $L(100)$ herleiten. Das ist aber ein sehr mühsames Geschäft. Wir möchten vielmehr eine explizite Schranke, die wir direkt auswerten können. Eine solche werden wir nun herleiten. (Der Rest dieses Beispiels ist für das weitere Verständnis des Buches nicht wesentlich, gibt dem Leser aber eine Vorstellung, wie auch komplexe Algorithmen analysiert werden können). Wir definieren dazu zunächst eine Funktion $S(s)$, indem wir in obigen Ungleichungen das $\leq$ durch $=$ ersetzen, also

$$S(1) = c_1 m$$

$$S(s) = c_2 + k \sum_{i=1}^{s-1} (c_2 + S(i) + S(s - i)), \quad \text{für } s \geq 2.$$

Die Funktion $S(s)$ ist in der Tat eine obere Schranke für $L(s)$.

Lemma 1. *Für alle $s \in \mathbb{N}$ gilt:* $L(s) \leq S(s)$.

Beweis: Wir benutzen Induktion über s. Für $s = 1$ haben wir

$$L(1) \leq c_1 m = S(1),$$

und für $s \geq 1$ haben wir

$$L(s) \leq c_2 + k \sum_{i=1}^{s-1} (c_2 + L(i) + L(s-i))$$

$$\leq c_2 + k \sum_{i=1}^{s-1} (c_2 + S(i) + S(s-i)), \quad \text{nach Ind.Vor.}$$

$$= S(s).$$

$\blacksquare$

Wir müssen nun noch eine explizite Dastellung für $S(s)$ finden. Dazu vereinfachen wir zunächst die zweite Gleichung.

$$S(s) = c_2 + k \sum_{i=1}^{s-1} (c_2 + S(i) + S(s-i))$$

$$= c_2 + c_2(s-1)k + k \sum_{i=1}^{s-1} S(i) + k \sum_{i=1}^{s-1} S(s-i)$$

$$= c_2(1 + (s-1)k) + k \sum_{i=1}^{s-1} S(i) + k \sum_{i=1}^{s-1} S(i)$$

$$= c_2(1 + (s-1)k) + 2k \sum_{i=1}^{s-1} S(i)$$

Es gilt also

$$S(s) = c_2(1 + (s-1)k) + 2k \sum_{i=1}^{s-1} S(i)$$

für $s \geq 2$. Für $s \geq 3$ subtrahieren wir nun von dieser Gleichung dieselbe Gleichung für $s - 1$, also

$$S(s) - S(s-1) = c_2(1 + (s-1)k) + 2k \sum_{i=1}^{s-1} S(i) - (c_2(1 + (s-2)k) + 2k \sum_{i=1}^{s-2} S(i))$$

$$= c_2 \cdot k + 2k \cdot S(s-1)$$

334

und damit

$$S(s) = c_2 k + (2k + 1) \cdot S(s - 1)$$

für alle $s \geq 3$. Wir haben nun zwar immer noch eine Rekursionsgleichung für die Funktion S, die Gestalt der Gleichung ist aber sehr viel einfacher geworden. Mehrmaliges Einsetzen liefert

$$\begin{aligned}
S(s) &= c_2 \cdot k + (2k + 1) \cdot S(s - 1) \\
&= c_2 \cdot k + (2k + 1)(c_2 \cdot k + (2k + 1) \cdot S(s - 2)) \\
&= c_2 \cdot k + (2k + 1)(c_2 \cdot k + (2k + 1)^2(c_2 \cdot k + (2k + 1) \cdot S(s - 3)) \\
&\ \ \vdots \\
&= c_2 \cdot k \cdot \sum_{i=0}^{s-3}(2k + 1)^i + (2k + 1)^{s-2} \cdot S(2)
\end{aligned}$$

Die "Pünktchen" in dieser Ableitung haben es in sich. Wir verifizieren daher das Ergebnis noch durch Induktion.

Lemma 2. Für $s \geq 2$ gilt: $S(s) = c_2 \cdot k \cdot \sum_{i=0}^{s-3}(2k + 1)^i + (2k + 1)^{s-2} \cdot S(2)$.

Beweis: Für $s = 2$ ist die Behauptung klar. Sei nun $s \geq 3$. Dann gilt

$$S(s) = c_2 \cdot k + (2k + 1) \cdot S(s - 1) \qquad \text{Rekursionsgleichung}$$

$$= c_2 \cdot k + (2k + 1)\left[c_2 \cdot k \cdot \sum_{i=o}^{s-1-3}(2k + 1)^i + (2k + 1)^{s-1-2}) \cdot S(2)\right] \quad \text{nach Ind.Vor.}$$

$$= c_2 \cdot k(2k + 1)^0 + c_2 \cdot k \cdot \sum_{i=1}^{s-3}(2k + 1)^i + (2k + 1)^{s-2} \cdot S(2)$$

$$= c_2 \cdot k \sum_{i=0}^{s-3}(2k + 1)^i + (2k + 1)^{s-2} \cdot S(2)$$

∎

Wegen $S(2) = (k + 1)c_2 + 2c_1 km$ haben wir damit insgesamt

$$S(s) = \begin{cases} c_1 m & \text{für } s = 1; \\ c_2 \cdot \frac{(2k+1)^{s-2}-1}{2k} + (2k + 1)^{s-2}[(k + 1)c_2 + 2c_1 km] & \text{für } s \geq 2. \end{cases}$$

Wir haben dabei noch die Summenformel

$$\sum_{i=0}^{s-3} x^i = \frac{x^{s-2} - 1}{x - 1}$$

für die geometrische Reihe benutzt. Wir sind nun am Ziel und haben die gewünschte explizite Darstellung für die Schranke $S(s)$. Sehen wir uns diese Schranke für unsere Beispielgrammatik an. Wir haben $m = 2$, $k = 3$ und damit

$$S(s) = c_2 \cdot (7^{s-2} - 1)/2 + 7^{s-2}(4c_2 + 12c_1) = O(7^s)$$

Auch für kleine s, etwa $s = 100$, ist $S(s)$ sehr, sehr groß. Der Leser mag einwenden, daß unsere Abschätzung übermäßig pessimistisch ist, denn nicht bei jedem Aufruf werden wir alle Möglichkeiten durchprobieren müssen, bis wir eine Ableitung finden. Dieser Einwand steht aber auf tönernen Füßen. Nehmen Sie etwa für unser Beispiel das Eingabewort $x = c^s$. Dann liefern alle Aufrufe das Ergebnis *false* und wir probieren in der Tat alle Möglichkeiten durch.

Aus diesen Überlegungen ersieht man, daß obige Prozedur *zerlege* nur für kurze Worte x brauchbar ist, für lange Worte ist das Verfahren zu unwirtschaftlich. Wir wollen nun noch kurz eine Verbesserung (oft syntaktische Analyse durch **dynamisches Programmieren** genannt) schildern, die die Laufzeit auf $O(s^3)$ reduziert. Die Ineffizienz des obigen Verfahrens rührt daher, daß *zerlege* mit identischen Parametern mehrmals aufgerufen werden kann. Diese Mehrfacharbeit können wir uns sparen, wenn wir die Ergebnisse von *zerlege* tabellieren. Dazu benutzen wir ein Feld **var** Z: **array**$[1..n, 1..n, 1..K]$ **of integer** mit $K = |N|$. Ferner setzen wir eine Funktion:

function *num* (**const** X: **char**): **integer**;
  (∗ Vorbedingung: X ist Nichtterminal
    Nachbedingung: $num(X) \in [1..|N|]$ und *num* ist injektiv. ∗)

voraus, die wir nicht genauer erläutern; der Effekt dieser Funktion *num* ist es, die Nichtterminale aus N mit den Zahlen 1 bis $|N|$ zu numerieren. Die Einträge $Z[i,j,h]$, $i \leq j$, haben folgende Bedeutung. Sei $X \in N$ mit $num(X) = h$. Dann gilt:

falls $Z[i,j,h] = 0$, dann gilt $\neg(X \rightarrow^* W[i]\ldots W[j])$;

falls $Z[i,j,h] = 1$, dann gilt $X \rightarrow^* W[i]\ldots W[j]$;

falls $Z[i,j,h] = 2$, dann wissen wir noch nichts über die Ableitbarkeit von X nach $W[i]\ldots W[j]$, d.h. es kann entweder $X \rightarrow^* W[i]\ldots W[j]$ oder $\neg(X \rightarrow^* W[i]\ldots W[j])$ gelten.

Wir ändern nun unser Programm wie folgt ab. Außerhalb von *zerlege* setzen wir $Z[i,j,h]$ auf 2 für alle $1 \leq i,j \leq n$, $1 \leq h \leq K$. Im Rumpf von *zerlege* fügen wir unmittelbar vor der Zuweisung *zerlege* := *ableitbar* die Anweisung

```
if ableitbar
then Z[u, o, num(X)] := 1
else Z[u, o, num(X)] := 0
fi;
```

ein. Schließlich ersetzen wir die Zeile

$ableitbar := ((P2[h,1] = X) \textbf{ and } zerlege\,(u, j, P2[h,2]) \textbf{ and } zerlege\,(j{+}1,o, P2[h,3]))$

durch ($ableitbar1$ und $ableitbar2$ werden zusätzlich deklariert):

```
if Z[u, j, num(P2[h, 2])] ≠ 2
   then ableitbar1 := (Z[u, j, num(P2[h, 2])] = 1)
   else ableitbar1 := zerlege(u, j, P2[h, 2])
fi;
if Z[j + 1, o, num(P2[h, 3])] ≠ 2
   then ableitbar2 := (Z[j + 1, o, num(P2[h, 3])] = 1)
   else ableitbar2 := zerlege(j + 1, o, P2[h, 3])
fi;
ableitbar := (P2[h, 1] = X) and ableitbar1 and ableitbar2;
```

d.h. wir überprüfen vor jedem Aufruf von *zerlege*, ob wir *zerlege* mit diesem Parametersatz schon aufgerufen haben, indem wir die Tabelle Z inspizieren. Falls wir *zerlege* mit diesem Parametersatz schon aufgerufen haben, dann entnehmen wir das Ergebnis der Tabelle Z. Diese kleine Änderung hat eine große Wirkung. Wir betrachten dazu einen Aufruf $zerlege(1, n, X)$ und machen folgende Beobachtungen.

1) Für alle i, j, h mit $1 \leq i \leq j \leq n$, $1 \leq h \leq K$, gibt es höchstens *einen* Aufruf $zerlege(i, j, X)$ wobei $h = num(X)$. Dies gilt, weil bereits der erste Aufruf das Feldelement $Z[i, j, h]$ auf 0 oder 1 setzt und daher alle weiteren Aufrufe durch Nachschlagen in dem Feld Z ersetzt werden.

2) Seien nun i, j, h mit $1 \leq i \leq j \leq n$ und $1 \leq h \leq K$ beliebig. Sei ferner $h = num(X)$. Dann gilt für den Aufruf $zerlege(i, j, X)$: Falls $j = i$ dann braucht die Abarbeitung des Rumpfes $c_1 m$ Zeiteinheiten für eine Konstante c_1. Falls $j < i$, dann braucht die Abarbeitung des Rumpfes *ohne* die Zeit, die in rekursiven Aufrufen verbracht wird, $c_2 k(j - i + 1)$ Zeiteinheiten für eine geeignete Konstante c_2. Da wir uns oben bereits überlegt haben, daß es für jedes i, j, h höchstens einen Aufruf gibt, ist also die Gesamtlaufzeit höchstens:

$$\sum_{i=1}^{n}\sum_{h=1}^{K} c_1 m + \sum_{1\leq i<j\leq n}\sum_{h=1}^{K} c_2 k(j - i + 1)$$

$$\leq c_1 mKn + \sum_{i=1}^{n}\sum_{j=1}^{n}\sum_{h=1}^{K} c_2 kn$$

$$\leq c_1 mKn + c_2 kKn^3$$

Für unsere Beispielgrammatik ist $m = 2$, $k = 3$ und $K = 3$. Also läuft die modifizierte Prozedur *zerlege* höchstens $c_1 \cdot 6n + c_2 \cdot 9n^3 = O(n^3)$ Zeiteinheiten an einem Eingabewort x der Länge n. Dies ist für mittelgroße n, etwa $n \leq 1000$, noch durchaus tragbar. Für sehr große n, die z.B. bei der syntaktischen Analyse von Programmen in der Praxis vorkommen, ist das beschriebene Verfahren immer noch zu aufwendig. Man muß dann zu Verfahren greifen, die auf die spezielle Grammatik zugeschnitten sind. Solche Verfahren bleiben einer Vorlesung "Syntaxanalyse" vorbehalten.   ∎

Beispiel 9:   In diesem Beispiel geben wie eine Realisierung des Datentyps *string* durch lineare Listen von Zeichen an und beantworten damit die in Kapitel V offen gelassene Frage der Realisierung dieses Datentyps in RESA. Beachten Sie, daß die nun folgenden Prozeduren nach dem Verfahren der Kapitel V und VII nach RESA übersetzt werden können.

Zur Darstellung von Zeichenreihen benutzen wir den Typ

type *Wort* = **record** *Zeichen*: **char**;

                      Rest: ↑*Wort*

        end

Sei nun *v* durch **var** *v*: ↑*Wort* deklariert. Dann wird durch die Zeigervariable *v* die Zeichenreihe *rep*(*v*) mit

$$rep(v) = \begin{cases} \epsilon, & \text{falls } v = nil; \\ conc(v \uparrow .Zeichen, \; rep(v \uparrow .Rest)), & \text{falls } v \neq nil. \end{cases}$$

dargestellt. Die Funktionen *Leer* (entspricht *empty*) und *ErstesZeichen* (entspricht *head*) gibt man dann sehr leicht an:

function *Leer*(**var** *w*: ↑*Wort*): **boolean**;
    (∗ Vorbedingung: keine;
      Nachbedingung: berechnet *rep*(*w*) = ϵ;
      Laufzeit: $O(1)$ ∗)
    begin if *w* = **nil**
            then *Leer* := **true**;
            else *Leer* := **false**
            fi
    end;

function *ErstesZeichen*(**var** *w*: ↑*Wort*): **char**;
    (∗ Vorbedingung: keine;
      Nachbedingung: berechnet *head*(*rep*(*w*));
      Laufzeit: $O(1)$ ∗)
    begin if *w* = **nil**
            then Fehlerhalt
            else *ErstesZeichen* := *w* ↑ .*Zeichen*
            fi
    end;

Für die Funktionen *Restwort* (entspricht *tail*) und *Konkat* (entspricht *conc*) brauchen wir noch eine Funktion *Kopie*, die eine Kopie eines Wortes herstellt.

338

```
function Kopie(var w: ↑Wort): ↑Wort;
    (* Vorbedingung: keine;
        Nachbedingung: liefert als Ergebnis einen Verbund, der rep(w) darstellt;
        Laufzeit: O(|rep(w)|) *)
    begin if w = nil
            then Kopie := nil
            else  Kopie := new Wort;
                  Kopie ↑ .Zeichen := ErstesZeichen(w);
                  Kopie ↑ .Rest := Kopie(w ↑ .Rest)
            fi
    end;

function Restwort(var w: ↑Wort): ↑Wort;
    (* Vorbedingung: keine;
        Nachbedingung: liefert als Ergebnis einen Verbund, der tail(rep(w))
                            darstellt;
        Laufzeit: O(|rep(w)|) *)
    begin if w = nil
            then Fehlerhalt
            else  Restwort := Kopie(w ↑ .Rest)
            fi
    end;

function Konk(var v, w: ↑Wort): ↑Wort;
    (* Vorbedingung: keine;
        Nachbedingung: liefert als Ergebnis einen Verbund, der conc(rep(v), rep(w))
            darstellt;
        Laufzeit: O(|rep(v)| + |rep(w)|) *)
    var s: ↑Wort;
    begin if v = nil
            then Konk := Kopie(w)
            else  Konk := Kopie(v);
                  s := Konk;
                  while s ↑ .Rest ≠ nil do s := s ↑ .Rest od;
                  s ↑ .Rest := Kopie(w)
            fi
    end;
```

Die Verwendung der Funktion *Kopie* in *Restwort* und *Konk* ist unbedingt notwendig. Der Leser sollte die beiden Prozeduren ohne die Verwendung von Kopie
durchgehen und die folgenden Wertzuweisungen ausführen.

$$a := Konk(b, c);$$
$$d := Konk(b, b).$$

Ergibt sich das Gewünschte?

Die Laufzeiten der Funktionen *Restwort* und *Konk* sind linear (bezüglich der Länge der Argumente) und nicht konstant wie die Laufzeiten der entsprechenden PROSA-Operationen. Die Behauptung im Hauptsatz von Kapitel V über die Laufzeit eines PROSA-Programms und dem daraus konstruierten RESA-Programm ist also nicht mehr korrekt, wenn wir auch den Datentyp *string* einbeziehen.

Beispiel 9 illustriert, wie man mit Hilfe des Prozedurkonzepts eine Sprache erweitern kann. Auch in einer Sprache ohne den Datentyp *string* kann man diesen zur Verfügung stellen in der Form eines "Pakets", das im wesentlichen aus einer Typdeklaration und einigen Prozedurdeklarationen besteht. Ein Unterschied besteht allerdings. Wir können die gewählte Realisierung (hier lineare Liste von Buchstaben) vor dem Anwender unseres "Pakets zur Manipulation von Worten" nicht verbergen und können daher auch nicht verhindern, daß ein Anwender Eigenschaften dieser Realisierung ausnützt. Er könnte sich z.B. eine Prozedur schreiben, die ihm nacheinander die Zeichen eines Wortes liefert, indem sie die linearen Liste traversiert, und nicht, indem sie wiederholt die Prozeduren *Restwort* und *ErstesZeichen* aufruft. Das wäre sicher effizienter, zerstört aber die Modularität, da wir nun nicht mehr unser Paket durch ein äquivalentes, aber auf eine andere Realiseirung aufbauendes, Paket austauschen können, ohne die Lauffähigkeit der Programme zu gefährden. In Kapitel VIII werden wir mit den Moduln ein Sprachkonzept kennenlernen, das eine strikte Abkapselung erlaubt, und die Realisierung der Pakete "versteckt".   ∎

Beispiel 10: Im Kapitel I führten wir Baumbereiche und Bäume ein. In diesem Beispiel lernen wir mit den **Suchbäumen** eine wichtige Anwendung von Bäumen kennen. Zunächst einige Definitionen: Ein Baumbereich $D \subseteq \mathbb{N}^*$ heißt **binärer Baumbereich**, wenn $D \subseteq \{1,2\}^*$ gilt, d.h. jeder Knoten von D höchstens zwei Kinder hat. Sei nun D ein binärer Baumbereich und $b : D \to \mathbb{N}$ eine injektive Beschriftung. Dann heißt der Baum (D, b) ein **binärer Suchbaum** für die Menge $b(D)$, wenn für alle $x, y, z \in \{1,2\}^*$ mit x, $x1y$, $x2z \in D$ gilt:

$$b(x1y) < b(x) < b(x2z) \ ,$$

d.h. die Beschriftung sämtlicher Knoten im Unterbaum zum Knoten $x1$ (meist **linkes Kind** genannt) ist kleiner als die Beschriftung sämtlicher Knoten im Unterbaum zum Knoten $x2$ (**rechtes Kind** genannt). Die Abbildung 11 zeigt einen binären Suchbaum für die Menge $\{2, 7, 14, 23, 37, 46\}$ und seine Realisierung in PROSA. In PROSA können wir binäre Suchbäume mit Hilfe des Typs

```
type knoten = record inh : integer;
                     lkind : ↑ knoten;
                     rkind : ↑ knoten
             end
```

realisieren. Für jeden Knoten v benutzen wir ein Verbundobjekt des Typs *knoten*, dessen *inh*-Komponente den Wert $b(v)$ hat und dessen beide Verweise auf die Verbundobjekte für die Kinder, bzw. auf *nil* zeigen, siehe Abbildung 11. Die folgende Prozedur druckt die Inhalte sämtlicher Knoten in aufsteigender Reihenfolge aus.

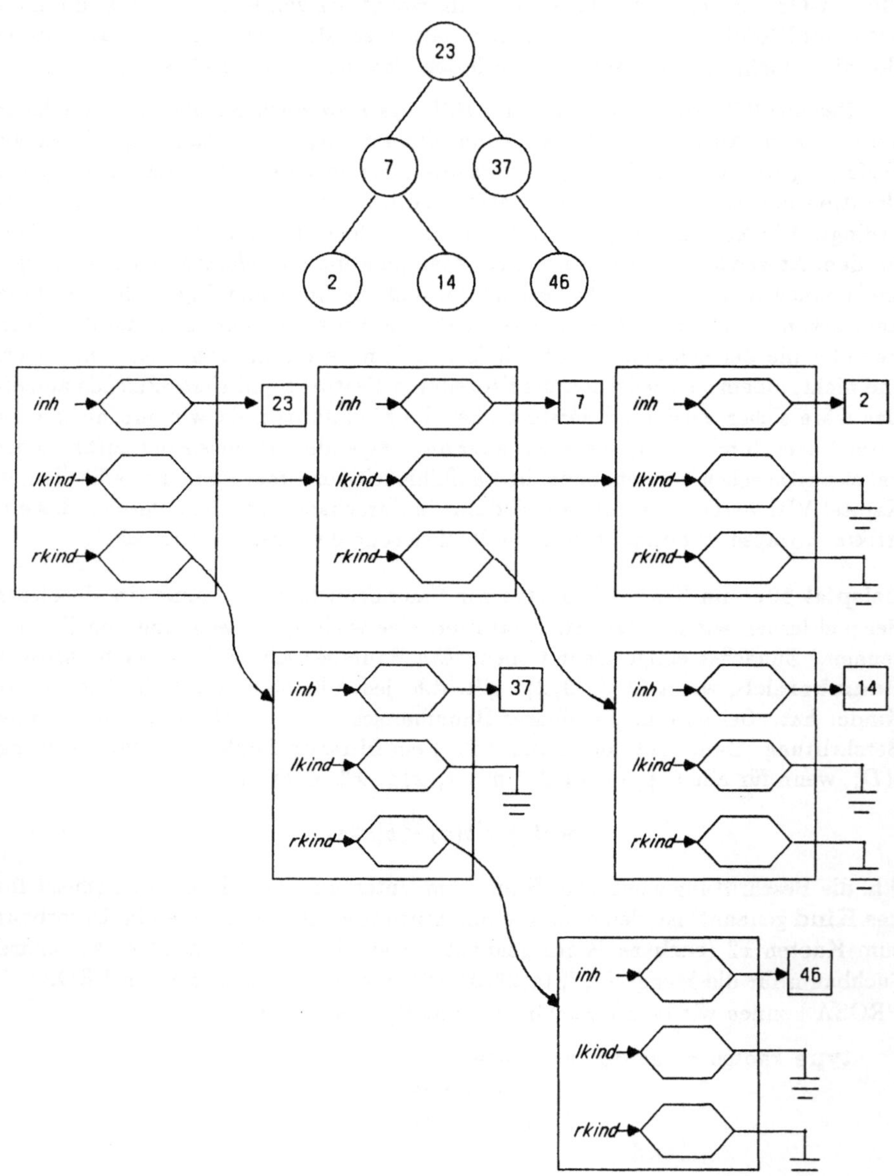

Abb. 11. Ein binärer Suchbaum und seine Realisierung in PROSA

```
procedure Auflisten(var v:↑knoten);
    (* Vorbedingung: keine;
        Nachbedingung: druckt die Inhalte der Knoten im
            Unterbaum zu v in aufsteigender Reihenfolge aus;
        Laufzeit: O(Anzahl der Knoten im Unterbaum zu v) *)
    begin if v ≠ nil
            then Auflisten(v↑.lkind);
                print v↑.inh;
                Auflisten(v↑.rkind)
        fi
    end
```

Die Laufzeitangabe folgt dabei unmittelbar aus der Beobachtung, daß die Prozedur *Auflisten* für jeden Knoten des Baums genau einmal aufgerufen wird.

In Suchbäumen kann man mit einem Verfahren ähnlich zur Binärsuche nach einem Element suchen. Die folgende Funktionsprozedur sucht nach einem Wert x in der in dem Suchbaum dargestellten Menge und liefert als Ergebnis *true* oder *false*, je nachdem, ob die Suche erfolgreich ist oder nicht. Im Erfolgsfall liefert sie außerdem in der Variable w einen Zeiger auf den Knoten mit Inhalt x und im Mißerfolgsfall liefert sie in w einen Zeiger auf einen Knoten, als dessen Kind x angefügt werden könnte. Dieses Einfügen besorgt dann die Prozedur *Einfüge*.

```
function Suche(const x: integer; var v, w: ↑knoten): boolean;
    (* Vorbedingung: v ≠ nil;
        Nachbedingung: siehe oben;
        Laufzeit: O(Höhe des Baums mit Wurzel v) *)
    begin if v ↑ .inh = x
            then w := v; Suche := true
            else  if x < v ↑ .inh
                    then if v ↑ .lkind ≠ nil
                            then Suche := Suche(x, v ↑ .lkind, w)
                            else w := v; Suche := false
                        fi
                    else  if v ↑ .rkind ≠ nil
                        then Suche := Suche(x, v ↑ .rkind, w)
                        else w := v; Suche := false
                    fi
            fi
    end;
```

```
procedure Einfüge(const x: integer; var v: ↑knoten);
    (* Vorbedingung: v ≠ nil;
        Nachbedingung: x wurde zum Suchbaum hinzugefügt;
        Laufzeit: O(Höhe des Baums mit Wurzel v) *)
    var w: ↑knoten;
    begin if not Suche(x, v, w)
```

342

```
        then if x < w ↑ .inh
             then w ↑ .lkind := new knoten;
                  w ↑ .lkind ↑ .inh := x
             else w ↑ .rkind := new knoten;
                  w ↑ .rkind ↑ .inh := x
             fi
        fi
   end;
```

Dieses Beispiel wird in Aufgabe 2 vertieft. Insbesondere wird dort untersucht, wie man mit Hilfe von wiederholtem Einfügen eine Menge von Zahlen in aufsteigender Reihenfolge sortieren kann.

Nehmen wir nun einmal an, wir möchten bei der Definition binärer Suchbäume ein anderes Ordnungskriterium als das normale $<$ benutzen. Dann könnten wir natürlich die obigen Prozeduren für die neue Ordnungsrelation umschreiben, indem wir alle Vorkommen von $<$ geeignet ersetzen. Einfacher ist es, den Prozeduren *Suche* und *Einfüge* die Ordnungsrelation als zusätzlichen Parameter mitzugeben und zwar in Form einer Funktionsprozedur. Das führt zu

```
function Suche(const x: integer; var v, w: ↑knoten;
              function kleiner(const : integer; const : integer): boolean):
              boolean;
   begin if v ↑ .inh = x
        then w := v; Suche := true
        else if kleiner(x, v ↑ .inh)
             then if v ↑ .lkind ≠ nil
                  then Suche := Suche(x, v ↑ .lkind, w)
                  else w := v; Suche := false
                  fi
             else if v ↑ .rkind ≠ nil
                  then Suche := Suche(x, v ↑ .rkind, w)
                  else w := v; Suche := false
                  fi
             fi
   end;
```

Der vierte Parameter von *Suche* ist eine Funktionsprozedur, die zwei const-Parameter vom Typ *int* hat und ein boolesches Ergebnis liefert. Im Rumpf von *Suche* benutzen wir einen Aufruf von *kleiner*, um die Relation zwischen x und $v{\uparrow}.inh$ zu entscheiden. Im Kontext der Deklarationen

```
function kleinernormal(const x, y: integer): boolean;
   begin kleinernormal := (x < y) end;
```

```
function kleinerseltsam(const x, y: integer): boolean;
   begin kleinerseltsam := (x * x < y * y) or
                        ((x * x ≥ y * y) and x < 0 and 0 < y).
   end
```

können wir dann mit einem Aufruf

$$Suche(\ \dots\ , kleinernormal)$$

in normal geordneten Suchbäumen und mit

$$Suche(\ \dots\ , kleinerseltsam)$$

in seltsam geordneten Suchbäumen suchen.   ∎

Beispiel 11 (Fortsetzung von Beispiel 3 aus Abschnitt 4.2): Wir geben eine
Prozedur *alle* an, die die Namen aller(!) Menschen auflisten kann, die jemals gelebt
haben. Wir setzen dazu den Typ

```
type person = record name: string;
                     besucht: boolean;
                     mutter: ↑person;
                     ehepartner: ↑person;
                     jüngsteskind: ↑person;
                     geschwister: ↑person
              end
```

voraus und nehmen an, daß bei einem Aufruf der Prozedur *alle* die *besucht*-
Komponente von allen Objekten vom Typ *person* den Wert *false* hat.

```
procedure alle(var v: ↑person)
    (* Vorbedingung: keine;
        Nachbedingung: druckt die Namen aller Menschen;
        Laufzeit: O(Anzahl der Nachfahren von v↑.name) *)
    begin if not v↑.besucht
        then v↑.besucht := true;
            print v↑.name;
            if v↑.ehepartner ≠ nil then alle(v↑.ehepartner) fi;
            if v↑.jüngsteskind ≠ nil then alle(v↑.jüngsteskind) fi;
            if v↑.geschwister ≠ nil then alle(v↑.geschwister) fi
        fi
    end;
```

Ein Aufruf *alle(v)* mit $v\uparrow.name =$ ”Adam” oder $v\uparrow.name =$ ”Eva” druckt
die Namen aller Menschen aus. Das sieht man wie folgt ein. Jeder Mensch ist
über *ehepartner-*, *jüngsteskind-* und *geschwister*-Verweise von *Adam* aus erreichbar.
Also wird *alle(v)* für jeden Menschen *v* aufgerufen. Da der erste Aufruf *alle(v)* die
Variable $v\uparrow.besucht$ auf *true* setzt, werden nur einmal von *v* aus weitere Aufrufe
initiiert. Also führt jeder Zeiger in unserem Geflecht der Menschen nur einmal zu
einem Aufruf, und daher ist die Laufzeit des obigen Aufrufs proportional zur Anzahl
der Menschen.   ∎

Beispiel 12 (dynamische Felder): Betrachte folgendes Programm

```
program Felder;
var n: integer;
procedure DynFeld(const n: integer);
            var a: array[1..n] of integer; var i: integer;
            begin i := 1;
                    while i ≤ n do read a[i]; i := i + 1 od
            end;
begin       read n;
            DynFeld(n)
end.
```

In diesem Programm lesen wir eine natürliche Zahl n ein und rufen dann eine Prozedur *DynFeld* auf. Im Rumpf von *DynFeld* deklarieren wir ein Feld a, dessen Größe von dem Parameter n abhängt. Felder, deren Größe von der Eingabe abhängt, nennt man **dynamische Felder**, Felder, bei denen das nicht der Fall ist, nennt man **statische Felder**. Manche Programmiersprachen, z.B. Pascal, erlauben keine dynamischen Felder, da die Realisierung solcher Felder auf einem Rechner wie RESA etwas komplexer ist als die der statischen Felder; vgl. Kapitel VII. Dynamische Felder sind sehr nützlich, wenn man die gleiche Aufgabe für wechselnde Problemgrößen lösen muß, vgl. Aufgaben 6 und 7. Ohne dynamische Felder muß man für solche Aufgaben dann ein statisches Feld vorsehen, das für alle Eingaben "hinreichend" groß ist. ∎

Zum Abschluß dieses Abschnitts behandeln wir noch zwei weitere Arten der Parameterübergabe: name-Parameter und value-Parameter.

Sei nun $XYZ\ n:\ t$ mit $XYZ \in \{$**name**, **value**$\}$, $n \in \langle Name \rangle$ und $t \in \langle kleiner\ Typ \rangle$ die Spezifikation eines name- oder value-Parameters einer Prozedur. Für den Rumpf der Prozedur ist dann für beide Parameterarten n der Name einer Variablen vom Typ t; das ist genau wie bei var-Parametern. Aber bei der Parameterübergabe geschieht etwas anderes. Bei einer value-Übergabe wird der aktuelle Parameter (das muß ein Ausdruck vom Typ t sein) ausgewertet (wie bei einer const-Übergabe) und dann der erhaltene Wert an die durch n bezeichnete Variable zugewiesen. Der Effekt ist also ähnlich wie bei einer const-Übergabe, allerdings ist n keine Konstantenbezeichnung. Daher sind auch Zuweisungen an n erlaubt. Solche Zuweisungen haben allerdings keinen Effekt auf den aktuellen Parameter. Bei der name-Übergabe werden alle Vorkommen des formalen Parameters im Rumpf von p durch den aktuellen Parameter (das muß ein Ausdruck vom Typ t sein) textlich ersetzt und dann der Rumpf ausgeführt.

Beispiel 13 (die verschiedenen Parameterübergaben): Wir betrachten folgendes PROSA-Programm.

```
program Übergabe;
var i: integer;
var B: array[1..2] of integer;
```

procedure q (**spec** x: **integer**);
    begin $i := 1$; $x := x + 2$; **print** x; $B[i] := 10$;
        $i := 2$; $x := x + 2$; **print** x
    end;
begin
    $B[1] := 1$; $B[2] := 1$; $i := 1$;
    $q(B[i])$; **print** $B[1]$; **print** $B[2]$
end.

Wir gehen nun für **spec** die vier Möglichkeiten **const, var, value** und **name**
durch. Im Fall der const-Übergabe verletzen die Wertzuweisungen $x := x + 2$
die Kontextbedingungen. In den drei anderen Fällen liegt ein legales PROSA-
Programm vor. Die folgende Tabelle gibt die Ausgabefolgen für die drei möglichen
Spezifikationen an.

Spezifikation	Ausgabefolge
var	3, 12, 12, 1
value	3, 5, 10, 1
name	3, 3, 10, 3

Wie erklären sich nun die verschiedenen Ausgabefolgen? Bei der var-Übergabe
arbeiten wir den Rumpf in der Umgebung von Abbildung 12 ab.

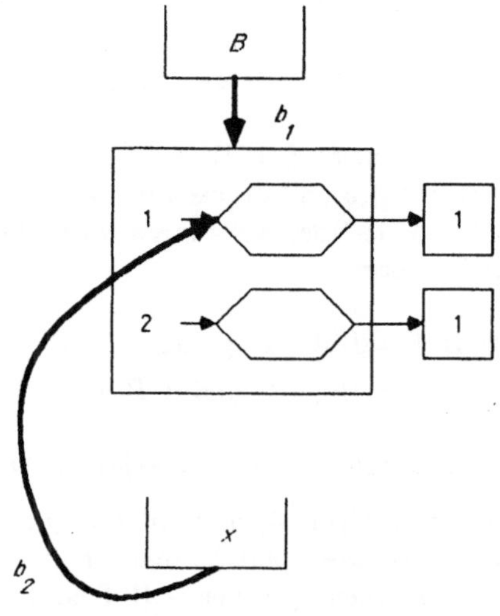

Abb. 12. var-Übergabe

Wir erhöhen daher zunächst $B[1]$ von 1 auf 3, drucken dann diesen Wert 3,
setzen dann $B[1]$ auf 10 und später auf 12. Die 12 wird dann wieder gedruckt und

346

die Endwerte von $B[1]$ und $B[2]$ sind 12 und 1. Bei der value-Übergabe führen
wir den Rumpf in der Umgebung von Abbildung 13 aus, d.h. x ist die Bezeichnung
einer neuen Variablen. Diese Varaible wird mit dem Wert des aktuellen Parameters
initialisiert.

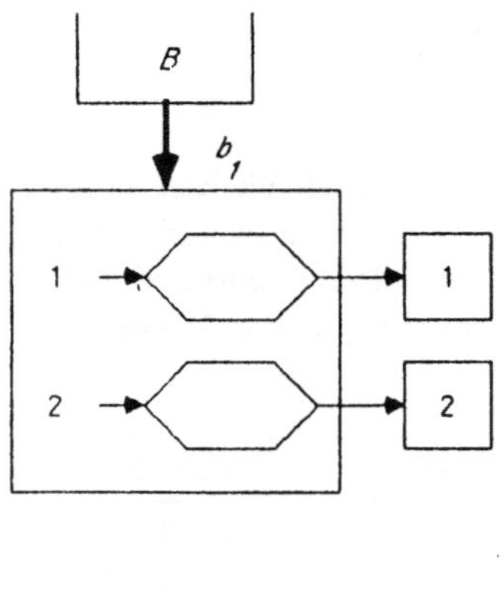

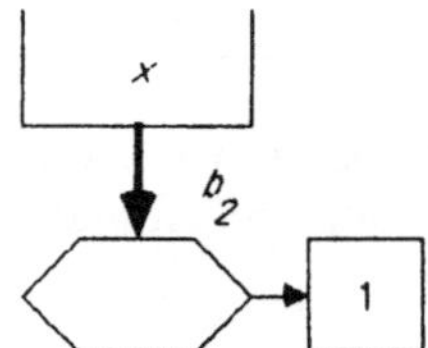

Abb. 13. value-Übergabe

Wir erhöhen zunächst x (nicht $B[1]$!) auf 3, drucken dann 3, setzen dann
$B[1]$ auf 10, erhöhen dann x auf 5 und drucken die 5. Die Endwerte von $B[1]$ und
$B[2]$ sind 10 und 1. Bei der name-Übergabe führen wir schließlich den modifizierten
Rumpf (x wird durch $B[i]$ ersetzt)

$$i := 1; \quad B[i] := B[i] + 2; \quad \textbf{print } B[i]; \quad B[i] := 10;$$
$$i := 2; \quad B[i] := B[i] + 2; \quad \textbf{print } B[i]$$

in der Umgebung des Hauptprogramms aus. Also ist die Ausgabefolge 3, 3, 10, 3. ∎

Name-Paramter gibt es in Algol 60; sie werden in moderneren Sprachen nicht
mehr benutzt, da ihr Effekt schwer überschaubar ist und sie schwer in RESA zu
realisieren sind. Fast alle modernen Sprachen (z.B. Pascal, Algol68, Ada) benutzen
stattdessen var-Parameter. Bei const- und value-Parametern gibt es keine Präferenz
der Sprachentwerfer; so gibt es z.B. in Algol 68 const-Parameter und in Pascal value-
Parameter (das Wortsymbol **value** braucht in Pascal nicht angegeben zu werden).

Aufgaben zu 6.2

1) Schreiben Sie eine rekursive Funktionsprozedur für das Prädikat $\leq_{lex}$.

2) Benutzen Sie die Prozeduren von Beispiel 10, um eine Menge von Zahlen zu sortieren. Hinweis: Lesen Sie die Menge elementweise vom Eingabeband ein (vgl. Beispiel 6 aus Abschnitt 4.2) und bauen Sie mit Hilfe der Prozedur *Einfüge* einen Suchbaum auf. Geben Sie dann mit Hilfe der Prozedur *Auflisten* die Menge in sortierter Reihenfolge aus. Welchen Baum bauen sie für die Eingabefolge 1, 17, 10, 13, 8, 16, 4, 7 auf und welchen Baum für die Eingabefolge 1, 2, 3, 4, 5, 6?

Geben Sie die Laufzeit des Sortierverfahrens als Funktion der Länge der Eingabefolge an. Wie vergleicht sich die Laufzeit mit der des Verfahrens von Beispiel 6 aus Abschnitt 4.2? Welches Verfahren ist für eine "zufällige" Eingabefolge besser? Eine Beantwortung der letzten Frage verlangt zunächst eine Präzisierung des Begriffs zufällig.

Formulieren Sie auch die Prozedur *Einfüge* mit einem Prozedurparameter für die Ordnungsrelation.

3) In Beispiel 10 lernten wir eine PROSA-Darstellung für binäre Baumbereiche kennen. Geben Sie Prozeduren an, die die in Abschnitt 1.4 definierten Funktionen auf Bäumen (z.B. *höhe, unterbaum, blattwort,...*) zumindest für binäre Baumbereiche realisieren.

Wie könnte eine PROSA-Darstellung für beliebige Baumbereiche aussehen? Hinweis: Abstammungsbäume wie in Beispiel 11 sind beliebige Baumbereiche. Erweitern Sie nun Ihre Lösungen auf beliebige Baumbereiche.

4) (Sortieren durch Mischen): Gegeben sei eine Folge (in PROSA: eine lineare Liste) von n Zahlen. Man teile die Folge in zwei Teilfolgen der Länge $\lfloor n/2 \rfloor$ bzw. $\lceil n/2 \rceil$ und sortiere diese beiden Teilfolgen. Dazu wende man das selbe Verfahren rekursiv an. Die beiden sortierten Teilfolgen mischt man dann zu einer sortierten Folge zusammen.

  a) Schreiben Sie eine Funktionsprozedur *Mische*(**var** a, b: ↑ *element*): ↑ *element*, die zwei sortierte lineare Listen a und b zu einer sortierten Liste zusammenmischt. Laufzeit?

  b) Schreiben Sie eine Funktionsprozedur *Mischsort*(**var** a: ↑ *element*; **const** n: **integer**): ↑ *element*, die eine lineare Liste a der Länge n nimmt und diese Liste sortiert wieder abliefert. Laufzeit?

5) (Fortsetzung von Beispiel 8) Sei $G = (N, T, P, S)$ eine kontextfreie Grammatik und sei $w \in L_G$ ein Wort. Schreiben Sie eine Prozedur, die eine kanonische Ableitung von w berechnet und ausgibt. Etwas genauer, sei etwa $S \xrightarrow[kan]{} \alpha_1 \xrightarrow[kan]{} \alpha_2 \xrightarrow[kan]{} \ldots \xrightarrow[kan]{} w$ eine kanonische Ableitung von w und sei $p_i \in P$ die beim Übergang von α_i nach α_{i+1} benutzte Produktion. Dann soll die Prozedur die

348

Folge p_0, p_1,... ausgeben. Hinweis: Ändern Sie die Prozedur *zerlege* so ab, daß Sie eine Ableitung (als lineare Liste) berechnet.

6) Auf dem Eingabeband stehe eine Zahl $n \in \mathbb{N}$, gefolgt von n Zahlen $a_1, \dots, a_n \in \mathbb{N}$. Schreiben Sie ein Programm, das diese n Zahlen in ein Feld einliest und dann in der Reihenfolge $a_n, \dots, a_1$ wieder ausgibt. Hinweis: Erweitern Sie die Prozedur *DynFeld* von Beispiel 12. Gibt es auch eine Lösung, die mit statischen Feldern auskommt und für beliebiges $n \in \mathbb{N}$ funktioniert?

7) Sei G eine kontextfreie Grammatik in Chomsky-Normalform (vgl. Beispiel 8). Schreiben Sie ein Programm, das ein Wort w vom Eingabeband einliest und das Prädikat $w \in L_G$ berechnet und ausgibt. Hinweis: Schreiben Sie einen geeigneten Rahmen für die Prozedur *zerlege* von Beispiel 8.

8) Schreiben Sie wie in Beispiel 2 eine Prozedur, die zwei Werte von Integervariablen miteinander vertauscht. Spezifizieren Sie diesmal die formalen Parameter als name-Parameter. Was passiert bei einem Aufruf von der Form $tausche(i, A[i])$ bzw. $tausche(A[i], i)$?

9) Betrachten Sie folgendes Programm.

```
program seltsam;
var i: integer;
var a: array[1..10] of integer;
procedure b(spec x: integer);
          begin i := 1;
                  while i ≤ 10 do x := i; i := i + 1 od
          end;
begin i := 7;
      b(a[i]);
      print a[10]
end.
```

Was ist die Ausgabe für **spec** $\in \{\mathbf{name}, \mathbf{value}, \mathbf{var}\}$?

10) Schreiben Sie eine Funktionsprozedur *Trapez*, die das Integral

$$\int_a^b \delta(x)dx$$

gemäß der Näherung $(b - a)(\delta(x) + \delta(y))/2$ berechnet. *Trapez* sollte zwei const-Parameter und einen proc-Parameter der Art **function (const : real): real** haben.

6.3 Die Syntax von PROSA mit Prozeduren

In diesem Abschnitt behandeln wir die Syntax (kontextfreie Grammatik und Kontextbedingungen) von PROSA mit Prozeduren, im Abschnitt 6.4 definieren wir dann die Semantik. Große Teile des Abschnitts 6.4 können auch ohne genaue Kenntnis von 6.3 gelesen werden. Für die Formulierung der Kontextbedingungen gehen wir in gewohnter Weise vor; wir zeigen zunächst, wie man aus den Deklarationsteilen das Attribut *KONTEXT* aufbaut, und dann, wie man dieses im Anweisungsteil benutzt, um Typkorrektheit zu überprüfen.

Jeder Block eines PROSA-Programms hat seinen eigenen Deklarationsteil. Es ist durchaus erlaubt und sinnvoll, denselben Namen in verschiedenen Blöcken zu deklarieren. Natürlich müssen wir im Hinblick auf die Semantik die verschiedenen deklarierenden Vorkommen eines Namens auseinanderhalten, d.h. jedem angewandten Vorkommen eines Namens (ein angewandtes Vorkommen eines Namens ist eine Anwendung der Produktion ⟨ang Name⟩ → ⟨Name⟩) das gemäß den "Sichtbarkeitsregeln" der Programmiersprache zugehörige deklarierende Vorkommen zuordnen. Dieses Problem nennt man die "Identifikation von Namen". Die PROSA-Maschine verwaltet alle gültigen Bindungen von Namen auf einem Bindungskeller und realisiert die Sichtbarkeitsregeln von PROSA durch die Art, wie sie angewandte Namen im Bindungskeller sucht. Die Formulierung der Kontextbedingungen wird im Stil von Kapitel III und IV vorgenommen, nachdem vorher die Programme durch konsistente Umbenennung namenseindeutig gemacht worden sind. Konsistente Umbenennung betrifft immer ein deklarierendes Vorkommen eines Namens und alle zugehörigen angewandten Vorkommen. Die Identifikation von Namen muß also vor der Umbenennung erfolgen. Eindeutig gemacht werden die Namen, indem man sie mit einer eindeutigen Identifizierung der Prozedur versieht, in dem das zugehörige deklarierende Vorkommen steht. Diese Umbenennung wird in Abschnitt 6.3.1 beschrieben. Bei namenseindeutigen PROSA-Programmen können wir das Attribut *KONTEXT* in bekannter Weise aufbauen, indem wir sämtliche Deklarationen eines Programms durchgehen. Im Abschnitt 6.3.2 geben wir an, welche Information wir für Prozedur- und Funktionsnamen im Attribut *KONTEXT* aufnehmen. Im wesentlichen ist das die Folge der Arten der formalen Parameter. Den Anweisungsteil behandeln wir schließlich im Abschnitt 6.3.3. Dort zeigen wir, wie man die Kontextinformation ausnutzt, um die Typenkorrektheit von PROSA-Programmen zu garantieren.

Als Vorbereitung für die nächsten beiden Abschnitte stellen wir kurz die endgültige kontextfreie Grammatik des Deklarationsteils zusammen. PROSA-Programme (wie auch Pascal-Programme) sind mit einem Namen versehene Blöcke. Ein Block besteht aus einem Deklarationsteil und einem Anweisungsteil, der mit **begin** – **end** geklammert ist. Der Deklarationsteil enthält eine (möglicherweise leere) Folge von Konstantendeklarationen, gefolgt von einer für Typen, einer für Variablen und einer für Prozeduren.

⟨Programm⟩ → **program** ⟨name⟩; ⟨Block⟩.

350

⟨Block⟩ → ⟨De Teil⟩ **begin** ⟨An Teil⟩ **end**

⟨De Teil⟩ → ⟨const De Teil⟩⟨type De Teil⟩⟨var De Teil⟩⟨proc De Teil⟩

Die Deklarationsteile für Konstanten, Typen, Variablen, Felder und Verbunde wurden in den Kapiteln III und IV behandelt. Wir übernehmen sie mit einer Änderung. In Felddeklarationen erlauben wir jetzt beliebige ganzzahlige Ausdrücke auf Grenzposition, verlangen aber, daß alle in solchen Ausdrücken auftretenden Variablenbezeichnungen global sind und daß keine Aufrufe von Funktionsprozeduren vorkommen. Die Kontexbedingung der Produktion ⟨Grenze⟩ → ⟨Ausdr⟩ wird also entsprechend abgeändert. Die erste Einschränkung verbietet lokale Variablenbezeichnungen, weil diese ja sicher noch keinen Wert haben, wenn die Felddaklaration abgearbeitet wird. Die zweite Einschränkung ist unnatürlich (es gibt sie daher z.B. in ALGOL 60 und ALGOL 68 nicht) und ist durch unsere Art der Definition der Semantik von Funktionsprozeduren (siehe Abschnitt 6.4) bedingt. Wir behandeln dort Funktionsprozeduren als syntaktischen Zucker und führen sie auf eigentliche Prozeduren zurück. Aufrufe eigentlicher Prozeduren sind aber im Deklarationsteil nicht erlaubt. Der Deklarationsteil für Prozeduren ist eine (möglicherweie leere) Folge von Prozedurdeklarationen getrennt durch Strichpunkt.

⟨proc De Teil⟩ → ⟨proc De Folge⟩; | ε

⟨proc De Folge⟩ → ⟨proc De Folge⟩; ⟨proc De⟩ | ⟨proc De⟩

Eine Prozedurdeklaration besteht aus dem Wortsymbol **procedure** oder **function**, dem Namen der Prozedur, der Liste der Spezifikation der formalen Parameter und dem Rumpf. Bei einer Funktionsprozedur kommt noch die Spezifikation des Ergebnistyps hinzu. Der Rumpf ist ein Block. Der erweiterte Rumpf besteht aus der Parameterspezifikationsliste und dem Rumpf.

⟨proc De⟩ → **procedure** ⟨def Name⟩ ⟨erw Proc Rumpf⟩ |
        function ⟨def Name⟩ ⟨erw Func Rumpf⟩

⟨erw Proc Rumpf⟩ → ⟨Par Spez Liste⟩; ⟨Block⟩

⟨erw Func Rumpf⟩ → ⟨Par Spez Liste⟩ : ⟨kleiner Typ⟩; ⟨Block⟩

⟨Par Spez Liste⟩ → ε | (⟨Par Spez Folge⟩)

⟨Par Spez Folge⟩ → ⟨Par Spez⟩ | ⟨Par Spez Folge⟩; ⟨Par Spez⟩

Eine Parameterspezifikation besteht aus dem Wortsymbol **const**, **var**, **procedure** oder **function**, einem Namen und einem Typ. Bei einem Prozedurparameter besteht der Typ aus der Folge der Arten der Parameter und gegebenenfalls einem Ergebnistyp.

⟨Par Spez⟩ → **const** ⟨def Name⟩ : ⟨elem Typ⟩ |
        var ⟨def Name⟩ : ⟨kleiner Typ⟩ |
        var ⟨def Name⟩ : ⟨Feld Par Typ⟩ |
        procedure ⟨def Name⟩(⟨Art Folge⟩) |
        function ⟨def Name⟩(⟨Art Folge⟩) : ⟨kleiner Typ⟩

Bei der Spezifikation eines formalen Feldparameters ist eine Änderung der Syntax gegenüber der Felddeklaration nötig. In einer Felddeklaration sind Ausdrücke auf Grenzpositionen erlaubt; ihre Auswertung ergibt die Feldgrenzen. In der Spezifikation eines Feldparameters erlauben wir nur definierend auftretende Namen auf Grenzpositionen; diese Namen "erben" bei einem Prozeduraufruf ihre Werte von den entsprechenden Grenzen des aktuellen Parameters. Die Produktionen für ⟨*Feld Par Typ*⟩ lauten deshalb:

⟨*Feld Par Typ*⟩ → **array**[⟨*def Grenzfolge*⟩] **of** ⟨*kleiner Typ*⟩

⟨*def Grenzfolge*⟩ → ⟨*def Name*⟩..⟨*def Name*⟩ |
  ⟨*def Name*⟩..⟨*def Name*⟩, ⟨*def Grenzfolge*⟩

6.3.1 Namenseindeutige PROSA-Programme

Derselbe Name darf in einem PROSA-Programm an mehreren Stellen definiert werden, allerdings in jeder Prozedur höchstens einmal. Wird ein Name an mehreren Stellen definiert, so liegt eine **Namenskollision** vor. In dem Beispiel von Abbildung 1 liegen Namenskollisionen bezüglich der Namen *element* und *x* vor.

Wir zeigen in diesem Abschnitt, wie man Namenskollisionen durch konsistente Umbenennung von deklarierenden und allen zugehörigen angewandten Vorkommen auflösen kann und so jedes PROSA-Programm in ein namenseindeutiges Programm umformen kann. Diese Umformung geschieht in der Praxis während der Übersetzung und ist für den Programmierer nicht sichtbar. Wir nutzen die Umbenennung nur zur Überprüfung der Kontextbedingungen aus; die PROSA-Maschine selbst bearbeitet das ursprüngliche Programm. Wir behandeln die Umbenennung aus didaktischen Gründen in zwei Schritten. Im ersten Schritt leiten wir einen Algorithmus zur Umbenennung her und im zweiten Schritt skizzieren wir dann, wie die Kollisionsauflösung mit Hilfe einer attributierten Grammatik geschehen kann.

Definierende Vorkommen von Namen gibt es in PROSA-Programmen an zwei syntaktischen Positionen:

1) Im Deklarationsteil des Hauptprogramms oder einer Prozedur P. Diese definierenden Vorkommen werden durch die Produktionen der Form

$$\langle \ldots\ De \rangle \rightarrow XYZ \ \langle def\ Name \rangle \ldots$$

mit $XYZ \in \{$**const, var, type, procedure, function**$\}$ erzeugt. Wir ordnen diese definierenden Vorkommen dem Hauptprogramm bzw. dem Rumpf von P zu.

```
          program beispiel1;
          type element = record inh: integer;
                                nachf: ↑element
                      end;
          var y : ↑element ; var x : integer;
          procedure p (var a:↑element) ;
     B₂   var element: real;
          begin
              a↑.nachf↑.inh := 5; element := 1.0
          end;
B₁
          procedure q;
     B₃   var x: integer;
          begin
              x:= 6;
              p(y)
          end;
          begin
              x:= 5;
              p(y);
              q
          end.
```

Abb. 1. Ein Beispielprogramm. Es gibt drei Blöcke B_1, B_2 und B_3

2) In der formalen Parameterliste einer Prozedur. Diese definierenden Vorkommen werden durch die Produktionen

$$\langle Par\ Spez\rangle \rightarrow XYZ\ \langle def\ Name\rangle \dots$$

mit $XYZ \in \{\mathbf{const}, \mathbf{var}, \mathbf{procedure}, \mathbf{function}\}$ erzeugt. Auch diese definierenden Vorkommen ordnen wir dem Prozedurrumpf zu.

Wenn wir definierende Vorkommen nach ihrer syntaktischen Position unterscheiden wollen, benutzen wir den Begriff **deklarierendes Vorkommen** für die Vorkommen nach 1) und **spezifizierendes Vorkommen** für die Vorkommen nach 2). In unserem Beispiel von Abbildung 1 gibt es definierende Vorkommen von *element* zu den Blöcken B_1 und B_2, von y zum Block B_1 und von x zu den Blöcken B_1 und B_3, von p und q zum Block B_1 und von a zum Block B_2. Beachten Sie dabei, daß bei Prozedurdeklarationen das definierende Vorkommen des Prozedurnamens zum umfassenden Block gehört, die der formalen Parameter aber zum Prozedurrumpf, vgl. Abbildung 2.

```
program beispiel1;
type element = record inh: integer;
                       nachf: ↑ element
             end;
var y : ↑ element; var x: integer;
procedure p (var a: element);
var element: real;
begin
    a ↑ .nachf ↑ .inh := 5; element := 1.0
end;
procedure q;
var x: integer;
begin
    x := 6;
    p(y)
end;
begin
    x := 5;
    p(y);
    q
end.
```

Abb. 2. Definierende Vorkommen im gepunkteten Bereich sind dem Block B_2 zugeordnet (vgl. Abb. 1).

Ein PROSA-Programm heißt **namenseindeutig**, wenn es für jeden Namen $x \in$ ⟨*Name*⟩ höchstens ein definierendes Vorkommen gibt. Falls ein PROSA-Programm nicht namenseindeutig ist, müssen wir die Kollision durch Umbenennung aufheben. Dazu klären wir zunächst den Begriff des angewandten Vorkommens eines Namens. **Angewandte Vorkommen** eines Namens sind alle diejenigen Vorkommen des

Namens, die nicht definierend sind. In unserem Beispiel von Abbildung 1 tritt der Name *element* viermal angewandt auf, nämlich in:

type *element* = **record** *inh*: **integer**;
$\qquad\qquad\qquad$ *nachf*: ↑*element*
$\qquad\quad$ **end**;
var *y*: ↑*element*;
procedure *p*(**var** *a*: ↑*element*);
element := 1.0;

Die ersten drei angewandten Vorkommen beziehen sich auf das definierende Vorkommen von *element* im Block B_1 (nach **type**), denn der Block B_1 ist der kleinste Block, der ein definierendes Vorkommen von *element* enthält und das angewandte Vorkommen textuell umfaßt. Entsprechend bezieht sich das vierte angewandte Vorkommen auf das definierende Vorkommen im Block B_2 (nach **var**). Wir legen nun diesen Zusammenhang zwischen definierenden und angewandten Vorkommen allgemein fest (als Wiederholung von Abschnitt 6.1) und führen zusätzlich eine Notation ein.

Definition:

a) Sei *av* ein angewandtes Vorkommen eines Namens x und sei B der kleinste Block, der das angewandte Vorkommen *av* textuell umfaßt und zu dem ein definierendes Vorkommen *dv* von x gehört. Dann ist *dv* das zu *av* gehörige definierende Vorkommen.

b) Sei *dv* ein definierendes Vorkommen eines Namens. Dann definieren wir

$$Av(dv) = \{av \mid dv \text{ ist das zum angewandten Vorkommen } av \text{ gehörige definierende}$$
$$\text{Vorkommen}\}.$$

In unserem Beispiel von Abbildung 1 besteht die Menge Av(definierendes Vorkommen von *element* im Block B_1) aus drei angewandten Vorkommen, nämlich in *nachf*: ↑*element*, *y*: ↑*element* und *a*: ↑*element*.

Wir wollen noch auf eine Konsequenz dieser Festlegung in Prozedurdeklarationen hinweisen. Betrachte etwa eine Deklaration **procedure** *p*(*fpf*); ... **begin** ... **end** in einem Block B. Das Vorkommen von *p* ist ein definierendes Vorkommen im Block B. Die definierenden Vorkommen von Namen in den Parameterspezifikationen *fpf* sind definierende Vorkommen im Rumpf der Prozedur und daher in B außerhalb der Prozedurdeklaration nicht sichtbar. Dies entspricht genau dem Prinzip der Modularität. Die Bedeutung von angewandten (Typ-)Namen in den Parameterspezifikationen ist durch die Deklarationen im Block B und den umfassenden Blöcken festgelegt. Daher bezieht sich in unserem Beispiel von Abbildung 1 das angewandte Vorkommen von *element* in **var** *a*: ↑*element* auf das definierende Vorkommen im Block B_1.

Wir können nun unseren **Algorithmus zur Herstellung der Namensein-deutigkeit** formulieren.

Sei p ein PROSA-Programm und seien $dv_1, dv_2, \ldots, dv_k$ die definierenden Vorkommen von Namen in p. Wähle eine injektive Abbildung

$$subst : \{dv_1, \ldots, dv_k\} \to \langle Name \rangle$$

und konstruiere PROSA-Programm p' aus p wie folgt. Für alle i, $1 \leq i \leq k$, tue: Ersetze alle Vorkommen in $\{dv_i\} \cup Av(dv_i)$ durch $subst(dv_i)$.

```
program beispiel1;

type element = record inh: integer;
                       nachf: ↑ element
                end;
var y : ↑ element ; var x : integer;
procedure p (var a1: ↑ element) ;
var element1: real;
begin
    a1↑ .nachf↑ .inh := 5; element1 = 1.0
end;
procedure q;
var x2: integer;
begin
    x2:= 6;
    p(y)
end;
begin
    x:= 5;
    p(y);
    q
end.
```

Abb. 3. Das Programm von Abbildung 1 mit eindeutigen Namen

In unserem Beispiel erhalten wir das Programm von Abbildung 3. Die Abbildung *subst* haben wir dabei in Anlehnung an die Vorgehensweise in realen Übersetzern wie folgt gewählt. Die Abbildung 4 gibt die Schachtelung der Prozeduren in unserem Beispiel wieder. Die Schachtelung der Prozeduren und des

Hauptprogramms ist baumartig und wir können daher jeder Prozedur ihre Position in diesem Baum zuweisen. Etwas genauer, diese Position, **Prozeduridentifizierung** genannt, ist ein Knoten, d.h. ein Element aus $\mathbb{N}^*$, und wird wie folgt definiert. Das Hauptprogramm hat die Prozeduridentifizierung $PI(\langle Programm \rangle) = \epsilon$. Ist P das Hauptprogramm oder eine Prozedur mit Prozeduridentifizierung p und sind $P_1, \ldots, P_n$ alle von P (in dieser Reihenfolge) direkt umfaßten Prozeduren, so hat P_i die Prozeduridentifizierung $PI(p) = p.(i)$ mit $1 \leq i \leq n$. In unserem Beispiel gilt also $PI(Hauptprogramm) = \epsilon$, $PI(p) = (1)$, $PI(q) = (2)$. Die Funktion $subst$ wählen wir dann wie folgt. Wenn dv ein definierendes Vorkommen des Namens n zum Hauptprogramm oder Prozedur P ist, dann ist $subst(n) = nPI(P)$. In unserem Beispiel haben wir vereinfachend die Folgeklammern weggelassen, d.h. wir schreiben, zum Beispiel, $x1$ statt $x(1)$.

<table>
<tr><td rowspan="3">Hauptprogramm —⎡
⎣</td><td>p</td></tr>
<tr><td></td></tr>
<tr><td>q</td></tr>
</table>

	Prozeduridentifizierung
HP	ϵ
p	(1)
q	(2)

Abb. 4. Die Schachtelung der Prozeduren im Programm von Abbildung 1

Im Rest des Abschnitts skizzieren wir, wie die Auflösung von Namenskollisionen formal durch eine attributierte Grammatik definiert werden kann. Für unser Beispiel gibt Abbildung 4 die Prozeduridentifizierungen wieder. Wir geben nun die Attributierung zur Berechnung der Prozeduridentifizierung und zur Auflösung von Namenskollisionen an. Zunächst ordnen wir den Nichtterminalen $\langle erw\ Proc\ Rumpf \rangle$, $\langle erw\ Func\ Rumpf \rangle$ und $\langle Block \rangle$ ein Attribut Prozeduridentifizierung PI zu, das wir wie folgt berechnen. Der Wert dieses Attributs wird gerade die soeben eingeführte Prozeduridentifizierung sein. Wir numerieren die Prozedurdeklarationen im Deklarationsteil mit Hilfe zweier Attribute E_ZB und A_ZB durch (siehe unten) und hängen dann die so berechnete Zahl an die Prozeduridentifizierung der umfassenden Prozedur an, um die Identifizierung der aktuellen Prozedur zu bestimmen. Beachten Sie, daß wir uns bei dieser informellen Beschreibung auf die Identifizierung der umfassenden Prozedur abgestützt haben. Das wollen wir auch in der formalen Beschreibung tun.

Dazu brauchen wir folgende Notation, die uns das Formulieren von Attributberechnungsregeln erleichtert. Sei A ein Attributname, seien $N_1, \ldots, N_k$ Nichtterminale und sei $X \to \alpha$ eine Produktion. Wenn wir in einer Attributberechnungsregel dieser Produktion die Notation $A(umfass\ N_1, \ldots, N_k)$ benutzen, dann meinen wir damit den Wert des Attributs A am jüngsten Vorfahr des mit X markierten Knoten, der mit einem der Nichtterminale $N_1, \ldots, N_k$ markiert ist. Mit anderen Worten: wir laufen im Ableitungsbaum von dem mit X markierten Knoten aus nach oben, bis wir auf einen mit N_1 oder N_2 oder ... oder N_k markierten Knoten treffen.

Der Wert des Attributs A an diesem Knoten wird durch $A(\mathit{umfass}\, N_1, \ldots, N_k)$ bezeichnet. Das Wort *umfass* erklärt sich dadurch, daß das Nach-oben-steigen im Ableitungsbaum dem textlichen Umfassen entspricht.

Die folgenden Produktionen beschreiben erst einmal die Berechnung der Prozeduridentifizierung PI in PROSA-Programmen. Dazu zählt man die von einem Block direkt umfaßten Blöcke mithilfe der Attribute E_ZB und A_ZB durch. E_ZB ist ererbtes Attribut, A_ZB ist abgleitetes Attribut. Bei einer Prozedurdeklarationsfolge ist E_ZB die Nummer der ersten Deklaration dieser Folge und A_ZB die Nummer der letzten Deklaration dieser Folge. Die relevanten Produktionen sind die folgenden.

$\langle Programm \rangle \rightarrow$ **program** $\langle Name \rangle;\ \langle Block \rangle.$
$PI(\langle Block \rangle) == \epsilon$

$\langle proc\ De\ Teil \rangle \rightarrow \langle proc\ De\ Folge \rangle;\ |\ \epsilon$
$E\_ZP(\langle proc\ De\ Folge \rangle) == 1$

$\langle proc\ De\ Folge \rangle \rightarrow \langle proc\ De\ Folge \rangle;\ \langle proc\ De \rangle$
$E\_ZP(\langle proc\ De\ Folge \rangle_2) == E\_ZP(\langle proc\ De\ Folge \rangle_1)$
$E\_ZP(\langle proc\ De \rangle) == A\_ZP(\langle proc\ De\ Folge \rangle_1) + 1$
$A\_ZP(\langle proc\ De\ Folge \rangle_1) == A\_ZP(\langle proc\ De\ Folge \rangle_2) + 1$

$\langle proc\ De\ Folge \rangle \rightarrow \langle proc\ De \rangle$
$E\_ZP(\langle proc\ De \rangle) == E\_ZP(\langle proc\ De\ Folge \rangle)$
$A\_ZP(\langle proc\ De\ Folge \rangle) == E\_ZP(\langle proc\ De\ Folge \rangle)$

$\langle proc\ De \rangle \rightarrow$ **procedure** $\langle def\ Name \rangle \langle erw\ Proc\ Rumpf \rangle$
$PI(\langle erw\ Proc\ Rumpf \rangle) == PI(\mathit{umfass}\ \langle Block \rangle).E\_ZP(\langle Proc\ De \rangle)$

$\langle proc\ De \rangle \rightarrow$ **function** $\langle def\ Name \rangle \langle erw\ Func\ Rumpf \rangle$
$PI(\langle erw\ Func\ Rumpf \rangle) == PI(\mathit{umfass}\ \langle Block \rangle).E\_ZP(\langle Proc\ De \rangle)$

$\langle erw\ Proc\ Rumpf \rangle \rightarrow \langle Par\ Spez\ Liste \rangle;\ \langle Block \rangle$
$PI(\langle Block \rangle) == PI(\langle erw\ Proc\ Rumpf \rangle)$

$\langle erw\ Func\ Rumpf \rangle \rightarrow \langle Par\ Spez\ Liste \rangle : \langle kleiner\ Typ \rangle;\ \langle Block \rangle$
$PI(\langle Block \rangle) == PI(\langle erw\ Func\ Rumpf \rangle)$

358

Wir benutzen nun diese Attributierung, um jedem definierenden Auftreten eines Namens die Prozeduridentifizierung des ihm zugeordneten Blocks zuzuweisen. Abbildung 5 zeigt Ausschnitte aus Strukturbäumen, die angeben, wo das richtige. Exemplar des Attributs *PI* zu finden ist.

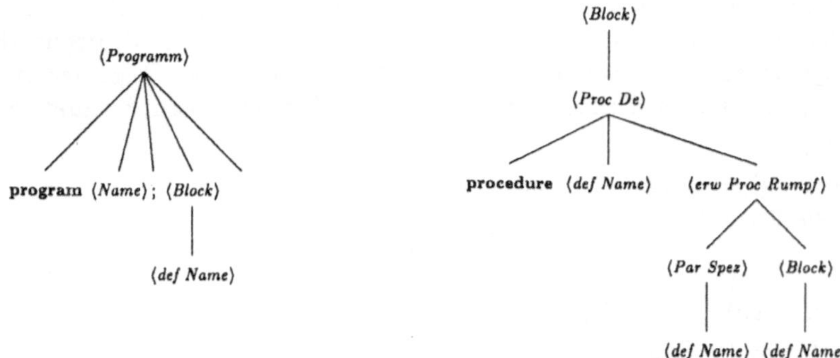

Abb. 5.   Relevante Baumausschnitte zur Bestimmung von $PI(\langle def\ Name\rangle)$

Ein Name, der im Hauptprogramm deklariert ist, bezieht seine Prozeduridentifizierung von dem Block des Hauptprogramms, spezifierende Vorkommen in Parameterlisten beziehen ihre Identifizierung vom nächst höheren Vorkommen von ⟨erw Proc Rumpf⟩ bzw. ⟨erw Func Rumpf⟩ und deklarierende Vorkommen in einer Prozedur vom nächst höheren Vorkommen von ⟨Block⟩. Insbesondere erhalten also formale Parameter und lokale Namen einer Prozedur die gleiche Identifizierung, der Name der Prozedur jedoch die des umfassenden Blocks. $PI(umfass\ \langle Block\rangle$, ⟨erw Proz Rumpf⟩, ⟨erw Func Rumpf⟩) liefert also die richtige Prozeduridentifizierung zu jedem definierenden Vorkommen. Diese Identifizierung fassen wir erst bei jedem definierenden, später auch bei jedem angewandten Vorkommen mit dem Namen zu einem **eindeutigen Namen** zusammen, den wir im Attribut *EIND_ID* ablegen. Über alle eindeutigen Namen führen wir in einem globalen Attribut *DEFVOR* Buch. An neuen Attributen und Attributwertbereichen haben wir dann:

Attribut	Attributwertbereich	bei Nichtterminalen
PI	*Pi*	⟨Block⟩, ⟨Proc De⟩, ⟨erw Proc Rumpf⟩, ⟨erw Func Rumpf⟩
EIND_ID	*Eind_Id*	⟨def Name⟩, ⟨ang Name⟩
DEFVOR	*Defvor*	⟨Programm⟩

mit

$$Pi = \mathbb{N}^*$$
$$Eind\_Id = \langle Name\rangle \times Pi$$
$$Defvor = \mathcal{P}(Eind\_Id)$$

Die folgende Produktion drückt die oben eingeführte Berechnung der Prozeduridentifizierung bei definierenden Vorkommen aus.

$\langle def\ Name\rangle \rightarrow \langle Name\rangle$

Bed.: $(ID(\langle Name\rangle), PI(umfass\ \langle erw\ Proc\ Rumpf\rangle, \langle erw\ Func\ Rumpf\rangle, \langle Block\rangle))) \notin$
$DEFVOR(\langle Programm\rangle)$

Dann: $EIND\_ID(\langle def\ Name\rangle) == (ID(\langle Name\rangle), PI(umfass\ \langle erw\ Proc\ Rumpf\rangle,$
$\langle erw\ Func\ Rumpf\rangle, \langle Block\rangle))$
$DEFVOR(\langle Programm\rangle) == DEFVOR(\langle Programm\rangle)$
$\cup\{EIND\_ID(\langle def\ Name\rangle)\}$

Dazu trägt sie einen eindeutigen Namen in das globale Attribut *DEFVOR* ein, wenn—und das ist eine neue Kontextbedingung—nicht zwei definierende Vorkommen des gleichen Namens einem Block zugeordnet sind. In diesem Fall wäre nämlich der Name unzulässigerweise doppelt deklariert.

Wir kommen nun zu den angewandten Vorkommen von Namen. Um die Prozeduridentifizierung des zugehörigen definierenden Vorkommens zu bestimmen, durchsuchen wir $DEFVOR(\langle Programm\rangle)$ nach einem Paar $(ID(\langle Name\rangle), pi)$, wobei pi ein maximaler Präfix von $PI(umfass\ \langle Block\rangle)$ ist. Die Details folgen:

$\langle ang\ Name\rangle \rightarrow \langle Name\rangle$

Bed.: $lookuppi(ID(\langle Name\rangle), PI(umfass\ \langle Block\rangle), DEFVOR(\langle Programm\rangle))$ definiert

Dann: $EIND\_ID(\langle ang\ Name\rangle) == (ID(\langle Name\rangle), lookuppi(ID(\langle Name\rangle),$
$PI(umfass\ \langle Block\rangle), DEFVOR(\langle Programm\rangle))))$

Dabei ist *lookuppi* die folgende in pseudo-PROSA rekursiv definierte Funktion.

```
function lookuppi(const name: Name, pi: Pi, defvor: Defvor): Pi;
    if (name, pi) ∈ defvor
    then lookuppi := pi
    else if pi ≠ ε
        then lookuppi := lookuppi(name, elter(pi), defvor)
        fi
    fi
end
```

Die Funktion *lookuppi* durchsucht also die Prozeduren des Programms von innen nach außen, angefangen mit dem das angewandte Vorkommen von *name* umfassenden Block. Es liefert die Prozeduridentifizierung des kleinsten Blocks ab, dem ein definierendes Vorkommen zugeordnet ist und der das angewandte Vorkommen textuell umfaßt.

Definierende und angewandte Namen haben nun das Attribut *EIND_ID*, während sie bisher (Kapitel III und IV) das Attribut *ID* hatten. Wir ersetzen deshalb in den Produktionen von Kapitel III und IV alle Vorkommen von $ID(\langle ang\ Name\rangle)$ und $ID(\langle def\ Name\rangle)$ durch $EIND\_ID(\langle ang\ Name\rangle)$ bzw. $EIND\_ID(\langle def\ Name\rangle)$.

Dann können wir das Attribut *KONTEXT* aus Kapitel IV übernehmen. Es hat natürlich nun als Ausprägungen Funktionen in

$$Kontext = Abb(Eind\_Id, Art).$$

Auch in der Menge der Arten ersetzen wir Namen durch eindeutige Namen. Ferner kommt die Menge der Prozedurarten neu hinzu. Wir behandeln die Einzelheiten im nächsten Abschnitt.

6.3.2 Das Attribut KONTEXT

Im Attribut *KONTEXT* merken wir uns wie bisher die Sorte und den Typ aller deklarierten Namen. Als Sorte eines Namens gab es bisher die Möglichkeiten *const*, *var*, *record*, *array* und *type* und zu jeder dieser Sorten gab es eine entsprechende Typmenge; vgl. Abschnitt 4.3.1. Wie bisher nennen wir ein Paar aus Sorte und Typ eine Art. Nun kommt eine neue Sorte *proc* für Prozedurnamen hinzu, d.h. von nun ab ist

$$Sorte = \{const, var, record, array, type, proc\}$$

und

$$Art = Constart \cup Varart \cup Verbundart \cup Feldart \cup Typart \cup Procart$$

mit

$$Procart = \{proc\} \times Proctyp.$$

Die Mengen *Constart*, *Varart*, *Verbundart*, *Feldart* und *Typart* wurden im Abschnitt 4.3.1 definiert. Wir übernehmen sie unverändert, außer daß wir die Definition von Zeigertyp (wird in *kleiner Typ* und damit in *Varart*, *Feldart*, *Verbundart* und *Typart* benutzt) ersetzen durch

$$Zeigertyp = \langle Name \rangle \times \mathbb{N}^*.$$

Damit ist der Tatsache Rechnung getragen, daß wir Namen durch Angabe einer Prozeduridentifizierung eindeutig machen.

Die Hauptaufgabe dieses Abschnitts ist die Definition der Menge *Proctyp*, d.h. die Definition des Typs einer Prozedur. Wir gehen dabei in vollkommener Analogie zu den Kapiteln III und IV vor. Die im Attribut *KONTEXT* vermerkte Art eines Namens soll es erlauben, die korrekte Verwendung des Namens im Anweisungsteil zu überprüfen. Prozedurnamen treten in Prozeduraufrufen angewandt auf. Ein Prozeduraufruf ist syntaktisch korrekt, wenn die Zahl der aktuellen Parameter im Aufruf mit der Zahl der formalen Parameter in der Deklaration übereinstimmt, und wenn die aktuellen Parameter die durch Sorte und Typ der formalen Parameter vorgeschriebenen Gestalt haben. Falls der formale Parameter etwa als var-Parameter des Typs *int* spezifiziert ist, dann muß der aktuelle Parameter Bezeichner einer ganzzahligen Variablen sein. Bei einer Funktionsprozedur kommt auch noch die entsprechende Bedingung für den Ergebnistyp dazu.

Beispiel 1: Die Deklaration

procedure f(**const** x: **integer**; **var** y: **integer**);

gibt dem Namen f die Art

$$(proc, (\ \underbrace{((const, int), (var, int))}_{\text{Folge der Arten der Parameter}} ,\ \underbrace{void}_{\text{Ergebnistyp}}\ )).$$

$$\underbrace{\qquad\qquad\qquad\qquad\qquad\qquad\qquad}_{\text{Typ der Prozedur}}$$

Der erste Parameter von f hat die Art $(const, int)$ und der zweite Parameter die Art (var, int). Die Folge der Arten der Parameter ist also $((const, int), (var, int))$. Da f eine eigentliche Prozedur ist, gibt es keinen Ergebnistyp. Wir schreiben dafür das Wortsymbol *void*. Beachten Sie, daß der Typ von f uns genaue Auskunft über die Aufrufmöglichkeiten von f gibt. Zunächst ist f eine eigentliche Prozedur (Ergebnistyp *void*). Ferner braucht f zwei aktuelle Parameter; der erste Parameter muß ein ganzzahliger Ausdruck sein und der zweite Parameter die Bezeichnung einer ganzzahligen Variablen. ∎

Beispiel 2: Die Deklaration

function g(**procedure** h(**const** : **integer**; **var** : **integer**)): *element*;

gibt g die Art

$$(proc, (((proc, (((const, int), (var, int)), void))), element)).$$

Die Prozedur g hat einen Parameter. Dieser Parameter hat Sorte $(proc, (t, void))$, wobei $t = ((const, int), (var, int))$. Also hat g die Art $(proc, (((proc, (t, void))), element))$ wie oben angegeben. Ein Aufruf $g(f)$, wo f die Prozedur von Beispiel 1 ist, ist zulässig; denn die Art von f ist gerade die Art des Parameters von g. ∎

Beispiel 3: Die Deklaration

procedure G(**var** X: **array**$[u1..o1, u2..o2]$ **of** ↑*element*);

gibt G die Art

$$(proc, (((array, (2, (var, element))))), void)),$$

da der Parameter die Art $(array, (2, (var, element)))$ hat. Im Kontext einer Deklaration

var Z: **array**$[1..5,1..5]$ **of** ↑*element*

wäre ein Aufruf $G(Z)$ zulässig. ∎

Beispiel 4: Die Deklaration

function a(**var** b: **array**$[u..o]$ **of** ↑*element*,

       procedure g(**var** : **array**$[\ ,\ ]$ **of** ↑*element*)): *element*;

gibt a die Art

$$(proc, (f, element)),$$

wobei $f = (a_1, a_2)$ und a_i die Art des i-ten formalen Parameters ist, $i = 1, 2$. Der erste Parameter ist ein eindimensionales Feld, dessen Komponenten von Typ *element* sind, also

$$a_1 = (array, (1, (var, element))).$$

Der zweite Parameter ist eine eigentliche Prozedur, also

$$a_2 = (proc, (f_1, void)),$$

wobei f_1 die Artfolge der formalen Parameter ist. Der formale Parameter von g ist ein zwei-dimensionales Feld, dessen Komponenten Variablen von Typ *element* sind, also

$$f_1 = ((array, (2, (var, element)))).$$

Durch Einsetzen ergibt sich die Art von a als folgender in linearer Schreibweise kaum lesbarer Ausdruck:

$$(proc, (((array, (1, (var, element)))), (proc, (((array, (2, (var, element))))),$$
$$void))), element)).$$

Beachten Sie aber, daß dieser Ausdruck eine einfache Struktur hat, (vgl. Abbildung 6) und daher für maschinelle Verarbeitung gut geeignet ist.

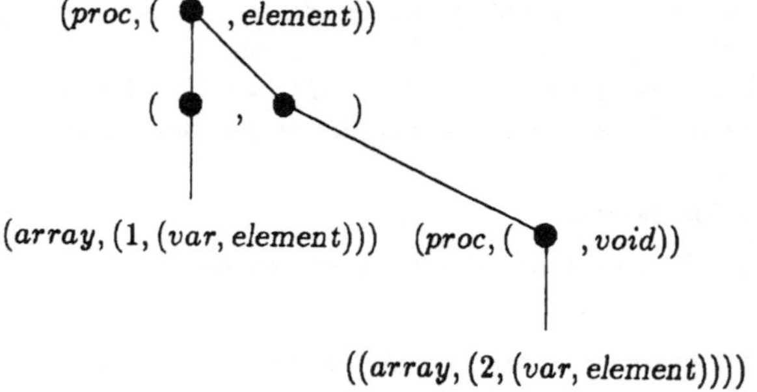

Abb. 6

Wir wollen uns noch die beiden Feldparameter genauer anschauen. Die Grenzangaben u und o treten in der Parameterliste definierend als Bezeichnung für ganzzahlige Konstanten auf. Dies werden wir auch im Attribut *KONTEXT* vermerken und können so die korrekte Verwendung dieser Namen im Rumpf von a überprüfen. Für die Aufrufe von a ist aber nur wichtig, daß der erste Parameter ein eindimensionales Feld ist; die Namen der Grenzen spielen dafür keine Rolle. Daher erscheinen die Namen u und o auch nicht in der Art von a. Die Liste hinter dem Namen g beschreibt den Typ des formalen Prozedurparameters g. Hier ist nur von Interesse, daß g ein zweidimensionales Feld (Dimensionsangabe [,]) als Parameter erwartet. Namen für die Grenzen brauchen wir natürlich nicht.

Im Kontext der Deklaration

var B: **array**[1..10] **of** ↑*element*

wäre dann etwa der Aufruf a(B, G) möglich. Beachten Sie, daß a_2 gerade die Art der Prozedur G aus Beispiel 3 ist.   ∎

Beispiel 5:   Wir geben nun das Attribut *KONTEXT* für das Programm von Abbildung 1 im Abschnitt 6.3.1 an:

$$(element, \epsilon) \rightarrow (record, \left\{ \begin{array}{l} inh \rightarrow (var, int) \\ nachf \rightarrow (var, (element, \epsilon)) \end{array} \right\})$$

$$(y, \epsilon) \rightarrow (var, (element, \epsilon))$$

$$(x, \epsilon) \rightarrow (var, int)$$

$$(p, \epsilon) \rightarrow (proc, (((var, (element, \epsilon))), void))$$

$$(a, 1) \rightarrow (var, (element, \epsilon))$$

$$(element, 1) \rightarrow (var, real)$$

$$(x, 2) \rightarrow (var, int)$$

Man sieht hier sehr schön, wie die verschiedenen definierenden Vorkommen durch die Prozeduridentifizierungen auseinandergehalten werden. Man sieht auch, daß die angewandten Vorkommen des Typnamen *element* sich sämtlich auf die Deklaration im Hauptprogramm beziehen. Die Überprüfung der Kontextbedingungen in den Anweisungsteilen geschieht mit der im Attribut *KONTEXT* aufgesammelten Information ganz leicht. Wir gehen darauf im Abschnitt 6.3.3 ein.   ∎

Nach diesen einführenden Beispielen geben wir nun die Regeln zur Berechnung von *KONTEXT* genau an. Das Attribut *KONTEXT* bestimmt sich genau wie bisher durch Aufsammeln der Artbindungen der einzelnen Deklarationen. Die Artbindungen für Konstanten-, Typ- und var-Deklarationen berechnen sich genau wie bisher; wir müssen nun noch die Regeln für Prozedurdeklarationen angeben. Ein Prozedurtyp ist ein Paar, bestehend aus der Folge der Arten der Parameter und dem Ergebnistyp. Der Ergebnistyp ist entweder *void* (bei eigentlichen Prozeduren) oder ein kleiner Typ. Damit ist

$$Proctyp = Art^* \times (kleiner\ Typ \cup \{void\})$$

Wir gehen nun die Produktionen des Prozedurdeklarationsteils durch. Wir benutzen dabei die neuen Attribute *PARSPEZ* und *PARSPEZFOLGE*. Das Attribut *PARSPEZ* mit Wertbereich *Art* nimmt die Art eines formalen Parameters auf und das Attribut *PARSPEZFOLGE* mit Wertbereich *Art** nimmt die Folge der Arten einer formalen Parameterliste auf.

Die ersten beiden Produktionen sind die Deklarationen einer eigentlichen bzw.
einer Funktionsprozedur. Der Leser sollte beim Lesen der nächsten Seiten immer
wieder auf die vorangegangenen Beispiele zurückgreifen.

$\langle proc\ De\rangle \rightarrow$ **procedure** $\langle def\ Name\rangle\langle erw\ Proc\ Rumpf\rangle$

$AB(\langle proc\ De\rangle) == \{EIND\_ID(\langle def\ Name\rangle) \rightarrow (proc, TYP(\langle erw\ Proc\ Rumpf\rangle))\}$

$\langle erw\ Proc\ Rumpf\rangle \rightarrow \langle Par\ Spez\ Liste\rangle; \langle Block\rangle$

$TYP(\langle erw\ Proc\ Rumpf\rangle) == (PARSPEZFOLGE(\langle Par\ Spez\ Liste\rangle), void)$

Erläuterung: Der Typ einer eigentlichen Prozedur ist ein Paar $(psf, void)$ mit $psf \in$
Art^*. Die Folge psf der Arten der formalen Parameter berechnet sich aus der Liste
der Parameterspezifikationen.

$\langle proc\ De\rangle \rightarrow$ **function** $\langle def\ Name\rangle\langle erw\ Func\ Rumpf\rangle$

$AB(\langle proc\ De\rangle) == \{EIND\_ID(\langle def\ Name\rangle) \rightarrow (proc, TYP(\langle erw\ Func\ Rumpf\rangle))\}$

$\langle erw\ Func\ Rumpf\rangle \rightarrow \langle Par\ Spez\ Liste\rangle : \langle kleiner\ Typ\rangle; \langle Block\rangle$

$$TYP(\langle erw\ Func\ Rumpf\rangle) == (PARSPEZFOLGE(\langle Par\ Spez\ Liste\rangle),$$
$$TYP(\langle kleiner\ Typ\rangle))$$

Erläuterung: Der Typ einer Funktionsprozedur ist ein Paar $(psf, t) \in Art^* \times$
kleiner Typ. Die Folge psf berechnet sich aus der Liste der Parameterspezifikation und der Typ t berechnet sich aus dem angegebenen Ergebnistyp.

Die nächsten Regeln sagen uns, daß wir in einer Parameterspezifikationsliste
die Information der einzelnen Spezifikationen sammeln.

$\langle Par\ Spez\ Liste\rangle \rightarrow \epsilon$

$PARSPEZFOLGE(\langle Par\ Spez\ Liste\rangle) == \epsilon$

$\langle Par\ Spez\ Liste\rangle \rightarrow (\langle Par\ Spez\ Folge\rangle)$

$PARSPEZFOLGE(\langle Par\ Spez\ Liste\rangle) == PARSPEZFOLGE(\langle Par\ Spez\ Folge\rangle)$

$\langle Par\ Spez\ Folge\rangle \rightarrow \langle Par\ Spez\rangle$

$PARSPEZFOLGE(\langle Par\ Spez\ Folge\rangle) == PARSPEZ(\langle Par\ Spez\rangle)$

$\langle Par\ Spez\ Folge\rangle \rightarrow \langle Par\ Spez\ Folge\rangle; \langle Par\ Spez\rangle$

$PARSPEZFOLGE(\langle Par\ Spez\ Folge\rangle_1) ==$
$$PARSPEZFOLGE(\langle Par\ Spez\ Folge\rangle_2).PARSPEZ(\langle Par\ Spez\rangle)$$

Wir kommen nun zu den einzelnen Parameterspezifikationen; zunächst die const-
Parameter.

$\langle Par\ Spez \rangle \rightarrow$ **const** $\langle def\ Name \rangle : \langle elem\ Typ \rangle$

$PARSPEZ(\langle Par\ Spez \rangle) == (const, TYP(\langle elem\ Typ \rangle))$
$AB(\langle Par\ Spez \rangle) == \{EIND\_ID(\langle def\ Name \rangle) \rightarrow PARSPEZ(\langle Par\ Spez \rangle)\}$

Erläuterung: Bei einem const-Parameter von Typ t ist die Art $(const, t)$. Dieses Paar merken wir uns im Attribut *PARSPEZ*. Für den Rumpf der Prozedur ist die Parameterspezifikation gleichwertig mit der einer Konstantendeklaration. Daher nehmen wir auch

$$EIND\_ID(\langle def\ Name \rangle) \rightarrow PARSPEZ(\langle Par\ Spez \rangle)$$

in den *KONTEXT* des Programms auf. Erinnern Sie sich dabei, daß wir in *KONTEXT* die Artbindung sämtlicher Deklarationen und Spezifikationen aufsammeln.

Als nächstes behandeln wir die var-Parameter. Für den Rumpf ist die Spezifikation eines var-Parameters gleichwertig mit einer entsprechenden Deklaration. Daher berechnen wir die Art der Spezifikation in genau der gleichen Weise wie bei einer entsprechenden var-Deklaration.

$\langle Par\ Spez \rangle \rightarrow$ **var** $\langle def\ Name \rangle : \langle kleiner\ Typ \rangle$

$PARSPEZ(\langle Par\ Spez \rangle) == (var, TYP(\langle kleiner\ Typ \rangle))$
$AB(\langle Par\ Spez \rangle) == \{EIND\_ID(\langle def\ Name \rangle) \rightarrow PARSPEZ(\langle Par\ Spez \rangle)\}$

$\langle Par\ Spez \rangle \rightarrow$ **var** $\langle def\ Name \rangle : \langle Feld\ Par\ Typ \rangle$

Seien $u_1, \ldots, u_k, o_1, \ldots, o_k$, $k \geq 1$, die Namen, die in $\langle Feld\ Par\ Typ \rangle$ definierend auf Grenzpositionen vorkommen. Dann:

$$PARSPEZ(\langle Par\ Spez \rangle) == (array, TYP(\langle Feld\ Par\ Typ \rangle))$$

$$AB(\langle Par\ Spez \rangle) == \left\{ \begin{array}{l} EIND\_ID(\langle def\ Name \rangle) \rightarrow PARSPEZ(\langle Par\ Spez \rangle), \\ EIND\_ID(u_1) \rightarrow (const, int), \\ \vdots \\ EIND\_ID(o_k) \rightarrow (const, int) \end{array} \right\}$$

Erläuterung: Bei einem Feldparameter müssen die Grenzangaben sämtlich Namen sein. Diese Namen sind für den Rumpf Konstantenbezeichnungen und daher wird $EIND\_ID(u_1) \rightarrow (const, int), \ldots, EIND\_ID(o_k) \rightarrow (const, int)$ zur Artbindung und damit zu Kontext hinzugenommen. Der Parameter selbst hat Sorte *array* und den durch den Feldtyp gegebenen Typ.

Schließlich müssen wir noch Prozedurparameter mit und ohne Parameter behandeln.

$\langle Par\ Spez \rangle \rightarrow$ **procedure** $\langle def\ Name \rangle (\langle Art\ Folge \rangle)$

$PARSPEZ(\langle Par\ Spez \rangle) == (proc, (PARSPEZFOLGE(\langle Art\ Folge \rangle), void))$
$AB(\langle Par\ Spez \rangle) == \{EIND\_ID(\langle def\ Name \rangle) \rightarrow PARSPEZ(\langle Par\ Spez \rangle)\}$

$\langle Par\ Spez\rangle \rightarrow$ **procedure** $\langle def\ Name\rangle$

$PARSPEZ(\langle Par\ Spez\rangle) == (proc, (\epsilon, void))$

$AB(\langle Par\ Spez\rangle) == \{EIND\_ID(\langle def\ Name\rangle) \rightarrow PARSPEZ(\langle Par\ Spez\rangle)\}$

Erläuterung: Der Typ einer Prozedur ist durch die Folge der Arten der Parameter und den Ergebnistyp (hier *void*) gegeben.

Bei Funktionsprozeduren auf Parameterposition geschieht die Attributierung in genau gleicher Weise.

$\langle Par\ Spez\rangle \rightarrow$ **function** $\langle def\ Name\rangle(\langle Art\ Folge\rangle) : \langle kleiner\ Typ\rangle$

$PARSPEZ(\langle Par\ Spez\rangle) ==$
$$(proc, (PARSPEZFOLGE(\langle Art\ Folge\rangle), TYP(\langle kleiner\ Typ\rangle)))$$
$AB(\langle Par\ Spez\rangle) == \{EIND\_ID(\langle def\ Name\rangle) \rightarrow PARSPEZ(\langle Par\ Spez\rangle)\}$

$\langle Par\ Spez\rangle \rightarrow$ **function** $\langle def\ Name\rangle : \langle kleiner\ Typ\rangle$

$PARSPEZ(\langle Par\ Spez\rangle) == (proc, (\epsilon, TYP(\langle kleiner\ Typ\rangle)))$

$AB(\langle Par\ Spez\rangle) == \{EIND\_ID(\langle def\ Name\rangle) \rightarrow PARSPEZ(\langle Par\ Spez\rangle)\}$

Die Teilgrammatik für $\langle Art\ Folge\rangle$ ist analog zur Teilgrammatik für $\langle Par\ Spez\ Folge\rangle$; wir verzichten aber auf die Erzeugung von Namen für die formalen Parameter. Dies gilt natürlich auch für die Grenzangaben bei einem Feldparameter, d.h. die Dimensionsangabe ist nur eine Folge von Kommas (vgl. Beispiel 4). Außerdem verbieten wir Prozeduren als Parameter von formalen Prozeduren. Also

$\langle Art\ Folge\rangle \rightarrow \langle Art\rangle \mid \langle Art\ Folge\rangle ; \langle Art\rangle$

$\langle Art\rangle \rightarrow$ **const** $: \langle elem\ Typ\rangle \mid$
      var $: \langle kleiner\ Typ\rangle \mid$
      var $: \langle red\ Feldtyp\rangle$

$\langle red\ Feldtyp\rangle \rightarrow [\langle Dimangabe\rangle]$ **of** $\langle kleiner\ Typ\rangle$

$\langle Dimangabe\rangle \rightarrow \epsilon \mid \langle Dimangabe\rangle ,$

Auch die Attributierung geschieht in vollkommen analoger Weise; wir brauchen aber nur das Attribut *PARSPEZ*; das Attribut *AB* ist überflüssig, da ja keine neuen Namen eingeführt werden. Wir geben die Attributierung der Produktion $\langle Art\rangle \rightarrow$ **const** $: \langle elem\ Typ\rangle$ an und überlassen die übrigen Produktionen dem Leser.

$\langle Art\rangle \rightarrow$ **const** $: \langle elem\ Typ\rangle$

$PARSPEZ(\langle Art\rangle) == (const, TYP(\langle elem\ Typ\rangle)).$

6.3.3 Der Anweisungsteil

Nach den Vorarbeiten der Abschnitte 6.3.1 und 6.3.2 fahren wir nun die Ernte ein und zeigen, wie man die syntaktische Korrektheit von Prozedur- und Funktionsaufrufen überprüft. Für die übrigen Anweisungen ändert sich fast nichts, und wir verfahren genau wie in den Kapiteln III und IV beschrieben.

Ein Aufruf einer Prozedur besteht aus einem angewandten Auftreten des Prozedurnamens, gefolgt von einer Liste von aktuellen Parametern. Die Liste muß die gleiche Länge haben wie die Liste der Parameterspezifikationen. Die aktuellen und formalen Parameter korrespondieren gemäß ihrer Position in der jeweiligen Liste. Die aktuellen Parameter, Ausdrücke oder var-Bezeichnungen, geben an, mit welchen Eingangswerten die Prozedur bei diesem Aufruf rechnen soll, und wo sie die Ergebnisse abliefern soll. Der Aufruf einer eigentlichen Prozedur ist eine Anweisung:

$\langle An \rangle \rightarrow \langle ang\ Name \rangle \langle akt\ Par\ Liste \rangle$

Bed.: $KONTEXT(\langle Programm \rangle)(EIND\_ID(\langle ang\ Name \rangle) = (proc, (pars, void))$

Dann: $FORMPARSFOLGE(\langle akt\ Par\ Liste \rangle) == pars$

$\langle akt\ Par\ Liste \rangle \rightarrow \epsilon$

Bed.: $FORMPARSFOLGE(\langle akt\ Par\ Liste \rangle) = \epsilon$

$\langle akt\ Par\ Liste \rangle \rightarrow (\langle akt\ Par\ Folge \rangle)$

Bed.: $FORMPARS2(\langle akt\ Par\ Folge \rangle) = \epsilon$

Dann: $FORMPARS1(\langle akt\ Par\ Folge \rangle) == FORMPARSFOLGE(\langle akt\ Par\ Liste \rangle)$

$\langle akt\ Par\ Folge \rangle \rightarrow \langle akt\ Par \rangle$

$FORMPAR(\langle akt\ Par \rangle) == head(FORMPARS1(\langle akt\ Par\ Folge \rangle))$

$FORMPARS2(\langle akt\ Par\ Folge \rangle) == tail(FORMPARS1(\langle akt\ Par\ Folge \rangle))$

$\langle akt\ Par\ Folge \rangle \rightarrow \langle akt\ Par\ Folge \rangle, \langle akt\ Par \rangle$

$FORMPARS1(\langle akt\ Par\ Folge \rangle_2) == FORMPARS1(\langle akt\ Par\ Folge \rangle_1)$

$FORMPAR(\langle akt\ Par \rangle) == head(FORMPARS2(\langle akt\ Par\ Folge \rangle_2))$

$FORMPARS2(\langle akt\ Par\ Folge \rangle) == tail(FORMPARS2(\langle akt\ Par\ Folge \rangle_2))$

Diese attributierten Produktionen verteilen die Spezifikation der formalen Parameter auf die (gemäß der Position in der Aufrufliste) korrespondierenden aktuellen Parameter. Die in den letzten beiden Produktionen verwendete Vorgehensweise ist dabei ganz einfach. Erzeugt nämlich $\langle akt\ Par\ Folge \rangle$ eine Folge von k aktuellen Parametern, so ist der Wert von $FORMPARS2$ der Wert von $FORMPARS1$ ohne die ersten k Folgeglieder. Die abgeschnittenen k Folgeglieder stehen in den $FORMPAR$ Attributen der k aktuellen Parameter zur Verfügung. Ist die Liste der formalen Parameter kürzer als die der aktuellen Parameter, so wird eine Kontextbedingung dadurch verletzt, daß die Anwendung von *head* auf die leere Folge zum undefinierten Attributwert führt. Ist die Liste der formalen Parameter länger als die der aktuellen Parameter, so ist die Kontextbedingung $FORMPARS2(\langle akt\ Par\ Folge\rangle) = \epsilon$ bei der Produktion $\langle akt\ Par\ Liste\rangle \rightarrow \langle akt\ Par\ Folge\rangle$ verletzt.

Die nächsten beiden Produktionen beschreiben die Möglichkeiten für die einzelnen Parameter.

$\langle akt\ Par\rangle \rightarrow \langle Ausdruck\rangle$

Bed.: $FORMPAR(\langle akt\ Par\rangle) = (const, TYP(\langle Ausdruck\rangle))$

Erläuterung: Bei einem const-Parameter sind als aktuelle Parameter beliebige Ausdrücke des entsprechenden Typs zugelassen.

$\langle akt\ Par\rangle \rightarrow \langle Bez\rangle$

Bed.: $FORMPAR(\langle akt\ Par\rangle) = ART(\langle Bez\rangle)$

Erläuterung: Bei einem var-Parameter sind als aktuelle Parameter nur Bezeichner zugelassen. Die Art des formalen und aktuellen Parameters müssen übereinstimmen.

Der Aufruf einer Funktionsprozedur ist ein Faktor. Der Typ des Faktors ergibt sich als Ergebnistyp der Faktors Funktionsprozedur. Also

$\langle Faktor\rangle \rightarrow \langle ang\ Name\rangle\langle akt\ Par\ Liste\rangle$

Bed.: $KONTEXT(\langle Programm\rangle)(EIND\_ID(\langle ang\ Name\rangle)) = (proc, (pars, t))$
$\quad\quad$ mit $t \neq void$

Dann: $TYP(\langle Faktor\rangle) == t$
$\quad\quad\quad FORMPARSFOLGE(\langle akt\ Par\ Liste\rangle) == pars$

Zuletzt muß noch beschrieben werden, wie der Aufruf einer Funktionsprozedur zu einem Resultat kommt. Dies geschieht durch eine Zuweisung an den Namen der Funktionsprozedur. Wir müssen in der Produktion für die Zuweisung jetzt als linke Seite den Namen einer Funktionsprozedur zulassen.

$\langle Zuw\rangle \rightarrow \langle Bez\rangle := \langle Ausdruck\rangle$

Bed.: $ART(\langle Bez\rangle) = (var, TYP(\langle Ausdruck\rangle))$
$\quad\quad$ oder
$\quad\quad ART(\langle Bez\rangle) = (proc, (pars, TYP(\langle Ausdruck\rangle)))$

Damit ist alles über den Anweisungsteil gesagt. Wir erläutern nun diese Definitionen an Hand der Beispiele von Abschnitt 6.3.2.

Beispiel 6 (Fortführung von Beispiel 5 von 6.3.2): Der Aufruf $p(y)$ ist syntaktisch korrekt, denn

$$KONTEXT(\langle Programm\rangle)((p, \epsilon)) = (proc, (pars, void))$$

mit $pars = ((var, (element, \epsilon)))$ und

$$KONTEXT(\langle Programm\rangle)((y, \epsilon)) = (var, (element, \epsilon)).$$

Also stimmen der formale und der aktuele Parameter in ihrer Art überein. Aufrufe wie $p(x)$ oder $p(y,y)$ sind inkorrekt und verletzen die Kontextbedingungen. Der Vollständigkeit halber behandeln wir auch noch einige der anderen Anweisungen von Abbildung 1, Abschnitt 6.3.2. Die Wertzuweisung *element* := 1.0 ist zulässig, da dieses angewandte Vorkommen von *element* die Art $(var, real)$ hat. Sehen wir uns auch noch

$$a \uparrow .nachf \uparrow .inh := 5$$

an. Die Abbildung 7 gibt die Arten der "Teile" der linken Seite wieder, und damit ist auch diese Wertzuweisung zulässig. ∎

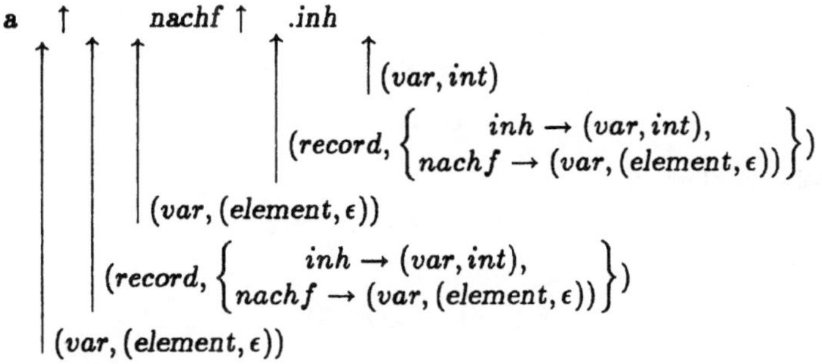

$$
\begin{array}{llll}
a & \uparrow & nachf \uparrow & .inh
\end{array}
$$

$$\uparrow (var, int)$$

$$(record, \left\{ \begin{array}{l} inh \to (var, int), \\ nachf \to (var, (element, \epsilon)) \end{array} \right\})$$

$$(var, (element, \epsilon))$$

$$(record, \left\{ \begin{array}{l} inh \to (var, int), \\ nachf \to (var, (element, \epsilon)) \end{array} \right\})$$

$$(var, (element, \epsilon))$$

Abb. 7

Beispiel 7 (Fortführung der Beispiele 1, 2, 3 und 4 von 6.3.2): Wir setzen die zusätzlichen Deklarationen

```
type element = record inh: integer;
                      nachf: ↑element
              end;
var p, q: ↑element;
var r: integer;
var B: array[1..10] of ↑element;
var Z: array[1..2, 5..9] of ↑element
```

voraus. Dann sind die Aufrufe

$$f(7 + r, r)$$
$$f(p \uparrow .inh + r, q \uparrow .inh)$$

zulässig, dagegen die Aufrufe

$$f(7.0, r)$$
$$f(r, 7)$$

unzulässig. Im ersten Fall ist der Typ des Ausdrucks 7.0 unzulässig und im zweiten Fall ist der Ausdruck 7 nicht als aktueller var-Parameter zulässig. Ferner sind

$$p := g(f)$$
$$p \uparrow .nachf := g(f)$$

zulässig und

$$p := g(g)$$

unzulässig. Der Aufruf

$$G(Z)$$

ist zulässig, aber

$$G(B)$$
$$G(p)$$

sind unzulässig. Schließlich ist

$$p := a(B, G)$$

zulässig, aber

$$p \uparrow .inh := a(B, G)$$

unzulässig.

Aufgaben zu 6.3

1) Machen Sie aus den Programmen der Aufgaben zum Abschnitt 6.1 namenseindeutige PROSA-Programme.

2) Geben Sie für diese Programme das Attribut *KONTEXT* an.

3) Erweitern Sie PROSA um const-Parameter vom Verbundtyp. Nehmen Sie die notwendigen Änderungen der Syntax und Kontextbedingungen vor.

4) Geben Sie die nötigen Änderungen von Syntax und Kontextbedingungen an, um value- und name-Parameter zu behandeln.

6.4 Die Semantik von PROSA mit Prozeduren

Eine Konfiguration der PROSA-Maschine besteht aus Programmrest, Bindungskeller, Speicherzustand, Eingabefolge und Ausgabefolge; der Bindungskeller ersetzt
dabei, wie bereits in Abschnitt 6.1 dargelegt, die bisher benutzte Bindung. Also ist

$$\mathbf{K} = \mathbf{PR} \times \mathbf{BK} \times \mathbf{S} \times \mathbf{D}^* \times \mathbf{D}^*$$

Während **S** und **D** wie in Kapitel III und IV sind, ist **PR** eine Obermenge der
entsprechenden Menge aus Kapteil IV, wie gleich aus der Behandlung der Prozeduraufrufe deutlich wird. Die Menge **BK** der Bindungskeller ist durch folgende
Definition gegeben.

Definition 1 (Bindungskeller):
$$\mathbf{BK} = \{((b_1, sv_1), \ldots, (b_m, sv_m)) \mid m \geq 0, b_i \in \mathbf{B} \text{ und } sv_i \in \mathbb{N}_0, sv_i < i \text{ für } 1 \leq i \leq m\} \qquad \blacksquare$$

Ein Bindungskeller bk ist also eine Folge von Paaren (b_i, sv_i). Dabei ist b_i eine Bindung im bisherigen Sinn und sv_i eine ganze Zahl mit $sv_i < i$. Die Zahl sv_i heißt,
wie schon in Abschnitt 6.1 angegeben, Index des statischen Vorgängers der Bindung
b_i oder statischer Vorgängerverweis. Im Bindungskeller gibt es für jede Prozedur,
die wir betreten aber noch nicht verlassen haben, ein Paar (b_i, sv_i). Insbesondere
fügen wir also ein Paar zum Bindungskeller hinzu, wenn wir eine Prozudur aufrufen, und entfernen das oberste Paar, wenn wir eine Prozedur verlassen. In jeder
(lokalen) Bindung vermerken wir die Bedeutung der lokal definierten Namen und
der Parameter.

Die Bedeutung der globalen Namen bestimmen wir mit Hilfe des statischen
Vorgängers wie schon in Abschnitt 6.1 angegeben. Sei etwa $bk = ((b_1, sv_1), \ldots, (b_m, sv_m))$ ein Bindungskeller und sei $x \in \langle Name \rangle$. Setze h auf m. Wenn $x \in Def(b_h)$, dann ist $b_h(x)$ die Bedeutung von x. Wenn $x \notin Def(b_h)$, dann setze
h auf sv_h und wiederhole. Auf diese Weise verfolgen wir die durch die stati-
schen Vorgänger gegebene Kette zurück und finden so die Bedeutung von x. Wir
präzisieren diese Vorgehensweise in der

Definition 2 (Nachschlagen eines Namen in einem Bindungskeller):
Sei $x \in \langle Name \rangle$ und sei $bk = ((b_1, sv_1), \ldots, (b_m, sv_m))$ ein Bindungskeller. Dann
ist $nachschl(bk, x)$ definiert durch

$$nachschl(bk, x) = \begin{cases} b_{sv^{(l)}(m)}(x), & \text{falls } l = \min\{t \mid x \in Def(b_{sv^{(t)}(m)})\} \\ \text{undefiniert}, & \text{falls } x \notin Def(b_{sv^{(t)}(m)}) \text{ für alle } t. \end{cases}$$

Dabei ist $sv^{(0)}(m) = m$ und $sv^{(t+1)}(m) = sv_{sv^{(t)}(m)}$. $\qquad \blacksquare$

Bemerkung: Wir werden statt $nachschl(bk, x)$ stets $bk(x)$ schreiben.

Beispiel 1: Sei $bk = ((b_1, 0), (b_2, 1), (b_3, 1))$ und seien b_1, b_2, b_3 wie in Abbildung 4 (siehe unten) gegeben. Dann ist $bk(A) = b_1(A)$, da $l = 1$ in Definition 2. ∎

Da wir in den Konfigurationen der PROSA-Maschine Bindungen durch Bindungs-keller ersetzt haben, müssen wir zunächst sagen, wie sich die Übergänge der Maschine aus den Kapiteln III und IV ändern. Das ist ganz einfach. Man ersetze alle Vorkommen von b durch bk. Wir nehmen die Wertzuweisung als Beispiel. Sei $k = (n := E; p', bk, s, e, a)$ mit $n \in \langle Bez \rangle$ und $E \in \langle Ausdruck \rangle$. Dann ist

$$k' = (p', bk, s[L(n, bk, s) \backslash I(bk, s, E)], e, a),$$

d.h. der Wert der durch n bezeichneten Variablen $L(n, bk, s)$ wird auf $I(bk, s, E)$ geändert. Die Definitionen der Funktionen L (siehe Abschnitt 4.3.2) und I (siehe Abschnitt 3.7.2) sind genau wie bisher; allerdings ersetzen wir überall b durch bk.

Beispiel 1 (Fortführung): Wir berechnen den Wert des Ausdrucks $x + y$.

$$
\begin{aligned}
I(bk, s_3, x + y) &= iplus(I(bk, s_3, x), I(bk, s_3, y)) \\
&= iplus(s_3(b_3(x)), s_3(b_3(y))) \\
&= iplus(2, 2) = 4
\end{aligned}
$$

∎

Bei der Abarbeitung einer Deklaration ändern wir die oberste Bindung und damit den Bindungskeller. Wir benutzen dafür dieselbe Notation wie bisher.

Definition: Sei $bk = ((b_1, sv_1), \ldots, (b_m, sv_m))$ ein nichtleerer Bindungskeller, sei x ein Name und sei y ein Objekt. Dann ist die Notation $bk[x \backslash y]$ definiert durch

$$bk[x \backslash y] = ((b_1, sv_1), \ldots, (b_m[x \backslash y], sv_m)).$$

∎

Wir erklären nun die Semantik von Prozeduren. Wir behandeln zunächst eigentliche Prozeduren und führen dann Funktionsprozeduren auf eigentliche Prozeduren zurück.

<table>
<tr><td>

(DP)   Deklaration einer eigentlichen Prozedur

Sei $k = (\textbf{procedure}\ n\ psl; R; p', bk, s, e, a)$
mit $n \in \langle Name \rangle$, $psl \in \langle Par\ Spez\ Liste \rangle$ und $R \in \langle Block \rangle$.
Dann ist
$k' = (p', bk[n \backslash (psl, |bk|, R)], s, e, a)$;
dabei ist $|bk|$ die Länge der Folge bk.

</td></tr>
</table>

Erläuterung: Wir binden den Prozedurnamen an ein Tripel, bestehend aus der Folge der Parameterspezifikationen, der Bindungskellerhöhe und dem Rumpf. Über die zweite Komponente steht uns bei Aufrufen der Prozedur der Bindungskeller zur Deklarationszeit zur Verfügung und damit die Bedeutung der globalen Namen.

Beispiel 2:   Wir benutzen das Programm von Abbildung 1 als laufendes Beispiel.


```
program kompliziert;
var x: integer;

procedure D(var y: integer);
    begin
        print x;      ⎤
        print y;      ⎥ at_D
        y := y + 1    ⎦
    end;
procedure A(procedure C(var : integer));
    var x: integer;                          ⎤
    procedure B(var y: integer);             ⎥
        begin                                ⎥
            print x;      ⎤                   ⎥  dt_A
            print y;      ⎥ at_B              ⎥
            y := y + 1    ⎦                   ⎥
        end;                                 ⎦
    begin
        x := 2;       ⎤
        C(x);         ⎥ at_A
        A(B)          ⎦
    end;
begin
    x := 1;
    A(D)
end.
```

Abb. 1.   Dieses Programm terminiert nie. Es druckt die Folge 1, 2, 3, 2, 3, 2,...

Dieses Beispiel ist komplex und verwirrend (und daher sehr schlechter Stil); es ist ohne formale Definition der PROSA-Semantik nur sehr schwer zu durchdringen. Im Hauptprogramm deklarieren wir die Variable x und zwei Prozeduren D und A. Dann setzen wir x auf 1 und rufen $A(D)$ auf. Die Prozedur A ist rekursiv, d.h. sie ruft sich selbst auf. Sie hat einen Prozedurparameter C, eine lokale Variable x und eine lokale Prozedur B. Natürlich entstehen bei jedem Aufruf von A neue Exemplare von x und B. Das jeweilige Exemplar (auch Inkarnation genannt) von B hat das jeweilige Exemplar von x als globale Größe. Im Anweisungsteil von A setzen wir zunächst x auf 2, rufen dann die formale Prozedur C mit Parameter x auf und rufen dann $A(B)$ auf. Wir bitten den Leser an dieser Stelle, das Programm zu durchdenken und die Ausgabefolge zu bestimmen.

Die Abarbeitung der Deklarationen im Hauptprogramm und der Zuweisung $x := 1$ führt zur Konfiguration $k_1 = (A(D); \mathbf{end};, bk_1, s_1, \epsilon, \epsilon)$. Dabei ist $bk_1 = ((b_1, 0))$. Die Bindung b_1 und den Speicherzustand s_1 entnimmt man der Abbildung 2. Dabei bezeichnet dt_X den Deklarationsteil von X und at_X den Anweisungsteil von X, $X \in \{A, B, D\}$.

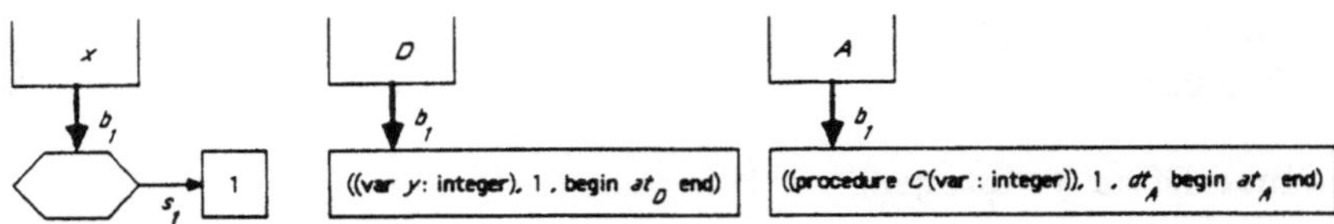

Abb. 2. Der Bindungskeller $(b_1, 0)$ und Speicherzustand s_1

(PA)   Prozeduraufruf

Sei $k = (n\ apl; p', bk, s, e, a)$
mit $n \in \langle Name \rangle$ und $apl \in \langle akt\ Par\ Liste \rangle$.
Sei $bk(n) = (psl, i, dt$ **begin** at **end**$)$.
Dann ist
$k' = (psl\ apl\ dt\ at;\ \textbf{end};\ p', bk.(\emptyset, i), s, e, a)$

Erläuterung: Wir fügen $dt\ at$ **end**; vorne an den Programmrest an und bringen so den Rumpf zur Ausführung. Das **end** signalisiert uns dabei das Ende der Abarbeitung des Aufrufs. Zuvor nehmen wir noch die Parameterübergabe vor. Die Übergänge zur Abarbeitung der Listen psl und apl kommen weiter unten. Für die Ausführung des Rumpfes etablieren wir ferner eine neue lokale Bindung, die zunächst leer ist. Die Bedeutung der globalen Namen ist durch den Bindungskeller bei der Deklaration gegeben; dieser besteht aus den ersten i Elementen von bk. Daher ist der Index des statischen Vorgängers gleich i. Man bemerke noch, daß im Falle einer parameterlosen Prozedur $n\ psl = \epsilon$ ist. Wegen der Kontextbedingungen ist dann auch $apl = \epsilon$. Die Parameterübergabe entfällt also, und man fährt mit der Ausführung des Rumpfes dt; at **end**; fort.

Beispiel 2 (Fortführung): In unserem Beispiel führt der Aufruf $A(D)$ zur Konfiguration

$$((\textbf{procedure}\ C(\textbf{var} : \textbf{integer}))(D)\ dt_A\ at_A;\ \textbf{end};\ \textbf{end};, ((b_1, 0), (\emptyset, 1)), s_1, \epsilon, \epsilon)$$

(PÜ)   Parameterübergabe

Sei $k = ((psf)(apf)q, bk, s, e, a)$
mit $psf \in \langle Par\ Spez\ Folge \rangle$ und $apf \in \langle akt\ Par\ Folge \rangle$.
Dann ist $k' = (p', bk', s, e, a)$, wobei p' und bk' wie folgt definiert sind.

1) Definition von p'.

Falls $tail(psf) = \epsilon$ und damit wegen der Kontextbedingungen auch $tail(apf) = \epsilon$, dann ist $p' = q$, d.h. die Parameterübergabe ist beendet. Falls $tail(psf) \neq \epsilon$, dann ist $p' = (tail(psf))(tail(apf))q$, d.h. die Reste der beiden Listen müssen noch abgearbeitet werden.

2) Definition von bk'.

Wir definieren bk' durch Fallunterscheidung nach Sorte und Typ des formalen Parameters. In jedem der Fälle benutzen wir die Notation $\overline{bk}$, um bk ohne sein letztes Glied zu bezeichnen, d.h. wenn $bk = ((b_1, sv_1), \ldots, (b_m, sv_m))$, $m \geq 1$ dann ist $\overline{bk} = ((b_1, sv_1), \ldots, (b_{m-1}, sv_{m-1}))$. $\overline{bk}$ ist also der an der Aufrufstelle gültige Bindungskeller.

const-Parameter: Sei $head(psf) = $ **const** $n : t$ mit $n \in \langle Name \rangle$ und $t \in \langle elem\ Typ \rangle$ und $head(apf) = E$ mit $E \in \langle Ausdruck \rangle$. Dann ist

$$bk' = bk[n \backslash I(\overline{bk}, s, E)].$$

Erläuterung: Wir werten den aktuellen Parameter in der Umgebung der Aufrufstelle aus und binden den erhaltenen Wert an den Namen n.

var-Parameter (kleiner Typ): Sei $head(psf) = $ **var** $n : t$ mit $n \in \langle Name \rangle$ und $t \in \langle kleiner\ Typ \rangle$ und $head(apf) = y \in \langle Name \rangle$. Dann ist

$$bk' = bk[n \backslash L(bk, s, y)].$$

Erläuterung: Wir verschaffen uns die Bedeutung des aktuellen Parameters in der Umgebung der Aufrufstelle und binden diese an den Namen n.

var-Parameter (Feldtyp): Sei $head(psf) = $ **var** $n:$ **array**$[u1..o1, \ldots, uk..ok]$ **of** t mit $n, u1, o1, \ldots, uk, ok \in \langle Name \rangle$ und $t \in \langle kleiner\ Typ \rangle$ und $head(apf) = y \in \langle Name \rangle$ mit $\overline{bk}(y) = f \in FEL$, $Def(f) = [c1..d1] \times \ldots \times [ck..dk]$ mit $ci, di \in \mathbb{Z}$ für $1 \leq i \leq k$. Dann ist

$$bk' = bk[n \backslash f][u1 \backslash c1][o1 \backslash d1] \ldots [uk \backslash ck][ok \backslash dk].$$

Erläuterung: Wir verschaffen uns die Bedeutung des Feldnamens y und binden sie an den Namen n. Ferner binden wir die Feldgrenzen an die in der Parameterspezifikation eingeführten Namen $u1, o1, \ldots, uk, ok$. Diese Namen verhalten sich also wie Konstantenbezeichner.

procedure-Parameter: Sei $head(psf) = $ **procedure** $n(psf1)$ oder $head(psf) = $ **procedure** n mit $n \in \langle Name \rangle$ und $psf1 \in \langle Art\ Folge \rangle$ und sei $head(apf) = y \in \langle Name \rangle$. Dann ist

$$bk' = bk[n \backslash \overline{bk}(y)].$$

Erläuterung: Wir verschaffen uns die Bedeutung des Prozedurnamens y an der Aufrufstelle und binden diese an den Namen n.

Beispiel 2 (Fortführung):   Die nächste Konfiguration ist

$$(dt_A \; at_A; \; \mathbf{end}; \; \mathbf{end};, ((b_1, 0), (b'_2, 1)), s_1, \epsilon, \epsilon),$$

wobei $Def(b'_2) = \{C\}$ und $b'_2(C) = b_1(D)$. Nach Abarbeitung des Deklarationsteils von A und der Wertzuweisung $x := 2$ erhalten wir dann die Konfiguration

$$k_2 = (C(x); \; A(B); \; \mathbf{end} \; ; \mathbf{end};, bk_2, s_2, \epsilon, \epsilon).$$

Dabei ist $bk_2 = ((b_1, 0), (b_2, 1))$. Die Bindungen b_1, b_2 und den Speicherzustand s_2 entnimmt man der Abbildung 3.

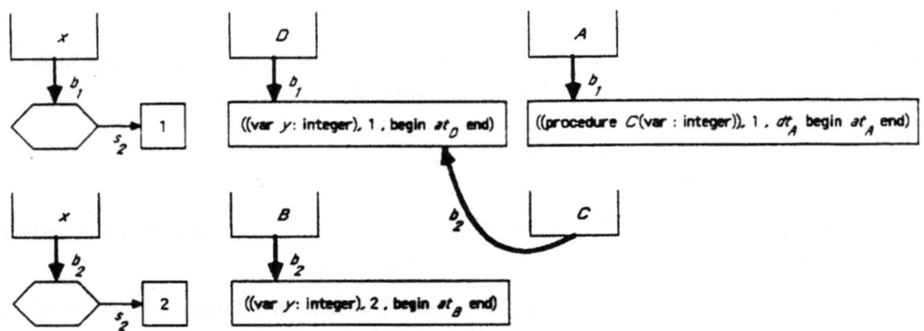

Abb. 3.   Der Bindungskeller $((b_1, 0), (b_2, 1))$ und der Speicherzustand s_2

Es wird nun $C(x)$ aufgerufen. Dazu fügen wir zunächst $(\emptyset, 1)$ zum Bindungskeller hinzu und nehmen dann die Parameterübergabe vor. Dadurch wird y an $bk_2(x) = b_2(x)$ gebunden. Wir erhalten die Konfiguration k_3 mit

$$k_3 = (\mathbf{print} \; x; \; \mathbf{print} \; y; \; y := y + 1; \; \mathbf{end}; \; A(B); \; \mathbf{end}; \; \mathbf{end};, bk_3, s_2, \epsilon, \epsilon).$$

Dabei ist $bk_3 = ((b_1, 0), (b_2, 1), (b_3, 1))$. Die Bindungen b_1, b_2, b_3 und den Speicherzustand s_2 entnimmt man der Abbildung 4.

Die Druckanweisung **print** x druckt $I(bk_3, s_2, x) = s_2(b_1(x)) = 1$; beachten Sie, daß $x \notin Def(b_3)$ und $sv_3 = 1$. Die Druckanweisung **print** y druckt $I(bk_3, s_2, y) = s_2(b_3(y)) = 2$. Schließlich erhöht die Wertzuweisung $y := y + 1$ den Wert der Variablen $b_3(y) = b_2(x)$ von 2 auf 3. Den neuen Speicherzustand nennen wir s_3. ∎

Als letzten Übergang brauchen wir nun noch das Verlassen einer Prozedur. Wir streichen dazu nur das letzte Glied des Bindungskellers.

<table>
<tr><td>(VP)   Verlassen einer Prozedur</td></tr>
<tr><td>

Sei $k = (\mathbf{end}; \; p', bk, s, e, a)$.
Dann ist $k' = (p', \overline{bk}, s, e, a)$,
wobei $\overline{bk} = ((b_1, sv_1), \dots, (b_{m-1}, sv_{m-1}))$ falls $bk = ((b_1, sv_1), \dots, (b_m, sv_m))$.

</td></tr>
</table>

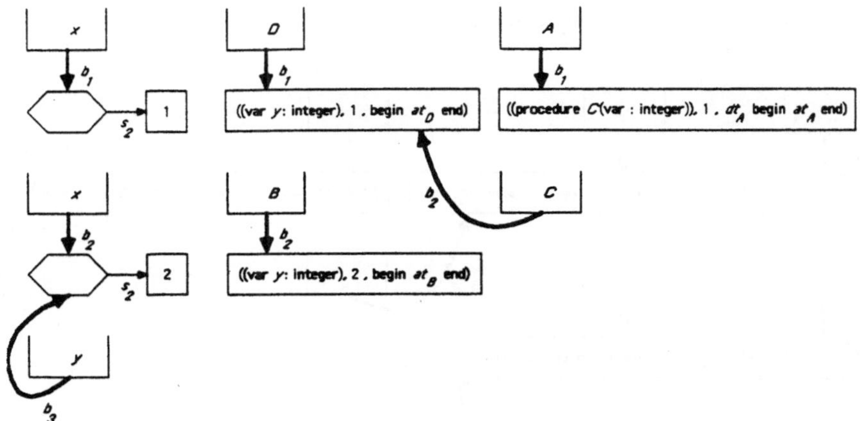

Abb. 4. Der Bindungskeller $((b_1, 0), (b_2, 1), (b_3, 1))$ und der Speicherzustand s_2

Beispiel 2 (Fortführung): Die Abarbeitung von C ist abgeschlossen und wir kehren durch Streichen von $(b_3, 1)$ nach A zurück. Wir sind jetzt in der Konfiguration

$$k_4 = (A(B); \ \textbf{end}; \ \textbf{end};, bk_4, s_3, \epsilon, (1, 2))$$

mit $bk_4 = bk_2 = ((b_1, 0), (b_2, 1))$. Die Bindungen b_1, b_2 und den Speicherzustand s_3 entnimmt man der Abbildung 5.

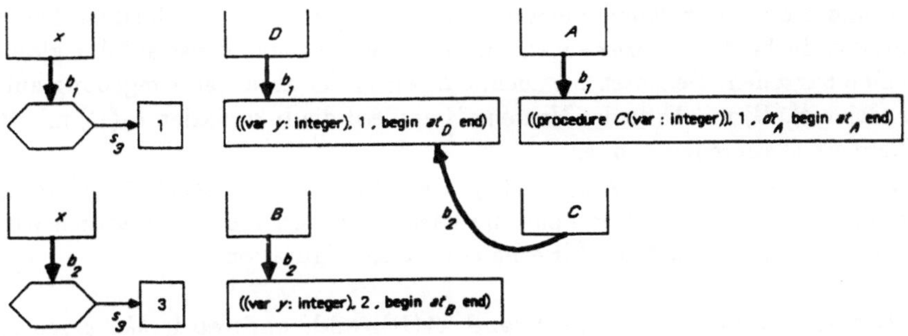

Abb. 5. Der Bindungskeller $((b_1, 0), (b_2, 1))$ und der Speicherzustand s_3

Wir arbeiten nun den Aufruf $A(B)$ ab. Dazu fügen wir zunächst $(\emptyset, 1)$ zum Bindungskeller hinzu und nehmen dann die Parameterübergabe vor. Dadurch wird C an $bk_4(B) = b_2(B)$ gebunden, d.h. $b'_3(C) = b_2(B)$. Nach Abarbeitung des Deklarationsteils von A und der Wertzuweisung $x := 2$ erhalten wir die Konfiguration

$$k_5 = (C(x); \ A(B); \ \textbf{end}; \ \textbf{end}; \textbf{end};, bk_5, s_4, \epsilon, (1, 2)).$$

Dabei ist $bk_5 = ((b_1, 0), (b_2, 1), (b'_3, 1))$. Die Bindungen b_1, b_2, b'_3 und den Speicherzustand s_4 entnimmt man der Abbildung 6.

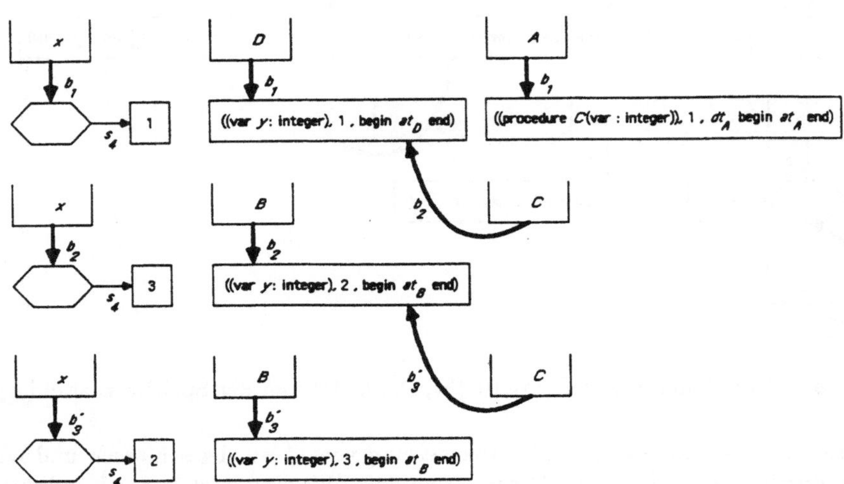

Abb. 6. Der Bindungskeller $((b_1, 0), (b_2, 1), (b'_3, 1))$ und der Speicherzustand s_4

Die Konfiguration k_5 birgt einige Überraschungen. Zunächst ist die Prozedur B nun schon zweimal deklariert. Natürlich stimmen die Rümpfe und die Parameterlisten überein; aber die Bindungskeller bei der Deklaration waren verschieden. Daher sind die zweiten Komponenten von $b_2(B)$ und $b'_3(B)$ verschieden! Dies bedeutet, daß die beiden Inkarnationen von B auf verschiedene Weise auf ihre globalen Variablen zugreifen. Beachten Sie auch, daß wir in der aktuellen Umgebung auf die Inkarnation $b'_3(B)$ mit Hilfe des Namens B und auf die Inkarnation $b_2(B)$ mit Hilfe des Namens C zugreifen können.

Wir kommen nun zum Aufruf $C(x)$. Dazu fügen wir zunächst $(\emptyset, 2)$ zum Bindungskeller hinzu und nehmen dann die Parameterübergabe vor. Dadurch wird y an $bk_5(x) = b'_3(x)$ gebunden. Wir erhalten die Konfiguration

$$k_6 = (\textbf{print } x;\ \textbf{print } y;\ y := y+1;\ \textbf{end};\ A(B);\ \textbf{end};\ \textbf{end};\ \textbf{end};, bk_6, s_4, \epsilon, (1,2))$$

mit $bk_6 = ((b_1, 0), (b_2, 1), (b'_3, 1), (b_4, 2))$. Die Bindungen b_1, b_2, b'_3, b_4 und den Speicherzustand s_4 entnimmt man der Abbildung 7.

Die Druckanweisung **print** x druckt nun

$$\begin{aligned}
I(bk_6, s_4, x) &= s_4(bk_6(x)) && \text{Definition von } I \\
&= s_4(((b_1, 0), (b_2, 1))(x)) && \text{da } x \notin Def(b_4) \text{ und } sv_4 = 2 \\
&= s_4(b_2(x)) && \text{da } x \in Def(b_2) \\
&= 3.
\end{aligned}$$

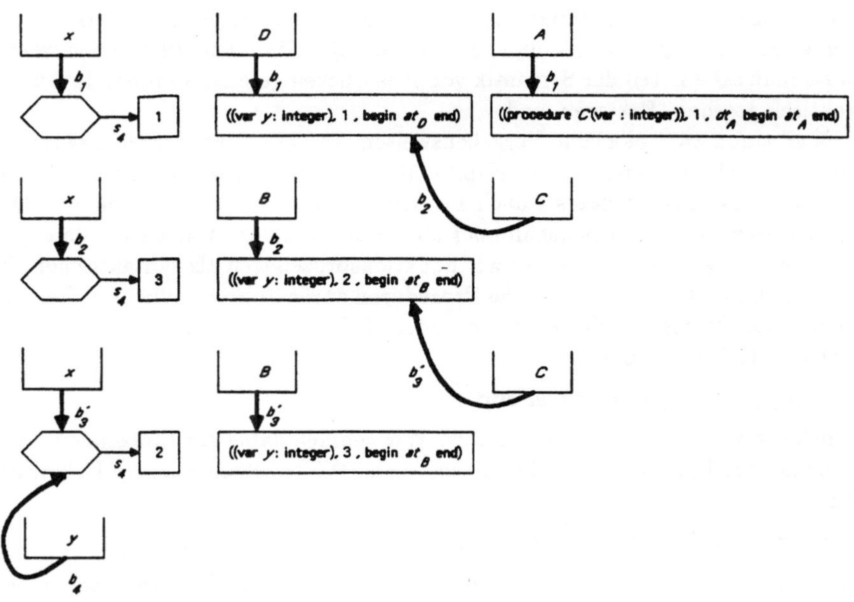

Abb. 7.   Der Bindungskeller $((b_1, 0), (b_2, 1), (b'_3, 1), (b_4, 2))$ und der Speicherzustand s_4.

Dann druckt **print** y den Wert $I(bk_6, s_4, y) = s_4(bk_6(y)) = s_4(b_4(y)) = 2$. Schließlich erhöhen wir den Wert der Variablen $b_4(y) = b'_3(x)$ von 2 auf 3. Auf dem Ausgabeband steht nun 1, 2, 3, 2. Weitere Ausführung des Programms zeigt, daß insgesamt die Ausgabefolge 1,2,3,2,3,2,3,2,... erzeugt wird.

Nehmen wir nun einmal an, daß der Programmrest in k_5 mit $B(x)$ statt $C(x)$ beginnt, und führen wir den Aufruf $B(x)$ durch. Dann fügen wir zunächst $(\emptyset, 3)$ zum Bindungskeller bk_5 hinzu und nehmen dann die Parameterübergabe vor. Dadurch wird y an $bk_5(x) = b'_3(x)$ gebunden. Wir erhalten die Konfiguration

$$k_7 = (\textbf{print } x;\ \textbf{print } y;\ y := y+1;\ \textbf{end};\ A(B);\ \textbf{end};\ \textbf{end};\ \textbf{end};,\ bk_7, s_4, \epsilon, (1,2))$$

mit $bk_7 = ((b_1, 0), (b_2, 1), (b'_3, 1), (b_4, 3))$. Die Bindungen b_1, b_2, b'_3, b_4 und der Speicherzustand s_4 sind genau wie in der Konfiguration k_6; vgl. Abbildung 7. Der einzige Unterschied zwischen k_6 und k_7, d.h. zwischen bk_6 und bk_7, liegt in dem Wert von sv_4. Die Druckanweisung **print** x druckt nun

$$
\begin{aligned}
I(bk_7, s_4, x) &= s_4(bk_7(x)) && \text{Definition von } I\\
&= s_4(((b_1, 0), (b_2, 1), (b'_3, 1))(x)) && \text{da } x \notin Def(b_4) \text{ und } sv_4 = 3\\
&= s_4(b'_3(x)) && \text{da } x \in Def(b'_3)\\
&= 2.
\end{aligned}
$$

Insgesamt erhält man also die Ausgabefolge 2,2,2,..., wenn man den Aufruf $C(x)$ im Rumpf von A durch einen Aufruf $B(x)$ ersetzt.   ■

Wir müssen nun noch Funktionsprozeduren behandeln. Die Semantik des Aufrufs einer Funktionsprozedur kann nicht im bisherigen Rahmen beschrieben werden; denn sie muß als ein Teil der Semantik von Ausdrücken gesehen werden, da Aufrufe, syntaktisch gesehen, Faktoren sind.

Es gibt nun zwei mögliche Vorgehensweisen. In der ersten Vorgehensweise setzen wir die Kellerautomaten von Kapitel II zur Auswertung von Ausdrücken ein und bauen diese aus, so daß sie auch Funktionsaufrufe verarbeiten können. Diese Vorgehensweise ist zwar praxisnah aber auch sehr komplex. Wir ziehen daher eine zweite Vorgehensweise vor, bei der wir Funktionsprozeduren als syntaktischen Zucker behandeln und sie auf eigentliche Prozeduren zurückführen. Wir brauchen dazu nur einen var-Parameter des entsprechenden Typs einzuführen; vgl. die Beispiele aus Abschnitt 6.2. Sei etwa

function $p(ps f)$: t; dt **begin** at **end**

die Deklaration einer Funktionsprozedur. Wir nehmen dabei der Einfachheit halber eine nicht-leere Parameterspezifikationsliste an. Wir ersetzen nun die Deklaration durch

procedure $p(ps f$; **var** $z : t)$; dt **begin** at' **end**

Dabei ist z ein neuer Name. Der Anweisungsteil at' geht aus dem Anweisungsteil at hervor, indem wir alle Zuweisungen an den Funktionsnamen p durch Zuweisungen an z ersetzen. Betrachten wir nun einen Ausdruck E, der k Aufrufe der Funktionsprozedur p enthält, $k \geq 1$. Der Einfachheit halber nehmen wir an, daß E und die Anweisung, die E enthält keine anderen Aufrufe von Funktionsprozeduren enthält. Seien $p(apf1),\ldots,p(apfk)$ diese k Aufrufe in der Reihenfolge ihres Vorkommens in dem Ausdruck E. Für jeden Aufruf suchen wir uns einen neuen Namen, etwa xi, $1 \leq i \leq k$. Wir ändern nun das Programm weiter wie folgt:

- wir deklarieren jeden neuen Namen xi durch **var** xi: t in dem E umfassenden Block;
- wir fügen die Aufrufe

$$p(apf1, x1); \ldots ; p(apfk, xk);$$

der eigentlichen Prozedur p unmittelbar vor der Anweisung, die E enthält, ein;
- wir ersetzen jeden Aufruf $p(apfi)$ durch xi in E.

Beispiel 3: Das Programm

```
program funcfunc;
var y: integer;
function DruckeundErhöhe(var n: integer): integer;
        begin print n; n := n + 1; DruckeundErhöhe := n end;
begin y := 0;
      print DruckeundErhöhe(y) * DruckeundErhöhe(y)
end.
```

überführen wir in

program *funcfunc*;
var *y*: **integer**; **var** *x1*, *x2*: **integer**;
procedure *DruckeundErhöhe*(**var** *n*: **integer**, **var** *z*: **integer**);
       begin print *n*; *n* := *n* + 1; *z* := *n* **end**;
begin *y* := 0;
      DruckeundErhöhe(*y*,*x1*);   (∗ druckt 0 ∗)
      DruckeundErhöhe(*y*,*x2*);   (∗ druckt 1 ∗)
      print *x1* ∗ *x2*   (∗ druckt 2 ∗)
end.

Die Funktionsprozedur in Beispiel 3 hat einen sogenannten "Seiteneffekt". Funktionen im mathematischen Sinn liefern einen Wert ab; Funktionsprozeduren können darüber hinaus die Werte von globalen Variablen und var-Parametern abändern. Dies kann zu überraschenden Effekten bei der Auswertung von Ausdrücken führen, wie obiges Beispiel zeigt. Die Situation ist noch schlimmer, wenn man Kellerautomaten zur Definition der Semantik benutzt. Dann druckt etwa **print** *y* ∗ *DruckeundErhöhe*(*y*) die Zahl 0 und **print** *DruckeundErhöhe*(*y*) ∗ *y* den Wert 1, da im zweiten Fall der Kellerautomat für *y* den Wert nach Rückkehr aus dem Aufruf der Funktionsprozedur benutzt. Dieses Beispiel zeigt, daß Seiteneffekte sogar die Kommutativität der arithmetischen Operationen zerstören können.

Verbietet eine Programmiersprache Seiteneffekte in Funktionsprozeduren nicht, so muß die Definition der Semantik eine Auswertungsreihenfolge auf den Operanden von Ausdrücken festlegen, damit ein Ausdruck in einer Umgebung einen eindeutig definierten Wert hat. Die algebraische Methode aus Kapitel II definiert diese Reihenfolge nicht. Pascal legt eine Auswertung von links nach rechts, natürlich unter Beachtung der Priorität von Operatoren fest. Das "Herausziehen" der Funktionsaufrufe vor den Ausdruck, wie wir es oben zur Definition der Semantik vorgenommen haben, weicht von der Linksrechtsauswertung Pascal's ab.

Aus all diesen Komplikationen beim Vorhandensein von Seiteneffekten bei Funktionsprozeduren möge der Leser den Schluß ziehen, daß sie beim Programmieren möglichst vermieden werden sollten.

Die Definition der Semantik von PROSA ist nun abgeschlossen bis auf die Definition der Anfangs- und Endzustände. Sei dazu
p = **program** n; dt **begin** at **end.** ein PROSA-Programm und sei $e \in D^*$ eine Eingabefolge. Dann ist

$$in(p,e) = (dt\ at;\ \textbf{end};, ((\emptyset, 0)), \emptyset, e, \epsilon),$$

d.h. der Programmrest besteht wie bisher aus dem Deklarations- und Anweisungsteil, wir starten mit einem einelementigen Bindungskeller und einer leeren lokalen Bindung, der Wert aller Variablen ist undefiniert, e steht auf dem Eingabeband, und das Ausgabeband ist leer. Die Menge der Endzustände ist gegeben durch

$$K^f = \{(\epsilon, \epsilon, s, \epsilon, a) \mid a \in D^*, s \in S\},$$

d.h. Programmrest, Bindungskeller und Eingabefolge sind leer und Speicherzustand und Ausgabefolge sind beliebig. Die Funktion $out : K^f \rightarrow D^*$ extrahiert die Ausgabefolge, also

$$out((\epsilon, \epsilon, s, \epsilon, a)) = a.$$

Wir müßten noch zeigen, daß die Kontextbedingungen garantieren, daß im Anweisungsteil keine Typfehler auftreten. Dies geschieht jedoch in vollkommener Analogie zu den vorhergehenden Kapiteln und wir verzichten daher darauf. Statt dessen benutzen wir den Rest des Abschnittes dazu, eine weitere Verbindung von Syntax und Semantik aufzuzeigen, nämlich wie man Prozeduridentifizierungen benutzen kann, um das Nachschlagen von Namen in Bindungskellern zu vereinfachen. Die PROSA-Maschine schlägt jedes angewandte Vorkommen eines Namens im Bindungskeller nach. Dazu folgt sie ausgehend von der aktuellen lokalen Bindung den statischen Verweisen, bis sie auf eine lokale Bindung trifft, die die Bedeutung des Namens enthält. *Wie vielen statischen Vorgängerverweisen müssen wir nun folgen, bis wir die Bedeutung eines Namens finden?* Wir werden zeigen, daß diese Frage eine sehr einfache Antwort hat (diese Antwort wird für die Übersetzung von PROSA nach RESA in Kapitel VII sehr wichtig sein). Betrachten wir dazu das angewandte Vorkommen eines Namens x im Rumpf einer Prozedur q. Falls x der Name eines formalen Parameters oder einer lokalen Variablen von q ist, dann finden wir die Bedeutung von x in der aktuellen lokalen Bindung und müssen keinem Verweis folgen. Andernfalls tritt der Name x in einer q umfassenden Prozedur q' definierend auf. Falls x in der q direkt umfassenden Prozedur definierend auftritt, dann müssen wir einem Vorgängerverweis folgen. Falls x in einer noch weiter umfassenden Prozedur definierend auftritt, müssen wir sogar mehreren statischen Verweisen folgen und zwar genau sovielen Verweisen wie die Prozedurschachtelungstiefe von q bezüglich q' ist. Dies läßt sich auch anders formulieren. Sei nämlich (x, pi_1) der eindeutige Name des angewandten Vorkommens von x im Rumpf von q und sei pi_2 die Identifizierung des Rumpfs von q (wir sagen statt Prozeduridentifizierung im folgenden meist kürzer Identifizierung). Dann müssen wir genau $|pi_2| - |pi_1|$ statischen Verweisen folgen, bis wir die Bedeutung von x finden.

Beispiel 2 (Fortführung): Der Rumpf von B hat Prozeduridentifizierung $(2, 1)$ und der Rumpf von A hat Prozeduridentifizierung (2). Die eindeutigen Namen der angewandten Vorkommen von, zum Beispiel, x, y, C, B und A im Rumpf von A sind $(x, (2)), (y, (2, 1)), (C, (2)), (B, (2))$ und (A, ϵ). Gehen wir nun zu den Abbildungen 2 bis 7 zurück. In der Situation von Abbildung 7 sind wir im Rumpf von B. Wir müssen also keinem statischen Verweis folgen, um y zu finden, einem statischen Verweis folgen, um x, C und B zu finden, und zwei statischen Verweisen folgen, um A zu finden. In der Situation von Abbildung 6 sind wir im Rumpf von A. Wir müssen also keinem statischen Verweis folgen, um x, C und B zu finden, und einem statischen Verweis folgen, um A zu finden. Der Leser sollte die Situation der Abbildungen 2 bis 5 analog untersuchen. ∎

Der Zusammenhang zwischen der Länge der zu folgenden statischen Verweiskette und der Differenz der Längen der Prozeduridentifizierungen ist so wichtig, daß wir ihn als Satz formulieren.

Satz 1. *Sei x ein angewandter Name im Anweisungsteil einer Prozedur q, sei (x, pi') der eindeutige Name dieses angewandten Vorkommens und sei pi'' die Prozeduridentifizierung des Rumpfes von q. Man betrachte nun einen Aufruf von q. Sei bk der aktuelle Bindungskeller nach Abarbeitung der Parameterübergabe und des Deklarationsteils. Dann gilt während der Ausführung des Rumpfes von q:*

$$bk(x) = b_{sv^{(d)}(m)}(x).$$

Dabei ist $m = |bk|$ die aktuelle Länge des Bindungskellers, $d = |pi''| - |pi'|$ die Differenz der Prozedurschachtelungstiefen und $sv^{(d)}(m)$ die Notation auf Definition 2 von Abschnitt 6.4.

Beweis: Für diesen Beweis erweitern wir konzeptuell die PROSA-Maschine, indem wir mit jeder lokalen Bindung im Bindungskeller eine Prozeduridentifizierung assoziieren. Wir bezeichnen die mit der lokalen Bindung (b_i, sv_i) assoziierte Prozeduridentifizierung mit pi_i und definieren pi_i wie folgt. Nach Definition ist $pi_1 = \epsilon$. Lokale Bindungen werden dem Bindungskeller bk bei Prozeduraufrufen hinzugefügt. Wenn wir die lokale Bindung (b_{m+1}, sv_{m+1}) zum Bindungskeller bk bei Abarbeitung eines Aufrufs $p(apl)$ mit $bk(p) = (psl, j, R)$ hinzufügen, dann definieren wir pi_{m+1} als die Identifizierung des Rumpfes R von p. Erinnern Sie sich auch, daß sv_{m+1} auf j gesetzt wird.

Beispiel 2 (Fortführung): In der Situation von Abbildung 7 ergeben sich die in Abbildung 8 gezeigten Prozeduridentifizierungen.

lokale Bindung	$(b_1, 0)$	$(b_2, 1)$	$(b_3', 1)$	$(b_4, 2)$
assoziierte Identifizierung	ϵ	(2)	(2)	$(2, 1)$

Abb. 8. Lokale Bindungen und assoziierte Identifizierungen in der Situation von Abbildung 7.

Beachten Sie, daß b_1 durch das Hauptprogramm, b_2 und b_3' durch Aufrufe von A und b_4 durch einen Aufruf von C und damit B erzeugt wird. Man sieht an diesem Beispiel, daß die Identifizierung des statischen Vorgängers einer lokalen Bindung gerade das Elter der Identifizierung der lokalen Bindung ist, z.B. $pi_4 = (2, 1)$, $sv_4 = 2$ und $pi_2 = (2)$ und analog $pi_3 = (2)$, $sv_3 = 1$ und $pi_1 = \epsilon$. ∎

Bevor wir mit dem Beweis des Satzes fortfahren, wollen wir die im Beispiel illustrierte Eigenschaft in der Form des folgenden Lemmas beweisen.

384

Lemma 1. *Für alle während der Rechnung eines PROSA-Programms entstehenden Bindungskeller $bk = ((b_1, sv_1), \ldots, (b_m, sv_m))$ und dazu assoziierten Identifizierungen $pi_1, \ldots, pi_m$ gilt:*

a) $pi_{sv_j} = elter(pi_j)$ *für* $2 \leq j \leq m$;

b) $pi_{sv^{(d)}(m)} = elter^{(d)}(pi_m)$ *für* $2 \leq j \leq m$, $d \geq 0$.

Beweis: a) Wir beweisen den Teil a) durch Induktion über die Länge der Rechnung. Um die Induktion durchführen zu können, zeigen wir die folgende etwas stärkere Behauptung.

Behauptung: *Es gilt:*

a) $pi_{sv_j} = elter(pi_j)$ *für* $2 \leq j \leq m$.

b) *Für alle j, $1 \leq j \leq m$, und alle Prozedurnamen $p \in Def(b_j)$ gilt: Falls $b_j(p) = (psl, l, R)$ dann ist $pi_l = elter(pi(R))$, wobei $pi(R)$ die Identifizierung des Rumpfes ist.*

Beweis: Wir erläutern die Behauptung zunächst an unserem Beispiel.

Beispiel 2 (Fortführung): Wir illustrieren den zweiten Teil der Behauptung für den Prozedurnamen C. Es ist $b'_3(C) = (\ldots, 2, \textbf{begin } at_B \textbf{ end})$, und damit hat der Rumpf die Identifizierung $(2, 1)$. Ferner ist $pi_2 = (2) = elter((2, 1))$, und damit gilt der zweite Teil der Behauptung. Entsprechend ist $b_2(C) = (\ldots, 1, \textbf{begin } at_D \textbf{ end})$ und damit hat der Rumpf die Blockidentifizierung (1). Ferner ist $pi_1 = \epsilon = elter((1))$. Also gilt der zweite Teil der Behauptung auch in diesem Fall. Es ist intuitiv klar, daß die Behauptung immer gilt, da wir den statischen Vorgänger ja gerade definieren, wenn wir die Deklaration abarbeiten. Der Block, der die Deklaration enthält ist aber gerade der Elterblock des Rumpfes. ∎

Wir beweisen nun die Behauptung des Lemmas durch Induktion über die Länge der Rechnung. Die Behauptung ist sicher richtig für die Startkonfiguration. Es gibt genau vier Übergänge, die für uns relevant sind: Abarbeitung der Deklaration einer Prozedur, Übergabe einer Prozedur als Parameter, Aufruf einer Prozedur und Rückkehr aus einer Prozedur. Bei der Rückkehr aus einer Prozedur verkürzt sich der Bindungskeller, und wegen der Induktionsannahme ist nichts zu zeigen. Betrachten wir nun den Aufruf einer Prozedur p mit $bk(p) = (psl, l, R)$. Wir fügen dann (b_{m+1}, l) mit $b_{m+1} = \emptyset$ zum Bindungskeller hinzu und definieren pi_{m+1} als $pi(R)$. Da nach Induktionsvoraussetzung $pi_l = elter(pi(R))$ gilt, ist damit a) auch für $j = m + 1$ gezeigt. Da $b_{m+1} = \emptyset$ ist auch b) für $j = m + 1$ klar. Damit ist dieser Fall erledigt. Betrachten wir als nächstes die Parameterübergabe, und zwar die Übergabe einer Prozedur. Für den Teil a) ist nichts zu zeigen. Den Teil b) sieht man wie folgt ein. Wir binden den formalen Prozedurnamen an ein Tripel (psl, l, R), das schon vorher an einen Prozedurnamen gebunden war und daher nach Induktionsvoraussetzung $pi_l = elter(pi(R))$ erfüllt. Damit ist Teil b) gezeigt. Es bleibt uns schließlich der Fall der Abarbeitung der Deklaration einer

Prozedur. Sei etwa $bk = ((b_1, sv_1), \ldots, (b_m, sv_m))$ der aktuelle Bindungskeller und betrachten wir die Abarbeitung einer Deklaration von p mit Rumpf R im Rumpf Q einer Prozedur q. Dann ist $pi(Q) = elter(pi(R))$, da die Deklaration von p in q liegt und $pi_m = pi(Q)$ nach unserer Definition der pi_i. Ferner wird p an ein Tripel $(\ldots, m, R)$ gebunden und damit gilt $pi_m = pi(Q) = elter(pi(R))$. Damit ist auch in diesem Fall der Induktionsschritt geleistet und damit die Behauptung und Teil a) von Lemma 1 bewiesen.   ∎

b) Der Teil b) des Lemmas folgt aus Teil a) durch Induktion über d. Für $d = 0$ ist $sv^{(0)}(m) = m$ und $elter^{(0)}(pi_m) = pi_m$ und die Behauptung damit richtig. Für $d > 0$ gilt

$$
\begin{aligned}
pi_{sv^{(d)}(m)} &= pi_{sv_{sv^{(d-1)}(m)}} &&\text{,Definition von } sv_{(d)}(m) \\
&= elter(pi_{sv^{(d-1)}(m)}) &&\text{,nach Teil a)} \\
&= elter(elter^{(d-1)}(pi_m)) &&\text{,nach Induktionsvoraussetzung} \\
&= elter^{(d)}(pi_m)
\end{aligned}
$$

und wir haben den Induktionsschritt vollzogen.   ∎

Mit Lemma 1 haben wir die wesentliche Arbeit im Beweis von Satz 1 geleistet. Betrachten wir also nun ein angewandtes Vorkommen mit eindeutigem Namen (x, pi') im Rumpf der Prozedur p. Sei pi'' die Identifizierung des Rumpfes von q und sei bk der Bindungskeller, der bei einem Aufruf der Prozedur nach Abarbeitung der Parameterübergabe und des Deklarationsteils entsteht. Sei ferner $m = |bk|$ die Länge des Bindungskellers und $d = |pi''| - |pi'|$. Wir müssen

$$
bk(x) = b_{sv^{(d)}(m)}(x)
$$

zeigen, d.h. $x \in Def(b_{sv^{(d)}(m)})$ und $x \notin Def(b_{sv^{(j)}(m)})$ für alle $j < d$. Dazu die folgenden Beobachtungen. Da wir gerade den Rumpf von q abarbeiten, gilt $pi_m = pi''$. Das Paar (x, pi') ist der eindeutige Name eines angewandten Vorkommens von x im Rumpf von q. Daher gilt nach der Definition der eindeutigen Namen für angewandte Vorkommen:

1) pi' ist ein Präfix von pi'' und daher $pi' = elter^{(d)}(pi'')$ für ein $d \geq 0$.
2) Der erweiterte Block mit Identifizierung pi' enthält ein definierendes Auftreten von x.
3) Kein erweiterter Block mit Identifizierung pi''', so daß pi' ein echter Präfix von pi''' und pi''' ein Präfix von pi'' ist, enthält ein definierendes Vorkommen von x.

Aus 1) folgt wegen $pi'' = pi_m$ durch Anwendung von Lemma 1b zunächst $pi' = pi_{sv^{(d)}(m)}$ und damit $x \in Def(b_{sv^{(d)}(m)})$ nach 2). Sei nun $j < d$ und sei $pi''' = pi_{sv^{(j)}(m)}$. Dann gilt nach Lemma 1b auch $pi''' = elter^{(j)}(pi_m) = elter^{(j)}(pi'')$, d.h. pi''' ist ein Präfix von pi'' und pi' ist ein echter Präfix von pi'''. Wegen 3) gilt dann $x \notin Def(b_{sv^{(j)}(m)})$, und Satz 1 ist bewiesen.   ∎

Satz 1 hat für die Übersetzung von PROSA nach RESA zentrale Bedeutung; er wird uns nämlich erlauben, den Bindungskeller auf sehr durchsichtige Weise in RESA zu simulieren. Davon mehr im nächsten Kapitel.

Aufgaben zu 6.4

1) Geben Sie die Übergänge der PROSA-Maschine für value- und name-Parameterübergabe an.

2) Erlauben Sie const-Parameter vom Verbundtyp. Geben Sie den Übergang der PROSA-Maschine für die Parameterübergabe an.

3) Gegeben sei das Programm

```
program Aufgabe 3;
procedure A(const arg: integer; procedure p);
    procedure q;
        begin
            print arg
        end;
    begin p;
        A(arg − 1, q)
    end;
    procedure r;
        var x: integer;
        begin
            x := 1
        end;
(* Beginn des Hauptprogramms *)
begin
    A(5, r)
end.
```

Geben Sie die gesamte Rechnung der PROSA-Maschine an diesem Programm an.

4) Erweitern sie PROSA um Konstantendeklarationen der Form **const** $\langle def\ Name \rangle$ = $\langle Ausdr \rangle$. Wir haben bisher nur Standardbezeichnungen rechts vom Gleichheitszeichen zugelassen. Diese Festlegung war in Kapitel III natürlich, da die PROSA-Maschine in der Lage sein muß, bei Abarbeitung der Deklaration den Ausdruck auszuwerten.

a) Geben Sie den Übergang der PROSA-Maschine an; er sollte den Namen an
den Wert des Ausdrucks in der aktuellen Umgebung binden.

b) Geben sie eine geeignete Kontextbedingung an, die sicherstellt, daß der
Ausdruck an der Stelle der Deklaration ausgewertet werden kann.

Kapitel VII

Übersetzung von PROSA nach RESA, Teil 2

In diesem Kapitel beschreiben wir die Übersetzung von PROSA mit Prozeduren nach RESA. Für PROSA-Programme ohne Prozeduren haben wir die Übersetzung schon in Kapitel V diskutiert. Es kommen nun gegenüber Kapitel V zwei neue Probleme hinzu:

1) Prozeduren erlauben eine sehr flexible Kontrollstruktur;

2) Prozeduren erzwingen eine aufwendigere Speicherverwaltung.

Ziel dieses Kapitels ist der folgende Satz.

Satz 1. *Zu jedem PROSA-Programm p_1 gibt es ein äquivalentes RESA-Programm p_2. Das Programm p_2 kann effektiv aus dem Programm p_1 konstruiert werden. Ferner gilt für alle Eingaben e:*

$$Laufzeit(p_2, e) \leq c \cdot (1 + Laufzeit(p_1, e)).$$

Dabei ist c eine Konstante, die von p_1 aber nicht von e abhängt. ∎

Beim Beweis von Satz 1 wollen wir uns natürlich die Ergebnisse von Kapitel V zunutze machen; wie dort betrachten wir nur die elementaren Datentypen *int* und *bool* und überlassen die Behandlung der anderen elementaren Typen dem Leser. In Kapitel V zeigten wir bereits, wie man PROSA-Programme ohne Prozeduren nach RESA übersetzt. Wir führten den Beweis, indem wir PROSA-Programme zunächst in primitive PROSA-Programme übersetzten und diese dann nach RESA, genauso werden wir auch in diesem Kapitel vorgehen. Die Aufteilung des Übersetzungsvorgangs in zwei Teilschritte erlaubt uns die Behandlung aller Sonderfälle innerhalb von PROSA; für die Übersetzung nach RESA können wir uns dann auf das Wesentliche konzentrieren. Wir behandeln die Übersetzung in primitives PROSA in diesem einleitenden Abschnitt und die Übersetzung von primitivem PROSA nach RESA in den Abschnitten 7.1 bis 7.3. In Abschnitt 7.1 diskutieren wir ausführlich die Speicherorganition und geben an, wie der Bindungskeller und der Speicherzustand der PROSA-Maschine sich in der Speicherbelegung der RESA-Maschine widerspiegeln. Danach beschreiben wir in Abschnitt 7.2 den Speicherzugriff, d.h. wie wir angewandte Namen nach RESA übersetzen. In Abschnitt 7.3 geben wir dann die eigentliche Übersetzung an und zeigen, welche RESA-Anweisungsfolgen aus PROSA-Anweisungen erzeugt werden müssen.

Die Übersetzung in primitives PROSA (nun allerdings mit Prozeduren) führen wir ähnlich wie in den Abschnitten 5.4 bis 5.8 durch, allerdings ist die Überführung von mehrdimensionalen Feldern in eindimensionale Felder wegen der Möglichkeit von dynamischen Feldern etwas komplexer. Ein in einer Prozedur deklariertes Feld kann bei jedem Aufruf der Prozedur eine andere aktuelle Größe haben. Das Wissen um die aktuelle Gestalt (d.h. das $2k$-Tupel der aktuellen Grenzen) braucht man für die Erzeugung der Tests, ob Feldindizes innerhalb der zulässigen Bereiche sind, und für die Erzeugung der Feldzugriffe auf das eindimensionale Feld, das das mehrdimensionale Feld vertritt. Aus diesem Grund baut man bei der Abarbeitung einer Felddeklaration den sogenannten Felddeskriptor auf, d.h. das $2k$-Tupel der aktuellen Feldgrenzen. Um den Felddeskriptor aufbauen zu können, muß man im Deklarationsteil einfache Anweisungen ausführen können. Daher erweitern wir für dieses Kapitel PROSA um eine rudimentäre Möglichkeit, im Deklarationsteil zu rechnen. Eine Konstantendeklaration hat nun die Form:

$\langle const\ De \rangle \rightarrow$ **const** $\langle def\ Name \rangle = \langle Ausdr \rangle$

Bedingung: In dem Ausdruck kommen keine lokalen Variablenbezeichnungen vor und keine Aufrufe von Funktionsprozeduren.

Die Semantik einer solchen Konstantendeklaration wird wie folgt erklärt. Sei $k =$ (**const** $n = E; p', bk, s, e, a$) mit $n \in \langle Name \rangle$ und $E \in \langle Ausdr \rangle$ eine Konfiguration der PROSA-Maschine. Dann ist $\delta(k) = (p', bk[n \setminus I(bk, s, E)], s, e, a)$, d.h., n wird an den Wert des Ausdrucks E in der aktuellen Umgebung gebunden.

Wir definieren nun primitives PROSA.

Definition 1: Ein PROSA-Programm p heißt **primitiv**, wenn gilt:

(1) p benutzt nur ganzzahlige Variablen.

(2) In p gibt es keine Typdeklarationen und p benutzt keine **Zeiger** und **Verbunde**.

(3) Alle von p benutzten Felder sind eindimensional und haben einen Indexbereich, der bei 0 beginnt. Alle Feldzugriffe sind von der Form $a[i]$, wobei i der Name einer lokalen Variablen ist. Ferner hat die Variable i an dieser Stelle einen Wert, der im Indexbereich von a liegt.

(4) In Druck- und Leseanweisungen treten nur einfache Variablen auf.

(5) Boolesche Ausdrücke treten nur in den Tests von bedingten Anweisungen und Iterationsanweisungen auf. Sie sind von der Form $x = 0$ oder $x > 0$. Dabei ist x eine einfache Variable.

(6) Ausdrücke enthalten höchstens ein Operationszeichen.

(7) In p gibt es höchstens ein Feld H: **array**$[0..\infty]$ **of integer** unendlicher Größe.

(8) Alle Felddeklarationen (außer der Deklaration von H) sind von der Form **var** a: **array**$[0..o]$ **of integer**; dabei ist o eine Konstantenbezeichnung, die im gleichen Deklarationsteil wie das Feld deklariert wird. Alle Spezifikationen von Feldparametern sind von der Form **var** a: **array**$[u..o]$ **of integer**.

(9) Alle Prozeduraufrufe sind von der Form $n(u_1, \ldots, u_k)$ bzw. n. Dabei ist n der Name einer Prozedur und die u_i, $1 \leq i \leq k$, sind entweder Namen oder von der Form $a[i]$ oder Standardbezeichnungen. ∎

Die Definition 1 stimmt in den Punkten (1) bis (7) mit der Definition 2 aus Kapitel V überein; allerdings fordern wir bei Feldzugriffen noch zusätzlich, daß der Index eine lokale Variable ist und schließen bei (2) Konstantenbezeichnungen nicht aus. In den Punkten (8) und (9) regeln wir Prozeduraufrufe und Felddeklarationen. Das Feld H benutzen wir wie in Kapitel V zur Realisierung von Verbunden. Seine Größe muß potentiell unendlich sein, da die Anzahl der in einem Programmlauf erzeugten Verbundobjekte a priori nicht bekannt ist.

Wir beweisen nun zunächst den folgenden Satz.

Satz 2. *Zu jedem PROSA-Programm p_1 gibt es ein äquivalentes primitives PROSA-Programm p_2. Das Programm p_2 kann effektiv aus p_1 konstruiert werden, und es gilt für alle Eingaben e:*

$$Laufzeit(p_2, e) \leq c \cdot (1 + Laufzeit(p_1, e)).$$

Dabei ist c eine Konstante, die von p_1 aber nicht von e abhängt.

Beweis: Wir gehen im wesentlichen wie in Kapitel V vor, allerdings ist die Zurückführung von mehrdiminsionalen Feldern auf eindimensionale Felder etwas komplexer. Wir eliminieren zunächst Typdeklarationen, Verbunde, Zeiger und boolesche Variable genau, wie in den Abschnitten 5.4 bis 5.6 beschrieben. Dies stellt (1), (2) und (5) sicher und führt das unendliche Feld H ein. Als nächstes führen wir ähnlich wie in Abschnitt 5.7 mehrdimensionale Feler auf eindimensionale Felder zurück. Wir behandeln zunächst Felddeklarationen, dann Feldparameter von deklarierten Prozeduren, dann Feldparameter von formalen Prozeduren und schließlich Feldzugriffe.

Eine Felddeklaration, etwa im Deklarationsteil einer Prozedur p hat die Form

$$\textbf{var } a : \textbf{array}[E_1..E_2, \ldots, E_{2k-1}..E_{2k}] \textbf{ of integer}.$$

Dabei sind die E_i Ausdrücke, $1 \leq i \leq 2k$. Wir ersetzen diese Deklaration durch die $2k + 2$ Deklarationen

const $n_1 = E_1$; **const** $n_2 = E_2$; $\ldots$; **const** $n_{2k} = E_{2k}$;
const $n = (n_2 - n_1 + 1) * \ldots * (n_{2k} - n_{2k-1} + 1) - 1$;
var a: **array**$[0..n]$ **of integer**.

Beachten Sie, daß wir dabei die Erweiterung von PROSA benutzen. Das $2k$-Tupel $(n_1, n_2, \ldots, n_{2k})$ nennt man den **Felddeskriptor** des Feldes a. Es beschreibt die k-dimensionale Struktur der Originalversion des Feldes a. Wir werden den Felddeskriptor später benutzen, um bei Feldzugriffen die Tests auf Grenzüberschreitungen zu erzeugen. Nach dieser Änderung werden nur noch eindimensionale Felder deklariert; ferner beginnen deren Indexbereiche bei 0. Wir müssen nun diese Änderung auch bei der Parameterübergabe berücksichtigen.

Sei
$$\textbf{var } a : \textbf{array}[u_1..o_1, \ldots, u_k..o_k] \textbf{ of integer}$$
die Spezifikation eines Feldparameters in der formalen Parameterliste einer Prozedurdeklaration. Wir ersetzen diese Spezifikation durch (u und o sind neue Namen)

var a: **array**$[u..o]$ **of integer;**
const u_1: **integer; const** o_1: **integer;**

$$\vdots$$

const u_k: **integer; const** o_k: **integer.**

Wir nennen das $2k$-Tupel $(u_1, o_1, \ldots, u_k, o_k)$ den Felddeskriptor des Feldparameters a. Wiederum benutzen wir den Felddeskriptor später, um bei Feldzugriffen die Tests auf Grenzüberschreitungen zu erzeugen. In jedem Aufruf der Prozedur ersetzen wir den aktuellen Parameter, etwa b, durch die Folge

$$b, n_1, n_2, \ldots, n_{2k}.$$

Dabei ist $(n_1, n_2, \ldots, n_{2k})$ der Felddeskriptor des Feldes b.

Sei schließlich
$$\textbf{var } : \textbf{array}[\,, \ldots,\,] \textbf{ of integer}$$
die Spezifikation der Art eines k-dimensionalen (d.h., zwischen den eckigen Klammern stehen $k-1$ Kommata) Feldparameters in der Spezifikation eines Prozedurparameters. Wir ersetzen diese Spezifikation durch

$$\textbf{var } : \textbf{array}[\,] \textbf{ of integer;}$$
$$\underbrace{\textbf{const } : \textbf{integer;} \ldots; \textbf{const } : \textbf{integer}}_{2k\text{-mal}}$$

und berücksichtigen damit, daß nun statt eines k-dimensionalen Feldes ein eindimensionales Feld zusammen mit seinem Felddeskriptor übergeben wird. Damit ist die Behandlung des Deklarationsteils und der Parameterspezifikationen abgeschlossen. Wir behandeln nun Feldzugriffe.

Sei $a[E_1, \ldots, E_k]$ der Zugriff auf ein k-dimensionales Feld a. Wir erzeugen zunächst mithilfe des Felddeskriptors, etwa $(u_1, o_1, \ldots, u_k, o_k)$, von a die Tests auf Grenzüberschreitung:

if $E_1 < u_1$ **or** $E_1 > o_1$ **or** ... **or** $E_k < u_k$ **or** $E_k > o_k$
then Fehlerhalt
fi.

Damit rechnen wir gemäß Abschnitt 5.7 den $(E_1, \ldots, E_k)$ entsprechenden Index in der eindimensionalen Version von a aus und speichern ihn in einer neuen lokalen Variablen.

$$i := \sum_{j=1}^{k} \left\{ (E_j - u_j) \prod_{l=j+1}^{k} (o_l - u_l + 1) \right\}$$

Schließlich ersetzen wir den Zugriff $a[E_1, \ldots, E_k]$ durch $a[i]$. Damit ist die Umwandlung von mehrdimensionalen Feldern in eindimensionale Felder abgeschlossen, und die Eigenschaften (3) und (8) sind gesichert.

Beispiel 1: Die Prozedurdeklaration

procedure p(**const** c: **integer**; **var** A: **array**$[u_1..o_1, u_2..o_2]$ **of integer**;
        procedure q(**var** : **array**$[\,,\,]$ **of integer**));
       var B: **array**$[1..8 * y + c, 2..o_1]$ **of integer**;
       begin

         $\vdots$

       $p(17 * y - c, B, q)$;
       $A[c, 2] := B[2, y]$;
       $q(A)$;

         $\vdots$

       end

überführen wir in

procedure p(**const** c: **integer**; **var** A: **array**$[u..o]$ **of integer**;
       const u_1, o_1, u_2, o_2: **integer**;
       procedure q(**var** : **array**$[\,]$ **of integer**; **const** : **integer**;
                     const : **integer**; **const** : **integer**; **const** : **integer**));
       const $n_1 = 1$; **const** $n_2 = 8 * y + c$; **const** $n_3 = 2$; **const** $n_4 = o_1$;
       const $n = (n_2 - n_1 + 1) * (n_4 - n_3 + 1) - 1$;
       var i_1, i_2: **integer**;
       var B: $[0..n]$ **of integer**;
       begin

          $\vdots$

         $p(17 * y - c, B, n_1, n_2, n_3, n_4, q)$;
         if $c < u_1$ **or** $c > o_1$ **or** $2 < u_2$ **or** $2 > o_2$ **or**
           $2 < n_1$ **or** $2 > n_2$ **or** $y < n_3$ **or** $y > n_4$
         then Fehlerhalt
         fi;
         $i_1 := (c - u_1) * (o_2 - u_2 + 1) + 2 - u_2$;
         $i_2 := (2 - n_1) * (n_4 - n_3 + 1) + y - n_3$;
         $A[i_1] := B[i_2]$;
         $q(A, u_1, o_1, u_2, o_2)$;
       end.

Der Felddeskriptor des Feldes B ist (n_1, n_2, n_3, n_4) und der Felddeskriptor des Feldes A ist (u_1, o_1, u_2, o_2). Wir berechnen den Felddeskriptor und die Größe von B durch die 5 Konstantendeklarationen im Deklarationsteil von p. In der Parameterspezifikationsliste von p fügen wir die Spezifikation der vier const-Parameter u_1, o_1, u_2, o_2 hinzu. Beim Aufruf von p im Rumpf übergeben wir an diese vier const-Parameter den Felddeskriptor des aktuellen Parameters B. In der Spezifikation des Prozedurparameters q ersetzen wir die Artbeschreibung des zweidimensionalen Feldes durch die Artbeschreibung eines eindimensionalen Feldes und die Artbeschreibung des Felddeskriptors. Beim Aufruf von q im Rumpf übergeben wir neben dem Feld

A auch dessen Felddeskriptor. Schließlich modifizieren wir die beiden Feldzugriffe gemäß Abschnitt 5.7. ∎

Der Rest des Beweises ist nun ganz einfach. Wir stellen (9) sicher, indem wir für jeden Ausdruck auf aktueller Parameterposition, der nicht die Eigenschaft (9) erfüllt, eine neue Variable einführen, den Wert des Ausdrucks dieser Variable zuweisen und dann in der aktuellen Parameterliste den Ausdruck durch die Variable ersetzen. Die Eigenschaften (4) und (6) stellen wir schließlich wie in Abschnitt 5.8 sicher. Beachten sie dabei, daß man die Auftrennung von Ausdrücken in Folgen von Dreiadreßbefehlen auch bei Konstantendeklarationen druchführen muß. Dazu müssen unter Umständen neue Konstantendeklarationen hinzugefügt werden.

Beispiel 1 (Fortführung): Die Deklaration **const** $n_2 = 8 * y + c$ wird durch

const $u_2' = 8 * y$;
const $u_2 = u_2' + c$

ersetzt. ∎

Der Beweis von Satz 2 ist nun abgeschlossen ∎

Mit Satz 2 ist ein Teil des Beweises von Satz 1 schon geleistet. Wir brauchen nun nur noch den folgenden Satz 3 zu beweisen.

Satz 3. *Zu jedem primitiven PROSA-Programm p_1 gibt es ein äquivalentes RESA-Programm p_2. Das Programm p_2 kann effektiv aus dem Programm p_1 konstruiert werden. Ferner gilt für alle Eingaben e:*

$$Laufzeit(p_2, e) \leq c \cdot (1 + Laufzeit(p_1, e)).$$

Dabei ist c eine Konstante, die von p_1 aber nicht von e abhängt. ∎

Wir haben bereits erwähnt, daß wir Satz 3 und damit Satz 1 in den Abschnitten 7.1 bis 7.3 beweisen werden; erst Abschnitt 7.3 enthält dabei die eigentliche Übersetzung nach RESA. Um den Leser für die vorbereitenden Abschnitte 7.1 und 7.2 zu motivieren, geben wir nun eine kurze Skizze von Abschnitt 7.3.

Wir können ein PROSA-Programm als eine Menge von (geschachtelten und parallel zueinander deklarierten) Prozeduren auffassen. Auch das Hauptprogramm kann man ja als Prozedur verstehen, nämlich als eine Prozedur, die deklariert und dann sofort aufgerufen wird. Der Rumpf einer jeden Prozedur besteht aus Deklarations- und Anweisungsteil. Wir werden aus dem Rumpf einer jeden Prozedur ein eigenes RESA-Programmstück erzeugen, dessen erste Zeile wir mit dem eindeutigen Namen der Prozedur markieren. Zur Übersetzung des Rumpfes gehen wir im Prinzip wie im Kapitel V vor; allerdings ist der Speicherzugriff insbesondere bei nichtlokalen Namen komplexer (siehe Abschnitt 7.2). Prozeduraufrufe kommen als neue Anweisungen hinzu. Bei einem Prozeduraufruf übergeben wir zunächst die Parameter und die Rücksprungadresse, d.h. die Programmzeile, an der die Rechnung nach Abschluß des Aufrufs fortgesetzt werden soll und springen dann zur Anfangszeile der Übersetzung des Rumpfes der aufgerufenen Prozedur. Nach Ausführung des Rumpfes kehren wir mit Hilfe der Rücksprungadresse an die Stelle des Aufrufs zurück und setzen die Rechnung dort fort. In dieser Beschreibung ist offen geblieben, wohin wir die Parameter und die Rücksprungadresse speichern, und wo eine Prozedur Speicherplatz für ihre lokalen Größen belegt. Diese Fragen klären wir in Abschnitt 7.1.

7.1 Die Speicherorganisation

Die PROSA-Maschine verfügt über einen Bindungskeller, um über die Bedeutung von Namen und über die benutzten Variablen Buch zu führen. Wir werden in diesem Abschnitt beschreiben, wie wir den Bindungskeller und den PROSA-Speicherzustand in den RESA-Speicherzustand abbilden. Um die Beschreibung übersichtlich zu halten, stellen wir uns den RESA-Speicher als zwei Felder SP: **array**$[0..\infty]$ **of integer** und H: **array**$[0..\infty]$ **of integer** vor. Die Halde H kennen wir schon aus Kapitel V; sie dient zur Realisierung der Verbunde. Zur Behandlung der Halde ist nichts Neues zu sagen, sie geschieht wie in Kapitel V. Wir werden sie daher nicht mehr erwähnen. Das Feld SP realisiert den Bindungskeller. Da uns in diesem Kapitel nur das Feld SP nicht aber das Feld H interessiert, identifizieren wir das Feld SP der Einfachheit halber mit dem Speicher der RESA-Maschine, d.h. $SP[i] = dz(i)$ für alle $i \in \mathbb{N}$. Dabei ist dz der Speicherzustand der RESA-Maschine.

In realen Übersetzern geht man wie folgt vor. Die Übersetzung von PROSA nach RESA ist so konzipiert, daß die erzeugten RESA-Programme nur Anfangsabschnitte der Felder H und SP benutzen, also $H[0]$, $H[1]$, $H[2]$, ... und $SP[0]$, $SP[1]$, $SP[2]$, ... Wie groß diese Anfangsabschnitte sind, weiß man vor der Ausführung des RESA-Programms nicht. Man legt daher die beiden Felder SP und H wie in Abbildung 1 gezeigt in den (endlichen) Speicher eines realen Rechners. Die beiden Anfangsabschnitte wachsen dann aufeinander zu. Falls sie zusammenstoßen, kommt es zum Abbruch der Rechnung wegen Speicherüberlaufs.

$SP[0]$	$SP[1]$	$SP[2]$	$\cdots$	$H[2]$	$H[1]$	$H[0]$
0	1				N-2	N-1

Abb. 1. Die Felder SP und H im Speicher eines realen Rechners. Die Speicherzellen haben die Adressen 0 bis $N - 1$.

Das Feld SP ist konzeptionell in sogenannte **Datenbereiche** (engl. **activation records**) eingeteilt. Jeder Datenbereich entspricht dabei einer lokalen Bindung, vgl. Abbildung 2, und besteht aus fünf Teilen.

1) Verweis auf den dynamischen Vorgänger
2) Verweis auf den statischen Vorgänger
3) Rücksprungadresse
4) aktuelle Parameter
5) lokale Größen

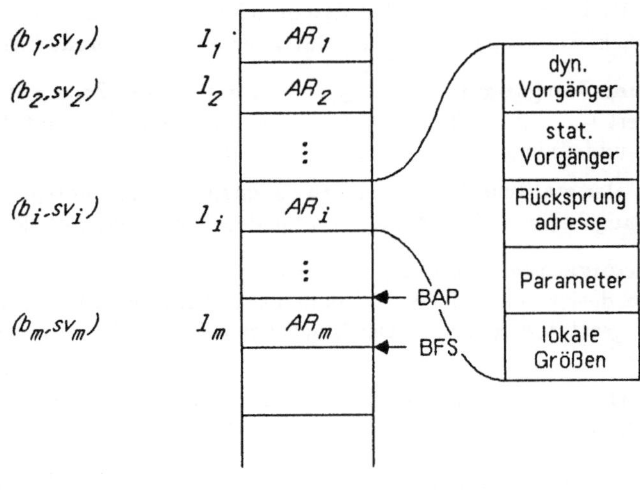

Abb. 2. Der Bindungskeller bk der PROSA-Maschine und die Einteilung des RESA-Speichers in Datenbereiche; l_i ist die erste Zelle des Datenbereichs AR_i.

Wir werden diese Teile nacheinander beschreiben. Sei dazu $k = (pr, bk, s, e, a)$ mit $bk = ((b_1, sv_1), \dots, (b_m, sv_m))$ eine Konfiguration der PROSA-Maschine. Der RESA-Speicher enthält dann m Datenbereiche $AR_1, \dots, AR_m$. Wir werden nun definieren, was die Datenbereiche enthalten. Sei l_i die Adresse der ersten Speicherzelle des Datenbereichs AR_i und sei g_i die Anzahl der Zellen in diesem Datenbereich. Es ist $l_1 = 0$ und $l_{i+1} = l_i + g_i$ für $i \geq 0$.

Dynamischer Vorgänger: Die Zelle mit der Adresse l_i enthält den Wert l_{i-1} für $2 \leq i \leq m$; also $dz(l_i) = l_{i-1}$. Der Inhalt der Zelle mit Adresse 0 ($=l_1$) ist undefiniert.

Ferner besitzt die RESA-Maschine die Indexregister BFS (Beginn Freier Speicher) und BAP (Beginn Aktive Prozedur), deren Inhalte wir mit bfs und bap bezeichnen. Natürlich gibt es die zusätzlichen Befehle LOADBFS, STOREBFS, LOADBAP und STOREBAP. Die Übersetzung von PROSA in RESA sorgt dafür, daß in einem erzeugten RESA-Programm zu jedem Zeitpunkt gilt: $bfs = l_m + g_m$ und $bap = l_m$.

Erläuterung: Der RESA-Speicher ist als eine lineare Liste von Datenbereichen organisiert. Die dynamischen Vorgängerverweise verketten die Datenbereiche, das Indexregister BAP zeigt auf den "jüngsten" Datenbereich, der der aktiven Prozedur entspricht, und das Indexregister BFS zeigt auf die erste Zeile des freien Speichers; beginnend bei der Adresse bfs können wir also bei einem Prozeduraufruf den nächsten Datenbereich anlegen. Bei der Rückkehr aus einer Prozedur setzen wir BFS auf BAP und BAP auf den dynamischen Vorgängerverweis der aktiven Prozedur zurück. Damit geben wir den Datenbereich der Prozedur wieder frei.

Statischer Vorgänger: Für $2 \leq i \leq m$ enthält die Zelle mit der Adresse $l_i + 1$ den Wert l_{sv_i}, d.h. $dz(l_i + 1) = l_{sv_i}$. Der Inhalt der Zelle mit der Adresse 1 $(= l_1 + 1)$ ist undefiniert.

Erläuterung: Der statische Vorgängerverweis entspricht dem entsprechenden Verweis im Bindungskeller. Wir benutzen ihn für den Zugriff auf globale Größen.

Rücksprungadresse: Für $2 \leq i \leq m$ enthält die Zelle mit der Adresse $l_i + 2$ die Adresse desjenigen Befehls, bei dem nach Rückkehr aus der Prozedur die Rechnung fortgesetzt werden soll. Der Inhalt der Zelle mit der Adresse 2 $(= l_1 + 2)$ ist undefiniert.

Erläuterung: Die Rücksprungadresse erlaubt uns, nach Abarbeitung eines Aufrufs zur Aufrufstelle zurückzukehren.

Beispiel 1 (Fortführung von Beispiel 2 von Abschnitt 6.4): In Abbildung 3 reproduzieren wir den Bindungskeller und Speicherzustand von Abbildung 7 aus Abschnitt 6.4 und geben den entsprechenden RESA-Speicher an. Abbildung 4 zeigt das übersetzte Programm. Der Leser findet Abbildung 3 auf der folgenden Seite und Abbildung 4 im Anhang des Kapitels.　　　　　　　　　　　■

Wir kommen nun zu den übrigen Zellen der Datenbereiche. Wie bereits erwähnt, enthalten diese Zellen die aktuellen Parameter und die lokalen Größen. Der Datenbereich ist dabei in einen **statischen Teil** und einen **dynamischen Teil** gegliedert. Der dynamische Teil enthält die Felder; seine Größe kann von Aufruf zu Aufruf variieren. Der statische Teil enthält für jeden in der Parameterspezifikationsfolge oder im Deklarationsteil auftretenden Namen eine oder zwei Zellen, die wir über **Relativadressen** ansprechen (vgl. Abschnitt 5.3). Auch Feldnamen ordnen wir im statischen Teil eine Zelle zu (die sogenannte **Leitzelle des Feldes**), in der wir abspeichern, wo das Feld im dynamischen Teil des Datenbereichs zu finden ist.

Die Funktion rad ordnet eindeutigen Namen ihre Relativadresse zu, d.h. rad : $\langle Name \rangle \times \mathbb{N}^* \dashrightarrow \mathbb{N}$. Sei $pi \in \mathbb{N}^*$ eine Proceduridentifizierung und seien $n_1, \ldots, n_k$ die in dieser Prozedur, d.h. in der Parameterspezifikationsfolge und im Deklarationsteil, definierend auftretenden Namen. Die eindeutigen Namen sind dann $(n_1, pi), \ldots, (n_k, pi)$. Wir setzen

$$rad((n_i, pi)) = 3 + \sum_{j=1}^{i-1} gr((n_j, pi)).$$

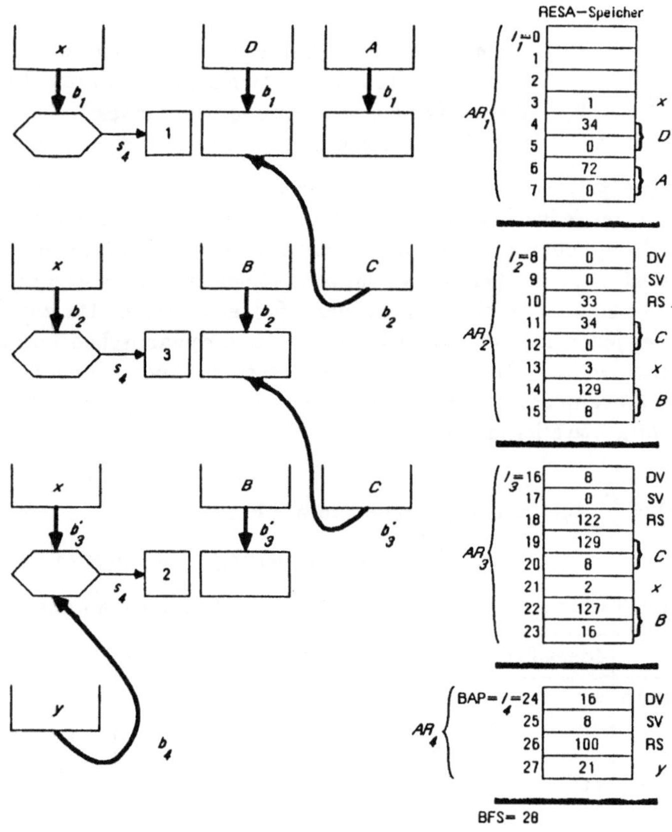

Abb. 3.   Der Bindungskeller der PROSA-Maschine ist $((b_1,0),(b_2,1),(b'_3,1),$
$(b_4,2))$. Die Bindungen selbst und den Speicherzustand entnimmt man der Abbildung 7 aus Abschnitt 6.4. Der Übersichtlichkeit halber ist diese Abbildung hier
reproduziert. Die vier Datenbereiche im RESA-Speicher reichen von den Zellen 0
bis 7, 8 bis 15, 16 bis 23 und 24 bis 27. Daher hat BAP den Wert 24 und BFS den
Wert 28. Die Werte der l_i's sind $l_1 = 0$, $l_2 = 8$, $l_3 = 16$ und $l_4 = 24$. Der Wert von
l_{i-1} ist im dynamischen Vorgängerverweis des Datenbereichs AR_i, $i \geq 2$, gespeichert. Der statische Vorgängerverweis des Datenbereichs AR_i enthält l_{sv_i}, $i \geq 1$;
z.B. ist $dz(l_4 + 1) = l_{sv_4} = l_2 = 8$. Für die Bedeutung der Rücksprungadressen
verweisen wir auf Abbildung 4. Beachten Sie, daß AR_1 dem Hauptprogramm, AR_2
dem Aufruf von A im Hauptprogramm, AR_3 einem rekursiven Aufruf von A in A
und AR_4 dem Aufruf von C (und damit B) in A entspricht. Nach der "Rückkehr aus
AR_4" muß daher ein Aufruf $A(B)$ initiiert werden, und daher ist $dz(l_4 + 2) = 100$,
nach der "Rückkehr aus AR_3" ist ein Aufruf von A abgeschlossen, und daher ist
$dz(l_3 + 2) = 122$, und nach der "Rückkehr aus AR_2" ist das Hauptprogramm zu
Ende, und daher ist $dz(l_2 + 2) = 33$. Die Inhalte der übrigen Zellen der Datenbereiche werden später erklärt..

Dabei ist

$$gr((n_j, pi)) = \begin{cases} 1, & \text{falls } n_j \text{ Name einer Variablen, eines Feldes,} \\ & \text{eines const-Parameters oder eines var-Parameters ist;} \\ 2, & \text{falls } n_j \text{ Name einer Prozedur oder eines} \\ & \text{Prozedurparameters ist.} \end{cases}$$

Die Größe $gr((n_j, pi))$ ist die Anzahl der RESA-Speicherplätze, die wir für n_j im statischen Teil eines jeden Datenbereichs AR belegen, der durch einen Aufruf der Prozedur mit Rumpfidentifizierung pi kreiert wird. Wenn also l die erste Zelle des Datenbereichs AR ist, dann belegen wir für n_j die Zelle mit Adresse $l+rad((n_j, pi))$, und falls die Größe 2 ist auch noch die darauffolgende Zelle. Da wir die ersten drei Zellen eines jeden Datenbereichs bereits für den dynamischen und statischen Vorgängerverweis und die Rücksprungadresse vergeben haben, lassen wir die Relativadressen bei 3 beginnen. Für eine Identifizierung pi bezeichnen wir mit $gr(pi)$ die statische Gesamtgröße aller in der Prozedur mit Rumpfidentifizierung pi definierten Namen, d.h.

$$gr(pi) = \sum \{gr((n, pi)) \mid n \text{ kommt in der Prozedur mit}$$

$$\text{Rumpfidentifizierung } pi \text{ definierend vor}\}.$$

Beispiel 1 (Fortführung):   Die Relativadressen entnimmt man der Tabelle 1.

Prozedur	Identifizierung	eind. Name	Relativadresse
Hauptprogramm	ϵ	(x, ϵ)	3
		(D, ϵ)	4
		(A, ϵ)	6
D	(1)	$(y, (1))$	3
A	(2)	$(C, (2))$	3
		$(x, (2))$	5
		$(B, (2))$	6
B	$(2, 1)$	$(y, (2, 1))$	3

Tabelle 1: Die Relativadressen

Aus diesen Relativadressen wird die in Abbildung 3 rechts neben den Speicherzellen angegebene Bedeutung der Speicherzellen klar. Erinnern Sie sich, daß der Datenbereich AR_1 (AR_2, AR_3, AR_4) dem Hauptprogramm (der Prozedur A, A, B) entspricht. Wir können nun auch schon die Inhalte der Zellen des RESA-Speichers erklären. Die RESA-Zelle $3 = l_1 + rad((x, \epsilon))$ entspricht der PROSA-Variablen $b_1(x)$ und hat daher den Inhalt $s(b_1(x)) = 1$. In gleicher Weise beinhalten die Zellen $13 = l_2 + rad((x, (2)))$ und $21 = l_3 + rad((x, (2)))$ die Werte der Variablen $b_2(x)$ bzw. $b_3'(x)$, also 3 bzw. 2. Den Wert der Variablen $b_2(x)$ können wir mit folgender RESA-Befehlsfolge in den Akkumulator bringen.

```
LOADBAP    1    lädt den statischen Vorgänger des aktiven Bereichs
STORE      IR
LOADIR     5
```

Sehen wir uns nun die Zelle $27 = l_4 + rad((y,(2,1)))$ an. y ist der Name eines var-Parameters und wird bei der Parameterübergabe an eine Variable (hier $b_3'(x)$) gebunden. Wir speichern in der y zugeordneten Zelle die Adresse derjenigen RESA-Speicherzelle ab, die der PROSA-Variablen $b_3'(x)$ entspricht; in unserem Fall also die Adresse 21. Wir nennen 21 die Absolutadresse der Variablen $b_3'(x)$. Wir können dann etwa den Wert der Variablen $b_4(y)$ laden, indem wir die Befehle

```
LOADBAP    3
STORE      IR
LOADIR     0
```

ausführen. In PROSA-Sprechweise benutzen wir die Zelle 27 als Zeiger. Wir speichern in ihr nicht den Wert der Variablen $b_4(y)$ ab, sondern die Adresse, unter der wir diesen Wert im Speicher finden.

Als nächstes betrachten wir die Zellen 22 und 23. In Zelle $22 = l_3 + rad((B, (2,1)))$ speichern wir die Anfangszeile der Übersetzung des Rumpfes von B. Gemäß Abbildung 4 ist das die Zeile 129. In Zelle 23 speichern wir die Höhe des Datenbereichkellers bei der Deklaration der Prozedur ab, also die Zahl $16 = l_3$. Beachten Sie, daß $b_3'(B) = (\ldots,3,\ldots)$.

Auf analoge Weise versteht man die Inhalte aller anderen Zellen, die Namen von Prozeduren oder Prozedurparametern zugeordnet sind. Es ist etwa $b_3'(C) = (\ldots,2,R_B)$ und daher enthält die Zelle 19 die Anfangszeile der Übersetzung von R_B und die Zelle 20 den Wert $l_2 = 8$. ∎

Bevor wir formal festlegen, was die einzelnen Zellen eines Datenbereichs enthalten, geben wir noch ein Beispiel mit const-Parametern und Feldern.

Beispiel 2:

```
program Beispiel2;
    var n: integer;
    procedure seltsam(const m: integer);
        const d = m; var i: integer;
        var A: array[0..d] of integer;
        var B: array[0..d] of integer;
        procedure p(var C: array[f1..f2] of integer; var x: integer);
            var k: integer;
            begin k := x;
                    C[k] := x; n := x;
            end;
        begin
            i := 0;
            while i ≤ d do A[i] := i; B[i] := i; i := i + 1 od;
            i := 0;
            p(A, B[i])
        end;
    begin read n;
```

$$seltsam(n)$$
end.

Die Relativadressen für dieses Beispiel sind

$$
\begin{aligned}
rad((n,\epsilon)) &= 3, & rad((seltsam,\epsilon)) &= 4, \\
rad((m,(1))) &= 3, & rad((d,(1))) &= 4, & rad((i,(1))) &= 5, \\
rad((A,(1))) &= 6, & rad((B,(1))) &= 7, & rad((p,(1))) &= 8, \\
rad((C,(1,1))) &= 3, & rad((f1,(1,1))) &= 4, & rad((f2,(1,1))) &= 5, \\
rad((x,(1,1))) &= 6, & rad((k,(1,1))) &= 7.
\end{aligned}
$$

Nehmen wir nun an, daß auf dem Eingabeband die Zahl 2 steht. Dann ergibt sich nach dem Aufruf von *seltsam* im Hauptprogramm und von p in *seltsam* unmittelbar nach Ausführung der Zuweisung $C[k] := x$ die Konfiguration

$$k = (n := x; \textbf{ end}; \textbf{ end}; \textbf{ end}; \ , \ bk, \ s, \ e, \ a)$$

mit $bk = ((b_1,0),(b_2,1),(b_3,2))$. Die Bindungen und den Speicherzustand findet der Leser in Abbildung 5. In dieser Abbildung ist auch der entsprechende RESA-Speicher angegeben.

Der Datenbereich AR_2 besteht aus $16 = 3 + 7 + 6$ Zellen, wovon die letzten 6 für die Elemente der Felder A und B sind. Diese 6 Zellen stellen den dynamischen Teil des Datenbereichs AR_2 dar. Die Adresse 16 ist die Anfangszelle des Feldes $b_2(A)$. Für $0 \leq i \leq 2$ spielt dann die Zelle $16+i$ die Rolle der Variablen $b_2(A)(i)$ und enthält daher den Wert dieser Variablen. Unter der Adresse $12 = 6 + 6 = l_2 + rad((A,(1)))$ speichern wir die Anfangsadresse des Feldes $b_2(A)$ ab, also 16. Den Wert der Variablen $b_2(A)(2)$ können wir durch folgende Befehle in den Akkumulator laden.

LOADBAP	1	lädt statischen Vorgänger des aktiven Bereichs
STORE	IR	$\left.\begin{array}{c}\ \\ \ \end{array}\right\}$ lädt Anfangsadresse des Feldes
LOADIR	6	
ADDNUM	2	addiert Indexwert
STORE	IR	$\left.\begin{array}{c}\ \\ \ \end{array}\right\}$ lädt Wert der Variable
LOADIR	0	

Die Adresse 19 ist die Anfangszelle des Feldes B, und daher enthält die Zelle $13 = 6+7 = l_2 + rad((B,(1)))$ den Wert 19. Ferner entspricht die Zelle $19+i$ der Variable $b_2(B)(i)$, $0 \leq i \leq 2$. Sehen wir uns nun die Zelle $25 = 22 + 3 = l_3 + rad((C,(1,1)))$ an. Da $b_3(C) = b_2(A)$ und das Feld $b_2(A)$ ab Zelle 16 gespeichert ist, steht auch in Zelle 25 die Zahl 16. Die Inhalte der const-Parametern und Konstantenbezeichnern zugeordneten Zellen sind ganz leicht zu erklären. Da etwa $b_2(d) = 2$ ist, enthält die Zelle $10 = 6 + 4 = l_2 + rad((d,(1)))$ die Zahl 2.

Der Leser sollte nun ohne Probleme in der Lage sein, die Inhalte aller Zellen in Abbildung 5 zu erklären. Wir erklären noch den Inhalt der Zelle 28. x ist der Name eines var-Parameters und ist an die Variable $b_2(B)(0)$ gebunden. Die Zelle 19 entspricht dieser Variable und daher enthält die Zelle 28 den Wert 19. ∎

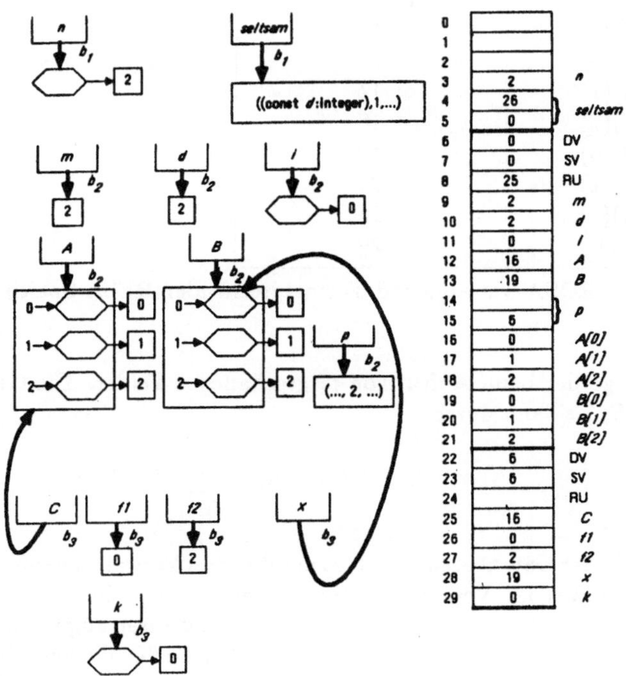

Abb. 5. Bindungskeller und Speicherzustand der PROSA-Maschine und entsprechender RESA-Speicher. Das Feld A belegt die Zellen 16 bis 18. In Zelle $12 = l_1 + rad((A,(1)))$ ist abgespeichert, daß die Elemente von A ab Zelle 16 im Speicher liegen. Abbildung 6 im Anhang des Kapitels gibt Teile des erzeugten RESA-Programms wider. Die Zellen 14 und 24 können erst bei vollständiger Übersetzung eingefüllt werden.

Wir abstrahieren nun aus diesen Beispielen und definieren die Organisation des RESA-Speichers präzise. Sei dazu $bk = ((b_1, sv_1), \ldots, (b_m, sv_m))$ ein Bindungskeller und sei p_i mit Rumpfidentifizierung pi_i die Prozedur, zu der die lokale Bindung (b_i, sv_i) gehört. Sei ferner wie bisher l_i die Adresse der Anfangszelle des Datenbereichs AR_i, $1 \le i \le m$, und sei $l_{m+1} = bfs$. Wir brauchen noch die Bezeichnungen

$$V_{belegt} = \left(V \cap \bigcup_{1 \le i \le m} Bild(b_i)\right) \cup \bigcup_{f \in \mathbf{FEL} \cap \bigcup_{1 \le i \le m} Bild(b_i)} Bild(f)$$

für die Menge der benutzten PROSA-Variablen und

$$F_i = \mathbf{FEL} \cap \{b_i(x) \mid x \text{ kommt in } p_i \text{ definierend vor}\}$$

PROSA-Variable	RESA-Speicherzelle
$b_1(n)$	3
$b_2(i)$	11
$b_2(A)(0)$	16
$b_2(A)(1)$	17
$b_2(A)(2)$	18
$b_2(B)(0)$	19
$b_2(B)(1)$	20
$b_2(B)(2)$	21
$b_3(k)$	29

Tabelle 2: PROSA-Variable und die entsprechenden RESA-Speicherzellen für Beispiel 2.

für die Menge der beim Aufruf von p_i geschaffenen Felder. Die Größe des Datenbereichs AR_i ist dann durch

$$l_{i+1} - l_i = 3 + gr(pi_i) + \sum_{f \in F_i} |Def(f)|$$

gegeben, d.h. der Datenbereich besteht aus den drei Verwaltungszellen (dynamischer Vorgänger, statischer Vorgänger, Rücksprungadresse), den Zellen, die den in p_i definierend auftretenden Namen über die Relativadressen zugeordnet sind, und den Zellen, die zur Aufnahme der in p_i deklarierten Felder dienen. Dabei stellen die letzten Zellen den dynamischen Teil des Datenbereichs AR_i dar. Bei der Festlegung der Inhalte des RESA-Speichers behandeln wir zunächst diejenigen Zellen, die direkt PROSA-Variablen entsprechen. Diese Zellen enthalten selbstverständlich den Wert der entsprechenden PROSA-Variablen. Formal beschreiben wir den Zusammenhang durch zwei injektive Abbildungen

$$\alpha : V_{belegt} \rightarrow [0..bfs - 1]$$

und

$$\beta : \bigcup_{1 \leq i \leq m} F_i \rightarrow [0..bfs - 1].$$

Die Abbildung α ordnet jeder PROSA-Variable eine RESA-Speicherzelle zu und die Abbildung β ordnet jedem Feld seine Anfangsadresse zu. Für das Beispiel 2 gibt Tabelle 2 die Abbildung α wider.

Ferner ist $\beta(b_2(A)) = 16$ und $\beta(b_2(B)) = 19$. Wir nennen $\alpha(v)$ die **Absolutadresse** der Variable v. Es gelten dabei die folgenden Eigenschaften, die wir, um später darauf Bezug nehmen zu können, durchnumerieren. Der Leser sollte die Eigenschaften an unseren Beispielen verifizieren.

(1) Für alle $v \in V_{belegt}$ enthält die Zelle $\alpha(v)$ den Wert der Variable v, d.h.

für alle $v \in V_{belegt}$ gilt: $s(v) = dz(\alpha(v))$.

(2) Falls v an einen in p_i deklarierten Namen x gebunden ist, dann ist die Absolutadresse von v durch die Anfangsadresse des Datenbereichs und die Relativadresse von x bestimmt, d.h. für alle Variablennamen x, die in der Prozedur p_i mit Identifizierung pi_i deklariert werden, gilt:

$$\alpha(b_i(x)) = l_i + rad((x, pi_i))$$

(3) Falls v Komponente eines Feldes $f \in F_i$ ist, dann ist die Absolutadresse von v durch die Anfangsadresse des Feldes f und den Index von v in f bestimmt. Außerdem liegt die Zelle $\alpha(v)$ in dem dynamischen Teil des Bereichs AR_i, d.h. für alle Felder $f \in F_i$ und für alle $j \in Def(f)$ gilt:

$$\alpha(f(j)) = \beta(f) + j \qquad \text{und}$$
$$\alpha(f(j)) \in [l_i + 3 + gr(pi_i) \,..\, l_{i+1} - 1]$$

Wir kommen nun zu den Speicherzellen, die nicht PROSA-Variablen entsprechen. Die ersten drei Zellen eines jeden Datenbereichs haben wir ja schon erklärt. Für die übrigen Zellen sei x ein Name in $Def(b_i)$. Wir legen nun den Inhalt der Zelle $l_i + rad((x, pi_i))$, und falls x Name einer Prozedur oder eines Prozedurparameters ist, auch den der Zelle $l_i + rad((x, pi_i)) + 1$ fest.

(4) Wenn x der Name eines Feldes oder eines Feldparameters ist, dann enthält die Zelle $l_i + rad((x, pi_i))$ die Anfangsadresse des Feldes $b_i(x)$, d.h.

$$dz(l_i + rad((x, pi_i))) = \beta(b_i(x)).$$

Die Zelle $l_i + rad((x, pi_i))$ wird **Leitzelle** des Feldes $b_i(x)$ genannt.

(5) Wenn x der Name eines const-Parameters oder eine Konstantenbezeichnung ist, dann enthält die Zelle $l_i + rad((x, pi_i))$ den an x unter b_i gebundenen Wert, d.h.

$$dz(l_i + rad((x, pi_i))) = b_i(x).$$

(6) Wenn x der Name eines var-Parameters vom Typ *int* ist, dann enthält die Zelle $l_i + rad((x, pi_i))$ die Absolutadresse der Variablen $b_i(x)$, d.h.

$$dz(l_i + rad((x, pi_i))) = \alpha(b_i(x)).$$

(7) Wenn x der Name einer Prozedur oder eines Prozedurparameters ist und $b_i(x) = (\ldots, j, R)$ ist, dann ist

$$dz(l_i + rad((x, pi_i))) = \text{Anfangszeile der Übersetzung von R}$$
$$dz(l_i + rad((x, pi_i)) + 1) = l_j$$

Die Bindung b_i bindet x an ein Tripel bestehend aus Parameterspezifikationsfolge, Höhe j des Bindungskellers bei der Deklaration und Rumpf R. Die Übersetzung des Rumpfes ist ein RESA-Programm. Die Adresse der ersten Zeile dieses Programms speichern wir in der ersten x zugeordneten Zelle des Datenspeichers. In der zweiten Zelle speichern wir die Höhe des Datenbereichskellers bei der Deklaration. In Abbildung 4 ist $b_1(D) = ((\mathbf{var}\ y : \mathbf{integer}),\ 1,\ R_D)$ und daher $dz(l_1 + rad((D, \epsilon))) = dz(4) = 34$ und $dz(5) = l_1 = 0$. Beachten Sie, daß 34 die Anfangszeile der Übersetzung von R_D ist; vgl. Abbildung 4 im Anhang des Kapitels.

(8) RESA-Speicherzellen, die keinem Datenbereich angehören, haben keinen Wert, d.h.

$$dz(i) = \text{undefiniert} \quad \text{für } i \geq bfs$$

Dies entspricht der Festlegung in PROSA, daß nicht belegte Speicherzellen keinen Wert haben.

Aufgaben zu 7.1

1) (Fortsetzung von Beispiel 1): Im Abschnitt 6.4 findet der Leser auch noch andere Konfigurationen der Rechnung des Programms aus Beispiel 1. Geben Sie auch dafür die entsprechenden RESA-Speicher an.

2) Geben Sie die Funktionen α und β für die Abbildungen 3 und 5 an. Verifizieren Sie die Eigenschaften (1) bis (7).

7.2 Speicherzugriff

Der Zugriff auf Variablen geschieht in der PROSA-Maschine durch Nachschlagen im Bindungskeller. Wie realisieren wir nun dieses Nachschlagen in aus PROSA-Programmen erzeugten RESA-Programmen, d.h. wie finden wir den einem Namen n zugeordneten Speicherplatz? Wenn der Name lokal zur aktuellen Prozedur ist, dann finden wir den zugeordneten Speicherplatz im aktuellen Datenbereich mit Hilfe der Relativadresse. Wenn der Name global zur aktuellen Prozedur ist, dann folgen wir in PROSA den statischen Vorgängerverweisen bis wir eine lokale Bindung erreichen, die den Namen kennt. Diese Bindung liefert dann die zum Namen gehörende Variable, oder was immer an den Namen gebunden ist. Nach Satz 1 aus Abschnitt 6.4 wissen wir auch genau, wie oft wir statischen Vorgängerverweisen folgen müssen, bis wir die richtige Bindung erreichen: genau d mal, wobei d der Unterschied der Blockschachtelungstiefen des Namens n und der aktuellen Prozedur ist. Wir können diese Vorgehensweise leicht in RESA nachvollziehen. Das Indexregister BAP enthält die Anfangsadresse des aktiven Datenbereichs. In jedem Datenbereich gibt es eine Zelle für den statischen Vorgänger und daher ist das Verfolgen der statischen Verweiskette kein Problem. Die zugeordnete Speicherzelle finden wir dann mit Hilfe der Relativadresse. In einigen Beispielen von Abschnitt 7.1 haben wir diese Verfahren schon kurz illustriert. Im folgenden präzisieren wir diese Lösung. Sei dazu $bk = ((b_1, sv_1), \ldots, (b_m, sv_m))$ ein Bindungskeller und s ein Speicherzustand der PROSA-Maschine. Der Speicherinhalt dz der RESA-Maschine sei gemäß Abschnitt 7.1 aus bk und s konstruiert.

Lemma 1. *Sei $d \geq 0$ eine natürliche Zahl, so daß $sv^{(d)}(m)$ definiert ist. Dann lädt die Befehlsfolge*

$$\left.\begin{array}{ll} \text{LOAD} & \text{BAP} \\ \text{STORE} & \text{IR} \\ \text{LOADIR} & 1 \end{array}\right\} d\text{-mal}$$

den Wert $l_{sv^{(d)}(m)}$ in den Akkumulator. Wir bezeichnen diese Befehlsfolge mit StatVorg(d).

Beweis: Wegen $bap = l_m$ und $m = sv^{(0)}(m)$ ist die Behauptung richtig für $d = 0$. Sei nun $d > 0$. Nach Ausführen von LOAD BAP und $(d-1)$-maligem Ausführen von STORE IR; LOADIR 1 steht nach Induktionsvoraussetzung $l_{sv^{(d-1)}(m)}$ im Akkumulator. Die Befehle STORE IR; LOADIR 1 laden dann $dz(l_{sv^{(d-1)}(m)} + 1) = l_{sv(sv^{(d-1)}(m))} = l_{sv^{(d)}(m)}$ in den Akkumulator. ∎

Satz 1. *Sei $((b_1, sv_1), \ldots, (b_m, sv_m))$ der aktuelle Bindungskeller. Sei (n, pi) ein angewandtes Vorkommen des Namens n im Rumpf der aktiven Prozedur. Der erweiterte Rumpf dieser Prozedur habe Prozeduridentifizierung pi_m. Sei $d = |pi_m| - |pi|$ die Differenz der Schachtelungstiefen.*

a) Falls (n, pi) Variablenname ist, dann lädt die Befehlsfolge

$$StatVorg(d)$$
$$\text{ADDNUM} \quad rad((n, pi))$$

die Absolutadresse $\alpha(bk(n))$ *der Variablen* $bk(n)$ *und die Befehlsfolge*

$$StatVorg(d)$$
$$\text{STORE} \qquad \text{IR}$$
$$\text{LOADIR} \quad rad((n, pi))$$

lädt den Wert $s(bk(n))$ *der Variablen. Wir bezeichnen diese Befehlsfolgen mit* *LadeAbsolutad* (n, pi, pi_m) *bzw. LadeWert* (n, pi, pi_m).

Beispiel 2 (Fortführung): Der Rumpf der aktiven Prozedur in der Situation von Abbildung 5 hat Prozeduridentifizierung $(1, 1)$. Daher wird der Wert der Variablen mit dem Namen (n, ϵ) durch die Befehlsfolge

$$
\left.
\begin{array}{ll}
\text{LOAD} & \text{BAP} \\
\text{STORE} & \text{IR} \\
\text{LOADIR} & 1 \\
\text{STORE} & \text{IR} \\
\text{LOADIR} & 1
\end{array}
\right\} StatVorg(2)
$$
$$
\begin{array}{ll}
\text{STORE} & \text{IR} \\
\text{LOADIR} & 3
\end{array}
$$

geladen. Beachten Sie, daß $rad((n, \epsilon)) = 3$. ∎

b) Falls (n, pi) *der Name eines const-Parameters oder eine Konstantenbezeichnung ist, dann lädt die Befehlsfolge*

$$StatVorg(d)$$
$$\text{STORE} \qquad \text{IR}$$
$$\text{LOADIR} \quad rad((n, pi))$$

den an n *gebundenen Wert* $bk(n)$. *Wir bezeichnen diese Befehlsfolge mit* *LadeWert* (n, pi, pi_m).

Beispiel 2 (Fortführung): Der an f_2 gebundene Wert $bk(f_2)$ wird durch

$$
\begin{array}{ll}
\text{LOAD} & \text{BAP} \\
\text{STORE} & \text{IR} \\
\text{LOADIR} & 5
\end{array}
$$

geladen. Beachten Sie, daß $5 = rad((f_2, (1, 1)))$. Natürlich würde der Wert $bk(f_2)$ auch schon durch den Befehl

$$\text{LOADBAP} \quad 5$$

geladen. Wir verzichten hier auf solche Optimierungen, um unnötige Fallunterscheidungen zu vermeiden. Für reale Übersetzer sind aber solche Optimierungen aus Effizienzgründen sehr wichtig. ∎

c) Falls (n, pi) *der Name eines var-Parameters vom Typ* int *ist, dann lädt die Befehlsfolge*

$$StatVorg(d)$$
```
STORE            IR
LOADIR     rad((n, pi))
```

die Absolutadresse $\alpha(bk(n))$ der Variablen $bk(n)$. Die Befehlsfolge

$$StatVorg(d)$$
```
STORE            IR
LOADIR     rad((n, pi))
STORE            IR
LOADIR           0
```

lädt ihren Wert $s(bk(n))$. Wir bezeichnen diese Befehlsfolgen mit
$LadeAbsolutad(n, pi, pi_m)$ und $LadeWert(n, pi, pi_m)$.

Beispiel 2 (Fortführung): Die Befehlsfolge

```
LOAD       BAP
STORE      IR
LOADIR     6
```

lädt die Absolutadresse der Variablen $bk(x)$ und

```
LOAD       BAP
STORE      IR
LOADIR     6
STORE      IR
LOADIR     0
```

lädt ihren Wert. ∎

d) Falls (n, pi) der Name eines Feldes oder eines Feldparameters ist, dann lädt die
Befehlsfolge

$$StatVorg(d)$$
```
STORE            IR
LOADIR     rad((n, pi))
```

die Anfangsadresse $\beta(bk(n))$ des Feldes $bk(n)$. Wir bezeichnen diese Befehlsfolge
mit $LadeAnfangsad(n, pi, pi_m)$.

Beispiel 2 (Fortführung): Die Befehlsfolgen

```
                            LOAD       BAP
      LOAD       BAP        STORE      IR
      STORE      IR  bzw.   LOADIR     1
      LOADIR     3          STORE      IR
                            LOADIR     7
```

laden die Anfangsadresse des Feldes $bk(C)$ bzw. $bk(B)$. ∎

e) Falls (n, pi) *der Name einer Prozedur oder eines Prozedurparameters und* $bk(n) =$
$(\ldots, j, R)$ *ist, dann lädt die Befehlsfolge*

StatVorg(d)			*StatVorg*(d)	
STORE	IR	*bzw.*	STORE		IR
LOADIR	$rad((n, pi))$		LOADIR	$1 + rad((n, pi))$

die Nummer der Anfangszeile der Übersetzung von R *bzw. die Adresse* l_j. *Wir
bezeichnen diese Befehlsfolgen mit* $LadeAnfangszeile(n, pi, pi_m)$ *bzw.*
$LadeStatVorg(n, pi, pi_m)$.

Beispiel 2 (Fortführung): Die Befehlsfolge

LOAD	BAP
STORE	IR
LOADIR	1
STORE	IR
LOADIR	9

lädt den statischen Vorgänger der Prozedur p, also $l_2 = 6$.   ■

f) Wenn (n, pi) *der Name eines Feldes oder eines Feldparameters ist und* k *der
Name einer lokalen Variablen, dann lädt die Befehlsfolge*

StatVorg(d)	
STORE	IR
LOADIR	$rad((n, pi))$
ADDBAP	$rad((k, pi_m))$

die Absolutadresse $\alpha(L(n[k], bk, s))$ *der Variablen* $L(n[k], bk, s)$, *und die Befehlsfolge*

StatVorg(d)	
STORE	IR
LOADIR	$rad((n, pi))$
ADDBAP	$rad((k, pi_m))$
STORE	IR
LOADIR	0

lädt ihren Wert. Wir bezeichnen diese Befehlsfolgen mit
$LadeAbsolutad(n[k], pi, pi_m)$ *bzw.* $LadeWert(n[k], pi, pi_m)$.

Beispiel 2 (Fortführung): Die Absolutadresse von $C[k]$ wird durch

LOAD	BAP
STORE	IR
LOADIR	3
ADDBAP	7

geladen.   ■

g) Wenn n *die Standardbezeichnung einer ganzen Zahl ist, dann lädt*

LOADNUM n

den durch n bezeichneten Wert $c(n)$. Wir bezeichnen diese Befehlsfolge mit LadeWert(n, pi, pi_m).

Beweis: Sei $i = sv^{(d)}(m)$. Dann gilt nach Satz 1 von Abschnitt 6.4: $bk(n) = b_i(n)$ und $pi = pi_i$, d.h. wir finden die Bedeutung von n, indem wir die statische Verweiskette d Schritte zurückgehen und dann nachschlagen, und ferner ist die Identifizierung des angewandten Vorkommens (n, pi) gleich der Identifizierung der über die statische Verweiskette erreichten Bindung.

a) Nach Ausführung von $StatVorg(d)$ gilt nach Lemma 1 die Gleichung $ac = l_{sv^{(d)}(m)} = l_i$. Also lädt die Befehlsfolge $LadeAbsolutsad(n, pi, pi_m)$ den Wert

$$l_i + rad((n, pi)) = \alpha(b_i(n)) \qquad \text{nach Eigenschaft (2) von Abschnitt 7.1}$$
$$= \alpha(bk(n)) \qquad \text{da } bk(n) = b_i(n)$$

Analog lädt $LadeWert(n, pi, pi_m)$ den Wert

$$dz(l_i + rad((n, pi))) = dz(\alpha(bk(n))) \qquad \text{wie bereits gezeigt}$$
$$= s(bk(n)) \qquad \text{nach Eigenschaft (1)}$$

b) Die Befehlsfolge $LadeWert(n, pi, pi_m)$ lädt

$$dz(l_i + rad((n, pi))) = b_i(n) \qquad \text{nach Eigenschaft (5)}$$
$$= bk(n) \qquad \text{da } b_i(n) = bk(n)$$

c) Die Befehlsfolge $LadeAbsolutad(n, pi, pi_m)$ lädt

$$dz(l_i + rad((n, pi))) = \alpha(b_i(n)) \qquad \text{nach Eigenschaft (6)}$$
$$= \alpha(bk(n)) \qquad \text{da } bk(n) = b_i(n)$$

und $LadeWert(n, pi, pi_m)$ lädt

$$dz(dz(l_i + rad((n, pi)))) = dz(\alpha(bk(n))) \qquad \text{wie bereits gezeigt}$$
$$= s(bk(n)) \qquad \text{nach Eigenschaft (1)}$$

d) Die Befehlsfolge $LadeAnfangsad(n, pi, pi_m)$ lädt

$$dz(l_i + rad((n, pi))) = \beta(b_i(n)) \qquad \text{nach Eigenschaft (4)}$$
$$= \beta(bk(n)) \qquad \text{da } bk(n) = b_i(n)$$

e) Wie Teil b) aber mit der Eigenschaft (7) statt der Eigenschaft (5).

f) Die Befehlsfolge $LadeAbsolutad(n[k], pi, pi_m)$ lädt den Wert (vgl. Teil d)

$$\beta(bk(n)) + s(b_m(k)) = \alpha(bk(n)(s(b_m(k)))) \qquad \text{nach Eigenschaft (3)}$$
$$= \alpha(L(n[k], bk, s)) \qquad \text{nach Definition von } L$$

und die Befehlsfolge $LadeWert(n[k], pi, pi_m)$ lädt

$$dz(\beta(bk(n)) + s(b_m(k))) = dz(\alpha(L(n[k], bk, s))) \qquad \text{wie bereits gezeigt}$$
$$= s(L(n[k], bk, s)) \qquad \text{nach Eigenschaft (1)}$$

g) Klar ∎

Mit Satz 4 ist die Hälfte des Übersetzungsproblems gelöst. Wir wissen nun, welche RESA-Befehlsfolgen für Speicherzugriffe erzeugt werden müssen und können nun auch ohne Schwierigkeit alle Kontrollstrukturen von PROSA ohne Prozeduren übersetzen. Der Leser sollte dies an dieser Stelle versuchen. Im nächsten Abschnitt zeigen wir, wie die neuen Kontrollstrukturen zu übersetzen sind.

Aufgaben zu 7.2

1) (Optimierung des Zugriffs auf lokale Größen): Gehen Sie die in Satz 4 erzeugten Befehlsfolgen durch und, vereinfachen Sie, wenn möglich, diese Befehlsfolgen für den Spezialfall $d = 0$. In welchen Fällen finden Sie kürzere Befehlsfolgen?

2) (Optimierung des Zugriffs auf Größen, die im Hauptprogramm deklariert sind): Wie Aufgabe 1, aber mit $pi = \epsilon$ und d beliebig.

7.3 Die Erzeugung des RESA-Programms

In den vorhergehenden Abschnitten legten wir fest, wie bei der Ausführung eines übersetzten PROSA-Programms auf RESA der RESA-Speicher in Beziehung zum Bindungskeller und zum Speicherzustand der PROSA-Maschine steht. Wir wissen auch bereits, welche RESA-Befehlsfolgen die Absolutadresse bzw. den Wert einer Variablen, die Anfangsadresse eines Feldes und die Anfangszeile bzw. den statischen Vorgänger einer Prozedur in den Akkumulator laden. In diesem Abschnitt behandeln wir nun den eigentlichen Übersetzungsvorgang, d.h. wir geben an, welches RESA-Programm aus einem gegebenen PROSA-Programm erzeugt wird, und zeigen, daß die in Abschnitt 7.1 geforderten Eigenschaften erhalten bleiben. Das garantiert die Korrektheit der Übersetzung.

Wir erzeugen bei der Übersetzung aus dem Rumpf einer jeden Prozedurdeklaration und aus dem Hauptprogramm eine Folge von RESA-Befehlen. Diese Programmstücke setzen wir dann in beliebiger Reihenfolge hintereinander und numerieren die Befehle von eins ab durch; wir beginnen aber auf jeden Fall mit der aus dem Hauptprogramm erzeugten Befehlsfolge. Die Nummer, die wir bei dieser Numerierung dem ersten Befehl der aus dem Rumpf einer Prozedur p erzeugten Folge geben, nennen wir die **Anfangszeile** von p. Die Anfangszeile des Hauptprogramms hat also die Nummer 1, und daher beginnt die Rechnung der RESA-Maschine mit der Ausführung des ersten Befehls des Hauptprogramms, wie es ja auch sein sollte.

Da man das Hauptprogramm als Deklaration einer Prozedur mit unmittelbar darauffolgendem Aufruf verstehen kann, behandeln wir zunächst allgemein Prozeduren und erst danach das Hauptprogramm. Der Leser sollte sich an dieser Stelle nocheinmal das Befehlsrepertoire von RESA vergegenwärtigen, insbesondere die am Ende von Abschnitt 5.2 in Hinsicht auf Kapitel VII eingeführten Befehle JUMPAC und CLEARBFS.

Beispiel 1 (Fortführung):   Abbildung 4 im Anhang des Kapitels zeigt das aus dem PROSA-Programm von Beispiel 2 aus Abschnitt 6.4 erzeugte RESA-Programm. Die Anfangszeilen der Prozeduren D, A, B sind 34, 72 und 129. Die aus dem Hauptprogramm erzeugte Befehlsfolge umfaßt die Zeilen 1 bis 33 und die aus A erzeugte Befehlsfolge umfaßt die Zeilen 72 bis 128.   ∎

Beispiel 2 (Fortführung):   Abbildung 6 im Anhang des Kapitels zeigt Teile des erzeugten RESA-Programms. Das Hauptprogramm besteht aus den Zeilen 1 bis 25.   ∎

Betrachten wir eine Prozedurdeklaration

$$\textbf{procedure } p(psf);\, dt \textbf{ begin } at \textbf{ end}$$

mit $p \in \langle Name\rangle, psf \in \langle Par\ Spez\ Folge\rangle, dt \in \langle De\ Teil\rangle$ und $at \in \langle An\ Teil\rangle$. Die aus dieser Deklaration erzeugte RESA-Befehlsfolge besteht aus vier Teilen:

1) Anlegen des Datenbereichs und Setzen des dynamischen Vorgängers;

2) Übersetzung des Deklarationsteils;

3) Übersetzung des Anweisungsteils;

4) Freigabe des Datenbereichs und Rücksprung

Wir behandeln nun diese vier Teile in der Reihenfolge 1), 4), 2) und 3).

Anlegen des Datenbereichs: Sei pi die Prozeduridentifizierung des erweiterten Rumpfs der Prozedur p. Die Befehlsfolge

LOAD	BAP	⎱ Setzen des dynamischen Vorgängers
STOREBFS	0	⎰
LOAD	BFS	⎱ Setzen von BAP
STORE	BAP	⎰
ADDNUM	$3 + gr(pi)$	⎱ Anlegen des statischen Teils
STORE	BFS	⎰ des neuen Datenbereichs

legt (bei einem Aufruf der Prozedur p im RESA-Programm) einen neuen Datenbereich der Größe $3 + gr(pi)$ an und setzt den dynamischen Vorgängerverweis. Nach Ausführung zeigt das Indexregister BAP auf die erste Zelle des neuen Datenbereichs und BFS auf die erste freie Zelle des Speichers. Beachten Sie, daß wir noch keinen Platz für die in der Prozedur deklarierten Felder reserviert haben, da deren Größe zur Übersetzungszeit — zumindest für dynamische Felder — noch nicht bekannt ist. Natürlich haben wir aber für die Leitzelle eines jeden Feldes Platz reserviert.

Den Platz für die Feldelemente selbst reservieren wir bei der Abarbeitung des Deklarationsteils (siehe unten). Die Variablendeklarationen in der Prozedur p haben wir aber durch Anlegen des Datenbereichs schon erledigt. In dem neu angelegten Datenbereich haben zu diesem Zeitpunkt bereits einige Zellen definierte Werte, nämlich der dynamische Vorgängerverweis (den haben wir gerade gesetzt), der statische Vorgängerverweis, die Rücksprungadresse und die den formalen Parametern zugeordneten Zellen. Mit Ausnahme des dynamischen Vorgängerverweises wurden diese Zellen von der aufgerufenen Prozedur vor dem Aufruf gesetzt (siehe unten). Zusammen mit den Befehlen, die in der aufrufenden Prozedur für den Prozeduraufruf erzeugt werden, simuliert diese Befehlsfolge also den PROSA-Prozeduraufruf, die Parameterübergabe und die Abarbeitung der Variablendeklarationen in der aufgerufenen Prozedur.

Die Korrektheit der obigen Befehlsfolge ist leicht einzusehen. Offensichtlich wird der dynamische Vorgänger durch die ersten beiden Befehle korrekt gesetzt, wird durch die nächsten beiden Befehle der neue Datenbereich zum aktiven Datenbereich gemacht und schließlich durch die letzten beiden Befehle der statische Teil des neuen Datenbereichs angelegt. Ferner werden durch diese Befehle implizit sämtliche Deklarationen von Variablen in p abgearbeitet. Sei nämlich n der Name einer Variablen, die in p deklariert wird. Wir setzen dann $\alpha((n, pi)) = bap + rad((n, pi))$; dabei ist bap der Wert von BAP nach Ausführung der obigen Befehlsfolge. Dann ist offensichtlich die Forderung (2) erfüllt. Ferner gilt (1), da frisch belegte PROSA-Variable keinen Wert haben und dies nach Eigenschaft (8) auch für die gerade belegten RESA-Speicherzellen gilt. Beachten Sie dabei, daß der neue Wert von BAP gerade der alte Wert von BFS ist.

Beispiel: In Abbildung 4 sind die Zeilen 34 bis 39, 72 bis 77 und 129 bis 134 nach diesem Schema erzeugt. Beachten Sie, daß ein Datenbereich für D (bzw. A oder B) aus 4 (bzw. 8 oder 4) Zeilen besteht. In Abbildung 6 sind die Zeilen 26 bis 31 nach diesem Schema erzeugt. Ein Datenbereich für *seltsam* besteht aus 10 Zellen zuzüglich der Zellen für die Feldelemente. Die Zellen für die Feldelemente werden durch die Befehlsfolge in den Zeilen 36 bis 45 reserviert. ■

Freigabe des Datenbereichs und Rücksprung: Nach Ausführung des Rumpfes einer Prozedur geben wir den für die Ausführung reservierten Datenbereich frei und kehren zur Aufrufstelle zurück. Wir geben den Datenbereich frei, indem wir BFS und BAP auf den Wert von BAP bzw. den Wert des dynamischen Vorgängerverweises des aktiven Datenbereichs zurücksetzen und den Inhalt aller freigegebenen Speicherzellen entfernen. Die Rückkehr zur Aufrufstelle bewerkstelligen wir mit Hilfe der Rücksprungadresse.

```
LOAD        BAP    ⎫ BFS := BAP
STORE       BFS    ⎭
LOADBAP       0    ⎫ Laden des dynamischen Vorgängers
STORE       BAP    ⎭ und Abspeichern in BAP
LOADBFS       2    ⎱ Laden der Rücksprungadresse
CLEARBFS           ⎱ Säubern der freigegebenen Speicherzellen
```

        JUMPAC   } Rücksprung

Die Korrektheit dieser Befehlsfolge ist leicht einzusehen. Beim Abarbeiten eines **end**
(=Rückkehr aus einer Prozedur) entfernt die PROSA-Maschine die oberste Bindung
aus dem Bindungskeller und setzt die Rechnung in der aufrufenden Prozedur unmittelbar nach der Aufrufstelle fort. Die RESA-Maschine muß entsprechend den
aktiven Datenbereich freigeben und zur aufrufenden Prozedur zurückspringen. Ferner wird der Inhalt aller freigegebenen Speicherzellen durch den Befehl CLEARBFS
entfernt und damit die Eigenschaft (8) sichergestellt.

Beispiel: Vergleiche die Zeilen 65 bis 71, 122 bis 128 und 160 bis 166 in Abbildung 4.

Übersetzung des Deklarationsteils: Wir belegten bei Eintritt in die Prozedur eine oder zwei Zellen für jeden in der Parameterspezifikationsfolge oder im
Deklarationsteil definierend auftretenden Namen. Im Fall der formalen Parameter
werden diese Zellen bereits von der aufrufenden Prozedur gesetzt. Bei den deklarierten Namen müssen wir noch die Prozedurdeklarationen, die Konstantendeklarationen und die Felddeklarationen behandeln; für Variablendeklarationen erzeugen
wir keine RESA-Befehle.

Prozedurdeklarationen: Sei q eine im Deklarationsteil der Prozedur p deklarierte Prozedur. In der PROSA-Maschine binden wir q an das Tripel $(\ldots, m, R_q)$,
wobei R_q der Rumpf von q ist, und m die augenblickliche Höhe des Bindungskellers
ist. Im Datenbereich eines jeden Aufrufs von p sind zwei Zellen für q reserviert,
die die Anfangsadresse von R_q (also die Nummer der ersten Zeile der aus R_q erzeugten Befehlsfolge) und den statischen Vorgänger aufnehmen. In der statischen
Vorgängerzelle sollen wir l_m abspeichern; dieser Wert steht uns im Indexregister
BAP zur Verfügung. Wir erzeugen daher die Befehlsfolge

$$\left.\begin{array}{ll} \text{LOADNUM} & \text{Anfangsadresse von } R_q \\ \text{STOREBAP} & rad((q, pi)) \end{array}\right\} \text{Anfangsadresse des Rumpfes}$$

$$\left.\begin{array}{ll} \text{LOAD} & \text{BAP} \\ \text{STOREBAP} & rad((q, pi)) + 1 \end{array}\right\} \text{statischer Vorgänger}$$

Offensichtlich stellt diese Befehlsfolge die Eigenschaft (7) aus 7.1 sicher.

Beispiel: In Abbildung 4 entsprechen die Zeilen 5 bis 8 der Deklaration von D,
die Zeilen 9 bis 12 der Deklaration von A und die Zeilen 78 bis 81 der Deklaration
von B. Beachten Sie, daß z.B. 34 die Anfangszeile von D ist. In Abbildung 6
entsprechen die Zeilen 5 bis 8 der Deklaration von *seltsam* .   ∎

Konstantendeklarationen: Eine Konstandeklaration hat die Form

$$\textbf{const } n_1 = n_2 \; op \; n_3 \qquad \text{oder} \qquad \textbf{const } n_1 = n_2$$

Dabei ist n_1 in $\langle Name \rangle$ und n_2 und n_3 sind entweder in $\langle Standardbez \rangle$ oder in
$\langle Name \rangle$ oder in $\langle Name \rangle[\langle Name \rangle]$. Im letzten Fall ist der Selektor eine lokale Konstantenbezeichnung. Wir zeigen, wie man die Deklaration **const** $n_1 = n_2 \; op \; n_3$

übersetzt und überlassen den einfacheren Fall **const** $n_1 = n_2$ dem Leser. Sei $pi_i, 2 \leq i \leq 3$, die Identifizierung des angewandten Namens n_i (falls $n_i = a[k]$, dann die Identifizierung des Feldnamens a). Wir erzeugen die Befehlsfolge

$$
\begin{array}{ll}
Lade\,Wert(n_3, pi_3, pi) & \\
\text{STOREBFS} & 0 \\
Lade\,Wert(n_2, pi_2, pi) & \\
\text{OPBFS} & 0 \\
\text{STOREBAP} & rad((n_1, pi))
\end{array}
$$

Dabei werden die Befehlsfolgen $Lade\,Wert(n_3, pi_3, pi)$ und $Lade\,Wert(n_2, pi_2, pi)$ gemäß Satz 4 erzeugt. Außerdem ist OPBFS der dem Operator op entsprechende Befehl. Die Korrektheit dieser Befehlsfolge ist leicht einzusehen. Wir laden zunächst den Wert von n_3 und speichern ihn in der ersten freien Speicherzelle. Nachdem wir dann den Wert von n_2 geladen haben, verknüpfen wir ihn mit dem zwischengespeicherten Wert von n_3 und speichern ihn dann unter der Relativadresse von n_1 ab.

Beispiel: In Abbildung 6 entsprechen die Zeilen 32 bis 35 der Konstantendeklaration **const** $d = n$. ∎

Felddeklarationen: Sei

$$
\textbf{var } a : \textbf{array}[0..o] \textbf{ of integer}
$$

eine Felddeklaration im Deklarationsteil der Prozedur p. Der Name o ist dann const-Parameter der Prozedur p. Wir reservieren $o+1$ Speicherzellen für die Feldelemente, beginnend mit der ersten freien Speicherzelle (deren Nummer in BFS steht), und speichern die Anfangsadresse des Feldes in der Leitzelle des Feldes ab.

$$
\left.\begin{array}{ll}
\text{LOAD} & \text{BFS} \\
\text{STOREBAP} & rad((a, pi))
\end{array}\right\} \text{Setzen der Leitzelle}
$$
$$
\left.\begin{array}{ll}
\text{ADDBAP} & rad((o, pi)) \\
\text{ADDNUM} & 1 \\
\text{STORE} & \text{BFS}
\end{array}\right\} \begin{array}{l}\text{Belegen von Speicherplatz} \\ \text{für die Feldelemente}\end{array}
$$

Beispiel: In Abbildung 6 entsprechen die Zeilen 36 bis 40 der Deklaration des Feldes A und die Zeilen 41 bis 45 der Deklaration des Feldes B. Beachten Sie, daß die Leitzelle von A die Relativadresse 6 und die obere Grenzangabe die Relativadresse 3 hat. ∎

Wir müssen noch die Korrektheit der obigen Befehlsfolge zeigen. Sei dazu $f \in$ **FEL** das durch die Deklaraton geschaffene und an a gebundene Feld. Dann ist natürlich die Größe des Definitionsbereichs von f gleich der Anzahl der neu belegten Speicherzellen, da nach Eigenschaft (5) der an o gebundene Wert in der Zelle mit Relativadresse $rad((o, pi))$ des aktiven Datenbereichs steht. Wir setzen $\beta(f)$ gleich dem Wert von BFS vor Ausführung der Befehlsfolge und $\alpha(f(i)) = \beta(f) + i$ für $i \in Def(f)$. Dann sind die Forderungen (3) und (4) gewiß erfüllt; ferner gilt (1), da die PROSA-Variablen $f(i)$, $i \in Def(f)$, gemäß der PROSA-Semantik noch keinen Wert haben und die nun belegten RESA-Speicherzellen gemäß Eigenschaft (8) keinen Wert haben.

Übersetzung des Anweisungsteils: Jede Anweisung des Anweisungsteils ist entweder eine Wertzuweisung, ein Prozeduraufruf, eine Druck- oder Leseanweisung, oder eine zusammengesetzte Anweisung. Im letzten Fall handelt es sich um eine bedingte Anweisung oder eine Iterationsanweisung. Wir behandeln die ersten beiden Fälle ausführlich, die restlichen Fälle sind dann Routine und bleiben dem Leser überlassen. Wir bezeichnen die Identifizierung des Rumpfes der Prozedur p mit pi.

Wertzuweisung: Eine Wertzuweisung hat die Form

$$n_1 := n_2 \; op \; n_3 \qquad \text{oder} \qquad n_1 := n_2$$

Dabei ist n_i entweder in $\langle Standardbez \rangle$ oder in $\langle Name \rangle$ oder in $\langle Name \rangle[\langle Name \rangle]$. Im letzten Fall ist der Selektor die Bezeichnung einer lokalen Variable. Wir zeigen, wie man die Wertzuweisung $n_1 := n_2 \; op \; n_3$ übersetzt und überlassen den einfacheren Fall $n_1 := n_2$ dem Leser. Sei pi_i, $1 \leq i \leq 3$, die Identifizierung des angewandten Namens n_i (falls $n_i = a[k]$, dann die Identifizierung des Feldnamens a). Wir erzeugen die Befehlsfolge

LadeAbsolutad(n_1, pi_1, pi)	
STORE	IR1
LadeWert(n_3, pi_3, pi)	
STOREBFS	0
LadeWert(n_2, pi_2, pi)	
OPBFS	0
STOREIR1	0

Dabei werden die Befehlsfolgen *LadeAbsolutad*(n_1, pi_1, pi), *LadeWert*(n_3, pi_3, pi) und *LadeWert*(n_2, pi_2, pi) gemäß Satz 4 erzeugt. Außerdem ist OPBFS der dem Operator op entsprechende Befehl. Die Korrektheit dieser Befehlsfolge ist leicht einzusehen. Wir laden zunächst die Absolutadresse von n_1 und speichern sie in einem jetzt zur Hilfe gezogenen Indexregister IR1. Danach laden wir den Wert von n_3 und speichern ihn in der ersten freien Speicherzelle. Nachdem wir dann den Wert von n_2 geladen haben, verknüpfen wir ihn mit dem zwischengespeicherten Wert von n_3 und speichern ihn dann unter der Absolutadresse von n_1 ab.

Beispiel: Die Befehlsfolgen für sämtliche Wertzuweisungen in den Abbildungen 4 und 6 sind nach diesem Schema erzeugt. Betrachten wir etwa die Wertzuweisung $y := y + 1$ im Rumpf von D (Zeilen 52–64 von Abbildung 4). Beachten Sie, daß y ein formaler Parameter ist

LOAD	BAP	⎫ Laden der Absolutadresse
STORE	IR	⎬ von y und Speichern
LOADIR	3	⎪ in IR1
STORE	IR1	⎭

```
LOADNUM      1  ⎫ Laden des zweiten Operanden
STOREBFS     0  ⎭ und Zwischenspeichern
LOAD         BAP ⎫
STORE        IR  ⎪
LOADIR       3   ⎬ Laden des ersten Operanden
STORE        IR  ⎪
LOADIR       0  ⎭
ADDBFS       0  Addieren des zwischengespeicherten zweiten Operanden
STOREIR1     0  Abspeichern des Ergebnisses
```

Ein optimierender Übersetzer würde eine sehr viel kürzere Befehlsfolge erzeugen, indem er die Kommutativität von $+$ und das zweimalige Auftreten von y ausnützt, etwa

```
LOADBAP      3
STORE        IR
LOADIR       0
ADDNUM       1
STOREBAP     3
```

Prozeduraufruf: Wir betrachten nun einen Prozeduraufruf $q(apf)$ mit $q \in \langle Name \rangle$ und $apf \in \langle akt\ Par\ Folge \rangle$ im Rumpf der Prozedur p. Wir erzeugen daraus nach folgendem Schema eine RESA-Befehlsfolge:

1) Parameterübergabe;

2) Setzen des statischen Vorgängers;

3) Setzen der Rücksprungadresse und Sprung zur Anfangszeile von q.

Für den Aufruf von q muß ein neuer Datenbereich reserviert werden, und die Zellen dieses Datenbereichs müssen gemäß den Festlegungen von Abschnitt 7.1 belegt werden. Die Reservierung des Datenbereichs und das Setzen des dynamischen Vorgängerverweises wird von der aufgerufenen Prozedur selbst vorgenommen. Erinnern Sie sich, daß wir bei der Übersetzung des Rumpfes dafür Sorge getragen haben. Der Verweis auf den statischen Vorgänger, die Rücksprungadresse und die den formalen Parametern zugeordneten Zellen werden vom Aufrufer belegt. Sei (wie bisher) pi die Prozeduridentifizierung des Rumpfes von p, sei pi_1 die Prozeduridentifizierung des zu obigem Aufruf gehörenden deklarierenden Vorkommens von q und sei pi_2 die Prozeduridentifizierung des Rumpfes von q. Dann ist (q, pi_1) der eindeutige Name von q und pi_2 die Prozeduridentifizierung der eindeutigen Namen der formalen Parameter von q. Wir behandeln zunächst die Teile 2), 3) und dann den Teil 1).

Setzen des statischen Vorgängers: In der PROSA-Maschine fügen wir beim Aufruf von q eine neue lokale Bindung $(\emptyset, j)$ zum Bindungskeller hinzu. Der Index des statischen Vorgängers j ist dabei die zweite Komponente des Tripels $bk(q)$, d.h. $bk(q) = (\dots, j, \dots)$. In der statischen Verweiszelle des neuen Datenbereichs müssen wir den Wert l_j abspeichern. Nach Satz 4(e) lädt die Befehlsfolge

LadestatVorg(q, pi_1, pi) den Wert l_j in den Akkumulator. Wir erzeugen daher die Befehlsfolge

> *LadestatVorg*(q, pi_1, pi)
> STOREBFS $\qquad$ 1

Beispiel: In Abbildung 4 sind die Zeilen 23 bis 26, 90 bis 93 und 108 bis 113 nach diesem Schema erzeugt. ∎

Setzen der Rücksprungadresse und Sprung zur Anfangszeile von q:
In der PROSA-Maschine fügen wir beim Aufruf von q den Rumpf R_q von q vorne an den Programmrest an. Analog müssen wir im RESA-Programm die Rechnung bei der Anfangszeile der Übersetzung von R_q fortsetzen. Nach Satz 4(e) lädt die Befehlsfolge *LadeAnfangszeile*(q, pi_1, pi) die Nummer der Anfangszeile von R_q in den Akkumulator. Um q aufzurufen, brauchen wir nur mit dem Befehl JUMPAC zu dieser Zeile zu springen. Bevor wir die Anfangszeile berechnen und den Sprung ausführen, speichern wir noch die Rücksprungadresse in der entsprechenden Zelle des neuen Datenbereichs.

$$
\begin{array}{lll}
m: & \text{LOADNUM} \quad m + 2(|pi| - |pi_1|) + 6 & \left.\rule{0pt}{12pt}\right\} \text{Abspeichern der} \\
m+1: & \text{STOREBFS} \qquad\qquad\qquad\qquad 2 & \left.\rule{0pt}{0pt}\right\} \text{Rücksprungadresse} \\
& \textit{LadeAnfangszeile}(q, pi_1, pi) & \\
& \text{JUMPAC} &
\end{array}
$$

$m + 2(|pi| - |pi_1|) + 6$:

Beachten Sie dabei, daß die Befehlsfolge *LadeAnfangszeile*(q, pi, pi_1) aus genau $2(|pi| - |pi_1|) + 3$ Befehlen besteht. Beachten Sie ferner, daß wir zur Übersetzungszeit die Zeile m, in der die obige Befehlsfolge beginnt, kennen. Wir brauchen sie ja nur aus dem übersetzten Programm abzulesen. Damit speichern wir also mit den ersten beiden Befehlen die Nummer des auf JUMPAC folgenden Befehls ab und daher wird nach Rückkehr aus der Prozedur q die Ausführung von p an der richtigen Stelle fortgesetzt.

Beispiel: In Abbildung 4 werden die Zeilen 27 bis 32, 94 bis 99 und 114 bis 121 nach diesem Schema erzeugt. Sehen wir uns die Zeilen 114 bis 121 genauer an. Wir sind im Rumpf von A (Identifizierung (2)) und rufen A (Identifizierung ϵ) auf.

$$
\begin{array}{lll}
114: & \text{LOADNUM} \quad 114 + 2(|(2)| - |\epsilon|) + 6 & \\
115: & \text{STOREBFS} & 2 \\
116: & \text{LOAD} & \text{BAP} \\
117: & \text{STORE} & \text{IR} \\
118: & \text{LOADIR} & 1 \\
119: & \text{STORE} & \text{IR} \\
120: & \text{LOADIR} & 6 \\
121: & \text{JUMPAC} & \\
122: & &
\end{array}
$$

Die Addition bei der Berechnung der Rücksprungadresse führt natürlich der Übersetzer durch. Der erzeugte Befehl in Zeile 114 ist LOADNUM 122.

Parameterübergabe: Sei psf die Folge der Parameterspezifikationen und apf die Folge der aktuellen Parameter. In der PROSA-Maschine arbeiten wir die Parameterspezifikationsfolge und die aktuelle Parameterfolge schrittweise ab und nehmen so die Parameterübergaben nacheinander vor. Genau das gleiche tun wir in RESA:

Übergabe des ersten Parameters

$$\vdots$$

Übergabe des i-ten Parameters

$$\vdots$$

Übergabe des letzten Parameters.

Betrachten wir die Übergabe eines Parameters genauer. Sei y der aktuelle Parameter. Dann ist y entweder eine Standardbezeichnung, ein Name oder von der Form $\langle Name\rangle[\langle Name\rangle]$. Im letzteren Fall ist der Selektor eine lokale Variable. Sei pi' die Identifizierung des aktuellen Parameters. Wir geben nun die erzeugte Befehlsfolge in Abhängigkeit von der Spezifikation des formalen Parameters an.

const-Parameter **const** n: **integer**: Nach Eigenschaft (5) müssen wir in der n zugeordneten Zelle des neuen Datenbereichs den Wert des aktuellen Parameters abspeichern. Wir erzeugen daher die Befehlsfolge

$$Lade\,Wert(y, pi', pi)$$
$$\text{STOREBFS} \qquad rad((n, pi_2))$$

Dabei ist wie bereits oben erwähnt pi_2 die Identifizierung der formalen Parameter. Die Korrektheit dieser Befehlsfolge folgt unmittelbar aus Satz 4(b).

Beispiel: Die Zeilen 11 bis 14 von Abbildung 6 sind nach diesem Schema erzeugt. Beachten Sie, daß n Relativadresse 3 und d Relativadresse 3 hat. ∎

var-Parameter **var** n: **integer**: Nach Eigenschaft (6) müssen wir in der n zugeordneten Zelle des neuen Datenbereichs die Absolutadresse der durch den aktuellen Parameter bezeichneten Variable abspeichern. Wir erzeugen daher die Befehlsfolge

$$Lade\,Absolutad(y, pi', pi)$$
$$\text{STOREBFS} \qquad rad((n, pi_2))$$

Die Korrektheit dieser Befehlsfolge folgt unmittelbar aus Satz 4(c).

Beispiel: In Abbildung 6 wird die Übergabe von $B[i]$ nach diesem Schema vorgenommen.

LOAD	BAP	⎫ Laden der Anfangsadresse von B
STORE	IR	⎬
LOADIR	7	⎭
ADDBAP	5	⎱ Addition des Indexwertes
STOREBFS	6	⎰ Abspeichern im neuen Datenbereich

Feldparameter n: **array**$[u..o]$ **of integer**: Nach Eigenschaft (4) müssen wir in der n zugeordneten Zelle des neuen Datenbereichs die Anfangsadresse des durch den aktuellen Parameter bezeichneten Feldes abspeichern. Deshalb erzeugen wir die Befehlsfolge

$$LadeAnfangsad(y, pi', pi)$$
$$\text{STOREBFS} \qquad rad((n, pi_2))$$

Die Korrektheit dieser Befehlsfolge folgt unmittelbar aus Satz 4(d). Ferner müssen wir an die const-Parameter u und o die aktuellen Feldgrenzen übergeben. Seien dann y_1, y_2 die Namen für die Feldgrenzen von y. Dann erzeugen wir

$$LadeWert(y_1, pi', pi)$$
$$\text{STOREBFS} \qquad rad((u, pi_2))$$
$$LadeWert(y_2, pi', pi)$$
$$\text{STOREBFS} \qquad rad((o, pi_2))$$

Die Korrektheit folgt wieder aus Satz 4.

Beispiel: In Abbildung 6 wird das Feld A im Aufruf $p(A, B[j])$ nach diesem Schema übergeben. ∎

Prozedurparameter **procedure** $n(\ldots)$: Nach Eigenschaft (7) müssen wir in den beiden n zugeordneten Zellen des neuen Datenbereichs die Anfangszeile des Prozedurrumpfs und den statischen Vorgänger der durch den aktuellen Parameter bezeichneten Prozedur abspeichern. Wir erzeugen daher die Befehlsfolge

$$LadeAnfangszeile(y, pi', pi)$$
$$\text{STOREBFS} \qquad\qquad rad((n, pi_2))$$
$$LadestatVorgänger(y, pi', pi)$$
$$\text{STOREBFS} \qquad\qquad rad((n, pi_2)) + 1$$

Die Korrektheit dieser Befehlsfolge folgt unmittelbar aus Satz 4(e).

Beispiel: In Abbildung 4 werden die Zeilen 15 bis 22 nach diesem Schema erzeugt. ∎

An dieser Stelle müssen wir noch eine Bemerkung über den Aufruf von formalen Prozeduren machen. In den Spezifikationen der Parameter einer formalen Prozedur kommen ja keine Namen vor. Deswegen können wir eigentlich nicht von den Relativadressen der formalen Parameternamen sprechen. Wir können aber von den Relativadressen der Spezifikationen sprechen; dann bleibt alles über die Parameterübergabe gesagte gültig. In Abbildung 4 übergeben wir beim Aufruf $C(x)$ den aktuellen Parameter x daher an die Relativadresse 3.

Damit ist die Beschreibung der Übersetzung einer Prozedur abgeschlossen. Wir diskutieren noch ganz kurz die Besonderheiten, die beim Hauptprogramm zu beachten sind. Wir können auf das Setzen des dynamischen Vorgängers verzichten und auf den Rücksprung am Ende des Hauptprogramms. Anstatt des Rücksprungs erzeugen wir den Befehl HALT, der die Rechnung der RESA-Maschine beendet. Satz 3 und damit Satz 1 ist nun bewiesen.

Zum Abschluß des Kapitels machen wir noch einige Bemerkungen über reale Übersetzer. Zunächst gilt natürlich alles, was wir darüber in Kapitel V ausgeführt haben. Es kommen aber noch einige Dinge dazu. Insbesondere würden reale Übersetzer meist wesentlich kürzere RESA-Programme erzeugen, als wir das tun. Wir erzeugen z.B. die Befehle zum Zugriff auf Variablen stets nach dem gleichen Schema. Zumindest für den Zugriff auf lokale Größen und auf Größen, die im Hauptprogramm deklariert wurden, gibt es aber viel kürzere Befehlsfolgen. Da die meisten Zugriffe von dieser Art sind, lohnt es sich, diese Spezialfälle getrennt zu behandeln.

Aufgaben zu 7.3

1) Geben Sie die vollständige Übersetzung des Programms aus Beispiel 2 an.

2) Übersetzen Sie das Programm aus Beipiel 1 unter der Verwendung der Optimierungen aus den Aufgaben 1 und 2 von Abschnitt 7.2 nocheinmal.

3) Sehen Sie sich die Übersetzung einer Zuweisung $n_1 := n_2 \; op \; n_3$ nocheinmal an. Geben Sie Spezialfälle an, in denen kürzere Befehlsfolgen erzeugt werden können.

4) Übersetzen Sie einige der Beispielprogramme aus Abschnitt 6.2 nach RESA.

5) Optimieren Sie die Parameterübergabe bei Feldparametern, indem Sie ausnutzen, daß an die untere Grenze immer die Zahl 0 übergeben wird.

Anhang: Die Abbildungen 4 und 6.

Anfangszeile HP	1:	LOADNUM	0
	2:	STORE	BAP
	3:	ADDNUM	8
	4:	STORE	BFS
	5:	LOADNUM	34
	6:	STOREBAP	4
	7:	LOAD	BAP
	8:	STOREBAP	5
	9:	LOADNUM	72
	10:	STOREBAP	6
	11:	LOAD	BAP
	12:	STOREBAP	7
	13:	LOADNUM	1
	14:	STOREBAP	3
	15:	LOAD	BAP
	16:	STORE	IR
	17:	LOADIR	4
	18:	STOREBFS	3
	19:	LOAD	BAP
	20:	STORE	IR
	21:	LOADIR	5
	22:	STOREBFS	4
	23:	LOAD	BAP
	24:	STORE	IR
	25:	LOADIR	7
	26:	STOREBFS	1
	27:	LOADNUM	33
	28:	STOREBFS	2
	29:	LOAD	BAP
	30:	STORE	IR
	31:	LOADIR	6
	32:	JUMPAC	
	33:	HALT	
Anfangszeile D	34:	LOAD	BAP
	35:	STOREBFS	0
	36:	LOAD	BFS
	37:	STORE	BAP
	38:	ADDNUM	4
	39:	STORE	BFS

Kommentare:

- Zeilen 1–4: Anlegen des Datenbereichs für das HP
- Zeilen 5–8: Deklaration von D
- Zeilen 9–12: Deklaration von A
- Zeilen 13–14: $x := 1$
- Zeilen 15–22: Übergabe von D
- Zeilen 23–26: Setzen des statischen Vorgängers
- Zeilen 27–28: Setzen der Rücksprungadresse
- Zeilen 29–32: Laden und Sprung zur Anfangszeile
- Zeile 33: Ende des Programms
- Zeilen 34–35: Setzen des dynamischen Vorgängers
- Zeilen 36–39: Reservieren des Datenbereichs

```
            40:  LOAD        BAP  ⎤
            41:  STORE        IR  ⎥
            42:  LOADIR        1  ⎬ print x
            43:  STORE        IR  ⎥
            44:  LOADIR        3  ⎥
            45:  PRINT            ⎦
            46:  LOAD        BAP  ⎤
            47:  STORE        IR  ⎥
            48:  LOADIR        3  ⎥
            49:  STORE        IR  ⎬ print y
            50:  LOADIR        0  ⎥
            51:  PRINT            ⎦
            52:  LOAD        BAP  ⎤
            53:  STORE        IR  ⎥
            54:  LOADIR        3  ⎥
            55:  STORE       IR1  ⎥
            56:  LOADNUM       1  ⎥
            57:  STOREBFS      0  ⎥
            58:  LOAD        BAP  ⎬ y := y + 1
            59:  STORE        IR  ⎥
            60:  LOADIR        3  ⎥
            61:  STORE        IR  ⎥
            62:  LOADIR        0  ⎥
            63:  ADDBFS        0  ⎥
            64:  STOREIR1      0  ⎦
            65:  LOAD        BAP  ⎤
            66:  STORE       BFS  ⎥ Freigabe des
            67:  LOADBAP       0  ⎬ Datenbereichs
            68:  STORE       BAP  ⎦
            69:  LOADBFS       2  ⎬ Laden der Rücksprungadresse
            70:  CLEARBFS         ⎬ Säubern der freigegebenen Speicherzellen
            71:  JUMPAC           ⎬ Rücksprung

Anfangszeile A  72:  LOAD        BAP  ⎤ Setzen des dynamishen
                73:  STOREBFS      0  ⎦ Vorgängers
                74:  LOAD        BFS  ⎤
                75:  STORE       BAP  ⎥ Reservieren des
                76:  ADDNUM        8  ⎬ Datenbereichs
                77:  STORE       BFS  ⎦
                78:  LOADNUM     129  ⎤
                79:  STOREBAP      6  ⎥ Deklaration von B
                80:  LOAD        BAP  ⎬
                81:  STOREBAP      7  ⎦
```

```
 82:  LOAD        BAP   ⎫
 83:  ADDNUM        5   ⎪
 84:  STORE        IR1  ⎬  x := 2
 85:  LOADNUM       2   ⎪
 86:  STOREIR1      0   ⎭
 87:  LOAD        BAP   ⎫
 88:  ADDNUM        5   ⎬  Übergabe von x
 89:  STOREBFS      3   ⎭
 90:  LOAD        BAP   ⎫
 91:  STORE        IR   ⎪  Setzen des statischen
 92:  LOADIR        3   ⎬  Vorgängers
 93:  STOREBFS      1   ⎭
 94:  LOADNUM     100   ⎫  Setzen der Rücksprungadresse
 95:  STOREBFS      2   ⎭
 96:  LOAD        BAP   ⎫
 97:  STORE        IR   ⎪  Laden der Anfangszeile
 98:  LOADIR        4   ⎬  von C und Sprung
 99:  JUMPAC            ⎭
100:  LOAD        BAP   ⎫
101:  STORE        IR   ⎪
102:  LOADIR        6   ⎪
103:  STOREBFS      3   ⎬  Übergabe von B
104:  LOAD        BAP   ⎪
105:  STORE        IR   ⎪
106:  LOADIR        7   ⎪
107:  STOREBFS      4   ⎭
108:  LOAD        BAP   ⎫
109:  STORE        IR   ⎪
110:  LOADIR        1   ⎬  Setzen des statischen
111:  STORE        IR   ⎪  Vorgängers
112:  LOADIR        7   ⎪
113:  STOREBFS      1   ⎭
114:  LOADNUM     122   ⎫  Setzen der
115:  STOREBFS      2   ⎭  Rücksprungadresse
116:  LOAD        BAP   ⎫
117:  STORE        IR   ⎪  Laden der Anfangszeile
118:  LOADIR        1   ⎬  von A und Sprung zur
119:  STORE        IR   ⎪  Anfangszeile
120:  LOADIR        6   ⎪
121:  JUMPAC            ⎭
122:  LOAD        BAP   ⎫
123:  STORE        BFS  ⎪  Freigabe des
124:  LOADBAP       0   ⎬  Datenbereichs
125:  STORE        BAP  ⎭
```

Klammer rechts: $C(x)$ (Zeilen 87–99), $A(B)$ (Zeilen 100–121)

424

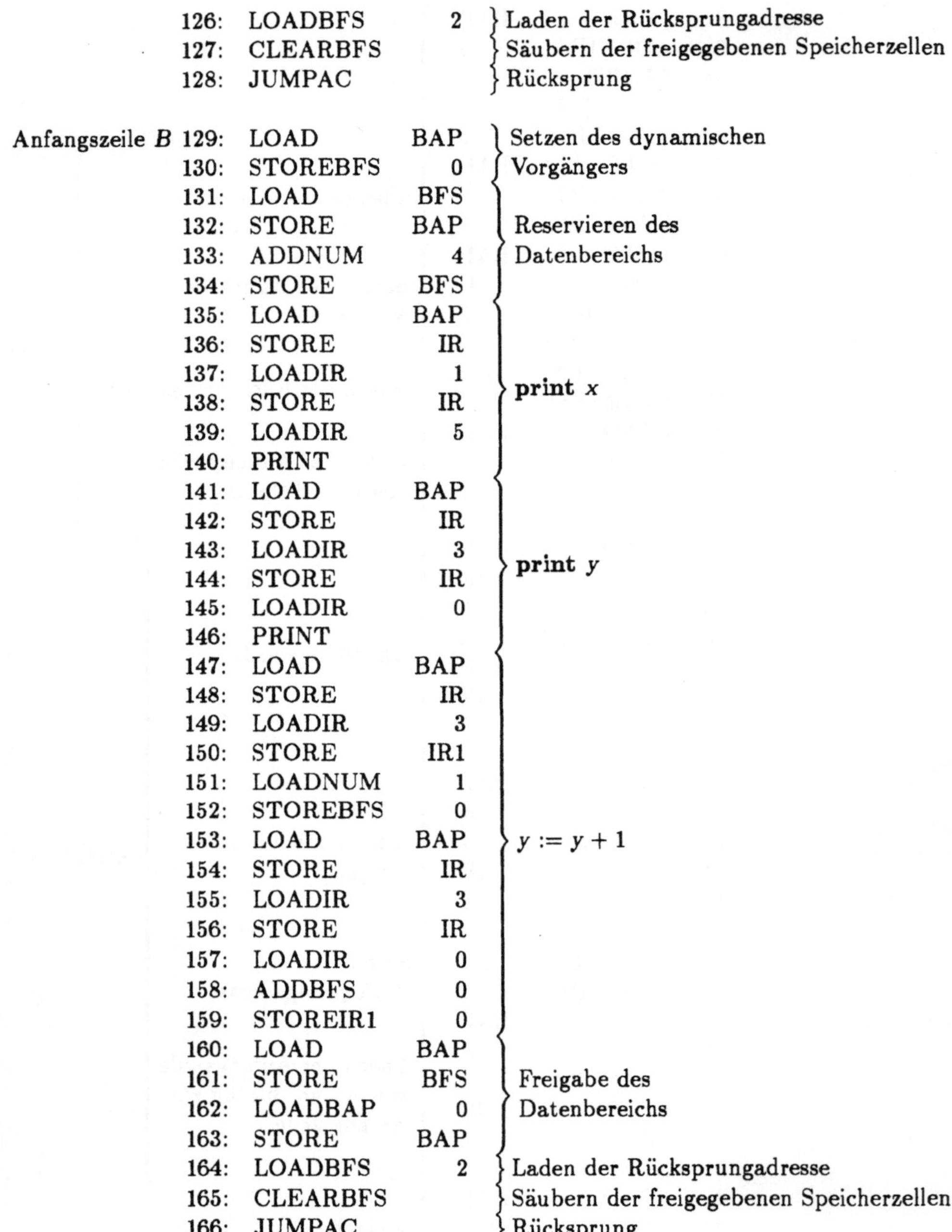

	126:	LOADBFS	2	} Laden der Rücksprungadresse
	127:	CLEARBFS		} Säubern der freigegebenen Speicherzellen
	128:	JUMPAC		} Rücksprung

Rendered as printed:

```
                   126:  LOADBFS        2   } Laden der Rücksprungadresse
                   127:  CLEARBFS           } Säubern der freigegebenen Speicherzellen
                   128:  JUMPAC             } Rücksprung

Anfangszeile B     129:  LOAD         BAP   ⎫ Setzen des dynamischen
                   130:  STOREBFS       0   ⎭ Vorgängers
                   131:  LOAD         BFS   ⎫
                   132:  STORE        BAP   ⎪ Reservieren des
                   133:  ADDNUM         4   ⎬ Datenbereichs
                   134:  STORE        BFS   ⎭
                   135:  LOAD         BAP   ⎫
                   136:  STORE         IR   ⎪
                   137:  LOADIR         1   ⎪
                   138:  STORE         IR   ⎬ print x
                   139:  LOADIR         5   ⎪
                   140:  PRINT              ⎭
                   141:  LOAD         BAP   ⎫
                   142:  STORE         IR   ⎪
                   143:  LOADIR         3   ⎬ print y
                   144:  STORE         IR   ⎪
                   145:  LOADIR         0   ⎪
                   146:  PRINT              ⎭
                   147:  LOAD         BAP   ⎫
                   148:  STORE         IR   ⎪
                   149:  LOADIR         3   ⎪
                   150:  STORE        IR1   ⎪
                   151:  LOADNUM        1   ⎪
                   152:  STOREBFS       0   ⎪
                   153:  LOAD         BAP   ⎬ y := y + 1
                   154:  STORE         IR   ⎪
                   155:  LOADIR         3   ⎪
                   156:  STORE         IR   ⎪
                   157:  LOADIR         0   ⎪
                   158:  ADDBFS         0   ⎪
                   159:  STOREIR1       0   ⎭
                   160:  LOAD         BAP   ⎫
                   161:  STORE        BFS   ⎪ Freigabe des
                   162:  LOADBAP        0   ⎬ Datenbereichs
                   163:  STORE        BAP   ⎭
                   164:  LOADBFS        2   } Laden der Rücksprungadresse
                   165:  CLEARBFS           } Säubern der freigegebenen Speicherzellen
                   166:  JUMPAC             } Rücksprung
```

Abb. 4. Das nach RESA übersetzte Programm aus Beispiel 2 von Abschnitt 6.4.
Die Anfangszeile des Hauptprogramms (der Prozeduren D, A, B) ist 1 (34, 72, 129).

Anfangszeile HP	1:	LOADNUM	0	Anlegen des
	2:	STORE	BAP	Datenbereichs
	3:	ADDNUM	6	für das
	4:	STORE	BFS	Hauptprogramm
	5:	LOADNUM	26.	
	6:	STOREBAP	4	Deklaration von
	7:	LOAD	BAP	*seltsam*
	8:	STOREBAP	5	
	9:	READ		read *n*
	10:	STOREBAP	3	
	11:	LOAD	BAP	
	12:	STORE	IR	Übergabe
	13:	LOADIR	3	von *n*
	14:	STOREBFS	3	
	15:	LOAD	BAP	Setzen des
	16:	STORE	IR	statischen
	17:	LOADIR	5	Vorgängers
	18:	STOREBFS	1	
	19:	LOADNUM	25	Setzen der
	20:	STOREBFS	2	Rücksprungadresse
	21:	LOAD	BAP	Laden der
	22:	STORE	IR	Anfangszeile
	23:	LOADIR	4	von *seltsam*
	24:	JUMPAC		und Sprung
	25:	HALT		

Die Zeilen 11 bis 24 bilden zusammen $seltsam(n)$.

Anfangszeile von *seltsam*	26:	LOAD	BAP	Setzen des dynamischen
	27:	STOREBFS	0	Vorgängers
	28:	LOAD	BFS	
	29:	STORE	BAP	Reservieren des
	30:	ADDNUM	10	Datenbereichs
	31:	STORE	BFS	
	32:	LOAD	BAP	
	33:	STORE	IR	
	34:	LOADIR	3	const $d = n$
	35:	STOREBAP	4	
	36:	LOAD	BFS	
	37:	STOREBAP	6	
	38:	ADDBAP	3	Deklaration
	39:	ADDNUM	1	von A
	40:	STORE	BFS	

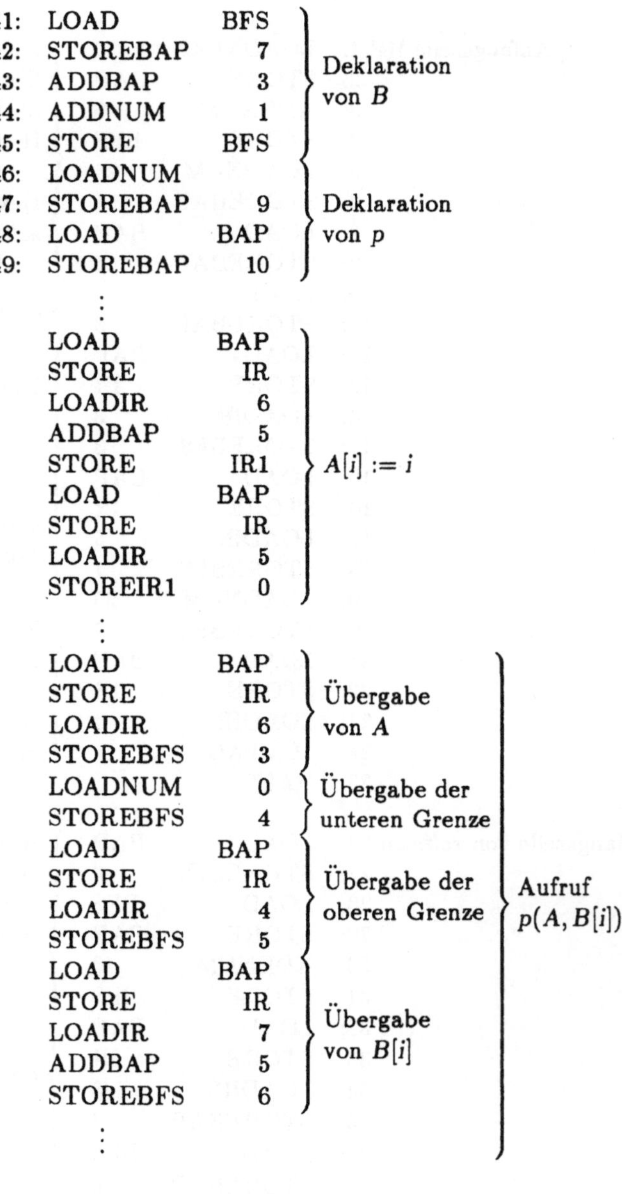

Abb. 6: Die Übersetzung (in Ausschnitten) des Programms von Beispiel 2. In Zeile 46 muß noch die Anfangsadresse der Übersetzung des Rumpfes von p eingetragen werden. Dazu müssen Sie das Programm allerdings vollständig übersetzen.

Kapitel VIII

Spracherweiterungen

Das Ziel dieses Kapitels ist es, einige weitere Sprachkonzepte kurz anzudeuten. Im Gegensatz zu den vorigen Kapiteln verzichten wir dabei bewußt auf eine vollständige, geschweige formale Beschreibung. Für mehr Details wird der Leser auf die weiterführende Literatur verwiesen.

8.1 Ein Modulkonzept

In Kapitel VI wurden Prozeduren als ein Mechanismus zur funktionalen Abstraktion eingeführt. Aus einem Programmstück macht man eine Prozedur, indem man es zu einer neuen syntaktischen Einheit zusammenfaßt Dabei interessiert einen in erster Linie der Effekt, den dieses Programmstück hat, also die Semantik der eingeführten Prozedur, weniger die Art, wie dieser Effekt erreicht wird. Insbesondere ist es für die Außenwelt unerheblich, welche lokalen Größen die Prozedur benutzt. Diese lokal deklarierten Größen sind folgerichtig außerhalb der Prozedur nicht sichtbar und benutzbar. Wir halten fest: funktionale Abstraktion macht aus einem Programmstück, im wesentlichen einer Anweisungsliste, eine Prozedur mit geeigneter Parameterschnittstelle.

In diesem Abschnitt werden wir einen Mechanismus zur **Datenabstraktion** einführen. Datenabstraktion erlaubt eine in PROSA bisher nicht bekannte Art von Typdeklaration. Die drei vorhandenen Arten neue Typen einzuführen, nämlich mithilfe der record-, array- und pointer-Konstrukte, erlauben es lediglich, Variablen zu größeren Datenstrukturen zusammenzusetzen bzw. eine typbeschränkte Adressierungsmöglichkeit zu benutzen. Auf den zusammengesetzten Objekten stehen aber in PROSA außer der Selektion keine zusätzlichen Operationen zur Verfügung. Datenabstraktion dagegen erlaubt die Definition von Datentypen, die den elementaren Datentypen von PROSA gleichen. Ebenso wie dort wird ein Datentyp durch die Menge der Objekte des Typs und die Menge der Operationen charakterisiert, die auf diesen Objekten anwendbar sind.

Als Beispiel geben wir eine Definition des Datentyps *string*, wie sie schon im Kapitel VI durch die Angabe der entsprechenden Funktionen vorbereitet wurde. Das Beispiel hat natürlich nur einen didaktischen Wert, da der Datentyp in PROSA schon (als einer der fünf primitiven Datentypen) vorhanden ist. Dieser Datentyp wird als ein **Modul** deklariert. Die benutzte Notation ist eine Erweiterung von PROSA um entsprechende Konstrukte der Programmiersprache Modula II.

definition module *Strings*;
(* Strings sind Folgen von Zeichen; der Modul macht die in der export-Liste aufge-
listeten Funktionen und Prozeduren verfügbar *)
export
    Leer, Kreiere, CharZuString, ErstesZeichen, Restwort, Konk, Zuweisung, String;

    type *String*;

    function *Leer* (**const** *w*: *String*): **boolean**;
      (* testet sein Argument, ob es der leere String ist *)

    function *Kreiere*: *String*;
      (* kreiert den leeren String *)

    function *CharZuString* (**const** *c*: **char**): *String*;
      (* konvertiert ein Zeichen in einen String der Länge 1 *)

    function *ErstesZeichen* (**const** *w*: *String*): **char**;
      (* liefert das erste Zeichen des Argumentstrings *)

    function *Restwort* (**const** *w*: *String*): *String*;
      (* liefert den Rest des Argumentstrings, bis auf das erste Zeichen *)

    function *Konk* (**const** *w1*: *String*, **const** *w2*: *String*): *String*;
      (* liefert die Konkatenation der beiden Argumente *)

    procedure *Zuweisung* (**var** *v*: *String* ; **const** *w*: *String*)
      (* weist dem ersten Argument den Wert des zweiten Arguments zu *)
end;

implementation module *Strings*;
    type *Wort* = **record** *Zeichen*: **char**; *Rest*: ↑*Wort* **end**;
    type *String* = ↑*Wort*;
    var *p*: *String*;
    function *Leer* (**const** *w*: *String*): **boolean**;
    begin
      if *w* = **nil**
      then *Leer* := **true**
      else *Leer* := **false**
    end;
    function *Kreiere*: *String*;
    begin
      Kreiere := **nil**
    end;

```
function CharZuString (const c: char): String;
begin
    p := new Wort;
    p↑.Zeichen := c;
    CharZuString := p
end;
function ErstesZeichen (const w: String): char;
            ⋮
function Restwort (const w: String): String;
            ⋮
function Konk (const w1: String, const w2: String): String;
            ⋮
function Kopiere(const w: String): String;
(* liefert eine Kopie des Argumentstrings *)
begin
    if w = nil
    then Kopiere := nil
    else Kopiere := new Wort;
         Kopiere ↑ .Zeichen := w ↑ Zeichen;
         Kopiere ↑ .Rest := Kopiere(w ↑ .Rest)
    fi
end;
function Zuweisung(var v: String; const w: String);
begin
    v := Kopiere(w)
end
end;
```

Ein Modul ist wie eine Prozedur eine für die Gültigkeit von Namen wesentliche
Einheit. Prozeduren "importieren" implizit alle Namen umgebender Einheiten,
d.h. diese Namen sind in der Prozedur sichtbar. Ein Modul dagegen kennt a priori
keine Namen aus umgebenden Einheiten. Wenn ein solcher Name gebraucht wird,
muß er in die import-Liste des Moduls aufgenommen werden. Der Modul *Strings*
kennt also, da keine import-Liste angegeben ist, keine Namen aus seiner Umgebung. Dagegen enthält er eine export-Liste, auf der die Namen *String, Leer, Kreiere, CharZuString, ErstesZeichen, Restwort, Zuweisung* und *Konk* stehen. Diese
Namen werden dadurch in der nächsten umgebenden Einheit, sei es ein weiterer
Modul oder eine Prozedur, sichtbar gemacht. Beachten Sie, daß der Funktions-
name *Kopiere* nicht in der export-Liste steht. Damit kann diese Funktion nur von
innerhalb des Moduls aufgerufen werden. Sie dient als Hilfsfunktion für die Funktionen *Konk* und *Restwort*. Durch den Export des Typnamens *String* wird es in der
Umgebung des Moduls möglich, Variablen dieses Typs zu deklarieren. Alle Interna

solcher Variablen, insbesondere ihre Darstellung im Speicher, sind allerdings im Implementierungsmodul versteckt und können vom Programmierer, wenn er Objekte vom Typ *String* benutzt, nicht ausgenützt werden. Dadurch kann der Implementierer des Moduls eine Realisierung von Strings gegen eine andere, "äquivalente" austauschen, ohne daß der Benutzer des Moduls davon betroffen ist.

Die Funktion *Kreiere* dient dazu, leere String-Objekte zu kreieren. Bedenken Sie, daß wir einen neuen "elementaren" Datentyp definieren aber keine Standardbezeichnungen für Objekte dieses Typs mehr haben. Wenn man etwa den String *abc* aufbauen möchte, so macht man das durch

$$Konk(CharZuString('a'), Konk(CharZuString('b'), CharZuString('c'))).$$

(Diese abschreckende Notation spricht nicht gegen das Prinzip Datenabstraktion, sondern plädiert für die Einführung von adäquaten Standardbezeichnungen).

Ein Modul zerfällt, wie schon erwähnt, in zwei Teile, den **öffentlichen** Teil (in Modula II der Definitionsmodul genannt) und den **privaten** Teil (Implementierungsmodul). Der öffentliche Teil enthält eine Liste aller nach außen bekanntgemachten Namen, die **export-Liste**, und (zum Teil unvollständige) Deklarationen für diese Namen. Der private Teil des Moduls enthält die verborgenen Details über Namen des öffentlichen Teils, also die vollständigen Typ- und Prozedurdeklarationen zusammen mit weiteren Deklarationen von Variablen, Konstanten usw., die nur lokal benutzbar sind. Im Beispiel stehen hier die Deklaration der Typen *Wort* und *String*, die Deklaration der Hilfsvariablen *p* und die vollständigen Deklarationen sämtlicher Funktionen des Moduls. Aus diesen Deklarationen ist die genaue Realisierung des neuen Datentyps ersichtlich.

Durch die Trennung in einen öffentlichen und einen privaten Teil bleibt die Typkonsistenzüberprüfung möglich, während Implementierungsdetails, also die Wahl einer speziellen Datenstruktur und die Realisierung der auf ihr arbeitenden Operationen vor dem Benutzer des Moduls verborgen gehalten werden. Bei der Benutzung der Operationen kann er sich also nicht auf eine bestimmte Implementierung verlassen und ihre speziellen Eigenschaften ausnutzen. Das kann manchmal einen negativen Effekt auf die Laufzeit haben, hat aber sicher die folgenden positiven Effekte:

- es ist jetzt möglich, eine andere Datenstruktur und entsprechende Operationen für die Implementierungen eines Datentyps zu wählen, ohne daß die Benutzer dies merken. Z.B. könnte man in einem Modul für den Datentyp *Menge* eine Implementierung des Datentyps als lineare Liste durch eine Implementierung als binärer Suchbaum ersetzen;
- da die Semantik der Kundenprogramme nicht von Implementierungsdetails des Moduls abhängt, werden formale Aussagen, die sich auf die Semantik beziehen, und damit auch ihre Beweise einfacher. Ein Anwender des obigen Moduls *Strings* darf die Objekte, die mit den Funktionen des Moduls geschaffen und manipuliert werden können, als Folgen (im mathematischen Sinn) von Zeichen betrachten;
- es ist jetzt möglich, ein großes Programm, das auf nicht-elementaren Datentypen arbeitet, in übersichtliche Stücke aufzuteilen und im Team zu erstellen.

Moduln mit möglichst kleinen "Schnittstellen", d.h. Import/Exportlisten, sind das gegebene Hilfsmittel hierfür;

– Moduln bieten sich auch an, um Programmeinheiten voneinander getrennt zu übersetzen und später "zusammenzubinden". Das ermöglicht koordinierte Programmentwicklung durch Gruppen von Programmierern. Moduln können getrennt übersetzt und sogar in einer Modulbibliothek abgelegt werden, wenn die öffentlichen Teile der von ihnen benutzten Moduln zur Verfügung stehen. Dabei beschränken die Programmiersprachen die "benützt"-Relation zwischen Moduln so, daß nur gerichtete azyklische Graphen entstehen können.

Zum Schluss wollen wir noch einige allgemeine Bemerkungen über die Gültigkeit von Namen in Moduln machen. Nach Kapitel VI ist in Blöcken und Prozeduren alles an Namen gültig, was global zu ihnen ist, wenn es nicht gerade durch eine lokale Definition überdeckt ist. Andererseits ist vom Innenleben einer Prozedur, also von ihren lokalen Namen, nichts außerhalb der Prozedur gültig, und es gibt auch keine Möglichkeit, solch einen Namen nach außen bekannt zu machen. Die Folge könnten nämlich Lebensdauerprobleme sein. Da die Lebensdauer der Inkarnation einer Prozedur und damit auch die ihrer lokalen Variablen echt in der Lebensdauer der Inkarnation der umgebenden Programmeinheit enthalten ist, wäre es möglich sich von außen auf lokale Variablen zu beziehen, die noch nicht oder nicht mehr existieren.

Ein Modul (wir folgen wieder Modula II) sieht per Definition erst einmal gar nichts von seiner Umgebung und seine Umgebung sieht nichts von seinen Interna. Wenn man aber Namen im öffentlichen Teil auf die export-Liste setzt, erweitert man ihren Gültigkeitsbereich und ihre Lebensdauer um den Bereich der direkt umfassenden Programmeinheit, sei es eine Prozedur oder ein weiterer Modul. Der kann diese Namen dann selber weiter exportieren. Nach innen, d.h. in umfaßte Programmeinheiten wird der Gültigkeitsbereich ausgedehnt, im Fall von Prozeduren implizit, wie bisher, im Fall von Moduln explizit durch Auflistung in der import-Liste des Moduls. Bei geschachtelten Moduln können dabei Sichtbarkeitspfade entstehen, die aus einem Modul heraus bis zu einem weiter außen liegenden Modul führen und dann dort in einen anderen Modulbaum herein. Lebensdauerprobleme gibt es dabei nicht, da alle zueinander geschachtelten Moduln samt ihrer lokalen Variablen ihr Leben beim Eintritt in die umgebende Programmeinheit beginnen und beim Verlassen dieser Einheit beenden.

Ein Problem, das sich beim unabhängigen Entwickeln von Moduln sofort stellt, ist das der Namenskollisionen. Beim Erfinden der zu exportierenden Namen kann der Programmierer schlecht ahnen, welche Namen die Benutzer des Moduls mal verwenden werden. Zur Auflösung von Namenskonflikten wird die **Qualifikation** von Namen benutzt, welche in PROSA schon bei der Benennung von Verbundkomponenten vorgeschrieben wurde. Dem exportierten Namen wird der Name des exportierenden Moduls vorangestellt; beide Namen werden durch einen Punkt getrennt. In obigem Beispiel wird dadurch der exportierte Name *Leer*, zum Beispiel, zu *Strings.Leer*.

8.2 Polymorphismus

Wir haben an früherer Stelle argumentiert, daß ein Typsystem wie das von PROSA, und ebenso das von Pascal, dem es ja entlehnt ist, dem Programmierer dabei hilft, früh bestimmte Fehler zu entdecken, nämlich die Fehler, die sich in falscher Typgebung äußern. PROSA und auch Pascal heißen **statisch getypt**, weil für jeden Namen im Programm eine (sehr detaillierte) Deklaration gegeben wird, mithilfe derer ein Übersetzer die Typkorrektheit von Programmen feststellen kann.

Stellen sie sich vor, eine allgemeine Sortierprozedur in Pascal/PROSA schreiben zu wollen, also eine Sortierprozedur, die Mengen von Objekten beliebigen Typs sortiert. Sie wissen zwar, wie sie ein Programm schreiben können, welches Zeichenfolgen lexikographisch oder ganze Zahlen nach der üblichen Ordnung aufsteigend oder absteigend sortiert. Auch Mengen von Objekten eines festen Verbundtyps können Sie durch ein Programm sortieren lassen, wenn der Sortierschlüssel gegeben ist. Aber die **allgemeine** Sortierprozedur können Sie nicht schreiben, da Pascal/PROSA von Ihnen den Typ der zu sortierenden Objekte genau wissen will. Dabei würde es eigentlich reichen, wenn man wüßte, daß auf jedem jemals betrachteten Objektbereich eine lineare Ordnung bestände. Wir hätten also gerne die Möglichkeit, eine Prozedur

```
procedure bubblesort(t: type, var A: array[u..o] of t;
                     function ord(const : t, const : t): boolean)
var i, j: integer;
var a: t;
begin
    i := u + 1;
    while i ≤ o
    do a := A[i];
       j := i − 1;
       while j ≥ u and ord(a, A[j])
       do A[j + 1] := A[j]; j := j − 1
       od;
       A[j + 1] := a
    od
end
```

zu schreiben, die man etwa mit *bubblesort* (**string**, *ls*, *lexkleinergleich*) als auch mit *bubblesort* (**integer**, *li*, *kleinernormal*) aufrufen kann. Dabei sind die Funktionsprozeduren *lexkleinergleich* und *kleinernormal* in 6.2, Beispiel 1 und Beispiel 10 deklariert. Prozeduren wie die obige Prozedur *bubblesort*, nennt man **polymorph**. Eine polymorphe Prozedur ist dadurch charakterisiert, daß ihr Rumpf mit Parametern verschiedenen Typs ausgeführt werden kann. Polymorphismus findet man in den meisten modernen funktionalen Programmiersprachen wie HOPPE, MIRANDA und in ML.

Ein verwandtes Konzept ist die **Überladung** von Operatorsymbolen. Ein überladener Operator ist ein Operator, der mehrere Operationen bezeichnet. Bei der Auswertung oder Übersetzung eines Terms muss man aus den Typen der Operanden und eventuell dem Kontext herausfinden, welche der möglichen Operationen durch den Operator in diesem Kontext bezeichnet wird. Beispiele für überladene Operatoren sind die arithmetischen Operatoren in den meisten Programmiersprachen und, insbesondere, in PROSA. Die vom Operator $+$ in der Wertzuweisung $c := a + b$ bezeichnete Operation kann sich je nach Programmiersprache abhängig von den Typen von a, b und c als ganzzahlige, reelle oder komplexe Addition oder auch als Stringkonkatenation ergeben. Algol 68 und Ada erlauben dem Programmierer die Einführung zusätzlicher überladener Operatoren.

Für Sprachen mit polymorphen Funktionen und/oder überladenen Operatoren muß der Übersetzer den Typ aller Namen herausfinden und, im Fall der Überladung, die verschiedenen Vorkommen eines Operatorsymbols richtig zuordnen. Das besorgt ein **Typinferenz**-Algorithmus. Er sammelt Typinformation an Deklarations- und Anwendungsstellen von Namen und Operatoren und prüft gleichzeitig, ob Typverträglichkeit vorliegt.

Die Programmiersparche Ada bietet auch die Kombination von Modulkonzept und Polymorphismus an, das **generische Paket** (generic package). Ein Modul kann dort Typparameter haben, welche als Typparameter an die Prozeduren und Funktionen des Moduls weitergereicht werden.

8.3 Verallgemeinerte Kontrollstrukturen

Die PROSA-Programme aus Kapitel IV kannten drei verschiedene Kontrollstrukturen, die bedingte Anweisung, die while-Schleife und die sequentielle Komposition, dargestellt durch das Semikolon. Versucht man realistische Programme zu schreiben, führt dieser minimale Vorrat leicht zu schlecht lesbaren Programmen.

Hat man z.B. eine große Anzahl von Fällen zu unterscheiden, so ist man gezwungen, tief geschachtelte bedingte Anweisungen zu verwenden. Um deren schlechte Überschaubarkeit zu vermeiden, und auch um zeiteffizientere Implementierungen zu ermöglichen, wurde in Pascal und anderen Algol-änlichen Sprachen eine **case-Anweisung**

case v **of**
   $w_1: c_1;$
   $\vdots$
   $w_n: c_n$
end

eingeführt. Dabei bezeichnen die w_i mögliche Werte der Variablen v, und die c_i sind Anweisungsfolgen, welche jeweils ausgeführt werden, wenn bei Beginn der Abarbeitung der case-Anweisung v den Wert w_i hat. Mit der Ausführung vom zutreffenden c_i ist die Ausführung der case-Anweisung abgeschlossen. Für den Fall, daß v keinen der Werte $w_1, \ldots w_n$ hat, kann in vielen Pascal-Varianten, jedoch nicht in Standard-Pascal, eine Ausnahmebehandlung angegeben werden. In Standard-Pascal terminiert in einem solchen Fall die case-Anweisung mit Fehlermeldung.

Es wurde in einigen Sprachen eine Verallgemeinerung der bedingten Anweisung eingeführt, die sowohl die bedingte als auch die case-Anweisung umfaßt. Der Grundbestandteil ist die sogenannte **bewachte Anweisung** (guarded command). Ihre Form ist $G \rightarrow AL$; dabei sind G ein boolescher Ausdruck, der **Wächter** (guard) genannt und AL eine Liste von Anweisungen. Die Folge AL darf nur dann ausgeführt werden, wenn G zu *true* ausgewertet wird. Aus mehreren bewachten Anweisungen kann man nun eine Alternativen-Anweisung aufbauen; dabei wird das Zeichen $\square$ benutzt, um die bewachten Anweisungen voneinander zu trennen:

if $G_1 \rightarrow AL_1$
  $\square\, G_2 \rightarrow AL_2$
    $\vdots$
  $\square\, G_n \rightarrow AL_n$
fi

Beispiel:
if $x \geq y \rightarrow m := x$
  $\square\, y \geq x \rightarrow m := y$
fi   ■

Die Semantik einer solchen Alternativen-Anweisung ist die folgende: wenn keiner der Wächter $G_1, \ldots, G_n$ sich zu *true* auswertet, erfolgt Programmabbruch durch Fehlerhalt. Andernfalls wird eine der Anweisungsfolgen aus $AL_1, \ldots, AL_n$ ausgeführt, für die der Wächter zu *true* ausgewertet wurde. Damit ist die Ausführung der Alternativen-Anweisung beendet. Man beachte, daß durch eine Alternativen-Anweisung **Nichtdeterminismus** in ein Programm eingeführt werden kann. Da die Sprache nicht festlegt, welche von mehreren Anweisungsfolgen mit erfülltem Wächter zur Ausführung kommt, sind verschiedene Fortsetzungen mit eventuell verschiedenen Ergebnissen möglich. Damit enden nicht alle Ausführungen eines Programms mit den gleichen Eingabedaten notwendigerweise mit dem gleichen Ergebnis. Im obigen Beispiel entsteht für den Fall $x = y$ die Auswahl zwischen den beiden Anweisungen $m := x$ und $m := y$, die allerdings in diesem Spezialfall zum gleichen Ergebnis führen. Was dieses neue Konstrukt und die jetzt folgende verallgemeinerte Schleifenkonstruktion wert sind, werden wir im nächsten Abschnitt bei der Formulierung paralleler Prozesse illustrieren.

Eine verallgemeinerte Schleife, nennen wir sie do-Schleife, hat folgendes Aussehen:

$$\textbf{do } G_1 \rightarrow AL_1$$
$$\textbf{[}\,G_2 \rightarrow AL_2$$
$$\vdots$$
$$\textbf{[}\,G_n \rightarrow AL_n$$
$$\textbf{od}$$

Dabei sind die G_i und AL_i wie oben definiert. Sie beschreibt eine Art von Iteration, in der in jedem Iterationsschritt eine der Anweisungslisten ausgeführt wird, deren Wächter *true* ergibt. Die Iteration wird beendet, wenn keiner der Wächter *true* ergibt.

Beispiel:

$$\textbf{do } x > y \rightarrow x := x - y$$
$$\textbf{[}\,x < y \rightarrow y := y - x$$
$$\textbf{od}$$

ist eine iterative Version des euklidischen Algorithmus zur Berechnung des größten gemeinsamen Teilers von natürlichen Zahlen x und y. Die Iteration wird abgebrochen, wenn keiner der beiden Wächter mehr erfüllt ist, d.h. $x = y$. ∎

8.4 Parallelismus

In Pascal oder PROSA können, selbst mit all den Erweiterungen der letzten drei Abschnitte, nur sequentielle Programme geschrieben werden. Das sind Programme, bei denen zu jedem Zeitpunkt genau eine Anweisung ausgeführt wird. (Man bemerke, daß diese Sequentialität eine Eigenschaft ist, die auf dem Abstraktionsniveau der PROSA-Maschine formuliert ist: wann immer wir die Ausführung eines PROSA-Programms auf der PROSA-Maschine betrachten, so wird jeweils gerade eine Übergangsregel, die einem Anweisungstyp entspricht, angewendet. Betrachten wir dagegen die Ausführung eines PROSA-Programms durch einen realen Rechner und auf einem anderen Abstraktionsniveau, z.B. dem Niveau des VLSI-Chips, so findet sich dort eventuell ein beachtlicher Grad an Parallelität, etwa das gleichzeitige Ausführen einer Instruktion, das Laden des Operanden für die nächste Instruktion und das Laden der übernächsten Instruktion. Aber diese Art von Parallelarbeit ist dem ausgeführten Programm nicht anzusehen).

In diesem Abschnitt interessieren wir uns für Konzepte, mit denen zum Beispiel das kontrollierte Zusammenarbeiten mehrerer Komponenten eines Rechnersystems oder mehrerer Prozesse eines Betriebssystems beschrieben, d.h. programmiert werden kann. Dabei ist nicht gesagt, daß tatsächlich mehrere Prozesse existieren, die ein solches "paralleles" Programm ausführen. Die vorgeschlagenen Sprachkonzepte zur Formulierung paralleler Programme sind auch für sequentielle Algorithmen neben Prozeduren und Moduln ein weiteres hilfreiches Strukturierungskonzept. Häufig läßt sich nämlich ein Programm natürlicher in ein System paralleler Prozesse als in ein Hauptprogramm mit mehreren Prozeduren gliedern. Diese Natürlichkeit drückt sich, wie auch im Falle der Moduln, im allgemeinen in der erleichterten Beweisbarkeit der Korrektheit eines solchen Programms aus.

Die beiden Hauptaspekte beim Entwurf paralleler Systeme sind die **Kommunikation** und die **Synchronisation**. Es ist klar, daß parallele Prozesse, die gemeinsam an der Lösung eines Problems arbeiten, dazu kommunizieren müssen. Dieser Austausch von Informationen kann über gemeinsam benutzte Speicherbereiche, also über globale Variable, aber auch z.B. über Botschaften geschehen, die Prozesse an andere Prozesse schicken. Im letzten Fall sind die parallelen Prozesse weitgehend entkoppelt. Bei Benutzung gemeinsamer Variablen, oder auch gemeinsamer Betriebsmittel in Betriebssystemen, müssen die Prozesse im allgemeinen auf diesen globalen Objekten synchronisiert werden, um eine Aussage über den Effekt der Kooperation der Prozesse zu ermöglichen. Dazu wurden Sprachmittel vorgeschlagen, die den exklusiven Zugriff auf ein globales Objekt durch jeweils einen Prozeß sichern oder auch Mittel, die beschreiben, was legale Reihenfolgen für Zugriffe auf solche Objekte sind. Für den ersten Zweck wurden **kritische Bereiche** und **Monitore** vorgeschlagen, die die wesentliche Spracherweiterung in Concurrent Pascal sind.

Der Spracherweiterungsvorschlag, der in diesem Abschnitt kurz erläutert wird, folgt den von C.A.R. Hoare vorgeschlagenen **kommunizierenden sequentiellen Prozessen** (communicating sequential processes, CSP). Dieser Vorschlag löst sowohl das Kommunikations- als auch das Synchronisationsproblem. CSP benutzt die in Abschnitt 8.3 eingeführten bewachten Anweisungen. Der damit ausdrückbare Nichtdeterminismus ist hier sehr willkommen. Denn häufig muß ein Prozeß in der Lage sein, Eingaben von mehreren anderen Prozessen zu verarbeiten, wobei die Abfolge, in der diese Prozesse ihm Portionen der Eingabe schicken, nicht vorherbestimmt werden kann. Deshalb sieht das Verhalten der anderen Prozesse für ihn nichtdeterministisch aus. Diesen Nichtdeterminismus kann der Empfängerprozeß in Alternativen- bzw. do-Anweisungen beschreiben, indem er in den Wächtern die Sendebereitschaft der anderen Prozesse feststellt.

Es gibt in CSP ein **parbegin-parend**-Konstrukt, das dem **begin-end**-Konstrukt der Prozeduren ähnlich ist und das seine Komponenten als parallel auszuführende Prozesse kennzeichnet. Alle diese Prozesse starten (pseudo-) simultan, und ihre Beendigung beendet die Ausführung der ganzen Anweisung. Diese parallel zueinander ablaufenden Prozesse dürfen nicht über gemeinsame (globale) Variablen kommunizieren, d.h. sie dürfen sie nur lesen, aber nicht verändern. Kommunikation und Synchronisation zwischen parallelen Prozessen geschieht mittels einfacher Ein/Ausgabe-Anweisungen. In einer Eingabeanweisung benennt der Prozeß P den Prozeß Q, von dem er eine Eingabe erwartet und gibt eine eigene (lokale) Variable x an, in der die Eingabe abgelegt werden soll:

Format: $Q \, ? \, x$ Lies: die Variable x nimmt den vom Prozeß Q geschickten
Wert auf.

Der Prozeß Q, von dem eine Eingabe verlangt wird, benennt den Empfänger, in
diesem Fall P, und gibt einen Ausdruck an, dessen Wert kommuniziert werden soll:

Format: $P \, ! \, y + 1$ Lies: sende den Wert von $y + 1$ an P

Die Kommunikation ist synchron, denn versucht einer der beiden Prozesse, eine
Eingabe- bzw. Ausgabe auszuführen, so wird seine Ausführung gestoppt, bis der
dazu benötigte Partner seine Ausgabe- bzw. Eingabe-Anweisung erreicht hat. Erst
nach Übergabe der Information arbeiten beide beteiligten Prozesse getrennt weiter.
Diese Art der synchronen Kommunikation wird auch ein **Rendezvous** genannt.
Diese Analogie ist insofern berechtigt als ja bei einem Rendezvous zwischen zwei
Menschen der Partner, der einen Blumenstrauß überreichen will, diesen nicht an
einen Laternenpfahl bindet und verschwindet, falls der andere Partner nicht er-
scheint, und symmetrisch der andere Partner die Übergabe des Blumenstraußes
abwartet.

Wichtig ist, daß Eingabeanweisungen in Wächtern auftreten dürfen. Ein solcher Wächter wertet sich nur dann zu *true* aus, wenn der dort benannte Partner
bereit ist, seine Ausgabeanweisung, bzw. Eingabeanweisung auszuführen. Damit
kann man einen Prozeß, der von mehreren Prozessen Eingabe erhalten kann, über
eine Alternativen- bzw. do-Anweisung beschreiben. Treten Eingabeanweisungen in
den Wächtern einer do-Anweisung auf, so terminiert die do-Anweisung, wenn alle
in den Wächtern benannten Prozesse terminiert haben.

Beispiel 1:   Ein Problem, welches in vielen Varianten in Betriebssystemen vorkommt, ist die Pufferung von Daten zwischen Produzenten- und Konsumenten-
prozessen, die in unvorhersagbaren Abständen und möglicherweise verschiedener
Geschwindigkeit Daten produzieren bzw. konsumieren. Falls der Puffer eine be-
schränkte Größe hat, entkoppelt die zwischengeschaltete Pufferung natürlich nur
in entsprechend beschränktem Maße. Im folgenden definieren wir einen solch be-
schränkten Puffer mit Platz für zehn Objekte von Typ *data*. Dieser Puffer wird
definiert als ein Prozess mit dem Namen *buffer*. Weiter existieren noch ein Prozess
produzent und ein Prozess *konsument*. Der Produzentenprozess hat Ausgabeanweisungen an den Puffer von der Form *buffer ! d*; der Konsumentenprozess besorgt
sich Nachschub aus dem Puffer mittels Eingabeanweisungen von der Form *buffer ?
d*. Der Prozess *buffer* ist:


```
process buffer:
var puffer: array [0 .. 9] of data; ein, aus: integer;
    ein := 0; aus := 0;
    (* 0 ≤ aus ≤ ein ≤ aus + 10 *)
```

do *ein* < *aus* + 10; *produzent* ? *puffer* [*ein* **mod** 10] → *ein* := *ein* + 1;
   (∗ erst wird geprüft, ob noch Platz für weitere Produzentendaten ist;
   wenn ja, wird die Sendebereitschaft des Prozesses *produzent* getestet ∗)
   ◻ *aus* ≤ *ein*; *konsument* ! *puffer* [*aus* **mod** 10] → *aus* := *aus* + 1
   (∗ es sind noch Produzentendaten im Puffer und der
   Konsument verlangt Nachschub ∗)
od

Der Zähler *ein* zählt die Anzahl der insgesamt vom Produzenten erhaltenen Objekte, der Zähler *aus* die insgesamt an den Konsumenten abgegebenen Objekte. Das Feld *puffer* muß man sich zyklisch organisiert vorstellen. Dabei zeigt *ein* mod 10 auf den ersten freien Speicherplatz, *aus* mod 10 auf den Speicherplatz, dessen Inhalt als nächster an den Konsumenten geschickt wird.

0	1	2	3	4	5	6	7	8	9

           ↑   ↑
     ein mod 10   *aus* mod 10

    Die Strichpunkte in den Wächtern bedürfen noch einer Erklärung. Man muß sie wie ein sequentielles **and** interpretieren, d.h. eine Konjunktion, bei dem die Reihenfolge der Auswertung der Operanden der Reihenfolge der Aufschreibung entspricht. Wertet sich der erste Operand zu *false* aus, so wird der zweite gar nicht mehr ausgewertet. Weshalb ist das in unserem Beispiel wichtig? Betrachten wir die do-Anweisung mit **and** statt Strichpunkt in den Wächtern.

do *ein* < *aus* + 10 **and** *produzent* ? *puffer* [*ein* **mod** 10] → *ein* := *ein* + 1;
   ◻ *aus* ≤ *ein* **and** *konsument* ! *puffer* [*aus* **mod** 10] → *aus* := *aus* + 1
od

Jetzt kann folgender Fall eintreten: Der Prozeß *buffer* testet den ersten Wächter, in diesem Fall beide Operanden des **and**. Nehmen wir an, der Puffer sei voll, d.h. *ein* = *aus* + 10. Die Auswertung der Eingabeanweisung *produzent* ? *puffer*[*ein* **mod** 10] signalisiert dem Produzenten trotzdem Empfangsbereitschaft. Wenn dieser sendebereit ist, wird er blockiert, bis der Prozeß *buffer* tatsächlich wieder Platz in seinem Puffer hat. Analog kann ein Test des zweiten Wächters bei leerem Puffer den Konsumenten blockieren.

    Die Koppelung eines Produzenten- und eines Konsumentenprozesses über einen Puffer begrenzter Kapazität tritt übrigens in der Systemprogrammierung recht häufig auf. Betrachten Sie etwa als Produzentenprozeß ein von Ihnen geschriebenes PROSA-Programm und als Konsumentenprozesse Programme, welche Ausgabe über einen Drucker oder ein Sichtgerät ausgeben. Ihr Programm wird möglicherweise Ergebnisse viel schneller produzieren, als ein Sichtgerät oder ein Drucker sie ausgeben können. Ein zwischengeschalteter Puffer adäquater Größe verwaltet die Ergebnisse und gibt sie nach Bedarf an die Ausgabegeräte weiter. ∎

Wie kann man die PROSA-Maschine erweitern, so daß sie in der Lage ist, Programme mit parallelen Prozessen auszuführen? Beim Eintritt in eine Parallelanweisung muss die PROSA-Maschine für jeden zu startenden Prozeß der Parallelanweisung eine neue PROSA-Maschine schaffen. Alle geschaffenen PROSA-Maschinen werden mit der aktuellen Konfiguration ausgestattet. Diese Maschinen brauchen Zugriff auf globale Variablen; allerdings sollte in den Kontextbedingungen geprüft werden, daß dieser Zugriff nur lesend ist. Ferner muß jeweils zwischen zwei Maschinen, deren Prozesse miteinander kommunizieren können, für jede Kommunikationsrichtung ein gerichteter Kanal konstruiert werden. Dieser Kanal entspricht einem benannten Ausgabeband auf der einen und einem benannten Eingabeband auf der anderen Maschine. Es muß möglich sein zu testen, ob auf einem Eingabeband eine Eingabe anliegt, und ob die Maschine am anderen Ende terminiert hat. Ebenso muß jede Maschine testen können, ob auf einem Ausgabeband ein Eingabewunsch der anderen Maschine vorliegt. Damit lassen sich dann die Wächter in Alternativen- und do-Anweisungen abprüfen. Wenn alle parallel gestarteten PROSA-Maschinen terminiert haben, fährt die Originalmaschine, die sie kreiert hatte, wieder weiter.

Ergänzende und weiterführende Literatur

1) Einführung in die Informatik

Bauer, F. L./G. Goos, *Informatik*, 2-bändig, Springer, 1982 und 1984.

Noltemeier, H., *Informatik*, 3-bändig, Hanser, 1981.

Waldschmidt, E. H./H. Walter, *Grundzüge der Informatik*, 2-bändig, B.I.-Wissenschaftsverlag, 1984.

Wulf, W./W. M. Shaw/P. Hilfinger/L. Flon, *Fundamentals of Computer Science*, Addison-Wesley, 1981.

2) Vergleichender Überblick über Programmiersprachen

Horowitz, E., *Programming Languages*, Springer, 1983.

Pratt, T. W., *Programming Languages: Design and Implementation*, Prentice-Hall, 1976.

Schneider, H. J., *Problemorientierte Programmiersprachen*, Teubner, 1981.

3) Definierende Dokumente einzelner Programmiersprachen

—, *The Ada Language Reference Manual*, United States Dept. of Defense, 1980.

Naur, P., *Revised Report on the Algorithmic Language Algol-60*, Comm. ACM **6**, 1, 1963.

McCarthy, J./S. Levin, *LISP 1.5 Programmers's Manual*, M.I.T. Press, Cambridge, Mass., 1965.

Van Wijngaarden, A./B. Mailloux/J. Peck/C. Koster, *Revised Report on the Algorithmic Language Algol-68*, Numerische Mathematik **14**, 2, 1969, 79-218.

Wirth, N., *The Programming Language Pascal*, Acta Informatica 1, 1, 1971, 35-63.

Wirth, N., *MODULA, a Language for Modular Programming*, Software Practice and Experience **7**, 1977, 3-35.

4) Datenstrukturen und Effiziente Algorithmen

Aho, A. V./J. E. Hopcroft/J. D. Ullman, *The Design and Analysis of Computer Algorithms*, Addison-Wesley, 1974.

Aho, A. V./J. E. Hopcroft/J. D. Ullman, *Data Structures and Algorithms*, Addison-Wesley, 1983.

Horowitz, E./S. Sahni, *Fundamentals of Computer Algorithms*, Pitman, 1979.

Horowitz, E./S. Sahni, *Fundamentals of Data Structures*, Addison-Wesley, 1980.

Knuth, D. E., *The Art of Computer Programming*, Addison-Wesley, 1973.

Mehlhorn, K., *Data Structures and Algorithms*, 3-bändig, Springer, 1984.

Sedgewick, R., *Algorithms*, Addison-Wesley, 1983.

Wirth, N., *Algorithmen und Datenstrukturen*, Teubner, 1975.

5) Übersetzerbau

Aho, A.V./R. Sethi/J. D. Ullman, *Compilers: Principles, Techniques, and Tools*, Addison-Wesley, 1986.

Schneider, H.-J., *Compiler: Aufbau und Arbeitsweise*, De Gruyter, 1975.

Zima, H., *Compilerbau*, 2-bändig, B.I.-Wissenschaftsverlag, 1982.

6) Struktur von Rechenanlagen

Bucher, W./H. Maurer, *Theoretische Grundlagen der Programmiersprachen*, B.I.-Wissenschaftsverlag, 1984.

Hotz, G., *Informatik: Rechenanlagen*, Teubner, 1972.

Jessen, E., *Architektur digitaler Rechenanlagen*, Springer, 1975.

Tanenbaum, A. S., *Structured Computer Organization*, Prentice-Hall, 1984.

7) Formale Sprachen

Becker, H./H. Walter, *Formale Sprachen*, Vieweg, 1977.

Giloi, W., *Rechnerarchitektur*, Springer, 1981.

Harrison, M. A., *Introduction to Formal Language Theory*, Addison-Wesley, 1978.

Hopcroft, J. E./J. D. Ullman, *Introduction to Automata Theory, Languages, and Computation*, Addison-Wesley, 1979.

8) Theorie der Berechenbarkeit

Lewis, H. R./C. H. Papadimitriou, *Elements of the Theory of Computation*, Prentice-Hall, 1981.

Loeckx, J., *Algorithmentheorie*, Springer, 1976.

Machtey, M./P. Young, *An Introduction to the General Theory of Algorithms*, North-Holland, 1978.

Paul, W. J., *Komplexitätstheorie*, Teubner, 1978.

9) Programmiermethodik und Verifikation

Arsac, J., *The Foundations of Programming*, Academic Press, 1985.

Bauer, F. L./H. Wössner, *Algorithmic Language and Program Development*, Springer, 1982.

Dijkstra, E. W., *A Discipline of Programming*, Prentice-Hall, 1976.

Dijkstra, E. W./W. H. J. Feijen, *Methodik des Programmierens*, Addison-Wesley, 1985.

Gries, D., *The Science of Programming*, Springer, 1981.

Loeckx, J./K. Sieber, *The Foundations of Program Verification*, Wiley and Teubner, 1984.

Manna, Z., *Mathematical Theory of Computation*, McGraw-Hill, 1974.

Verzeichnis der Notationen

Symbole in der Reihenfolge ihres ersten Auftretens

Notation	Abschnitt	Notation	Abschnitt
$=$	1.1	$\mid\mid$	1.3
$<$	1.1	$\mid\mid_b$	1.3
$\leq$	1.1	$\rightarrow$	1.4
$[\ ]_R$	1.1	$\rightarrow^*$	1.4
R^*	1.1	$\overrightarrow{kan}$	1.4
$\cdots\!\succ$	1.2	$\mid$	1.4
$\circ$	1.2	$==$	1.6
$\sqsubseteq$	1.2	δ	1.7
ϵ	1.3	$\Rightarrow$	1.7
Σ^+	1.3	$[x\backslash y]$	3.4
Σ^*	1.3	$\{P\}\,p\,\{Q\}$	3.9
$\leq_{lex}$	1.3	$\Box$	8.3

Bezeichnungen in alphabetischer Reihenfolge

Notation	Abschnitt	Notation	Abschnitt
A	1.7	G_p	2.1.2
AR_i	7.1	gr	5.3
Att	1.6	G_u	2.2
$\mathbf{B},\, b$	3.4	G_v	2.1
B^A	1.2	H	7.1
BAP, bap	7.1	$h\ddot{o}he$	1.4
BEF	5.1	I	3.7
BFS, bfs	7.1	I_A	2.2
bk	6.4	I_F	2.2
$blattwort$	1.4	in	1.7
$Conc$	1.3	I_p	2.1.2
D	3.2	I_T	2.2
$Def(F)$	1.2	I_v	2.1.1
DZ, dz	5.1	K	1.7
E	1.7	K^f	1.7
E/A_M	1.7	L	4.3.2
$E/A_{M_{PROSA}}$	3.1	$Laufzeit$	3.8
$elter$	1.4	$Laufzeit_M$	1.7
FEL	4.3.1	$L_{G,A}$	1.4
$FV_{k,t}$	3.4	l_i	7.1

Verzeichnis der wichtigsten Nichtterminale

Leitfäden der angewandten Informatik